四川省示范性高职院校重点培育建设单位项目成果

地方畜禽优良品种生产实用技术丛书

南江黄羊
生产技术与综合实训

总主编 孙玉龙

主 编 邓希海 何 博 蔡佳林

西南交通大学出版社

·成 都·

图书在版编目（CIP）数据

南江黄羊生产技术与综合实训 / 孙玉龙总主编；邓希海，何博，蔡佳林主编. —成都：西南交通大学出版社，2016.7
（地方畜禽优良品种生产实用技术）
ISBN 978-7-5643-4770-3

Ⅰ. ①南… Ⅱ. ①孙… ②邓… ③何… ④蔡… Ⅲ. ①黄羊－饲养管理－高等职业教育－教材 Ⅳ. ①S826.8

中国版本图书馆 CIP 数据核字（2016）第 151229 号

地方畜禽优良品种生产实用技术

南江黄羊生产技术与综合实训

总主编 孙玉龙
主　编 邓希海　何　博　蔡佳林

责任编辑	姜锡伟
封面设计	墨创文化
出版发行	西南交通大学出版社 （四川省成都市二环路北一段 111 号 西南交通大学创新大厦 21 楼）
发行部电话	028-87600564　028-87600533
邮政编码	610031
网址	http://www.xnjdcbs.com
印刷	四川煤田地质制图印刷厂
成品尺寸	185 mm × 260 mm
印张	32.5
字数	850 千
版次	2016 年 7 月第 1 版
印次	2016 年 7 月第 1 次
书号	ISBN 978-7-5643-4770-3
定价	78.00 元

课件咨询电话：028-87600533

本书编委会

主　审　蒋　伟（达州职业技术学院）

　　　　杨大荣（达州职业技术学院）

总主编　孙玉龙（达州职业技术学院）

主　编　邓希海（达州职业技术学院）

　　　　何　博（达州职业技术学院）

　　　　蔡佳林（南江县农业局）

副主编　潘大兵（达州职业技术学院）

　　　　陈　尧（达州职业技术学院）

　　　　杨　磊（达州职业技术学院）

　　　　龙学军（达州职业技术学院）

编　委　贾正贵（南江县农业局）

　　　　张国俊（南江县农业局）

　　　　陈　瑜（南江县农业局）

　　　　唐存雄（达州职业技术学院）

　　　　郑淑容（达州职业技术学院）

　　　　李　平（达州职业技术学院）

　　　　周家炳（达州职业技术学院）

　　　　刘小可（达州职业技术学院）

　　　　王　勤（达州职业技术学院）

　　　　张　婷（达州职业技术学院）

　　　　杨　辉（达州职业技术学院）

　　　　赵小婧（达州职业技术学院）

　　　　张志丹（达州职业技术学院）

前　言

职业教育改革的实践应走特色发展之路，更好地服务地方经济社会。因此，为了使地方畜禽优良品种的生产技术进教材、进课堂，我们特地编写了地方畜禽优良品种生产实用技术丛书。本套丛书对于掌握地方畜禽优良品种生产的技术与优良畜禽品种生产的推广都具有十分重要的意义。

畜牧兽医不仅在现代农业经济发展中具有重要地位，而且畜禽疾病与人娄安全也有密切的关系。因此，对现代畜牧兽医人才的培养已迫在眉睫。根据这一特定目标，本套实用技术丛书编写组结合现代农业经济发展和特色养殖的人才与技术的实际需要，组织政、行、校、企各方面的专家学者，坚持理论与实践相结合，以“够用”“实用”为原则，合作开发了《南江黄羊生产技术与综合实训》校本教材。学生和从业人员通过本书的学习，能够掌握地方畜禽优良品种南江黄羊的生产技术，进而成为地方畜禽优良品种生产的技术人才。

本书在编写过程中，参阅了国内众多学者的著作和论文，在此表示诚挚的谢意！由于编者水平所限、编写时间仓促，书中难免存在遗漏和不足，敬请同仁和广大读者提出宝贵意见，以便在今后做进一步修改和补充。

编　者

2016-04-21

目　录

第一部分　学习情境

第二部分　实习实训

第一部分

学习情境

学习情境一　南江黄羊品种与生产流程认识

项目一　南江黄羊品种认识

任务一　南江黄羊新品种的培育及育种基地的确立

一、南江黄羊育种基地的自然生态条件

南江黄羊是在大巴山区地处 800 ~ 1 500 m 的丘陵地带生态条件下经过 40 余年人工培育而成的黄羊新品种，除具有优良的生产性能外，还具有抗逆力强、适应性广的特点，适合我国大部分农区饲养。目前，我国南江黄羊推广到除台湾、西藏外的全国各省（市、区），在全国畜牧业区划所列七大自然生态类型区均有分布。在北纬 25°46′ ~ 38°10′、东经 102°20′ ~ 121°32′，海拔 10 ~ 4 359 m，气温 – 9.2 ~ 44 °C 的广大区域，南江黄羊都能正常生长和繁殖。南江黄羊在不同生态区同各地方羊品种杂交，不仅增重加快、产肉性能和羊肉品质提高，经推广与扩繁，对各地方羊品种改良和生产，特别是南方亚热带农区肉羊业的发展起到了积极的推动作用，取得了显著的社会经济效益。

1. 南江黄羊育种基地自然生态概况

南江县地处秦巴山区的大巴山南麓，位于四川盆地北部边缘川、陕交界处，全境皆山，峰岭林立，壑谷纵横。地势北高南低，海拔最低 385 m，最高 2 508.6 m，属北亚热带湿润季风气候类型区，具有明显的立体气候特点。总体是：春迟秋早，夏短冬长，常有伏旱、秋雨连绵、隆冬降雪等恶劣气候。年平均气温 16.2 °C，最冷为 1 月，平均气温 5.1 °C，极端最低 – 7.5 °C；最热为 7、8 月，平均气温为 26.3 °C，极端最高 39.5 °C。无霜期 259 d。全年平均日照时数 1 563.3 h，平均日照率为 35%。年降水量 1 198.7 mm，蒸发量 1 390.9 mm，相对湿度 72%。

2. 南江黄羊育种中心试验基地的生态条件

南江黄羊现在主要分布在南江县杨坝、寨坡、光雾山、上两、沙坝、元滩等几个地势比较高、天然饲草比较丰富、人口较少的乡镇。南江黄羊的培育最初以北极、元顶子牧场为起源地，逐步形成了三场十六乡的三大育种基地，即三个南江黄羊育种片区。其中，第一片区以四川南江黄羊原种场为龙头，衔接场周的 7 个乡（镇），形成“一场七乡”的北极片区，为南江黄羊育

种中心片区，也是南江黄羊的中心试验基地；第二片区以南江县元顶子牧场为龙头，衔接场周的 6 个乡（镇），形成“一场六乡”的元顶子育种片区；第三片区以万宝南江黄羊科技示范场为龙头，衔接场周的 3 个乡（镇），形成了“一场三片”育种片区。

育种试验中心基地，总面积 4 467 hm^2。境内山峦起伏，沟壑纵横，林草丰茂。平均海拔 1 200 m，年降水量 1 500 mm，年平均气温 12.2 °C（8.7 ~ 38 °C），相对湿度 79%，无霜期 220 d。气候特点：春迟秋早且雨水多，夏季无明显高温时段，冬季时间长，在山坡沟壑间断积雪长达 3 个月之久，不同月份气候差异很大。根据气候特点，可将一年划分为冷、热、暖三个时节。冷季（日均气温在 10 °C 以下）一般在 11 月上旬（立冬）至翌年 3 月下旬（立春），约 135 d；热季（日均气温在 22 °C 以上），一般在 7—9 月，约 50 d；暖季（日均气温为 10 ~ 22 °C）以 4—6 月和 10—11 月上旬为主要时段，约计 180 d。暖季是山羊生长和繁殖的最适宜季节。

3. 育种基地区的饲草饲料资源

（1）天然牧草资源丰富。南江县拥有可利用草地草坡面积达 10.27×10^4 hm^2，占该县总面积的 30.05%，其中育种中心试验区 1.4×10^4 hm^2。草地类型属山地草丛和部分山地疏林、灌丛、农林间隙草地类。牧草种类主要为禾本科、豆科、菊科、莎草科以及杂灌、杂草、杂竹，可食性牧草达 412 种。同时，全县还拥有森林面积 17.42×10^4 hm^2，占全县总面积的 50.73%。成片的森林与草山草坡、田间草地交织镶嵌，形成农、林、牧（草）一体的自然结合，构成了川东北边缘以山林灌丛为主的良性草场，为发展生态养羊业提供了良好的条件。

（2）农副产物及秸秆多。全县耕地面积 3.46×10^4 hm^2，占总面积的 10.13%。农作物种植品种较多，其中：粮食作物有 16 种，主要有水稻、玉米、红薯、小麦、马铃薯、胡豆（蚕豆）、大豆、小豆、绿豆、荞麦等；经济作物有油菜、花生、芝麻、魔芋以及瓜果、蔬菜等。年可生产农副秸秆 31 万吨，为发展养羊生产提供了坚实的物质基础。大量的农副秸秆如进行综合利用，过腹还田，有利于资源的转化，提高土壤熟化力，促进生态良性循环。加之国家退耕还林（草）政策，实行林草间作，人工种植优质牧草，建立了部分人工或半人工草地，已逐渐形成“人、羊、林、草、地”五位一体的生态养羊经济系统。

二、南江黄羊新品种的形成过程

南江黄羊原产四川南江县，是经我国畜牧科技人员应用现代羊遗传育种学原理，历经 40 余年，采用多品种复杂杂交方法人工选择培育的、具有自主知识产权的、目前国内第一个肉用性能最好的南江黄羊新品种。其培育过程分为五个阶段：

1. 多品种生产性杂交，形成杂交羊群阶段

20 世纪 50 年代至 60 年代初，从成都引进了四川铜羊、努比羊杂交羊、金堂黑羊与南江本地山羊进行生产杂交。

2.“横交选育”形成育种基础群阶段

20 世纪 60 年代初至 70 年代初，通过生产杂交后，在四川省南江黄羊特种场和南江县旭日南江黄羊养殖场选育被毛黄色的杂交羊进行横交固定，形成了育种基础群。在横交过程中又于

1969 年和 1972 年先后两次引进四川铜羊参与改造低产羊群，从而形成了育种基础群。

3. 有计划地选育形成新品种群阶段

20 世纪 70 年代初至 80 年代初，按照肉羊的选育方向，各级科技管理部门先后列题研究，经提纯复壮和选优去劣等一系列的选育工作，使育种羊群的品质不断提高，并向全国推广示范应用。

4. 定向培育形成新品种阶段

20 世纪 80 年代中期至 90 年代中期，部、省相继列题攻关，进行定向培育，提高生产性能，改善品种结构，使南江黄羊遗传性能得到稳定，并大面积推广应用。1995 年、1996 年先后通过国家畜禽品种资源管理委员会现场鉴定和审定，于 1998 年 4 月 17 日农业部正式命名“南江黄羊”为肉用羊新品种，颁发了“畜禽新品种证书”，成为我国唯一经过人工选择培育而成的肉用山羊新品种。

5. 南江黄羊品系选育阶段

自 20 世纪 90 年代中期以来，南江黄羊的选育按照“加强外围防线、巩固育种体系、提高种群品质、完善种群结构”的总体思路，拟定“加强本选、建立品系、创造变异、提高品质”的技术路线加强南江黄羊品系选育研究，按照“三系、两群”，即在南江黄羊黄色群体中开展高繁（NP）、快长（NG）、大型（NB）三系和黄色、黑色（NBL）类型群选育研究。

南江黄羊培育采用多品种杂交选育，集中了四个品种的优良特性，创造性地使用“群内分组、组间轮回”的交配方案和“小群闭锁”的群系继代繁育技术，坚持限值留种、完善育种体系、应用综合指数、加大选择强度的方法，形成了分段选择培育的系统选育技术。一只南江黄羊比同龄本地羊多产肉 7.85 kg，提高 101.95%。这对我国其他地方羊的改良和生产起了巨大的促进作用，大大提高了各地肉羊生产水平。

三、南江黄羊新品种的推广与应用

1. 南江黄羊推广应用的区域及数量分布

南江黄羊是在大巴山区的生态条件下培育成的，具有耐寒、耐粗放饲养管理，采食力、抗逆力强，适应范围广等特点。经推广验证：南江黄羊不仅适应我国南方亚热带农区，也适应北方亚热带向北温带过渡的暖温带湿润、半湿润生态类型区，如秦巴山区、武陵山区、黄淮海区、黄土高原区的生态环境以及云贵、青藏高原水热条件较好的区域，尤其是东南沿海一带表现更好。迄今，南江黄羊已推广到全国 28 个省（市、自治区），累计达数十万余只，在全国畜牧业区划所列七大自然生态类型区［青藏高原区（A）、蒙新高原区（B）、黄土高原区（C）、西南地区（D）、东北区（E）、黄淮海区（F）、东南区（G）］均有分布。

（1）西部涉及生态类型复杂，分布最多，所占比例以西南山区最高为 63.38%，又集中在秦巴山区、武陵山区，可见，南江黄羊适宜西部饲养。

（2）中东部主要是黄淮海区和东南（沿海）区，近些年引种大幅上升，尤其东部（如浙江、福建、安徽等）增长尤为明显，说明南江黄羊在中、东部更具有发展前景。

（3）南江黄羊在黄土高原区所占比例不大（仅 7.79%），但该区域涉及中、西、东部结合部，对综合我国“南、北方羊文化”的特点，促进养羊业的可持续发展具有重要的战略意义。

2. 南江黄羊的应用途径

南江黄羊经长期选择和培育，形成了善登山坡、喜攀悬岩、嗜食高草、合群性好、采食力强并乐于近人的生物学特性，具有生长发育快、产肉性能好、繁殖力高、板皮品质优、耐寒耐旱、抗病力强、适应范围广、耐粗放管理、遗传性稳定等优良品质特性，深受养羊爱好者的喜爱。在应用过程中，其主要经济性状指标，均表现出良好的效应。

（1）纯繁利用。纯繁的目的首先是获得本品种更多的优质种羊，来满足商品肉羊生产的供种和本品种的选育保种；其次是提高商品肉羊生产能力。

① 简单纯繁利用：目的是为商品肉羊生产提供种源。其优点：一是可保持原品种羊的种质特性；二是可从繁殖后代选择种羊继续投入生产；三是加强选育，巩固和提高南江黄羊的生产性能。缺点：一是引种数量和投资较大；二是异地引种纯繁，在与原产地差异较大的环境饲养，短时间内不能充分发挥其生产性能；三是纯繁用于商品肉羊生产很难表现出超亲效应；四是引种繁殖利用群体有效含量相对较小，易造成近亲交配带来的品质退化。避免措施：一是合理制订分期引种计划；二是建立纯繁供种基地；三是加强选择培育。

② 选育保种：选育保种是纯繁利用的中心内容。纯繁选育不仅可以提高羊群的数量，更重要的是可以提高品种质量。因此应采取如下措施搞好南江黄羊的选育保种：一是制订长期的选育保种方案；二是加强选种选配，提高品种质量；三是加强育种体系建设，落实育种措施；四是加强种羊系统选择培育和系谱管理，防止种羊品质退化；五是加强品系繁育工作，提高群体有效含量，抑制近交系数增量；六是加强饲养管理，确保饲草饲料的平衡供应，保证羊群健康。

（2）杂交利用。

① 杂交利用效果：用南江黄羊的公羊同其他山羊品种的母羊交配，是目前南江黄羊生产利用的最佳途径。经推广验证：南江黄羊对地方山羊品种各年龄体重的改进率公羊在 13.32% ~ 165.10%、母羊在 25.23% ~ 150.33%。对产肉性能也有很大提高，如：南江黄羊与大巴山本地羊杂交，12 月龄公羊体重改进率为 82.08%、母羊为 65.63%；与藏山羊杂交，18 月龄公羊为 100.30%；与川东北山羊杂交，8 月龄公羊为 76.56%。繁殖力得以增强，如：南江黄羊与贵州黑羊杂交，其繁殖力提高 37.5%；与藏山羊杂交，使低繁殖力的藏山羊产羔率提高 10.62 个百分点。南江黄羊与各地方山羊品种杂交后体重的改良效应见表 1-1。

② 杂交组合方式。

简单杂交：两个品种间公、母之间的交配。例如南江黄羊为父本，各地方山羊品种为母本的杂交，后代中除留优秀母羊外，其余全部作商品羊育肥出售。

复杂杂交：两个以上品种的公、母间交配。例如，大巴山本地山羊与努比羊杂交繁殖的母羊，再用南江黄羊杂交［黄 ×（努 × 本）］，亦可用［黄 ×（波 × 本）］或［波 ×（黄 × 本）］等。

轮回杂交：以两个或两个以上品种轮流地进行杂交。例如以马头山羊与南江黄羊杂交，其杂交后代再与马头山羊或南江黄羊杂交。

表 1-1　南江黄羊与各地方山羊品种杂交后体重的改良效应

<table>
<tr><th rowspan="3">区域</th><th rowspan="3">品种</th><th rowspan="3">地点</th><th rowspan="3">月龄</th><th colspan="6">F_1表现型值</th></tr>
<tr><th colspan="3">舍</th><th colspan="3">旱</th></tr>
<tr><th>体重/kg</th><th>改进量/kg</th><th>改进率/%</th><th>体重/kg</th><th>改进量/kg</th><th>改进率/%</th></tr>
<tr><td>青藏高原</td><td>藏山羊</td><td>阿坝州理县</td><td>6</td><td>16.12</td><td>3.35</td><td>26.23</td><td>15.67</td><td>5.19</td><td>49.52</td></tr>
<tr><td rowspan="7">西南山地</td><td rowspan="2">大巴山本地羊</td><td rowspan="2">通、巴、南、渠四县</td><td>6</td><td>17.65</td><td>6.31</td><td>55.64</td><td>15.27</td><td>6.03</td><td>66.16</td></tr>
<tr><td>12</td><td>28.49</td><td>11.36</td><td>66.23</td><td>25.76</td><td>10.57</td><td>69.59</td></tr>
<tr><td rowspan="2">板角山羊</td><td rowspan="2">重庆武隆</td><td>6</td><td>22.52</td><td>8.96</td><td>68.08</td><td>21.68</td><td>9.24</td><td>74.27</td></tr>
<tr><td>12</td><td>35.41</td><td>13.43</td><td>63.66</td><td>33.65</td><td>13.81</td><td>69.61</td></tr>
<tr><td>贵州黑山羊</td><td>石　阡</td><td>6</td><td>15.41</td><td>3.29</td><td>27.15</td><td></td><td></td><td></td></tr>
<tr><td>盆中黑山羊</td><td>富　顺</td><td>12</td><td>29.83</td><td>5.64</td><td>23.32</td><td></td><td></td><td></td></tr>
<tr><td colspan="9" style="display:none"></td></tr>
<tr><td rowspan="6">东南区</td><td rowspan="2">浙江本地羊</td><td rowspan="2">奉　化</td><td></td><td>21.29</td><td>6.34</td><td>42.41</td><td>18.57</td><td>4.55</td><td>32.45</td></tr>
<tr><td>10</td><td>27.95</td><td>7.58</td><td>37.21</td><td>24.52</td><td>4.94</td><td>25.23</td></tr>
<tr><td rowspan="2">上海本地白山羊</td><td rowspan="2">金　山</td><td>6</td><td>18.97</td><td>4.88</td><td>34.15</td><td></td><td></td><td></td></tr>
<tr><td>10</td><td>31.78</td><td>9.61</td><td>43.35</td><td></td><td></td><td></td></tr>
<tr><td>宜昌白山羊</td><td>湖北建始</td><td>6</td><td>18.5</td><td>5.8</td><td>45.67</td><td>15.6</td><td>5.00</td><td>47.17</td></tr>
<tr><td>萨浙本 F_1</td><td>泰　顺</td><td>6</td><td>16.46</td><td>1.86</td><td>12.74</td><td></td><td></td><td></td></tr>
<tr><td rowspan="2">黄淮海区</td><td rowspan="2">槐山羊</td><td rowspan="2">河南确山</td><td>6</td><td>24.12</td><td>11.32</td><td>88.44</td><td>20.56</td><td>9.76</td><td>89.54</td></tr>
<tr><td>12</td><td>50.9</td><td>31.7</td><td>165.1</td><td>38.05</td><td>22.85</td><td>150.33</td></tr>
</table>

任务二　南江黄羊的品种特点

一、南江黄羊的体质外貌特征及主要生长发育指标

南江黄羊具有生长发育快、体格大、肉用性能好和适应性强等特点。

1. 南江黄羊体质外貌特征

南江黄羊被毛黄褐色，但颜面毛色为黄黑色，鼻梁两侧有一对称的黄白色条纹，自枕部沿背脊有一条明显的宽窄不等的黑色背线至十字部前后，毛短紧贴皮肤，富有光泽，被毛内层有少许绒毛，头大小适中，耳大且长，耳尖微垂，鼻梁微拱，前胸深广，头颈、颈肩结合良好，背腰平直，尻部略斜，四肢粗长，结构匀称，蹄质坚实，体型高大、体躯结实，整个躯干略呈

圆桶形。公羊颜面毛色较黑，前胸、颈肩、腹部有较长的黑黄色毛，四肢上端着生黑色较长粗毛，头略显粗，体躯近似圆桶形，雄壮，睾丸均匀对称，前胸发达。母羊前胸肩胛、腹部、背脊被毛流向一般以黄色为主，颜面清秀，乳房发育良好，后躯开张度好。公母羊中有角的约占70%、无角的占 30%，角向后外或向上呈倒八字形，公羊角呈弓状弯曲。公母羊均有胡须，部分有肉髯。

2. 主要生长发育指标

南江黄羊生长发育快，平均初生重公羔 2.28 kg、母羔 2.14 kg；双月龄断奶体重公羔为 12.85 kg、母羔 11.82 kg；哺乳期日增重公母羔分别为 176.16 g 和 161.32 g；公羔成年公羊体高 76.75 cm、体重 66.87 kg，优秀个体可达 106.5 kg，成年母羊体高 67.72 cm、体重 45.64 kg、优秀个体可达 78 kg；周岁公羊体重占成年的 55.5%，周岁母羊占成年的 64.5%，产肉性能好。6 月龄公羔宰前体重 27.0 kg，羯羔 21.0 kg 以上。黄江黄羊性成熟早，3 月龄就可以出现初情期，但母羊以 6 ~ 8 月龄、公羊以 12 ~ 18 月龄配种为佳。母羊平均产羔率为 194.62%，其中经产母羊为 205.29%。其 6 月龄、12 月龄、18 月龄、成年的体重、体尺见表 1-2。

表 1-2　南江黄羊的体重与体尺

年　龄	性　别	体重/kg	体长/cm	体高/cm	胸围/cm
6 月龄	♂	27.40	61.07	58.70	67.56
	♀	21.84	56.70	53.88	62.29
12 月龄（周岁）	♂	37.61	67.75	64.89	75.82
	♀	30.53	63.15	60.08	71.01
18 月龄（育成）	♂	53.13	75.34	71.33	87.92
	♀	32.67	67.75	64.67	76.90
成　年	♂	66.87	79.82	79.75	93.13
	♀	45.64	71.71	67.72	83.05

注：表中成年指公羊为 3 周岁以上，母羊为 2.5 周岁以上。

二、南江黄羊的品种特性

1. 体重体格大

南江黄羊成年公羊体长、体高、胸围：公羊分别 79.82 cm、76.75 cm、93.13 cm，母羊分别为 71.71 cm、67.2 cm、83.05 cm，且体质结实，体躯近似圆桶形，各部结构匀称。

2. 生长发育快

南江黄羊成年最高体重公羊、母羊分别可达 80 kg 和 65 kg，成年阉羊可达 100 kg。在大巴山南坡常规放牧饲养条件下，双月龄（哺乳期）内公、母羔羊日增重各达 176.17 g 和 161.33 g，6 月龄可分别完成成年羊体尺的 73% ~ 77% 和 75% ~ 80%，12 月龄完成成年体重的 56.24% 和 67%。虽然南江黄羊早期增重速度不很理想，但在“放牧 + 补饲”，尤其在羔羊哺乳期和断奶过渡期加强补饲的条件下，生长速度显著加快。在快长品系羊群中，2 月龄公羔体重可达 16.5 kg、6 月龄达 35.5 kg，母羔各 12.85 kg 和 28 kg；在哺乳期（双月龄）内，公、母羔日增重可分别达 228 g 和 172.5 g，比放养条件下品种群体的同类、同龄羔羊提高 29.42% 和 6.92%。

3. 产肉性能好

羊肉具有胆固醇含量低、蛋白质含量高、口感好的特点。南江黄羊在常年放养和入秋通过放牧或补饲育肥的条件下，公（羯）羊 6、8、10、12 月龄胴体重分别为 8.83 kg、10.78 kg、11.38 kg、15.55 kg，屠宰率分别为 43.98%、47.63%、47.70%、52.71%，成年羯羊为 55.65%。周岁羊各月龄的屠宰指标差异不显著，并具早期（6 月龄前）屠宰利用的特点，最佳适宜屠宰期为 8 ~ 10 月龄。这时的羊肉肉质鲜嫩，营养丰富，含有人体必需的 17 种氨基酸，无膻味，是南江黄羊特有的产肉特征。2 月龄屠宰胴体可达 6 kg。经哺乳期（2 月龄）内开始进入配套育肥试验，于 3 ~ 4 月龄（即 100 日龄）屠宰，胴体重可达 10 kg。这表明：南江黄羊可供羊肥羔生产采用。

4. 繁殖力高

南江黄羊具有性成熟早、四季发情配孕和高繁的特性。2 月龄即有性行为表现，3 月龄可出现初情，4 月龄可配种受孕。但为了控制过早配种影响发育，在良好饲养条件下，最佳配种年龄母羊为 6 ~ 8 月龄、体重在 25 kg 以上，公羊为 12 ~ 18 月龄、体重在 35 kg 以上。一般年产两窝或两年产三窝，窝平产羔率为 196.18%，高繁群为 220.34%（初产为 184.32%，经产为 232.81%）。据部分引种地区测定产羔率：浙江玉环县 192%、福建福州市 219%、陕西南郑县 187%。其高繁品系定型群窝平产羔率为 220.34%，其中经产羊群达 232.81%，产羔间隔仅 190.96 d，年均可产羔 1.91 窝，生殖活羔率达 97.54%，断奶成活率为 94.90%。尽管南江黄羊发情配种不受季节限制，常年产羔分布均衡，但仍同其他山羊一样遵循春配秋产、秋配春产的繁殖规律，其繁殖生理指示与成绩见表 1-3。

表 1-3　南江黄羊的繁殖生理指标与成绩

项目	最早开产（日龄）	产后首次发情/d	发情持续期/h	发情周期/d	怀孕期/d	产配间隔/d	产羔间隔/d	胎产羔率		
								初产	经产	合计
指标	287	30.53	33.83	19.53	148	69	219	144.2	205.4	195

5. 适应性强

南江黄羊是在大巴山区终年放牧饲养条件下育成的，具有采食力强、合群性好、耐粗放、易管理的特性。在良好的天然灌丛草地上，每天放牧 10 kg 左右、每羊补充 8 ~ 10 g 食盐等物质饲料（不需精料），即可生长良好、繁殖正常。在“放牧 + 补饲”条件下，生长速度加快、出栏（周转）率提高，现已推广到 21 个省（市、区）。经推广验证，南江黄羊在北纬 20° ~ 42°，东经 93° ~ 122°，海拔 10 ~ 4 359 m，气温 – 9.2 ~ 44 °C 的自然生态区域内能保持正常的繁殖和生长，不仅适宜我国南方气候，也适宜于北方部分省（区），如秦巴山区、太行山区、沿海一带的生态环境，无论是放牧还是圈养都能表现出优良特性。

6. 羊肉品质好

羊肉的品质相对（波 × 黄）杂交羊肉而言，其特点可概括为“三高、两低、一细、一强”。

据测定，4 ~ 8 月龄羊肉按羊肉干物质计，含热能值高、蛋白质高和氨基酸中的赖氨酸与氯氨酸高，各为 22 853.79 kJ/kg、896.96 g/kg 和 7.57 g 与 17.18 g，分别比（波 × 黄）杂交羊肉高 1.56%、1.21%和 1.61%与 21.39%；脂肪占 1.01% ~ 1.34%，胆固醇为 40.23 mg，低于（波 × 黄）杂交羊肉 15.82%、8.75%；肌纤维细直径仅 33.9 ~ 34.10 μm。鉴于南江黄羊肌肉细嫩、膻味轻，加上谷氨酸含量高，因而适口性强。

7. 板皮品质优，质地良好

南江黄羊板皮质地优良，细致结实，抗张强度高，延伸率大，尤以 6 ~ 12 月龄的羔羊皮张为好，厚薄均匀，富有弹性。板皮面积大，2 月龄羊皮已超过“四川路”的山羊板皮甲级皮的面积标准 45% ~ 67%，周岁羊板皮面积达 7 000 cm^2，皮质纤维编织紧密，含脂适中，厚薄均匀，抗张力强，延伸率大，弹性好，且乳头层所占比重各部基本一致，因而成革性能好。100 日龄羔羊皮超过国家外贸出口甲级皮要求标准的 1.3 倍，经成革工业性能验证，各主要指标均达到和超过国家颁布的《山羊板皮正面服装革标准》，适宜制作皮衣、皮裙、皮帽、皮包、皮手套等各种上乘皮件产品。

8. 杂交改良效果明显

利用南江黄羊同各地方山羊品种杂交，不仅体重增加、产肉性能和羊肉品质得以提高，而且表现出良好的母体效应，在体重增加、增重速度加快、产肉率提高、繁殖力增强上，其改进率分别为 31.72% ~ 90.01%、26.53% ~ 97.17%、55.56% ~ 100.3%和 7.89% ~ 37.56%，特别是利用南江黄羊公羊改良各地的本地羊效果十分显著，周岁 F1 代羊体重的杂交优势率为 18.48% ~ 38.49%，与同龄本地羊比较，体重提高范围在 66.32% ~ 111.32%。上海金山县引用南江黄羊改良本地白山羊，母羊产羔率比本地羊提高 78 个百分点，并创立了窝产 7 羔的最高纪录。

任务三　南江黄羊在肉用羊中的地位、作用和发展前景

一、南江黄羊在生态农业上的地位

南江黄羊在生态农业上具有增强生态农业经济系统良性循环的功能。南江黄羊在各地，特别是山丘农区的广泛应用促进了羊业发展，使南江黄羊这个生态农业经济系统中的成员变得更加活跃。南江黄羊在生态上对人类的贡献表现在：一是使农村饲草资源和农副产物及其残渣得以有效利用；二是可为种植业提供优质复合有机肥料，既可改良土壤，提高地力，又能使农作物增产、增收；三是净化和减少环境污染，也相应地提高了环境效应和土地利用效应。此外，南江黄羊对生态的贡献还表现在合理利用天然草地上，对森林和植被“有百益，可避其害”，有助于培育生态林园和林、果业发展，加快山丘区“农、林、牧”三结合养羊生产体系的形成。南江黄羊在提高土地利用效价上，有着不可低估的作用。据在大巴山南坡试验和测算：对天然草配套 5% 面积的人工草地，每公顷草地可供体重 40 kg 的繁殖母羊 2.58 只进行“放牧 + 补饲”利用，提高载羊量 56.25% 和提高羔羊哺育率 14.91%、增重 14.42%；对农作物秸秆以耕地面积

的 25% 配套种植优良牧草养羊利用，每公顷可在粮食作物生产的基础上增加社会产值 12 600 ~ 15 400 元，这既是南江黄羊对农业经济的贡献，也是对生态的贡献。

二、南江黄羊对推动养羊业发展的作用

1. 南江黄羊的推广促进了肉羊业发展

南江黄羊是在大巴山区独特的生态环境条件下培育成功的肉用羊新品种，最适宜我国南方山丘农区饲养。已向全国推广种羊达 10 万余只，累计创社会经济效益 200 亿元人民币，对我国肉羊和促进农村经济发展起到了重要作用。近几年，在原产地四川省南江县，南江黄羊年饲养量已达到 120 万只、出栏 70 万只的生产规模，先后有 2 万余农户靠养羊脱贫致富，全县人均养羊收入达 300 元。南江黄羊已成为亿万农民致富的希望。曾据川、陕、甘、渝、鄂、滇、黔、湘、桂、闽、赣、苏、浙等十五省（市、区）的不完全统计，南江黄羊纯繁及杂交羊计达 1 500 万只，占全国南江黄羊总数的近 10%；更由于南江黄羊采食力强、饲草转化率高，广大农家喜为乐养。因此，南江黄羊已成为我国发展肉羊业的当家品种之一，对各地，特别是南方山丘区羊的改良和生产起了巨大的推动作用，迈出了我国肉用羊生产由数量型向质量型转变的步伐，并有力地推动了农业产业结构调整、提高了草食羊在畜牧业中的比重，激发了农民群众养羊致富的热潮。

2. 南江黄羊生产效益高

南江黄羊具有许多优良种质特性，并以肉、皮品质上乘为主要特点著称。因而，在各地纯繁和对其他羊品种杂交改良方面，其主要经济指标均显著提高。这表明，南江黄羊能充分体现出肉用羊生产的（高繁、快长、产肉多、饲草利用率与报酬率高等）基本特征。

3. 南江黄羊在肉用养羊业上是改良羊肉和优质羊生产的最佳品种

选择羊肉，不仅是我国各民族，也是全人类肉食品，特别是天然肉类蛋白质的主要来源，又是所有肉类食物中最安全、最富营养的绿色食品。尽管羊肉产品、产量逐年上升，但在相当长的时期内，尚不能满足市场需求。鉴于南江黄羊产肉高、品质好，因此，应用这样的优良品种，组织肉羊生产，特别是改良羊肉生产，不仅是肉羊发展的总体趋势，也是目前提升我国肉羊业地位和生产水平的最好途径。

三、南江黄羊生产发展前景

1. 南江黄羊适应范围广

经推广验证，南江黄羊不仅适应南方亚热带气候类型区，也适应北方部分生态类型区，而且饲草来源，尤其山丘农区十分广泛，为应用南江黄羊发展肉羊生产提供了良好条件。

2. 种、肉羊市场前景看好

一是羊肉需求量，随着经济发展，人们的健康意识将会越来越强。二是羊肉生产量，虽

然近 20 年来逐步增加，但远不能满足市场需求。三是发展肉羊业需要优良品种，在肉羊生产方面，我国专一的肉用品种少，加之南江黄羊系“肉、皮兼品质”优良种，且种羊价格合理，为农民接受，并在农村羊业经济发展上起着引导作用，因此，南江黄羊种羊、肉羊市场空间仍然很大。

3. 南江黄羊生产利用途径

目前，南江黄羊生产利用有三条途径（即纯种繁殖、杂交改良、品系配套）可供选择，并以杂交利用为最佳途径。当完善品种内系（群）选育与配套生产后，可向高效益肉羊生产开发，其前景更为乐观。经应用已形成的南江黄羊高繁（NP）系与正在选育的南江黄羊黑色（NBL）品系配套的初步试验，增效更加显著。6 月龄体重比同龄本地羊提高 95.45%，比南江黄羊 NP 纯系羊提高 24.41%，比（黄 × 本）F1 羊高 36.93%，更有助于早期育肥，提高出栏率，增加产肉量，充盈羊肉及其产品的市场空间。

4. 南江黄羊生产潜在力

在羊业生产上，饲草资源、区域位点和品种选择三大要素优化配量，是决定其发展的基础。饲草（包括农作物秸秆）尤以南方较为丰富，且水、热、土、气候条件良好，蕴藏着肉羊生产的巨大潜力。加之南江黄羊良好的产肉能力和对各地方羊的改良作用，使肉羊的养殖成了山丘区农致富的有效门路。曾据大巴山南坡的南江县调查与不完全统计，全县脱贫的农户中，有 70% 是靠饲南江黄羊生产。这表明，南江黄羊不仅是肉羊生产最佳品种选择，更是繁荣农村经济、确保农民稳定增收的最佳骨干项目选择。因此，在科学引导下，合理利用资源和地域优势，并积极探索山丘农区适度规模养羊新模式，南江黄羊及改良羊肉生产更具广阔的空间和发展前景。

项目二　南江黄羊生产途径与流程

任务一　南江黄羊生产的途径

一、建立南江黄羊新技术体系，依靠和推广先进、配套、实用的新技术

南江黄羊生产主要分布于偏远的山区或农区，长期以来生产经营落后，生产水平偏低，远远不能适应市场经济的发展和市场需求。改革开放以来，农村政策的变革极大地调动了农、牧民的积极性，农业生产和养羊生产水平均有了长足的进步。但应当看到，还有许多制约南江黄羊生产发展的实际问题还未得到解决。因此，借鉴国内、外的成功经验，从南江黄羊生产实际出发，建立新技术体系，从粗放的养羊生产体系中走出来，建立与山丘农区环境因素相适应的“农、林或农牧结合”的肉羊生产体系，并围绕这一体系建立适度规模的羊业生产结构和农村商品型肉羊生产结构与农村饲草资源开发利用体系。大力推广和应用现代畜牧科技综合配套技术，

如塑料暖棚养羊，作物秸秆的青贮、氨化、微贮，饼粕饲料脱毒，增肉剂应用，羊群结构优化，高频繁殖技术，兽医保健技术，优质高产饲草栽培加工、高效利用，羊肉及其产品深加工增值和产—供—销一条龙服务体系的建立，等等。在推动南江黄羊生产的同时，应积极组织建立南江黄羊生产基地，不断推动专业化、规模化和集约化的南江黄羊生产进程，提高南江黄羊生产的水平。

二、建立和健全良种繁育、保种及杂交利用新体系

南江黄羊繁育与保种从三级繁育和规划区域保种体系中解脱出来，依据生产发展自然区划向定点（定场）繁育供种、供精（或供胚）建立新的繁育体系，向小群闭锁选育转变建立新的繁育体系保种。严格种羊生产程序，加强品种（系）选育，建立南江黄羊新品种（系）科学利用体系，规范种羊流向，提高养羊生产水平。在南江黄羊生产比较集中的区域，设立人工授精站、网或供精点（鲜精或冻精），建立南江黄羊生产技术指导站或养羊协会，推广先进、实用的综合配套技术，培训南江黄羊生产技术人员，开展试验研究，以点带面，取得经验后大力推广。

三、建立饲草、饲料高产栽培、加工与高效利用的生产—供应新体系

南江黄羊生产的成本 60%～70%是饲草、饲料，要使南江黄羊生产有利润，首要问题是解决饲草、饲料的充足、平衡供应和大幅度降低饲草、饲料生产成本。在农村，青、粗饲料，农副产品资源，特别是农作物秸秆资源十分丰富，利用潜力巨大。如何发掘资源优势，并将资源优势转化为产业优势，如何建立农区生态型畜牧业新格局，农、牧区的南江黄羊生产如何有机结合，等等，都是需要进一步研究的新课题。

饲料、饲草是发展现代养羊业的基础。要实现南江黄羊生产，必须改变靠天养羊的传统生产方式，积极改造与合理利用天然草场，提高产量，计划放牧。在现阶段，有计划地利用撂荒地、轮作田和基本农田，建立稳定高产田，以极少量的土地生产大量的优质饲草，是达到集约化养羊的有效途径。不论在农区还是牧区，树立依靠人工草场彻底解决羊群饲草不足问题的思想十分重要。与此同时，还应该考虑充分利用各种农作物秸秆，适时收集，采用物理、化学、生物的方法，进行粉碎、氨化、发酵等加工处理，提高饲草的利用率。采用人工草场和充分利用作物秸秆的综合措施，保证羊群营养的全年均衡供应，在此基础上才能发掘羊生产的最大潜力，达到最佳效益。

四、改善饲养管理条件，提高劳动生产率

饲养管理是保证南江黄羊正常生产、繁殖和产品生产的基础。因此，必须逐步改善饲养管理条件，实现科学养羊。改变靠天养羊、粗放饲养的传统养羊习惯，建立巩固的饲草、饲料生产基地，积极发展全价配合饲料工业，按营养需要进行标准化饲养。同时，要加强棚圈建设，

根据不同气候条件，因地制宜地修建羊舍。北方和高寒牧区要大力推广塑料暖棚养羊技术，南方潮湿地区提倡修建简易楼式羊舍。为了提高劳动生产率，应大力推广种草贮草机械化，降低劳动强度，提高生产效率。从集约化养羊生产需要出发，应积极研究和探索适宜的南江黄羊生产舍建筑模式，从“源头”抓起，使基础设施建设跟上南江黄羊生产发展的步伐，成为高效生产的保障。

五、发展“龙头”企业，建立产、加、销、贸、工、牧生产新体系

在南江黄羊生产过程中，必须坚持以市场需求为导向，以经济效益为中心。只有抓好“龙头”企业，才能连接广大养羊生产单位，不断拓宽、发展市场。为确保南江黄羊生产的活力，要建设好南江黄羊生产基地，突出特点，形成整体规模，抗御市场风险。建设好“龙头”企业，实行名牌战略，创畜产品名牌。开发“拳头”产品，实行产—加—销一条龙的生产体系，贸—工—牧一体化经营，走产业化发展道路。只有采取这种生产经营方式，南江黄羊生产才能不断持续发展。

六、加强南江黄羊生产科学研究，建立完善的科技推广服务体系

紧密围绕南江黄羊生产中的技术重点和难点，开展科学研究和技术攻关。采取实用技术的合理组装配套等方法，发挥技术的整体效应，是加快实现南江黄羊生产现代化的关键。与此同时，建立完善的技术推广服务体系，广泛采用现代化南江黄羊生产技术和科研成果，不断提高南江黄羊生产的科技含量，也是南江黄羊生产现代化进程的保障措施。

任务二　南江黄羊的高效生产工艺流程与生产体系设计原则

一、工艺流程

将南江黄羊生产视为工业化生产的一种完整体系，其生产工艺流程如下：

优质高产的饲草的高产栽培→作物秸秆及副产品的加工与高效利用→各类南江黄羊生产的营养调控→优良南江黄羊品种的引用、改良→高效、高频繁殖与管理配套技术→环境调控→兽医综合保健→粪便无害化处理→产品深加工与产业化→过腹还田与农业可持续发展。在这个循环的生产体系中，每一个工序（环节）都相互制约，相互影响，缺一不可。

二、生产体系的设计原则

在南江黄羊生产中引入食物链理论，正确应用其法则，用整体论作指导，把南江黄羊生产

作为一个完整的生产体系，在现代科学技术的调控下，用尽可能少的饲草、饲料，在尽可能短的周期内生产尽可能多的产品，以期获得尽可能高的经济效益，并达到或维持尽可能最佳的生态平衡。

在设计南江黄羊生产体系的模式时，要正确应用以下基本原则：

1. 注重营养层次的多少与能量消耗的相互关系

在南江黄羊生产生态工程设计上，切忌盲目，要注意使食物链的低营养级的物质和能量得到最充分的利用，尽早从生态系统中取出产品。这就是说，要满足各阶段南江黄羊的营养需要，发挥其最佳生产性能，缩短生产周期，降低能量的损失，这也是南江黄羊生产体系设计首要考虑的重点问题。

2. 尽量扩大食物链的“源头”第一性生产（植物的）生物量

充分利用一切土地，不仅要尽量扩大饲料（草）种植面积，而且要求饲草料种植的品种齐全，花色俱全，建立多层次、多种类的立体植物群落结构，开发能量转化高的饲料作物。只有丰富了“源”，才能有充足的“流”。

3. 饲养的羊群头数必须与能够提供饲料的总量保持一定的比例关系，使之保持相互间的动态平衡

只有依各地不同草场、饲草料、草山和草地的生态条件设计载畜量，才能取得最佳的经济效益。只有保证羊群有全年均衡的营养供给，才能获得最高的生产力。

4. 依据饲料资源条件，选择适宜的品种和杂交方向为主要组合，以期获得最佳效益

根据饲草、饲料的质量、类型和利用状况，选择适宜的品种、杂交方式和南江黄羊生产方向。

5. 遵循生态地理的原理和原则

南江黄羊生产要因地制宜，选择适宜的生产模式、管理方法和技术体系，不生搬硬套。

6. 用整体论和系统工程观点设计各特定区域和特定目标的模式

将整体、开放系统、数学模型和计算机全面结合，对南江黄羊生产这一整体采用多目标、多因子、多层次、多变量、多方案和多途径的综合分析，提出多种方案（模式），供南江黄羊新生产体系比较和选择。

7. 引入计量营养学原理

所谓计量营养学，是应用系统科学的思维原则和研究方法，以计算机为主要手段来研究动物营养过程的学科。在精确的数量化的基础上实现营养调控目标，以便进行正确的饲养和营养决策，降低生产和管理成本，减少营养消耗量，提高生产力。

学习情境二　南江黄羊的生物学特征

南江黄羊生产，不论是在大群放牧的天然草场上，还是在小群或分散饲养的家庭牧场中，羊群体或个体活动都有一定的规律性。因此，在南江黄羊生产管理中，首先要熟悉和了解自己的羊群在干什么，这些举动是否正常，为什么会出现这些举动，其生理特点如何。只有了解和掌握了南江黄羊的生物学特性、活动模式和行为特点，才能为其提供适合群体或个体习性的各种条件和必备设施，以达到提高实验生产效益的目标。

项目一　南江黄羊的生活习性与行为特点

一、合群性

南江黄羊的合群性较强，这是在长期的进化过程中，为适应生存和繁衍而形成的一种生物学特性。南江黄羊是一种性情温和、缺乏自卫能力、习惯群居栖息、警觉灵敏、觅食力强、适应性广的小反刍动物。羔羊一出生，就具有仿效本能，亲子、老幼之间存在亲和力、仿效性和尾随性强的合群关系。

在自然群体中，南江黄羊头羊多由年龄较大、子女较多的母羊担任。若羊群中出现经常掉队的羊，往往不是有病，就是老、弱，跟不上群。

南江黄羊的行为模式见表 2-1。

表 2-1　南江黄羊的行为模式

行为类型	行为模式
摄　食	游走，觅食，进食，反刍，舔盐，饮水
避　阳	自由走往树下或进入遮阳处所，低头聚堆（热天），相互挨紧（冷天），刨地躺卧
警　觉	抬头察看，对着声响或动作方向竖耳、定睛；嗅闻物体或外来羊只
合　群	协同游走、采食、躺卧；行进中前后相随；遇有障碍，相继直肢腾越而过
争斗、逃跑	前肢刨地，头抵肩推；后退前冲，用头顶撞（绵羊）；后肢起立，用头顶撞（山羊）；成群跑动；呆立（山羊羔）；喷鼻，顿脚
排　泄	排尿姿势：下蹲（母羊），拱腰弯腿（公羊） 排粪姿势：摇尾
母　性	舔吃胎盘和羔羊；哺乳时拱腰，舌舔羔羊尾根部；环绕新生羔羊；母子分开后哞叫

续表

行为类型	行为模式
求　助	羔羊走散时，饥饿、受伤或被捉时哞鸣；离群时哞鸣
性活动（公羊）	求情：跟随母羊，抬肢抓扒母羊；粗声哞叫；嗅闻母羊外阴部；嗅闻母羊尿液，伸颈，上唇翻卷；舌伸出缩回；侧靠母羊，嘴咬母羊被毛；将母羊引离其他公羊 交配：摆尾（较少见），爬跨，后躯冲插动作
性活动（母羊）	求情：擦靠公羊，爬跨公羊（较少见） 交配：站立不动，接受公羊爬跨
嬉　闹	像交配时爬跨其他羊（公、母羊）；像争斗时顶撞对方；像合群时同跑同跳同蹦腾；嬉闹时共同在大石或圆木旁跳上跳下

羊的合群性为放牧和管理提供了方便，可以节约大量的人力和物力，但同时也会给管理带来一定的困难，甚至发生意外事故，如领头羊不慎跌入水中，其他的羊也会随着往下跳，因而可能造成损失。放牧时，应特别加强领头羊的引导、管理和控制。

二、放牧习性

南江黄羊习惯于分散地采食，比较机警、灵敏、活泼好动，并且喜欢登攀。南江黄羊可在大于 60° 的坡地直上直下或在陡峭的悬崖边采食。

南江黄羊羊群每日游走的距离较大，且时间长，在山地放牧时游走的距离更大。此外，南江黄羊在繁殖季节的游走距离大于非繁殖季节。

羊群在放牧场的采食有一定的间歇性。羊吃饱后即开始休息、反刍或游走，过一段时间再采食。日出前和日落前是羊群的采食高峰期，以早晨采食时间为长。所以，放牧羊群必须有一定的时间。

三、采食习性

南江黄羊上唇有裂隙，下颚有切齿，采食时舌不露出口外，靠切齿和上齿的齿龈咬住草株的叶和茎，在头部前伸和向上动作时，将草切断，吃入口内。吃草时，嘴贴地面，张口不大（约 3 cm），便于选择植株和撕断咬住采食部位。羔羊出生后几天就有仿效采食的动作，直到 2 周龄时才开始吃些叶片。

觅食行为，使南江黄羊的进食有一定的选择性。南江黄羊可采食多种植物，但一般选择的植物含氮量较高，粗纤维少，甚至能区分同种植物不同植株的差异。当日粮不平衡，其中缺乏某种必要的营养成分时，南江黄羊有可能减少日常习惯饲草、饲料的采食，而去主动觅食所需要的饲料，优先选择所缺的那些植物。例如：缺少钠盐时，南江黄羊偏食盐分高的植物；在高温环境下，为使体温不升高，采食量减少；在低温环境下，由于热量散失较大，采食量增加，同时也会改变采食的选择性，偏好于含糖量高的食物。南江黄羊生长速度加快的阶段，采食量相应增加；同样，南江黄羊生长速度减缓的阶段，采食量随之下降。个体在生长早期阶段得不到足够的营养，生长减慢；一旦营养供给增多，采食量增加，可以代偿性地补足延缓的生长率，赶上个体应达到的生长水平。如果发育早期营养严重受阻，单有随后的补足营养，个体发育也难以恢复到正常水平。

南江黄羊最喜食柔嫩、多汁、略带咸味或苦味的植物，但凡被践踏、躺卧或粪尿污染的牧草，一般均不采食。与采食习性相伴的饮水行为，也是生后出现的一种本能。当羔羊开始采食固体食物，一两天后即能触发第一次饮水行为的出现。饮水是补足和维持体液平衡的一种手段。放牧羊群习惯在固定的水源处饮水。一天的饮水量因品种、日粮组成、气候和生理状况等不同而有差异。正常情况下，南江黄羊的一天饮水量为 2 ~ 6 kg。外界气温变化对饮水量的影响，正好与采食行为相反：天热时，饮水量增加。缺水的南江黄羊会改变采食行为。

四、喜高燥、厌潮湿

南江黄羊适宜在干燥、凉爽的环境中生活。羊群的放牧地和圈舍，都以高燥为宜。长期在低洼、潮湿的草场上放牧，容易使南江黄羊感染寄生虫和传染病，羊毛品质下降，影响南江黄羊的生长发育。我国南方高温高湿气候环境是影响南江黄羊生存发展的重要原因。

五、抗病能力强

南江黄羊均有较强的抗病能力。只要搞好定期的防疫注射和驱虫工作，给足草、料和饮水，满足其营养需要，南江黄羊是很少生病的。体况良好的南江黄羊对疾病的耐受力较强，病情较轻时一般不表现症状，有的甚至在临死前还能勉强跟群吃草。因此，只有在放牧和舍饲管理中细心观察，才能及时发现生病的南江黄羊。若等到南江黄羊已停止采食或停止反刍时再进行治疗，疗效往往不佳，会给生产带来很大损失。

南江黄羊的抗病能力比绵羊强，患内寄生虫病和腐蹄病的也较少。当草场和圈舍潮湿时，南江黄羊的外寄生虫病较多。

六、适应性广

南江黄羊的适应性，通常指耐粗饲、耐热、耐寒和抗灾度荒等方面的特性。羊群的适应性，受选种目标、生产方式和饲养条件的影响。

1. 耐粗饲性

南江黄羊在极端恶劣的自然环境中，有很强的生存能力，可仅依靠粗劣的干草、秸秆、树木、树枝和树皮等维持生命，最长达 30 d。粗放饲养时，南江黄羊对粗饲草的利用率不如绵羊。

2. 耐热性

南江黄羊有一定的耐热能力。南江黄羊耐热性比绵羊强，在气温高达 37 °C 以上时，仍能继续采食。但当气温较高时，南江黄羊往往停止采食，站立喘息，甚至彼此紧靠在一起，将头部埋入其他羊的腹下。

3. 耐寒性

南江黄羊耐寒性不如绵羊。绵羊，特别是粗毛羊，如蒙古羊、哈萨克羊、西藏羊等，都具有惊人的耐寒性能，当草、料充足时，在 – 30 °C 的环境中仍能放牧和生存。

4. 抗灾度荒能力

南江黄羊对恶劣环境条件和饲料条件的耐受力与南江黄羊的放牧采食能力和南江黄羊的体况有关。一般来说，培育品种的抗灾度荒能力较差。因此，在选用优良品种的同时，必须重视改善羊的饲料和管理条件，以期获得预期的改良效果。

七、母性强

南江黄羊的母性较强。分娩后，母羊会舔干羔羊体表的羊水，并熟悉羔羊的气味。母仔关系一经建立就比较牢固。南江黄羊羔羊通常是需哺乳时才主动寻找母羊，平时则自由玩耍。母羊主要依靠嗅觉来辨认自己的羔羊，并通过叫声来保持母仔之间的联系。母羊对偷奶吃的羔羊表现攻击或躲避行为。

项目二　南江黄羊的消化与生殖生理特征

任务一　南江黄羊的消化生理特性

一、消化系统的解剖

南江黄羊属于反刍动物，消化系统的特征是具有区分为四室的复胃（图 2-1）。复胃由瘤胃、网胃、瓣胃和皱胃组成。前 3 个胃总称前胃，其黏膜无胃腺，不能分泌胃液。皱胃壁黏膜有腺体，其分泌物（胃液）含有酶，功能是将复杂物质进行分解，与单胃动物相同。羊胃的容积较大，南江黄羊约为 16 L，绵羊约为 30 L，其中瘤胃容积最大，占整个胃容积的 78% ~ 85%。

二、瘤胃微生物与消化特点

1. 瘤胃微生物的种类及功能

瘤胃是反刍动物所特有的消化器官，容积大，共生有大量的厌氧性微生物（细菌和原虫），是一个高效且连续接种的活体发酵罐。南江黄羊瘤胃内容物中通常含有原虫 1.0×10^6 个/mL、细菌 1.0×10^{10} 个/mL。

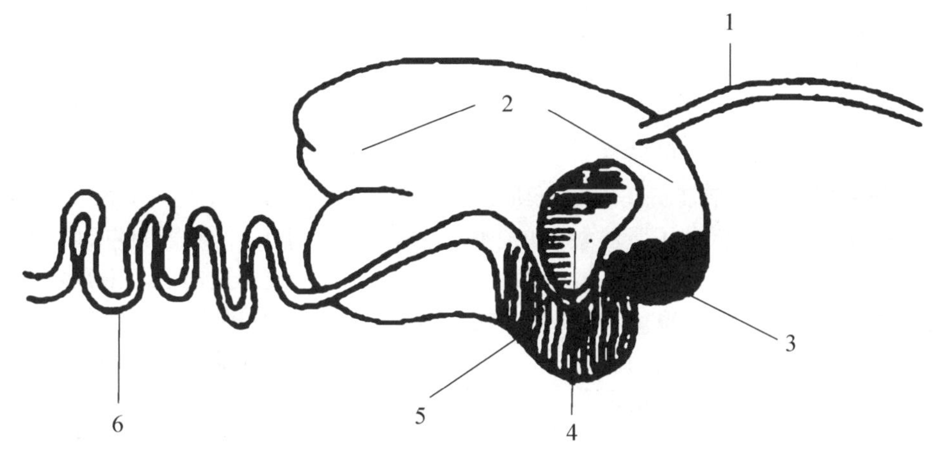

图 2-1　南江黄羊羊的消化系统

1—食道；2—瘤胃（第一胃）；3—网胃（第二胃）；4—瓣胃（第三胃）；5—皱胃（第四胃）；6—小肠

瘤胃中最重要的微生物包括厌气性细菌、原虫和厌气性真菌，其主要生理功能是：

（1）瘤胃细菌。瘤胃细菌种类繁多，按其功能可分为纤维素分解菌、蛋白质分解菌、淀粉分解菌、脂肪分解菌、维生素合成菌、产甲烷菌、产氨菌、利用酸菌和利用糖菌等。

纤维素分解菌：这一类细菌能分泌纤维素分解酶，使纤维性物质产生挥发性脂肪酸，供南江黄羊体利用。在纤维素分解菌的作用下，秸秆和稻草等劣质纤维素饲料被南江黄羊利用。纤维分解菌对 pH 变化很敏感，若瘤胃液中 pH 低于 6.2，将严重抑制纤维素分解菌的生长。最重要的 3 种纤维素分解菌是白色瘤胃球菌、黄色瘤胃球菌和产琥珀酸拟杆菌。

淀粉分解菌：一些纤维分解菌也具有消化淀粉的能力，淀粉分解菌主要有嗜淀粉拟杆菌、解淀粉琥珀酸单胞菌。

产氨菌：这类细菌主要分解蛋白质产生氨气，包括尿瘤胃拟杆菌、反刍兽新月形单胞菌、丁酸弧菌等。

（2）原虫。瘤胃原虫主要有纤毛虫纲和鞭毛虫纲，以前者为主。原虫可利用纤维素，但其主要的发酵底物是淀粉和可溶性糖。内毛虫主要消化淀粉，全毛虫则大量吸收可溶性糖。原虫通过降低瘤胃液内淀粉和可溶性糖浓度，控制瘤胃内挥发性脂肪酸的生成，使瘤胃内 pH 保持恒定。原虫在营养方面也存在副效应，因为原虫主要依靠吞食细菌和真菌来合成自身的蛋白质，使纤维物质的利用率降低；另外，由于原虫体积较大、在瘤胃滞留时间长，大部分原虫在瘤胃中自溶死亡，很少进入真胃和十二指肠被羊体利用。

（3）厌气性真菌。南江黄羊体内主要的一种厌气性真菌是藻红真菌属，它是一种首先侵袭植物纤维结构的瘤胃微生物，能从内部使木质素纤维强度降低，使纤维物质在南江黄羊反刍时易于被破碎，这就为纤维素分解菌在这些碎粒上栖息、繁殖和消化创造了条件。瘤胃真菌也可以发酵半纤维素、木聚糖、淀粉和糖类。

2. 消化机能特点

（1）反刍。反刍是南江黄羊的正常消化生理机能。南江黄羊在短时间内能采食大量的草料，经瘤胃浸软、混合和发酵，随即出现反刍。反刍时，南江黄羊先将食团逆呕到口腔内，反复咀嚼 70 ~ 80 次后再咽入腹中，如此逐一反复进行。南江黄羊每天反刍次数为 8 次左右，逆呕食团约 500 个，每次反刍持续 40 ~ 60 min，有时可达 1.5 ~ 2 h。反刍次数及持续时间与草料种类、品质、调制方法及南江黄羊的体况有关。过度疲劳、患病或受外界的强烈刺激，会造成反刍紊乱或停止，对南江黄羊的健康造成不利影响。

（2）瘤胃消化机能特点。瘤胃的消化是通过微生物来完成的，消化代谢则是通过反刍来调节的。瘤胃微生物对南江黄羊的特殊营养作用，可以概括为以下三个方面：

第一，分解粗纤维。南江黄羊对粗纤维的消化率为 50%～80%（平均 65%），主要依靠瘤胃微生物将粗纤维分解为低分子脂肪酸（如乙酸、丙酸和丁酸等），并经瘤胃壁吸收后进入肝脏，用于合成糖原，提供能量。部分脂肪酸被微生物用来合成氨基酸和蛋白质。南江黄羊昼夜分解粗纤维可生成的脂肪酸可达 500 g，能满足其能量需要的 40%，其中主要是乙酸。

第二，合成菌体蛋白，改善日粮品质。日粮中的含氮化合物在瘤胃微生物作用下，降解为肽，氨基酸和氨是合成菌体蛋白的原料。一部分氨为瘤胃壁吸收后在肝脏合成尿素，大部分尿素可随唾液再进入瘤胃，为微生物再次降解和利用，这就是瘤胃氮素循环，它提高了羊对氮素的利用率。在瘤胃中未被分解的蛋白质（包括菌体蛋白）进入真胃和小肠后，在胃、肠蛋白酶的作用下，被消化吸收。瘤胃发酵不仅改善了日粮的蛋白质结构，也使南江黄羊能有效地利用非蛋白氮（NPN）。

第三，合成维生素。瘤胃微生物在发酵过程中可以合成维生素 B_1、维生素 B_2 和维生素 K。成年南江黄羊一般不会缺乏这几种维生素。

瘤胃微生物在正常情况下可保持较稳定的区系活性，同时区系活性也受饲料种类和品质的影响。突然变换饲料或采食过多精料都会破坏微生物区系活性，引起南江黄羊的消化代谢紊乱。所以，在以粗饲料为主的日粮中添加尿素等喂南江黄羊时，必须保证有一定的能量水平，才能有效地利用日粮中的非蛋白氮。

任务二　南江黄羊生殖生物学特征

繁殖是南江黄羊生产的重要环节。南江黄羊通过繁殖，可增加羊群数量，最大限度地发挥优良种羊的作用，不断扩大再生产，提高商品率。因此，了解和掌握南江黄羊的生殖生物学特性，是应用繁殖生物技术的基础。

一、初情期

母羊生长发育到一定年龄时，第一次表现发情和排卵，这个时期即为初情期，它是母羊性成熟的初级阶段。初情期以前，母羊的生殖道和卵巢增长较慢，不表现性活动和性周期。初情期后，随着第一次发情和排卵，生殖器官的体积和重量迅速增长，性机能也随之发育成熟。

南江黄羊的初情期一般为 4～8 月龄，其表现的迟早与气候、营养密切相关。气候对母羊初情期的影响很大，一般南方母羊的初情期早于北方，早春产的母羔可以在当年秋季配种，而夏、秋季产的则要到第二年秋季才能发情。初情期的出现与体重关系密切，并直接与生殖激素的合成和释放有关。营养良好时，母羊体重增长很快，生殖器官发育正常，初情期表现较早；反之，初情期则推迟。母羊最初发情的体重，为成熟母羊体重的 49%～60%，年龄为 4～10 月龄。

二、性成熟

性成熟是南江黄羊生殖机能的标志。经过初情期的母羊，生殖系统迅速生长发育，并开始具备繁殖能力。母羊的性成熟一般为 5 ~ 10 月龄，体重为成年羊的 40% ~ 60%。性成熟的时间同样受气候和营养等因素的影响。

三、初配适龄

青年母羊的初配年龄，主要取决于体重发育状况。当体重在 60% 以上时，已具备了繁殖生产的能力，可以进行第一次配种。冬季产的羔羊，在发育和营养状况良好的条件下，可以于第二年秋季配种。试验结果表明，8 月龄时体重达到 40 kg 的母羔配种，其母代和子一代到 2 岁时的体重、毛长、繁殖能力等主要生产指标均与到 1.5 岁正常配种的母羊无明显差异。

公羊供作初次交配的年龄为 18 ~ 28 月龄，但也有 10% ~ 15% 的 6 ~ 7 月龄公羔在良好饲养和气候条件下，可以具有较高的繁殖力。

四、发情症状与发情周期

1. 发情症状

母羊达到性成熟后就开始表现一种周期性的性行为。其特殊行为表现主要有三种特征：第一，行为变化。母羊发情时，常常表现兴奋不安，行为异常，食欲下降，有交配欲，愿意接受公羊爬跨和交配。发情早期，性欲表现不明显；发情旺盛期，母羊主动寻找或尾随公羊，公羊爬跨时站立不动；发情晚期，排卵后母羊性欲逐渐减弱，直至发情终止时，拒绝公羊接近和爬跨。第二，生殖道变化。外阴部充血肿大，柔软而松弛。阴道黏膜充血发红，上皮细胞增生。子宫颈开张，子宫黏膜肿胀充血。黏膜的腺体增生，阴道和子宫的分泌物增多，呈透明状，可拉成丝。输卵管的上皮细胞增生，上皮纤毛摆动增强，管腔变大。这一系列的变化，均有利于交配的进行，也有利于精子和卵子的运行和受精。第三，卵巢的变化。卵巢上有卵泡发育，发育成熟的卵泡破裂，卵子排出。

南江黄羊的发情症状及行为表现比绵羊要明显，特别是鸣叫、摇尾、相互爬跨等行为很突出。母羊从开始表现上述症状，到这些症状完全消失为止的时间，称为发情持续期，一般为 26 ~ 42 h。

2. 发情周期

在发情周期中，母羊体内发生一系列的形态和生理变化，根据其特殊的变化，将发情周期分为 4 个阶段，即发情前期、发情期、发情后期和间情期。

（1）发情前期。发情前期为发情准备期。上一周期的黄体消失，卵泡开始发育，血液中的雌激素水平上升，上皮增生，黏膜充血，腺体活动增加。生殖道分泌稀薄的黏液，但母羊没有性欲表现。

（2）发情期。发情期是母羊接受公羊交配的时期。母羊有性欲表现，外阴部呈现充血肿胀，子宫角和子宫体充血，卵泡发育很快。发情前期连同发情期统称为卵泡期。

（3）发情后期。发情后期是母羊排卵后发情症状消退的时期。卵泡破裂排卵后形成黄体，黄体分泌孕酮，血液中孕酮水平上升。生殖器官开始复原，黏膜充血消退。子宫颈口闭缩，分泌物减少，母羊拒绝交配。

（4）间情期。间情期是发情后期的延续，连同发情后期统称为黄体期。母羊受精后，黄体继续存在，发育为妊娠黄体，而未妊母羊的黄体则逐渐退化，转入下一个发情周期的发情前期。南江黄羊正常发情周期的范围平均为 19.53 d。

五、排　卵

排卵是卵泡破裂排出卵子的过程。南江黄羊卵巢的成熟卵泡排卵是自发性的，不受交配影响。排卵时间与发情相关联。南江黄羊一般在发情开始后 30 ~ 36 h 排卵，但有些发情短的母羊可能在发情结束前排卵。正确掌握母羊的排卵时间，直接关系到人工授精的成败。因为排出的卵子只有较短的存活时间，输精时间应当选择在精子到达输卵管部位正是接近排卵的时刻，错过这一机会，则会影响到受胎。

一次发情时，两侧卵巢排卵的比率称为排卵率，其高与低取决于发育为成熟卵泡的数目，决定了母羊所怀胎儿的数量。一般而言，南江黄羊的排卵率高于绵羊。影响排卵率的主要因素有遗传、体况、营养水平、年龄和季节。例如，同群内体重大的母羊排卵多，膘情差的母羊排卵少，甚至不排卵。3 ~ 5 岁的母羊是一生中排卵的最高峰时期。大多数母羊的排卵率从配种季节开始逐渐增加，发情中期达到最高峰，而后逐渐下降。在南江黄羊生产上，利用配种前一个月给母羊补饲高水平的日粮，有助于同期发情并增加排卵数，提高产羔率。

六、繁殖季节

由于南江黄羊的发情周期受光照长度变化的影响，所以母羊的繁殖性能也具有明显的季节性。繁殖季节的长短与年龄、营养、泌乳阶段等有关，南江黄羊一年有 3 ~ 4 个发情周期。

在非繁殖季节的乏情期内，母羊的垂体处于静止状态，分泌到血液中的促性腺激素量极少，不足以刺激卵泡的生长和发育，所以母羊不发情、不排卵。随着繁殖季节的到来，垂体活动逐渐增强，血液中促性腺激素含量升高，刺激了卵泡生长和成熟。在开始的第一、二个周期中，由于黄体尚未成熟，发情期较正常的要短。还有一点需要注意，随着繁殖季节的到来，卵巢活动逐渐加强，血液中促性腺激素缓慢升高，但在一定时间内还不能引起正常发情和排卵，在非繁殖季节与繁殖季节之间出现一个间歇期。此期内母羊对注射促性腺激素人工诱导排卵十分敏感，同样，对公、母混群的“公羊效应”所产生的促排卵刺激也十分敏感。

南江黄羊的发情表现受光照影响的程度没有绵羊明显，所以南江黄羊的繁殖季节比较长，一般无特定的配种期。各地的自然环境条件不同，南江黄羊的发情周期也有差异。

南江黄羊公羊的精子生成和精液品质也有明显的季节性。公羊虽然可常年采精或自然交配，但精液品质的季节性变化必须予以重视。据测定，公羊的精液品质 2 ~ 6 月份较差，秋季为最好。

七、精子在母羊生殖道内的运行

自然交配时，公羊精液可射到阴道前部近子宫颈端。一次射出的精子数目可高达 30 亿，但能够进入子宫颈、子宫和输卵管处的精子仅有极少数，其余的将滞留在阴道内。人工授精时，操作规程要求将精液直接输入子宫颈内，或注入子宫颈深部、子宫内，保证受胎的精子数每头份剂量不低于 3 000 万有效活精子。

精子在子宫颈内的存活率高于阴道内。输精后，仅有一部分精子能很快到达输卵管壶腹部。在母羊生殖道中，子宫颈内壁上的纵褶和沟槽，以及子宫颈与宫颈管的接合部是精子的主要储存库，"精子储库"的主要作用是为继续进入子宫的精子提供一个保护场所，同时也可避免多精子受精。

输精后数小时在输卵管内可找到大量的精子。精子主要依靠子宫和输卵管肌层收缩而完成由输精部位到达受精部位的运行。而这种收缩活动的强弱依赖于母羊激素水平的高低。发情旺盛时，血液中雌激素水平高，致使子宫、输卵管肌收缩、蠕动加强，黏液分泌增多、稀薄，便于精子通过，精子保持活力的时间也可延长。间情期内，母羊体内孕酮占主导地位，它可以降低生殖道肌层收缩，黏液分泌量少而浓稠，妨碍精子的运行。卵巢分泌的雌激素可以刺激子宫收缩。因此，输精时间对母羊施以粗暴动作或惊吓，都有可能影响激素的分泌量，使子宫收缩减弱，干扰精子和卵子的正常运行。

八、受　精

受精是精子和卵子相融合，形成一个新的二倍体细胞——合子，也即胚胎。受精部位在输卵管壶腹部。卵子排出后落入输卵管，借纤毛颤动，沿着输卵管伞部通过漏斗部进入壶腹。卵子在第一极体排出后开始受精。当精子进入卵子时，卵子进行第二次成熟分裂。受精时，精子依次穿透放射冠、透明带和卵黄膜，而后构成雄原核、雌原核。2 个原核同时发育，几小时内体积可达原体积的 20 倍，二者相向移动，彼此接触，体积缩小合并，染色体合为一组，完成受精过程。

公羊精子在子宫和输卵管内保有受精能力的时间为 24 ~ 48 h，卵子在输卵管内保有受精能力的时间为 12 ~ 16 h。在这个时间内完成受精，胚胎发育可能正常；若二者任何一个逾期到达或生存，都很难完成受精，即使受精，胚胎发育也会异常。

受精时，胚胎的性别已经决定。若与卵子结合的精子性染色体是 Y 染色体，则合子将来发育成雄性；若是 X 染色体，则发育成雌性。在随机条件下，出生时公母的比例应当是 1∶1。

九、胚胎发育

卵子受精后，合子开始发育，进入胚胎期。胚胎靠输卵管肌层的收缩及纤毛细胞的作用，迅速沿输卵管下降至子宫，边运行边开始卵裂。第一次卵裂，合子分为 2 个卵裂球；之后，卵裂继续进行，分裂为 4 个、8 个、16 个、32 个细胞的胚胎，由于受透明带的限制，形成桑葚状，故称桑葚胚；受精后 60 ~ 70 h，在细胞团中形成一个充满液体的小腔，即囊胚（或称胚泡）；

囊胚进一步发育，出现内胚层，此时期称为原肠期；直至 8 细胞时，所有的细胞均有相等的发育潜能，这也是合子分割技术得以成功的基础所在。

囊胚进入子宫角后，透明带消失，囊胚变为透明的泡状，称为囊胚泡，胚泡在子宫初期处于游离状态。胚胎于受精后 20 ~ 25 d 附植于子宫内膜表面的突出瘤状结构上，即子宫阜上。以后逐渐与子宫内膜密切接触，发生组织及生理上的联系，此过程称为附植。

发育中的胚胎从输卵管和子宫上皮获取营养，在囊胚阶段主要为子宫乳。当黄体生成的孕酮不足以致敏子宫时，胚胎的附植和营养物的摄取受到影响，此时可能出现胚胎早期死亡。胚胎过早进入子宫，由于孕酮的致敏作用尚未开始，同样会出现胚胎死亡的现象。正常健康的成年母羊，胚胎早期死亡率大致为受精卵的 20% ~ 30%，这一点在生产上常被认为是母羊未受胎。幼龄母羊、老龄母羊中，胚胎死亡率更高。其次，体况不良的母羊或输精期间因受热、惊吓、鞭打等造成的应激，也会有较高的胚胎早期死亡率。所以，母羊配种前后都需要提供营养水平和安静环境。

十、妊 娠

母羊接受自然交配或人工授精，经受精过程和胚胎发育，在母羊体内发育成为羔羊的整个时期称为妊娠期。妊娠期间，母羊的全身状态，特别是生殖器官相应地发生一些生理变化。母羊的妊娠期长短因品质、营养及单、双羔等有所变化。南江黄羊妊娠期平均为 148 d，产羔率在 200% 左右。

妊娠母羊因胚胎的存在，引发了一系列形态和生理变化，可以从体况、生殖器官和体内激素的变化作妊娠诊断的判断依据，各种变化的要点如下。

1. 妊娠母羊的体况变化

（1）妊娠母羊新陈代谢旺盛，食欲增强，消化能力提高。

（2）因胎儿的生长和母体自身体重的增加，妊娠母羊体重明显上升。

（3）妊娠前期因新陈代谢旺盛，母羊营养状况改善，表现为毛色光润，膘肥体壮。妊娠后期则因胎儿剧烈生长的消耗，以及饲养管理较差时，母羊则表现瘦弱。

2. 妊娠母羊生殖器官变化

（1）卵巢。母羊妊娠后，妊娠黄体在卵巢中持续存在，发情周期中断。

（2）子宫。子宫增生，继而生长和扩展，以适应胎儿的生长发育需要。

（3）外生殖器。妊娠初期，阴门紧闭，阴唇收缩，阴道黏膜颜色苍白。随着妊娠时间的进展，阴唇表现水肿，其水肿程度逐渐增加。

3. 妊娠后期母羊体内生殖激素变化

妊娠后，母羊体内的几种主要生殖激素发生变化，内分泌系统协调孕酮的平衡，以维持正常妊娠。主要变化有两点：第一，排卵后颗粒细胞转变为分泌孕酮的黄体细胞，在垂体促黄体素（LH）和释放激素（Groh）的调控下生成黄体；第二，在促性腺激素的作用下，卵巢释放雌激素，通过血液中孕酮与雌激素的浓度控制垂体前叶分泌促卵泡素和促黄体素，从而控制发情。雌激素在维持妊娠中是必需的。

十一、分　娩

母羊将发育成熟的胎儿和胎盘从子宫中排出体外的生理过程称为分娩。

1. 分娩预兆

母羊分娩前，机体的一些器官在组织和形态方面发生了显著变化，母羊的行为也与平时不同，这些变化是适应胎儿的产出和新生羔羊哺乳需要的机体特有反应。根据这些症状可以预测母羊确切的分娩时间，以提前做好接羔方面的准备工作。

（1）乳房变化。妊娠中期乳房开始增大，分娩前 1 ~ 3 d，乳房明显膨大，乳头直立，乳房静脉怒张，手摸有硬肿之感，用手挤时有少量黄色初乳，但个别母羊在分娩之后才能挤下初乳。

（2）外阴部变化。临近分娩时，母羊阴唇逐渐柔软、肿胀，皮肤上皱纹消失，阴门容易开张，有时流出浓稠黏液。

（3）骨盆韧带。骨盆部韧带松弛，肷窝部下陷，以临产前 2 ~ 3 h 最为明显。

（4）行为变化。临近分娩前数小时，母羊表现精神不安，频频转动或起卧，有时用蹄刨地；排尿次数增多，不时回顾腹部；经常独处墙角卧地，四肢伸直努责；放牧母羊常常掉队或卧地休息。

2. 分娩过程

母羊分娩过程以正产的为多，分娩时间一般为 30 ~ 50 min，分娩的过程分为 3 个阶段，即子宫开口期、胎儿产出期和胎盘排出期。分娩时，在努责开始时卧下，由羊膜绒毛膜形成白色、半透明的囊状物至阴门突出，由此到完全分娩出胎儿需 30 ~ 40 min，初产母羊需要 50 min，而胎儿实际娩出的时间仅 4 ~ 8 min。如果超时，羊膜自行破裂，若不及时破裂，应实行人工撕破。

正常分娩的胎位是先露出两前蹄，蹄常向下，接着露出夹在两肢之间的头嘴部，头颅经过外阴后，全躯随之顺利产出。异常胎位的母羊需要人工助产。

胎儿产出后到胎盘完全排出的时一般约为 1.5 ~ 2 h，胎盘不下时间超过 5 h，则需要兽医处理。

十二、泌　乳

母羊分娩后立即开始泌乳，以哺育新生羔羊。在胎儿出生之前，母羊的乳房已在发育，为泌乳做准备。

泌乳包括乳的分泌和排放。在乳腺泡上皮细胞内合成的乳汁从细胞内排至腺泡，腺泡周围的肌上皮细胞受催产素的刺激而收缩，使乳汁排入导管系统。

泌乳一旦发动，就必须经常进行吸吮或挤奶刺激，以刺激发生排乳反射。同时，羔羊哺乳或挤奶的刺激也可以促进促乳素、肾上腺皮质激素的释放，促进泌乳。

母羊泌乳异常时，可采用中药或 TRH（促甲状腺素释放激素）、GH（生长激素）等生殖激素处理，提高其产奶量。

泌乳量自然下降，断奶或停止挤奶时，母羊的乳房会很快复原。

项目三　南江黄羊羔羊的生长发育及消化特点

南江黄羊羔羊在哺乳期的生长发育、消化机能等方面有很多特点，根据这些特点进行科学管理，可达到最佳目标。

一、生长发育特点

1. 生长发育快

从出生到4月龄断奶的哺乳期内，南江黄羊羔羊生长发育迅速，所需要的营养物质相应要多，特别是质好量多的蛋白质。羔羊出生后2 d内体重变化不大，此后的1个月内，生长速度较快。母乳充足，营养好时，出生后2周活重可增加1倍，日增重在300 g以上。生长曲线如图2-2、图2-3。

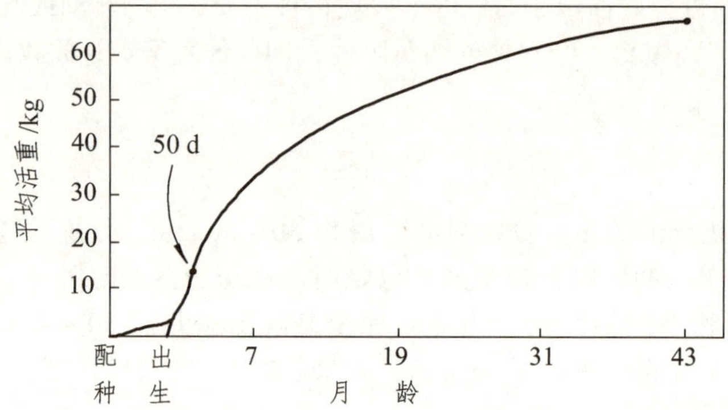

图2-2　母羊生长曲线（以增重表示的母羊生长曲线）

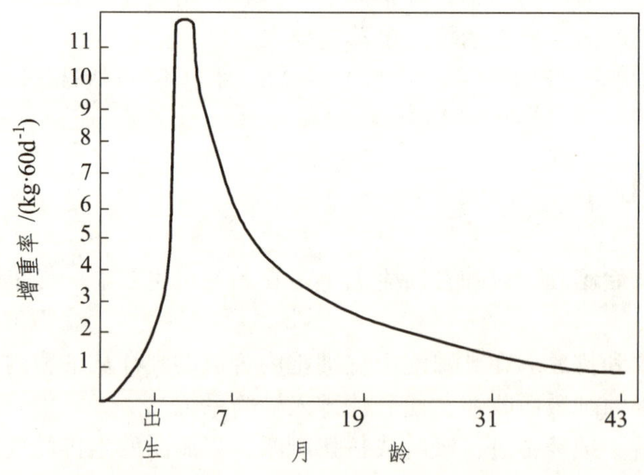

图2-3　母羊生长曲线（以60 d增重率表示的母羊生长曲线）

2. 适应能力差

哺乳期是羔羊由胎生到独立生活的过渡阶段，从母体环境转到自然环境中生活，生存环境发生了根本性的改变。此阶段羔羊的各组织器官的功能尚不健全，如出生 1 ~ 2 周内羔羊调节体温的机能发育不完善，神经反射迟钝，皮肤保护机能差，特别是消化道的黏膜容易受细菌侵袭而发生消化道的疾病。

3. 可塑性强

羔羊在哺乳期可塑性强。外部环境的变化能引起机体相应的变化，容易受外界条件的影响而发生变异，这对羔羊的定向培育具有重要意义。

二、消化特点

羔羊出生后就必须依靠自己摄取的营养物质来维持生命和生长。由于羔羊胃的容积小，瘤胃微生物区系尚未形成，不能发挥瘤胃的应有功能，不能反刍，也不能对食物进行细菌分解和发酵青粗饲料，此时期的胃功能基本上与单胃动物一样，只起到真胃的作用。依据这一特点，对羔羊要喂给营养价值高、纤维素少、体积小、能量和蛋白质水平高、品质好、容易消化的饲料，不能像喂成年羊那样以粗、干饲料为主。羔羊的瘤胃和网胃发育很快，其速度受采食量的影响很大。单一吃奶的羔羊瘤胃和网胃发育处于不完善的状态。开始采食饲料和草料的羔羊，比光吃奶的瘤胃、网胃发育要快。所以，依据这个特点，对羔羊应尽早补喂一些嫩青草、多汁饲料或优质苜蓿干草，促使胃肠道的发育，补饲的时间越早越好，为提高羔羊以后的消化能力打下良好的基础。

三、骨骼、肌肉和脂肪的生长特点

在生长期内，肌肉、骨骼和脂肪这 3 种体内主要组织的比例有相当大的变化。肌肉生长强度与不同部位的功能有关。羔羊出生后要行走活动，腿部肌肉的生长强度大于其他部位的肌肉。胃肌在羔羊采食后才有较快的生长速度。头部、颈部肌肉比背腰部肌肉生长要早。总的来看，羔羊体重达到出生重 4 倍时，主要肌肉的生长过程已超过 50%，断奶时羔羊各部位的肌肉重量分布也近似于成年羊，所不同的只是绝对量小，肌肉占躯体重的比例约为 30%。

脂肪分布于机体的不同部位，包括皮下、肌肉内、肌肉间和脏器脂肪等。皮下脂肪紧贴皮肤，覆盖胴体，含水少而不利于细菌生长，起到保护和防止水分逸失的作用。肌肉内脂肪一般分布在血管和神经周围，起到保护和缓冲的作用。肌肉间脂肪分布在肌纤维束层之间，视胴体的肥瘦可占肉重的 10% ~ 15%。脏器脂肪分布在肾、乳房等脏器周围，食用价值小。脂肪沉积的顺序大致为：出生后先形成肾、肠脂肪，而后生成肌肉脂肪，最后生成皮下脂肪。脏器脂肪作为脂肪储备，具有能量和水分“储库”的作用。肉用品种的脂肪生成于肌肉之间，皮下脂肪生成于腰部。

骨骼是个体发育最早的部分。羔羊出生时的骨骼系统，性状与比例大小基本与成年羊相似，出生后的生长只是长度和宽度上的增大。头骨发育较早，肋骨发育相对较晚。骨重占活重的比例，出生时为 17% ~ 18%，10 月龄时为 5% ~ 6%。羔羊骨骼、肌肉和脂肪生长的曲线如图 2-4、图 2-5，其变化的特点概括如下：

（1）肌肉生长速度最快，大胴体的肉骨比小胴体的要高。

（2）脂肪重量的增长在羔羊阶段呈平稳上升趋势，但胴体重超过 10 kg 时，脂肪沉积速度明显加快。

（3）骨骼重量的增长速度最慢，其重量基础在出生前已经形成，出生后的增长率小于肌肉。

（4）从生长的相对强度看，骨重下降幅度在生长初期大于后期。肉重初期下降，相对平稳一定阶段后继续下降。脂肪重量全期呈上升趋势，而且到后期越加明显。

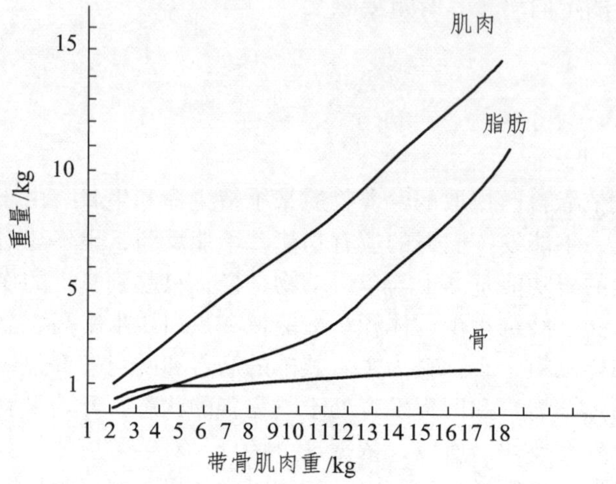

图 2-4　肌肉、骨骼和脂肪的绝对重量生长

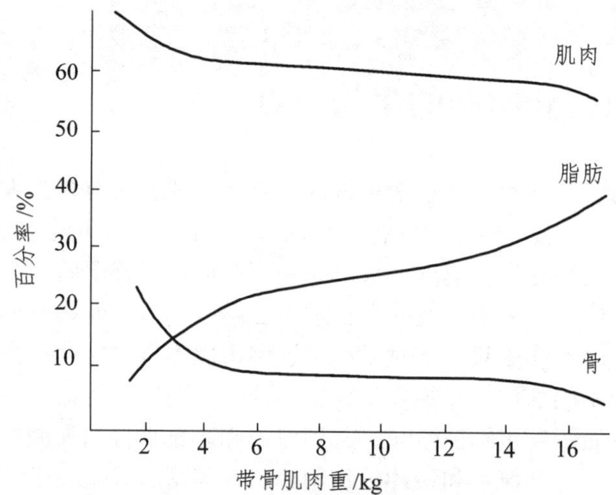

图 2-5　肌肉、骨骼和脂肪的相对重量生长

学习情境三　南江黄羊的营养需要及饲草生产利用

项目一　南江黄羊的营养需要与主要营养物质

任务一　南江黄羊的营养需要与饲养标准

南江黄羊从草、料中获得的营养物质，包括碳水化合物、蛋白质、脂肪、矿物质、维生素和水等，这些成为维持机能、繁殖、生长、肥育、泌乳和产毛等不同生理状况所需的营养。碳水化合物和脂肪主要为南江黄羊提供生存和生产所必需的能量；蛋白质是南江黄羊体生长和组织修复的主要原料，也能提供部分能量；矿物质、维生素和水在调节南江黄羊的生理机能、保障营养物质和代谢产物的传递方面，具有重要作用。

一、维持的营养需要

维持营养需要是指南江黄羊不从事任何生产（包括生长、妊娠、泌乳等），只是维持正常的生命活动，包括维持体温、呼吸、血液循环、内分泌系统正常机能的实现，支持状态、体组织的更新和毛发、蹄角与表皮的消长，以及用于必需的自由活动等情况下，南江黄羊对各种营养物质的最低需要量。

若维持需要得不到满足，南江黄羊就会动用体内储存的养分来弥补亏损，结果产生南江黄羊体重下降和体质衰弱等不良后果。只有当日粮中的能量和蛋白质等营养物质超出南江黄羊的维持需要时，南江黄羊才能维持一定的生产能力。南江黄羊维持需要主要用于基础代谢、随意活动和维持体温恒定。

干乳、空怀母羊和非繁殖季节的成年公羊，大都处于维持饲养状况，对营养的要求不高。南江黄羊的维持需要，与同体重的绵羊相似或略低。

（1）南江黄羊在舍饲的条件下，对各主要营养物质的维持需要量见表 3-1，饲养标准见表 3-2，适用于舍饲、活动少及早期妊娠母羊。

（2）在不同放牧强度下育肥成年山羊的饲养标准见表 3-3。南江黄羊在低活动量条件下，对各主要营养物质的维持需要量见表 3-4，适用于集约化放牧及早期妊娠母羊。

表 3-1　南江黄羊在舍饲情况下维持营养需要（每日每只需要量）

体重/kg	干物质采食量/kg		代谢能/MJ	净能/MJ	粗蛋白/g		钙/g	磷/g	维生素 A /（1000IU）	维生素 D /（1000IU）
	A*	B*			TP	DP				
10	0.28	0.24	2.38	1.34	22	15	1	0.7	0.4	0.084
20	0.48	0.40	4.02	2.26	38	26	1	0.7	0.7	0.144
30	0.65	0.54	5.43	3.05	51	35	2	1.4	0.9	0.195
40	0.78	0.67	6.73	3.81	63	43	2	1.4	1.2	0.243
50	0.95	0.79	7.98	4.52	75	51	3	2.1	1.4	0.285
60	1.09	0.91	9.12	5.15	86	59	3	2.1	1.6	0.327
70	1.23	1.02	10.24	5.77	96	66	4	2.8	1.8	0.357
80	1.26	1.13	11.33	6.40	106	73	4	2.8	1.8	0.369
90	1.48	1.23	12.37	6.99	116	80	4	2.8	2.2	0.480

注：A*为当饲料能量浓度为 8.4 MJ/kg 时的采食量，B*为当饲料能量浓度为 10 MJ/kg 时的采食量。

表 3-2　舍饲育肥成年南江黄羊的饲养标准

体重/kg	消化能/MJ	可消化蛋白质/g	钙/g	磷/g	维生素 A /IU	维生素 D /IU	干物质/kg
30	6.65	3.5	2	1.4	900	195	0.65
40	8.30	48	2	1.4	1 200	243	0.81
50	9.80	51	3	2.1	1 400	285	0.95
60	11.23	59	3	2.1	1 600	327	1.09
70	12.61	66	4	2.8	1 800	369	1.23
80	13.91	73	4	2.8	2 000	408	1.36

表 3-3　不同放牧强度下育肥成年山羊的饲养标准

活动量	体重/kg	消化能/MJ	可消化蛋白质/g	钙/g	磷/g	维生素 A /IU	维生素 D /IU	干物质/kg
活动量较低（集约化经营的草原地区）	30	8.34	43	2	1.4	1 200	243	0.81
	40	10.35	54	3	2.1	1 500	303	1.01
	50	12.23	63	4	2.8	1 800	357	1.19
	60	14.04	73	4	2.8	2 000	408	1.36
	70	15.75	82	5	3.5	2 300	462	1.54
	80	17.43	90	5	3.5	2 600	510	1.70
活动量中等（半干旱丘陵草原地区）	30	9.97	52	3	2.1	1 500	294	0.98
	40	12.44	64	4	2.8	1 800	363	1.21
	50	14.71	76	4	2.8	2 100	429	1.43

续表

活动量	体重/kg	消化能/MJ	可消化蛋白质/g	钙/g	磷/g	维生素 A/IU	维生素 D/IU	干物质/kg
活动量中等（半干旱丘陵草原地区）	60	16.84	87	5	3.5	2 500	492	1.64
	70	18.94	98	6	4.2	2 800	552	1.84
	80	20.87	108	6	4.2	3 000	609	2.08
活动量大（干旱、植被稀少的山区草原地区）	30	11.65	60	3	2.1	1 700	342	1.14
	40	14.50	75	4	2.8	2 100	423	1.41
	50	17.18	89	5	3.5	2 500	501	1.67
	60	19.65	102	6	4.2	2 900	576	1.92
	70	22.08	114	6	4.2	3 200	642	2.14
	80	24.34	126	7	4.9	3 600	711	2.37

表 3-4　南江黄羊在低活动量情况下维持营养需要（每日每只需量）

体重/kg	干物质采食量/kg		代谢能/MJ	净能/MJ	粗蛋白/g		钙/g	磷/g	维生素 A/（1000IU）	维生素 D/（1000IU）
	A*	B*			TP	DP				
10	0.36	0.30	2.97	1.67	27	19	1	0.7	0.5	0.108
20	0.61	0.50	5.02	2.85	46	32	2	1.4	0.9	0.180
30	0.82	0.67	0.67	3.85	62	43	2	1.4	1.2	0.243
40	1.02	0.84	8.45	4.77	77	54	3	2.1	1.5	0.303
50	1.20	0.99	9.96	5.61	91	63	4	2.8	2.0	0.408
60	1.38	1.14	11.42	6.44	105	73	4	2.8	2.0	0.428
70	1.55	1.28	12.84	7.24	118	82	5	3.5	2.3	0.462
80	1.71	1.41	14.18	7.99	130	90	5	3.5	2.6	0.510
90	1.87	1.54	15.48	8.74	140	99	6	4.0	2.8	0.555

（3）南江黄羊在中度活动量条件下，对各主要营养物质的维持需要量见表 3-5，适用于半干旱地区、缓坡丘陵地区及早期妊娠母羊。

表 3-5　南江黄羊在中度活动量情况下维持营养需要（每日每只需量）

体重/kg	干物质采食量/kg		代谢能/MJ	净能/MJ	粗蛋白/g		钙/g	磷/g	维生素 A/（1000IU）	维生素 D/（1000IU）
	A*	B*			TP	DP				
10	0.43	0.36	3.60	2.01	33	23	1	0.7	0.6	0.129
20	0.72	0.60	6.02	3.39	55	38	2	1.4	1.1	0.216
30	0.98	1.81	8.16	4.60	74	52	3	2.1	1.5	0.294
40	1.21	1.01	10.13	5.69	93	64	4	2.8	1.8	0.363
50	1.43	1.19	11.97	6.78	110	76	4	2.8	2.1	0.429
60	1.64	1.37	13.72	7.70	126	87	5	3.5	2.5	0.492
70	1.84	1.53	15.40	8.66	141	98	6	4.2	2.8	0.552
80	2.03	1.69	16.99	8.62	156	108	6	4.2	3.0	0.609
90	2.22	1.85	18.58	10.46	170	118	7	4.9	3.3	0.666

（4）能量的维持需要计算及其控制。

① 南江黄羊活体重 10 ~ 90 kg，饲料能量浓度为 8.36 ~ 10 MJ/kg，设定南江黄羊的能量维持需要为 0.424 MJ × $W^{0.75}$。

② 根据南江黄羊运动量不同，给予不同的维持能量：在全舍饲条件下，给予维持能量；在人工草场放牧条件下，在维持基础上加 25%；在自然草场上放牧条件下，在维持基础上加 75%。

③ 在妊娠后 2 个月，妊娠单羔时，能量需要为 0.741 MJ × $W^{0.75}$；妊娠多羔时，每增加 1 羔，相应增加 20% 的能量。

（5）蛋白质的维持需要及其计算。维持、生长和运动的蛋白质需要是按蛋白质与能量之比估测的，即 1 MJ 维持消化能需 22 g 可消化粗蛋白质。

（6）矿物质的维持需要。目前，已知羊必需的矿物质元素有 15 种，根据羊体比例的大小分常量元素（钙、磷、钠、钾、氯、镁、硫）和微量元素（铁、铜、锰、锌、钴、钼、硒）。在通常情况下，首先考虑钙、磷、钠元素的维持需要。矿物质饲料在维持日粮配比中（以干物质计）占 2% ~ 3%。其中，钙的需要量为日粮干物质的 0.25% ~ 0.30%，并按日粮中钙、磷比为（1.4 ~ 1.5）：1 的配比添加磷。上例中，吸收钙的用量为 2.05 g；磷的用量为 1.36 ~ 1.46 g。

二、生产的营养需要

南江黄羊是肉用羊，其生产过程主要是繁殖（配种、产羔、）和生长（增重、产肉）过程。

1. 生长和育肥的营养需要

（1）生长的营养需要。南江黄羊从出生到 1.5 岁，肌肉、骨骼和各器官组织的发育较快，需要沉积大量的蛋白质和矿物质，尤其是初生至 8 周龄，是羔羊出生后生长发育最快的阶段。对营养需要初生至 8（周龄）较多，主要依靠母乳来满足其营养需；而后期（9 ~ 16 周龄），必须给羔羊单独补饲。哺乳期羔羊的生长发育非常快，每千克增重需母乳约 5 kg。

断奶后，羔羊的日增重略低于哺乳期。在一定饲养和补饲条件下，羔羊 8 月龄的日增重保持在 200 g 左右。南江黄羊的日增重低于绵羊。

南江黄羊增重的可食部分成分主要是蛋白质（肌肉）和脂肪。在不同生理阶段，南江黄羊的蛋白质和脂肪的沉积量是不一样的。例如，体重为 10 kg 时，蛋白质的沉淀量可占增重的 35%，而体重在 50 ~ 60 kg 时，该比例下降为 10%。在羔羊的育成前期，增重速度快，每千克增重的饲料报酬高，成本低。育成后期（8 月龄），南江黄羊的生长发育仍未停止，对日粮的营养需要仍较高，此时的粗蛋白水平应保持在 14% ~ 16%（日采食可消化蛋白质 135 ~ 160 g）。

（2）育肥的营养需要。育肥的目的就是增加羊肉和脂肪等可食部分，改善羊肉品质。羔羊的育肥以增加肌肉为主，而对成年南江黄羊，主要是增加脂肪。因此，成年南江黄羊的育肥对日粮蛋白质要求不高，只要提供充足的能量饲料，就能取得较好的育肥效果。

根据不同的日增重需要增加的营养需要，见表 3-6。

表 3-6　南江黄羊不同日增重的额外营养需要

体重/kg	干物质采食量/kg		代谢能/MJ	净能/MJ	粗蛋白/g		钙/g	磷/g	维生素 A/（1000IU）	维生素 D/（1000IU）
	A*	B*			TP	DP				
50	0.48	0.15	1.51	0.84	14	10	1	0.7	0.3	0.054
100	0.36	0.30	3.01	1.67	28	20	1	0.7	0.5	0.108
150	0.54	0.45	4.52	2.51	42	30	2	1.4	0.8	0.162

由表 3-6 可得出：南江黄羊每增重 1 g，需在维持需要的基础上增加代谢能（ME）30.2 kJ、粗蛋白质 TP 0.28 g、DP 0.2 g、钙 0.01 ~ 0.02 g、磷 0.007 ~ 0.014 g（幼羊应取上限）。

（3）生长及育成羊的饲养标准见表 3-7。

表 3-7　南江黄羊生长及育成羊饲养参考标准（每日每只）

阶段	日增重/g	日采食量		可消化总养分/g	消化能/MJ	粗蛋白质/g	可消化粗蛋白质/g	钙/g	磷/g	食盐/g	维生素 A/国际单位
		干物质/kg	风干物质/kg								
（第一阶段）体重 5 ~ 15 kg	170 ~ 220	0.89	0.01	624	11.52	125	88	4.0	2.8	2 ~ 3	1.60
	120 ~ 170	0.77	0.88	526	9.27	110	78	3.3	2.3	2 ~ 3	1.35
	120 以下	0.65	0.74	429	7.92	96	68	2.6	1.8	2 ~ 3	1.10
（第二阶段）体重 15 ~ 25 kg	110 ~ 140	0.96	1.09	650	12.01	134	94	4.1	2.9	3 ~ 5	1.67
	80 ~ 110	0.89	1.01	529	10.93	125	88	4.0	2.8	3 ~ 5	1.50
	80 以下	0.81	0.92	534	9.85	117	82	3.7	2.6	3 ~ 5	1.28
（第三阶段）体重 25 ~ 40 kg	110 ~ 120	1.20	1.36	812	14.99	157	110	4.8	3.4	4 ~ 8	2.02
	90 ~ 110	1.13	1.28	757	13.97	148	104	4.5	3.2	4 ~ 8	1.96
	90 以下	1.06	1.20	695	12.84	140	98	4.2	3.0	4 ~ 8	1.70

注：① 表中各段等级，一、二、三指标饲养水平对应高、中、低饲养条件。
② 表中风干料，指通常仓储条件下（即含水量 12%）的饲料。

（4）羔羊的育肥标准，见表 3-8、表 3-9。。

表 3-8　羔羊中等速度的育肥标准（7 ~ 11 月龄）

体重/kg	饲料单位/kg	可消化蛋白质/g	盐/g	钙/g	磷/g	胡萝卜素/g
20	0.7 ~ 0.9	75 ~ 100	5 ~ 8	2.5 ~ 3.5	1.9 ~ 2.2	4 ~ 6
30	1.0 ~ 1.15	95 ~ 120	5 ~ 8	3.6 ~ 4.5	2.1 ~ 2.5	5 ~ 7
40	1.3 ~ 1.5	100 ~ 125	5 ~ 8	4.8 ~ 5.6	2.4 ~ 2.8	6 ~ 8
50	1.45 ~ 1.7	115 ~ 130	5 ~ 8	5.0 ~ 6.0	2.7 ~ 3.5	7 ~ 9

表 3-9 羔羊强度育肥标准

月龄	体重/kg	饲料单位/kg	可消化蛋白质/kg	盐/g	钙/g	磷/g	胡萝卜素/g
1	12	0.12	10	—	—	—	—
2	18	0.32	40	3～5	1.4	0.9	4
3	25	0.75	100	2～5	3.0	2.0	5
4	32	1.00	150	3～5	4.0	2.5	7
5	39	1.20	140	5～8	5.0	3.0	8
6	45	1.40	130	5～8	5.2	3.2	9

2. 繁殖母羊的营养需要

母羊的营养需要包括空怀期、妊娠期和哺乳期等生理阶段。

（1）空怀期母羊的营养需要。空怀母羊虽不生产，但必须维持正常的消化、吸收、循环、维持体温等活动，需要一定的维持需要量。在高效南江黄羊生产体系中，对空怀母羊的营养水平要求较高，因为此阶段是一个生理恢复阶段，只有让空怀母羊加速子宫和体况的恢复，这些母羊才能尽快更好地参加高频繁殖。所以，对空怀母羊的饲养标准，应加以修改。

（2）妊娠前期（妊娠 3 个月内）母羊的营养需要。此阶段胎儿生长发育最强烈，胎儿各器官组织的分化和形成大多数在此阶段内完成，但胎儿的增重较少。这一阶段母羊对日粮的营养水平的要求不高，只需在相应维持营养需要的基础上增加日粮（干物质）15%～25%，提供一定数量的优良蛋白质、矿物质和维生素，以满足胎儿生长发育的营养需要。在放牧条件较差的地区，南江黄羊要补喂一定量的混合精料或干草。

（3）妊娠后期（妊娠后 2 个月）母羊的营养需要。此阶段是胎儿和母羊本身增重加快的关键时期，母羊增重的 60% 和胎儿储存蛋白质的 80% 均在这个时期内完成。随着胎儿的生长发育进程，母羊腹腔容积减少，采食量受限，草、料容积过大或水分含量过高，均不能满足母羊对干物质的要求。应给母羊补饲足量的混合精料或优质青干草。

妊娠后期母羊的热能代谢比空怀期高 15%～20%，50 kg 的成年母羊日需可消化蛋白质 90～120 g，钙 8.89 g，磷 4.0 g，钙：磷为（2～2.5）：1。南江黄羊怀孕后期额外的营养需要见表 3-10。

表 3-10 南江黄羊怀孕后期额外的营养需要量

干物质采食量/kg		代谢能/MJ	净能/MJ	粗蛋白/g		钙/g	磷/g	维生素 A /（1000IU）	维生素 D /（1000IU）
A*	B*			TP	DP				
0.71	0.59	5.94	3.34	82	57	2	1.4	1.1	0.213

例如：1 只体重 40 kg 的妊娠后期母羊，在中度活动量的情况下，平均每羊每天需要代谢能为（维持需要 10.13 MJ + 5.94 MJ）16.07 MJ，以能量浓度 10 MJ/kg 的混合日粮（干物质）计，每羊每天需供给量为 1.16 kg，相当于含水分 85% 左右的优质青草 10.7 kg；可消化粗蛋白质（DP）需要量为（维持需要 64 g + 妊娠后期需要 57 g）121 g；可吸收钙的需要量为（维持需要 4 g + 妊娠后期需要 2 g）6 g；磷的需要为（2.8 g + 1.4 g）4.2 g。

（4）哺乳期母羊的营养需要。母羊泌乳量的高低、泌乳期的长短，对羔羊的生长发育和健康有重要影响，母羊产后 4 ~ 6 周，泌乳量达到高峰。羊的乳汁中含有丰富的乳酪素、乳蛋白、乳糖、乳脂和各种维生素。羊奶的营养成分含量、品质等与绵羊相比有一定的差异。羊奶水分高、乳脂低、膻味较大。

羊奶中的酪蛋白、白蛋白、乳脂和乳糖等营养成分，均是饲料中原本不存在的，必须经过乳房合成。所以，当饲料中碳水化合物和蛋白质供应不足时，会影响产奶量，缩短泌乳期。

乳中的矿物质以钙、磷、钾、铁、镁和氯为主。据测定，每千克羊奶中含 0.46 kg 饲料单位的净能、49 g 可消化蛋白、2.8 g 钙和 2.29 g 磷，此外，还含有一定数量的矿物质和微量元素、维生素。所以，对于高产的南江黄羊，仅依靠放牧或补喂干草不能满足产奶的营养需要，必须根据产奶的高低，补喂一定数量的混合精料。补饲精料中的钙、磷含量和比例对产奶量有明显的影响，较合理的钙磷比例为（1.5 ~ 1.7）：1。

维生素 A、D 对南江黄羊的产奶量有明显的影响，必须从日粮中补足，尤其在全舍饲饲养时，给羊补充足够的青绿多汁饲料，有促进产奶的作用。

南江黄羊的泌乳期较长，泌乳前期的营养需要高于后期。哺乳期母羊每羊每天在相应维持营养需要的基础上，增加消化能供应 4.85 MJ、粗蛋白质 68 g、钙 2 g、磷 1.4 g，并在此基础上，每多哺乳 1 羔增加 40% ~ 50%。

例如：1 只体重 40 kg 的母羊生产 2 只羔羊，平均需能量为［维持需要 10.2 MJ + 泌乳需要 4.85 MJ ×（1 + 50%）］17.47 MJ，需要消化能为 11.14 MJ/kg 的日粮（干物质）用量为 1.57 kg；粗蛋白质需要量为［维持需要 54 + 泌乳需要 68 ×（1 + 50%）］156 g，使日粮（干物质）的粗蛋白质占 11.4%，其风干日粮粗蛋白质达到 12.99%。

3. 配种公羊的营养需要

种公羊在配种期间营养需要量大，要根据种公羊的配种强度和采精次数，合理调整日粮的能量和蛋白质水平，应在相应维持营养需要量的基础上增加 60% ~ 80%，并适当提高蛋白质的质量，保证日粮中可消化蛋白质占有较大比例，以保证公羊体质和精液的质量。

公羊的射精量平均为 1.0 mL（0.7 ~ 2.0 mL），每毫升精液所消耗的营养物质约相当于 50 g 可消化蛋白质。例如：1 只舍饲条件下体重 60 kg 的成年公羊，在配种期间消化能需要量为［维持需要 13.82 MJ ×（1 + 60%）］22.11 MJ，需供给含消化能 12.56 MJ/kg 的日粮（干物质）1.76 kg；蛋白质用量应取上限，其粗蛋白质的需要量为［维持需要 105 g ×（1 + 80%）］189 g。

配种结束后，种公羊随即进入非配种期。在此阶段，种公羊的营养水平可相对降低，在相应维持营养需要量的基础上增加 10% ~ 15%，以保持正常的体况，并提高日粮的粗饲料比例。但必须注意两点：第一，配种结束后的最初 1 ~ 2 个月内是种公羊体况恢复时期，此阶段应继续饲喂配种期日粮，同时提供充足的青绿、多汁饲料，待公羊的体况基本恢复后再逐渐改喂非配种期日粮；第二，种公羊日粮不能全部采用干草或秸秆，必须保持一定比例的混合精料，以免造成公羊腹围过大而影响配种，此时供应的混合精料以每日 0.5 ~ 1.0 kg 为宜，同时应尽可能保证一定数量的青绿、多汁饲料。

4. 产毛的营养需要

羊毛纤维是由 18 种氨基酸组成的角化蛋白质，富含硫氨基酸，胱氨酸的含量占角蛋白总量的 9% ~ 14%。瘤胃微生物可利用饲料中的无机硫合成含硫氨基酸，以满足南江黄羊羊毛生长的需要。在南江黄羊日粮干物质中，氮硫比以（5 ~ 10）：1 为宜。

生长羊毛的营养需要，与维持、生长、肥育和繁殖等的营养需要相比，所占比例不大，并低于产奶的营养需要。但是，当日粮的粗蛋白水平低于 5.8% 时，就不能满足南江黄羊羊毛生长的营养需要。羔羊出生前后的营养水平将会对次级毛囊与初级毛囊的比例（S/P）产生较大影响，并对其终身产毛量产生不良作用。成年母羊饲粮中蛋白质和含硫氨基酸不仅影响其产毛量，而且会影响羊毛的细度、强度、弯曲等理化性状。

产毛的能量需要约为维持需要的 10%，铜与羊毛的产量有密切关系。缺铜的羊群除表现贫血、瘦弱和生长受阻外，还会出现羊毛弯曲变浅、被毛粗乱等症状，直接影响到羊毛的产量和品质。

维生素 A 对南江黄羊的羊毛和皮肤健康十分重要。夏秋季一般不存在问题，冬春季则应适当予以补充。对以高粗料日粮或舍饲圈养的南江黄羊羊群，应提供一定量的青绿多汁饲料或青贮饲料，以弥补维生素 A 的不足。

任务二　南江黄羊的主要营养物质及作用

一、水

1. 水是维持南江黄羊生命极其重要的营养物质

构成其机体的成分中以水分最多，约占体重的一半。水是羊体内的主要溶剂，各种营养物质在体内的消化、吸收、运输及代谢等一系列生理活动都需要水。水对体温调节也有重要作用，尤其是在环境温度较高时，通过水的蒸发，保持体温恒定。水也参与维持机体细胞渗透压和体内各种生化反应。

初生羔羊和成年羊身体内含水量分别为 80% 和 50% 左右，羊失去全部脂肪或 50% 蛋白质，仍能存活，若脱水 5% 则食欲减退，脱水 10% 则生理失常，脱水 20% 则可死亡。因此，保证水的供给和饮水卫生，对南江黄羊的健康和生产具有重要意义。

羊的需水量受机体代谢水平、生理阶段、环境温度、体重、生产方向以及饲料组成等诸多因素的影响。羊的生产水平高时需水量大，妊娠和泌乳需水量比空怀母羊的需水量大（约增加 1 倍），环境温度升高需水量增加，采食量大时需水量也大。一般情况下，成年羊的需水量与采食的干物质量呈一定比例关系，接近于（2.5 ~ 3）：1；妊娠母羊要增加对水的需要，产多羔母羊需水量比产单羔母羊多。

2. 环境因素是影响需水量增加的主要因素

一般当气温高于 30 °C 时，南江黄羊需水量明显增加，如天气炎热时，尽管羊奶中含水 80% ~ 88%，初生羔羊以奶为食，仍要额外饮水；低于 10 °C 时，南江黄羊需水量明显减少。在 10 ~ 30 °C，采食 1 kg 干物质需供给 2.1 kg 水；当气温在 30 °C 以上时，采食 1 kg 干物质需供给 2.8 ~ 5.1 kg 水。在适宜环境条件下，饲料干物质采食量与饮水量呈一定比例，采食水分十分丰富的牧草时，饲草中水分含量可能大于其需要量，则可不饮水。食入含粗蛋白质水平高的饲料，则需水量增加；饲料日粮中粗纤维含量增加，因纤维的膨胀、酵解及未消化残渣的排泄，也同样提高需水量。

由于水来源广泛，在生产中人们往往对其重视不够，常因饮水不足引起生产力下降。为达到最佳生产效果，天气温暖时，应给羊每天至少 2 次饮水。

二、蛋白质

1. 蛋白质是细胞的重要组成成分，在南江黄羊生命过程中起着重要作用

如果蛋白质缺乏，南江黄羊就会患营养缺乏症，如幼龄羊、羔羊生长受阻，种公羊精液品质低，妊娠母羊胎儿发育不良，母羊受胎率低，哺乳母羊泌乳量下降，等等。

2. 蛋白质营养问题实质上是氨基酸的营养问题

蛋白质品质的优劣取决于其中各种氨基酸的含量和比例。从生理需要考虑，南江黄羊也有必需氨基酸和非必需氨基酸之分。但南江黄羊的必需氨基酸可由瘤胃微生物合成以满足羊的需要，一般无须由饲料中提供必需氨基酸。但是羔羊由于瘤胃发育不全，瘤胃内没有微生物或微生物合成功能不完善，因此需提供必需氨基酸。

三、碳水化合物

碳水化合物是植物性饲料中最主要的组成部分，约占其干物质重量的 3/4。因其来源丰富、成本低，碳水化合物成为南江黄羊生产中的主要能源，在南江黄羊日粮中占一半以上。它在南江黄羊体内形成体组织，为组织器官必不可少的成分。南江黄羊的呼吸、运动、生长、维持体温等全部生命过程都需要热能，而这些热能的主要来源是碳水化合物。它除供应热能外，还可在体内转化为脂肪。此外，南江黄羊瘤胃中微生物的繁殖及菌体蛋白的合成也受碳水化合物的影响。

四、脂　肪

脂肪是南江黄羊能量来源的一部分，也是能量储存的最好形式；是组成南江黄羊机体组织细胞的重要成分；是脂溶性维生素的溶剂；为南江黄羊特别是羔羊的生长发育提供必需脂肪酸；是构成羊产品如乳、肉的组成成分。

五、矿物质及微量元素

矿物质是南江黄羊营养中的一大类无机营养素。它虽然在南江黄羊体内含量很低，却是南江黄羊生长发育、繁殖、泌乳、育肥不可缺少的物质。南江黄羊在生长和生产过程中，需要许多种类不同且功能各异的矿物质，它们参与体内各种生命活动，是构成体组织器官、调节体内渗透压和酸碱平衡、参与三大有机物质代谢、维持细胞膜渗透性及神经肌肉兴奋性的重要物质，也是体内多种酶的重要组成部分和激活因子。矿物质及微量元素不仅可满足南江黄羊生理的需要，而且还可提高羊的生产力。矿物质营养缺乏或过量都会影响羊的生长发育、繁殖和产品生

产，严重时导致羊的死亡。组成南江黄羊体组织的元素有 26 种以上，如表 3-11 所示。其中：常量元素有钙、磷、钠、钾、镁、硫和氯等 7 种；微量元素有铁、铜、锰、锌、钴、碘、硒、钼、氟、钒、锡、镍、铬、硅、硼、镉、铅、锂和砷等 19 种。使用矿物质元素与其盐类的换算关系如表 3-12 所示。在日常饲养中，12 种矿物质或微量元素比较重要，分述如下。

表 3-11　反刍家畜的矿物质及微量元素含量

主要矿物质元素/%		微量元素/（mg/kg）	
钙（Ca）	1.5	铁（Fe）	20 ~ 80
磷（P）	1.0	锌（Zn）	10 ~ 50
钾（K）	0.2	硒（Se）	1.7
钠（Na）	0.16	铜（Cu）	1 ~ 5
硫（S）	0.15	钼（Mo）	1 ~ 4
镁（Mg）	0.04	锰（Mn）	0.2 ~ 0.5
氯（Cl）	0.001 5	钴（Co）	0.02 ~ 0.1
		碘（I）	0.3 ~ 0.6
		氟（F）	0.01 以下

资料引自 P. N. 威尔逊等著《牛羊饲养新技术》，方国玺等译。

表 3-12　矿物质元素与其盐类相互换算关系

元素	化合物与分子式	元素换算成化合物系数	化合物换算成元素素数
钙	石灰石　$CaCO_3$	2.497	0.400
	磷酸氢钙　$CaHPO_4 \cdot 2H_2O$	4.296	0.233
磷	氧化钙　CaO	1.400	0.715
	磷酸氢钙　$CaHPO_4 \cdot 2H_2O$	5.556	0.180
	磷酸一氢钠　$Na_2HPO_4 \cdot 12H_2O$	11.541	0.086
	磷酸二氢钠　$NaH_2PO_4 \cdot 2H_2O$	4.457	0.224
钠	食盐　NaCl	2.541	0.393
氯	食盐　NaCl	1.648	0.607
硫	石膏　$CaSO_4 \cdot 2H_2O$	5.369	0.186
铁	硫酸亚铁　$FeSO_4 \cdot 7H_2O$	4.979	0.201
	氯化铁　$FeCl_3 \cdot 6H_2O$	4.841	0.207
铜	硫酸铜　$CuSO_4 \cdot 5H_2O$	3.928	0.255
	氯化铜　$CuCl_2 \cdot 2H_2O$	2.683	0.373
锌	硫酸锌　$ZnSO_4 \cdot 7H_2O$	4.396	0.227
	氯化锌　$ZnCl_2$	2.085	0.480
锰	硫酸锰　$MnSO_4 \cdot 7H_2O$	5.045	0.198
	高锰酸钾　$KMnO_4$	2.859	0.347
钴	硫酸钴　$CoSO_4 \cdot 7H_2O$	4.767	0.209
	氯化钴　$CoCl_2 \cdot 6H_2O$	4.038	0.248
碘	碘化钾　KI	1.308	0.746

1. 钠和氯

钠和氯是维持渗透压、调节酸碱平衡、控制水代谢的主要元素。此外，氯还参与胃液盐酸形成，而盐酸有使胃蛋白酶活化的功能。

植物性饲料中钠和氯的含量较少，而南江黄羊是以植物性饲料为主的，故常感不足。补饲食盐是对南江黄羊补充钠和氯最普通有效的方法；食盐对羊很有吸引力，在自由采食的情况下常常超过羊的实际需要量。一般认为在日粮干物质中添加 0.5% 的食盐即可满足羊对钠和氯的需要量。

2. 钙和磷

钙、磷是南江黄羊体内含量最多的矿物质元素，占总量的 70% ~ 75%，是形成骨骼和牙齿的主要成分，对于南江黄羊骨骼的生长发育具有重要作用。少量钙存在于血清及软组织中，少量磷以核蛋白形式存在于细胞核中和以磷脂的形式存在于细胞膜中。

钙和磷的消化与吸收关系极为密切，饲料中正常的钙磷比例应为 1∶1 ~ 2∶1。日粮中钙镁的含量对磷的吸收率影响很大，高钙、高镁不利于磷的吸收。大量研究表明，在放牧条件下，南江黄羊很少发生钙、磷缺乏，这可能与南江黄羊喜欢采食含钙、磷较多的植物有关。在舍饲条件下，如以粗饲料为主，应注意补充磷；以精饲料为主则应注意补充钙。哺乳中的南江黄羊由于奶中的钙、磷含量较高，产奶且奶相对于体重的比例较大，所以应特别注意钙和磷的补充，如长期供应不足，将造成体内钙、磷储存严重降低，最终导致熔骨症。

生长期缺钙或磷不足，羔羊会患佝偻病，并伴有生长缓慢、食欲减退等症状；成年南江黄羊则会造成软骨病、骨质疏松，甚至瘫痪。给妊娠后期和哺乳期母羊补喂钙、磷，对胎儿和羔羊的生长发育有利。供给过量，由于影响其他矿物元素的吸收以及抑制瘤胃微生物的生长繁殖，对南江黄羊也是有害的。

特别应当注意的是，幼龄南江黄羊对磷的利用率比成年南江黄羊要高，如羔羊对磷酸钙的利用率为 90%，而成年羊仅为 55%。配制妊娠后期和哺乳期母羊的日粮时，应当考虑这一因素。

3. 镁

镁是骨骼和牙齿的成分之一，是体内许多酶系统的重要成分，参与蛋白质的分解和合成，是一种重要的活化剂，并与钙、磷代谢有密切联系，具有维持神经系统正常功能的作用。缺镁是引起羊代谢失调，发生强直病（也称青草抽搐症）的主要原因。该病常发生在羊产羔后第一个月泌乳高峰期或哺乳双羔的母羊，症状是走路蹒跚，肌肉抽搐，伴随剧烈痉挛，几小时后死亡。由低镁引起搐搦的羔羊可以用它的腿在硬地伸展使身体倒向一侧，互相更换休息；嘴吐泡沫，流涎过多并导致其死亡。但慢性症状不易鉴别，往往出现食欲减退、掉膘等症状。

通过测定血清含量可以鉴定羊是否缺镁。正常情况下，南江黄羊血清中镁的含量为 1.8 ~ 3.2 mg/mL，如果降低到 1.0 mg/mL 以下，常常出现上述临床症状。由于羊对嫩绿青草中镁的利用率较低，因此，在早春，当哺乳母羊可开始在青草地上放牧时常发生。

治疗羊缺镁病，可皮下注射硫酸镁药剂；以放牧为主的羊，可以对牧草施镁肥而防治缺镁。

4. 硫

硫是羊必需矿物质元素之一。羊毛（绒）纤维的主要成分是角蛋白，角蛋白中含硫量比较集中，大部分硫以胱氨酸形式存在，少部分以半胱氨酸和蛋氨酸形式存在，其中胱氨酸占全部氨基酸的11%～13%，净毛含硫量为2.7%～5.4%。羊毛（绒）越细，含硫量越多。此外，硫还参与氨基酸、维生素和激素的代谢，具有促进瘤胃微生物生长的作用。无论有机硫还是无机硫，被羊采食后均降解成硫化物，然后合成含硫氨基酸。然而硫在常见牧草和一般饲料中含量较低，仅为毛纤维含硫量的1/10左右。在放牧和舍饲情况下，天然饲料含硫量均不能满足羊毛（绒）最大生长需要。因此，硫成为羊毛纤维生长的主要限制因素。大量研究表明，补充含硫氨基酸可显著提高羊毛产量和毛的含硫量，产毛量高的群体对硫元素更敏感。羊硫的需要量为日粮干物质的0.14%～0.26%，适宜日粮氮硫比例为10：1（NRC，1985）。

近年来，国内外对山羊进行了一些硫的营养研究。Qi等（1992）报道，日粮不同含硫量对阿尔卑奶山羊的影响，当硫含量分别占日粮干物质的0.16%、0.26%和0.36%时，山羊的采食量、乳脂率、4%标准乳中的含量不受日粮含硫量的影响。对绒山羊，当日粮含硫量由0.15%，分别提高到0.18%、0.22%、0.28%时，试验表明，日粮含硫量提高不影响家畜的采食量和体重生长，硫的沉积及消化率呈线形增加，以日粮硫含量0.22%，氮硫比为7.39：1时，效果最好（王绷等，1999）。

虽然硫对南江黄羊羊毛的产量和品质有直接影响，但在生产中，硫的缺乏较少发生，但当以氨化秸秆等含有大量非蛋白氮的日粮为主饲喂养时，必须补充一定的硫，否则瘤胃中氮与硫的比例不当，满足不了瘤胃微生物合成菌体蛋白的需要，不能被瘤胃微生物有效利用。南江黄羊硫缺乏的症状与蛋白质缺乏相似，也会引起食欲丧失、增重以及羊毛生长速度降低、羊毛质量下降。此外，硫缺乏时还会出现唾液分泌增加、多泪和脱毛。严重时会消瘦直至死亡。但日粮中硫过多，也会干扰其他矿物质的代谢。

5. 钾

钾的主要功能是维持体内渗透压和酸碱平衡。在一般情况下，饲料中的钾可以满足羊的需要。羊对钾的需要量为饲料干物质的0.5%～0.8%。

6. 铁

铁在体内主要存在于血细胞内，与造血机能有关，主要参与血红蛋白的形成，铁也是多种氧化酶和细胞色素酶的成分。

一般情况下，由于牧草中铁的含量较高，放牧羊不易发生缺铁，哺乳羔羊和饲养在漏缝地板上的舍饲羊易发生缺铁。铁对哺乳期羔羊的营养尤为重要，因为母乳中铁的含量很低，一般不能满足羔羊生长发育的需要。在母羊的日粮中加铁，不会使母乳中的含铁量增加。对羔羊早期补饲或补铁，能有效地预防贫血症的发生。

缺铁的典型症状是贫血，还会出现生长缓慢、嗜眠症、呼吸速率增加、对传染病的抵抗力降低等症状。

NRC（1985）认为，每千克日粮干物含30 mg铁，即可满足各种羊对铁的需要量。

7. 锌

锌是体内多种酶（如碳酸酐酶、羧肽酶）和激素（胰岛素、胰高血糖素）的组成成分，对羊的皮肤及上皮细胞的正常发育和羊毛的生长有重要作用，在维持公羊睾丸的正常发育和精子发生、正常生成中也具有重要作用。

锌缺乏时，羊主要症状是食欲降低和生长率下降，其他症状还有皮肤变厚，出现角化症，被毛粗糙、散乱、掉落。严重缺锌时，种公羊繁殖机能下降、精子畸形，公羊睾丸萎缩，母羊繁殖力下降甚至不孕，仅用维生素 E 治疗不能完全消除锌的影响。缺锌也使生长羔羊的采食量下降，降低机体对营养物质的利用率，增加氮和硫的尿排出量。一般情况下，羊可根据日粮含锌量的多少而调节锌的吸收率，当日粮含锌少时，吸收率迅速增加并减少体内锌的排出。

锌与许多矿物质元素有拮抗作用：高钙日粮会造成锌缺乏；锌过量时，会降低羊对铜和铁的吸收与利用。

NRL 推荐的锌需要量为 20 ~ 33 mg/kg 干物质，也有人推荐羊日粮的最佳锌含量为 50 mg/kg 饲料干物质。

8. 铜和钼

铜是血浆蛋白和一些酶的重要成分，有催化红细胞和血红素形成作用，与羊毛的生长关系密切，也参与羊毛纤维颜色的形成，是黄嘌呤氧化酶及硝酸还原酶的组成成分。由于铜和钼的吸收和代谢密切相关，因此，常把二者放在一起讨论。

日粮中钼和硫的浓度影响铜的吸收，因为钼和硫可与铜形成不溶性复合物，草料含钼过高时，会造成缺铜症。通过在日粮中加钼，可使症状得到缓解。每千克干物质中钼含量在 5 ~ 20 mg 时，对南江黄羊的健康有害。日粮中锌、铁和钙含量也影响铜的吸收，当这些元素在日粮中的含量高时，铜的吸收率下降。不同品种的羊对铜的代谢不同。因此，不同品种羊表现铜缺乏和中毒时血液和肝脏中铜含量亦不相同。

羊对铜的吸收主要在大肠内完成（其他动物多在小肠上吸收）。羊对铜的需要量主要受两个方面因素的影响：首先是肝脏中铜的储存量对铜的需要量有很强的调节作用；其次是铜的可用性，受铜的化学形式、饲料、羊的年龄等因素的影响。羔羊对铜的利用率低于 10%，铜有时与钴和铁同时缺乏。

南江黄羊对铜的耐受力很差。每千克饲料干物质含 10 mg 铜就能满足羊的各种需要，当超过 20 mg 时，就会发生中毒。

由于羊对钼的需要量很小，一般情况下不易缺乏，但当日粮中含较多铜和硫时可能导致钼缺乏，当日粮铜和硫含量太低时又容易出现钼中毒。

羊缺铜现象报道得较多，初生羔羊出现共济失调、贫血或骨骼变形造成骨折或蹒跚跛行是羔羊缺铜的典型症状。成年羊缺铜时，羊毛变粗糙，羊毛弯曲、强度、对染料的亲和力及弹性变差。黑毛色羊缺铜的早期症状是因缺少色素，羊毛呈灰白色，羊毛生长速度和品质降低。此外，贫血、腹泻、骨骼关节异常和不孕也与铜缺乏有关。

初生羔羊容易发生铜缺乏，导致运动失调。预防羊缺铜可补饲硫酸铜或对草地施含铜的肥料。羊饲料中铜和钼的适宜比例应为（6 ~ 10）：10。

9. 锰

锰对羊的骨骼、肌肉的发育和繁殖机能具有重要影响。很少有由于缺锰影响骨骼生长的报道。在实验室条件下，早期断奶羔羊和长期饲喂日粮干物质中含 1 mg/kg 锰的饲料，可观察到骨骼畸形发育现象，造成羊的关节变形。

缺锰导致羊繁殖力下降的现象在养羊实践中常有发生，长期饲喂锰含量低于 8 mg/kg 的日粮，导致青年母羊初情期推迟，受胎困难，受胎率降低，妊娠母羊流产率提高，羔羊性比例不平衡，公羔比例增大而且母羔死亡率高于公羔。公羊缺锰时，发生睾丸退化，甚至不孕。日粮中钙、磷比例失调或含量过高时，会降低对锰的利用率，影响羊对锰的需求量。长期、大量饲喂青贮饲料或某些含锰很低的单一植物时，易发生锰缺乏症。对成年羊而言，羊毛中锰含量对饲料锰供给量很敏感。因此，羊毛中锰含量可作为羊锰营养状况的指标。

NRC 认为，饲料中锰含量达到 20 mg/kg 时，即可满足各阶段羊对锰的需求。

10. 钴

钴参与血红素和红细胞的形成。钴对于牛、羊等反刍动物还有特别的意义，钴是瘤胃微生物合成维生素的原料，它对瘤胃微生物分解纤维素有促进作用，对瘤胃蛋白质的合成及尿素酶的活性也有较大影响。钴缺乏直接影响维生素 B_{12} 合成量，引起维生素缺乏症。

血液及肝脏中钴的含量可作为羊体是否缺钴的标志，血清中钴含量 0.25 ~ 0.30 μg/L 为缺钴的界限，若低于 0.20 μg/L 为严重缺钴。正常情况下，羊鲜肝脏钴含量为 0.19 μg/L。羊缺钴时表现为食欲减退，异食癖，精神不振，生长受阻，饲料利用率低，成年羊严重消瘦，体重下降，贫血，繁殖力、泌乳量和产毛量降低，羊毛干燥，且易折短和脱落。严重缺钴时，会阻碍羊对饲料的正常消化，造成妊娠羊流产，青年羊死亡。缺钴可通过口服或注射维生素 B_{12} 来补充，也可用氧化钴制成钴丸，使其在瘤胃中缓慢释放，达到补钴的目的。

当钴缺乏时，每千克日粮干物质含钴 0.11 mg 就可满足南江黄羊的需要，低于 0.08 mg 会表现缺钴，而超过 3 mg 会造成钴中毒。生长期的羊对钴的需要量略高于成年羊。

11. 硒

硒是谷胱甘肽过氧化酶发挥活性所必需的微量元素，硒还是细菌许多酶发挥活性的必需元素。因此，硒对瘤胃微生物的蛋白质合成有促进作用。研究表明，硒还参与体内碘代谢（呙于明，1992），硒是体内一些脱碘酶的重要组成部分，脱碘酶的活性受硒营养水平的调节，缺硒时则失去活性或活性降低。脱碘酶的作用是使三碘甲状腺原氨酸转化为甲状腺素，而甲状腺素是动物体内一种很重要的激素，它调节许多酶的活性，影响动物的生长发育。因此，人、畜如处于硒、碘双重缺乏状态，单纯补碘可能收效甚微，还必须保证硒的供给。研究还表明硒也与动物冷应激状态下产热代谢有关，缺硒的动物在冷应激状态下产热能力降低，这势必影响新生家畜抵御寒冷的能力，这对我国北方寒冷地区，特别是牧区提高羔羊成活率有重要指导意义。

缺硒有明显的地域性，常和土壤中硒的含量有关。当土壤含硒量在 0.1 mg/kg 以下时，羊即表现为硒缺乏；以日粮干物质计算，每千克日粮中硒含量超过 4 mg 时即引起羊硒中毒。

世界上很多地方都有缺硒的报道。正常情况下，缺硒与维生素 E 的缺乏有关，硒与维生素 E 一样有很强的抗氧化作用，缺硒对羔羊生长有严重影响，会引起肌肉萎缩，表现为白肌病，此病多发生在羔羊出生后 2 ~ 8 周龄，羔羊生长缓慢，死亡率也很高。缺硒也影响母羊的繁殖能力。我国许多省区的天然草场严重缺硒，羔羊白肌病的发病率和死亡率都比较高。在生产中，在缺硒地区，为羊提供含硒的盐砖，具有一定的防治效果。给母羊注射 1% 亚硒酸钠 1 mL，羔羊出生后，注射 0.5 mL 亚硒酸钠可预防此病发生。

硒过量引起硒中毒，大多数情况下是慢性积累的结果。羊长期采食硒含量超过 4 mg/kg 的牧草，将严重危害羊的健康。一般情况下硒中毒会使羊出现眼毛、蹄溃烂、繁殖力下降等症状。

12. 碘

碘是形成甲状腺素必不可少的元素，必须由饲草、饲料中供给。

碘是甲状腺素的成分，主要参与体内物质代谢过程。碘缺乏表现为明显的地域性，如我国新疆南部、陕西南部和山西东南部等部分地区缺碘，其土壤、牧草和饮水中的碘含量较低。同其他家畜一样，羊缺碘时，初生羔羊表现为甲状腺肿大、衰弱、无毛、生长缓慢，成年羊甲状腺外观变化很小，但羊毛质量下降、产毛量低、繁殖性能降低。正常成年羊血清中碘含量为 3 ~ 4 mg/100 mL，低于此数值是缺碘的标志。在缺碘地区，给羊舔食含碘的食盐可有效预防缺碘。

碘的吸收与日粮中钴的含量有关，缺钴会影响碘的吸收。某些饲草，如白三叶、甘蓝、油菜籽等，含有促甲状腺素，对碘的吸收有拮抗作用，用这些饲草、饲料喂羊时，应注意补碘。

一般推荐的碘含量为每千克干物质中 0.15 mg。

13. 氟

当草料或饮水中氟含量较高时，可造成羊的氟中毒，主要表现为骨质疏松、增厚，牙齿缺损、脱落，皮毛粗糙，等等。羔羊对氟的耐受力高于母羊。在我国，氟的主要问题是含量过多。

六、维生素

维生素是南江黄羊健康、生长发育、繁殖后代和维持生命所必需的重要营养物质。它虽不是形成机体各种组织器官的原料和能源物质，但它以辅酶和催化剂的形式广泛参与体内代谢的各种化学反应，从而保证机体组织器官和细胞的正常功能，维持健康和各种生产活动。维生素的生理功能、缺乏症和主要来源见表 3-13。

表 3-13　维生素的生理功能、缺乏症和主要来源

维生素名称	特　征	生理功能	缺乏症	主要来源
A	植物含有胡萝卜素，动物可将其转化为维生素 A	维持上皮组织的健全与完整，维持正常视觉，促进生长发育	干眼病、夜盲症、上皮组织角化，抗病力弱，生产性能降低	青绿饲料、胡萝卜、黄玉米、鱼肝油
D	结晶的维生素 D 比较稳定，晒太阳少时易缺乏	促进钙、磷吸收与骨骼形成	幼畜佝偻病，成年家畜骨质疏松症	日光照射在体内合成，鱼肝油合成的维生素 D_2 和 D_3
E	对酸、热稳定，对碱不稳定，易氧化	维持正常生殖机能，防止肌肉萎缩，抗氧化	肌肉营养不良或白肌病，生殖机能障碍	植物油、青绿饲料、小麦胚合成维生素 E
K	耐热，易被光、碱破坏	维持血液的正常凝固	凝血时间延长	青绿饲料合成维生素 K

南江黄羊营养中所需要的维生素主要是维生素 A、维生素 D、维生素 E 和维生素 K_1、维生素 K_2，其他维生素一般可以通过南江黄羊自身合成，而不需补加到日粮中。

1. 维生素 A

维生素 A 的生理功能主要有保护上皮组织，尤其是保护黏膜和维持视力正常，以及提高个体的繁殖和免疫功能，调节碳水化合物代谢和脂肪代谢，促进生长，等等。缺乏时，南江黄羊会出现生长迟缓、骨骼畸形、生殖器官退化、夜盲症、脑脊髓压力增高和吸收、消化、生殖、泌尿和视觉等器官上皮角化，有时会出现羔羊软弱、畸形和死胎。

南江黄羊对胡萝卜素或维生素A的最低需要量是每日每千克体重68 μg 胡萝卜素或46 国际单位的维生素A。妊娠后期和哺乳母羊应酌情增加，达到每千克体重125 μg 胡萝卜素或84国际单位维生素。哺乳6~8周的带双羔母羊，每千克体重应达到147 μg 胡萝卜素或98国际单位的维生素A。

2. 维生素D

维生素D的主要功能是调节钙、磷代谢，直接影响骨的形成，可以防止羔羊佝偻病和成年羊骨软化症。哺乳羔羊需要的维生素D，可从母乳中获得，摄入量可以满足其生理需要。因此，饲喂母羊的日粮中应有足够的维生素D。植物性饲料中，曝晒的饲草中含有丰富的维生素D，青绿饲草、种子及其加工副产品中含量较少。除早期断奶羔羊外，各类南江黄羊对维生素的需要量是每日每千克体重5.6国际单位，早期断奶羔羊每千克体重6.6国际单位。

3. 维生素E

维生素E与生殖有密切关系，同时具有抗氧化和保护细胞膜的作用。羔羊白肌病是缺乏维生素E的典型症状，其他症状还有肢体僵硬，尤其在后肢。患羊病重体弱，有时并发肺炎，不吃奶，心力衰竭。在南江黄羊体内，硒与维生素E有着密切关系，治疗时一般采用肌肉注射硒与维生素E合剂。

植物性饲料中，小麦胚、脱水苜蓿、优质豆科干草和一些青绿饲草中含有丰富的维生素E。

日粮中维生素E的建议剂量：每千克干物质中应含维生素E，活重4.5 kg以下的羔羊20国际单位，4.5 kg以上的羔羊和妊娠母羊15国际单位。

羔羊育肥时必须补充维生素E，因为常用日粮中的玉米、豆饼和苜蓿干草中维生素E含量可能偏低。另外，由于维生素E经口腔到达小肠前损失破坏达42%，造成已配好育肥日粮中维生素E的不足，不补充则可造成维生素E的缺乏。

4. 维生素K

维生素K为脂溶性维生素，是血液凝固过程中必不可少的物质。除了饲料单一外，南江黄羊一般不会缺乏维生素K。

项目二　南江黄羊常用的饲草饲料资源及其利用

任务一　南江黄羊常用的饲草饲料资源

一、粗饲料

粗饲料是指粗纤维含量大于或等于18%、含水量小于60%、能量价值低的饲料，主要特点是：粗纤维含量高，为 25%～45%；可消化营养成分低；有机物消化率低；质地粗硬，适口性差。粗饲料资源丰富，分布广泛，通常作为羊饲料的基础饲料，在饲料中所占的比例在 50% 以上，主要包括干草类、农副产品类、树叶、糟渣类。

1. 青干草与草粉类

青干草是牧草或其他青绿饲料在未结籽实前，将茎叶干燥（自然晒干或人工干燥）制成的粗饲料（图 3-1）。干草是青绿饲料贮存和利用的方式之一，是牧区和半牧区畜养羊业发展的主要物质基础。仍保持青绿颜色，制备良好的干草，称为青干草。优质干草颜色青绿、叶量丰富、质地柔软、气味芳香，适口性好；优质干草中蛋白质、维生素和矿物质含量较高，是草食家畜冬春季必不可少的饲草。

（a）制作好的干草

（b）包装后的干草

图 3-1　干草

草粉的原料主要是紫花苜蓿、三叶草、槐叶粉等优质豆科牧草以及豆科与禾本科混播的牧草，经干燥至水分含量为 13%～15% 时，用粉碎机粉碎得到的产品。

2. 农副产品类

农副产品类主要是农作物的秸秆、农作物籽实的夹和壳等，见图 3-2。

（a）稻草

（b）玉米秸

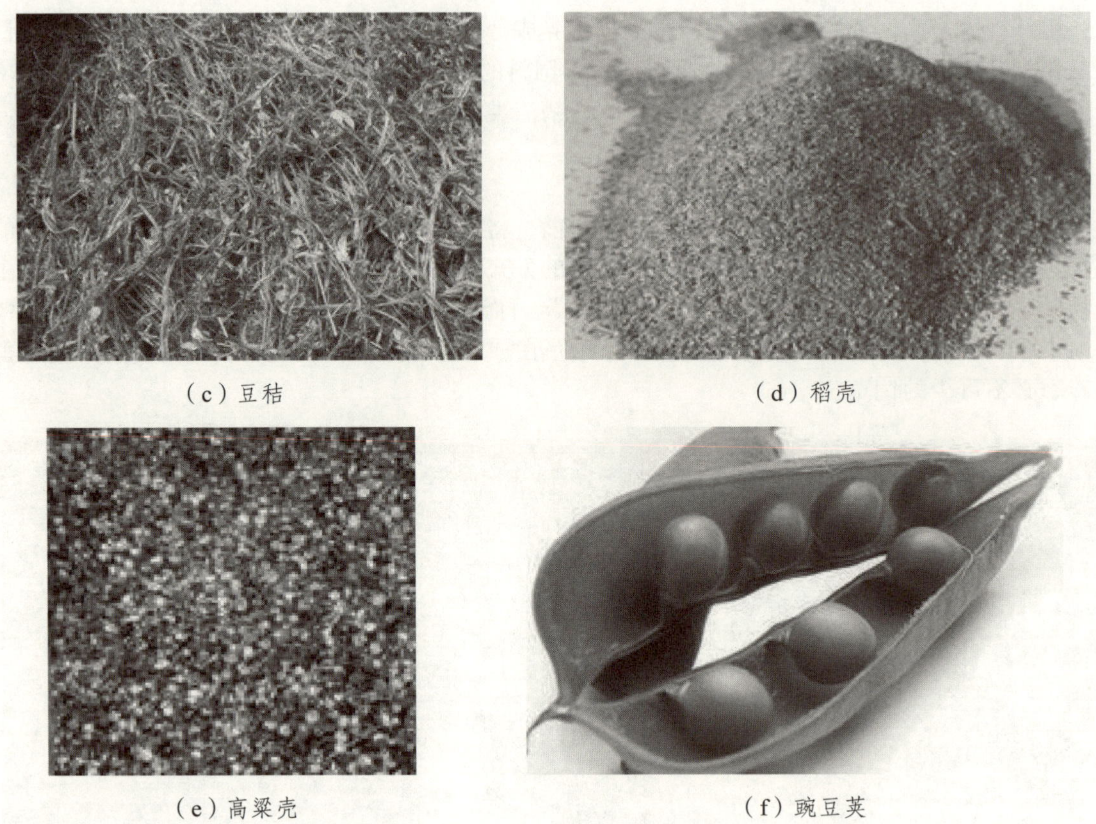

（c）豆秸 （d）稻壳

（e）高粱壳 （f）豌豆荚

图 3-2 常见农副产品类粗饲料

（1）秸秆饲料。常用的秸秆饲料包括稻草、麦秸、玉米秸、花生藤、红苕藤、豆秸、高粱秸等。

玉米秸：粗蛋白质含量为 6% ~ 8%，粗脂肪在 1.2% ~ 2.0%。粗纤维为 25% ~ 30%，钙为 0.39%，磷为 0.23%。其茎的上部和叶片营养价值较高，羊喜爱采食。

稻草：蛋白质含量 3% ~ 5%；粗脂肪在 1% 左右；粗纤维 35%；粗灰分含量高，约为 17%，多为硅酸盐；钙磷含量低。南江黄羊对其的消化率在 50% 左右。

豆秸：包括大豆、豌豆、胡豆、蚕豆秸等，其叶片大部分脱落，秸秆含木质素较高，质地坚硬，作为羊饲料时可将其粉碎与精料混饲效果较好。其粗蛋白质和消化率较禾本科秸秆高。

麦秸难消化，是质量较差的粗饲料，包括小麦、大麦、燕麦秸。小麦秸含有硅酸盐和蜡质，适口性差，营养价值低；大麦秸适口性较好。

常见秸秆的营养成分见表 3-14。

（2）秕壳饲料。秕壳壳饲料是农作物籽实脱壳后的副产品，常见的有谷壳、花生壳、豆壳等。一般秕壳的营养价值高于稿秆。

豆荚类：无氮浸出物（NFE）含量为 42% ~ 50%，粗纤维为 33% ~ 40%，粗蛋白为 5% ~ 10%，适于南江黄羊。

谷类皮壳：包括稻壳、小麦壳、大麦壳、高粱壳等，营养价值不如豆荚类。

秕壳饲料的营养成分见表 3-15。

（3）其他：花生壳、玉米芯、玉米苞叶等。

表 3-14　常见秸秆的营养成分与营养价值（占 DM）　（单位：MJ/kg，%）

饲　料	产奶净能	增重净能	消化能	粗蛋白质	粗纤维	钙	磷
稻　草	3.6 ~ 4.4	0.2 ~ 0.5	7.3	2.7 ~ 3.8	28.0 ~ 35.0	0.08 ~ 0.16	0.04 ~ 0.06
玉米秸	6.1 ~ 6.4	3.1 ~ 3.5		6.5	24.0 ~ 28.0	0.43	0.25
小麦秸	3.4	0.4	6.2	3.1 ~ 5.0	35.6 ~ 44.7	0.06 ~ 0.28	0.03 ~ 0.07
大麦秸	2.9 ~ 4.4	1.4	8.2	5.5 ~ 6.1	35.5 ~ 38.2	0.06 ~ 0.15	0.02 ~ 0.07
燕麦秸	7.73	1.8	—	7.5	28.4	0.18	0.01
谷　草	4.30	1.2	8.3	5.0	35.9	0.37	0.03
高粱秸	4.56	1.55	8.08	3.9	35.6	—	—
大豆秸	2.9 ~ 3.0	—	8.20	5.1 ~ 9.8	48 ~ 54	1.33	0.22
豌豆秸	4.1	1.0 ~ 1.2	8.20	16.4	—	—	—
花生秸	5.0 ~ 5.6	2.1	—	12.0 ~ 14.3	24.6 ~ 32.4	2.69	0.04
甘薯藤	4.60	1.6	—	9.2	32.4	1.76	0.13

表 3-15　常见秕壳饲料的营养成分　（单位：MJ/kg，%）

类　别	干物质	粗蛋白质	粗脂肪	粗纤维	无氮浸出物	粗灰分	消化能		钙	磷
							牛	绵羊		
稻　壳	92.4	2.8	0.8	41.1	29.3	18.4	1.84	2.64	0.08	0.07
小麦壳	92.6	5.1	1.5	29.8	39.5	16.7	6.82	6.15	0.20	0.14
大麦壳	93.2	7.4	2.1	22.1	55.3	6.3	10.04	10.33	—	—
荞麦壳	87.8	3.0	0.8	42.6	40.0	1.4	2.68	2.55	0.26	0.02
高粱壳	88.3	3.8	0.5	31.4	37.6	15.0	—	—	—	—
花生壳	91.5	6.6	1.2	59.8	19.5	4.4	3.10	3.97	0.25	0.06
油菜壳	87.7	3.1	4.7	36.9	36.8	6.2	—	—	—	—
棉籽壳	90.9	4.0	1.4	44.9	38.0	2.6	8.70	7.24	0.13	0.06
玉米芯	89.8	2.8	0.7	31.1	53.6	1.6	8.28	8.28	0.11	0.04
玉米包叶	88.6	3.3	0.8	29.3	52.0	3.2	8.87	9.67	0.16	0.13

3. 高纤维糟渣类

高纤维糟渣类为谷物工业加工后副产品。常见的有酒糟、甜菜渣（图 3-3），此外，还有醋糟、酱油糟、豆渣、粉渣、玉米面筋、药渣和甘蔗渣等。

（a）酒糟

（b）甜菜渣

图 3-3 高纤维糟渣类

4. 林业饲料

林业饲料资源主要包括树叶、树籽、嫩枝和木材加工副产物。

树叶根据形态可分为针叶和阔叶两种。一般青绿树叶为青绿饲料，干树叶为粗饲料，常见的有槐树叶、松树叶和杨树叶（图 3-4）等，此外，针叶还有云杉、侧柏和木麻黄等。阔叶还有柳树叶、胡枝子、羊柴、银合欢、合欢、苹果、梨、杏、柿、柑橘、泡桐、梧桐和木橦等。

（a）槐树叶

（b）松针

（c）杨树叶

图 3-4 干树叶

籽实类如橡籽、棒籽、漆树籽、楝籽、棕榈籽、橡胶籽等，仅橡籽在我国就有400余种，几乎遍布全国。

二、青绿多汁饲料

青绿饲料以富含叶绿素而得名。按干物质计，青绿饲料蛋白质含量高，禾本科牧草含蛋白质13%～15%，豆科牧草含蛋白质18%～24%；消化能较低，为8.37～12.25 MJ/kg。青绿饲料还富含维生素，钙磷比例适宜，是一种营养比较平衡的饲料。另外，它还含有酶、激素、有机酸等有助于消化的物质，使羊对青绿饲料的消化率为75%～85%。

青绿饲料的种类很多，主要包括天然野草、田间杂草、人工栽培牧草、青饲作物、叶菜类、非淀粉质、根茎瓜类、水生植物及树叶类等，青饲料可以作为羊唯一的饲料来源而不影响其生产力。豆科青绿饲料含蛋白质高，如苜蓿干物质中含粗蛋白质20%左右，是玉米所含蛋白质的1.5倍，燕麸与蛋白质含量（19.42%）相当，是供给蛋白质的主要牧草。

1. 天然牧草

我国天然草地的植被组成中约有牧草15 000种，以禾本科、豆科居多（图3-5）。牧草根据饲用价值分为禾本科牧草、豆科牧草、莎草科牧草、杂类草类；据株丛形状和植株高度可分为上繁草、下繁草、半上繁草；根据分蘖特性和营养繁殖方式分为根茎型、根蘖型、疏丛型、密丛型、根茎-疏丛型、匍匐型、鳞茎型、根颈型、莲座型、攀缘茎型等；根据对水分的需求分为湿生牧草、旱生牧草和中生牧草等。

（a）牧场的天然牧草

（b）干制的天然牧草

图3-5 天然牧草

2. 栽培牧草

栽培牧草是人工播种栽培的牧草，是发展羊业的基础工作，其种类很多，但以产量高、营养好的豆科和禾本科牧草为主。豆科牧草主要有苜蓿、红三叶、白三叶、草木樨、沙打旺、紫云英、野豌豆等；禾本科牧草有黑麦草、苏丹草、皇竹草、高丹草、墨西哥玉米、鸭茅、无芒雀麦、苇状羊茅、饲用玉米等。豆科青绿饲料含蛋白质高，如苜蓿干物质中含粗蛋白质20%左右，是玉米所含蛋白质的1.5倍，与燕麦麸蛋白质含量（19.42%）相当，是供给蛋白质的主要牧草。

禾本科青绿饲料富含碳水化合物。青绿饲料是羊所需多种维生素和无机盐的主要来源，它含有较多的维生素 C、维生素 E、维生素 K 及无机盐等。

（1）常见的豆科牧草。常见的豆科牧草见图 3-6。

紫花苜蓿茎叶

紫花苜蓿的花

（a）紫花苜蓿

白花三叶草

红花三叶草

（b）三叶草

草木樨

草木樨的花

（c）草木樨

紫云英

紫云英的花

（d）紫云英

沙打旺

沙打旺的花

（e）沙打旺及其花

图 3-6　常见的豆科牧草

（2）常见禾本科牧草。常见的禾本科牧草见图 3-7。

皇竹草

高丹草

饲用高粱　墨西哥玉米

黑麦草　无芒雀麦

羊草　苏丹草

大针茅　结缕草

图 3-7　常见禾本科牧草

3. 青刈农作物

青刈农作物是指农田栽培的农作物或饲料作物在结实前或结实期刈割作为青绿饲料使用。常见的青绿饲料有青刈玉米、青刈大麦、青刈大豆和青刈蚕豆等，见图 3-8。

刈玉米　　青刈大麦

青刈大豆　　青刈蚕豆

图 3-8　常见青刈农作物

4. 叶菜类

叶菜种类很多，主要有作为饲料专用的阔叶植物、树叶和蔬菜等，见图 3-9。

聚合草

苦荬菜

苋菜

高杆菠菜（鲁梅克斯）

菊苣

串叶松香草

甘蓝

甜菜

甘薯藤

槐树叶

桑树叶

松针

图 3-9　常见叶菜类青绿饲料

5. 块根块茎类饲料

块根块茎类饲料又称多汁饲料，它的特点是水分含量高、干物质含量少、粗纤维含量低、含维生素较多、质脆鲜美、适口性好、消化率高，主要包括胡萝卜、白萝卜、红薯等块根饲料和瓜类饲料，见图 3-10。胡萝卜、甘薯、木薯含胡萝卜素较多，南瓜含核黄素较多，这类饲料是南江黄羊在冬春季节不可缺少的饲料。

胡萝卜

南瓜

图 3-10　常见的非淀粉根茎瓜类

三、青贮饲料

青贮饲料是指在青贮容器中的厌氧条件下经过发酵处理的饲料产品，更确切地说，是在厌氧条件下经过乳酸菌发酵调制保存的青绿多汁饲料。新鲜的和萎蔫的或者是半干的青绿饲料，在密闭条件下利用青贮原料表面上附着的乳酸菌的发酵作用，或者在外来添加剂的作用下促进或抑制微生物发酵，使青贮 pH 下降而保存的饲料叫作青贮饲料。青贮的基本目的是贮存青绿饲料以减少动物所需营养物质的损失。

青贮饲料在南江黄羊生产上有重要意义。一是青贮饲料营养损失较少。在饲料青贮过程中，其营养物质的损失一般不超过 15%，尤其是粗蛋白质和胡萝卜素的损失很少。如甘薯藤青贮时，每 100 g 干物质中含有胡萝卜素 9.49 mg，与新鲜甘薯藤每 100 g 干物质中含胡萝卜素 7.59 ~

10.30 mg 的量接近，如果晒制干草，那么每 100 g 干物质所含的胡萝卜素只剩下 0.25 mg，损失达 90%。二是青贮饲料适口性好，消化率高。牧草及饲料作物经过青贮后可以很好地保持饲料青绿时期的鲜嫩汁液，质地柔软，并且产生大量的乳酸和少部分醋酸，具有酸甜清香味，从而提高了适口性。有些植物如菊苣、向日葵茎叶和一些蒿类植物风干后，具有特殊气味，而经青贮发酵后，异味消失，适口性增强。青贮饲料的能量、蛋白质消化率与同类干草相比均高，并且青贮饲料干物质中的可消化粗蛋白质（DCP）、可消化总养分（TDN）和消化能（DE）含量也较高。三是扩大饲料来源，有利于羊业集约化经营。玉米秸、高粱秸等农作物秸秆都是很好的饲料来源，但是它们质地粗硬、利用率低，如能适时抢收并进行青贮，则可成为柔软多汁的青贮饲料。羊不喜欢采食或不能采食的野草、野菜、树叶等无毒青绿植物，经过青贮发酵，也可以变成其喜食的饲料。青贮饲料所占空间比干草小得多，1 m^3 青贮饲料的重量为 450 ~ 700 kg，其中含干物质 150 kg，而 1 m^3 干草重仅 70 kg，含干物质 60 kg。

四、精饲料

精饲料主要是指禾本科作物、豆科作物、豆科作物加工的副产品（如玉米、高粱、大豆、蚕豆、麸皮、米糠、棉子饼、豆饼等）和一些动物性饲料以及矿物质、添加剂饲料。精饲料具有可消化营养物质含量高、体积小、水分少、粗纤维含量低和消化率高等特点。精饲料是肉用羊的必需饲料，特别是冬春缺草时节更是必不可少的饲料。精饲料的种类很多，根据所含营养成分不同分为能量饲料和蛋白质饲料。

能量饲料是指干物质中粗纤维含量低于 18%、粗蛋白含量低于 20% 的饲料，包括：禾本科籽实，即玉米、大麦、高粱、燕麦、谷子等；糠麸类，即谷麦加工后的副产物，包括麸皮、米糠等。能量饲料大多含蛋白质较少，因此，在配羊日粮时要搭配蛋白质饲料，补充钙和维生素。

蛋白质饲料是指粗蛋白含量在 20% 以上、粗纤维含量在 18% 以下的饲料，包括：一是豆类籽实及其加工副产品饼粕、糟渣，如大豆饼粕、花生饼粕、棉子饼粕、菜子饼粕；二是鱼类、肉类及乳品加工副产品，但根据中华人民共和国农业行业标准《无公害食品肉羊饲养饲料使用准则》（NY 5150—2002），不应在肉羊特别是育肥期的饲料中添加除蛋、乳外的动物源性饲料；三是单细胞蛋白质饲料，如酵母和某些原生物所获得的蛋白质，考虑到该类饲料的适口性和安全性，一般在精料中的比例不超过 5%；四是非蛋白氮饲料，指尿素、双缩脲及某些铵盐等化合物。

其他矿物质、添加剂饲料主要补充矿物质和维生素不足，常用的有食盐、贝壳粉、蛋壳粉、骨粉以及微量元素和维生素添加剂等。

任务二　南江黄羊对饲料的利用

一、南江黄羊饲料的特点

南江黄羊消化系统的特殊性，决定了其对饲料利用的特点。

1. 能充分利用青粗饲料和农副产品

瘤胃中琥珀酸类杆菌、溶纤丁酸弧菌、瘤胃球菌属等细菌能分泌酶类，将饲草中纤维素和半纤维素分解为挥发性脂肪酸，被南江黄羊吸收利用。南江黄羊对粗纤维的消化率为 50%～90%，远远高于其他家畜。

2. 能有效利用非蛋白氮

青贮饲料中含有大量的非蛋白氮（10%～30%），特别是在幼嫩青绿饲料中，非蛋白氮占总氮量的 1/3，能被瘤胃微生物用来合成微生物蛋白质。瘤胃微生物还能将尿素等非蛋白氮化合物转化为微生物蛋白，这些微生物蛋白进入真胃和小肠后被吸收。尿素可以由工业大量生产，成本低廉，每千克尿素的含氮量相当于 5～8 kg 饼粕类饲料的含氮量。补充尿素是南江黄羊和其他反刍家畜的蛋白质饲料开发的有效途径之一。

3. 瘤胃发酵机制改变了南江黄羊对饲料中蛋白质利用的方式

饲草、饲料采食后必须首先经过瘤胃发酵作用，所以南江黄羊对其中的蛋白质利用不同于单胃家畜。反刍动物对饲草、饲料中蛋白质的吸收利用主要经过两种途径：第一种途径是由微生物蛋白获得，即饲草、饲料在瘤胃微生物参与发酵过程中，部分饲料蛋白被降解为含氮化合物，微生物利用它先形成菌体蛋白，随后随食糜进入真胃和小肠内消化吸收，其中细菌的粗蛋白含量为 58%～77%，原虫的蛋白质为 24%～49%，瘤胃微生物蛋白质生物学价值较高，消化率达 74%，各种氨基酸很高，含有南江黄羊的全部必需氨基酸，各种氨基酸的组成比大多数植物蛋白质要好。第二种途径是由饲含有养料的草、饲料中直接获得，这部分饲料蛋白未被瘤胃微生物发酵降解，进入真胃和小肠直接被羊吸收利用。

根据以上特点，生产力水平较低的南江黄羊可喂给一般饲料，使其经过瘤胃发酵转化成微生物蛋白，就可满足其需要。生产力水平较高的南江黄羊，日粮中大量优质饲料蛋白质首先被瘤胃微生物降解和转化，会造成损失浪费。目前，国内外采用的过瘤胃的饲料加工技术，可减少日粮中优质蛋白质在瘤胃中被微生物降解，直接进入真胃和小肠被吸收利用。

4. 瘤胃微生物具有合成 B 族维生素和维生素 K 的能力

南江黄羊的瘤胃微生物可以合成 B 族维生素，包括核黄素、硫胺素、泛酸、烟酸、吡哆醇、生物素、叶酸、胆碱和钴素，以及维生素 K。合成量可以满足其营养需要。

5. 瘤胃发酵作用造成一部分能量的损失

饲料在瘤胃发酵过程中可造成部分的能量损失浪费，是由于瘤胃微生物的增殖、生长消耗了饲料的能量。瘤胃发酵过程中产生二氧化碳、甲烷、氢、氮、硫化氢等气体，造成能量损失的主要是甲烷，通过嗳气排出体外，南江黄羊每日通过暖气排出约 30 L 气体，损失的消化能占 8%～18%。

二、南江黄羊饲草的利用方式

饲草是南江黄羊的主要饲料来源，一般利用饲草的方式有三种，即刈割利用、收储利用、放牧利用。刈割利用是指将豆科牧草在花前期或盛花期，禾本科牧草在抽穗期到开花期收割后，通过切短等物理方式处理后直接给羊饲喂的方式。收储利用是指对收割的牧草按饲草制作和储存的方式进行物理、化学、微生物性处理后储存，在枯草季节饲喂羊只。放牧利用是指羊只直接到草地自由采食利用牧草的方式。

任务三　南江黄羊优质饲草高产生产体系的建设与利用

一、建立优质饲草高产生产体系的指导思想

在南江黄羊高效生产体系中，优质饲草的高产生产作为该体系的“重中之重”，是第一位的环节。从生态学的食物链理论出发，这是食物链的“源头”。只有加大发掘、扩大和开源的力度，才能有充足的“流”，南江黄羊高效生产的基础才能牢固，也才能真正实现可持续高速发展。所以，应当从战略高度充分认识优质饲草高产栽培的重要地位和重大意义。

在以依靠天然草场放牧的传统养羊生产中，气候、草场面积是决定养羊业发展的第一位条件，也是制约养羊生产发展的首要因素，在这种条件下养羊生产始终处于被动地位。那种“夏壮、秋肥、冬瘦、春死”的生产格局，主导了我国许多牧区的养羊生产，不扭转这种局面，养羊业就无法从根本意义上摆脱困境。而在广大农区，由于我国具有人多、地少的基本国情，大规模发展高效养羊业也是举步维艰。羊肉消费市场主要集中在大中城市，能否将南江黄羊养殖作为城市畜牧业的组成部分，在城市附近大量生产，取决于如何解决养羊生产需要的大量质优价廉的饲草问题。从以上分析可见，优质饲草高产是养羊生产的“龙头”，是其他所有问题的“症结”，必须下大力气狠抓。

过去，畜牧业从属于农业，占农业总产值的比例较低，农业给畜牧业提供的种植饲草的土地基本上是以改良土壤、倒茬或新垦土地为主，没有拿出稳产高产田为南江黄羊生产种植饲草。从经济角度和经济利益上考虑，这种决策不失其正确性的一面，但同时也制约了南江黄羊养殖的发展。土地条件差，饲草的生产成本高，效益必定大减，再加上南江黄羊养殖本身的生产潜力未得到发挥，最终的结果只能是南江黄羊生产的“恶性循环”，农牧结合的设想始终是“空想”。实行南江黄羊高效生产体系，首先从南江黄羊生产本身挖掘潜力，提高生产效益，为农业提供大量的优质有机粪肥，南江黄羊生产立足于自身建立能满足其饲草需求的稳产高产田；其次，南江黄羊生产利用农作物秸秆和农副产品，实现“过腹还田”。稳产高产田的建立，提高了单位面积产量，南江黄羊生产用地总量减少，生产效应整体提高，整个农业产业和农业经济才能有机、协调结合，持续发展。

综观世界畜牧业的发展趋势，可以清楚地看到，近几十年来，畜牧业逐渐摆脱从属于农业的地位，正在向商品畜牧业方向转化，在农业经济中的地位正逐渐上升。

我们必须从支撑这个体系的支点入手，确实加强和重视基础建设，即加强饲草、饲料基地的建设，从根本上改变南江黄羊生产“靠天吃饭”的局面，使南江黄羊生产走上健康、可持续发展的轨道。由此提出建立优质饲草高产生产体系的指导思想是：选择适宜于本地生态条件的优质饲草品种，建立稳产高产栽培模式，对饲草品种的要求首先必须是高产，第二必须是优质，两种要求必须同时具备。在南江黄羊高效生产体系中，饲草供应的主渠道首先应当是充分利用极少量的优良土地，种植优质高产的饲草，满足养羊需要的 75% ~ 85%；其次才是利用农作物

秸秆，开发非常规饲料资源，实现多层次的利用。南江黄羊生产依靠建立的优质饲草高产体系，给南江黄羊生产者提出了两个方面的要求：第一，从饲草利用角度出发，重点是饲草的品质优良，利用率高，数量充足，能发挥羊的最大生产潜力；第二，从饲草生产角度出发，重点是饲草的高产栽培，在充分满足生产高产饲草的土、肥、水、种等基础条件的前提下，发挥土地的最大生产潜力，生产比常规土地多出几倍甚至几十倍的植物产品，最大限度地降低生产饲草的生产成本。

建立了优质饲草高产生产体系，就可以从根本上解决长期困扰南江黄羊生产的“饲草不足，季节性供应不平衡，饲草营养价值低和生产成本高”的老大难问题，逐步迈向南江黄羊高效生产的发展方向。采用“优质饲草高效生产体系”，使占南江黄羊生产成本 60% 的饲草从“源头”上降低了费用，饲草质量的提高进而又使南江黄羊生产效益大幅度提高，成为新的经济增长点，成为农业的支撑产业。

二、优质饲草高产生产体系的建设和利用

南江黄羊优质饲草高产生产体系的建设与利用必须按照“依托自然草场、发展人工种植、配套饲草加工、适度精料补充”的思路，着力构建“原料充足、保障有力、生态环保、永续利用”的草料供给体系。南江黄羊作为肉山羊，既能利用天然的灌木草场，又能利用人工优质草场。对于天然的灌木草场主要是以面积定载羊量，不能过度放牧，并注意定期轮换。对于人工草场，根据饲养量定种植面积，为提高养羊效益，以刈割和收储两种方式来利用。现主要介绍人工长效草场的建设和利用方法。

1. 土地选择

所选土地要有较高的肥力。有部分养殖户认为：种草随便用地即可，因草在任何地方都可生长。其实这是错误的。建人工长效草场要根据不同的饲草品种，选择不同的土壤，一般以轻壤土或砂壤土为佳，要求沙土厚度不低于 30 cm，质地疏松，有机质和腐殖质含量高，蓄肥、保肥能力和保水、供水、排水、供氧能力强，土壤卫生，无病虫害，不存在重金属等有害物质。

2. 水质的要求

浇灌用水标准应执行国家农田灌溉水质标准。尽量用地下水，不能用城市污水、工业废水、地面水。

3. 草种选择

草种要选择适应性强，特别是选择接近本地气候或直接由本地培育驯化的草种；要适宜于栽植地方的温度条件和旱涝季节要求，有良好的越冬越夏适宜性；选择多年生耐混播品种，并根据混播要求把上繁型和下繁型草互相搭配，还应考虑禾本科、豆科牧草混播。作刈割用的混播草地，其利用年限为 4 ~ 7 年，甚至更长，这种草以中等寿命的上繁疏丛型禾草和主根型豆科草为主，并为得到头两年的稳定产量，混播中应有一定比例的一年生牧草和根茎型上繁草。同时应选择再生能力强、耐刈割，播种期最好能与大田作物播种期分开和耐粗放管理的品种。

4. 种植方式

一是推广带状种植，即将两种以上的饲料作物按一定幅宽条带状种植，主要特点是带有比较固定的行数、行距和幅宽，优点是充分利用边行优势，发挥密植增产作用。同时在一定带内也可考虑混播方式，利用时分行刈割，能体现相互的边际效应。二是推广最少耕作法（免耕法），只在操作行上进行表土耕作，以备播种，行间不进行表土耕作；利用残槎覆盖地面使用特定播种手段或特制免耕播种机，只进行播种耕作，播前播后不进行其他耕作。据报道，良好的免耕措施比传统耕作法 9% 坡度的粉砂壤土减少 90% 的水土流失。

5. 种植模式

（1）沿江河谷地带的混作模式。可选择的草种为我的篁竹草、苏丹草、多年生黑麦草、牛鞭草、红豆草、三叶草。根据地势要求，在平行江河的开阔地带，以免耕法穴植经过育苗畦上已生根的篁竹草，按行穴距 90 cm × 70 cm 栽植成 360 cm 的宽带，栽前应作定植灌溉和施肥，栽后是烈日天还要薄膜覆盖。随后窄行（20 cm）种植多年生黑麦草，再在其后宽行（40 cm）混播铁扫帚，然后窄行、宽行交替混播扁穗牛鞭草 + 白三叶。如河床还可以在一定行上种植一年生的苏丹草和混播多花黑麦草 + 红三叶来稳定头年产量。利用上可根据不同宽窄行中牧草生长情况分行刈割。只是需注意篁竹草刈割适时，过早会影响分蘖，过迟易致木质化，牛羊难以利用；另外苏丹草幼苗含氰化物，不适宜的利用（单喂和过嫩）会引起氰化物中毒。每刈割一次后要灌溉粪水加尿素（每担粪水加 50 g 尿素）作追肥。

（2）坡耕地的种植模式。可选择草种为象草、鸭茅、白三叶、狗牙根、紫花苜蓿、球茎草、苇状羊茅、多年生黑麦草、苏丹草、红豆草、一年生黑麦草。在 25° 坡耕地种植羊饲草，可在坡地下沿平行穴播 240 cm 宽象草带，行穴距 70 cm × 50 cm，随后窄行（25 cm）混播鸭茅与白三叶，随后宽行（40 cm）、窄行（20 cm）交替混播狗芽根 + 紫花苜蓿（宽）和多年生黑麦草 + 红豆草（窄），也可按上述比例适当考虑一年生的苏丹草和多花黑麦草来稳定产量。刈割利用同上，刈割后按追肥量要求灌溉。

（3）林荫地的种植模式。可选择的草种为鸭茅、白三叶、雀稗、苦荬菜、多年生黑麦草。从林地边向外采用宽窄行的带状种植，即根据荫蔽程度从里向外混播 35 ~ 45 cm 宽种植的苦荬菜和光叶紫花苕，然后窄行 15 ~ 20 cm 宽用种茎穴播一行聚合草，再宽窄行交替混播白三叶 + 苦荬菜（宽行）、白三叶 + 菊苣（宽）单行聚合草（窄）。或者全部地块采用宽行混播多年生上繁牧草，窄行混播一年生下繁牧草，刈割后按追肥灌溉。

（4）果园地的种植模式。可选择的草种为鸭茅、白三叶、苦荬菜、多年生黑麦草、一年生黑麦草。根据果园的果子收获季节，从 6—9 月在农闲时可结合对果园空隙地进行人工锄草和人工翻地时，施入底肥，再进行整地，采用穴翻耐阴草种，如鸭茅、白三叶、苦荬菜、菊苣等，果树高大或 9 月播种的还可混播多花黑麦草和种茎穴植聚合草，根据雨水条件，确定适当的粪水灌溉，根据牧草生长情况和利用要求适时刈割。为不影响水果产量，越冬返青后对有的牧草要齐地刈割，并结合果树及多年生牧草施适量肥料。

（5）其他种植模式。一是可在黄壤土地上种植大宽行固氮树，在其间种植多年生或一年生黑麦草，也可同三叶草类套播，达到土壤中的营养互补和牧草的营养配套；二是大春季节可大量种植密植玉米，即每亩①用种量 15 kg，在天花期收获可晒制青干草或青贮或微贮均可；三是

① 亩为中国市制土地面积单位，1 亩 = 667 m^2。

在冬季大量种植饲料萝卜或菜类等，用于冬春季节的青绿饲料补充。

6. 基本要求

为使放牧草地的生产力达到较高水平，并且能得以保护利用，必须达到合理利用放牧的基本要求。

（1）适宜的载羊量。载羊量是指单位面积草场，在放牧适当的情况下，能容纳的羊只头数和放牧时间，以头・日/公顷表示。其最好的测定方法是根据牧草产量测定，由于测得的载羊量是一个相对稳定数，因此每隔几年要重复测定。

（2）适宜的利用率。草场利用率的表示方法为：

$$草场利用率=\frac{采食的牧草重量}{牧草总产量}\times100\%$$

羊在放牧草场的采食情况有适当、偏高、偏低的现象。常把羊在草场采食牧草的实际重量称为采食量，采食量占牧草产量的百分数称为采食率。常用的测定方法为：在草场上选择几组样方；每组有两个样方，每个样方面积、草的长势、草的品种相同，一个样方在放牧前刈割称重（A），另一个样方在放牧后刈割称重（B），$A-B$ 即采食量。

$$采食率=\frac{采食量}{牧草产量}\times100\%$$

（3）放牧强度的衡量。采食率等于利用率，表示放牧适当；采食率大于利用率，表示放牧过重；采食率小于利用率，表示放牧过轻。

（4）规定利用率的参考数据。

① 在牧草危机时期利用率宜低。如早春或晚秋，有干旱、虫灾时，应规定较低的利用率，一般为 40%～50%。② 人工草场坡度越大，利用率越低。每 100 m 距离升高 60 m，利用率为 50%；每 100 m 距离升高 30～60 m，利用率为 60%；每 100 m 距离升高 10～30 m，利用率为 70%。③ 在正常放牧时期内，实行划区轮牧利用率为 85%，自由放牧利用率为 56%～70%。

项目三　优质牧草的高产栽培技术

任务一　玉米的高产栽培技术

玉米又名玉蜀黍、苞谷、苞米、玉茭、玉麦、棒子、珍珠米，原产于南美洲的墨西哥和秘鲁，是世界上分布最广的一种作物，其栽培面积仅次于小麦。在我国，玉米分布也极为广泛，除南方沿海等湿热地区外，全国各地均适宜，但主要集中分布在东北、华北和西南山区。

玉米是重要的粮食和饲料作物。玉米的籽实是最重要的能量精料。收获籽实后的秸秆如能及时青贮或晒干，也是良好的粗饲料。玉米植株高大，生长迅速，产量高，茎含糖量高，维生素和胡萝卜素丰富，适口性好，饲用价值高，适于作青贮饲料和青饲料。玉米在畜牧生产上的地位，远远超过它在粮食生产上的地位，有“饲料之王”的美称。

一、植物学特征

玉米属禾本科玉米属一年生草本植物。须根系发达，60% ~ 70% 分布在 30 ~ 60 cm 的土层中，最深可在 150 ~ 200 cm，故能从深层土壤中吸收水分和养分。近地面的茎节上轮生有多层气生根，除具有吸收能力外，还可支持茎秆不致倒伏。玉米根系发育与地上部生长相适应，根系发育健壮，可供给地上部良好生长所需的水分和养分。

玉米茎扁圆形，粗壮直立，高 1 ~ 4 m，粗 2 ~ 4 cm，茎上有节，节间基部都有一腋芽，通常只有中部的腋芽能发育成雌穗，基部节间的腋芽有时萌发成为侧枝，侧枝一般不能正常结实，收籽粒用的应早期除去，以免消耗养分，影响主茎生长。

玉米叶互生，叶片数一般与节数相等。叶由叶鞘、叶片、叶舌三部分组成。叶鞘紧包着节间，其长度，在植株的下部分比节间长，而在上部比节间短，叶鞘紧抱茎秆，有保护茎秆和贮藏养分的作用；叶舌（也有无叶舌品种）着生于叶鞘与叶片交接处，薄而短，能防止雨水、害虫等侵入叶鞘；叶片外伸，一般长 70 ~ 100 cm，宽 6 ~ 10 cm，叶缘呈波浪状，光滑或有绒毛。

玉米雌雄同株，雄花序（又称雄穗）着生在植株顶部，为圆锥花序；雌花序（又称雌穗）着生在植株中部的一侧，为肉穗花序。雄花先开，借风力传粉，为典型的异花授粉植物。因此，玉米自交系或单交种制种田，都必须进行隔离。

玉米的籽粒有硬粒型、马齿型、中间型等。硬粒型玉米籽粒近圆形，顶部平滑、光亮、质硬、富角质，含有大量蛋白质，多为早熟种；马齿型玉米籽粒扁平形、顶部凹陷、光亮度较差、质软、富淀粉质，含蛋白质较少，多为晚熟种；中间型玉米介于硬粒型、马齿型之间。籽粒大小差异很大，大粒种千粒重可达 400 g，最小的千粒重仅 50 g。颜色主要为黄、白色，其中黄色玉米胡萝卜素含量丰富。饲料玉米一般为黄玉米。

二、生物学特性

玉米为喜温作物，对温度的要求因品种而异。中、早熟品种需有效积温为 1 800 ~ 3 000 °C，而晚熟品种则需 3 200 ~ 3 300 °C，所以夏玉米不能播种过晚，籽粒玉米要保证有 130 d 的生育期，青刈玉米也要有 100 d 的生育期。玉米种子一般在 6 ~ 7 °C 时开始发芽，但发芽缓慢，由于在土壤中存留时间长，容易受到土壤微生物的侵染而霉烂。且苗期不耐霜冻，出现 –3 ~ –2 °C 低温即受霜害，所以春玉米不能播种过早。生产上通常把土壤表层 5 ~ 10 cm 日均温稳定在 10 ~ 12 °C 时作为春玉米的适宜播期；夏玉米的播种越早越好。在适期播种范围内，早播有利于产量的提高。玉米拔节期要求日温度为 18 °C 以上，抽雄、开花期要求 26 ~ 27 °C，灌浆成熟期保持在 20 ~ 24 °C。玉米生育期内适温的控制主要通过选择适宜播期进行，如河南中部地区春玉米在 4 月中旬播种，夏玉米在 6 月 20 日前播种。

玉米单株体积大，需水多，但不同生育时期对水分的要求不同，见表 3-14。出苗至拔节期间，植株矮小，生长缓慢，耗水量不大，这一阶段的生长中心是根系。由于植物根系具有“向水性”，为了促进根向纵深发展，应控制土壤水分在田间持水量的 60% 左右。拔节以后，进入旺盛生长阶段，这时茎和叶的生长量很大，雌雄穗不断分化和形成，干物质积累增加，对水分的需求多，此期土壤含水量宜占田间持水量的 70% ~ 80%。抽穗开花期是玉米新陈代谢最旺盛、对水分要求最高的时期，对缺水最为敏感，有人称之为“水分临界期”。如水分不足，气温又高，空气干燥，抽出的雄穗在两三天内就会“晒花”，甚至有的雄穗不能抽出，或抽出的时间延长，造成严重减产甚至颗粒无收。

这个时期土壤水分宜保持在田间持水量的 80%。灌浆成熟期是籽粒产量形成阶段，一方面需要水分作原料进行光合作用，另一方面光合产物需要以水分为溶媒才能顺利运输到籽粒，保证籽粒高产，要保持土壤水分达田间持水量的 70% ~ 80%。

玉米是需肥较多的作物。其一生中对氮的需要量远比其他禾本科作物高，钾次之，对磷的需要量较少。每生产 100 kg 玉米籽粒需吸收 N 3.43 kg、P2O5 1.23 kg、K2O 3.26 kg，氮、磷、钾的比例为 3∶1∶2.8，所以应以施氮肥为主，配合施用磷钾肥料。但玉米不同生育期吸收氮磷钾的速度和数量不同，因此，玉米除施足基肥外，生长期间应分期追肥。一般来说，拔节至开花期生长快，吸收养分多，是玉米需肥的关键时期，充足的营养有利于促使玉米穗大粒多。春、夏玉米对肥料的吸收速度各异：夏玉米追肥的关键时期就是拔节至孕穗期；春玉米吸收氮较晚而平稳，到抽雄开花期达到高峰，所以春玉米除拔节、孕穗期施肥外，应适量多施粒肥，以满足后期对肥料的要求。

玉米为喜光作物，在间作时，应搭配株矮耐荫的豆类和马铃薯等阴性植物。玉米又为短日照植物，在 8 ~ 10 h 的短日照条件下开花最快，不过长日照 18 h 仍能开花结实。玉米因品种不同对光照反应差别很大，并与温度有密切关系，大多品种要求 8 ~ 10 h 的光照和 20 ~ 25 °C 的温度。

玉米对土壤要求不严，各类土壤均可种植，质地较好的疏松土壤保肥保水力强，能使玉米发育良好，有利于增产。土壤 pH 宜为 5 ~ 8，而以中性土壤为好，不适于在过酸、过碱的土壤中生长。

玉米的生育期一般为 80 ~ 140 d。目前生产上推广的玉米单交种，生长期一般夏播 85 ~ 95 d，春播 105 ~ 120 d。

三、玉米的高产栽培模式

玉米是养羊生产中最主要的精饲料和青饲料的来源。采用高产栽培技术，种 1 亩地精料玉米，可获籽粒 800 ~ 1 200 kg、秸秆 800 ~ 1 200 kg、茎叶和穗轴（玉米壳）80 ~ 120 kg。种 1 亩高产青贮玉米，可收获鲜青贮 6 000 kg 以上（一株 655 g × 8 000 株）。每 100 kg 青贮玉米含有 6 kg 可消化蛋白，相当于 20 kg 精饲料的价值。在良好的栽培管理条件下，种植 1 亩地青贮玉米饲料，可供 6 只羊全年全舍饲饲喂，或供 24 只羊冬季补饲 4 个月。采用高肥、高水、高密度和一年两茬的种植模式，青贮玉米的产量和能够供给饲养的数量将会增加 1 ~ 2 倍。

依据各地土地、生产、气候资源等条件，精料玉米和青贮玉米的栽培模式可分为以下几种：

（1）春播—夏收—夏播—秋收—二次青贮：春播、夏播二茬专门种植青贮玉米。

（2）夏收重茬—秋收—青贮：夏收其他作物，重茬复播青贮玉米。

（3）春播—早收、先收籽粒—青贮：在玉米籽粒达到蜡熟期中期时，提前收棒子，提前收割茎叶制作青贮，此时期越早越好，既能收获一定数量的玉米籽粒，又能兼顾牛、羊饲草料。

（4）春播套种玉米—夏收青贮—秋收套种作物：由于各地的条件不同，可以选择适宜本地区的最佳种植模式。

四、玉米的高产栽培配套技术

1. 轮　作

玉米对前作要求不严，在麦类、豆类、叶菜类等作物收获之后均宜种植。它是良好的中耕作物，消耗地力较轻，杂草较少，故为多种作物如麦类、豆类、根茎瓜菜及牧草的良好前作。玉米忌连作，连作时会使土壤中某些养分不足，而且易感染黑粉病、黑穗病等病害，降低籽粒产量。青贮玉米连作，由于黑粉病多，也会降低青贮饲料的品质。

2. 选地与整地

玉米要选地势平坦、排灌水方便、土层深厚、肥力较高的地块种植。青刈、青贮玉米要种在圈舍附近或村庄周围的肥沃地块上。

玉米为深根性高产作物，要深耕细耙，创造具有良好水热条件而又疏松的耕层。耕翻深度一般不能少于 18 cm，黑钙土地区应在 22 cm 以上。春玉米在前作收获后应及时灭茬和秋中耕，沙土及壤土耕后及时耙耱保墒；黏土地可耕后不耙，通过冬季冻融交替熟化土壤，早春进行镇压耙耱保墒；前作收获晚，来不及秋中耕的土壤于早春耕地，翻后及时耙地。夏玉米播种时，正是“三夏”大忙季节，因此要争分夺秒抢时抢墒播种。若前作收获早，劳力充足，可采用耕、耙、种全套作业；前作收获晚或劳力紧张时，可不耕翻直接播种，苗期再深锄灭茬。

3. 播前准备

（1）品种选择。目前生产上普遍推广的玉米单交种，各地可根据利用目的、气候及土壤条件等加以选用。收籽用的高产玉米，以选用竖叶形、适于密植的单交种，每公顷密度 6 万 ~ 7.5 万株；中产田选用平展形或竖叶形单交种均可，但平展形单交种密度应控制在每公顷 4.5 万株左右，青刈、青贮的玉米，要选植株高大、分枝多、茎叶茂盛、青饲料产量高的中晚熟玉米单交种，并且要加大播种量。市面上出售的 F_1 代种子，经种植后产生的 F_2 代种子不能作种用。

（2）种子处理。试验证明：晒种可提高出苗率 13% ~ 28%，提早出苗 1 ~ 2 d，并且能减少玉米丝黑穗病的危害。其方法是选择晴天把种子摊在干燥向阳的地上或席上，连续晒 2 ~ 3 d。晒种过程中要经常翻动，保证晒匀。浸种可提高种子发芽率，出苗快、齐。具体方法为：用温水（55 ~ 58 °C）浸种 6 ~ 12 h 或用 500 倍磷酸二氢钾浸种 12 h，捞出后放在室内摊成薄层，保持温度 20 ~ 25 °C，至种子“露白”时即播种。但需注意，在土壤干旱而又无灌溉条件的情况下，不能浸种，因为浸过的种子胚芽已经萌动，播在干土中易造成种子死亡。为了防止病害，在浸种后用 0.5% 的硫酸铜拌种，可减少玉米黑粉病的发生；用 20%萎锈灵，按种子用量的 1% 拌种，可防止玉米黑穗病。

4. 播　种

（1）播种期。玉米的播种期因地区不同差异很大。我国北方春玉米的播期大致为：黑龙江、吉林 5 月上、中旬；辽宁、内蒙古、华北北部及新疆北部多在 4 月下旬至 5 月上旬；华北平原及西北各地在 4 月中、下旬；长江流域以南则可适当提早。小麦等作物收获后播种夏玉米时，应抓紧时间抢时抢墒播种，愈早愈好。特别是河南、河北、陕西等一年两熟、无霜期较短的地区，夏玉米早播是夺取高产的关键技术之一。

青贮玉米播种期与收籽玉米播种期相似，在能保证籽粒正常成熟的生长期内播种愈早愈好。

青刈玉米可分 3 ~ 4 期播种，每隔 20 d 播 1 次，并分批收获，以均衡供应青饲料，最晚一批青刈玉米的播种可比收籽玉米晚 20 d 左右。一般春玉米生育较缓慢，夏玉米生长较快，这主要是气温高低所致。如东北地区 5 月播种的青刈玉米于播后 60 ~ 70 d 可以利用，7 月播种的玉米 30 ~ 40 d 即可利用。

（2）播种方法。

单播：籽实玉米多采用宽窄行点播，宽行 80 cm 左右，窄行 50 cm 左右。东北、华北、西北和内蒙古一带多采用垄作，行距 60 ~ 70 cm，株距 30 ~ 40 cm，每穴下种 3 ~ 4 粒。青贮玉米的行距与籽料玉米相似，因播量较大，可适当缩小株距进行点播或条播。青刈玉米要求密度大，应条播，行距 40 cm 左右。播种量一般收籽田每公顷 22.5 ~ 37.5 kg，青贮玉米田 37.5 ~ 60 kg，青刈玉米田 75 ~ 100 kg。

间作：玉米为高株喜阳植物，与耐荫株矮的或蔓生的豆科作物、马铃薯等间作，能有效利用空间和地力，提高单位面积产量。常见的组合是：玉米、大豆或秣食豆间作；玉米、马铃薯间作；玉米、甜菜或南瓜间作。以收玉米为主时，一般种 2 行玉米、间种 2 行豆类等间作作物；以收豆类等间作作物为主时，可种 2 行玉米间种 4 行大豆等作物。玉米和豆类等其他作物间作，其产量高于单作。

套种：在河南、河北、山东、陕西等地，夏玉米适宜生育期短，用套种的方法可延长玉米生育期。玉米可选用中、晚熟品种，以提高产量。通常在冬小麦田套种玉米。其方法是：冬小麦按丰产要求的行距播种，一般每隔 3 行留出宽 30 cm 左右的套种行，麦收前半个月左右套种玉米。

在高水肥条件下，为了保证小麦高产，可将套种行缩小至 20 ~ 25 cm，玉米的套种时间缩短到麦收前 7 ~ 10 d。在小麦和玉米共生期间，玉米因受遮荫和吸收水分、养分较少，生长较差，麦收后马上中耕及浇水施肥，加强管理，促其尽快生长。

（3）播种深度。播种深度适宜，深浅一致，才能保证苗齐、苗全、苗壮。适宜的播种深度由土质、墒情、气候条件和种子大小而定，一般以 5 ~ 6 cm 为宜；土壤黏重、墒情好时，应适当浅些，多为 4 ~ 5 cm；质地疏松、易干燥的沙质土壤或天气干旱时，应播深 6 ~ 8 cm，但最深不宜超过 10 cm。

（4）防治地下害虫。出苗前常有蝼蛄、蛴螬等危害种子和幼芽，可用高效低毒的辛硫磷 50% 乳剂 50 mL，加水 3 kg，拌和玉米种子 15 kg，拌后马上播种，防治蝼蛄和蛴螬，保苗效果达 100%。

5. 田间管理

（1）适时补苗、定苗。播后要及时检查苗情，凡是漏播的，在其他籽粒刚出苗时就要立即催芽补播或移苗补栽，力争全苗。为合理密植、提高产量，收籽和青贮玉米要适时定苗。间苗在 3 ~ 4 片真叶出现时进行，间去过密的细弱苗，每穴留 2 株大苗、壮苗。定苗在有 5 ~ 6 片真叶时进行，每穴留 1 株。间定苗最好在晴天进行，因为受病虫危害和生长不良的幼苗，在阳光下照射发生萎蔫，易于识别。

（2）中耕除草。玉米苗期不耐杂草，及时中耕除草是玉米增产的重要条件。玉米在苗期一般中耕 2 ~ 3 次，苗高 8 ~ 10 cm 以后每隔 10 ~ 15 d 都应中耕除草 1 次，直到封垄为止。春玉米和耕耙全套作业播种的夏玉米，苗期第 1 ~ 2 次中耕宜浅锄 3 ~ 5 cm，拔节前的 1 次中耕稍深；

套种和硬茬播种的夏玉米第一次中耕结合灭茬宜深，第 2、3 次只宜浅锄 3 ~ 5 cm，拔节前 1 次中耕宜深，可切断一部分细根，促新根产生。另外，可应用西玛津或莠去津进行化学除草，一般在玉米播种前或播后出苗前 3 ~ 5 d 进行。

（3）蹲苗促壮。收籽玉米和青贮玉米的苗期在底墒充足和肥力较好的情况下，控制灌水，勤中耕，促下控上，虽幼苗生长速度有所降低，但苗生长健壮，称为蹲苗。一般出苗后开始，拔节前结束。春播玉米约 1 个月，夏播玉米 20 d 左右。蹲苗可促使根系下扎，扩大吸收水分和养分的范围，并使节间粗壮，增强抗旱性和抗倒伏能力，有利于籽粒高产。

（4）防治病虫害。玉米苗期常见的害虫为地老虎（土蚕或截虫）、蝼蛄和蛴螬，特别是地老虎最为猖獗。我国中原地区第一代地老虎幼虫正好危害春播玉米、苦荬菜等作物。幼龄幼虫危害嫩芽嫩叶，食叶肉形成孔洞，大龄幼虫常从近地面处咬断幼苗，造成缺苗断垄现象。幼虫多生长在根际附近，昼伏夜出。蝼蛄在地下活动危害时，常在地面形成不规则的隧道，使作物根部与土壤分离而干枯死亡，除咬食种子外还能取食或咬断作物地下根颈部分，被害处呈乱麻状。

为有效地防治地老虎等的危害，可采用如下措施。

人工捕捉：清晨天刚亮地老虎尚未钻入地下时进行；白天在玉米断苗处可扒出幼虫；中耕松土时发现幼虫要及时杀灭。

灌水：灌水时，地老虎因怕淹而浮出水面，小面积玉米地可人工拣拾，此法非常有效。

施用农药：用 50% 辛硫磷乳剂 1 000 倍水溶液浇灌根际，15 min 内即有中毒的 3 ~ 5 龄幼虫爬出地面，施药后 48 h 全部死亡。采用敌百虫毒草毒饵诱杀可兼治地老虎和蝼蛄，方法是：将 90% 敌百虫结晶 750 g 溶解在少量水中，拌和切碎的鲜草 375 kg 或炒香的饼肥颗粒 75 kg/hm^2 制成毒草或饼肥毒饵，傍晚撒于田间作物根部附近地面，防治效果显著。

在玉米心叶期和穗期，常发生玉米螟危害。玉米螟钻入心叶、玉米茎秆及穗内蛀食，故称为玉米钻心虫。在心叶期危害时，展开的叶片有成排的孔，蛀食茎秆或穗时常在表面留下孔洞。心叶期发生玉米螟时，用 50% 辛硫磷 50 mL 加水 25 ~ 50 kg 灌心叶，每千克药液可浇灌玉米、高粱 100 株左右，施药后 1 d，杀虫效果达 100%，30 d 后仍有效。穗期发生玉米螟用 50% 辛硫磷或 90% 敌百虫 1 000 倍液喷杀均有良好效果。

在玉米穗期可发生金龟子（蛴螬成虫）危害，用 40% 异硫磷 1 000 倍液喷洒效果良好，连续用药 2 ~ 3 次即可。

6. 合理施肥、追肥、灌肥

根据玉米的需肥规律和实践经验，应掌握以下基本原则：基肥为主，追肥为辅；有机肥为主，化肥为辅；氮肥为主，磷、钾肥为辅；供穗肥为主，供粒肥为辅。

玉米吸收氮、磷、钾数量的比例大致为 1 : 0.43 : 0.99。

有机肥的种类包括畜禽粪肥、杂草堆肥、秸秆沤肥及各类土杂肥等，施用方法和养分含量如表 3-16。化学肥料的种类和施用方法如表 3-17。

表 3-16　常用有机肥料的养分含量和施用方法

肥料名称	氮/%	磷/%	钾/%	施用方法
人　粪	1.00	0.30	0.40	腐熟后作底肥、追肥
人　尿	0.50	0.05	0.20	腐熟后作底肥、追肥

续表

肥料名称	氮/%	磷/%	钾/%	施用方法
人粪尿	0.60	0.10	0.30	腐熟后作底肥、追肥
猪　粪	0.60	0.60	0.50	堆沤腐熟后作底肥
马　粪	0.64	0.16	0.80	腐熟后作底肥、追肥
马　尿	1.20	0.05	1.65	腐熟后作底肥、追肥
牛　粪	0.59	0.28	0.14	与磷矿粉混合堆沤腐熟后作底肥
牛　尿	0.50	0.15	0.65	腐熟后作底肥、追肥
羊　粪	0.62	0.30	0.20	腐熟后作底肥、种肥或追肥
羊　尿	1.40	0.13	1.85	腐熟后作基肥
鸡　粪	1.63	1.54	0.85	与有机肥混合作种肥、追肥
鸭　粪	1.00	1.40	0.62	与有机肥混合作种肥、追肥
土　粪	0.35	0.42	0.33	作底肥或种肥

表 3-17　常用有机肥料的养分含量和施用方法

肥料名称	含量/%	性　质	施用方法
尿　素	氮 46	白色小粒结晶，中性，吸潮性强。应贮于通风干燥处，肥效发挥稍慢	可作基肥或追肥。追肥时应较其他氮肥提前数天使用。施肥时不宜接触茎叶，作种肥时避免接触种子，防止烧籽
氨　水	氮 17	液体，微黄色，有氨味，强碱性，挥发，有刺激性和腐蚀性	主要作追肥。加水稀释 20～30 min，开沟深施后覆土，以免肥分损失。施用时防止接触种子和茎叶，以免烧伤
碳酸氢铵	氮 17	白色或灰白色粉末，有氨味，易挥发、潮解，速效。适于酸性和中性土壤	多作追肥。开沟深施覆土，不可与茎、叶、种子接触。不能与碱性肥料混合施用
磷酸二铵	氮 16 磷 20	浅灰色，粒状，遇石灰成为不溶性的磷酸钙	可作基肥、种肥、追肥。作种肥效果最好。不能与碱性肥料混合施用
过磷酸钙	磷 41	灰白色，粒状或粉状，酸性，有吸湿性和腐蚀性，速效	主要作基肥，不宜与草木灰等碱性肥料混合施用。在石灰质土壤中最好与有机肥或配合其他氮肥施于低产田
硫 酸 钾	钾 48	灰白色或类黑色结晶，不吸潮，易溶于水	作追肥。砂壤土易流失，可分次施或与有机肥料混合施用
氧 化 钾	钾 50～60	白色结晶粉末，略带黄色，易溶于水	作追肥。盐碱地不宜施用

春玉米在秋翻时，可施入有机肥作基肥，一般每公顷施优质堆、厩肥 30 ~ 45 t。夏玉米一般则不必施基肥。玉米追肥主要为速效氮肥。按照玉米不同生育时期对肥料的需求，通常要追施苗肥、拔节肥、穗肥和粒肥。

苗肥是从出苗后至拔节前追施的肥料。只在基肥施量少、长势差的田块，酌情追施 75 ~ 150 kg/hm^2 硫酸铵或适量其他速效氮肥。夏玉米往往硬茬播种或在小麦田套种，未施基肥，在苗期可补施有机肥料和磷钾肥。拔节肥是指拔节后 10 d 左右追施的肥料。穗肥一般施在大喇叭口时期，即棒三叶（果穗部位叶及上下两叶）已经抽出而未展开，心叶丛生，状如喇叭，最上部展开叶与未展开叶之间显出软而具弹性的雄穗时。拔节肥和穗肥的施用，应根据具体情况决定。

（1）在土壤较肥沃、施基肥的情况下，如果追肥数量不多，可不施拔节肥，而将此部分肥料集中在大喇叭口期施穗肥，即生产上所谓的“一炮轰”。

（2）前期幼苗生长正常，追肥数量多，生育期长的品种，以分期追施拔节肥和穗肥效果好，且采用前轻后重（轻施拔节肥、重施穗肥）的施肥方法有利于增产。拔节肥占追肥总量的 30% ~ 40%，穗肥可占 60% ~ 70%。例如：每公顷追施 450 kg 硫酸铵，可考虑施拔节肥 150 kg、穗肥 300 kg。

（3）麦田套种玉米采用“前重后轻”的追肥方式有利于高产。这是由于玉米和小麦共生期间，玉米生长一定程度上受到小麦的影响，幼苗生长细弱。因此，丰产的关键就是重施拔节肥，促进玉米早发快长，追肥的 30% ~ 40% 用于穗肥，防止后期脱肥早衰，有利于增产。据北京农科院研究，套作玉米采用“前重后轻”的施肥方法比“前轻后重”增产 16%。

（4）粒肥是在抽雄开花期追施的肥料。为了防止春玉米的后期脱肥，可结合浇水，追施粒肥。粒肥用量不宜过多，一般占用肥总量的 10% ~ 15%。夏玉米前期追肥正常的情况下可不必施粒肥。

（5）苗肥、拔节肥、穗肥及粒肥的施用仅限于收籽粒的玉米。对于青贮玉米，可考虑施少量苗肥，重施拔节肥，轻施穗肥。青刈玉米则应注意苗肥和拔节肥的施用。有灌溉条件的地方，一般每次施肥都结合浇水。干旱时要注意灌溉，特别要注意抽穗开花期不能缺水。在灌浆成熟期，及时浇水有利于籽粒饱满。

（6）其他管理措施。玉米产生分蘖或发生黑粉病时要早期除蘖（青贮、青刈玉米不必除蘖）和剥掉病瘤。在雄花盛开期和雌穗吐丝期进行人工去雄和辅助授粉，籽粒产量可增加 10% 左右。去雄不应超过全田株数的一半，一般选晴朗无风的上午进行。

7. 适时收获

（1）籽粒玉米。以籽粒变硬发亮、苞叶干枯松散的完熟期收获为宜，但粮饲兼用玉米应在蜡熟末期至完熟初期进行收获。中晚熟玉米，在苞叶变白的蜡熟中、末期收获，此时籽粒中的干物质已达最高点，而秸秆仍鲜绿多汁，适宜青贮用。黑龙江省推广的“东农 246”和“龙单三号”“龙单四号”，河南推广的安豫 8 号、郑州 958 等玉米即属此类优良的粮饲兼用玉米，一般每公顷产籽粒 6 000 ~ 8 000 kg。

（2）青刈玉米。青刈玉米用作猪饲料时，可在株高 50 ~ 60 cm 拔节以后陆续刈割饲喂，到抽雄前后割完；用作牛的青饲料时，宜在吐丝到蜡熟期分批刈割。一般每公顷可产青料 37.5 ~ 60 t。玉米再生力差，只能 1 次低茬刈割。早期刈割的，还能复种一茬其他青刈作物。

（3）青贮玉米。青贮玉米是重要的贮备饲料，适时收获是高产的重要环节，收获时期可参考植株颜色、苞叶、籽粒、乳线等标志确定。同时，还要参考籽粒增长进程和含水量状况，一般千粒重日增重低于 2 ~ 3 g、含水量接近 30% 时，宜作收获时期。

带果穗青贮的玉米宜在蜡熟期收获，此时，单位面积土地上的可消化养分产量最高。青贮玉米栽培面积较大，收获需要进行数天，可提前到乳熟末期开始刈割，到蜡熟末期收完。收籽用玉米，若利用其秸秆青贮，可在蜡熟末期或完熟初期收获，以保证有较多的绿叶面积。青贮玉米的生物学产量以抽雄后 15 d 为最高，见表 3-18。

表 3-18 青贮玉米不同收割期对单株产量的影响

抽雄时间	株高/cm	茎粗/cm	绿叶数/（张/株）	单株鲜重/g	单株干重/g	单株茎重/g	单株穗重/g
抽雄后 10 天	258.8	2.22	13.1	680	87	515	10
抽雄后 15 天	261.4	2.21	12.9	695	91.5	500	45
抽雄后 20 天	263.9	2.19	12.0	655	102.5	425	105
抽雄后 25 天	264	2.2	10.2	610	141.5	365	130

青贮玉米的生产不仅要增加产量，还要提高青贮质量，过迟收割对提高质量不利。

此外，青贮玉米的亩产量高，收割、拉运的工作繁重，收割又必须与粉碎、装填等青贮调制工作相配合。因此，必须使收割期与加工速度同步，防止积压。除了掌握适期分批收割外，还必须注意提高收割质量，减少污染，确保调制成的青贮玉米品种优良。

8. 留 种

玉米为异花授粉植物，天然杂交率在 95% 以上，易因天然杂交而影响种子质量。北方青贮用玉米多为晚熟品种，往往霜前不能成熟，种子发芽率受到影响。为此，留种时要注意以下问题：

（1）隔离种植。为防止玉米良种的天然杂交退化，应按良种繁育技术操作规程进行，实行严格的隔离种植。

（2）育苗移栽。在东北北部，晚熟品种实行育苗移栽等方式提早播种，获得发芽率高的优质种子。育苗可用简易苗床，于移植前 40 ~ 50 d 育苗，苗高 10 ~ 15 cm 即可移栽。

（3）妥善保管。玉米收获后充分晾晒，晒到籽粒含水率在 14% 以下后入库。库内要求恒温、干燥通风，切勿受潮、受热和遭鼠虫为害。

五、饲用价值

玉米籽粒淀粉含量高，还含有胡萝卜素、核黄素、VB 等多种维生素，是畜、禽的优质高能精饲料。在畜禽的谷物精料中，玉米用量最大。100 kg 玉米籽粒的饲用价值相当于 135 kg 燕麦、120 kg 高粱或 130 kg 大麦。但在其氨基酸组成中，缺乏赖氨酸、蛋氨酸和色氨酸，对猪、禽不宜单独饲用。应补充其他富含这些营养元素的豆科饲料，以发挥蛋白质间的互作效用。

收籽实后的玉米秸，如尽早刈割晒干或青贮，可用作牛、羊、猪等的粗饲料。

带穗青贮玉米具有干草与青料两者的特点，且补充了部分精料。7 ~ 9 kg 带穗青贮玉米料中约含籽粒 1 kg，因此，营养价值较茎叶青贮料高得多。据试验：100 kg 带穗青贮料喂乳牛可相当于 30 ~ 40 kg 豆科牧草干草的饲用价值；喂肥育肉牛或肥羔，可相当于 50 kg 豆科牧草干草的饲用价值。

青贮料日喂量为：青年牛 5 ~ 8 kg，冬季种母牛 15 ~ 20 kg，母羊 1.5 ~ 2.0 kg，去势牛、羊可占日粮的 70%。青贮料体积大，粗纤维含量高，喂猪时浪费较大。但据菲律宾畜牧人员试验，怀孕母猪每日喂 1.2 kg 精料与 42kg 的青贮玉米，可防止母猪过肥，使每窝产仔数和断奶活仔数增加。

任务二　多年生黑麦草的高产栽培技术

多年生黑麦草又名英国黑麦草、宿根黑麦草、黑麦草。原产于南欧、北非和亚洲西南部。1677 年英国首先栽培，现在英国、西欧各国、新西兰、澳大利亚、美国及日本等广泛栽培。我国南方、华北、西南地区亦有栽培，但低海拔地区因高温伏旱而难于越夏。

一、植物学特征

多年生黑麦草（图 3-11）为中生植物，须根稠密，主要分布于 15 cm 表土层中，具细短根茎。

图 3-11　多年生黑麦草

多年生黑麦草分蘖众多，丛生，单株栽培情况下分蘖数可达 250 ~ 300 个或更多；秆直立，高 80 ~ 100 cm；叶狭长，长 5 ~ 12 cm、宽 2 ~ 4 mm，深绿色，展开前折叠在叶鞘中；叶耳小；叶舌小而钝；叶鞘裂开或封闭，长度与节间相等或稍长，近地面叶鞘红色或紫红色。穗细长，最长可达 30 cm。含小穗数可达 35 个，小穗长 10 ~ 14 mm，每小穗含小花 7 ~ 11 朵。颖果扁平，外稃长 4 ~ 7 mm，背圆，有脉纹 5 条，质薄，端钝，无芒或近似无芒；内稃和外稃等长，顶端尖锐，质地透明，脉纹靠边缘，边有细毛。千粒重 1.5 ~ 2.0 g。

二、生物学特性

多年生黑麦草喜温凉湿润气候，宜于夏季气温不超过 35 °C、冬季气温不低于 – 15 °C 的地区种植。光照强、日照短、温度较低对分蘖有利，温度过高则停止分蘖或生长不良，甚至死亡。多年生黑麦草为短期多年生牧草，但其耐寒耐热性均差。在我国东北、内蒙古冬寒较甚地区不能越冬或越冬不稳定，在南方夏季高温地区大多不能越夏。在适宜的生境条件下可生长两年以上，但在我国不少地区只能作为越年生牧草利用。多年生黑麦草不耐荫，与其他植株较高的牧草混播时，往往一年后即被淘汰。

多年生黑麦草在年降水量为 500 ~ 1 500 mm 的地方均可生长，而以 1 000 mm 左右最为适宜。排水不良或地下水位过高时不利于多年生黑麦草生长；不耐旱，高温干旱对其生长更为不利。

多年生黑麦草对土壤要求比较严格，喜肥不耐瘠，最适宜在排灌良好、肥沃湿润的黏土或黏壤土栽培，适宜的土壤 pH 值为 6 ~ 7。

多年生黑麦草育成品种较多，根据品种的分蘖和生长特性及用途，可分为如下两种类型：

草坪型：分蘖众多，叶细，株矮，生长慢，宜用作草坪绿化。

牧草型：植株较高，直立，分蘖略少，叶大，生长快，刈后再生良好，可用于刈割，也可用于放牧。

三、栽培技术

多年生黑麦草春秋均可播种，而以早秋播种为宜。多年生黑麦草早期生长较其他多年生牧草快，秋播后如天气温暖湿润，在初冬和早春即可生产相当量鲜草。播种翌年达最盛时期，杂草亦难侵入。单播时播种量以 15 kg/hm^2 为宜，晚播或青刈利用时适当增加播种量，收种时播种量可略少。条播、撒播均可，条播以行距 15 ~ 20 cm 为宜，覆土 2 cm。南方雨水较多地区应开好排水沟。

施用氮肥是提高产品质量的关键措施。增施氮肥可增加饲草产量和蛋白质含量，并可减少纤维素含量。据研究，在每公顷施氮量 336 kg 的情况下，每千克氮素可生产干物质 24.2 ~ 28.6 kg，粗蛋白质 4 kg。在收割前 3 周每公顷施硫酸铵 128 kg 时，穗及茎叶中胡萝卜素含量较不施氮肥者多 1/3 ~ 1/2。

多年生黑麦草可与其他草种混播，短期多年生牧草地适于和红三叶、苜蓿、鸡脚草、猫尾草等混播，草坪可与苇状羊茅等混播，也可作狗牙根等草坪地的追播材料。多年生黑麦草与寿命长的牧草混播时，其植株不应超过总株数的 25%，因其侵占性强，会使其他多年生牧草受排挤而减少。原南京农学院进行的黑麦草与苜蓿混播试验的初步结果表明，二者混播以每公顷 15 kg 苜蓿和 11 kg 多年生黑麦草较为适宜。与红三叶混播试验初步结果表明，二者混播以每公顷 12 kg 多年生黑麦草与 12 kg 红三叶为宜。混播皆以在秋季播种为佳。

如种子生产时生境条件适宜，可在早春进行 1 ~ 2 茬刈割，利用再生草收获种子。种子成熟后易于脱落，应在种子含水量 40% 前后及时收获，种子产量每公顷为 750 ~ 1 000 kg。

四、饲用价值

多年生黑麦草生长速度较其他多年生牧草为快。长江中下游地区 9 月底播种者，越冬前株高已可达 15 ~ 20 cm，有 8 ~ 10 个分蘖。次年春 3 月底株高 30 cm 以上，4 月下旬抽穗，6 月上旬结实成熟。

用于放牧时应在草层高 20 ~ 30 cm 以上进行。刈制干草者，以盛花时刈割为宜。一个生长季节可刈割 2 ~ 4 次，每公顷产鲜草 45 000 ~ 60 000 kg。一般在暖温带两次刈割应间隔 3 ~ 4 周。通常第一次刈割后利用再生草放牧，耐践踏，即使采食稍重，生机仍旺。刈牧留茬高度以 5 ~ 10 cm 为宜。

多年生黑麦草的质地，无论鲜草或干草均为上乘，其适口性也好，为各种家畜所喜食。就多年生黑麦草和多花黑麦草相比，二者不相上下。

多年生黑麦草饲用价值甚好，在美国冬季温和的西南地区常用来单播，或于 9 月份与红三叶等混种，专供肉牛冬季放牧利用。放牧时间可达 140 ~ 200 d，牛放牧于单播草地可增重 0.8 kg，混播草地上增重 0.9 kg。如将黑麦草干草粉制成颗粒饲料，与精料配合作肉牛肥育饲料，效果更好。

周岁阉牛喂以黑麦草颗粒饲料占日粮 40%、60% 和 80%，日增重分别为 0.99 kg、1.00 kg 和 0.91 kg。

任务三　鸭茅的高产栽培技术

鸭茅又名鸡脚草、果园草，原产于欧洲、北非及亚洲温带地区，现在全世界温带地区均有分布。该草是世界上著名的优良牧草之一，栽培历史较长，美国于 18 世纪 60 年代引入栽培，目前已成为美国大面积栽培的牧草之一。此外，鸭茅在英国、芬兰、德国亦占有重要地位。鸭茅在我国野生种分布于新疆天山山脉的森林边缘地带，四川的峨眉山、二郎山、邛崃山脉、凉山及岷山山脉海拔 1 600 ~ 3 100 m 的森林边缘、灌丛及山坡草地，并散见于大兴安岭东南坡地。栽培鸭茅除驯化当地野生种外，多引自丹麦、美国、澳大利亚等国。目前我国青海、甘肃、陕西、山西、河南、吉林、江苏、湖北、四川及新疆等省（自治区）均有栽培。

鸭茅叶多高产，能耐荫，适应性广，一旦长成可成活多年，耐牧性强，可供青饲、制干草或青贮料，为世界重要禾本科牧草之一。我国南方各地试种情况良好，是退耕还草中一种比较有栽培意义的牧草。

一、植物学特征

鸭茅（图 3-12）系禾本科鸭茅属多年生草本植物，根系发达，疏丛型，茎基部扁平、光滑、高 1 ~ 1.3 m。幼叶在芽中成折叠状，横切面成“V”形。基叶众多，叶片长而软，叶面及边缘粗糙。无叶耳，叶舌明显，膜质。叶鞘封闭，压扁成龙骨状。叶色蓝绿以至浓绿色。圆锥花序，长 8 ~ 15 cm。小穗着生在穗轴的一侧，密集成球状，簇生于穗轴顶端，形似鸡足，故名鸡脚草。每小穗含 3 ~ 5 朵花，异花授粉。两颖不等长，外稃背部突起成龙骨状，顶端有短芒。种子较小，千粒重 1.0 g 左右。

图 3-12　鸭茅植株及花序

二、生物学特性

鸭茅喜温和湿润气候，最适生长温度为 10 ~ 31 °C。昼夜温度变化大对生长有影响，昼温 22 °C、夜温 12 °C 最宜生长。耐热性差，高于 28 °C 生长显著受阻。鸭茅能耐荫，在果树下生长良好，因此又称“果园草”。鸭茅生长在光线缺乏的地方，在入射光线 33% 被阻断长达 3 年的情况下，对产量和存活无致命的影响，而白三叶在同样的情况下仅两年即死亡。增强光照强度和增加光照持续期，均可增加产量、分蘖和养分的积累。鸭茅的抗寒能力及越冬性差，对低温反应敏感，6 °C 时即停止生长，冬季无雪覆盖的寒冷地区不易安全越冬。

鸭茅虽然在各种土壤皆能生长，但以湿润肥沃的黏土或黏壤土为最适宜，在较瘠薄和干燥的土壤中也能生长，但在沙土中则不甚相宜。需水，但不耐水淹。能耐旱，其耐旱性强于猫尾草。略能耐酸，不耐盐碱。对氮肥反应敏感。

生育情况：在良好的条件下，鸭茅是长寿命的多年生牧草，一般可生存 6 ~ 8 年，多者可达 15 年，以第 2、3 年产草量最高。在几种主要多年生禾本科牧草中，鸭茅苗期生长最慢。南京、武昌、雅安 9 月下旬秋播者，越冬时植株小而分蘖少，叶尖部分常受冻凋枯。次年 4 月中旬迅速生长并开始抽穗，抽穗前叶多而长，草丛展开，形成厚软草层。5 月上、中旬盛花，6 月中旬结实成熟。3 月下旬春播者，生长很慢，7 月上旬个别抽穗，一般不能开花结实。鸭茅在广西越夏难，在山西中南部地区可以越冬。

鸭茅再生能力强，放牧或割草以后，恢复很迅速。早期收割，其再生新枝的 65.8% 从残茬长出，34% 从分蘖节及茎基部节上的腋芽长出。其干草和第一茬青草产量较无芒雀麦或猫尾草稍低，但在盛夏时，高于上述两种草，其再生草产量占总产量的 33% ~ 66%。

三、栽培技术

1. 整　地

鸭茅生长缓慢，分蘖迟，植株细弱，与杂草竞争能力弱，早期中耕除草又易伤害幼苗，整地务宜精细，以出苗整齐。

2. 播　种

春秋播种均可，秋播宜早，以免幼苗遭受冻害，也对越冬不利。长江以南各地，秋播不应迟于 9 月中下旬，可用冬小麦或冬燕麦作保护作物同时播种，以免受冻害。宜条播，行距 15 ~ 30 cm，播种量 11.25 ~ 15 kg/hm^2。种子空粒多，应以实际播种量计算。密行条播较好，覆土宜浅，以 1 ~ 2 cm 左右为宜。

鸭茅可与苜蓿、白三叶、红三叶、杂三叶、黑麦草、牛尾草等混种。在能生长红三叶的地区，鸭茅与红三叶混种时，红三叶并不妨碍鸭茅的收取种子问题，而收种后的产草量及质量均有提高。

鸭茅丛生，如与白三叶混种，白三叶可充分利用其空隙匍匐生长并供给禾本科草以氮素使其生长良好。鸭茅与豆科牧草混种时，禾豆比按 2∶1 计算，鸭茅用种量为 7.50 ~ 10.00 kg/hm^2。

3. 田间管理

施肥：鸭茅是需肥最多的牧草之一，尤以施氮肥作用最为显著。在一定限度内牧草产量与施氮肥成正比关系。据试验每公顷施氮量为 562.5 kg 时鸭茅干草产量最高，达 18 t/hm^2。如施氮量超过 562.5 kg/hm^2，则不仅降低产量，而且减少植株数量。

病虫害的防治：鸭茅一般虫害较少。常见病害有：锈病、叶斑病、条纹病、纹枯病等，均可参照防治真菌性病害法进行处理。引进品种夏季病害较为严重，一定要注意及时预防。提早刈割，可防治病害蔓延。而以本地野生鸭茅选育的品种，如“宝兴”“古蔺”鸭茅，其耐热性和抗病性均明显优于国外引进品种。

4. 收　获

鸭茅生长发育缓慢，产草量以播后 2 ~ 3 年产量最高，播后前期生长缓慢，后期生长迅速。南京地区 9 月底播种者越冬前分蘖很少，株高仅 10 cm 左右。越冬以后生长较快。越夏前一般可刈割 2 ~ 3 次，每公顷产鲜草 37.5 t 上下，高者可达 67.5 t。春播当年通常只能刈割 1 次，每公顷产鲜草 15 t 左右。刈割时期以刚抽穗时为最好，延期收割不仅茎叶粗老严重影响牧草品质，且影响再生草的生长。据试验初花和花后 2 周收割的再生草产量比刚抽穗刈割的分别少 15% 和 26%。

5. 收　种

为提高种子的产量和品质，以利用头茬草采种为好。鸭茅种子约在 6 月上中旬成熟，当穗梗发黄、种子易于脱落时即应收割。割下全株或割下穗头，晒干脱粒。据四川农业大学在雅安市以“宝兴”鸭茅等品种试验，秋播次年每公顷可收种子 350 ~ 375 kg，第三年可达 600 kg。

四、饲用价值

1. 营养价值

在第一次刈割以前，鸭茅所含的营养成分随成熟度而下降。再生草基本处于营养生长阶段，叶多茎少，所含的营养成分约与第一次刈割前孕穗期相当，但也随再生天数的增加而降低。鸭茅自营养生长向成熟阶段发展时，蛋白质含量减少粗纤维含量增加，因而消化率下降。据研究，在营养生长期内鸭茅的饲用价值接近苜蓿，盛花期以后的饲用价值只有苜蓿的一半。鸭茅再生草基本处于营养生长阶段，因此它的饲用价值仍很高。

牧草品质与矿物质组成有关，以干物质为基础计算，鸭茅钾、磷、钙、镁等的含量随生长时期而下降，铜在整个生长期内变动不大。第一茬草含钾、铜、铁较多，再生草含磷、钙和镁较多。

大量施氮可引起过量吸收氮和钾而减少镁的吸收，牧草中的镁缺乏可引起牛缺镁症（统称牧草搐搦症）。鸭茅含镁较少，饲喂时应予以注意。

2. 饲用方法

鸭茅长成以后多年不衰，春季生长早，夏季仍能生长，叶多茎少，耐牧性强，最适于作放牧之用。尤宜与白三叶混种以供放牧。鸭茅丛生，白三叶匍匐蔓延，可充分利用其空隙生长并供给禾本科草以氮素，如管理得当，可维持多年。白三叶衰败后，可对鸭茅施行重牧，然后再于秋季补播豆科牧草使草地更新。据美国一个州 10 年统计平均，单纯鸭茅牧地（每公顷每年施氮肥 225 kg），每头牛每天增重 490 g，而鸭茅、白三叶混种草地，每头牛每天增重 508 g。在一个生长季节内，每公顷可获肉牛增重 640.5 kg。另据报道，在鸭茅牧地放牧肥育羔羊时，每头每天平均增重 0.27 kg，每公顷可使肥育羔羊增重 525 kg。

任务四　紫花苜蓿的高产栽培技术

紫花苜蓿原于古波斯米底（今伊朗）和中亚细亚。紫花苜蓿家族中有紫花、黄花、紫黄花混合的杂花苜蓿，这些都是畜禽的优良饲料，又被称为“牧草之王”。我国西北、华北、东北各省均有大面积种植。

一、紫花苜蓿的经济价值及饲用价值

1. 产量高、营养丰富

紫花苜蓿为长寿牧草，一次种植可利用 7 ~ 8 年。在西北和华北地区，一年可刈割 3 ~ 4 次，每亩产鲜草 3 000 ~ 4 000 kg，最高可达 5 000 kg。

（1）高蛋白。苜蓿是高蛋白饲料，其干物质中粗蛋白含量，一般都在 20%，最高可达 22%。一亩地可产粗蛋白 30 kg，相当于 250 ~ 300 kg 豆饼或 1 000 ~ 1 200 kg 玉米的蛋白质水平。紫花苜蓿含有种类齐全、数量充足的氨基酸，其中：赖氨酸为 0.6% ~ 0.9%，最高可达到 1%；色氨酸为 0.2% ~ 0.4%，最高达 0.5%；蛋氨酸为 0.2% ~ 0.3%，最高可达 0.4%。赖氨酸的含量是一般玉米籽粒的 3 ~ 4 倍。在科学配合下，苜蓿草粉是饲喂羔羊的最佳饲草之一，对促进羔羊生长发育具有显著的效果。

（2）高维生素。紫花苜蓿的维生素含量丰富。每千克干草中，各种维生素的含量为：胡萝卜素 123.0 mg，硫胺素 3.5 mg，核黄素 12.3 mg，盐酸 45.7 mg，泛酸 29.9 mg，胆碱 15.5 mg，叶酸 2 mg，维生素 E 129 mg，远远高于一般牧草和玉米籽粒。

（3）高矿物质和微量元素。紫花苜蓿中还含有较高的矿物质和微量元素，其干物质中钙、磷含量分别为 2.46% 和 0.21%，大大超过玉米。铜、钼、锰、锌、钙、铁、硒等都很充足，其中硒的含量在 0.5 mg/kg 以上，土壤中缺硒的地区，给畜禽多喂一些苜蓿粉，能有效地防止缺硒病的发生。

（4）高能量、高消化率。紫花苜蓿富含碳水化合物，为高能量牧草。每千克干物质中，总能为 17.70 MJ/kg，可消化蛋白 191 g，粗纤维的消化率在 70% 以上。

2. 养地肥田

紫花苜蓿为豆科植物，根系发达，根瘤极多，固氮能力强，种过苜蓿的地，每亩每年可固氮 100 kg 以上，种植 3 kg 以上，增加有机质 1 000 年苜蓿的肥效，相当于亩施有机肥 4 000 g，肥效可维持 2 ~ 3 年。因此，在南江黄羊高效生产体系中，种植苜蓿有双重意义。首先是改善了羊的日粮结构，其次也为农牧结合和建立稳产高产田奠定了可靠的基础。

3. 保持水土

紫花苜蓿的根系十分发达，固水能力很强。地上部枝多叶密，可有效防止雨水流失。广泛种植紫花苜蓿，是保持水土、提高土壤肥力行之有效的途径。

二、紫花苜蓿的生物学特性

1. 温　度

适宜温度为 25 °C 左右，温带和寒冷带都能生长，气候温暖、昼夜温差大对苜蓿的生长最有利。紫花苜蓿不耐高温，超过 35 °C 时生长停滞，叶尖枯黄；抗寒性较强，幼苗和成株都能抗 – 4 ~ – 3 °C 的霜冻。其根在越冬时能耐 – 20 °C 以下低温，霜后遇到高温仍能恢复生长。生育期 140 ~ 150 d。种子在 8 ~ 10 °C 开始出苗，但很慢；15 ~ 20 °C 时发芽快，4 ~ 5 d 即可出苗。

2. 水　分

紫花苜蓿需水较多。每形成 1 kg 干物质，约需 800 g 水分；每形成 50 kg 鲜草，需吸收 5 000 kg 的水分。紫花苜蓿特别怕涝，阴雨连绵、天气温热，对其生长不利。

3. 光　照

紫花苜蓿喜光耐阴。北方高纬度长日照地区，光热条件好，符合苜蓿生育要求。对光照不敏感，在我国南北方种植均能正常开花结果。

4. 土　壤

紫花苜蓿对土壤选择不严格，除重碱重盐地、低洼内涝地、重黏土地外，其他土壤都能种植。紫花苜蓿抗碱性较强，含盐量 0.1% ~ 0.2%、pH 为 8.0 的土壤可以种植，但 pH 低于 5.0 的酸性土壤不宜种植，以含盐量 0.1% 以下、pH 为 7.0 ~ 8.0 的土壤最为适宜。土壤含水量对紫花苜蓿品质有较大的影响，水分不足，叶量减少，适口性差；水分过多，苜蓿的酸性粗纤维和木质素降低，干物质消化率提高，对粗蛋白含量无影响。

5. 一般生育特性

在土壤水分充足和适期播种时，播后 4 ~ 5 d 出苗，出苗后叶生长较慢，根生长快。播后 30 ~ 40 d，苗高不足 10 cm 时，根长可达 40 cm。春旱地区种植苜蓿，只要适期早播，抓住苗，就可保证全苗。

紫花苜蓿是异花授粉植物，自花往往不孕，连绵阴雨，气候寒冷，有碍授粉和受精，降低种子产量。紫花苜蓿再生能力强，刈割或放牧啃食后，残株和残花均能重生新枝。

三、紫花苜蓿的高产栽培技术

1. 选地与倒茬

应选择平坦和缓坡地，以排水良好、水分充足、土质肥沃的油沙地或土层深厚的黑土地为最适宜。内涝的湿地、贫瘠的黄土地、多石的沙砾地、土层很薄的白浆土地等均不适宜种植。

合理倒茬对苜蓿种植十分重要。较好的前作是伏翻的麦类、亚麻、瓜类等早熟作物和管理水平较高的大豆、玉米、高粱等作物；各种叶菜和根菜类，也是苜蓿的好茬口。

2. 整地与施肥

苜蓿种子很小，若没有好的整地质量，播种质量就会受到影响。因此，要求秋翻、秋耙、秋施肥。翻地深度在 25 cm 以上。夏播时，在雨季到来之前翻地和耙地，早熟作物作复种，在前作物收获后，随即翻地和耙地有灌溉条件的地区，翻地前最好能灌一次透水，趁湿播种，保证出苗整齐。施肥以有机肥为主，每亩 2 000 ~ 3 000 kg。为使苜蓿生长初期生育旺盛，每亩可增施过磷酸钙 150 ~ 200 kg、硫酸钙 5 ~ 15 kg，与有机肥混拌后，翻地前施入。

3. 播　种

（1）品种选择。选择适应本地区生态条件的高产稳产品种。适应南方温热地区的紫花苜蓿品种有和田苜蓿、沙湾苜蓿、特氏苜蓿等，适应北方的品种有新疆大叶苜蓿、公农一号苜蓿、肇东苜蓿、东农一号苜蓿、猎人河苜蓿、苏联一号苜蓿等，近年来也有不少新品种问世，可选择使用。

（2）种子处理。苜蓿种子的发芽力可保持 3 ~ 4 年，种子的硬实率为 40%。种子越新鲜，硬实率越高。播前晒种 2 ~ 3 d，或放入 50 ~ 60 °C 温箱内 15 min ~ 1 h，以提高发芽率。可以用特制的根瘤菌剂，按要求拌入种子中；也可以从老苜蓿地取带有苜蓿根瘤菌的菌土拌种；若与磷细菌同时接种，效果更好。拌种后要避免日光直晒，防止阳光杀菌使菌种失效。

苗期易遭金针虫、金龟子、地老虎、蝼蛄等虫害，可用农药拌种预防。

（3）播种期。可春播，也可夏播。春播应早播，在春小麦播后就可播苜蓿，一般在 4 月下旬或 5 月下旬。夏播要适时，迟播会使幼苗小，扎根不足，越冬芽不健全，影响安全越冬。一般以播种后能有 80 ~ 90 d 的生育期为好。

（4）播种量。经过清洗的纯净种子，播种量每亩 1.3 ~ 1.5 kg。北方春旱地区，苜蓿易发生缺苗，可增加到每亩 2.0 kg 播种量。

（5）播种方法。可选用单播和混播。小面积高产饲料地多采用单播，大面积人工草地多采用混播。

4. 田间管理

（1）中耕除草。苗期生长缓慢，不耐杂草，常因草荒严重而致苜蓿地变成荒草地，导致大量减产，乃至绝灭。故及时消灭杂草十分重要。

中耕除草包括苗期、中期和后期的除草三大部分。苗期杂草可用地乐酯、2，4—D丁酯等防治，成龄苜蓿的杂草可用CIPC、DCPA、地乐酯、西玛津、2，4—D丁酯等防治。除草剂常在杂草萌发后的苜蓿地施入，效果较好。

（2）间苗和补苗。苗密度大，小苗相互拥挤，影响生长；苗稀，常被杂草覆盖，也会降低产量和品质。因此，应根据种植情况及时补苗或间苗。

（3）消除病虫害。紫花苜蓿易受螟虫、盲椿象及一些甲虫的危害，应早期发现，尽早防治。另外，苜蓿易感染菌核病、黑茎病等，要早期拔除病株。

5. 收　获

收获过早，苜蓿产量低；收获过晚，苜蓿质量差，而且还会影响新芽的形成，造成缺株退化。当年春天播种的苜蓿，可于8月刈割，30～40 d再生后，在封冻前可再刈割一次。夏播的在封冻前刈割一次。2年后的苜蓿，依需要在60～70 cm株高时刈割一次，经40～50 d再生后进行下一次刈割。北方刈割2～3次；南方可刈割4～5次。北方最后一次刈割应留茬8～10 cm，以备积雪防害。

任务五　白三叶的高产栽培技术

白三叶又名白车轴草、荷兰翘摇，原产于欧洲和小亚西亚，为世界上分布最广的一种豆科牧草，从北极圈边缘至赤道高海拔地区均有分布。16世纪后期荷兰首先栽培，1700年传入英国，随后传入美国、新西兰，现广泛分布于温带及亚热带等高海拔地区，尤其适于在海洋性气候地带种植。我国自20世纪20年代引种以来，已遍布全国各省区栽培，尤以长江以南地区大面积种植，是南方广为栽培的当家豆科牧草。

白三叶产量低，但品质极好，多年生，有匍匐茎，能蔓延生长，又能以种子自行繁殖，耐牧性很强，为最适于放牧利用的豆科牧草，也是城市、庭院绿化与水土保持的优良草种。

一、植物学特征

白三叶为豆科三叶草属多年生草本植物，一般生存8～10年，主根较短，侧根发达。根系浅，根群集中于10～20 cm表土层，根上着生许多根瘤。株丛基部分枝较多，通常可分枝5～10个；茎细长，光滑无毛，主茎短，有许多节间，长30～60 cm，匍匐生长，茎节处着地生根，并长出新的匍匐茎，不断向四周扩展，侵占性强，单株占地面积可在1 m^2以上。掌状三出复叶，叶互生，叶柄细长直立，长15～25 cm。小叶倒卵形至倒心形，长1.2～3 cm、宽0.4～1.5 cm，先端圆或凹，基部楔形，边缘具细锯齿，叶面中央具“V”字形白斑；托叶细小，膜质，包于茎上。叶腋有腋芽，可发育成花或分枝的茎。头形总状花序，着生于自叶腋抽出的比叶柄长的花梗上。花小而多，一般20～40朵，多的可达150朵，白色，有时带粉红色，异花授粉。荚细狭长而小，荚壳薄，易破裂，每荚含种子 1 ~ 7 粒，常为 3 ~ 4 粒；种子心脏形，黄色或棕黄色，细小，千粒重 0.5 ~ 0.7 g，硬实多。

二、生物学特性

白三叶喜温暖湿润气候，生长适宜温度为 15 ~ 25 °C。适应性较其他三叶草为广，耐热抗寒性较红三叶、杂三叶为强。喜湿润环境，年雨量不宜小于 600 ~ 800 mm，在干旱土壤上生产力不高，但在相当干旱的天气下也能存活，能耐湿，可耐 40 多天的积水。耐荫，在果园下也能生长。对土壤要求不严，只要排水良好各种土壤皆能生长，尤喜富含钙质及腐殖质的黏质土壤。能耐瘠、耐酸，适宜土壤 pH 值为 6 ~ 7，在土壤 pH 值为 4.5 的地区仍可生长；耐盐碱能力差。

白三叶是各种三叶草中生长最慢的一种，9 月底秋播者至次年 4 月下旬现蕾时，茎短叶茂，草层仍较低矮。5 月中旬盛花，花期长，可持续两月之久。开花期间草层高度始终在 20 cm 左右，变化甚小。再生力极强，为一般牧草所不及。夏季高温干旱时生长不佳。白三叶分小叶型白三叶（野生白三叶）、中等白三叶（普通白三叶）与大叶型白三叶（如“拉丁诺”白三叶）三种类型。

四川农业大学和雅安市畜牧局选育的“川引拉丁诺”白三叶（Trifolium repens L. cv. ChuanyinLadino）株体较普通白三叶大，每年可刈割 4 ~ 5 次，产草量可以超过苜蓿，该品种适应性较强、产量高、品质好，每公顷产干草 11 250 kg 左右。

三、栽培技术

1. 播　种

我国栽培的白三叶品种多为中叶型和大叶型，分别如“胡依阿（Huia）”和“川引拉丁诺”等品种。白三叶种子很小，整地应精细。结合整地施足底肥，底肥以有机肥和磷肥为主，在酸性过强的土壤上应施石灰。不论种过白三叶与否的地块，都应接种根瘤菌。

白三叶以晚夏至早秋播种为宜，如南京地区不宜迟于 9 月中下旬，否则易受冻害。春播宜在 3 月上中旬，稍迟又易受杂草排挤。单播每公顷需种子 3.75 ~ 7.50 kg。行距 30 cm、播深 1.0 ~ 1.5 cm。一般宜与红三叶和黑麦草、鸭茅、牛尾草等混种，尤宜与丛生禾本科牧草如鸭茅混种，以充分利用其丛生时留下的隙地。混种时，播量按禾豆比 2∶1 计算，每公顷白三叶种子用量为 1.5 ~ 3.7 kg。由于白三叶较耐荫，许多地方用之与粮食作物间、套作。四川农业大学在雅安市用白三叶与玉米间作，收获玉米 14 t/hm^2、白三叶干草 7.6 t/hm^2 的产量。贵州省惠水县白三叶与玉米间作采取的方式为：一是在白三叶草地上挖穴点播玉米，行株距 1 m × 0.3 m，单株留苗；二是在条播白三叶行点播玉米，行株距 1.2 m × 0.4 m，双株留苗。这种种植方式，均可有效的抑制杂草，并能增进土壤肥力，在坡地上又能保持水土。

2. 田间管理

白三叶苗期生长缓慢，应注意适时中耕除草。一旦长成即竞争力很强，不必再行中耕。但由于它草层低矮，高大杂草往往超出草层之上，影响光照，必须注意经常清除，易拔的可拔除，不易拔或劳力不允许时可刈割。白三叶草地每年应根据土壤磷钾肥缺乏情况追施磷钾肥，依土壤水分情况适时排灌。混播草地中禾本科牧草生长过旺时，应经常刈割，以利白三叶的生长。

3. 收　获

白三叶在初花期即可刈割，春播当年，每公顷可收鲜草 11 250 ~ 15 000 kg，第二年可刈割多次，鲜草产量可在 37 500 ~ 45 000 kg，高者可达 75 000 kg。白三叶草层低矮，花期长达 2 个月，种子成熟不一致，成熟花序晚收往往被掩埋在叶层下，造成收种困难，并易落粒和受湿发芽，故应分批及时采收。每公顷可收种子 150 ~ 225 kg，最高的可达 675 kg。

四、饲　用

1. 饲用价值

白三叶茎叶细软，叶量特多，营养丰富，尤富含蛋白质。据测定，三叶草属牧草可消化率较苜蓿低，而总消化营养成分及净热量较苜蓿略高。三叶草干物质总产量随生育期而增高，但蛋白质的含量随生育期延长而逐渐降低，纤维素随生育期推迟而迅速增加。

2. 饲用方法

白三叶茎枝匍匐，再生力强，耐践踏，适宜放牧利用，乃温带地区多年生放牧地不可缺少的豆科牧草。高产奶牛可从白三叶牧地获得所需营养的 65%。四川农学院把白三叶加入奶牛日粮中，用以取代粗饲料，3 d 后即提高产奶量 11.87%，净收益增加 23.7% ~ 34.6%。肉牛放牧于良好的白三叶草地不需补饲精料，如贵州省威宁彝族回族苗族自治县用本地老龄黄牛作育肥试验，在补播的白三叶草地终日放牧，不补任何精料，日增重可达 902 g。

放牧反刍家畜，混播草地白三叶与禾本科牧草应保持 1∶2 的比例为宜。这样既可获得单位面积最高干物质和蛋白质产量，又可防止牛羊等食入过量的白三叶引起臌气病。在混播草地上应施行轮牧，每次放牧后应停牧 2 ~ 3 周，以利牧草再生。白三叶单播草地可放牧猪、禽，也可刈割饲喂。

白三叶也是良好的水土保持与庭院绿化植物。

任务六　鲁梅克斯的高产栽培技术

鲁梅克斯又名俄罗斯饲料菜，原产于俄罗斯高加索和西伯利亚等地，我国于 20 世纪 60 年代引进栽培。

一、俄罗斯饲料菜的经济价值

1. 饲用价值

俄罗斯饲料菜是优质高产的畜禽饲草，一次种植可连续利用多年。一个生长季节，北方可刈割 3 ~ 4 次，南方可刈割 4 ~ 6 次。一般每茬每亩可收获鲜草 4 000 ~ 5 000 kg，水肥充足可达 6 000 ~ 7 000 kg，平均每亩产鲜草 20 ~ 30 t，种植一亩地可满足 40 ~ 50 头羊对青饲料的需要。在同等栽培条件下，饲料菜较其他牧草产量高 2 ~ 5 倍，是目前我国各类牧草中产量、质量最高的优质牧草品质。俄罗斯饲料菜枝叶青嫩多汁，气味芳香，质地细软，适口性好，消化率高。

2. 营养价值

俄罗斯饲料菜富含蛋白质和维生素，营养价值高，各种营养成分的含量及其消化率均高于一般牧草，亩产量大大高于其他农作物（表 3-19）。经饲喂试验证明，饲料菜可广泛用于饲喂南江黄羊、奶牛、绵羊、猪、鸵鸟、鱼等动物，饲喂效果好，可显著提高动物的日增重。

表 3-19　俄罗斯饲料菜的营养成分及比较（占干物质，%）

项　目	俄罗斯饲料菜	多年生黑麦草	紫花苜蓿	黄花苜蓿	草木樨
粗蛋白	24.5	17	19.3	18.6	22.2
粗脂肪	5.9	3.2	5.1	2.4	3.3
粗纤维	10.0	24.8	43	35.7	28
无氮浸出物	39.4	42.6	24.9	24.4	37
粗灰分	20.2	12.4	7.7	8.9	9.5
总　量	100	100	100	100	100

3. 综合利用

（1）改良土壤，提高土壤肥力。俄罗斯饲料菜属高效新型绿肥品种，适时适地套种饲料菜或利用荒山荒坡，以及四旁地、树间，果园套种，利用饲料菜的高产优势，刈割压青作绿肥喂，可明显提高土壤的有机质含量，改良土壤性状。饲料菜在开花期产量达到高峰，此时纤维素含量低，容易分解腐烂，是刈割压青时期。刈割压青还田，可显著提高农作物的品质和产量。

（2）以草治草。饲料菜早春返春早，生长快，覆盖性极强，能抑制各类杂草生长。特别是果园间种饲料菜，实施以草治草，每年刈割 4 次，总压青厚度达 30 ~ 40 cm，不仅可以抑制各种杂草的生长，而且可显著地增加果园土壤的腐殖质含量，改善土壤结构，提高水果的产量和质量。

（3）保持水土，改善生态环境。俄罗斯饲料菜根系粗大、发达，枝叶繁茂，栽培 60 d 即可覆盖地面，可以减少雨水冲刷及地面径流。在水土流失严重的地区，种植俄罗斯饲料菜是保持水土的有效措施。

二、俄罗斯饲料菜的生物学特性

1. 植物学特征

俄罗斯饲料菜为多年生丛生草本，株高 0.8 ~ 1 m，全株被白色短毛。根系发达，肉质，主根粗大，多侧根。幼根表皮白色，老根为棕褐色，切口处能长出大量的幼芽和蔟叶，集成莲座状。根的再生能力强，凡粗在 0.3 cm 以上、长不低于 2 cm 的根段，都能重生新芽和新根，并成长为新株。主、侧根粗壮，在土壤适宜时能垂直伸入土壤深层达 50 cm，有效地利用深层的土壤养分和水分。叶片大，呈长椭圆形或卵形。叶片分为根蔟叶和茎生叶，叶片数量可达 200 片。根生叶有长柄，茎生叶有短柄或无柄。分蘖快，分枝多，茎叶繁茂，春、夏、秋不断抽薹开花，从茎顶部或分枝顶部长出聚伞花序，花簇生，冠筒状，淡紫色或淡黄色，不结种子。

2. 适宜的生态及生产条件

俄罗斯饲料菜适合生长于温暖湿润气候条件，对气候、土壤条件的适应范围较大。耐寒性强，根在 – 40 °C 低温下可安全越冬，南方高温地区仍能良好生长。22 ~ 28 °C 生长最快，低于 7 °C 生长缓慢，低于 5 °C 时停止生长。

俄罗斯饲料菜是一种需水较多的植物，供给充足的水分，才能获得高产量。当温度在 20 °C 以上，土壤田间持水量为 70% ~ 80% 时，生长最快，平均日增长 3 cm 以上。土壤田间持水量降到 30% 时，生长缓慢，叶芽分蘖减少，株体凋萎发黄。由于饲料菜根系发达，入土很深，能有效地利用土壤深层水分，故具有一定的抗寒能力，土壤排水不良则会抑制其生长，或烂根死亡。饲料菜喜阳也耐阴。

俄罗斯饲料菜对土壤要求不高，除低洼和重盐碱地外，一般土壤均能生长，但以土层深厚肥沃的壤土为最佳。土壤含盐量不超过 0.3%、pH 不超过 8.0 的土壤均可以种植。

三、俄罗斯饲料菜的栽培技术

1. 选地与整地

俄罗斯饲料菜是抗逆性和生长能力强的植物，对土壤要求不严。饲料菜是多年生草本植物，一经栽植，就不能随意更换。因此，在建园前，应认真做好规划。

种植前应根据土壤、地形、坡度、气候、植被等条件，分别采用全耕、带耕或免耕等地面处理措施。深耕 25 cm 以上，消灭杂草和害虫。为高产稳产，栽植前应施入充足的基肥。每亩施入有机肥 2 000 ~ 3 000 kg，或加入适量的过磷酸钙，翻入耕作层，以满足饲料菜整个生长期的需要。

2. 栽　植

俄罗斯饲料菜以无性繁殖为主，目前主要采用切根繁殖。依当地气候条件、土壤、水分状况，北方以 4—8 月，南方以 3—9 月栽植为宜。栽植的密度由根质品质、土壤肥力和管理水平确定。土壤肥力差、管理水平低的实行密植栽培，株行距为 50 cm × 40 cm，每亩保苗 3 000 ~ 3 500 株；土壤肥沃的地块，株行距为 70 cm × 50 cm 或 60 cm × 50 cm，每亩保苗 1 800 ~ 2 000 株，其中以 60 cm × 50 cm 的产量为最高。

（1）切根繁殖方法。俄罗斯饲料菜根的再生能力强，切断根部能从顶端切口处形成层中产生新芽。因此，种根切断繁殖是俄罗斯饲料菜最简单的繁殖方法。1 ~ 2 年生主、侧根作根种发芽率高、效果好，3 年以上的老根效果略差。凡直径在 0.3 cm 以上的主根、侧根、支根均可作种根苗用。种根切段大小可根据其数量确定，一般切段长度应在 2 cm 以上，若种根充足，根段可长些，在 2 ~ 5 cm。粗不小于 0.8 cm、长在 5 cm 以上的根，可垂直（纵向）切成两瓣，均能成活。一般根越粗，切段越长，发芽生长也就越快，当年产量也就越高。所以，在切根苗时，细根的切段应长一些，粗根可相应短一些，以便使种根能同时发芽生长。

根苗切成后，按株行距刨坑，栽植根苗。根苗的栽植方法有立放和横放。立放的顶端向上，发芽出苗快，幼苗健壮，但费工，切好根段的顶端不易辨认。横放虽出苗稍慢一些，但栽植容易，发芽生长也较好，以便生产中大面积种植。栽植后及时覆土保温，稍加踏压，以利种根发芽。栽植深度，沙性土壤宜深，黏性土壤宜浅，土壤干燥宜深，潮湿宜浅，春季干旱宜深，夏秋季水分充足宜浅。一般栽植深度为 3 ~ 5 cm。

（2）催芽栽植。种根催芽栽植是饲料菜新的栽植方法。经催芽的种根栽植后，出苗快，苗齐，生长快。

根苗催芽方法：于栽植前 10 d 左右，将切好的根段平摊在室外平整的畦床上，铺 5 cm 厚根段，覆湿沙或湿土 5 cm，可铺 3 ~ 5 层。也可采用 1 份种根 3 份湿沙或湿土拌匀摊平堆放催芽，顶面覆盖塑料薄膜以保湿和提高畦床温度。畦床高出地面 5 ~ 10 cm 即可。畦床大小以催芽根多少确定，长度以 2 m × 1 m 为宜，床高不宜超过 40 cm。经催芽种植的种根可提前 10 d 左右出苗。

（3）种根储藏方法。种根购入后应及时切根栽种。如秋季购入种根，气温较低，当年不可栽种，应将种根埋入地下或窖内储藏。室外储藏可根据种根多少，在室外向阳不积水的地点挖深 50 cm 的坑，一层种根一层泥土，高 40 ~ 50 cm，覆土 20 ~ 30 cm，并覆盖秸秆防寒。第 2 年 3—4 月取出栽植。菜窖储藏的饲料菜种根，窖内温度应控制在 0 ~ 3 °C。自有的饲料菜进行扩繁，一般采用随挖随种的方法，将 1 年生以上的饲料菜根从距地面向下 10 ~ 12 cm 处将种根切断挖出（切断的余根可继续发芽生长），将挖出的种根置阴凉处晾晒 1 ~ 2 h，以降低种根水分，待种根表皮略干后即可切根种植。

3. 田间管理

（1）除草。定植后苗高 5 cm 时，进行第一次中耕除草，将要封垄时进行第二次除草。饲料菜生长快，耐杂草，每年可酌情进行中耕除草。多年生的饲料菜要在每次刈割后追肥一次，将有机肥料均匀撒在株间，特别要避免污染茎叶。

（2）灌水和排水。饲料菜生长快，耗水多，干旱季节要结合采收和施肥相应灌水一次。刈割后灌溉可促进饲料菜再生，灌溉与追肥结合的增产效果最大，也是饲料菜丰产栽培的关键技术措施。干旱地区在冻结前也应灌水一次，以利于翌年加速返青。如果土壤中水分过多或间歇性水淹，要及时排水，防止积水时间过长使根部腐烂而死亡。

（3）防治病虫害。饲料菜抗逆性强，病虫害极少发生。常见的病虫害有根瘤线虫和萎缩病。根瘤线虫的受害植株叶片变黄，再生不良，茎叶腐烂，严重时可全株死亡。目前这两种病的发病率较低，尚无有效的防治方法。在田间管理时应注意观察，如有发生，要及时拔除病株，深埋或焚烧，防止蔓延。

（4）埋土防寒。饲料菜属于耐寒植物，冬季无须防寒即可正常越冬，但经盖蒙头土和覆盖防寒后，可显著提前返青，并对返青生长及增加第一茬的产草量有显著作用。埋土在 10 月下旬进行，将土培到垄台上，以保护根系。覆盖防寒可以用有机肥料或积雪盖在根冠上。

4. 采收和利用

（1）采收。饲料菜的饲用部分是叶和茎枝，每年可割 4 ~ 5 次，栽植当年可割 1 ~ 2 次。若用作青贮饲料，在现蕾至开花期时产量最高，应用丰富，为收获的适期；若用作青贮或调制干草，应在干物质含量最高的盛花期刈割。收获过晚，茎叶变黄，茎秆变老，产量和品质均下降。收获晚也会影响到其生长和下一次刈割的产量，并可减少刈割次数。收割过早，产量低，养分含量少，总干物质产量低，而且根部积累营养物质少，影响其再生能力。收割留茬高度对生长和产量影响较大，贴地割虽然产量高，但返青慢，后几茬产量低。留茬过高，浪费严重。一般留茬高度为 5 ~ 6 cm。最后一次收割应在停止生长前 30 d 完成，以便有足够的再生期，积累充足的养分，利于越冬芽形成良好，安全越冬。

（2）利用。饲料菜可以青贮、青饲，也可制成干草粉，以青饲草状态饲喂最好。青草饲喂量，羊每日以 4 ~ 5 kg 为宜，占日粮比例为 60% ~ 70%。

5. 间　作

饲料菜抗逆性强，既喜阳又喜阴，利用这一特性，可以间作高秆经济作物。饲料菜间作经济作物的模式，着眼于“合理、高产、高效”，使饲料菜和间作作物的生长相互促进。

（1）间作果树。饲料菜可间作苹果、梨、杏、葡萄等水果，饲料菜与果树的栽植密度应视土壤状况、果树定干高度而因地制宜。老果园可在果树行间间作 4 ~ 8 行、株行距 50 cm × 60 cm；新建果园应以果树为主，适当确定饲料菜的栽培密度。果园间作饲料菜作牧草用的，在饲用生长期应避开果园喷施农药。

（2）间作向日葵。一般采用大垄栽培，即一垄向日葵两垄饲料菜，向日葵实行密植种植。

任务七　饲用甜菜的高产栽培技术

甜菜，又称糖萝卜，是饲料价值很高的饲用作物。可供饲用的甜菜有糖用和饲用两种。

饲用甜菜的产量很高。种 1 亩地糖用甜菜，可产茎叶 1 000 ~ 1 500 kg，肉质根 3 500 ~ 4 000 kg；种 1 亩地饲用甜菜，可产茎叶 600 ~ 800 kg，肉质根 7 000 ~ 8 000 kg 以上，最高可在 15 000 kg 以上。

甜菜富含糖类和蛋白质，营养价值很高（表 3-20）。糖用甜菜和饲用甜菜的肉质根与茎叶总能在 16 MJ/kg 以上，粗蛋白含量超过 14%。由于甜菜产量高、品质好、耐储藏，特别适宜于饲喂育肥羊、妊娠母羊和哺乳母羊，是工厂化高效养羊的必备必种饲料之一。

表 3-20　糖用甜菜和饲用甜菜营养成分比较

名称		干物质/%	干物质中					
			总能/（MJ/kg）	消化能（猪）/（MJ/kg）	代谢能（鸡）/（MJ/kg）	粗蛋白质/%	可消化粗蛋白质（猪）/（g/kg）	粗纤维/%
肉质根	糖用甜菜	14.9	16.23	11.72	7.66	14.7	97	12.7
	饲用甜菜	13.8	16.36	11.88	7.82	15.9	105	12.3
茎叶	糖用甜菜	17.0	15.86	12.84	9.71	20.0	137	11.2
	饲用甜菜	10.0	16.32	12.76	9.54	15.1	99	11.9

一、饲用甜菜的生物学特性

1. 温　度

甜菜原产于地中海，为喜温耐寒作物。种子在 2 ~ 3 °C 时发芽，但很慢，经 30 d 才能出苗，15 °C 时 8 天 d 可出苗，30 °C 时 3 ~ 5 d 出苗。子叶期能耐 – 2 ~ – 1 °C 的低温， – 4 ~ – 3 °C 时可受冻害。进入幼苗期后抗冻能力增强，此时可耐 – 6 ~ – 5 °C 的霜冻。日平均温度 20 ~ 25 °C 时生长迅速，13 °C 以下时生长缓慢。

甜菜种子和种根完成春化阶段的适宜温度分别为 1 ~ 2 °C 和 6 ~ 8 °C，低于此温度时春化阶段延长。

2. 水　分

甜菜需水较多，需水系数为 80 左右。每生产 1 000 kg 糖用甜菜肉质根，约消耗水 800 t。若满足不了水分的要求，产量和质量就会下降。

苗期需水较少，为全生育期耗水量的 12% ~ 19%。繁茂生长期需水多，占耗水量的 51% ~ 58%。

3. 光　照

甜菜为喜光植物。若光照不足，根生长速度减慢，产量和含糖量都会降低。

4. 土　壤

甜菜既抗酸，又耐碱，适宜的土壤 pH 为 7.0 ~ 7.5。在轻度盐渍化的土地上种植甜菜，只要充分施肥，抓到全苗，就可以获得较高的产量。

5. 生育阶段及特点

播种当年为营养生长阶段，可分为以下几个时期：

子叶期：在良好的条件下，播种 7 ~ 10 d 出苗，出现 2 片子叶时为子叶期，持续 2 周。

幼苗期：长出 7 ~ 8 枚真叶时为幼苗期，持续约 25 d。

子叶期和幼苗期统称为苗期。在长达一个月的苗期内，甜菜不耐草，不抗病虫害，必须加强管理。

繁茂期：时间约为 6 月上旬至 7 月中、下旬，持续 70 d。此期甜菜的叶和根生长均快，必须供给充足的养料和水分，氮素营养更不可缺少。

根成熟期：从丛叶封垄到肉质根和根中糖分及其他干物质达到最高峰的时期为根成熟期，持续约 40 d。

生殖生长阶段：生长发育的第二年，从种根种植到收种阶段，为生殖生长阶段，可分成以下 4 个时期：

叶丛期：种根种植后，长出叶片并开花抽薹为叶丛期，持续约 30 d。此期新生根尚不健全，抗旱力差，必须适时灌溉。

抽薹期：从开始抽薹到开始开花的时期为抽薹期，持续约 20 d。此期水、肥需要量均多，要适时追肥和灌水。

开花期：持续约 30 d。此期注意授粉，以提高种子质量。

结实期：持续约 30 d。此期所需水、肥都较少。

二、饲用甜菜的栽培技术

1. 轮　作

甜菜最忌连作，一般重茬可减产 30% ~ 40%。通常以 3 ~ 4 年或 4 ~ 5 年轮作一次为好。甜菜最好的前作是麦类作物和豆类作物，其次是油菜、马铃薯、玉米、亚麻等。在轮作中，各种牧草都是甜菜的好茬口。

甜菜消耗地力较强，但施肥多，根入土深，根残留物较多，种植后土壤肥力仍较高。所以，种植甜菜后，仍可种大豆、小麦等作物。

2. 整　地

甜菜为深耕作物。实践证明，浅翻是甜菜减产的重要原因。据调查，深耕 30 cm，亩产块根 3 300 kg，比浅耕 16 cm 时增产 32%。

3. 施　肥

甜菜生长期长，产量高，故需肥多。每生产 1 000 kg 肉质根，需吸收氮 4.5 kg、磷 1.5 kg、钾 5.5 kg。一般生育前期需氮肥多，后期需磷、钾肥多。重施基肥是甜菜高产的主要环节，基肥以优质有机肥为主。

4. 播　种

（1）品质选择。糖用甜菜含干物质多，含糖率 20% ~ 21%，属于高能量饲料，耐储藏，适宜于育肥羊和哺乳母羊，但产量低。饲料用甜菜含糖量为 5% ~ 8%，含粗蛋白 10% 以上，为高能量、高蛋白饲料，产量高。

（2）种子处理。播种前必须清洗种子，达到种球 2.5 mm 以上、千粒重 20 g 纯净率不低于 98%、发芽率 75% 以上，才能用于播种。

（3）晒种和碾磨种球。晒 1 d 后，用碾米机或磙子碾压，除掉木质花萼，使表面光滑，碾碎大种球后播种。

（4）药物拌种。防治苗期甜菜立枯病、甜菜褐斑病等。

（5）播种期。种植饲用甜菜必须保证有 120 d 的生育期才能获得较高产量。东北、华北和西北多采用春播，于 3 月下旬或 4 月中旬播种；华中、中南地区于 6 月上旬至 7 月上旬夏播；华东和华南于 10 月上旬秋播；东北地区也可采用夏播，于 7 月 20 日前播完，生育期 80 ~ 90 d，可获得相当于春播 60% ~ 70% 的产量。

（6）播种方法和播种量。

条播：行距 40 ~ 60 cm，机播每亩 1.6 ~ 2.5 kg，为防止缺苗损失，可加大播种量。

点播：行距 50 ~ 60 cm，每隔 20 ~ 25 cm 点种一穴，每穴下种 3 ~ 5 粒，每亩播种量为 0.5 ~ 1.0 kg。播种后覆土 2 ~ 3 cm，用脚轻踩一下即可。

带土栽培：近年来推行纸筒育苗，带土栽培，可增产 30% 以上。其做法与一般温床育苗或塑料棚育苗法一样。当长出 6 ~ 7 片叶片时，即可定植，移入大田。栽培后充分浇水，至全部成活为止。

5. 田间管理

苗起齐后即可进行第一次中耕除草，同时疏苗。长出 2 ~ 3 枚真叶时第二次中耕除草，同时间苗。一般每隔 7 ~ 8 cm 留 1 株苗。长出 7 ~ 8 枚真叶时进行第三次中耕除草，同时定苗。糖用甜菜株距 20 ~ 25 cm，每亩保留苗 6 000 ~ 7 000 株，饲用甜菜株距 35 ~ 40 cm，每亩保留 5 000 ~ 6 000 株苗。

在繁茂期和肉质根肥大生长期，要技术追肥与灌水。每次每亩追施硫酸铵 10 ~ 15 kg，或尿素 7 ~ 8.5 kg、过磷酸钙 20 ~ 30 kg。根旁深施，施后灌水。

甜菜虫害较多。苗期，易遭东方金龟子等危害；成苗后，易遭甜菜潜叶蝇、甘蓝叶蛾等危害。甜菜感染褐斑病，可使肉质根减产 30% ~ 40%。甜菜还易发生蛇眼病、花叶病毒等。

任务八　胡萝卜的高产栽培技术

胡萝卜，又称红萝卜、红根、丁香萝卜，是重要的根菜和块根多汁饲料，原产于中亚细亚。在苏联，饲用胡萝卜每亩可获得 5 000 kg 的多汁饲料。在我国，平均亩产在 2 000 ~ 3 000 kg，最高可达 8 000 kg。

胡萝卜营养丰富。据测定，其营养成分含量大致为：干物质 10% ~ 12%、总能 17.36 ~ 18.45 MJ/kg，消化能 10.75 ~ 12.55 MJ/kg、代谢能 8.59 ~ 9.41 MJ/kg、粗蛋白 12.0% ~ 13.5%、粗纤维 10.6% ~ 14.1%、钙 0.5% ~ 0.97%、磷 0.24% ~ 0.48%。胡萝卜叶中的营养更加丰富，含干物质 16% ~ 17%、总能 18 MJ/kg，粗蛋白 20% 以上。胡萝卜又是重要的维生素和微量元素供给源。据分析，干物质 11% 的胡萝卜重，每千克干物质中含胡萝卜素 522 mg、核黄素 121 mg、胆碱 5 220 mg、铁 121 mg、铜 7.1 mg、锰 40 mg、锌 33 mg。胡萝卜素是维生素 A 的前体，一个胡萝卜素分子在体内可转化为 4 个维生素分子，同时，胡萝卜素对于提高母羊繁殖率具有重要作用。

一、胡萝卜的生物学特性

1. 温　度

胡萝卜为喜温耐寒作物。种子在 4 ~ 6 °C 时就能发芽，8 °C 开始生长，18 ~ 22 °C 时 10 d 就可以出苗。幼苗能在短时间耐 – 4 ~ – 3 °C 的低温，在 27 °C 以上的高温干燥条件下也能正常生长。种子发芽的最适温度为 20 ~ 25 °C。温度 6 ~ 8 °C 时，根继续生长，糖分逐渐增多，但生长缓慢。

2. 水　分

胡萝卜根部发达，侧根多，吸水力强，叶面积小而多茸毛，有较高的抗旱力。

胡萝卜种子带有刺毛，含有挥发油，不易吸水，发芽出苗慢，要有潮湿的土壤。从叶旺盛生长期到根肥大期，需水逐渐增多。水分过多可造成叶部徒长，影响根的发育。肉质根肥大期土壤干旱，易引起木质部木栓化，减低产量和质量。

3. 光 照

胡萝卜为长日照植物，要求强光照。若光照不足，则叶片狭小，叶柄伸长，下叶早枯。

4. 土 壤

胡萝卜喜土层深厚、土质疏松、排水良好、多有机质的砂壤土和壤土。对土壤酸碱度的适应性强，pH 为 5.0 ~ 8.0 的土壤都能生长，在低于 4.5 或高于 8.5 的土壤中则生长不良。

5. 生育期

胡萝卜从完成出苗到种子成熟的生命周期需要 2 年。第一年为营养生长期，需 90 ~ 120 d；第二年为生殖生长期，约需 120 d。营养生长，可分为以下各期：

（1）发芽出苗期。此期约需 15 d 左右。由于发芽出苗慢，出苗率低，所以栽培中要为发芽出苗创造良好的条件。

（2）幼苗期。从长出第一枚真叶到 5 ~ 6 枚真叶和肉质根破肚的时期为幼苗期，此期约需 25 d。此时叶的光合作用和根的吸收能力均较弱，生长缓慢。

（3）叶旺盛生长期。从出现 5 ~ 6 枚真叶到 12 枚真叶的时期为叶旺盛生长期，此期约需 30 天。此时肥水供应不宜过多，防止叶部生长过旺。

（4）肉质根肥大期。从 12 枚真叶到收获，为肉质根肥大期，需 40 ~ 50 d。当肉质根长到足够大时，应及时收获。延迟收获肉质根粗糙，纤维素增加，易产生分歧根。

二、胡萝卜栽培技术

1. 轮作倒茬与选地

就胡萝卜对营养要求而言，前作以禾谷类作物为最好，土地则一般以地势低平、土壤疏松、连年施肥的地为佳。豆茬的氮肥多，易引起叶部徒长，根小而口味劣。叶菜类和瓜类也是胡萝卜的良好前作。

2. 整地与施肥

无论是春翻还是秋翻，深度均要在 20 cm 以上。翻后要及时耙地和压地。

胡萝卜需肥较多，必须施足底肥。每亩施有机肥 3 000 kg，不能施未经腐熟的有机肥。要注意氮、磷、钾肥的合理配合。苗期不宜多施氮肥；肉质根肥大期，氮、磷、钾肥都需增加，尤其不能缺磷肥和钾肥。

3. 播 种

（1）品种选择。饲料用胡萝卜根形大、产量高，但品质尚差，可从食用胡萝卜品种中选择产量高的种植。

（2）种子处理。播前要轻磨 1 ~ 2 次，去掉刺毛后，用温水浸泡 7 ~ 8 h，晒干播种。

（3）播种期。可分为春季、夏季和秋季栽培 3 种类型，冬季播种都要适期，保证供应。

春季播种：以 3 月下旬至 4 月上、中旬，最迟不过 5 月上旬播种为好。若播种过早则出苗晚，不易抓苗，易受草害；而播种过晚，则生育期短。

夏季播种：供饲料用的，或复种的胡萝卜在 6 月下旬或 7 月上旬播种，9—10 月收获。适时播种应采取早熟品种。

秋季播种：多在温暖地区采用，秋胡萝卜的储藏日期，可延长到第 2 年 5 月，所以要用营养期 120 d 的品种。

（4）播种方法与播种量。

平畦播种：做成宽 1.4 ~ 1.6 m、长 5.0 ~ 6.0 m 的平畦，一端设灌水沟，另一端设排水沟。在畦内每隔 12 ~ 15 cm 开一条深 3 ~ 4 cm 的沟，向沟内均匀撒籽，然后覆土 2 ~ 3 cm。播种在 4 ~ 5 cm 的浅沟内，撒籽后覆土。每亩用种量为 0.75 ~ 1 kg。脚踩后即可顺垄灌水。

起垄直播：翻耙之后随即用犁起垄。垄宽 45 ~ 60 cm，垄高 12 ~ 15 cm。之后用平耙将垄顶轻轻拍平，开两条相距 9 ~ 10 cm，深 4 ~ 5 cm 的浅沟，撒籽后覆土。每亩用种量为 0.75 ~ 1.0 kg。脚踩后即可顺垄灌水。

4. 田间管理

（1）中耕除草和间草。苗齐以后及时中耕一次，同时疏苗，打成单株，保持株距 3 cm 左右。幼苗长出 4 ~ 5 枚真叶时，进行第二次中耕除草，同时间苗和定苗，选留大苗和壮苗，保持株距 6 ~ 8 cm。

（2）追肥。肉质根迅速膨大期，第一次追肥，每亩施硫酸铵 10 ~ 15 kg，或有机肥 800 kg，每隔 15 ~ 20 d 再追肥一次，株旁开沟，将肥料均匀撒入沟中。也可放水冲肥，使之渗入土中。切忌黏附在叶上，以免烧伤和污染。

（3）灌溉。依土壤水分状况和长势，及时灌水。一般可分为苗期、叶部旺盛生长期和肉质根肥大生长期 3 个时期的灌溉。各期内干旱、生长缓慢或见有黄梢时，应及时浇水灌溉。

任务九　南瓜的高产栽培技术

南瓜，又称倭瓜，是种类多、产量高、饲用价值大的瓜类作物。在我国东北，种 1 亩地丰产型南瓜，可产瓜 3 000 ~ 4 000 kg、瓜藤 2 500 ~ 3 500 kg、“白瓜籽”70 ~ 100 kg。

南瓜的瓜和藤，不仅能量高，还含有较多的蛋白质和矿物质，并富含维生素 A、维生素 C、葡萄糖和大量的胡萝卜素。南瓜粉加工成颗粒饲料，适口性好，利用率高，特别适合作南江黄羊的育肥羊和母羊的能量饲料。

一、南瓜的生物学特性

1. 温　度

南瓜原产于热带和亚热带，喜温暖湿润的气候条件。种子发芽的最低温度为 8 ~ 10 °C，最适温度为 22 ~ 25 °C，最高温度为 35 ~ 36 °C，生长最适宜温度为 8 ~ 32 °C，40 °C 以上停止生长；不抗寒，生育期在零度低温就受害，－3 ~ －2 °C 时就死亡。

2. 水　分

南瓜茎叶繁茂，结瓜多，需要多量的水分，适宜生长区域的年降水量在 500 mm 以上，土壤相对湿度以 50% ~ 60% 为宜。当温度过高，雨水过多时，常致落花落果，易发生病害。我国北方各地，7 ~ 8 月高温多雨，昼夜温差较大，对南瓜的生长发育和干物质积累有利。在这些地区种植的南瓜，糖含量和淀粉含量都比较高，而且口味好、品质优。

3. 光　照

南瓜为喜光的短日照作物，充足的阳光使南瓜节间短，叶大而茂，开花结果都多；相反，若种植密度过大，阳光不足，则茎蔓延长，分枝少，叶小而稀，开花和结果都少。在短日照条件下，南瓜可提早形成雌花，提早开花结瓜。

4. 土　壤

南瓜喜肥性强，要求土质疏松、水分适宜、多有机质的肥沃土壤。除美洲南瓜外，其余两种南瓜根系发达，生长旺盛，对不良环境适宜性强，耐干旱，抗贫瘠，产量高而稳定。

5. 生育期

南瓜生育期因品种类型而异，美洲南瓜为 90 ~ 100 d，普通南瓜为 120 ~ 130 d，印度南瓜为 130 ~ 140 d。

二、南瓜的栽培技术

1. 选地与倒茬

南瓜除与粮、菜、饲用作物轮作种植外，特别适合在圈舍或住宅近旁零星地块，以及庭院内搭架种植。

南瓜不宜连作，其良好的前作是除葫芦科以外的各种叶菜和根菜等，在粮、棉和饲料作物轮作中，以麦类和豆类为最好。南瓜对地力的损耗较轻，杂草少，茬子软，是各种作物的良好前作。

2. 整地与施肥

南瓜为蔓性作物，根部发达。为给南瓜生长发育和整枝压蔓创造良好的条件，必须精细整地。秋翻深度不低于 20 cm。南瓜需肥多，每亩需施有机肥 2 500 ~ 3 000 kg，翻地前施入。

3. 播　种

（1）品种选择。南瓜品种依各种气候条件而选定。食、饲兼用的南瓜，可选用印度南瓜。该品种个头大，产量高。黑龙江培养的“龙牧 18 号饲料南瓜”，生产性能较好。

在南瓜品种的选择中，要逐渐淘汰种子表面为黄色、种皮厚而坚硬的类型，保留种皮白色而薄软的类型。这种瓜籽的市场价值较高，每亩可收获“白瓜籽”100 ~ 120 kg。既能满足饲料用，也可作为商品，两者结合提高了饲料种植的经济效益。

（2）播种。播种的方式有直接和育苗移栽两种。

播种期：南瓜为春播，长江流域 3 月下旬至 4 月下旬，西北、华北和东北在 4 月中、下旬至 5 月上旬播种，播种时期应防止晚霜冻死小苗。

种子处理：选择粒大而饱满的新种子，采用水选法将浮在上面的秕粒除出，而后浸种 8 h，重复吸水后捞出滤干即可播种。也可将泡湿的种子盛于盆中，上面盖一层湿布，放置在 20 ~ 25 °C 温暖处，待发芽且芽根露出时即可播种。

播种方法：普通南瓜为 60 cm × 80 cm，或 80 cm × 100 cm；印度南瓜瓜株蔓长大，应为 80 cm × 150 cm，肥水充足的也可 100 cm × 70 cm，每亩保苗 1 800 ~ 2 000 株。按要求的株、行距刨深埯，浇水后每埯下籽 3 ~ 4 粒。播种量每亩为 0.3 kg 左右。覆土 2 ~ 3 cm。

育苗移栽：早熟作物收获之后复种南瓜，可采用育苗移栽。北方寒冷地区无霜期短，要早育苗，早定植。

4. 田间管理

（1）中耕除草。南瓜出苗和栽植成活后，要注意补苗，以保全苗。每隔 10 ~ 15 d 进行一次中耕除草，至伸蔓为止，并及时追肥和灌水，促进旺盛生长。

（2）压蔓整枝。要及时压蔓和整枝。随着瓜蔓的伸长，每隔 2 ~ 3 节，在蔓旁铲土压在节间，促进新根生长。密植的可采取一蔓式整枝，即只留主蔓，摘除侧蔓，当主蔓结出 1 ~ 2 个瓜时去掉其余的小瓜，并掐去顶梢。稀植的可采取二蔓式或三蔓式整枝。

（3）授粉。南瓜为异花授粉植物，为虫媒授粉，所以阴雨和多风天气授粉不良，易早晨落花落果。采用人工授粉，可以提高结瓜率，增产 20% ~ 30%。

（4）病虫害防治。南瓜易患炭疽病、霜霉病和白粉病等，高温多湿天气尤为严重。要早期发现，及时喷洒波尔多液或石灰硫黄合剂，或福美双粉剂等防治。还应防治小地老虎、红蜘蛛等虫害。

5. 收　获

饲用南瓜，多在 7 月中、下旬，待瓜已老化、瓜蔓开始枯黄时采收。这样可以获得充分成熟的瓜，产量好，品质好，耐储藏，但瓜藤产量低，品质差。通常在大部分瓜已熟，而藤叶尚为绿色时收获为好。

任务十　向日葵的高产栽培技术

一、向日葵的饲用价值与栽培模式

1. 饲用价值

向日葵，简称葵花，又叫转日莲、向日花，是一种古老的食用作物，也是新兴油料作物和极有前途的青贮作物。

向日葵属于高产饲料作物。用中等水平的耕地种植，每亩可产青贮原料 2 500 ~ 3 000 kg；水肥条件充足、管理良好时可产 5 000 ~ 6 000 kg，与青贮玉米相似或略高，但品质则优于玉米。

据测定，我国西宁的向日葵全株，干物质中含总能 17.2 MJ/kg、消化能 11.0 MJ/kg、可消化粗蛋白 16 g/kg、钙 1.46%、磷 0.08%。日本的标准饲料成分中，开花期的向日葵全株，干物质中可消化蛋白质占 6.9%，可消化养分占 58.5%。将向日葵青绿植株与禾草混合青贮，可获得品质更好的青贮饲料。

向日葵的副产品——葵饼和葵盘，是南江黄羊的优质饲料。葵盘营养丰富：含粗蛋白 7.9%、粗脂肪 6.5% ~ 10.5%，几乎与大麦、燕麦相等；含无氮浸出物（主要是淀粉）48.9%，高于苜蓿；含果胶 2.4% ~ 3%，可增加适口性。葵盘约占未脱盘葵盘总重的 60%，其中含有 1.71 ~ 2.56 kg 可消化蛋白质。据测定，每 100 kg 葵盘粉中含有 5.2 ~ 7.4 kg 可消化蛋白质，相当于 70 ~ 80 kg 大麦、60 ~ 66 kg 玉米等谷类饲料。

向日葵适应性强，具有强抗碱性和耐酸性，在退化型的盐渍化草场上，大力推广向日葵的种植，不仅对于增产优质饲草，而且对于改善日粮结构、提高饲草利用率均有重要意义。

2. 栽培模式

向日葵主要分布在我国的半干旱、轻度盐碱地区，由于各地无霜期长短不同，决定向日葵的栽培模式也不同，可分为一季栽培和二季夏播复种两种方式。

（1）一季栽培。新疆、内蒙古、黑龙江、吉林和辽宁、河北、山西无霜期短的地区适合种植生育期较长的食用葵或早熟油葵。

（2）二季复种栽培。在无霜期长的地区可于小麦收获之后复播生育期短的油葵，复种后可以收割作为青贮饲料。近年来，许多省区已逐步扩大复播面积，供作青贮饲料和绿肥用。

二、向日葵的生物学特性

1. 温　度

向日葵对温度的适应性较强，既能耐高温又能耐低温，种子 2 ~ 4 °C 开始膨胀萌动，4 °C 即能发芽，5 °C 时可以出苗，8 ~ 10 °C 能满足正常发芽出苗的需要。幼苗耐寒力较强，可经受几小时 – 4 °C 的低温，低温过后仍能恢复正常生长。向日葵苗期抗冻的特性使它能适应早播，借以提高产量。

向日葵可以忍耐高温，但不能伴随高温，气温 40 °C 与相对湿度 90% 是向日葵生理成熟前所能忍耐的极限。若气温 50 °C 而相对湿度仅 30% ~ 55%，则仍能进行正常的生理活动。

2. 水　分

向日葵是需水较多而又抗旱的作物。耗水量约为玉米的 1.74 倍，每生产 1 kg 干物质，需要 469 ~ 569 kg 水分。从现蕾到开花仅 26 ~ 28 d，但为一生中需水量最多的时期，占总水量的 40% 以上。开花后需水逐渐减少，茎木质化程度逐渐提高，饲料品质逐渐下降。但向日葵又能节约利用水分，种子吸收自身重 56%的水分就能发芽，而后期能从土壤深处吸收水分，又很抗旱。

向日葵苗期对水涝甚至被水浸泡具有较强的忍耐力。品种不同，耐涝程度有较大差异。

3. 光　照

向日葵为喜光植物，幼苗、叶片、花盘都有向日性。充足的光照能使植株高大，茎叶茂密，青饲料产量高，品质也好。向日葵属于短日照植物，但对日照的反应又不敏感。

4. 土　壤

向日葵为喜肥作物，土层深厚，土壤肥沃，水分充足，对向日葵的生长最为有利。但对土壤的选择不严格，各种土壤都能种植。耐盐力比玉米高 1 倍。

向日葵需要多种营养元素，其中以氮、磷、钾为最多。亩产 59 kg 葵花籽，需要氮 1.65 ~ 3.05 kg，磷 0.75 ~ 1.25 kg，钾 3.15 ~ 6.95 kg。

三、向日葵的栽培技术要点

1. 选茬与选地

向日葵不宜连作，2 ~ 3 年轮作一次为好。向日葵最好的茬口为大豆和大麦，其次为玉米和谷子。由于向日葵适应性强，根部发达，耐瘠抗旱，可利用盐碱地、风沙地以及岗坡地种植。退化的碱性草地先种向日葵，后种多年生牧草，是改良碱性草地、提高产量的发展方向。

2. 深耕与整地

秋翻秋耙，蓄水保墒，是增产的关键性措施。若翻地深度超过 25 cm，则产量可提高 15% 以上。

3. 播　种

（1）种子准备。选用高产优良品种，在引用前要经一定的示范试验。目前尚无专用的饲用品种。春播可选植株高大的中晚熟种或晚熟种；而夏播则可选用中早熟种或早熟种，如美国的向日葵恢复系 RHA273 和 RHA274 以及我国沈阳 181 恢复系等适合青贮的品种。

向日葵种子的生物混杂较重，播前要严格清选。陈旧（2 年以上）、不饱满的种子不能作种用。千粒重 85 g 比 67 g 的产量，每亩增产 150 kg，低于 50 g 时则明显减产。

（2）种子处理晒种。

晒种：播种前 3 ~ 5 d 内晒种 1 ~ 2 d，有利于种子发芽、出苗，并对种子有杀菌作用。

浸种：播种前能浸种 6 h，可促进种子提早发芽和出苗。在轻盐碱土上播种向日葵，播前可用浸种催芽法，即先将种子晒 2 ~ 3 d，然后用 0.5 kg 盐碱土加 5 kg 水浸泡，浸种 12 h，在 3 ~ 5 °C 条件下放置 5 ~ 7 d 后播种。

药物拌种：防治向日葵霜霉病，可用高效、内吸收性杀菌剂拌种。

（3）播种深度。在墒情较好的情况下，播种深度以 3 ~ 5 cm 为宜。在干旱地区土壤墒情不好时，播种深度应为 5 ~ 8 cm。

（4）播种方法。播种方法有如下 3 种：

一犁挤：第一犁过后，向新土上播种，第二犁走过时给刚播过的种子盖上土。这是较粗放的原始播种方法。

三犁作垄刨埯种（穴种）：这是人工播种质量较好的方法。

机械穴播和精密播种：用玉米、大豆等播种机可以穴播向日葵。用机械收割的田块，向日葵的垄向以东西为宜。

（5）播种量与密度。饲用向日葵的营养面积，行距 60 ~ 70 cm，株距 30 ~ 40 cm，单株每亩保苗 4 000 ~ 4 500 株。播种量，点穴播每亩 0.8 ~ 1.2 kg，条播每亩 1.5 ~ 2.0 kg，青贮用可适当增加 10%。

（6）播种期。确定适合的播种期十分重要。我国部分地区的向日葵最适播种期如表 3-21。

表 3-21　向日葵的最佳播种期

类　型		辽　宁	内蒙古		山　西		河北沧州
			呼和浩特	巴彦淖尔盟	汾　阳	阳　曲	
油用型	春播月/日	4/20 ~ 5/10	4/15 ~ 5/10	4/20 ~ 5/5			
	夏播月/日	6/20 ~ 7/15			7/1 ~ 7/10		
食用型	春播月/日	4/1 ~ 4/30		4/15 ~ 4/25		4/10 ~ 4/20	3/10 ~ 4/20

4. 田间管理

（1）补苗、间苗。向日葵出苗后要及时查苗，发现缺苗时应立即挖苗浇水补栽。也可以催芽补种，力争达到全苗。

（2）中耕除草。苗齐全后，及时进行第一次中耕除草，每隔 10 ~ 15 d 进行第二次和第三次中耕除草。每次中耕除草之后，都相应耥一遍地，培土于根，以防止倒伏。

（3）打杈打叶。打杈通常在现蕾后 10 d 左右打一次，以后隔 10 d 打，打 2 次即可。打叶主要是打底叶，保持上部有 20 片叶。

（4）辅助授粉。在向日葵柱头开花达 70% 时，每隔 2 ~ 3 d 人工授粉一次。人工授粉 2 ~ 3 次，可增产籽粒 20% ~ 30%。

（5）施肥。除施足底肥、种肥外，出苗后还要及时进行追肥。向日葵需肥高峰是在向日葵旺盛生长阶段，即现蕾到开花时期。追肥氮肥主要采用穴施，在距茎部 6 ~ 9 cm 处开穴施入。深施（6 ~ 10 cm）后覆土，防止氮挥发，可以提高化肥的利用率。也可采用叶面施肥的方法，开花时每亩喷施 1∶3∶3 的氮、磷、钾溶液，可使产量增加。

（6）灌溉。向日葵比较耐旱，但又是需水较多的作物。需水高峰集中在花盘形成到终花期的 30 d 时间内，这段时间需水量占整个生育期需水量的 50% ~ 75%。播种到发芽阶段，采取抢墒早播和播前浸种有良好的抗旱作用。出苗到现蕾阶段，需水较少，一般不必进行灌溉。

（7）收获。青贮向日葵在现蕾至开花初期刈割最为适宜。向日葵为多糖青贮饲料，容易引起乳酸的发酵。晚期刈割，茎部木质化，品质减低。

学习情境四　饲草的加工与调制技术

项目一　饲草的青贮

任务一　青贮的种类、意义与原理

一、青贮技术在南江黄羊高效生产体系中的作用

青贮是调制储藏青饲料和秸秆饲草的有效技术手段，也是南江黄羊生产的基础。在南江黄羊高效生产体系中，优质饲草的高产栽培与所产饲草的青贮、加工具有同等重要的地位，是南江黄羊生产中十分重要的技术环节。饲草青贮技术本身并不复杂，只要明确其基本原理，掌握加工制作要点，就可以依各自需要，采用适当的方法制作适合自己要求规模的青贮饲料。

用青贮饲料饲喂羊，如同一年四季都能使羊采食到青绿多汁饲草一样，可使羊群常年保持高水平的营养状况和最高的生产力。农区采用青贮，可以更合理地利用大量秸秆；牧区采用青贮，可以更合理地利用天然草场资源。采用青贮饲料，摆脱了完全"靠天养羊"的困境，能实现农、牧区养羊生产的高效益。因为它可以保证羊群全年都有均衡的营养物质供应，是实现南江黄羊高效生产的重要技术。国家对此项技术十分重视，近年来，在许多省区大力推广，获得了可观的效益。

1. 采用青贮技术，大力发展牛、羊生产的意义

采用青贮技术，大力发展牛、羊生产，不仅提高了作物秸秆的利用率，也是各种牧草合理搭配、合理利用、综合提高饲草利用率和发挥羊最大生产潜力的有效措施。其优点在于：第一，可以节约大量粮食；第二，可以推动种植业的发展；第三，可以减少环境污染；第四，有利于改善人民的膳食结构；第五，有利于广大农牧民脱贫致富。

2. 饲草青贮的显著特点

（1）饲草青贮能有效地保存青绿植物的营养成分。一般青绿植物在成熟或晒干后，营养价值降低 30%～50%，但青贮处理，只降低 3%～10%。青贮的特点是能有效地保存青绿植物中的蛋白质和维生素（胡萝卜素等）。

（2）青贮能保持原料青贮时的鲜嫩汁液。干草含水量只有 14%～17%，而青贮饲料的含水量为 60%～70%，适口性好，消化率高。

（3）青贮饲料可以扩大饲料来源。一些优质的饲草羊并不喜欢采食，或不能利用，而经过

青贮发酵，就可以变成羊喜欢采食的优质饲草，如向日葵、玉米秸、棉秆等，青贮后不仅可以提高适口性，也可软化秸秆，增加可食部分，提高饲草的利用率和消化率。苜蓿青贮后，大大提高了利用率，减少了粉碎的抛洒浪费，减少了粉碎的机械和人力，还可以将叶片保留下来，提高了可食比例，对羊的适口性亦有显著的提高。

（4）青贮是保存和储藏饲草经济而安全的方法。青贮饲料占地面积小，每立方米可堆积青贮 450 ~ 700 kg（干物质 150 kg）。若改为干草堆放则只能达到 70 kg（干物质 60 kg）。只要制作青贮技术得当，青贮饲料可以长期保存，既不会因风吹日晒引起变质，也不会发生火灾等意外事故。例如，采用窖储甘薯、胡萝卜、饲用甜菜等块根类青饲料，一般能保存几个月，而采用青贮方法则可以长期保存，既简单，又安全。

（5）灭菌、杀虫、消灭杂草种子。除厌氧菌属外，其他菌属均不能在青贮饲料中存活，各种植物寄生虫及杂草种子在青贮过程中也可被杀死。

（6）发酵、脱毒。青贮处理可以将菜籽饼、棉饼、棉秆等有毒植物及加工副产品的毒性物质脱毒，使羊能安全食用。采用青贮玉米与这些饲草混合储藏的方法，可以有效地脱毒，提高其利用效率。

（7）青贮饲草是合理配合日粮及高效利用饲草料资源的基础。在南江黄羊高效生产体系中，要求饲草的合理配合与高效利用，日粮 60% ~ 70%是经青贮加工的饲草。采用青贮处理，南江黄羊饲料中绝大部分的饲料品质得到了有效的控制，也有利于按配方、按需要和生产性能供给全价日粮。饲草青贮后，既能大大降低饲草成本，也能满足南江黄羊生产的营养需要。

二、青贮的生物学原理

1. 青贮原理

青贮实际上是在厌氧条件下，利用植物体上附着的乳酸菌，将原料中的淀粉和可溶性糖分解为乳酸。当乳酸积累到一定浓度后，pH 下降到 4.0 左右（3.8 ~ 4.2），包括乳酸菌本身在内的所有微生物的繁殖被抑制，从而将青贮饲料的营养物质长时间保存下来，达到安全储藏的目的。

2. 青贮过程

青贮主要依靠厌氧的乳酸菌发酵作用，其过程大致可分为 3 个阶段：

第一阶段，有氧呼吸阶段，约 3 d。在青贮制作过程中原料本身有呼吸作用，以氧气为生存条件的菌类和微生物尚能生活，但由于压实、密封，氧的含量有限，很快被消耗完。

第二阶段，无氧发酵阶段，约 10 d。乳酸菌在有氧情况下惰性很大，而在无氧条件下非常活跃，产生大量的乳酸菌，保存青贮饲料不霉烂变质。

第三阶段，稳定期。乳酸菌发酵，其他菌类被杀死或完全抑制，进入青贮饲料的稳定期。此时青贮饲料的 pH 为 3.8 ~ 4.2。乳酸菌发酵，将糖按下列反应分解为乳酸：

$$C_6H_{12}O_6 \longrightarrow 2C_3H_6O_3$$

青贮成败的关键在于能否为乳酸菌创造一定的条件，保证乳酸菌的迅速繁殖，形成有利于乳酸发酵的环境和防止有害的腐败过程的发生和发展。

3. 调制优良青贮应具备的条件

调制优良青贮应具备的条件就是保证乳酸菌大量繁衍，具体应具备以下条件：

（1）适当含糖量：原料必须有充足的糖分，一般含糖量不应低于 2%，玉米等禾本科牧草的含糖量超过 1%，而豆科牧草的苜蓿、沙打旺等，由于含糖少而蛋白质较多，可用玉米粉或麦麸补充或搭配容易青贮的原料进行混贮或调制成半干牧草青贮。

（2）适当含水量。原料中含水量过多或过少，都将影响微生物的繁殖，必须加以调整。水分低，难于压实，空气多；水分多，易结块，利于酪酸菌活动，同时汁液流失率为 65% ~ 75%。一般原料的含水量要求在 60% ~ 75%；若超过 75%，可添加干料调节，按 100 kg 计用以下公式：

$$X=(A-B)/(B-C)$$

式中：X 为添加料量；A 为原料含水量；B 为理想含水量；C 为添加料含水量。

（3）厌氧条件。将原料压实、密封、排除空气，以形成高度缺氧环境。

（4）温度适宜。一般以 19 ~ 37 °C 为佳，适宜温度，在 30 °C 左右，不超过 38 °C。制作青贮的时间尽可能在秋季，天气寒冷时的效果较差。

三、青贮的种类及技术原理

1. 按青贮的方法分

青贮按方法分，可分为 4 类：

（1）高水分青贮。被刈割的青贮原料未经田间干燥即行储存，一般情况下含水量在 70%以上。这种青贮方式的优点为牧草不经晾晒，减少了气候影响和田间损失。其特点是作业简单，效率高。但是为了得到好的储存效果，水分含量越高，越需要达到更低的 pH。高水分对发酵过程有害，容易产生品质差和不稳定的青贮饲料。另外由于渗漏，还会造成营养物质的大量流失，以及增加运输工作量。

（2）一般青贮。又叫凋萎青贮，这种青贮是在缺氧环境下进行的，实质就是收割后尽快在缺氧条件下储存。对原料的要求是含糖量不低于 2% ~ 3%，水分为 60% ~ 75%。在干燥条件下，经过 4 ~ 6 h 的晾晒或风干，使原料含水量在 60% ~ 75%，再捡拾、切碎、入窖青贮。将青贮原料晾晒，虽然干物质、胡萝卜素损失有所增加，但是，由于含水量适中，既可抑制不良微生物的繁殖而减少因酸发酵引起的损失，又可在一定程度上减轻渗出液损失。适当凋萎的青贮料无须任何添加剂。

（3）低水分青贮。又叫半干青贮，是将青贮原料收割后放 1 ~ 2 d，使其水分降低到 40% ~ 55% 时，再缺氧保存。主要应用于牧草（特别是豆科牧草），降低了水分，限制了不良微生物的繁殖和因酸发酵而达到稳定青贮饲料品质目的。为了调制高品质的半干青贮饲料，首先通过晾晒或混合其他饲料使其水分含量达到半干青贮的条件，应用密封性强的青贮容器，切碎后快速装填。低水分青贮方式的基本原理是原料的水分少，造成对微生物的生理干燥。这样的风干植物对腐生菌、酪酸菌及乳酸菌，均可造成生理干燥状态，使其生长繁殖受到限制。因此，在青贮过程中，微生物发酵弱，蛋白质不分解，有机酸生成量小。虽然有些微生物如霉菌等在风干物质内仍可大量繁殖，但在切短压实的厌氧条件下，其活动很快停止。所以，低水分青贮的本质是在高度厌氧条件下进行储存。由于低水分青贮是在微生物处于干燥状态下及生长繁殖受到限制的情况下进行的，所以原料中的糖分或乳酸的多少以及 pH 的高低对其无关紧要，从而扩大了青贮的适用范围，使一般不易青贮的原料如豆科植物，也可以顺利青贮。

（4）外加剂青贮。这种青贮的方式主要从 3 个方面影响青贮的发酵作用：第一是促进乳酸发酵，如添加各种可溶性碳水化合物、接种乳酸菌、加酶制剂等，可迅速产生大量乳酸；第二是抑制不良发酵，如各种酸类、抑制剂等，防止腐生菌等不利于青贮的微生物生长；第三是提高青贮饲料的营养物质含量，如添加尿酸、氮化物，可增加蛋白质的含量等，还可以扩大青贮原料的范围。

2. 根据原料组成和营养特性分

可将青贮分为以下 3 类：

单一青贮：单独青贮一种禾本科或其他含糖量高的植物原料。

混合青贮：在满足青贮基本要求的前提下，将多种植物原料或农副产品原料混合储存，它的营养价值比单一青贮的全面，适口性好。

配合青贮：依南江黄羊对各种营养物质的需要，在满足青贮基本要求的前提下，将各种青贮原料进行科学的合理搭配，尔后混合青贮。

3. 根据青贮原料的形态分

可分为 2 类：

切短青贮：将青贮原料切成 2 ~ 3 cm 的短节，或将原料粉碎，以求能扩大微生物的作用面积，能充分压紧，高低缺氧。

整株青贮：原料不切短，全株贮于青贮窖或青贮壕内，可在劳力紧张和收割季节短暂的情况下采用，要求充分压实，必要时配合使用添加剂，以保证青贮质量。

任务二　青贮原料

青饲料是青贮的主要原料，它包括天然牧草、人工栽培饲草、叶菜类、根菜类、水生类、农作物秸秆、树叶类等植物外生饲料，具有来源广、成本低、易收集、易加工、营养比较全面等特点。

一、青贮中青饲料的营养特点

与其他饲料相比，青贮饲料的含水率高（60% 以上），富含多种维生素和无机盐。此外，还含有 1% ~ 3%的蛋白质和多量的无氮浸出物。该种饲料的特点是青绿多汁、柔嫩、适口性强、消化率高，南江黄羊消化率可达 85%。

二、青贮中秸秆饲料的营养特点

秸秆是青贮的重要原料，主要由茎秆和经过脱粒后剩下的叶片所组成，包括玉米秸、稻草、麦秸、高粱秸和谷草等。以玉米秸为例，南江黄羊对其的消化率为 65%，对无氮浸出物的消化率为 60%。玉米秸秆青贮时，胡萝卜素含量较多，每千克秸秆中含有 3 ~ 7 mg，其营养成分如表 4-1。

表 4-1　秸秆的营养成分和饲用价值

单位：%

类别	干物质	灰分	粗纤维	粗脂肪	无氮浸出物	粗蛋白质	纤维素	木质素	消化能			钙	磷
									牛	马	绵羊		
小麦秸	87.8	6.3	38.3	1.4	38.6	3.2	44.0	11.2	7.91	6.57	6.40	0.14	0.07
大豆秸	87.5	5.0	38.3	1.4	37.3	4.5	—	—	6.82	—	6.99	1.39	0.05
谷　草	89.5	5.5	37.3	1.6	3.8	3.8	—	—	7.45	—	8.33	0.08	—
谷　壳	88.4	9.5	45.8	1.2	3.9	3.9	—	—	2.22	—	1.51	—	—

三、青贮中树叶类饲草的营养特点

树叶外观虽硬，但营养成分全面，青嫩鲜叶很易被南江黄羊消化。树叶属于粗饲料，远优于秸秆和荚壳类饲草。一般树叶的营养成分如表 4-2。

表 4-2　一般树叶的营养成分

单位：%

类　别	干物质	粗蛋白质	粗脂肪	粗纤维	无氮浸出物	灰　分	钙	磷
槐树叶（鲜）	23.7	5.3	0.6	4.1	11.5	1.8	0.23	0.04
（干）	86.8	19.6	2.4	15.2	42.7	6.9	0.85	0.15
榆树叶（鲜）	30.6	7.1	1.9	3.0	13.7	4.9	0.76	0.07
（干）	89.4	17.9	2.7	13.1	41.7	14.0	2.01	0.17
榕树叶（鲜）	23.3	4.0	0.7	5.9	11.1	1.6	0.03	0.06
（干）	91.0	11.3	2.1	23.5	43.2	10.9	—	—
紫荆叶（鲜）	35.6	5.9	2.1	10.4	14.7	2.5	—	0.04
（干）	92.1	15.4	5.5	26.9	37.9	6.4	—	0.10
柳树叶（鲜）	33.2	5.2	2.0	4.3	18.5	3.2	—	0.07
（干）	89.5	15.4	2.8	15.4	47.8	8.1	1.94	0.21
杨树叶（鲜）	43.7	9.9	1.4	5.4	23.8	3.2	0.53	0.08
（干）	95.0	10.2	6.2	18.5	46.2	13.9	0.95	0.05
枸树叶（鲜）	30.7	7.0	1.9	4.1	12.8	4.9	0.75	0.14
（干）	91.2	26.2	6.2	15.4	24.3	19.1	0.05	1.37
合欢叶（鲜）	31.1	8.0	2.0	6.5	12.2	2.4	—	—
（干）	93.1	19.2	8.6	7.1	50.1	8.1	—	0.39

续表

类　别	干物质	粗蛋白质	粗脂肪	粗纤维	无氮浸出物	灰　分	钙	磷
洋槐叶（鲜）	23.1	6.9	1.3	2.0	11.6	1.8	0.29	0.03
（干）	86.8	19.6	2.4	15.5	42.7	6.9	—	0.15
白杨叶（鲜）	32.5	5.7	1.7	6.2	17.0	1.9	0.43	0.08
白桦叶（鲜）	31.4	6.5	3.6	6.2	13.0	2.1	0.47	0.08
柏树叶（鲜）	55.6	5.9	2.8	13.9	28.3	4.7	0.55	0.11
柞树叶（鲜）	55.6	6.1	1.9	7.6	16.01	1.4	0.11	0.06
香椿叶（干）	93.1	15.9	8.1	15.5	46.3	7.3	—	—
家杨叶（干）	91.5	25.1	2.9	19.3	33.0	11.2	—	0.40
紫穗槐（鲜）	42.3	9.1	4.3	5.4	2.7	2.8	0.08	0.40
松　针（鲜）	36.1	2.9	4.0	9.8	18.3	1.1	0.40	0.07

任务三　青饲设备设施

青贮的主要设备是青贮饲料收割切碎设备，青贮的主要设施是装填青贮的容器，主要有青贮窖、青贮壕、青贮塔及青贮袋等。青贮设施的类型和条件对青贮原料的保护、品质和青贮过程中营养物质的损失有重要影响。所以，青贮设施与原料同样重要，必须予以重视。对这些设施的基本要求是：场址选择在地势高燥，地下水位较低，距羊舍较近而又远离水源和粪坑的地方。装填青贮饲料的建筑物，要坚固耐用，最好为圆形，内面光滑，不透气、不漏水，窖口边缘为 U 字形。

一、青贮主要设备

青贮饲料收割切碎设备主要有自走式青贮饲料收割机和铡草机（图 4-1）。自走式青贮饲料收割机自动化程度高，收割与切短在田间一次完成；铡草机自动化程度低，需要在田间人工将青贮饲料收割、运至青贮容器附近，再人工辅助切碎。

自走式青贮饲料收割机

铡草机

图 4-1　青贮饲料收割斩切设备

二、青贮主要设施

青贮的主要设施是装填青贮的容器，类型很多，生产实践中常用的有地下式、半地下式、地上式和移动式等。青贮容器的基本要求是：选址要在地势高燥、地下水位较低、距畜舍较近、又远离水源和粪坑的地方；坚固耐用，不透气、不漏水；表面要做防腐处理。

1. 地上式青贮设备

常见的地上式青贮容器为青贮塔（图 4-2），是用砖和水泥、镀锌钢板、木板或混凝土建成的地上圆筒状建筑。青贮塔的塔壁必须坚固不透气，可用钢筋加固，在用三合土和黏黄土堆砌时，塔壁的厚度不应小于 0.7 m。塔的高度和直径可根据装料的机械程度确定，装料机械程度低时小一些；装料机械程度高时大一些。青贮塔直径一般为 6 m、高 10 ~ 15 m，可以贮存含水量 40% ~ 80% 的原料。水分大于 70% 时，存时损失较大。装填时，将较干的原料置于下层，较湿的原料放在上层。青贮成熟后，根据结构可由顶部或地部取料。例如，德国的青贮塔有的直径为 8 ~ 15 m、高 12 ~ 14 m，用木板联结而成，装填青贮料要使用吹送机。

立式灌装塔

青贮塔

地上式青贮窖

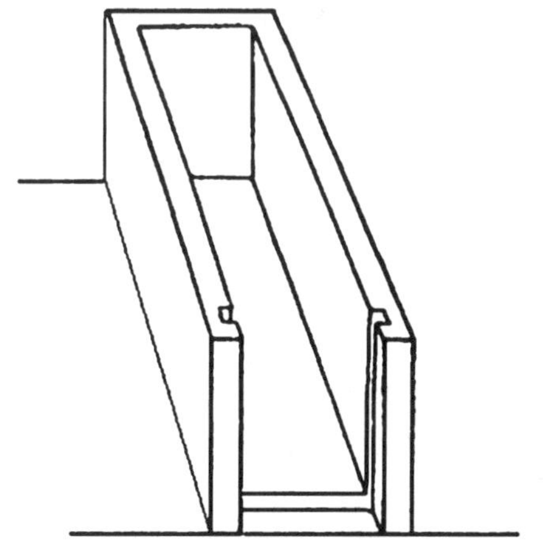

地上式青贮窖示意图

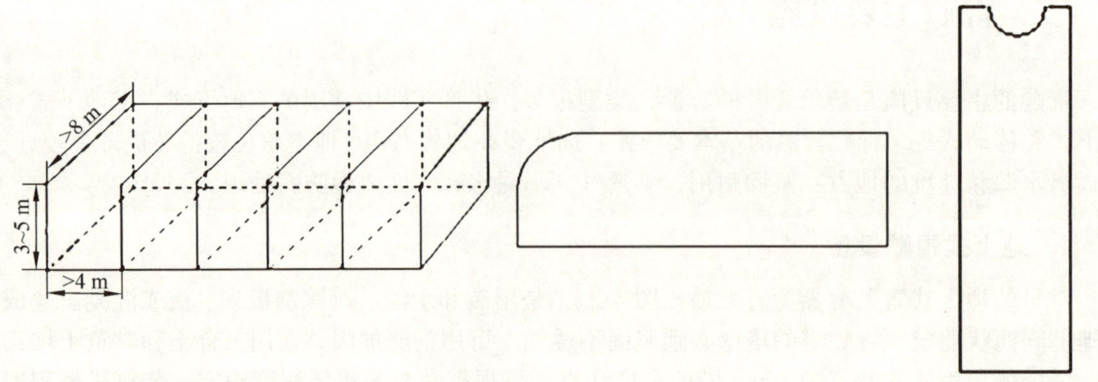

联体式青贮壕设计简图　　联体式青贮壕边墙横切面示意图　　边墙横切面示意图

图 4-2　地上式青贮设备

2. 地下式青贮设备

地下式主要有长方形和圆形。长方形的叫青贮壕，圆形的叫青贮窖（图 4-3）。地下式青贮壕（窖）全部位于地下，一般深度不超过 3 m（按地下水位的高低来决定，壕的底面要高于地下水位 0.5 m 以上，以免底部出水）。

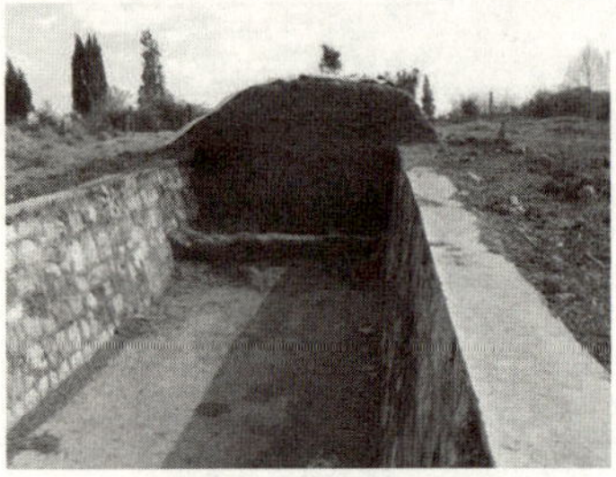

25 m
5 m
5 m
8 m

地下式青贮壕 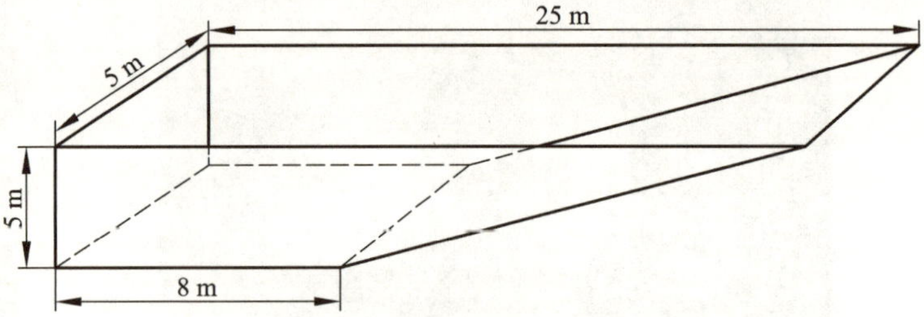　　青贮壕设计简图

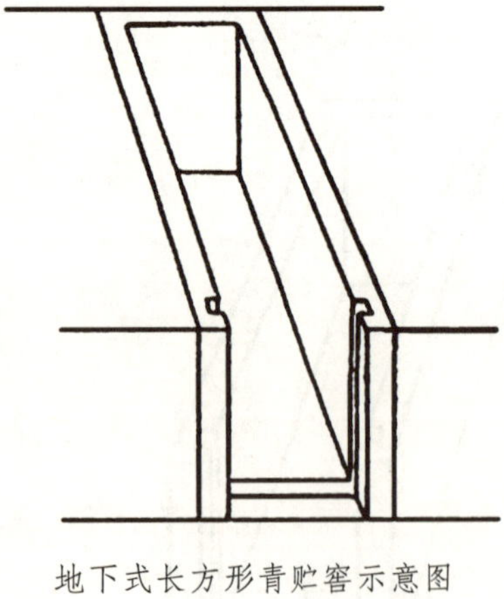

草层
泥土层
塑料膜
排水沟
青贮料

地下式长方形青贮窖示意图 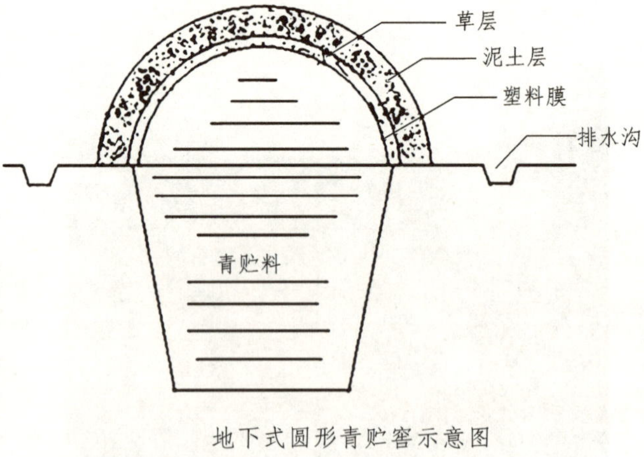　　地下式圆形青贮窖示意图

图 4-3　地下式青贮壕（窖）

地下青贮壕深 2.5 ~ 3.0 m，侧壁呈现坡形，长度可根据青贮饲料数量的多少来确定（一般

青贮玉米秸可以贮 450 ~ 500 kg/m^3，甘薯秧等 700 ~ 750 kg/m^3），外设置排水沟或安装排水管。地下式青贮设备适用于地下水位低和土质坚实的地区。

3. 半地下式青贮窑

地势较低、地下水位较高的地方，可建半地下式的窑。半地下式青贮壕（窖）体的一部分于地下，一部分位于地上（图 4-4）。若地下部分较浅，可利用挖出的湿黏土或用土坯、砖、石等材料在地上垒砌 1 ~ 1.7 m 高、0.7 m 厚的墙壁，将砌成的地上墙壁所有的孔隙都应用灰泥严密涂封（如制成永久性的设备，可在壁的表面抹上水泥），外侧要用土培好。

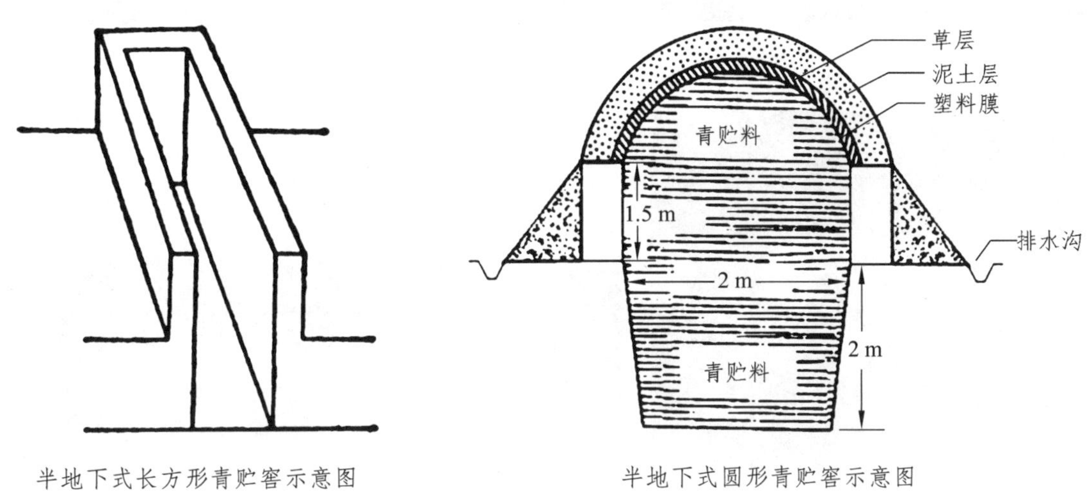

图 4-4　半地下式青贮窖

4. 密闭式新型青贮窖

密闭式新型青贮窖采用钢板或其他不透气的材料制成，窖内装填原料后，用气泵将窖内的空气抽空，使窖内保持缺氧状况，使养分最大限度得以保存。这种设施的干物质损失率约为 50%，是当今世界上最好的一种青贮设施。

5. 移动式青贮容器

常用的移动式青贮容器为聚乙烯塑料薄膜制成的青贮袋（图 4-5）。塑料薄膜的规格为：宽 1 000 mm、厚 8 ~ 10 μm、双幅，薄膜不宜过厚（10 μm 以上）或过薄（8 μm 以下），过厚价格高，成本增加，过薄容易破损。青贮袋的优点是省工，投资少，操作简便，容易掌握，贮存地方灵活。青贮袋有 2 种装贮方式，见图 4-5。一种是将切碎的青贮原料装入用塑料薄膜制成的青贮袋内，装满后用真空泵抽空密封，放在干燥的野外或室内；另一种是用打捆机将青绿牧草打成草捆，装入塑料袋内密封，置于野外发酵。青贮袋由双层塑料制成，外层为白色，内层为黑色，白色可反射阳光，黑色可抵抗紫外线对饲料的破坏作用。

用聚乙烯塑料薄膜青贮时应注意：① 要填满压实、分层装填、分层压实以免残留空气太多；② 将袋内空气抽出，扎紧、封死袋口，杜绝漏气；③ 经常检查，强化要管理，发现漏气，要立即补好。

（a）聚乙烯塑料薄膜

（b）聚乙烯塑料薄膜青贮

（c）草捆青贮实物图

图 4-5　聚乙烯塑料薄膜青贮

6. 堆　贮

堆贮是在砖地或混凝土地上堆放青贮的一种形式，见图 4-6。这种青贮只要加盖塑料布，上面再压上石头、汽车轮胎或土就可以，但堆垛不高，青贮品质稍差，堆垛应为长方形而不是圆形，开垛后每天横切 4 ~ 8 cm，保证让羊天天吃上新鲜的青贮。

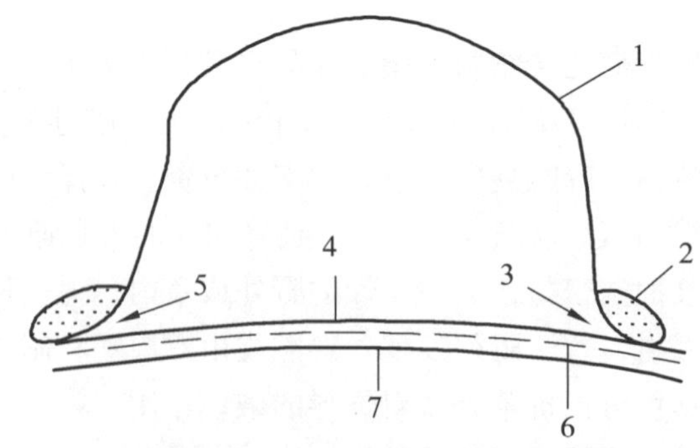

图 4-6　塑料薄膜封闭的青贮堆剖面

1—塑料薄膜罩；2—盖土；3，5—排液；4—底部塑料膜；6—旧塑料膜；7—中央稍高以利排液

三、青贮设施的要求

1. 不透气

这是调制良好青贮饲料的首要条件。无论用哪种材料修建，必须做到严密不透气。为防止透气，可在壁内裱衬一层塑料薄膜。

2. 不透水

青贮设施不要在靠近水塘、粪池的地方修建，以免污水渗入。地下或半地下式青贮设施的地面，必须高于地下水位。

3. 墙壁要平直

青贮设施的墙壁要求平滑垂直，这样才有利于青贮饲料的下沉和压实。

4. 要有一定的深度

一般宽度和直径应小于深度，宽、深比为 1∶1.5 或 1∶2，以利于青贮饲料借助于本身的压力压紧压实，并减少窖内的空气，保证青贮质量。

5. 防 冻

各种青贮设施必须防止青贮冻结，影响使用。

四、青贮设施的容量

1. 青贮设施的大小

青贮设施的大小应适中。一般而言，青贮设施越大，原料的损耗就越少，质量就越好（表 4-3）。在实际应用中，要考虑南江黄羊生产头数，每日由青贮窖内取出的饲料厚度不少于 10 cm，同时，必须考虑如何防止窖内饲料的二次发酵。

表 4-3 青贮窖大小与青贮品质关系

项 目	小型窖（500 kg）	中型窖（2 000 kg）	大型窖（20 000 kg）
1 m^3 容量比	79	96	100
最高发酵温度/°C	17.0	21.9	22.0
青贮料的氢离子浓度/（μmol/L）	50	63	79.0
乳酸/%	0.30	0.14	0
干物质消化率/%	67.9	71.0	73.0

2. 青贮设施的容量

青贮设施的容量依南江黄羊生产数量确定，原则上是原料少做成圆形窖，原料多做成长方形窖。

3. 青贮设施的质量密度

青贮饲料质量密度估计见表 4-4。

表 4-4　青贮饲料重量估计　　　　单位：kg/m^2

青贮原料种类	青贮饲料质量密度
全株玉米、向日葵	500～550
玉米秸	450～500
甘薯藤	700～750
萝卜叶、芜菁叶	600
叶菜类	800
牧草、野草	600

$$圆形窖贮藏量(kg) = (半径^2)\times圆周率\times高度\times青贮单位体积重量$$

例如，某一南江黄羊生产专业户，饲南江黄羊 25～30 头，全年均衡饲喂青贮饲料，辅以部分精料和干草。每天需喂青贮多少？全年共需青贮多少？修建何种形式的青贮设施？设施大小如何？

解：按每只羊每天平均饲喂青贮 2.5 kg 计，一只羊一年需青贮 912.5 kg。

$$\begin{aligned}全群全年共需青贮饲料总量 &= (25\sim30)\times2.5\times365\\ &= 22\,812.5\sim27\,375\ kg\\ &= 22.8\sim27.3\ t\end{aligned}$$

修建成 2 个圆形青贮窖，直径 3 m，深 3 m：

$$青贮窖体积 = 1.5^2\times3.141\,6\times3 = 21.195\ m^3$$

$$每个窖贮存饲料量 = 21.195\times(500\sim700) = 10.59\sim14.83\ t$$

长方形窖的储藏量的计算公式如下：

$$长方形窖储藏量(kg) = 长度\times宽度\times高度\times青贮饲料单位体积重量$$

例如，某南江黄羊饲养场饲养 300 头生产母羊，全年均衡饲喂青贮饲料，辅以部分精料和干草。每天全群需喂多少青贮？共需多少青贮？修建何种形式的设施？面积如何？

解：每只母羊每天按 2.5～3.0 kg 青贮饲料的饲喂量计，每只每年需 912.5～1 095 kg，全群全年需 270～328 t，全群每天需青贮 750～900 kg。

$$全群全年需青贮 = 300\times(2.5\sim3.0)\times365 = 273.75\sim328.5\ t$$

青贮窖修建成长方形，宽×深×长为 7 m×4 m×35 m

$$青贮窖体积 = 7\times4\times35 = 980\ m^3$$

每立方米青贮饲料按 500～700 kg 计，

$$青贮窖的饲料储藏量 = 980\times(500\sim700) = 490\sim686\ t$$

任务四　青贮饲料调制技术

一、青贮饲料制作工艺和流程

青贮饲料制作工艺和流程见图 4-7。

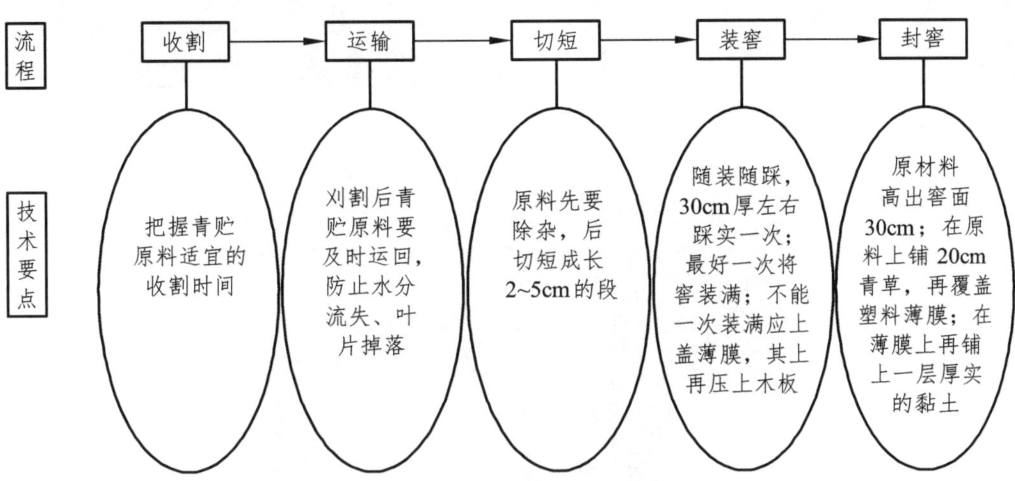

图 4-7　青贮饲料调制流程

1. 全机械化作业的工艺流程（图 4-8 ~ 图 4-13）

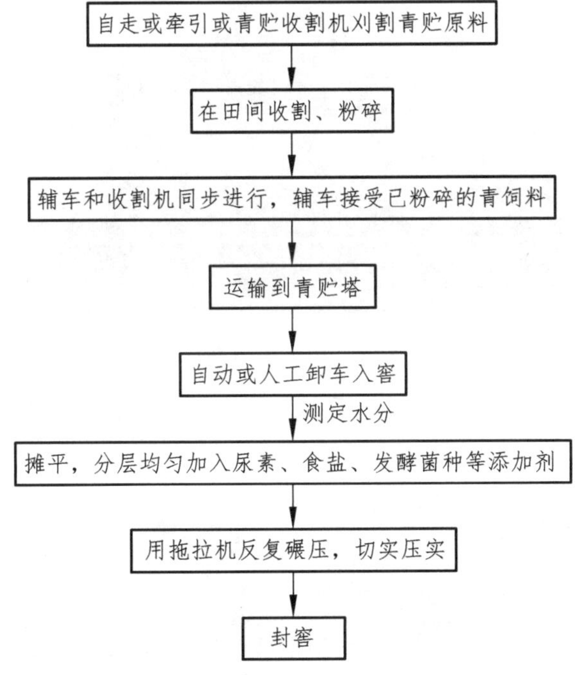

图 4-8　全机械化作业的工艺流程

图 4-9　青贮待刈玉米

图 4-10　机械收割青贮玉米

图 4-11　机械粉碎青贮原料

图 4-12　机械装窖和压实

图 4-13　密封好的青贮窖

2. 半机械化作业的工艺流程（图 4-14）

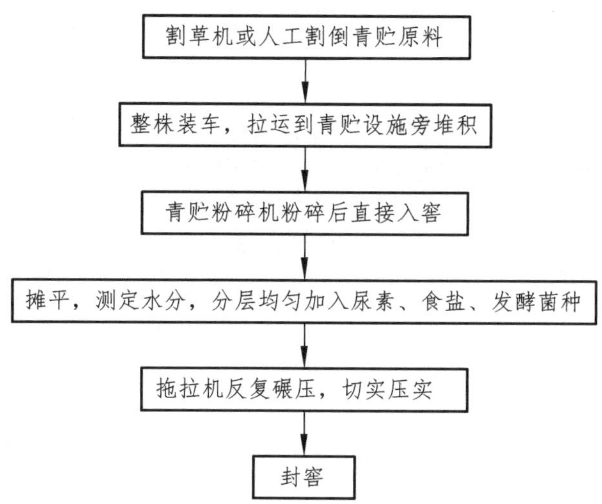

图 4-14 半机械化作业的工艺流程

二、青贮饲料调制技术

1. 选好青贮原料，适时收割

制作青贮的原料分为三大类，即农作物及副产品（如玉米、高粱、豆科作物的茎叶、向日葵茎叶及花盘、叶菜根茎）、栽培及野生牧草（碱草、苜蓿、三叶草、黑麦草、无芒雀麦、苏丹草、苦荬菜、籽粒苋、树叶、水生青饲料）、工业加工副产物（甜菜渣、淀粉渣、白酒糟、啤酒渣、饴糖渣等）。选择适当的成熟阶段收割植物原料，尽量减少太阳暴晒或雨淋，避免堆积发热，保证原料的新鲜和青绿。根据青贮品质、营养价值、采食量和产量等综合因素的影响，禾本科牧草的最适宜刈割期为抽穗期，而豆科牧草则在开花初期最好。专用青贮玉米（即带穗整株玉米），多采用在蜡熟末期收获，并选择在当地条件下初霜期来临前能达到蜡熟末期的早熟品种。兼用玉米（即籽粒做粮食或精料，秸秆作青贮饲料的玉米），目前多选用籽粒成熟时茎秆和叶片大部分呈绿色的杂交品种，在蜡熟末期及时掰果穗后，抢收茎秆作青贮。常见植物性青贮原料收割适期，见表 4-5。

表 4-5 常见植物性青贮原料收割适期一览表

原料种类	收割时间	收割时含水量（%）
全株玉米（带果穗）	蜡熟期至黄熟期	65～70
紫花苜蓿	现蕾至 1/10 开花	70～80
红、白三叶	现蕾至初花	75～82
无芒雀麦	孕穗至抽穗	75
苏丹草	约 90 cm 高	80

续表

原料种类	收割时间	收割时含水量（%）
禾本科混合牧草	孕穗至抽穗初期	—
豆科禾本科混合牧草	按禾本科选择	—
谷类作物	孕穗至抽穗初期	—
带穗作物	籽实乳熟期至蜡熟前期	65～70
玉米秸秆	抽穗后马上收割	50～60
整株高粱	蜡熟初期至中期	70
高粱秸秆	收顶穗后至降霜前	60～70
大　麦	孕穗后期至蜡熟初期	70～82
黑　麦	孕穗后期至蜡熟期	75～80

2. 清理青贮设施

已用过的青贮设施，在重新使用前必须将窖中的脏土和剩余的饲料清理干净，有破损处应加以维修。

3. 适度切碎青贮原料

适度切碎以利于压实和以后南江黄羊的采食，切碎的程度取决于原料的粗细、软硬程度、含水量、饲喂家畜的种类和铡草的工具等。南江黄羊用的禾本科和豆科牧草及叶菜类等原料，一般切成 2～3 cm，玉米和向日葵等粗茎植物切成 0.5～2 cm，柔软幼嫩的植物也可不切碎或切得长一些。

4. 调节控制原料水分

大多数青贮作物，青贮时的含水量以 60%～70% 为宜。新鲜青草和豆科牧草收割时的含水量一般为 75%～80% 或更高，拉运前要适当晾晒，待水分降低 10%～15% 后才能用于制作青贮。有些情况下如雨水多的地区通过晾晒无法达到合适水分含量，可以采用混合青贮的方法，以期达到适宜的水分含量。

（1）调节原料含水量的方法。当原料水分过多时，适量加入干草粉、秸秆粉等含水量少的原料，调节其水分至合适程度。当原料水分较低时，将新割的鲜嫩青草交替装填入窖，混合贮存，或加入适量的清水。

（2）青贮原料水分含量测定法，主要有搓绞法、手抓测定和烘干法 3 种。

搓绞法：在切碎之前，将原料的茎被搓绞，绞后不折断，叶片不出现干燥迹象，原料的含水量适合于青贮。

手抓测定：又叫挤压测定，见图 4-15。取一把切碎的原料，用手攥握半分钟，然后将手慢慢松开，观察汁液和团块变化情况。原料团粒展开缓慢，手缝无滴水，手掌潮湿有湿印为适宜青贮的水分含量。

水分含量大于 75%
（原料团粒不散开，手指间有汁液流出）

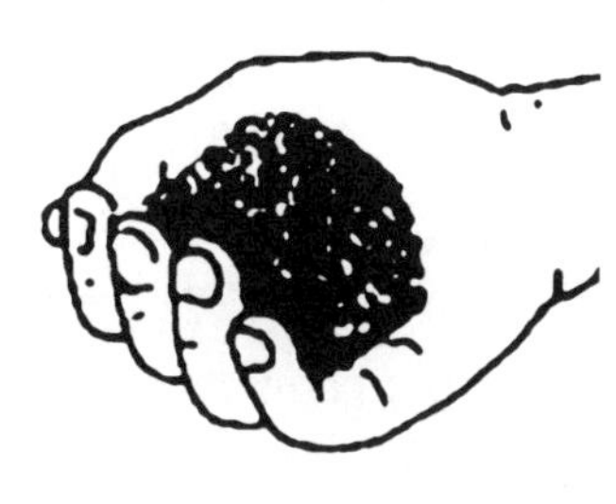

水分含量在 69%~75%
（原料团粒不易散开，手掌有水迹）

水分含量在 60%~67%
（原料团粒慢慢散开，手掌潮湿）

水分含量小于 60%
（原料不成团，像海绵一样散开，手掌无水痕）

图 4-15　手抓测定原料团粒状态与水分含量

烘干法：取原料样品送至实验室，烘干测定原料中的水分含量。

5. 青贮原料的填装与压实

一旦开始装填青贮原料，一般小型窖当天完成，大型窖 2 ~ 3 d 内装满压实，并及时封顶。为了避免空隙存有空气而腐败，任何切碎的植物原料在青贮设施中都要装匀和压实，而且压得越实越好，尤其是靠近壁和角的地方不能留有空隙，这样更有利于创造厌氧环境，便于乳酸菌的繁殖和抑制好气性微生物的生存。

装填时，应以 20 cm 为一层，一层一层地铺平，加入尿素等添加剂，并用履带拖拉机碾压或人力踩踏压实。特别注意避免将拖拉机上的泥土、油污、金属等杂物带入窖内。用拖拉机压过的边角，仍需人工再踩一遍，防止漏气。

6. 密封和覆盖

青贮原料装满压实后，必须尽快密封和覆盖窖顶，以隔断空气，抑制好氧性微生物的发酵。覆盖时，先在一层细软的青草或青贮上覆盖塑料薄膜，而后堆土 30 ~ 40 cm，用拖拉机压实。覆盖后，连续 5 ~ 10 d 检查青贮窖的下沉情况，及时把裂缝用湿土封好，窖顶的泥土必须高出青贮窖边缘，防止雨水、雪水流入窖内。

三、特殊的青贮方法

特殊青贮系指采用添加剂制作的青贮。这种青贮方法可以促进乳酸菌更好地发酵，抑制对青贮发酵过程有害的乙酸发酵，提高青贮饲料的应用价值。常用的添加剂种类和使用方法如下：

尿素：含氮量 40%，用量为青贮原料的 0.4% ~ 0.5%。对水分大的原料，采用尿素干粉均匀分层撒入的方法；对水分小的原料，先将尿素溶解于水中，尔后再用尿素水溶液喷洒入原料中。

食盐：用量为青贮原料的 0.5% ~ 1.0%，常与尿素混合使用。使用方法与尿素相同。

秸秆发酵菌剂：按要求加入。可采用干粉撒入或拌水喷洒两种方法，具体操作与尿素和食盐相同。

糖蜜：用量为青贮原料的 1% ~ 3%，溶于水中喷洒入原料中。

甜菜渣：分层均匀拌入青贮原料中，用量为青贮原料重量的 3% ~ 5%。

鸡粪：新鲜鸡粪可占原料的 30%，干燥鸡粪加 5% ~ 10%。

酶制剂：使用方法与秸秆发酵剂相同。

甲醛：浓度为 49%，用量为每千克青贮原料加 1.7 mL。

甲酸：浓度为 100%，用量为青贮原料的 0.3% ~ 0.5%。

硫酸和盐酸：硫酸和盐酸各半混合，每吨含干物质 20% 的青贮原料加混合液 60 mL，可使青贮 pH 降低，减少干物质损失。

AA3、K-2：AA3 为盐酸混合制剂，由 4.5 L 水、1 L 盐酸和 140 g 硫酸钠混合，每吨青贮原料添加 30 ~ 80 L。K-2 由 21 L 水、1 L 盐酸和 1 L 硫酸制备而成，每吨青贮原料需加 30 ~ 80 L。

蚁酸：用量为 0.23% ~ 0.5%，pH 降至 4.0 左右，可保护饲料中的蛋白质和能量，提高消化率和采食量。

丙酸：青贮时添加 0.3% 的丙酸溶液，可抑制微生物的生长，控制青贮饲料的发酵过程。

蚁酸和丙酸：蚁酸和丙酸按 1∶1 比例混合，按 0.5% 的量加入青贮原料中，能提高饲料中粗蛋白和含糖量。

蚁酸和丙酸加尿素：蚁酸、丙酸、尿素以 1∶1∶1.6 的比例混合，添加量为每吨原料 7.7 ~ 15.4 L。用于禾本科牧草较好。

苯酸：每吨鲜青贮原料添加苯酸 2.5 L。

苯酸钠水溶液：添加量为每吨鲜青贮原料 8 ~ 15 L，效果与苯酸相同。苯甲酸添加量为 0.3%，青贮原料水分超过 75% 时使用，有较好的保护作用。

苯甲酸加醋酸：苯甲酸用量为 0.3%，即每吨青贮原料加苯甲酸 1 kg、醋酸 3 kg。对提高南江黄羊哺乳母羊的产奶性能有较好的作用。

无水氨液：在含干物质 30% 的青贮玉米中，按 0.3% ~ 0.5% 的计量加入，提高粗蛋白质含量，防止青贮饲料的二次发酵。

碳酸氢铵：每吨青贮原料添加碳酸氢铵 0.7%，对保护原料中维生素具有较好的作用。

重硫酸钠：对禾本科和豆科牧草较好，用量为每吨原料加 0.8%。

微量元素：为提高青贮饲料的营养价值，可在每吨青贮原料中添加硫酸铜 0.5 g、硫酸锰 5 g、硫酸锌 2 g、氯化钴 1 g、碘化钾 0.1 g、硫酸钠 500 g。添加方法是：将适量的上述几种物质充分混合溶于水后均匀喷洒在原料上，然后密闭青贮。

四、防止青贮饲料二次发酵的方法

青贮饲料的二次发酵，又叫好氧性腐败。在温暖季节开启青贮窖后，空气随之进入，好氧性微生物开始大量繁殖，青贮饲料中养分遭受大量损失，出现好氧性腐败，产生大量的热。为避免二次发酵所造成的损失，采取以下技术措施：

1. 适时收割青贮原料

如以玉米秸秆为主要原料，含水量不超过 70%，霜前收割制作。若霜后制作青贮，乳酸发酵就会受到抑制，青贮中总酸量减少，开启窖后易发生二次发酵。

2. 原料切短

所用的原料应尽量切短，这样才能压实。

3. 装填快、密封严

装填原料应尽量缩短时间，封窖前切实压实，用塑料薄膜封顶，确保严密。

4. 计算青贮日需要量，合理安排日取出量

修建青贮设施时，应减少青贮窖的体积，或用塑料薄膜将大窖分隔成若干小区，分区取料。

5. 添加甲酸、丙酸、乙酸

用甲酸、丙酸和乙酸等喷洒在青贮饲料上，防止二次发酵，也可用甲醛、氨水等处理。

五、青贮原料的单贮和混贮

青贮原料可以单贮，也可以几种原料混贮，常用的方法有如下几种：

青贮玉米单贮：利用专门种植的青贮玉米单贮。

玉米秸秆单贮：利用收获籽实后的玉米秸作原料，需选用果穗已经成熟、茎叶仍保持青绿色的秸秆。

玉米果穗单贮：在收割前摘取果穗，不要在刈割成堆的运输后的植株上摘取果穗。

玉米整株单贮：将玉米整株压于窖内青贮。

玉米秸秆与苜蓿混贮：混合比例不超过 3：1。

玉米秸秆与野草、杂草混贮：苜蓿、三叶草、草木樨、野豌豆、黄芪等牧草单贮或混贮，水分要求在 45% ~ 55%。

禾本科牧草单贮或混贮：抽穗期收割，采用高、中、低水分的青贮方法。向原料中添加糠麸、干草粉或甜菜渣等，提高原料中的含糖量。

蔬菜类单贮或混贮：此类饲料含水量较高（80% ~ 90%），制作前应适当晾晒，与含水量较小的原料混贮较好。

根茎、瓜类的单贮或混贮：此类饲料包括甜菜、南瓜、甘薯、马铃薯、胡萝卜、莞根、佛手瓜等。原料含水量和含糖量均较高，发酵剧烈，与其他原料混贮较好。

水生植物的单贮或混贮：此类原料可采用水贮。

六、青贮饲料的品质鉴定及饲用技术

用玉米、向日葵等含有糖量高、易青贮的原料制作青贮，只要方法正确，2～3 周后就能制成优质的青贮饲料，而不易青贮的原料 2～3 个月才能完成。饲用之前，或在使用过程中，应对青贮饲料的品质进行鉴定。

1. 青贮饲料取样

（1）青贮窖或塔中的样品取样。

取样部位：以青贮窖或塔中心为圆心，由圆心到距离墙壁 33～55 cm 处为半径，画一圆周，然后从圆心和过圆心垂直相交的两条直线上采样。

取样方法：用锐刀切取约 20 cm^2 的青贮样块，切忌掏取样品。

取样均匀：沿青贮窖或塔整个表面均匀、分层取样。冬天取出一层的厚度不少于 5～6 cm，温暖季节取出一层的厚度为 8～10 cm。

（2）青贮壕中样品的采取。

清除一端的覆盖物：与青贮窖或塔内取样方法不同，不清除壕面上的全部覆盖物，而是从壕的一端开始。

由壕端自上而下采样：由一端自上而下分点采样。

2. 青贮饲料品质鉴定方法

青贮饲料品质鉴定一般用感官鉴定法和实验室鉴定法。

（1）感观鉴定法。在农牧场或其他现场情况下，一般可采用感观鉴定方法来鉴定青贮饲料的品质，多采用气味、颜色和结构质地 3 项指标。气味鉴定标准如表 4-6。

气味：好的青贮料具有芳香的酒糟或山楂味，酸味浓而不刺鼻，手摸后味道容易洗掉；中等品质的青贮饲料具有刺鼻酸味，芳香味轻；品质低劣的青贮饲料有大粪样的臭味，发生霉变。青贮饲料气味鉴定标准见表 4-7。

表 4-6　青贮饲料感观鉴定标准

等级	色	味	气　味	质　地
上	黄绿色、绿色	酸味较浓	芳香味	柔软、稍湿润
中	黄褐色、墨绿色	酸味中等或较淡	芳香、稍有酒精味或酪酸味	柔软稍干或水分稍多
下	黑色、褐色	酸味很淡	臭味	干燥松散或黏结成块

表 4-7　青贮饲料气味及其评级

气　味	评定结果	可喂饲的家畜
具有酸香味，略有醇酒味，给人以舒适的感觉	品质良好	各种家畜
香味极淡或没有，具有强烈的醋酸味	品质中等	除妊娠家畜及幼畜和马匹外，可喂其他牲畜
具有一种特殊臭味，腐败发霉	品质低劣	不适宜喂任何家畜，洗涤后也不能饲用

颜色：以越接近原料的颜色越好。品质好的青贮料，颜色呈绿色或茶绿色、黄绿色，具有一定光泽；中等品质的呈黄褐色或暗绿色，光泽差；低劣品质的呈褐色或灰黑色，有的像烂泥一样呈深黑色。与青贮原料原来的颜色有明显差异的，不宜饲喂南江黄羊。

结构质地：品质良好的青贮料，压得非常紧，但拿到手上很松散，质地柔软，较湿润，茎叶多保持原形，轮廓清楚，叶脉和绒毛清晰可见；相反，青贮料粘成一团，像污泥一样，或者质地软散、干燥而粗硬，或者霉变结成干块，说明品质低劣；中等品质的青贮，茎、叶、花部分保持原状，水分稍多。腐烂的青贮料不能饲喂给南江黄羊。

（2）实验室鉴定法。

① 试剂及配制。

第一种，青贮饲料指示剂 A + B 的混合液。A 液（溴代液）：溴代蓝 0.1 g + 氢氧化钠（0.05 氢氧化钠）3 mL + 水 250 mL；B 液：甲基红 0.1 g + 乙醇（95%）、乙醇、乙醚的混合比例为 1∶3∶1。

第二种，硝酸。

第三种，3% 硝酸银。

第四种，盐酸（1∶3 稀释）。

第五种，10% 氧化钡。

② 鉴定方法。

青贮饲料酸度测定法：取 400 mL 烧杯加半杯青贮料，注入蒸馏水浸没青贮饲料样品，不断用玻璃棒搅拌，经 15 ~ 20 min，用滤纸过滤。

将两滴滤液滴在点滴板上，加入青贮饲料指示剂，或将 2 mL 滤液注入试管中，加 2 滴指示剂。可在氢离子浓度 1 ~ 158 μmol/L（pH = 3.8 ~ 6.0）范围内表现不同的颜色，评级标准如表 4-8。

表 4-8　青贮饲料综合评定标准

按指示剂的颜色评定			按青贮料气味评定		按青贮料颜色评定	
颜色	氢离子浓度［pH］	分数	气　味	分数	青贮料颜色	分数
红	4.2 以下	5	水果芳香味，弱酸味，面包味	5	绿　色	3
橙红	4.2 ~ 4.6	4	微香味，醋酸味，酸黄瓜味	4	黄绿色、褐色	2
橙	4.6 ~ 5.3	3	浓醋酸味，丁酸味	2	黑绿色	1
黄绿	5.3 ~ 6.1	2	腐烂味，臭味，浓丁酸味	1		
黄绿	6.1 ~ 6.4	1				
绿	6.4 ~ 7.2	0				
蓝绿	7.2 ~ 7.6	0				

青贮饲料的腐烂鉴定：若饲料变质，可用测定含氮物分解成游离氨的方法鉴定。具体做法：在试管中加 2 mL 盐酸、乙醇、乙醚混合液，用铁丝做成的钩状物钩一块青贮饲料样品，铁丝的长度离试剂 2 cm，若有氨存在，必生成氯化铵，因而在青贮饲料四周出现白雾。

青贮饲料污染鉴定：可根据氨、氯化物及硫酸盐的存在与否来判定青贮饲料的污染程度。

氯化物、硫酸盐的检查方法如下：

青贮饲料水浸泡的制备：称取青贮饲料样品 29 g，剪碎装入 250 mL 的容量瓶中，加入一定容积的蒸馏水（浸透即可）仔细搅拌，再加蒸馏水至标线，在 20 ~ 25 °C 下放置 1 h，并经常振荡而后过滤。

氯化物测定：取滤液 5 mL，加 5 滴浓硝酸酸化，然后加 3%硝酸银溶液 10 滴，若出现白色凝乳状沉淀，就证明有氯化物存在，说明饲料已被氯化物污染。

硫酸盐的测定：取滤液 5 mL，加 5 滴 1：3 稀释的盐酸酸化，再加 10% 的氯化钡溶液 10 滴，若出现白色浑浊，就证明青贮饲料已被硫酸盐污染。

青贮饲料总评见表 4-9。

表 4-9　青贮饲料总评

青贮饲料评定等级	总分数
最　好	11 ~ 12
良　好	9 ~ 10
中　等	7 ~ 8
劣　等	4 ~ 6
不能用	3 以下

七、青贮饲料的饲用技术

青贮封窖 30 ~ 40 d 后，就可开窖使用。首先，每天取用要一层一层取，不能挖坑或翻动，取出后要用薄膜覆盖压紧；其次，饲喂要等羊慢慢习惯后，再逐渐增加饲喂量，且不要间断，在高寒地区冬季饲喂青贮时，要随喂随取，防止青贮料霜冻或冰冻，若已冰冻，应等冰霜融化后再喂；最后，先空腹喂青贮料，再喂干草和精料，一般每天每只羊的喂量为 1.5 ~ 2 kg，妊娠羊应适当减少青贮饲料喂量，妊娠后期停喂，以防引起流产。

项目二　饲草的加工保存及提高秸秆利用价值的技术

任务一　饲草的保存技术

各地草地牧草生产与南江黄羊对饲草的需求之间存在着严重的季节不平衡。寒冷季节，草场上牧草枯萎，残留在地面的枯草，其营养价值较夏季牧草下降 60% ~ 70%。若仅靠放牧，就不能满足南江黄羊的营养需要，夏季牧草的适时刈割、调制和加工是解决冬季饲草需求的主要途径。饲草保存的基本要求是尽可能多地保存新鲜原料中的营养成分，以满足妊娠母羊和羔羊的需要，所以，饲草的保存不仅对牧区，对农区非放牧的南江黄羊饲养也具有重要作用。

一、饲草的收割

1. 收割时间

饲草收割调制干草时，其产量与质量均与收割时间有关，适时收割可以获得较高的产量和质量。兼顾饲草各种营养物质的收获量及消化率的变化，一般豆科牧草应在初花期（10% 开花的时期）刈割，禾本科牧草应在抽穗至初花期刈割。综合考虑饲草产量、质量以及对当年再生和历年再生的影响，适宜的刈割期应为抽穗至开花期或初花期。

2. 刈割方式及机械

刈割分为人工割草和机械割草。人工割草可用大镰割草，一般每天可割草 7.5 ~ 10.5 亩。机械割草时，割草速度和效率因机械的性能不同而有所差异。

我国目前使用的割草机有 SG-2.1 型牵引或单刀割草机，割幅为 2.1 m，每小时可割草 12 ~ 15 亩；K-66 型牵引式三刀割草机，每小时可割 45 亩；SG-2.1 手扶侧悬挂割草机，每小时可割草 12 ~ 18 亩；9GZT-3.0 型旋转条放割草机，割下自动放成草条，每小时可割草 37.5 亩。

国外目前多采用滚筒式、圆盘式或水平旋转式割草机。干草生产上常用自走或 14 ft ①割草压扁机，这种机械能一次通过草地完成收割、压扁和成条三道工序。

刈割后，牧草一般用搂草机将草搂成草条，尔后再集草打捆。

二、饲草的干燥

1. 饲草干燥的原理与过程

饲草刈割后在干燥的过程中不仅植物水分蒸发散失，同时还具有生物化学变化的复杂过程，一般把饲草干燥过程分为两个阶段。

（1）植物饥饿代谢阶段。当植物割下后，植物体与根脱离联系，细胞尚未死亡，呼吸与蒸腾作用仍在进行，直至植物体内水分降至 38% ~ 40% 以下才会停止。在此阶段，由于断绝了从根部输送水分和营养物质，植株的异化过程大于同化过程，植物体内的一部分可溶性碳水化合物被消耗，一部分蛋白质被降解。由于细胞尚存在的蒸腾作用，此阶段失去大量水分，并随之失去 5% ~ 10% 的营养物质，而粗纤维的含量有所提高。由此可见，使植物体的水分迅速下降至 38% ~ 40% 及以下，是阻止刈割后植物呼吸和蒸腾作用降低饲草营养成分的关键所在。

（2）植物体成分自体溶解阶段。植物细胞死亡后，体内发生的生理过程逐渐被酶参与的生化作用代替，进行死亡细胞内的物质转化和分解，直至含水量降到 14% ~ 17% 时停止的缓慢过程。若干燥速度很慢，则酶活性增强，造成部分蛋白质的分解。所以，应特别重视此阶段饲草营养成分的损失问题。

2. 干燥过程中养分的损失

饲草除在饥饿代谢和自体溶解过程中造成营养物质损失外，其他作用也会引起营养物质的损失。

---

① 1 ft = 0.305 m，14 ft 即 4.27 m。

机械作用引起的损失：饲草在收割时，搂草、翻草、搬运、集垛及打捆过程中，叶片、嫩叶及花序等易折断脱落而损失。一般在此过程中，禾本科饲草损失 2%～5%，豆科饲草损失 15%～30%，有的高达 60%～70%。如紫花苜蓿损失叶片占全株的 12%，蛋白质损失量已达总蛋白量的 40%。

（1）雨淋造成的损失。刚刈割饲草的细胞尚未死亡，阴雨天延长干燥时间增加了细胞呼吸作用而消耗营养物质。当未干或已干燥的饲草被雨淋湿后，氧化作用加强，胡萝卜素损失增加，损失率最高可达 76%。

（2）微生物活动引起的损失。由于微生物的活动，使饲草霉烂变质，干草品质显著下降，水溶性糖和淀粉含量显著下降。大量发霉时，脂肪含量下降，蛋白质分解。饲喂南江黄羊后，易引起胃肠道疾病，母羊流产，严重时造成死亡。

（3）光化作用引起的损失。干燥过程中，饲草在强阳光直射下发生日光光化作用（紫外线的漂白作用），结果使饲草体内的营养物质被分解破坏（表 4-10）。

表 4-10　不同干燥方法牧草胡萝卜素的含量

干燥方法	胡萝卜素保持量/（mg/kg）	损失率/%
人工干燥	135	15.6
阴　干	91	43.1
散光干燥	64	60.0
干草架干燥	54	66.3
草堆干燥	50	68.8
草条干燥	38	76.3
平滩干燥	22	86.3

注：鲜草胡萝卜素含量为 160 mg/kg。

在正常干燥条件下，饲草总营养物质损失 20%～30%，可消化蛋白质损失 30% 左右，维生素损失 50% 以上。其中以机械作用造成的损失最大，其次是呼吸消耗、酶的分解及太阳光光化作用等。在非正常干燥条件下，如雨淋、发霉，造成的损失更大。

3. 干燥方法

饲草的干燥方法大致可分为自然干燥和人工干燥两大类。

（1）自然干燥：不需特殊设备，是我国目前采用的主要干燥方法，常用的有地面、草架和发酵干燥 3 种。

地面干燥法：地面干燥也叫田间干燥，是调制干草的最常用方法（图 4-16）。青草刈割后，在原地或另选一块地势较高处，将青草摊开晾晒，根据当地气候和青草含水状况，每隔数小时，适当翻动，加速水分蒸发，求得于制均匀，大约 4～6 h 可使水分降至 40%～50%。当水分降到 15% 左右时，可集成 0.5～1.0 m 高的草堆，保持草堆松散通风，任其逐渐风干。遇到恶劣天气即行遮盖，严防雨水淋湿，晴好天气可以倒堆翻晒，直至干燥。对于营养物质含量较高的叶片，搂草和集草作业应在饲草水分不低于 35%～10% 时进行。

草架干燥法：在潮湿多雨或气候变化无常的季节或地区，用地面干燥法，难以将干草晒干，只能采用草架晒制（图 4-17）。草架干燥法用专门制造的干草架，将刈割后的青草，自上而下放置在干草架上，厚度不超过 70 mm，保持蓬松并有一定斜度，以利采光、排水和饲草干燥。制作干草的草架要求不严格。可以是固定式的，也可以是移动式的；既可以是专用的，也可以用其他用途的架子临时替代。如用木椽或铁丝搭制成独木架、棚架、锥形架、长形架等轻便坚固，可动可定。

图 4-16　地面干燥法

图 4-17　草架干燥法

发酵干燥法：在阴湿多雨、光照时间短、光照强度小的区域，用前两种方法干燥有困难时，可用发酵干燥法。

将刈割后的青草平铺风干，使水分降到 50% 左右时，分层堆积高 3 ~ 5 m，逐层压实，表层用土或地膜覆盖，使植物体迅速发热。经 2 ~ 3 d，当堆内温度上升到 60 ~ 70 °C 时，打开草堆。随着发酵产生热量的散发，草内水分迅速蒸发，草在很短时间内风干或晒干，从而制成褐色、略带酸香味的干草。

（2）人工干燥法：主要有常温鼓风干燥和高温快速干燥 2 种。

常温鼓风干燥：将鲜草置于干草棚或塑料大棚内，在常温下鼓风进行干燥，见图 4-18。当水分降至 5% ~ 12% 时，取出包装存放。这种干燥方法可保存干草养分的 90% ~ 95%。

高温快速干燥：常用烘干机将饲草水分快速蒸发掉。烘干机入口温度因机型不同而异，一般入口温度为 75 ~ 260 °C，出口温度为 25 ~ 160 °C，也有的入口温度为 420 ~ 1 160 °C，出口温度为 60 ~ 260 °C。用这种烘干机处理，含水量 80% ~ 85% 的新鲜饲草数分钟即可下降到 5% ~ 10%。

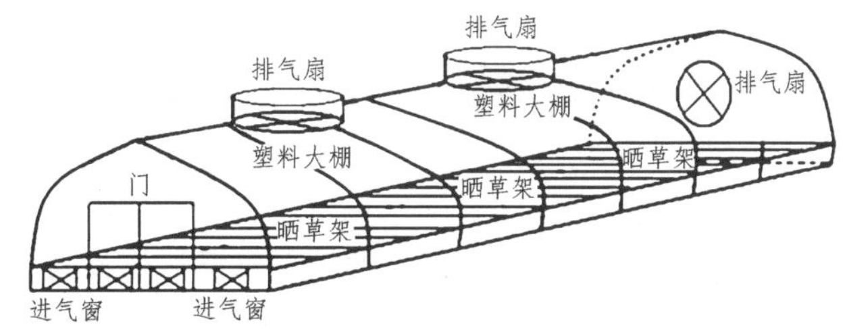

图 4-18　牧草的常温鼓风干燥

除人工干燥法可加速饲草的干燥速度外，压裂草茎和施入化学干燥剂都可以加速饲草的干燥，降低饲草在干燥过程中营养物质的损失。

三、饲草干草的加工

1. 草捆的加工

饲草干燥到一定程度后用打捆机进行打捆。根据打捆机的种类不同可分为小方捆、大方捆和大圆柱形草捆。

小方捆：草捆的切面从 0.36 m × 0.43 m 到 0.46 m × 0.61 m，长度从 0.5 m 到 1.2 m。重量从 14 kg 到 68 kg 不等，草捆密度大约 160 ~ 300 kg/m^3。小方捆在储运之前一般都散放在田间，不能抵御有害气候，应及时从田间运至室内储藏。

大方捆：将饲草打成容积为 1.22 m × 1.22 m（2 ~ 2.8 m）、重 0.82 ~ 0.91 t 的长方形草捆，密度为 240 kg/m^3。需在草垛上加覆盖物，以防不良气候的影响。

大圆柱草捆：将饲草打成 600 ~ 800 kg 重的大圆柱形草捆，长 1 ~ 1.7 m，直径 1 ~ 1.8 m，密度 110 ~ 250 kg/m^3。不宜做远距离运输，可存放在排水良好的地方储存。

2. 草粉加工

在加工过程中，为了减少饲草的营养物质损失，常将饲草制成草粉。加工草粉的原料主要有优质豆科和禾本科牧草。干草用锤式粉碎机粉碎，制成 1 ~ 3 mm 的干草粉。

3. 草粒加工

将草粉通过制粒机压制成草粒，直径为 0.64 ~ 1.27 cm，长度为 0.64 ~ 2.54 cm。草粒减少了氧化作用，也可在制粒时加入抗氧化剂，使胡萝卜素的损失率降低 5% ~ 10%。

4. 草块加工

草块加工分为田间压块、固定压块和烘干压块 3 种类型。

田间压块：由专门的干草收获机械田间压块机完成，草块的大小为 300 mm × 30 mm ×（50 ~ 100）mm。

固定压块：由固定压块机强迫粉碎的干草通过挤压钢模，形成约 3.2 cm × 3.2 cm ×（3.7 ~ 5）cm 的干草块。

烘干压块：由移动式烘干压饼机完成，制成直径 55 ~ 65 mm、厚约 10 mm 的草饼，压制过程中可依南江黄羊的需要加入尿素、矿物质及其他添加剂。

四、饲草的储藏

饲草储藏是世界上多数国家在草地畜牧业中解决草畜平衡的有效途径。经过储藏，可以满足南江黄羊全年对营养的需求，使饲草始终保持较高的营养价值。

干草如果贮存不当易导致养分消耗多、发霉变质，失去调制干草的意义；另外，干草如果贮存不当还会引起火灾。贮存干草方法有草棚贮存和露天贮存两种。

1. 草棚贮存

草棚贮存干草地面应经过防潮处理或使草垛底部离地面 0.5 m，草垛顶部与棚顶之间有一定距离，以保证草垛通风，干草可整齐地堆垛在棚内。国外干草多贮藏在草棚或草房内，故损失很少，一般 5 年可收回草棚费用，10 年收回草房费用。草棚贮量小，适用于干草用量小的农场和农户。

（1）散干草的储藏。干草的水平含量达到 15% ~ 18% 时即可进行堆储，堆储有长方形垛和圆形垛 2 种。长方形草垛的宽一般为 4.5 ~ 5 m，高 6.0 ~ 6.5 m，长不少于 8 m；圆形草垛的宽一般直径为 4 ~ 5 m，高 6 ~ 6.5 m。选择高燥的地方堆垛，垛底周围挖排水沟，水分多，气候潮湿的地区，垛顶应较尖，干旱地区垛顶坡度可稍缓。垛顶用劣草铺盖压紧，最后用绳索等固定，预防风害。

（2）干草捆的储藏。一般露天垛成草垛，草垛的大小一般为宽 5 ~ 5.5 m，长 20 m，高 18 ~ 20 层干草捆。除露天堆垛储藏外，还可以储藏在专用仓库或干草棚内，干草棚只设支柱或顶棚，四周无墙，成本低（图 4-19、图 4-20）。

图 4-19　设通风道的干草捆草垛

图 4-20　简易防雨干草棚

（3）半干草的储藏。在湿润地区，雨季或调制叶片易脱落的豆科牧草时，为了适时刈割，可在半干时进行储藏。在半干牧草中加入防腐剂，可抑制微生物繁殖，预防饲草发霉变质，但对南江黄羊无毒。

① 氨水处理。当含水量为 35% ~ 40% 即可打捆，加入 25% 的氨水，然后堆垛用塑料膜覆盖密封。氨水用量为干草的 1% ~ 3%，处理时间依湿度而异，一般 25 °C，至少处理 21 d。

② 尿素处理。操作比氨容易。用尿素处理含水 25% ~ 30%的干草，4 个月后无霉菌发生。用量以每吨紫花苜蓿干草 40 kg 为宜。

③ 有机酸处理。对含水量为 20% ~ 25%的小方捆，丙酸、醋酸用量为 0.5% ~ 1.0%；含水量为 25% ~ 30% 的小方捆，使用量不低于 1.5%。

④ 微生物防腐处理。由美国先锋公司生产的先锋队 1155 号微生物防腐剂，专门用于紫花苜蓿半干草的防腐。对含水量 25% 的小方草捆和含水量 20% 的大圆草捆使用，效果明显。

（4）草粉的储藏。草粉颗粒小，表面积大，在储藏和运输过程中吸湿性较强，容易吸潮结块。严重时发热霉变，变色变味，丧失饲用价值。因此，在储藏优质草粉、草粒及草块时，必须采取适当的措施，减少损失。

① 干草低湿储藏。含水量 13% 以上时，储藏湿度在 5% ~ 10% 以下；含水量 12% 时，于 15 °C 以下储藏。

② 密闭低温储藏。干草粉营养价值的重要指标是胡萝卜素含量的多少，密闭低温条件下储藏，可大大减少胡萝卜素、蛋白质等营养物质的损失。

③ 添加抗氧化剂和防腐剂储藏。常用的抗氧化剂有乙氧喹、丁羟甲苯、丁羟甲基苯，防腐剂有丙酸钙、丙酸铜、丙酸等。

（5）草粒、草块的储藏。草粒、草块安全储藏的含水量一般应在 12% ~ 15% 以下。在高温、高湿地区，储藏时应加入防腐剂。草块最好用塑料袋或其他容器密封包装，防止在储藏和运输过程中吸潮发霉变质。

2. 露天贮存

露天堆垛贮存的垛址应选在地势高燥的平坦处，排水良好，避风或与冬季主风向平行，不渗透雨雪水，便于防火，距离场区较近，取用方便。垛底要高出地面 30 ~ 50 cm，垛底附近杂草及障碍物应清除掉，以利防水防火，最好在草垛底部铺一层树枝、秸秆等。根据贮存干草量和种类选择不同的垛形，既便于贮存，又便于估算和取用。最常见的垛形有长方形和圆形两种。长方形草垛垛体沿长边方向略向外倾斜，垛顶有一定坡度，两边出檐，使顶部水不能流人垛体内。顶部可抹上泥，以防风吹雨淋。长方形草垛外露面积小，养分损失少，且从一端取用不易倒塌，遮盖方便；圆形草垛暴露面积大，遭受雨雪、阳光侵袭面积大，容易损失养分。如果干草含水量稍高时，圆形垛有利于水分蒸散，霉烂的危险性小。

五、饲草的品质评定

不同种类饲草的营养差别巨大，即使同种饲草因诸多因素影响其品质差别也很大。因此，为正确评估其营养价值，应对其进行品质评定。下面以干草品质评定为例介绍饲草品质评定方法。

1. 评定标准

干草的质量分级标准见表 4-11。

表 4-11　干草的质量分级标准

干草组成	干草特性及标准											
	豆科干草			禾本科干草			豆科、禾本科混播			天然刈割草		
	1 级	2 级	3 级	1 级	2 级	3 级	1 级	2 级	3 级	1 级	2 级	3 级
豆科/%	90	75	60	—	—	—	50	35	20	—	—	—
豆科和禾本科/%	—	—	—	90	75	60	—	—	—	80	60	40
有毒有害物质/%	—	—	—	—	—	—	—	—	—	0.5	1.0	1.0
粗蛋白质/%	14	10	8	10	8	6	11	9	7	9	7	5
胡萝卜素/（mg/kg）	30	20	15	20	15	10	25	20	15	20	15	10
粗纤维/%	27	29	31	28	30	33	27	29	32	28	30	33
矿物质/%	0.3	0.5	1.0	0.3	0.5	1.0	0.3	0.5	1.0	0.3	0.5	1.0
水分/%	17	17	17	17	17	17	17	17	17	17	17	17

2. 评定方法

（1）采集草样。评定干草品质首先应采集好草样平均样。草样平均样是指距干草表层 20 cm 深处，从草垛各个部位（至少 20 处），每处采集草样 200 ~ 250 g，均匀混合制成的，样品总重 5 kg 左右。其中混入的土块、厩肥等，应视作不可食草部分。每次从草样平均样中随机抽样 500 g 进行品质评定。

（2）植物学组成分析。植物种类不同，营养价值差异较大。按植物学组成，牧草一般可分为豆科草、禾本科草、其他可食草、不可食草和有毒有害草五大类。

天然草地刈割晒制的干草，豆科比例大者，为优等草；禾本科和其他可食草比例大者，为中等草；不可食草比例大者，为劣等草；有毒有害植株超过 10% 者，不可供作饲料（具体划分标准见表 4-11）。

人工栽培的单播草地，只要混入杂草不多，就不必进行植物学组成分析。

（3）感官检查。感官检查主要是观察干草的颜色、估测含叶量和嗅闻气味。

① 颜色观察。绿色程度越深的干草，表明胡萝卜素和其他营养成分含量越高，品质越优，按绿色程度可把干草品质分为优、良、次、劣四级（表 4-12）。

表 4-12　干草按颜色分级

等　级	颜　色	说　明
优	鲜绿色	青草刈割适时，调制过程未遭雨淋和阳光强烈曝晒，贮藏过程未遇高温发酵，较好地保存了青草中的成分
良	淡绿色	干草的晒制和保藏基本合理，未遭雨淋发霉，营养物质无重大损失
次	黄褐色	青草刈割过晚，或晒制过程遭雨淋或贮藏期内经过高温发酵，营养成分虽受到重大损失，但尚未失去饲用价值
劣	暗褐色	干草的调制与贮藏不合理，不仅受到雨淋，且发霉变质，不宜再作饲用

② 估测含叶量。一般来说，叶子所含有的蛋白质和矿物质比茎多 1 ~ 1.5 倍，胡萝卜素多 10 ~

15 倍，而粗纤维比茎少 50% ~ 100%，因此，干草含叶量也是评定其营养价值高低的重要标志。干草含叶量在 75% 以上为优等，含叶量在 50% ~ 75% 以上为中等，含叶量低于 25% 为劣等。

③ 嗅闻气味。田间晒制和人工干燥刚完成时的干草并无香味，干草的芳香气味是在干草的储存过程中产生的。因此，嗅闻干草的气味可以判断其储存过程是否合理。干草芳香气味浓郁为优等，芳香气味较淡为中等，无芳香气味为次等，无芳香气味且有霉烂气味为劣等。

（4）判断刈割期。刈割期对于草的品质影响很大，一般栽培豆科牧草在现蕾开花期、禾本科牧草在抽穗开花期刈割比较适宜。就天然草地野生牧草而言，可按优势的禾本科、豆科牧草确定刈割期。

凡禾本科草的穗中只有花而无种子则属花期刈割，绝大多数穗含种子或留下护壳，则属刈割过晚；豆科草如在茎下部的 2 ~ 3 个花序中仅见到花，则属花期刈割，如草屑中有大量种子则属刈割过晚。

（5）测定含水量。含水量高低是决定干草在储藏过程中是否变质的主要标志。干草按含水量划分为四个等级，见表 4-13。

表 4-13　干草按含水量分级标准

等　级	干　燥	中等干燥	潮	湿
含水量/%	≤15	15 ~ 17	17 ~ 20	≥20

生产中测定干草的含水量的简易方法是：手握干草一束轻轻扭转，草茎破裂不断者为水分合适（17% 左右）；轻微扭转即断者，为过干象征；扭转成绳茎仍不断裂开者为水分过多。

3. 评定结论

凡含水量在 17% 以下，毒草及有害草不超过 1%，混杂物及不可食草在一定范围之内，不经任何处理即可储藏或者直接喂养家畜者，可定为合格干草。

含水量高于 17%，有相当数量的不可食草和混杂物，需经适当处理或加工调制后，才能用于喂养家畜或贮藏者，属可疑干草。

严重变质、发霉，有毒有害植物超过 1% 以上或泥沙杂质过多，不适于用作饲料或储藏者，属不合格干草。

任务二　提高秸秆利用价值的技术原则与方法

我国各类农作物秸秆资源十分丰富。据报道，我国秸秆的年总产量达 7.7 亿吨，其中稻草 2.3 亿吨，玉米秸秆 2.2 亿吨，小麦秆 1.2 亿吨，豆类等秋杂粮作物秸秆 1.0 亿吨，花生和薯类藤蔓、甜菜叶等 1.0 亿吨。如此巨大的资源，若能充分利用，将会对南江黄羊生产产生重大的作用。

一、秸秆饲料的营养限制因素

作物秸秆饲用价值很低，主要原因有 4 点。

1. 纤维素含量高

据报道，水稻、小麦和玉米三大作物的秸秆，其中中性洗涤纤维分别为61.09%～74.4%、67.1%～73.0%和60.4%～71.9%，酸性洗涤纤维分别为40.2%～53.0%、53.0%～56.2%和37.4%～51.1%，粗纤维平均为30%～40%。

2. 粗蛋白含量低

据测定，水稻秆、小麦秆和玉米秆的粗蛋白含量分别为3.8%～5.9%、4.0%～5.1%和8.8%～9.6%，平均为3%～6%。秸秆饲料不仅发酵氮极低，而且过瘤胃蛋白也几乎为零。

3. 矿物质含量低

秸秆饲料不仅矿物质含量低，而且缺乏动物生长所必需的维生素A、维生素D、维生素E等，以及钴、铜、硫、硒和碘等元素。例如：秸秆饲料含有大量的硅酸盐，它严重影响瘤胃中多糖物质的降解；钙和磷的含量一般也低于南江黄羊的营养需要水平。

4. 能量值很低

秸秆中含糖量甚微，能量值很低。

二、提高秸秆利用率的技术方法及途径

秸秆饲料的营养限制因素，制约了南江黄羊对其的采食量和消化率，从而影响了南江黄羊的生产性能表现。所以，单靠秸秆喂南江黄羊，其营养价值之低，是不足以维持南江黄羊的生命基本营养需求的。因此，要科学地利用秸秆饲喂南江黄羊，必须寻找一条正确的提高秸秆饲料营养价值的有效途径。

秸秆饲料的处理方法很多，常用的方法有物理处理法、化学处理法和微生物处理法。综述如下：

物理处理法：切碎、压扁、浸泡、蒸煮、膨化和热喷、辐射等。

化学处理法：碱化、氨化、脱木质素、酸处理、糖化法等。

微生物处理法：发酵、酶解、生产SCP等。

提高秸秆饲料利用率的另一种有效途径是秸秆的综合处理和营养物质添补，对秸秆实施三级饲料化利用技术。

1. 秸秆的综合预处理与营养物质添补

所谓综合预处理，是指先将秸秆粉碎（物理处理），尔后再进行氨化（化学处理），最后再接种复合微生物菌体进行发酵（生物学处理），或先粉碎，尔后添加尿素、食盐，接种复合微生物菌种生物发酵。经过处理的秸秆，再加上添补一定量的配合精料和矿物质添加剂，用配合成的饲料饲喂南江黄羊才能取得良好的效果，并能取得显著的经济效益。在提高秸秆饲料的利用率时，必须注重3个方面：第一，给南江黄羊饲喂秸秆饲料时，要补充一定量的精料，可采用“低精料添补”的方式。在南江黄羊高效生产体系中，饲料组成要求以青贮、多汁、块根饲料为主，秸秆饲料为辅，这样，改善了日粮结构，秸秆的利用率将会提高。第二，添加非蛋白氮。

将秸秆用尿素进行氨化是一种普遍而有效的氮素添补方法。目前，尿素的添加量为干物质量的3%～5%，可提高消化率8%～10%。第三，添补某些必需的矿物质和维生素。近年来，国内研制的牛、羊用“舔砖”和“矿维添加剂”，是依据羊对矿物质和维生素的需要以及秸秆日粮中某些矿物质的限制性而专门设计研制的。除此外，还要特别注意补充钴、铜、硫、钠、锌和碘等矿物质以及维生素A、维生素D、维生素E和B族维生素。

2. 秸秆的三级饲料化利用

秸秆的三级饲料化利用，是指在对秸秆进行青贮、微贮的基础上，根据南江黄羊的营养标准，利用本地资源，通过计算机模式，计算出最佳精料、青绿多汁饲料配方比，继而采用当地特有矿产资源，按以上程序计算出维生素及矿物质添加量及配比，最后形成一整套完整、科学的饲料配方。在上述三级营养决策与调配过程中，应用系统科学和生态学原理，采用饲料组合与互作的方法，以计算机为主要手段，在精确数量化基础上调整营养，最终要求用尽可能少的饲料（草），在尽可能短的周期内生产出尽可能多的畜产品，这也正是南江黄羊高效生产所追求的目标。

任务三　秸秆饲料的碱化处理技术

一、碱化处理的技术原理

碱化处理能使秸秆纤维物质内部的氢键结合变弱，能皂化糖醛酸和乙酸的酯键，中和游离的糖醛酸；使纤维素发生膨胀，削弱了与木质素之间的联系；溶解半纤维素，并使细胞壁的木聚糖部分易位到对瘤胃消化更有效的位置。因此，碱化处理的主要作用是改变秸秆纤维及分子的结构，从而达到提高消化率的目的。

二、碱化处理方法

碱化剂常采用氢氧化钠和生石灰。碱化的方法可分为湿法、半湿法和干法3类。

1. 生石灰碱化处理方法

先将秸秆粉碎，装入缸内或水泥池中，然后按1 kg生石灰加100 kg清水，处理32 kg秸秆的比例处理。取优质生石灰称重，按比例配成1%的生石灰水溶液，充分搅拌均匀去渣。将石灰水倒入装好原料的容器内，使原料充分浸润，上面用石块等重物压实，继续加石灰水，保持水面淹没原料。浸泡一昼夜，沥去石灰水，即可饲喂。此种方法只适合于含蛋白质和维生素少的秸秆，稻秸、豆科秸秆、藤蔓类等不宜碱化处理。

2. 氢氧化钠碱化处理方法

各种氢氧化钠碱化处理方法总结于表4-14中。在处理中，要求处理后的秸秆要堆垛，每垛重3～6 t，高 3 m。这样可使秸秆与氢氧化钠充分发生化学反应，以获得较好的处理效果。堆积后，堆心温度可达80～90 °C。

表 4-14　氢氧化钠处理方法

种　类	处理过程	最佳处理条件
冲洗法	将秸秆浸在 NaOH 溶液中，然后冲洗	1.5%～2.5% 的 NaOH 溶液，浸泡 12 h，然后冲至中性
不冲洗法	秸秆在 NaOH 溶液中浸泡，不冲洗，但要放置几天待其熟化	1.5% 的 NaOH 浸泡 0.5～1 h，熟化期 3～6 d
CLM 法	在密闭室中，将 NaOH 溶液喷洒在秸秆上	每 100 kg 原料，NaOH 用量为 5.5 kg，$Ca(OH)_2$ 用量为 0.6 kg，碱液循环流动 7～8 h，熟化期 10～15 h
碱储法	在碱化窖中或堆垛用 NaOH 处理	水分要求 40%～70%，按干物质计，用碱量为 3%～5%，密封，至少碱化 1 周
喷淋法	秸秆在容器中喷淋 NaOH 拌匀	每 100 kg 原料喷洒 2% 的 NaOH 溶液 200 L，处理时间 24 h
草捆法	在收集和打捆机中喷洒 NaOH	每 10 kg 秸秆，喷洒 50% 的 NaOH 溶液 0.8～1 L，熟化期 1 周
切碎法	在收割机中喷洒 NaOH	每吨切碎原料中加入 8% 的 NaOH 溶液 250 L（NaOH 占干物质的 4%），然后置于窖中碱化 60 d
混合法	在混合机中将原料与 NaOH 混合均匀	每吨风干秸秆加 16% 的 NaOH 溶液 425 L，饲喂时与浓缩料组成配合饲料
秸秆处理机	切碎秸秆，与 NaOH 在处理机中混合，加温至 80～100 °C	按每吨干物质加 27% 的 NaOH 溶液 150～180 L，至少处理 3 d
工厂化生产	切碎或粉碎原料，与 NaOH 溶液混合压制成块状或颗粒饲料	NaOH 溶液浓度为 27%～47%，加碱量为原料干物质的 4%～5%，在 100 个大气压和温度 70～90 °C 条件下制粒，然后冷却

氢氧化钠的湿法处理需耗费大量的水，每千克秸秆干物质约需要 50 L，还浪费了不少碱液。湿法处理的废液可对土壤造成污染。

干法处理大大减少了碱液污染和秸秆中有机物的损失，但耗用的氢氧化钠占秸秆风干重的 5%，采食经碱处理的秸秆，饮水量要随之增加。

任务四　秸秆饲料的氨化处理技术

秸秆氨化是提高秸秆营养价值及利用率、发展节粮型畜牧业的有效途径。经氨化处理的秸秆，其有机物的消化率可提高 20% 以上，粗蛋白含量可提高 1 倍以上（达到 10% 左右），采食量可提高 20% 以上。其营养价值相当于中等质量的牧草，对于羔羊增重和母羊产奶均有良好效果。

氨化处理对提高秸秆消化率的效果略低于碱处理，但氨化处理可增加秸秆中非蛋白氮的含量。同时，氨还是一种抗霉菌的保存剂，可有效地防止秸秆在氧化期内发霉变质，过量的氨可以散发掉，不会对土壤造成污染。

可以氨化的原料有大麦秸、小麦秸、稻草、玉米秸等，而价值高、适口性好的如花生秧、豆类藤蔓、甘薯秧等不需要氨化。氨化时麦秸、稻草不需要铡碎而玉米秸则需要铡短（2 ~ 3 cm）。有试验证明，含水率高的秸秆氨化效果好，但含水率过高，不便于操作运输，秸秆还有霉变的危险，因此秸秆含水率以 45% 左右为宜。秸秆氨化的方法有液氨氨化法、氨水氨化法、尿素和碳铵氨化法。

一、液氨处理

1. 氨化设施

氨化设施有 2 种设施可供选用，一般采用地上堆垛式。

（1）地面堆垛氨化。选择背风向阳、地势高燥的场地，用塑料布铺底，长 15 m、宽 15 m。而后将粉碎的秸秆（2.5 cm）堆在塑料布上，垛高 2 ~ 2.5 m。若秸秆太干，可边垛边洒水，草垛压实后，用幅宽 7 m 的塑料布覆盖，与后边上下叠齐，卷边，用土压实，使其密封，漏缝处用胶布粘封，即可注入液氨。为了注氨方便，可在堆垛上先放一木杠，通氨时取出木杠，插入注氨管就容易了。全部秸秆垛好后，用塑料布封严垛顶和四周，将注氨管插入，注入相当于秸秆干物质重量 3% 的液氨后，封闭通氨孔即可。

（2）窖贮氨化。可选用地下式或半地下式氨化窖，窖深不超过 2 m，宽 2 ~ 4 m，窖长依秸秆数量而定。窖底及四壁铺砌红砖，最好用水泥抹面。原料装填好后，用塑料布盖顶封严。

2. 处理方法

（1）加水和注氨量。加水与注氨量如表 4-15。

表 4-15　不同含水量秸秆加水注氨量　　单位：%

类　别	干	半　干	半　湿
含水量	8 ~ 10	20 ~ 30	30 以上
加水量	15 ~ 20	5 ~ 10	
注氨量	3	2 ~ 2.5	1.5 ~ 2

加水方法：边垛边洒水，堆垛洒水结束后，经 3 ~ 4 h 吸水软化，就可以注入液氨。

注氨方法：无计量表的地区可采用管道注氨；用磅秤称重液氨罐，根据减重计算和控制注氨量。输氨结束，用木塞堵住管口。

（2）处理时间。液氨挥发很快，垛底温度 6 ~ 7 d 逐渐上升到 13 ~ 14 °C。1 ~ 2 周后，垛底温度与气温相同。5 ~ 15 °C 时，需氨化 30 ~ 50 d；15 ~ 30 °C 时，氨化 10 ~ 30 d；30 °C 以上时，只需氨化 7 ~ 10 d（表 4-16）。

表 4-16　气温与氨化时间

气温/°C	低于 5	5 ~ 15	15 ~ 30	30 以上
氨化天数/d	不氨化	30 ~ 50	10 ~ 30	7 ~ 10

（3）取用。秸秆氨化成熟后，从窑的一端按需用量分段揭开覆盖的塑料布，取出秸秆。暂时不用的氨化秸秆可以在密闭状态下，保持相当时间不会霉变。

（4）放氨。饲喂前要充分放氨，经 1 ~ 3 d 后，秸秆无氨气刺激气味即可饲喂南江黄羊。

二、氨水处理技术

氨水处理秸秆时可采用地窖或半地窖式。我国常用的氨水含氨量为 18% ~ 20%。处理秸秆时，按秸秆干物质重量加入 3% ~ 3.5% 的纯氨量。由于氨水中含有水分，在处理半干秸秆时，可以不再向秸秆中洒水。

氨水处理秸秆的方法和操作与液氨处理法相同，将秸秆铡短，边往窖里放，边按与秸秆重量 1∶1 的比例从垛顶部分多处往秸秆上均匀喷洒 3% 浓度的氨水，装满窖后，用塑料布密封，让氨水逐渐蒸发扩散，充分与秸秆接触与反应。氨水的氨化效果与液氨氨化相近。

三、尿素、碳铵氨处理技术

尿素、碳铵氨处理技术适宜于地窖或半地窖式，也可用塑料袋。尿素氨化秸秆的一般要求湿度为 50% ~ 60%，尿素和碳铵用量分别为原料干物质的 5% ~ 6% 和 12%。尿素、碳铵氨是一种安全的氨化剂，当尿素、碳铵氨分解为氨时，就可以作为氨化剂处理秸秆和低质粗饲料。

1. 尿素、碳铵氨处理方法

窖底铺塑料布，按每 100 kg 秸秆加尿素 5 kg 或碳铵 12 kg、加水 40 kg 的比例混合均匀，然后将溶液分层喷洒在秸秆上，装入窖中压实，覆盖塑料布，封严周边即可。氨化处理的温度和时间：5 °C 以下，8 周以上；5 ~ 15 °C，4 ~ 8 周；15 ~ 20 °C，2 ~ 4 周；20 ~ 30 °C，1 ~ 2 周；30 ~ 40 °C，1 周；70 °C，1 d。达到氨化时间后，将氨化饲料取出，需在阴凉处放置 10 ~ 12 h，不要晒，并将氨化窖（垛）封严。优质氨化秸秆呈棕黄色或深黄色，发亮，有糊香味，手摸质地柔软；氨化不成熟的秸秆与原来一样，质地无明显变化；劣质氨化秸秆色泽暗，氨味淡，漏气后秸秆发霉变质，不能用作饲料。羊对氨味很敏感，一般由少到多 6 ~ 7 d 后可逐渐习惯。

尿素氨化秸秆的效果，关键在于尿素能否完全被分解为氨和其分解的速度。现已明确，尿素的分解速率与秸秆中尿素酶活性、湿度、水分和微生物活性等因素有关。

2. 尿素合理利用技术

羊属反刍动物，能够利用尿素。因此，日粮中可用尿素替换部分粗蛋白（25% ~ 30%）。尿素的饲喂效果与日粮中碳水化合物的含量有关，只有在日粮中碳水化合物含量丰富的条件下，饲喂效果才明显。给羊饲喂尿素时，应注意以下几点：

（1）尿素的喂量为羊体重的 0.02% ~ 0.05%，即每 10 kg 体重喂 2 ~ 5 g。一般成年羊日喂量 10 ~ 15 g，以 20 ~ 30 g 为限；6 月龄以上的青年羊每日可喂 6 ~ 8 g。初生羔羊不可喂尿素。

若以日粮中干物质计算，则尿素只能占干物质的 1% ~ 2%。

（2）首次饲喂尿素时，其喂量为正常喂量的 1/10，以后逐渐增加，在 10 ~ 15 d 里增加到正常的全喂量。尿素连续喂效果才好。中间中断饲喂后，再喂尿素时，则要重新开始，即从小剂量逐渐增加到规定的全剂量。

（3）每日的剂量应分 2～3 次喂给。饲喂的方法是：先将尿素溶于水，随后拌到精料中喂给，也可将尿素均匀地拌在精料中喂给，但不能单独喂，也不能饮水用。

（4）喂完拌有尿素饲料的羊只，不能立即饮水。因饮水后，尿素随水直接进入真胃中，一方面引起尿素中毒，另一方面瘤胃微生物没有机会利用尿素，因此失去了饲喂尿素的意义。一般在饲喂半小时后方可让羊饮水。

（5）若出现尿素中毒症状，可静脉注射 10%～25% 葡萄糖注射液，每次 100～200 mL，或 10% 葡萄糖酸钙，每次 50～100 mL。

四、尿液处理秸秆

尿液中含氮量差别很大，一般为每升含氮 2～20 g。低蛋白日粮（粗蛋白 8%）的家畜尿液中含氮量每升为 5.3 g；高蛋白日粮（粗蛋白 15.5%）时，每升尿液含氮量为 14.3 g，其中 76%～82% 为氨态氮，尿素氮只占 1.8%～1.9%。尿液中还含有尿酶。用尿液处理稻草，尿液与稻草的比例为 1∶1，氨化时间为 20 d。处理后，南江黄羊对氨化秸秆干物质的采食量增加 70%，消化率也有较大幅度的提高。

五、工厂化氨化处理技术

1. 氨化炉法

国外建有氨化炉，适用于圆形大草捆的氨化处理。草捆在炉中用循环氨气加温 70～90 °C 经 10～15 h 后，保持密闭状态 7～12 h，开炉取出草捆，经放氨 1 d，即可饲喂南江黄羊。

2. 冷爆氨化炉法

在压力室中将秸秆与氨液以 1∶1 混合，然后加压至 1.2 MPa，保压数分钟后突然卸压，秸秆温度下降至 0 °C 以下。

3. 土建式氨化炉和集装箱式氨化炉

土建式氨化炉用砖砌墙，泡沫水泥板作顶盖，墙厚 24 cm，顶厚 20 cm，室内空间容积为 $3.0\times2.3\times2.3\ m^3$，一次氨化量为 600 kg。集装箱式氨化炉利用旧集装箱改造，装保温层，一次氨化量约 1 200 kg。两种氨化炉均有加热装置和风机。

4. 尿酸制粒氨化法

纯尿酸在 133 °C 以上完全分解，在用尿酸制粒时，75 °C 也会有氨化释放。经计算，每 100 kg 干草加入 1 kg 尿酸，制粒机出口温度在 90 °C 以上时，1 kg 尿素所释放的氨可以达到氨化要求。除尿素外，碳酸氢铵也可与草粉混合制粒，起到氨化作用。

任务五 秸秆饲料的化学处理脱木质素技术

采用化学处理技术可以除去秸秆中部分木质素，从而使秸秆消化率提高。用于脱木质素的化学物质有次氯酸钠、过氧化氢、二氧化硫、臭氧、亚硫酸盐等氧化剂。

一、二氧化硫处理法

二氧化硫处理秸秆的机理是破坏木质素分子间的共价键，溶解半纤维素，使纤维素基质中产生较大的空隙，增加消化酶与细胞壁成分的接触面积，使秸秆的消化率提高。

用二氧化硫处理秸秆的浓度每千克秸秆干物质用 62.6 g，温度为 70 °C 时，处理时间为 4 d。处理风干秸秆，二氧化硫气体的用量可达 5.38%。预计，在进一步完善二氧化硫处理条件后，有可能采用类似氨化炉工厂化生产的方法处理秸秆。

二、碱性过氧化氢处理法

碱性过氧化氢是处理木质纤维素潜力很大的一种氯化剂，可使木质素溶解 30% ~ 50%。用碱性过氧化氢处理可消除酚单体，减少酚酸，打开细胞壁多聚糖与木质素之间的化学键，增加微生物对细胞壁的消化作用。碱性过氧化氢还可以从细胞壁结构中分离出阿魏酸，以破坏镶嵌细胞壁碳水化合物木质素的三维结构。

碱性过氧化氢处理单子叶植物木质素效果较好，因为这些牧草中含有较多的μ-羟基苯丙烷及碱不稳定酯键和木糖，碱使其皂化，从而提高不溶性细胞壁组分的消化率。处理麦秸，可提高南江黄羊的采食量。

碱性过氧化氢处理法：先将秸秆在 1%（重量/体积）的过氧化氢溶液中悬浮浸泡，再加入氢氧化钠，使悬浮液 pH = 11.5，保持温度 24 °C，轻轻搅拌 16 h 后，滤出秸秆，反复冲洗至中性，或用 $6N(NH_4)_3PO_4$ 中和，使滤出液 pH = 7.4，然后对秸秆进行水洗、干燥、粉碎。

任务六 秸秆饲料的热喷处理技术

热喷的原理是，利用蒸汽的热效应，在 170 °C 时使木质素溶化，纤维素分子断裂，发生水解。同时，高压力突然解压，产生内摩擦力，破坏纤维结构，使细胞壁疏松。添加尿素的秸秆热喷处理，可使麦秸的消化率达到 75.12%，玉米秸秆达到 68.02%，稻草为 64.42%，使每千克经热喷处理秸秆的营养价值相当于 0.6 ~ 0.7 kg 的玉米籽实。

热喷处理的主要设备是压力罐，粉碎的秸秆在压力罐中与添加剂相混合，通入蒸汽加热加压，然后突然解压取料。

任务七　秸秆饲料的微生物处理技术

作物秸秆微生物处理，又叫秸秆微贮，是在秸秆中加入微生物活性菌种放入密闭的青贮容器中进行发酵，使秸秆成为具有酸香味的优良饲料。秸秆微贮可以有效地降低秸秆中的木质纤维素类物质含量，提高其消化率，改善饲喂效果。处理后，pH 为 4.5 ~ 4.6，蛋白质提高 10.79% 纤维素降低 14.2%，半纤维素降低 43.8%，木质素降低 10.2%。微贮不受农时的限制，发酵生产成本低，技术操作简便，不需要复杂的设施。

一、微贮的原理

秸秆加入发酵活杆菌，在适宜的温度和厌氧环境下，秸秆发酵活杆菌将大量的木质素、纤维素、半纤维素等物质转化为糖类，糖类又经有机酸发酵转化为乳酸和挥发性脂肪酸，抑制了丁酸菌、腐败菌等的繁殖，从而使微生物菌体蛋白合成量增加，使秸秆成为具有酸香味的优良饲料。

生产中，利用生物技术筛选培育出微生物活杆菌剂，经溶解复活后，加入浓度 1% 的盐水中，再喷洒到作物秸秆上，在厌氧条件下由微生物生长繁殖完成对秸秆的作用。秸秆发酵活杆菌为粉状，每克含活菌数 500 亿以上，由高效木质纤维分解酶和乳酸菌混合而成，辅以微生物发酵所必需的氮素、矿物质、糖和调节 pH 的成分。目前，我国生产的微贮菌剂，有厌氧条件下发酵剂型，也有双重发酵剂型，即同时具有好氧发酵处理和厌氧发酵保存的双重功用。这些菌剂的作用都是高效降解秸秆中的木质纤维素类物质，补充和储存易发酵的糖类，使其转化为有机酸。

二、微贮要求的基本条件

1. 秸秆粉碎

秸秆发酵活杆菌剂适用范围广，对含糖高的秸秆，一年生或多年生豆科牧草，禾本科的秸秆、棉秆等均可作发酵原料。要使发酵效果好，秸秆必须粉碎，秸秆草粉粉碎的细度，南江黄羊用的为 0.7 ~ 1.5 cm 以下，见图 4-21。

图 4-21　秸秆粉碎现场

2. 微贮窑

微贮窑应选择在土质坚硬、排水容易、地下水位低、距羊舍近、取料方便的地方，可以是地下式，也可是半地下式，最好砌成永久性水泥窑。窑的内壁应光滑坚固，并应有一定的斜度（以 8°~10°为宜），这样可以保证边角的储料能被压实。窑的设计同青贮。

3. 微贮加水设备

微贮秸秆需用大量的水，每吨秸秆加水量为 1 000~1 200 kg，所以要配一套由水箱、水泵、水管和喷头组成的喷洒设备。水箱容积以 1 000~2 000 L 为宜，水泵最好选取用潜水泵，水管可选用软管，家庭南江黄羊养殖户可用水壶直接喷洒。

带穗青贮玉米本身含水率一般在 70% 左右，微贮时不能补充过多的水分，要求将配好的菌剂水溶液均匀喷洒在原料上。可在压实用的拖拉机上配备一套由菌液箱、喷管和控制阀门组成的喷雾装置。菌液箱容积以 200~400 L 为宜。

4. 添加含糖量高的补充原料

对秸秆微贮时，应添加一定量的含糖量高的原料，如在微贮原料中添加 3%~5% 的甜菜渣，可使发酵过程充分。

三、微贮的生产工艺流程

微贮的生产工艺流程见图 4-22。

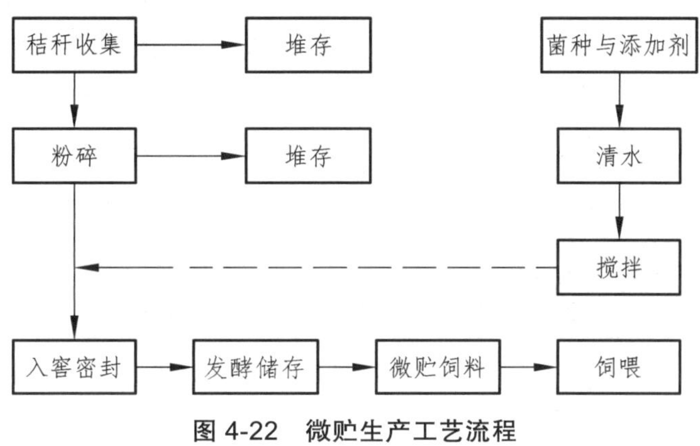

图 4-22 微贮生产工艺流程

四、微贮的操作步骤

微贮发酵的操作步骤见图 4-23，操作的关键步骤如下：

1. 菌种复活

按秸秆与发酵活杆菌 1 000 000：3 的比例，先将 1 袋倒入 2 kg 水中充分溶解，然后在常温下放置 1~2 h，使菌种复活，复活好的菌种必须当天用完。

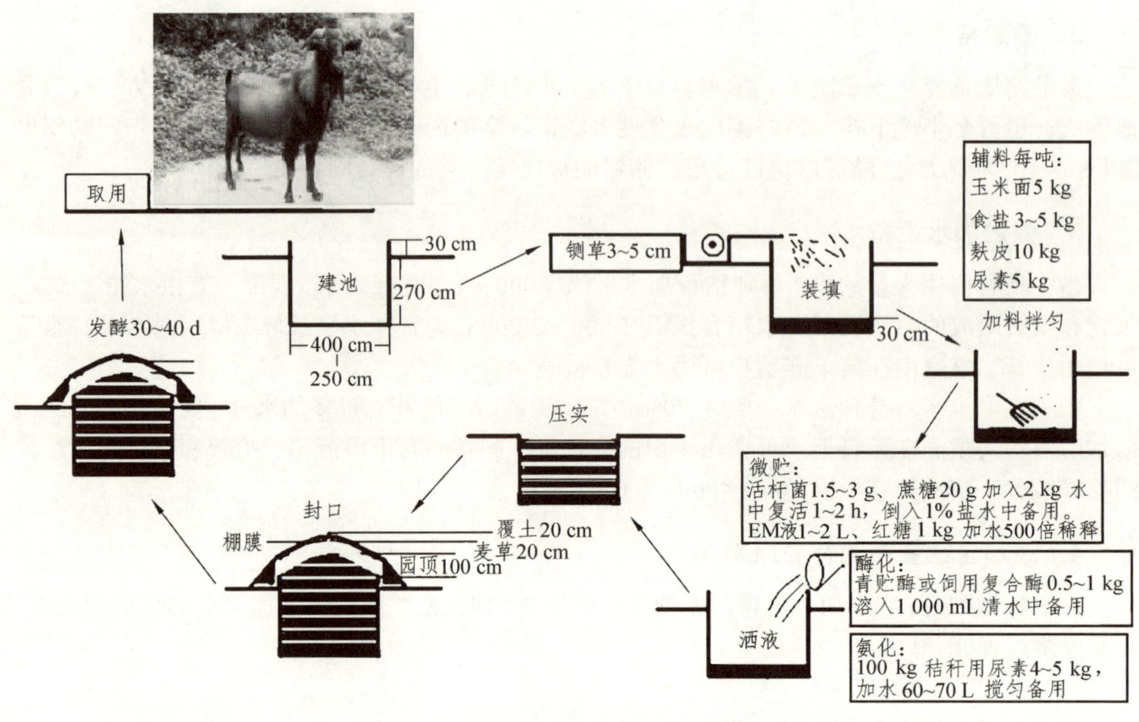

图 4-23　微贮发酵的操作示意图

2. 菌液配制

将复活好的菌种倒入充分溶解的 0.5% ~ 1% 的食盐水中拌匀（青玉米秸秆微生物贮存不加食盐）。于制作微贮前 30 min 配制菌液，数量视当天处理秸秆数量酌定。

3. 加入添加剂

于配制菌液的同时，在清水中加入添加剂。常用的方法与剂量：按秸秆总量计，尿素 0.5% ~ 1.0%，食盐 0.5% ~ 1.0%。充分搅拌，溶解后与菌液一同加入秸秆中。食盐水和菌液量计算见表 4-17。

表 4-17　食盐水和菌液量计算表

秸秆种类	秸秆重量/kg	发酵活干菌用量/g	食盐用量/g	水用量/kg	储料水量/%
麦、稻草	1 000	3	9 ~ 12	1 200 ~ 1 400	60 ~ 70
干玉米秸	1 000	3	6 ~ 8	800 ~ 1 000	60 ~ 70
青玉米秸	1 000	1.5	—	适量	60 ~ 70

4. 储存技术

将秸秆铡成 2 ~ 3 cm 长或粉碎好的秸秆，放入青贮窖中，约 40 cm 厚为一层，然后在秸秆上均匀喷洒菌液水，将备贮的秸秆一层层全部贮完压实，在最上层均匀洒上食盐，食盐用量为每平方米 250 g。最后用塑料薄膜封顶，四周压严，上部用整捆秸秆或土压料。封顶一周内要经常查看窖顶变化，发现裂缝或凹坑，应及时处理，以防漏气腐败。

（1）菌液及添加剂喷洒。将粉碎好的秸秆均匀平铺入窑底，厚度不超过 40 cm，然后按秸秆的数量和含水量喷洒菌液及添加剂混合液，用手挤法检查微贮处理的水分，合适时手挤可见到水滴，但不滴水。喷洒菌液及添加剂混合液时，特别注意窑的上、中、下层水分均匀程度，不要出现夹干层。

（2）压实。每铺 40 cm，喷洒一层，然后用拖拉机或人工压实一次，一直压到高出窑口 40 cm 为止，在最上层均匀洒上食盐，食盐用量为每平方米 250 g。注意必须保证边角处压实。

（3）封窑。封窑程序可按以下工序进行：喷洒一层菌液和添加剂混合液→拌匀后平铺 40 cm→用拖拉机压实数小时→再铺 40 cm 秸秆处理层→再次压实（一直压到高出窑口 40 cm 为止）→最上层按 250 g/m^2 洒上食盐→盖塑料薄膜→铺 40 cm 厚的干草压实→盖 20 ~ 30 cm 土→拖拉机压实→盖窑边、挖排水沟→及时补裂缝→长期储存。

5. 微贮饲料品质鉴定

封窑后起 30 d，即可完成发酵过程。根据微贮饲料的外观特征，用看、嗅和手触摸的方法，鉴定储料的品质优劣。

（1）优质微贮。青玉米秸秆为橄榄绿色，稻草、麦秸呈金褐色。发酵好的微贮带一种醇香和果香气味，并呈弱酸性，优质微贮饲料，拿到手里很松散，而且质地柔软湿润。

（2）劣质微贮。发酵后秸秆变成褐色或黑绿色，有强酸味，表明是醋酸较多、水分过多和高温发酵所致。若出现腐臭的丁酸味、发霉味，表明品质低劣，不能饲喂。劣质微贮拿到手里发黏或者粘在一块，有的松散，但干燥粗硬，也属不良的饲料。

6. 使用方法

开窖时应从窖一端开始，先去掉上面覆盖的部分土层、草层，然后揭开塑料薄膜，从上到下垂直逐段取出。每次取完后，要用塑料薄膜将窖口封严，避免与空气接触，以防二次发酵与变质。微贮料在饲喂前最好再用茎秆揉碎机进行揉搓，使其成细碎丝状物，进一步提高牲畜的消化率。农作物秸秆微贮料可作为草食家畜日粮中主要的粗饲料，日喂量以 1 ~ 2 kg 为宜。饲喂时要与其他精料搭配。开始饲喂时，牲畜对微贮饲料有一适应过程，不要操之过急，要循序渐进，逐步增加微贮饲料的饲喂量。

任务八　秸秆饲料的 EM 处理技术

EM 是有效微生物菌群的英文缩写（Effective-Organisms），由一组组分复杂的活菌制成。这种制剂属纯生物性饲料添加剂，无污染，无残留，无毒副作用，能促进畜禽增重，有奇特的防病效果，能消除粪臭，使母畜产仔率提高 40% 以上。近年来，我国许多省区已推广应用。

EM 制作微贮秸秆饲料，处理方法与其他微贮菌种相似。目前，这方面的工作尚在初试阶段。据已有的试验报道，EM 处理秸秆后，饲料的适口性好，具有浓郁的醇香味和甜酸味，可提高南江黄羊的采食量，提高日增重。据报道，EM 在南江黄羊上还有防病、提高母羊受胎率等作用，可提高综合经济效益 20% 左右。

学习情境五　高效饲养与管理技术

项目一　饲料的高效利用途径

规范、科学、合理的饲养与系统的管理是保障南江黄羊高效生产的重要条件。南江黄羊工厂化高效生产，是依据南江黄羊的生物学特性和营养需要特点而提出的新型生产体系，饲养方式有三大类型，即放牧—补饲、全舍饲和半舍饲半放牧饲养。具体采用哪种方式，取决于生产方向、生产水平、品种特性、生产条件、农业生产与经济以及气候特点等因素。因此，饲养与管理的每一个环节都将成为影响生产效益的因子。抓得好，可以成为提高生产和经济效益的技术手段；控制不当，则可成为抑制生产力和生产潜能发挥的因素。所以，必须重视这一重要环节。

任务一　非蛋白氮的利用

反刍动物的瘤胃微生物可将非蛋白质含氮化合物（NPN）转化为微生物蛋白质。合理利用，是开辟蛋白质饲料来源的重要途径。尿素等 NPN 可以由工厂生产，成本低，含氮量高，广泛应用就可以节约其他动植物蛋白质饲料。尿素的含氮量为 40%～60%，而棉饼和豆饼含粗蛋白为 40%～50%，1 kg 尿素含氮量相当于 5～6 kg 饼粕类饲料；其蛋白质当量为 260%～280%，缩二脲的蛋白质当量为 250%，1 kg 尿素或者 1 kg 缩二脲加 7 kg 玉米，相当于 8 kg 豆饼所含的能量与粗蛋白。

目前，用于反刍动物的 NPN 饲料种类很多，除了尿素，还有碳酸氢铵、缩二脲、乙酸铵、乳酸铵、谷酰胺和蜜胺等（表 5-1）。

表 5-1　NPN 饲料含氮量　　单位：%

名　称	分子式	含氮量	蛋白当量
乙酸铵	$CN_2CO_2NH_4$	18	112
碳酸氢铵	NH_4HCO_3	18	112
乳酸铵	$CH_3CHOHCO_2NH_4$	13	81
缩二脲	$NH_3CONHCONH_2H_2O$	35	219
谷酰铵	$NH_2CO(CH_2)_2CHNH_2CO_2H$	19	119
尿　素	$(NH_2)_2CO$	42～46	262～288

一、南江黄羊对非蛋白氮利用的特点

南江黄羊之所以能利用非蛋白氮，主要依靠瘤胃微生物。日粮中的含氮物被瘤胃微生物发酵而生成氨，再经微生物作氮源合成微生物蛋白。微生物蛋白到达后消化道被消化吸收，给南江黄羊提供蛋白质和氨基酸。瘤胃中未被微生物利用的氨可由瘤胃壁部分直接吸收，在体内进行氮素循环。因此，日粮中非蛋白氮分解过快，吸收也加快，会造成南江黄羊的氨中毒。

瘤胃中微生物所分泌的尿素酶活性很强，故尿素进入瘤胃后被分解得很快。在 pH 为 7 ~ 8.5 时，尿素酶活性最强。为了降低尿素在瘤胃中的分解速度，现已开发了尿素缓释颗粒饲料，除了糊化淀粉尿素外，还有一种桐油亚麻籽滑石粉包裹的颗粒饲料。据报道，当饲料中尿素含量大于 2% 时，就会降低南江黄羊的采食量，添加尿素影响采食量的主要原因是氨浓度的生理反应。此外，还有一个问题，南江黄羊对尿素适应期为 3 ~ 5 周，在这个时期内南江黄羊的采食量小。

缩二脲在瘤胃中溶解度低于尿素，用来饲喂南江黄羊无中毒危险，但被微生物同化也慢于尿素。幼龄南江黄羊对缩二脲的适应期为 59 d。

非蛋白氮用于南江黄羊的维持、生长、产奶等方面，一般情况下是无不良影响的，不会影响母羊的繁殖性能和胎儿的生长发育。从许多经验总结，饲喂非蛋白氮后，南江黄羊在最初阶段的饲喂效果不显著，到后期才能与饲喂植物蛋白的效果相同。所以，为了更好地利用非蛋白氮，必须掌握正确的饲喂时期和方法。

二、低蛋白粗饲料日粮补加非蛋白氮的方法

在生产中常遇到的是给南江黄羊饲喂低质干草的单纯饲喂秸秆时，南江黄羊冬季严重掉膘，生产性能下降。在这种情况下补加非蛋白氮，会收到好的效果。

1. 用于维持性饲养

尿素和缩二脲可用于南江黄羊的补饲，尤其在冬季以秸秆为主要饲草或放牧的牧草质量差时，南江黄羊需要补饲尿素或缩二脲。缩二脲的补饲效果与棉籽饼效果相同，对幼龄南江黄羊效果优于尿素。

2. 用于增重

对于生长育肥羊，日粮能量高但蛋白质低于 9% 时，缩二脲可作为蛋白质补充料使用，其效果与补饲植物蛋白料相同。

3. 用于产奶母羊

南江黄羊产奶母羊饲喂含缩二脲的日粮，对产奶量、奶成分和血液及生理健康均无不良影响，可以将非蛋白氮作为产奶母羊的唯一氮源。

4. 固体非蛋白氮混合饲料的补饲方法

对于山区放牧的南江黄羊，可使用下列配方制成的混合饲料，用饲槽自由采食：缩二脲 30% ~ 35%、磷酸二氢钙 12% ~ 14%、食盐 5%、硫和其他矿物质微量元素 1%，以及适量维生

素 A，其余为苜蓿粉、玉米粉和糖蜜。在冬春季补饲，若限制南江黄羊的补饲量，可将食盐比例增至 10%；若增加补饲量可降低食盐的含量。

5. 液体非蛋白氮补饲方法

常用液体饲料的载体是糖蜜。将尿素、缩二脲等非蛋白氮、维生素和矿物质与糖蜜充分混合，制成液体饲料。糖蜜尿素液体补饲料的效能优于补植物性蛋白饲料，糖蜜缩二脲效果优于糖蜜尿素。由于缩二脲溶解度差，用前必须充分研磨。

6. 非蛋白氮青贮

青贮中加入非蛋白氮比较方便。羔羊育肥，缩二脲青贮饲料比尿素青贮料效果好，缩二脲不影响青贮发酵过程。

三、影响尿素等非蛋白氮利用的主要因素

1. 日粮硫水平

反刍动物日粮中氮硫比应以达到 15∶1 为宜。在用非蛋白氮补充低蛋白日粮时，一定要补硫。如日粮含硫量低于 0.1%（干物质中），每补饲 100 g 尿素应加喂 3 g 无机硫，这样才能达到合理的比例。

2. 日粮蛋白质水平

瘤胃微生物合成蛋白质需要一定的氨浓度，当瘤胃内容物含氨量为 5% 时，血浆中氨基酸浓度最高。据推算，使瘤胃氮浓度达到 5% 的日粮蛋白质水平约为 13%；当日粮水平超过 13% 时，加喂非蛋白氮会使瘤胃液氨浓度增加很快，不但无益，反而会造成氨中毒。

由日粮粗蛋白（CP）水平估计瘤胃中氨的平均浓度公式如下：

$$\text{氨浓度}(\text{mg}/100\ \text{mL 瘤胃液}) = 10.57 - 2.5\%\text{CP} + 0.15\text{CP}^2 (r^2 = 0.88)$$

3. 日粮蛋白质的可溶性

日粮中蛋白质在瘤胃中的可溶性直接影响非蛋白氮的利用。饲料蛋白质的可溶性好，在瘤胃中释放氨的速度快，非蛋白氮的利用率降低；相反，蛋白质的可溶性差，可提高非蛋白氮的利用率。在饲料中加入甲醛可降低蛋白质的可溶性，每 100 g 饲料蛋白加 2 g 甲醛，放置 24 h 再喂南江黄羊，可提高南江黄羊对饲料中非蛋白氮的利用率。

4. 日粮中能量的水平

瘤胃微生物利用非蛋白氮合成蛋白质所需的能量和碳架，主要依靠日粮中的碳水化合物。从日粮的总消化养分（TPN）和粗蛋白质水平可以估计瘤胃中氨的浓度，公式如下：

$$\begin{aligned}&\text{瘤胃中氨浓度}(\text{kg}/100\ \text{mL 瘤胃液})\\&= 38.73 - 3.04\%\text{CP} + 0.171\%\ \text{CP}^2 - 49\%\text{TDN} + 0.0024\%\ \text{TDN2} (r = 0.92)\end{aligned}$$

瘤胃中氨浓度低于 2 mg/100 mL 瘤胃液时，非蛋白氮利用率高于 99%；当氨浓度在 3～

5 mg/100 mL 瘤胃液时，非蛋白氮的利用率为 0 ~ 90% ；超过 5 mg 100/mL 瘤胃液时，增加非蛋白氮无效。当日粮中天然蛋白质为 12% 或低于 12%，同时日粮总消化养分为 55% ~ 60% 时，加喂尿素等非蛋白氮不会被利用。日粮中消化养分水平较高时，补加非蛋白氮才能有效地被利用。

四、反刍动物的尿素等非蛋白氮有效利用率

常用饲料中的代谢蛋白与尿素有效利用量的关系见表 5-2。从表中所列数值可见，当尿素有效利用量为正值时，表示可以加喂尿素，否则添加尿素则无意义。其他的饲料可通过计算得出。以玉米、豆饼为例说明如下：

$$玉米的尿素有效利用量(g/kg\ DM) = (910 \times 0.104) - (100 \times 0.62)/2.8 = +11.8$$

$$豆饼的尿素有效利用量(g/kg\ DM) = (810 \times 0.104) - (515 \times 0.75)/2.8 = -107.7$$

式中 910——玉米所含总消化养分（TDN）值（g/kg）;

0.104——微生物合成蛋白质所需 TDN 参数；

0.62——玉米粗蛋白在瘤胃中的降解率；

2.8——尿素的粗蛋白当量数。

表 5-2 常用饲料的代谢蛋白质和尿素有效利用量（占干物质%）

饲料名称	粗蛋白的含量/%	TDN/%	天然代谢蛋白量/（g/kg）	尿素有效利用量/（g/kg）	由有效尿素合成代谢蛋白/(g/kg)
苜蓿干草	19.3	61	47.6	− 42.8	—
大 麦	13.0	83	92.4	− 1.6	—
糖 蜜	8.7	89	58.0	+ 3.7	8.2
甜菜渣	10.0	72	66.2	+ 1.1	2.5
玉米青贮	8.1	70	55.4	+ 6.4	14.2
玉米芯	2.8	47	11.1	+ 10.0	22.2
玉米穗	9.3	89	65.8	+ 11.6	25.8
黄玉米	10.0	91	71.8	+ 11.8	26.3
棉籽壳	4.3	41	23.5	+ 6.2	13.8
棉籽饼	44.8	75	151.4	− 92.0	—
胡枝子干草	13.4	55	40.0	− 25.0	—
燕 麦	13.2	76	87.1	− 4.7	—
意大利黑麦草	16.3	62	47.2	− 32.2	—
黑麦秸	3.0	31	12.8	+ 3.5	7.8
买罗高粱	12.4	80	93.2	+ 6.8	15.1
豆 饼	51.5	81	171.6	− 107.7	—
尿 素	280.0	0	2 225.0	—	—
麦 麸	18.0	70	95.1	− 18.9	—
酵 母	47.9	78	160.0	− 99.2	—

计算结果说明，每千克玉米干物质有多余能量可供瘤胃微生物将 11.8 g 尿素合成微生物蛋白质。豆饼计算结果为负值，表示豆饼有过量的氮，每千克豆饼折合为 107.7 g 尿酸当量。若选玉米与豆饼配合使用，则 107.7 × 11.8 = 9.1（kg），即每千克豆饼需要 9.1 kg 玉米与之搭配，豆饼中的氮才能被充分利用。此时不需添加尿酸。

牛、羊的代谢蛋白体系和饲料的尿酸有效利用量不仅对于如何合理搭配饲料有指导意义，而且对于检查反刍动物的日粮合理性也有重要意义。例如：可将日粮中饲料各组分的尿素有效利用量进行计算，若计算结果为负值，说明日粮本身含氮量已超过瘤胃微生物利用的能力，不能再添加非蛋白氮；若计算的结果为正值，按每单位正值表示每千克日粮中可加喂 1 g 尿素，+10 表示每千克日粮尚可加 10 g 尿素。

五、防止尿素中毒

尿素的用量，对南江黄羊一般以不超过日粮干物质重量的 0.5% ~ 1.0%，混合在饲料中饲喂较安全。

在不同饲养条件下，造成尿素中毒的剂量不一致。当精料喂量多，并与尿素混合均匀时，南江黄羊对尿素具有较高的耐受能力。尿素占精料的 3% 时，很少发生中毒。以干草为主的日粮，南江黄羊对尿素的耐受力较低。造成尿素中毒常常是一次集中喂给或在饲料中拌得不均匀，或尿素饮水饮喂，或以尿素作舐剂等情况。血氨浓度一旦超过 1% mg，就有可能引起南江黄羊的尿素中毒。

1. 尿素中毒症状

瘤胃迟缓、反刍次数减少或停止，逐渐烦躁不安、呆滞，继而肌肉、皮肤战栗、抽搐、过度流涎，排尿、排粪频繁，呼吸急促、困难，运动失调，四肢僵直，心律不齐。中毒后期，遇有噪声或金属碰撞声，常引起肌肉的强直收缩，直至死亡。

2. 尿素中毒的措施

治疗尿素中毒的传统方法是往瘤胃内灌注乙酸，但疗效并不理想。

发生中毒后，及时静脉注射 10% 葡萄糖酸钙，南江黄羊 30 ~ 50 mL，或硫代硫酸钠 5 ~ 10 mL，以及 5% 碳酸氢钠溶液，同时使用强心利尿药物，如咖啡因、安钠加等。也有灌服 2% 乙酸溶液或 20% 醋酸钠溶液和 20% 葡萄糖等溶液 200 ~ 400 mL 的治疗方法。

3. 尿素中毒的防止措施

尿素中毒的防止措施主要有以下几点：

（1）饲喂尿素等非蛋白氮饲料，应有 2 ~ 5 周的适应期。

（2）尿素应与精料充分混合，每日分数次饲喂。

（3）不要将尿素溶于水中饮喂或灌服。

（4）制作尿素青贮时，要均匀调制。

（5）潮解的尿素不能用于饲喂。

（6）做好中毒的治疗准备工作。

任务二　饲料的组合效应

一、饲料组合效应的概念

饲料的组合效应是指混合饲料的表观消化率不低于其各组分加权消化率的总和。但如低质牧草和秸秆添加蛋白质饲料后提高了整个日粮的消化率则不属于组合效应，这是低质牧草和秸秆营养不全面的缘故。大多数饲料组合效应表现为负效应，具非累加性特征，即混合饲料的可消化量低于各组分消化能总和。对于反刍动物来说，要达到饲料组合正效应，必须改善瘤胃发酵内环境。例如，用普通大麦秸秆与部分氨化大麦秸秆混合喂南江黄羊，氨化的大麦秸秆在瘤胃中降解较快，而普通未处理的大麦秸秆添加尿素后，即使瘤胃氨浓度与上述日粮相同，这种麦秸的降解仍然较慢。

最明显的饲料组合负效应的例子是用干草粉和麸皮（1∶2）组成的日粮喂南江黄羊，日粮干物质消化率下降 9%。以干草粉单独饲喂南江黄羊，每千克干草粉中可消化干物质为 510 g，当与大麦组成日粮后，每千克干草粉的可消化干物质只有 312 g，消化率下降 38.8%，相当于 40% 左右的干草粉由粪中排出，造成了严重的饲料浪费（表 5-3）。

表 5-3　干草粉与大麦的组合效应

项　目		日粮组成（干草粉：大麦）		
		3∶0	2∶0	1∶2
日粮干物质消化率/（g/kg）	计算值	510	617	723
	实测值	510	580	657
	日粮消化率下降/%		6.0	9.1
日粮中干草消化率/（g/kg）	计算值	510	510	510
	实测值	510	454	312
	干草消化率下降/%		10.9	38.8

此处还发现，燕麦秸与玉米粉、玉米青贮与粉碎玉米等组成的日粮饲喂南江黄羊，也会发生饲料组合的负效应，都使日粮消化率和利用率下降。

目前，绝大多数动物饲养体系都是以营养物质的可累加性作前提设计的，即日粮各种营养的水平应该等于日粮各组分中该项营养含量的总和，各种营养成分的含量和利用率不应由于组成日粮的不同而发生改变。但反刍动物的饲料组合效应，显然与以上的前提不一致，即计算日粮配合并不能准确达到实际的饲养标准要求，以此种日粮饲喂南江黄羊，就会影响到其生产性能和生产潜力的发挥，饲料组合效应应引起广泛的关注和重视。

二、影响饲料组合的因素

南江黄羊饲料组合负效应主要表现为日粮粗纤维或淀粉的消化受到抑制，直接使日粮能量水平下降。瘤胃内环境条件发生变化，是间接的影响因素。

1. 日粮纤维素分解减少

6 种因素可使瘤胃内环境条件骤变而致日粮纤维素分解减少。

（1）日粮中的碳水化合物。给南江黄羊日粮中以淀粉形式补加能量，会使日粮纤维素分解降低。以能量形式补加，或添加消化率高的优质干草，会使南江黄羊的采食量下降。

（2）瘤胃 pH。纤维素的降解受 pH 影响很大。成熟的鸭茅草消化率最高 pH 为 6.8，当 pH 为 5.9 时，纤维素完全停止降解。碳酸氢钠使瘤胃 pH 维持在 6.5 左右，即使日粮中玉米配比达到 40%，日粮纤维素的降解仍不受影响，磷酸盐、碳酸盐和碳酸氢盐也具有同样的效果。

（3）瘤胃微生物区系。瘤胃 pH 为 6.9 时，每毫升内容物含有的能透过滤纸的分解纤维素细菌数为 10^6 个；当 pH 为 6.0 时，每毫升仅含有 10^3 个。日粮中淀粉释放速度太快引起 pH 下降，可引起瘤胃微生物区系的变化，造成日粮纤维素分解降低。

（4）瘤胃微生物间的互作影响。增加日粮中淀粉量，可引起瘤胃中分解纤维素细菌种群与分解淀粉细菌种群间的竞争，其结果是纤维素降解被抑制，加喂尿素可部分得到缓解。现已证实，分解纤维素的细菌能在底物有糖类和纤维素的情况下，主要利用糖类，而不是分解纤维素。由此可见，淀粉的饲料组合负效应在于瘤胃微生物竞争利用可溶性底物，取代了日粮中难溶和不溶的成分。

（5）饲料通过瘤胃的速度。各种饲料颗粒大小影响了其在瘤胃中的停留时间，颗粒细小的饲料通过瘤胃速度快，致使干物质消化率下降。作物秸秆消化速度慢，在瘤胃停留时间长。消化率高的饲料，通过瘤胃速度快。

（6）脂肪。脂肪的能量值比淀粉高 2 倍，常用于高产母羊和强度育肥羊，也常引起饲料组合负效应，表现为日粮纤维素分解减少，并伴随采食量下降。

2. 淀粉消化受阻

（1）淀粉的来源。南江黄羊对淀粉的利用率与其来源有关，大麦淀粉在真胃的降解率为 94%，玉米淀粉为 78%～85% ，高粱淀粉为 76%。

（2）通过瘤胃的速度。饲料在瘤胃中通过速度快，淀粉的降解率下降，尤其是玉米淀粉比大麦淀粉所表现的这种特性更为明显。现已证实，玉米青贮或者苜蓿干草与粉碎的玉米所组成的日粮产生的饲料组合负效应是由于淀粉消化率的降低，而不是由于纤维素分解减少。

三、防止饲料组合效应不良影响的方法

1. 瘤胃发酵的控制

影响日粮纤维素降解的因素较多，但以控制瘤胃发酵较为重要。饲料合理加工是关键环节，饲料颗粒大小直接影响瘤胃发酵过程。浓缩饲料的饲喂应采用减少每次喂量，增加饲喂次数，这种“多次少量”的饲喂方法可以维持瘤胃 pH 稳定在一个水平上，从而有利于日粮纤维素的消化。此外，还可选用易于消化的纤维素饲料，如甜菜渣、氨化秸秆和优质干草作为南江黄羊日粮的主要能量来源，也同样可以达到控制瘤胃发酵速度的作用，使日粮中淀粉和纤维素的消化都不受影响。

2. 瘤胃 pH 的调节

纤维素分解与瘤胃 pH 有密切关系。一般认为 pH 要维持在 6.0 以上，才能使日粮纤维素消化达到较高水平。

粗饲草的种类和切碎长短都会影响到瘤胃内 pH。饲喂优质牧草，瘤胃 pH 为 6.2 左右；而饲喂劣质牧草，瘤胃 pH 常为 5.9 ~ 6.0。过分细碎的草粉，会使南江黄羊采食反刍次数和时间相差减少，引起瘤胃 pH 降低。

任务三　饲料卫生

饲料的质量直接影响南江黄羊的健康和生产力，饲料中所含天然和合成的有毒成分，直接或间接地引起南江黄羊的中毒和死亡，残留物会转移到食品中去，危害人类的健康。随着经济的发展，人们普遍关注无毒无公害绿色食品的生产，因而对于畜产品生产的基本因素——饲料的卫生要求也越来越高。

南江黄羊高效生产体系采用先进的饲料组合和饲料工业新技术，要求饲料不能受化学和生物污染，在加工处理和调制过程中最大限度地降低由饲料卫生不良而引起的多样性、群发性的南江黄羊生产中的经济损失。重视和加强饲料卫生监控是保障高效南江黄羊生产和人类健康的极其重要的措施。

一、饲料中主要的有害物质

1. 硝酸盐和亚硝酸盐

硝酸盐主要对胃肠局部起刺激作用，导致急性肠胃炎。亚硝酸盐则进入血液，把原来的血红蛋白氧化为高铁血红蛋白，使其失去携氧的能力，引起全身组织细胞缺氧。

（1）中毒症状。急性中毒时，表现为流涎、腹泻、步态不稳、呼吸困难、黏膜发绀、肌肉颤抖、体温正常或下降、有阵发性惊厥。慢性中毒可引起流产、腹泻、发育不良、维生素 A 缺乏等。亚硝酸盐与某些铵作用，可形成致癌物质亚硝铵，长期接触可诱发肝癌。

（2）预防。甜菜、青菜、南瓜藤叶、水浮莲、萝卜叶等多汁饲料，调制或存储不当，或经虫害、踩踏、霜冻、堆放、发热、腐烂，加之细菌的作用，可把饲料中硝酸盐还原为亚硝酸盐。饲料中硝酸盐含量越多，危险性越大。干草中硝酸盐含量不超过 1.5%（干物质），日粮中以不超过 0.6% 比较安全。南江黄羊的饮水中硝酸盐含量应低于 200 ~ 500 mg/kg。所以，要特别注意饲草的采摘、加工、储存，防止腐烂变质。饲喂青绿饲草时，应含有一定量的碳水化合物，以减少瘤胃产生亚硝酸盐。

2. 致光敏物质

油菜、灰菜、苜蓿、三叶草、荞麦、紫云英等饲草中含有光敏性物质。

（1）毒性和危害。南江黄羊采食光敏性植物后，致光敏物质被吸收入血液，在直接阳光下，引起组织胺释放，使血管壁破裂，皮肤出现皮疹，同时也会发生神经症状和消化器官的障碍。

（2）症状。南江黄羊的发病较高，有时面部水肿、头部变大，甚至眼闭合、鼻塞、唇肿、呼吸困难、不能采食，严重的皮肤坏死，伴有休克发生。

（3）预防。将含光敏物质饲草与其他饲料混喂，以减少南江黄羊食入光敏物质的量。若必须大量饲喂这类饲草时，不要在阳光强烈时放牧或运动。

3. 双香豆素——草木樨

草木樨含有一种香豆素，它本身是无毒物质，但在草木樨感染霉菌后，香豆素就被分解为双香豆素。

（1）毒性与危害。双香豆素阻碍肝脏中凝血酶原的生成，这种作用与具有维生素 K 的物质竞争，使凝血原生成不足，从而导致凝血机制障碍，造成全身各部位出血，出现严重的出血性贫血。慢性中毒则表现为肝脏、胆囊及肾脏肿大等病变。

（2）预防。草木樨干草要防霉变，已发生霉烂的草，不能饲喂南江黄羊。质量好的干草，也不要连续饲喂 2 个月。

4. 酒　精

酒精的有毒成分是新鲜酒糟中残留的酒精成分。

（1）毒性与危害。酒精的毒性主要是对中枢神经系统的抑制，包括对延脑、脊髓及心脏的麻痹作用，呼吸中枢的麻痹往往是致死的主要原因。

酒精的有毒成分与原料有关，如原料中含有发芽的马铃薯、谷物中的麦角和麦朗、酒精中的麦毒素和麦角胺。当酒精存放不当、发酵变质，则可形成多种游离酸、杂醇油和醛等有毒物质。

（2）症状。急性中毒，南江黄羊最初兴奋不安，随后食欲减退或疲倦，呼吸困难，步态不稳，最后由于中枢麻痹而死亡。慢性中毒时，南江黄羊的前胃弛缓，有时发生支气管炎、下痢和后肢湿症，当患部被感染后，形成化脓或坏死过程。

（3）预防。酒糟的喂量不宜过多，最好占日粮的 20% ~ 30% 为宜，同时要补给磷酸三钙或石粉。酒糟不宜久贮，存放时要注意防霉变质，霉变的酒糟不能饲喂南江黄羊。

5. 氰氢酸

高粱、玉米的青茎叶、幼苗、再生苗和亚麻饼等饲料中含有氰苷。氰苷本身无毒，但在有水分和适宜的湿度条件下，在植物体内脂解酶作用下，会产生氰氢酸（有毒）。玉米、高粱，收割后经霜冻后存放，危害更大。

（1）毒性与危害。氰离子会抑制细胞多种酶的活性，氰离子同氧化型细胞色素氧化酶的辅基三价铁结合，阻止了组织对氧的吸收，破坏细胞内氧化作用，导致机体的缺氧症。中枢神经系统首先受损害，尤其是血管运动中枢和呼吸中枢。

（2）症状。中毒发生很快，表现为呼吸快而困难，黏膜呈鲜红色，呼出气体带有杏仁味，行走站立不稳，很快倒地不起，体温下降，肌肉痉挛，瞳孔散大，呼吸麻痹而死。

（3）预防。植物含氰氢酸超过 200 mg/kg，就能引起南江黄羊中毒，致死量为每千克体重 1 ~ 2 mg。饲喂含氰苷饲料应有一定限制，并与其他饲料适当搭配，高粱和苏丹草最好在抽穗前作饲料，或玉米、高粱以青贮形式利用，放牧含氰苷多的牧草地，也应预防中毒发生。

二、有毒植物

这类植物含有生物碱、糖苷、皂角素、挥发油、毒蛋白等植物毒素，当被南江黄羊采食后，主要通过消化道被吸收，引起各种特异的化学反应，导致中毒。

植物毒素也存在于许多饲料中，其中包括谷物、蛋白质饲料和饲草中，含量比有毒植物低，但其毒性是一致的（表 5-4）。

表 5-4　饲料中的植物毒素

饲料种类		植物毒素
谷　物	所有谷物种类	肌醇六磷酸盐
	黑麦、黑小麦	胰蛋白酶抑制剂
	西非高粱	丹宁
	千穗谷	草酸盐、皂角苷
块　茎	土豆	茄属生物碱
	木薯	生氰苷
蛋白质饲料	大豆	胰蛋白酶抑制剂、外源凝集素、甲状腺肿毒素、皂角苷、肌醇六磷酸盐
	棉籽	
	油菜籽	棉籽酚、丹宁、环丙烯脂肪酸
	亚麻籽饼	葡糖芥子苷、丹宁、（顺）芥子酸、芥子碱
	粉	亚麻毒素、亚麻苦苷
	蚕豆	胰蛋白酶抑制剂、蚕豆嘧啶葡糖苷、外源凝集素胰
	田野菜豆	蛋白酶抑制剂、外源凝集素
豆科植物	苜蓿	
	白三叶草	皂角苷、植物雌激素
	红三叶草	氰、植物雌激素
	地三叶	植物雌激素
	杂三叶草	致光敏物质
	草木樨	香豆素
	冠状野豌豆	β-硝基丙醇苷
	银合欢树	含羞草氨酸
禾木科	饲用高粱	氰
	苇状虉茅	虉茅碱
	热带草	草酸盐
其　他	芥属饲料（羽衣甘蓝、油菜、芜菁等）	芥属贫血因子

许多植物和饲料含有多种毒素，这不仅给诊断增加了困难，而且造成各种毒草素间的协同作用的复杂性，这种作用对南江黄羊可能是有利的，也可能是有害的。

目前，在预防植物性毒素中毒方面，采用饲料加工降低毒性，或采用微生物处理，已获得了一些成功的效果。通过植物育种，培育毒素少的品种，也是一种有效的方法。

三、饲料的农药污染

1. 有机氯农药

这类农药易溶于脂肪和有机溶剂，化学性质稳定，可在农作物中残留，在动物体内有积蓄作用。有机氯化物为神经毒，因其在体内有积蓄作用，排泄很慢，故可致慢性中毒，对神经组织、肾、肝及心脏起毒害作用，还可以通过畜产品转移到人体内，危害人的健康。有机氯农药还有致癌、致突变作用。

2. 有机磷农药

这类农药药效高，残留期短，对人的毒性相对较低。在水中分解缓慢，可蓄积在淤泥和水生动植物体内。有机磷农药的污染引起南江黄羊中毒的主要途径是通过消化道。南江黄羊采食、误食喷洒农药不久的农作物、牧草、蔬菜，都会引起中毒。有机磷农药进入南江黄羊体内，分布到全身各器官、组织，与胆碱酯酶结合成为磷酰化胆碱酯酶，抑制胆碱酶的活性。病南江黄羊可出现中枢神经症状，严重的发生死亡。

3. 除莠剂

这类化合物对各种动物均是高毒性的，南江黄羊采食被喷雾过的牧草可引起中毒。中毒的主要表现为呼吸困难，酸中毒，心动加速和痉挛，继而昏迷死亡。

4. 预防农药污染和中毒

南江黄羊接触农药的途径是多种多样的，大致有 3 种：第一种是通过饲喂被污染的饲料饲草。此外，饲料在运输、储藏过程中接触到农药也常引起家畜中毒。第二种是对南江黄羊直接使用杀虫剂和驱虫剂。第三种是羊舍处理及污染。

农药是现代农业的必不可少的组成部分，若不使用农药，农作物将要发生大的减产。今后，农药还要使用。所以，必须采取综合措施才能有效地防止农药中毒。

随着科学技术的进步，某些对人畜有严重毒害作用的农药应停止使用，非化学防止虫害的技术也在加速发展和广泛应用。与农业生产配合，采用综合措施预防农药对南江黄羊生产危害才是根本的出路。

四、饲料中的真菌毒素

近年来已从玉米、小麦、大米、大豆粉、花生、棉籽、糠麸等家畜饲料中分离出许多产生毒素的霉菌，已知真菌毒素有 150 种，特别是黄曲霉毒素。这些毒素可侵害肝脏、肾脏、大脑和神经系统，产生肝硬化、肝炎、肝癌、肾炎、神经系统严重出血等症状，主要的真菌毒素分类见表 5-5。

表 5-5　主要的真菌素分类表

毒素种类	毒素名称	主要产毒真菌	毒性及中毒症
肝脏毒	黄曲霉毒素（B_1、B_2、G_1、G_2、M_1、M_2）	黄曲霉寄生曲霉	人：急性肝炎、Reye 症、Udron 脑病 动物：肝硬化、肝癌
	杂色曲霉素	杂色曲霉 构巢曲霉	动物：肝癌、肺癌
	赭曲霉毒素 A	赭曲霉	动物：肝癌
	黄天精 环氯素 岛青霉素	岛青毒	大白鼠：肝硬化、肝癌 人："黄变米"中毒
	红青霉毒素	红青霉	动物：急性肝炎、脏器出血、狗 X 肝炎
	灰黄霉素	灰黄霉	动物：肝癌
肾脏毒	枯青霉素	枯青毒	"黄变米"中毒、肾中毒
	赭曲霉毒素 A	赭曲霉	肾病、肾癌、人巴尔干肾炎
神经毒	黄绿青霉素	黄绿青霉	上行性神经麻痹、心脏型脚气病
	展青霉素	展青霉	牛中毒、牛 X 病
	麦芽料曲霉素	米曲霉小孢变种	麦芽中毒病
造血组织毒	拟枝孢镰刀菌毒素	梨孢镰刀菌	食物中毒性白细胞缺乏症
	雪腐镰刀菌烯醇	雪腐镰刀菌	造血障碍（牛、马）
	葡萄穗霉毒素	黑葡萄穗霉	葡萄糖霉毒素中毒症
光过敏性皮炎毒	孢子素	纸皮思毒	光过敏性皮炎（牛羊）
	菌核病核盘霉毒素	菌核病核盘霉	光过敏性皮炎（人畜）
生殖毒	玉米木霉烯酮（F-2）	三线镰刀菌 禾谷镰刀菌	流产、不孕

五、仓库害虫的污染

饲料在仓库储存时，常会遭受鸟、鼠、昆虫和螨类的危害，它们不仅直接造成饲料的巨大损失，同时也会引起饲料的霉变以及被粪尿等排泄物污染，使饲料变质，营养价值降低，有时还会使南江黄羊发生中毒，引起死亡。

危害饲料的螨类主要是粉螨，常见的有腐食络螨、粗脚粉螨等到 10 余种。用感染螨类的生料饲喂南江黄羊，可干扰其内脏血管的正常功能，使生殖机能衰退，繁殖率下降，也可引起维生素 A、D 缺乏症。

为减少仓库害虫的危害和污染饲料，要求仓库装窗纱，防止鸟类飞入库内。同时，定期灭鼠和杀灭虫害，保持通风、干燥、定期翻晒。对于仓储的饲料要定期取样抽检，已被污染的饲料不能用于饲喂南江黄羊。

六、饲料中的混杂物

在饲料收获、运输、加工等过程中，可能混入泥沙、铁钉、铁屑等异物，均会引起南江黄羊的消化机能失调。含泥沙过多的饲料容易在储存中发生霉变，在饲喂时会增加羊舍中的灰尘，造成不良影响。

饲料中的金属、碎玻璃等容易造成南江黄羊消化道创伤，有时甚至穿透胃壁和隔膜，引起创伤性内出血或心包炎。在加工过程中应特别注意除去金属碎片等混杂物。

项目二　高效饲养管理技术

任务一　成年羊的饲养管理

一、南江黄羊种公羊的饲养管理

南江黄羊种公羊应常年保持结实健壮的体质，达到中等以上种用体况，并具有旺盛的性欲、良好的配种能力和能够用于输精的精液品质。要达到这个目的，第一，必须保证饲料的多样性，尽可能提供青绿多汁饲料，全年均衡地供给，在枯草期较长的地区，应准备充足的青贮饲料。同时，注意补充矿物质和维生素。第二，即使在非配种期，也不能单一饲喂粗料，必须补饲一定的混合精料。第三，必须有适度的放牧和运动时间，防止过肥影响配种。

1. 非配种期的饲养管理要点

非配种期的前期以恢复种用体况为重点，因为配种结束后南江黄羊种羊的体况都有不同程度的下降。体况恢复后，再逐渐转为非配种期日粮。在冬季，混合精料的用量不低于 0.5 kg，优质干草 2 ~ 3 kg。

采用高效繁殖生产新体系，南江黄羊公羊的利用率也将提高。因此，南江黄羊种公羊的全年均衡饲养十分重要。配种前的南江黄羊公羊体重比进入配种期时要高 10% ~ 15%。

2. 配种期的管理要点

南江黄羊种公羊在配种期消耗营养和体力最大，日粮要求营养丰富全面，容积小且多样化、易消化、适口性好，特别要求蛋白质、维生素和矿物质的充分满足，应根据南江黄羊公羊的体况和精液品质及时调整日粮或增加运动量。在配种期，体重 80 ~ 90 kg 的南江黄羊种公羊每日需饲喂：混合精料 1.2 ~ 1.4 kg，苜蓿干草或其他优质干草 2 kg，胡萝卜 0.5 ~ 1.5 kg，食盐 15 ~ 20 g，骨粉 5 ~ 10 g，血粉或鱼粉 5 g。每日的饲草分 2 ~ 3 次供给，充足饮水，放牧及运动时间不低于 6 h。

南江黄羊种公羊的管理还应注意：平时一定要将南江黄羊种公羊和南江黄羊母羊分群饲养。夏季天气炎热时应给南江黄羊种公羊创造凉爽的环境条件，需要时可提前剪毛。日粮应注意补钙，钙、磷比不低于 2.25 : 1，防止尿结石。

南江黄羊种公羊的每日每周采精次数应根据南江黄羊的年龄、体况和种用价值确定，一般每天不超过 3 次，不要连续采精。

二、南江黄羊母羊的饲养管理

1. 空怀期的饲养管理要点

南江黄羊母羊的配种繁殖季节因品种、地区及气候条件不同有很大差异。北方牧区，自然发情多集中在 9—11 月份，南方则多集中在晚春和秋季（4—5 月份，9—11 月份），有些南江黄羊母羊可常年表现发情。因此，空怀期南江黄羊母羊的饲养目标是抓膘复壮，为日后的发情和妊娠储备营养。配种前的饲养，对提高南江黄羊母羊的繁殖性能至关重要，尤其在配种前 1 ~ 1.5 个月中。据报道，配种前每提高 1 kg 活重，南江黄羊母羊的双羔率可提高 2%。

2. 妊娠前期的饲养管理要点

妊娠前期（妊娠的前 3 个月）因胎儿发育较缓慢，营养需要与空怀期大致相同，但应补喂一定量的优质蛋白质饲料，以满足胎儿生长发育和组织器官对蛋白质的需要。初配南江黄羊母羊此阶段的营养水平应略高于成年南江黄羊母羊。日粮的精料比例为 5% ~ 10%。

3. 妊娠后期的饲养管理要点

在妊娠后期的 2 个月中，胎儿生长发育很快，90% 的初生重是在此期形成的。妊娠后期，因南江黄羊母羊腹腔容积有限，对饲料干物质的采食量相对减少，饲喂饲料体积过大或水分含量过高的日粮均不能满足其营养需要。因此，对妊娠后期的南江黄羊母羊而言，除提高日粮的营养水平外，还应考虑日粮中的饲料种类，增加精料的比例。在妊娠前期的基础上，后期的能量和可消化蛋白质应分别提高 20% ~ 30% 和 40% ~ 60%，钙：磷比增加 1 ~ 2 倍（钙：磷为 2.25 : 1）。产前 8 周，日粮的精料比例提高到 20%；6 周为 25% ~ 30%；产前 1 周，适当减少精料比例，以免胎儿体重过大造成难产。

妊娠后期的南江黄羊母羊管理，应围绕保胎考虑，做到细心、周到。进出圈舍、放牧时要控制南江黄羊羊群，避免拥挤或急速驱赶；饮水时防止拥挤或滑倒，饮水温度应在 10 °C 以上；增加舍外运动时间。工厂化管理时，应将妊娠后期的南江黄羊母羊从大群中分出，另组一群。产前 1 周，夜间应将南江黄羊母羊放入待产圈中饲养和护理。

4. 哺乳前期的饲养管理要点

产羔后，南江黄羊母羊泌乳量逐渐上升，在 4 ~ 6 周内达到高峰，10 周后逐渐下降。随着南江黄羊母羊泌乳量的增加和哺乳羔羊的需要，应特别加强对泌乳前期南江黄羊母羊的饲养管理。

为满足羔羊生长发育对养分的需要，应根据带羔的多少和泌乳量的高低，加强母羊的补饲，每天补喂混合饲料 0.3 ~ 0.5 kg，带双羔或多羔的母羊，每天补饲 1.0 ~ 1.5 kg。对膘情体况好的母羊，产羔的 1 ~ 3 d 内不补喂精料，以免造成消化不良或发生乳房炎。为调节母羊的消化机能，促进恶露排出，可喂少量轻泻性饲料，如在温水中加入少量麸皮。产羔 3 d 后，给母羊喂一些优质青干草和青贮多汁饲料，可促进母羊的泌乳机能。

5. 哺乳后期的饲养管理要点

哺乳后期的 2 个月，南江黄羊母羊泌乳量开始下降，即使再加强补饲，也很难维持妊娠前期的水平。此期，羔羊单靠母乳已不能满足其生长需要，这个时期羔羊的胃肠道功能已趋完善，可以利用饲料草料，对母乳的依赖性减少。因此，要采取羔羊培育的措施，使羔羊及早断奶，以利于母羊的下一个配种期的繁殖。在工厂化南江黄羊高效生产体系中，羔羊早期断奶和母羊的产后早期配种是提高南江黄羊母羊繁殖频率的重要基础，断奶越早，母羊进入正常繁殖的时间也就越早，受胎率也会较高。

三、育成南江黄羊的饲养管理

育成南江黄羊是指断奶至第一次配种这一年龄段的幼龄南江黄羊。断奶后 3 ~ 4 个月，生长发育快，增重强度大，对饲养条件要求高。8 月龄后，南江黄羊生长发育强度逐渐下降。

1. 育成前期的饲养管理要点

在这个时期，尤其是刚断奶的羔羊，生长发育快，瘤胃容积有限且机能不完善，对粗饲料的利用能力较差。因此，此时期南江黄羊的日粮应以精料为主，并能补给优质干草和青绿多汁饲料，日粮的粗纤维含量不超过 15% ~ 20%。

2. 育成后期的饲养管理要点

此时期南江黄羊的瘤胃机能基本完善，可以采食大量的牧草和青贮、微贮秸秆。日粮中粗饲料比例可增加到 25% ~ 30%，同时还必须添加精饲料或优质青贮、干草。

育成期南江黄羊的管理，直接影响到南江黄羊的提早繁殖，必须予以重视。母羔羊 6 月龄体重能达到 40 kg，8 月龄就可以达到配种。实现当年母羔 80% 参加当年配种繁殖，育成期的饲养至关重要。

任务二　南江黄羊的非常规饲养技术

在我国牧区，羊群经常遭受冬季的风雪寒流和草原干旱的侵袭，造成养羊业较大的损失，抗灾保畜是南江黄羊生产的重要工作。因此，建立非常规饲养技术体系十分必要。

一、抗灾保畜，减少灾害损失

抗灾保畜是发展草原畜牧业的重要工作。夏季干旱炎热，冬季严寒多风雪，对牧区南江黄羊生产危害最大的主要季节正是在冬春季。南江黄羊“夏饱，秋肥，冬瘦，春死”的变化，反映了草原畜牧业受自然条件约束的程度，为“靠天养羊”，这种格局年年出现；以工厂化高效生产南江黄羊，人为控制饲草和条件，就可以抗御自然灾害。

加强管理，精心放牧，抓好羊膘是羊群安全度冬春的前提；建设棚圈、抓紧草料储备是基础；统筹计划，提早补饲，按南江黄羊体况评分合理安排放牧与补饲，是抗灾保畜的关键。

二、南江黄羊的体况评分

体况评分是一项简易实用的技术，它可以指导牧区南江黄羊生产的合理补饲与减少灾害损失。通过按摩腰椎部的肌肉丰满程度和脂肪覆盖程度，进行评分。

1. 按摸步骤（图 5-1）

① 用拇指和食指横按后躯，评定肌肉和脂肪层的丰满程度；② 用食指尖按后躯中央最后一根肋骨和腰角方棘突的突起情况；③ 五指并拢，触摸兼横突端的突起情况。

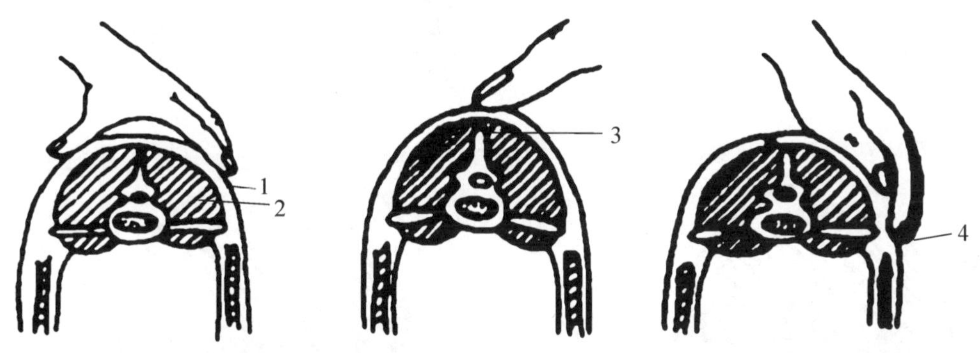

图 5-1 体况评分操作过程

1—脂肪层；2—肌肉；3—棘突；4—横突

2. 体况评分（图 5-2、图 5-3）

0 分：极度瘦弱，无神，骨骼（脊椎骨、肩胛骨和肋骨）外露凸出。肌肉组织塌陷明显，拱背，离群。

1 分：极度瘦弱，行动正常。骨骼凸出，无脂肪覆盖，肌肉组织下陷不明显，能跟上羊群，不离群。

2 分：偏瘦，健康正常，行动有力。肌肉组织外部常无下陷。骨骼突出不显，已有平整感，背、臂、肋骨处有少量脂肪覆盖。

3 分：健壮，肩、前肋、背、尾根处开始有脂肪沉积，腰角仍可见。

4 分：全身外观圆隆，肩、背、臂、前肋处有中量脂肪沉积，腰角不显，前胸和尾根周围有脂肪沉积，硬实。

5 分：过肥，肩、背、臂、前肋处脂肪多，容易感觉到。前胸、肋、尾根处有大量脂肪，硬实感差，行动少，不爱移动。

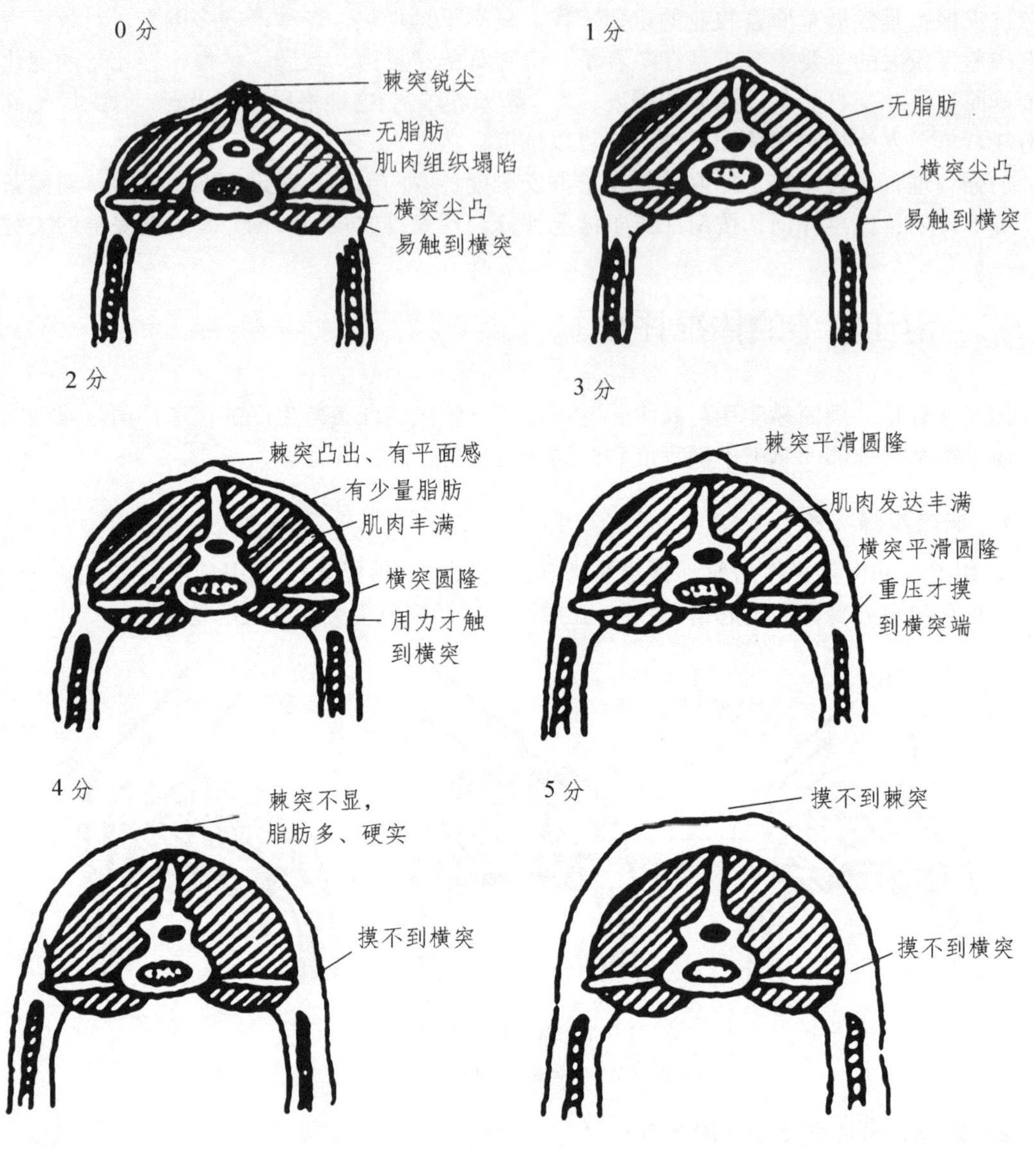

图 5-2 体况评分

评分时，除上述文字描述外，仍须结合的图 5-2 棘突、横突等按摸状况综合评定。体况评分还可与各地各品种的南江黄羊体重标准相配合，以准确判定南江黄羊的体况。

南江黄羊母羊的体况评分，不是越高越好，要依生产需要而定。配种期，0 分和 1 分体况的南江黄羊母羊一般不发情，即使配上多半也会流产。评分后应按评分的状况将南江黄羊母羊分开，设法将体况评分提高到 2 分或 3 分水平。4 分和 5 分的南江黄羊母羊偏肥，不符合产羔和配种的体况。理想的南江黄羊母羊体况评分是：配种时期 3 分，产羔时期 3.5 分，哺乳后期 2.5 分以上。

评　分	示意图	脂肪分布	外　观
1		无脂肪	瘦
2		无脂肪	
3		有少量脂肪	正常
4		有较多脂肪	肥
5	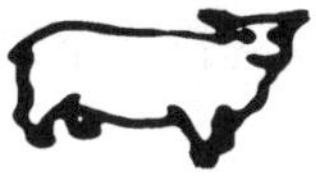	脂肪层厚， 尾部脂肪多	

图 5-3　体况 1 ~ 5 分的绵羊外观

三、补饲时间

依体况评分和标准体重情况，在南江黄羊体重下降到最低限度之前开始。低于这个限度时，即使增加饲喂量，也免不了羊群发生死亡。补饲的时间不能太迟，否则会出现“早补腿，晚补嘴”现象。

四、补饲方法

1. 冬季抗灾保畜饲养目标

冬季抗灾保畜的目标是保全羊群，减少损失，而不是提高羊群的生产性能。也就是说，只是为了保命。补饲的标准一般以空怀南江黄羊母羊需要的补饲量为基准折算系数。

空胎南江黄羊母羊　1.0
妊娠后期南江黄羊母羊流产前 2 个月　1.3
临产南江黄羊母羊　1.6
产后 1 个月哺乳羊母羊：
精料日粮　3.2
干草日粮　2.8
精料 + 混合日粮（30% 精料 + 70% 干草）　2.5
产后 1 ~ 3 个月哺乳羊母羊：
精料日粮　2.3
干草日粮　2.0
混合日粮（30% 精料 + 干草）　1.8

2. 饲料种类的选择

抗灾保畜的饲料种类以减缓体重下降速度为主要目的，能量高的饲料是首选的补饲饲料。精料过多或单一精料会造成瘤胃梗塞，食欲减退。饲喂时，应有一个适应过程，开始时量宜少，与干草或其他饲料混喂，逐渐加大，以个体活重不低于最低限度为宜。日粮中蛋白质饲料的补充量不宜低于 5%，当年羔羊 10%，妊娠南江黄羊母羊 7%。

3. 补饲方法

尽可能适应抗灾保畜的现实条件，如羊群瘦乏、草场有限、草料储备不足、气候恶劣、人力、运输等限制因素，可采用如下方法：

保证重点：先满足种羊、妊娠母羊、哺乳母羊和育种群的后备母羊。

按需补饲：将羊群按大小、强弱、体重、品种重新分组，按需要合理补饲。

优秀羊和瘦羊重点补饲：对特别瘦弱的南江黄羊和优秀高产个体，单独饲喂，提前补饲。不同类型南江黄羊的补饲方法见表 5-6。

表 5-6 抗灾保畜时的绵羊补饲方法

类　别	补饲次数	饲料组成	粗蛋白质需要量/%	备　注
空胎母羊和羯羊	每周 1～2 次	精料与干草	6	
妊娠母羊	隔 2 天 1 次	精料与优质干草	8～10	妊娠后期酌情增加精料量
哺乳母羊	隔天 1 次	精料与优质干草	10～12	产后 2～3 周酌情增加精料量
当年羔羊	隔天 1 次	精料与干草各半，加蛋白质饲料	10	

4. 补喂口服补盐液

口服补盐液是 WHO（世界卫生组织）推荐的人用口服补盐液，用于治疗瘦乏南江黄羊、羔羊腹泻和运输应激等具有显著效果。可以用羊速效增重剂按 1：35 比例配成饮水，每日每千克活重 30～50 mL，任南江黄羊自由饮水。不能自饮的可人工灌服，每天 1～2 次饮用，连用 5～10 d，同时补饲草料。

任务三　南江黄羊的生产管理技术

生产管理是工厂化高效南江黄羊生产体系中一个重要的管理环节。对各类南江黄羊实行精细的管理，既有利于羊群的高效生产，也有利于生产管理，同时，它也是计算机管理的基础。因此，必须重视南江黄羊的日常生产管理。生产管理一般包括编号、驾驭、断尾、去势、剪毛、抓绒、挤奶、修蹄和药浴等环节。

一、编　号

给羊只编号是育种和生产中不可缺少的一项技术工作，也是生产管理和经营管理的需要。羔羊出生一周后即可编号，首先可以用剪号钳在羊耳朵上剪下永久号缺。如要将羊只出生日期及父、母号同时编入，需佩戴金属或塑料耳标。编号的方法有耳标、墨刺字、剪耳和烙角等。

1. 耳标法

耳标由铝片或塑料做成。固定在南江黄羊耳上的标牌，有圆形、长方形 2 种，见图 5-4。圆形耳际比较牢固，但由于数字较小不容易看清；长方形耳标容易看清，但在多灌木的地区放牧容易被挂掉。耳标用来记载南江黄羊的个体号、品种及出生年龄。用特制的钢字钉把需要的号数打在铝耳标上或用记号笔写在塑料耳标上，见图 5-5。一般是第一号数表示年龄，取该南江黄羊出生年龄的最末 1 位数，其次是南江黄羊品种代号，再次为群号、个体号。

安插耳标要选在蚊蝇未起的季节进行，避免发炎感染。具体方法是将编好的耳标经消毒后，用耳标钳将耳标固定在耳基下部．要尽量避开血管，一般采用公羊编单号，母羊编双号，也可不分公母混合编号。要 1 年 1 编，不要逐年累计。

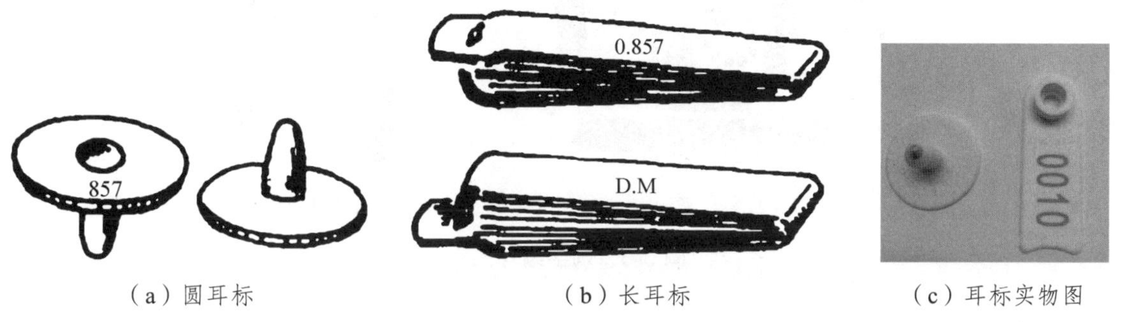

（a）圆耳标　　（b）长耳标　　（c）耳标实物图

图 5-4　耳标图

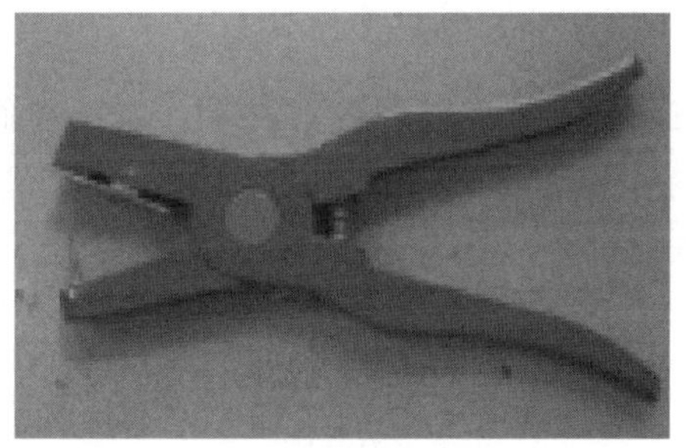

图 5-5　耳标钳

2. 剪耳法

在没耳标时，可用消过毒的剪耳钳在羊的两耳上剪缺刻作为羊的个体号。根据缺刻的不同部位来认别等级及耳号，作等级标记和个体编号，见图 5-5。以面对羊的人左侧为羊的右侧，人的右侧为羊的左侧，以羊耳朵的横中线为中点，分上、小、下 3 部分。其规定是：右耳上缘的上方剪口为 1；正中点剪口为 2；右耳下缘的上方为 3；正中点剪口为 6；下方剪口为 9；左耳上缘的上方剪口为 10；正中点剪口为 20；左耳下缘的上方为 30；正小点为 60；下方为 90；

右耳尖端剪口为 100;左耳尖端剪口为 200;右耳中间打一个洞为 400;左耳中间打一个洞为 800。

实践中，剪耳编号常常容易把号数读错，可用以下歌诀助记：人左羊右尖 100，上 1 下 3 洞 400；人右羊左尖 200，上 10 下 30 洞 800。

3. 墨刺法

将号码用专用墨刺钳（上边有针制的字钉，可随意置换）蘸墨汁把号码打在羊耳朵里边，见图 5-6。这种方法简便经济，而且无掉号的危险。但有缺点：常常字迹模糊，无法辨认。若与耳标法同时使用更好，当耳标丢失后，可以墨刺号为依据再行补耳标。

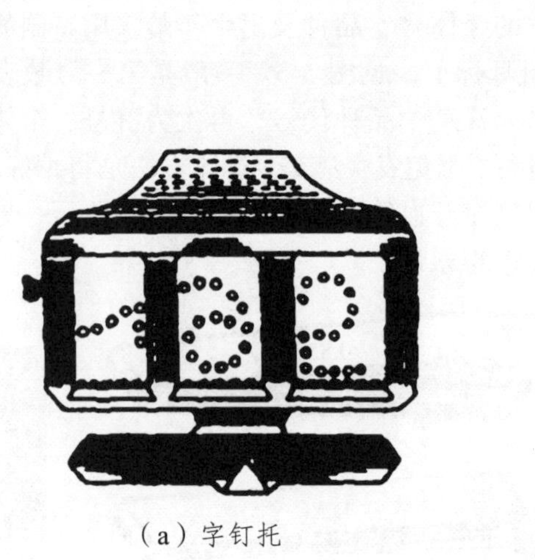

（a）字钉托

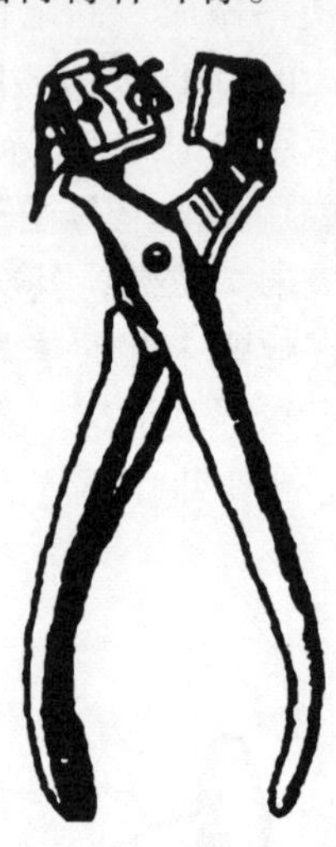

（b）刺字钳

图 5-6　刺字编号工具

二、羊的驾驭

驾驭羊时应抓住羊的左右两肷窝的皮或后肢飞节以上部分。除此两部位处，其他部位不能随意乱抓，以免损伤羊体。

1. 捉　羊

捉羊的方法不当，会把羊毛揪掉或造成刨伤。捉羊要先静静地走到羊后面，用一只手迅速抓住羊的后肋或后腿飞节上部。除抓这些部位外，抓其他部位都会对羊造成伤害。捉羊不要惊群，如羊群惊跑，可先把羊群轰赶到一个角落里，趁羊群密集拥挤时，迅速抓住要捉的羊。

2. 导羊前进

在生产中，往往需要羊有短距离的移动，导羊到适当的地点。南江黄羊的性情很犟，不能强拉硬拽，尽量顺其自然前进。导羊人可用一手扶在南江黄羊的颈下，以便左右其前进方向，另一手轻轻搔动尾根，羊即能自动前进。另一种方法是人站在羊左侧，右手抓住羊的有后肢高举，使羊后躯不着地并用力向前推，左手夹住颈上部掌握方向，这样羊无力反抗也就自动前进了，不能扳住羊角或头硬拉。喂过料的南江黄羊，可用料逗引前进。

3. 保　定

有许多工作需要把羊保定好才能进行。如果保定方法不当，羊挣扎乱动，勉强进行，易出差错。保定方法一种是把羊捉住后，用两腿夹住羊的颈部，并用双膝盖紧紧顶住被保定羊的肩部，使其不能前进和后退。另—种方法是人站在羊的左侧，以左手挟住羊的颌下，右手把住臀部，使羊靠住保定人的腿部，羊就不能动了。也可以用人工授精架进行保定，或用四柱栏等专用设施保定。

4. 抱　羊

小羊戴耳标、哺乳、断尾等往往需要保定，抱羊时，人站在羊的左侧，先用左手由两前腿中间伸进托住羔羊胸部及外肋部，右手先抓住右侧后路飞节，把羊抱起时再用胳膊由后外例把羊搂紧，这样抱起来既有力也省劲，羊又不乱动。

5. 倒　羊

倒羊时，人站在羊的左侧，左手由颈下伸入右边，按在羊的右肩端上，右手从腹下向两后肢间插入紧握羊右后肢飞节上端，用力向前里侧拉，同时左手高擎羊颈向后侧压，羊即自动坐下而卧倒。也有的站在羊的左侧，用左手握住羊的左前肢腕关节以上处，用右手握住左后肢飞节以上处，用力将羊提起，放倒在地。倒羊的方法较多，无论用何种方法，倒羊时，都要轻、稳，以保证羊的安全为原则，以免发生意外事故。

三、羊的运输

1. 运输时间

从北方往南方运输羊的适宜时间是 10 月至次年 2 月。3—9 月运羊，羊易伤亡。因为 3—6 月的羊体瘦弱，7—9 月炎热多雨，而 9 月份以后雨水减少，天高气爽，是羊抓膘的好季节。从南方往北方运输种羊，最好在 3—6 月，运到后经过一个青草期进入冬季，有较长的适应时间。

2. 运输工具

从长途羊运输的经验看，汽车运羊优于火车. 既省时又省费。汽车运羊还可随时停车检查和饲喂。若是短途运羊，则汽车运羊更显示出其灵活、快捷的优点。

3. 运输准备

接运前，必须做好羊的检疫工作。引进的种羊均应健康，无布氏杆菌病、结核病、副结核病、传染性胸膜炎、口蹄疫、炭疽病和疥癣病等。同时，在起运前还要给种羊作免疫注射，要有检疫证明及陆路通行证明，否则将一路被拦、罚款，麻烦事多。用汽车运羊，一定要把车厢周围的护栏加高加固，以免羊在运输中伤亡。若用汽车双层运羊，则夹层一定要坚固，防止夹层因承受不住上面羊的重量和汽车在道路上的颠簸，压坏夹层而砸伤羊。起运前，应根据沿途经过地区的饲料和供水情况，备足饲草饲料和饮水设备。平均每头南江黄羊需 2.5 ~ 3 kg 干草（含垫草）。在冬季或寒冷地区运输羊时，还需备用篷布，此外，要准备手电等照明设备。要根据羊的品种和数量备足所需车辆。上车前，要给羊喂 1 次食，并饮足水。

4. 运输管理

运输途中要掌握“先慢后快常停车”的原则。防止由于惯性或颠簸挤倒羊而发生踩伤或踩死羊的事故。待别是上山、下山、急刹车时羊不习惯，容易被踩倒，必须经常检查，把挤倒或趴下的羊拉起来。运输途中要掌握羊被挤倒的规律。天黑以后停车要有人照看车上的羊、防止丢失。运输途中要经常让羊饮水，喂的饲料要精，精饲料、青绿多汁饲料、干粗饲料要相互搭配，这样既可用来充饥，又可解渴。喂饲料时，最好少喂勤添，增加饲喂次数。

5. 购进管理

羊到达目的地卸车时，如无站台应搭跳板，不要让羊直接跳下。下车时用草引导羊慢慢下，这样不致伤羊。将羊卸车后，需驱赶至目的地时，要边走边放。羊到目的地后，要适当休息，然后饮水饲喂。远途运输的羊很渴时，不可让羊饮水过量。以免引起伤水或水中毒。在所饮水中可放一些解毒、清热的中药，或消炎的西药，如高锰酸钾、土霉素等，让羊随水饮进。一般长途运羊，到目的地 3 d 后羊体才有所恢复，采食量才开始有所增加，所以前 10 d 应饲喂优质干草，任羊自由采食，精料量由少到多逐渐增加，切忌头 10 d 精料过多。羊运回后最好先舍饲或就近放牧，不要远牧。刚运回的羊，不要立即和本地羊混群，需隔离观察约 1 个月，待确定无传染病后方可与本地羊混群饲养。羊数量多时，最好单独组群，分圈饲养。

四、断　尾

为了便于配种，预防因拂尾玷污后躯及体侧的毛被，常进行断尾。断尾一般在羔羊出生后 1 ~ 3 周内进行。

1. 热断法（烧烙断尾法）

断尾用具为断尾铲或断尾钳和两块木板。断尾铲铲头长 10 cm、宽 6 cm、厚 1 ~ 1.5 cm，上有长柄并装有木把。两块木板长 30 cm、宽 20 cm、厚 3 cm 的木板，两面包上铁皮，其中一块的一端挖一个半径 2 ~ 3 cm 的半圆形缺口。断尾时，一人骑坐在条凳上，将末挖半圆形缺口的木板、铁皮向上放于木凳上，取要断尾的羔羊，形似去势羔羊的方法进行保定。另一人取另一块木板，铁皮向外（防护睾丸或外阴部不被烫伤），半月形铁口压住羔羊尾根部，压前将尾部皮肤向上搂，然后将烧至暗红色的断尾铲轻轻用力，至 3 ~ 4 尾椎间将尾切断。断尾后将皮肤恢复原位包住创口，创面用 5%碘酊消毒即可。断尾后 1 ~ 2 日出现肿胀，属正常现象。

2. 结扎法

用橡皮筋在尾巴根部位置，公羔 2 ~ 3 尾椎、母羔 3 ~ 4 尾椎之间紧紧扎住，阻断血液流通。经 10 ~ 15 d 尾巴自行萎缩脱落。此法简单易行，不出血，不感染，值得推广。

3. 快刀断尾

先将尾巴皮肤向尾根部推，再用细绳捆住尾根，阻断血液流通，然后用快刀至距尾根 4 ~ 5 cm 处切断。上午断尾的羔羊，当天下午能解开细绳，恢复血液流通，1 周后可痊愈。

五、去　角

羔羊去角是南江黄羊饲养管理的重要环节。南江黄羊有角容易发生创伤，不便于管理，南江黄羊公羊还会伤人。因此，采用人工去角十分必要。羔羊去角一般在生后 7 ~ 10 d 内进行。去角时，先将角蕾部分的毛剪掉，剪的面积要稍大一些（直径约 3 cm）。去角的方法主要有 2 种。

1. 烧烙法

将烙铁于炭火中烧至暗红色后，对保定好的羔羊的角基部进行烧烙，次数可多一些，但每次不超过 10 s。当表层皮肤破坏，并伤及角原组织后可结束，对术部应进行消毒。

2. 化学去角法

用棒状氢氧化钠在角基部摩擦，破坏其皮肤和角原组织。术前应在角基部周围涂抹一圈医用凡士林，防止碱液损伤其他部分的皮肤。操作时先重后轻，将表皮擦至血液浸出即可。摩擦面积要稍大于角基部。由南江黄羊母羊哺乳的羔羊，半天内不要喂奶，以防碱液污染南江黄羊母羊乳房而造成损伤。去角后，可给伤口上撒上少量的消炎粉。

六、羔羊去势

不宜作种用的公羔羊要进行去势，去势时间一般为 1 ~ 2 月龄。去势的方法有阉割法、结扎法和不完全去势法。

1. 阉割法

阉割法就是使用阉割刀切开阴囊皮肤及纵膈，摘除两只睾丸的方法。手术应在晴天进行，以利于创口愈合。手术时需两人配合操作。保定者用手提起羔羊两后肢，再用双腿夹住羔羊前身。术者将阴囊外部用 5% 碘酒消毒后，左手握住阴囊上方，固定睾丸，右手持消毒过的阉割刀，在阴囊底部作一个 2 cm 左右与纵隔平行的切口，挤出睾丸，并钝性刮断精索，然后切开睾丸纵隔，摘除另一只睾丸。最后在阴囊内撒 20 万 ~ 30 万单位青霉素，将阴囊切口对齐并用碘酒消毒即可。去势后每隔 2 ~ 3 h 驱赶羊只 1 次，让其活动活动，且保持羊舍干燥卫生，防止羊只卧休在肮脏的地方感染创口。术后遇见阴囊肿胀时，要用力挤出血水，再涂上碘酒或消炎粉。

2. 结扎法

结扎法去势的原理与结扎断尾相同。当南江黄羊公羊 7 周龄时，将睾丸挤在阴囊里，用去势夹（图 5-7）或橡皮筋紧紧勒住阴囊的上方，使得睾丸和阴囊的血液循环受阻，约经 14 d，阴囊和睾丸萎缩后脱落。结扎的第 1 ~ 2 d 羔羊疼痛不安，甚至拒食，以后会逐渐适应。此法简单易行，值得推广。

图 5-7 去势夹

3. 不完全去势法

该法是除去睾丸产生精子的机制而保留其内分泌机能，适于 1 ~ 2 月龄羔羊。术者一手握住睾丸，一手用无菌的解剖刀纵向刺入已用 5% 碘酊消毒过的阴囊外侧中间 1/3 处，刺入的深度视睾丸大小，在 0.5 ~ 1.0 cm 之间。解剖刀刺入后随手扭转 90° ~ 135°，然后通过刀口将睾丸的髓质部分用手慢慢挤出，而附睾、睾丸膜和部分间质仍留在阴囊内。捏挤时不要用力过猛，防止阴囊内膜破裂，同时固定睾丸和阴囊的手不可放松，以免刀口各层组织错位。睾丸头端的髓质要尽量全部挤出，否则会影响去势效果。一侧手术后，同法施行另一侧。

七、母羊去势方法

淘汰母山羊经去势后育肥，其生长速度、肉的品质、板皮质量及饲料转化率与去势公羊没有显著差异，但与非去势母羊相比，差异则十分显著。母羊去势方法可采用“大挑花”手术去势法。

术前对处于休情期无种用价值的母羊禁饲 8 ~ 12 h，并备好手术用品。术时助手对母羊采用右侧卧保定，羊背部对着术者。术者一只脚踩住羊的颈部，另一只脚踩住羊尾，助手将羊的两后肢向后拉直即可。术部位于髋结节前端 2 ~ 3 指向斜下方 3 ~ 4 cm 处。术部常规消毒，用“大挑花”刀作一个长约 2 ~ 3 cm 的直切口，切开皮肤到腹膜时用刀柄作钝性分离，扩大切口，伸进食指，正对肷窝方向深入触摸卵巢和子宫角。当手指摸到卵巢时，将卵巢基部及输卵管钩紧，在腹外拇指配合下，将卵巢沿腹壁移向切口附近，用柄钩把左侧卵巢取出。再用手指伸入直肠下方到右侧探摸右侧卵巢，同法钩出，分别结扎或不结扎卵巢基部而作完整切除。子宫复位后，缝合腹膜和肌肉，然后结节缝合皮肤，术部消毒后将羊置于清洁干燥羊舍中。术后 1 ~ 2 d 适当减饲，并喂给易消化而富有营养的饲料。

八、修　蹄

南江黄羊的蹄形不正，蹄壳过长，会影响放牧或发生蹄病。因此，修蹄是重要的羊保健工作内容，对舍饲南江黄羊羊尤为重要。

修蹄应在雨后或修蹄前让南江黄羊在潮湿的地面上活动 4 h，当蹄质变软时进行。修蹄的工具主要有蹄刀和蹄剪。修蹄时，先将过长的蹄壳剪去，然后用修蹄弯刀将蹄底的边缘修整到和蹄底一样整齐。修蹄时要细心，慢慢地一薄层一薄层地往下削，不要一刀削得过多，以免修剪时引起出血。若有时出血，可用烧烙止血或压迫止血法止血（图 5-8）。

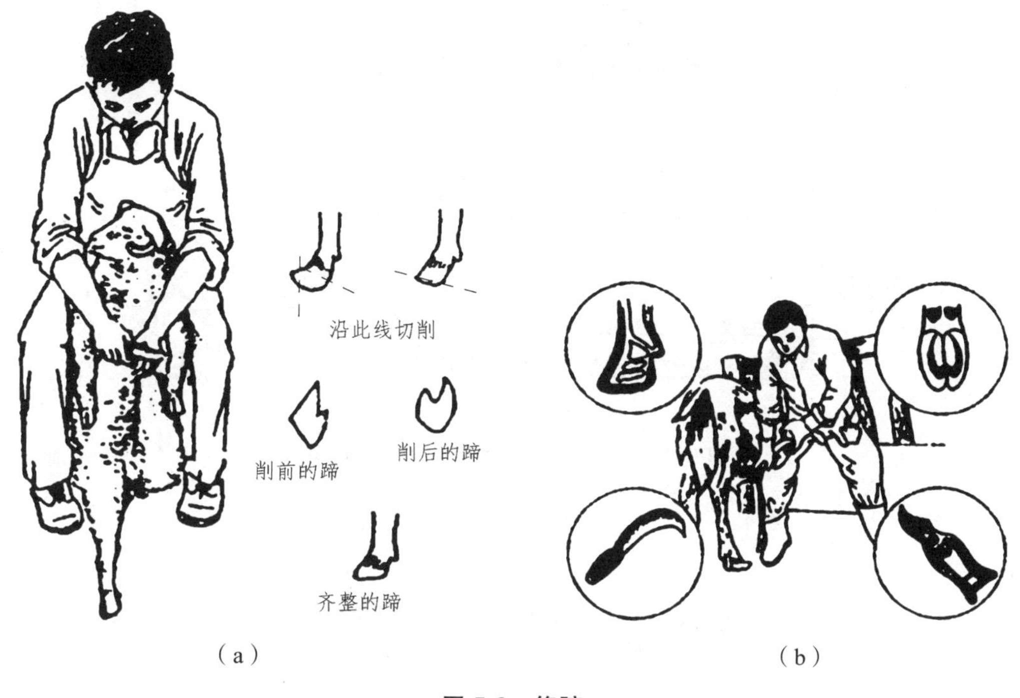

图 5-8 修蹄

九、刷 拭

对南江黄羊进行刷拭，能促进血液循环，提高母羊产奶量。刷拭每天 1 ~ 2 次，最好用硬草或鬃刷，不可用铁篦去刷。

十、药 浴

定期药浴是南江黄羊饲养管理的重要环节。药浴应选择晴朗天气，药浴前停止放牧半天，并充分饮水。

药浴池的修建如图 5-9 ~ 图 5-12。目前，国内外正在推广喷雾法药浴。

为保证药浴安全有效，应先用少量南江黄羊进行试验，确认不会中毒时，再进行大批药浴。在使用新药时，更要慎重。

南江黄羊药浴时，要保证全身各部位均要洗到，药液要浸透被毛，适当控制羊只通过药浴池的速度，对南江黄羊头部，需用人工浇一些药物液，也可用木棒压下头部入液内 1 ~ 2 次，使头部也能浸透药液。羊只较多时，中途应加一次药液和补充水，使其保持一定浓度。

药浴时，先浴健康羊，后浴病羊。妊娠 2 个月以上的母羊，应禁止药浴，以防流产。注意药浴后的残液处理，防止污染环境和人畜中毒。

图 5-9　中、小型羊场的药浴池

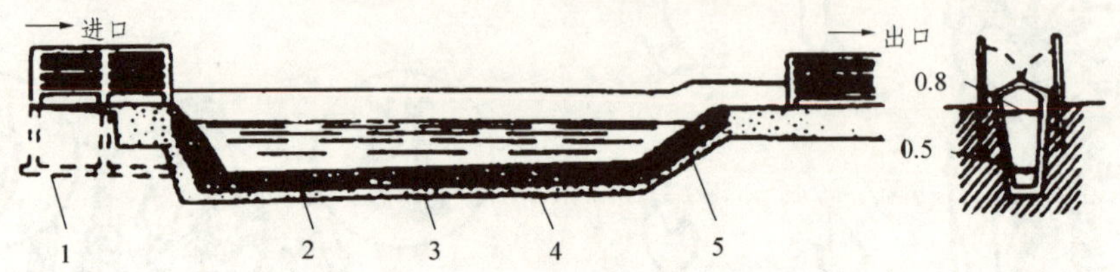

图 5-10　药浴池的断面图（单位：m）

1—基石；2—水泥面；3—碎石基；4—砂底；5—0.05 m 厚木板台阶

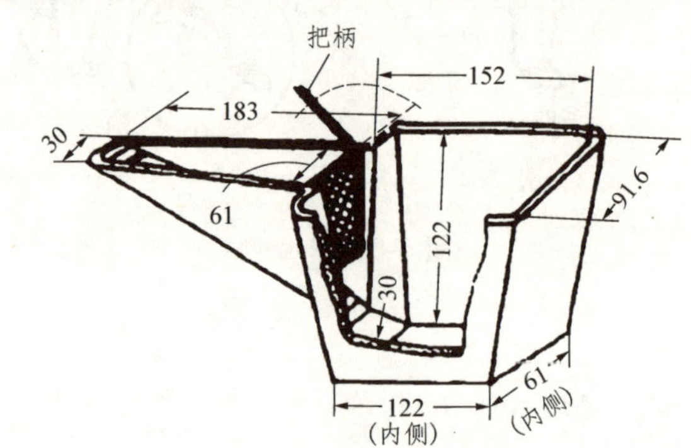

图 5-11　小型药浴槽（单位：cm）

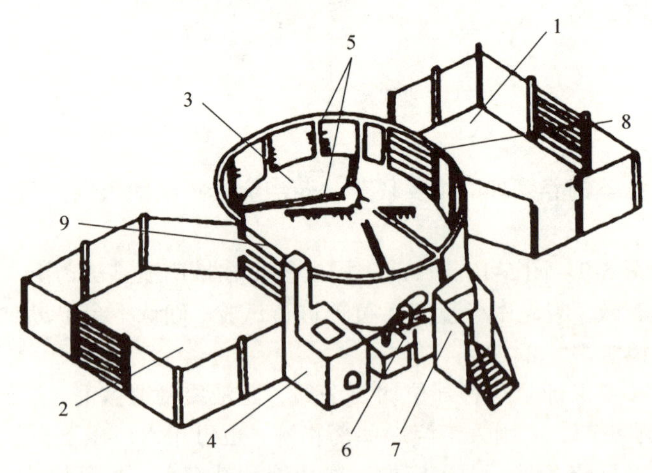

图 5-12　淋浴式药淋装置

1—未浴羊栏；2—已浴羊栏；3—药浴淋场；4—炉灶及加热水箱；5—喷头；6—离心式水泵；7—控制台；8—药浴淋场入口；9—药浴淋场出口

十一、南江黄羊日常管理

1. 按时出（收）牧（供草料）

要按照饲养管理规程对羊群按时放牧或供给草料，一般夏秋早出、冬春晚出，并按季节结合当时情况确定收牧时间。舍饲羊只饲料量每天分 3 ~ 4 次投放（少喂勤添）。

2. 观察羊只行为

出收牧或上下午活动时将羊放入运动场，观察羊只有无异常反应，如是否有发情征兆，精神状态、粪便、尿液、体温、呼吸是否正常，采食是否充足，等。

3. 充分运动

山羊生性活泼好动，但在放牧的过程中也不能强行驱赶，特别是怀孕母羊临产前不能剧烈运动。舍饲羊只每天要保证 3 ~ 5 h 的运动。

4. 供足饮水

水是羊只重要的营养物质，在血液内占 80% 以上，肌肉中占 75% 左右，骨骼里约占 45%，所以绝不能忽视。放牧羊只要在溪沟自由饮用清洁干净的水，舍饲羊只要保证随时能饮到水，寒冬季节供饮温水，炎热季节供饮凉水。

5. 测量体尺、体重

体尺、体重是衡量羊只生长发育好坏的重要指标，测量体重可用磅秤、台秤、杆秤，羔羊可用弹簧秤。测量体尺时场地要平坦，站立姿势要端正，常用软尺和夹尺测量。其主要体尺指标有：

头长：由顶骨的突起部到鼻镜上缘的直线距离。

额宽：两眼外突起之间的直线距离。

体高：由鬐甲最高点到地面的垂直距离。

体长：由肩胛骨前端到坐骨结节后端的直线距离。

胸宽：左右肩胛中心点的距离。

胸深：由鬐甲高点到胸骨底面的距离。

胸围：在肩胛骨后端，绕胸一周的长度。

尻高：荐骨最高点到地面的垂直距离。

尻长：由髋骨突到坐骨结节的距离。

腰角宽（十字部宽）：两髋骨突间的直线距离。

管围：管骨上 1/3 的圆周长度（一般以左腿上 1/3 处为准）。

肢高：由肘端到地面的垂直距离。

尾长：由尾根到尾端的距离。

尾宽：尾幅最宽部位的直线距离。

6. 年龄识别

羊出生时没有上门齿，只有下门齿 8 颗，臼齿 24 颗，分别长在上下四周边牙床上。中间的一对门齿叫切齿，切齿两边的两个门齿叫内中间齿，内中间齿外面的两颗叫外中间齿，最里面的一对门齿叫隅齿。

通过羊门齿的更换和磨损情况可判断其年龄。1 岁前，羊的门齿为乳齿，永久齿没有长出；1～1.5 岁时，乳齿开始脱落，长出两枚永久齿，称为“对牙”；2～2.5 岁时，内中间乳齿脱落，换成永久齿，并充分发育称为“四牙”；3～3.5 岁时，外中间乳齿脱落，换成永久齿，称为“六牙”；4～4.5 岁时，乳隅齿脱落，换成永久齿，这时全部门齿都已更换整齐，称为“齐口”；5 岁时，牙齿磨损，牙上部由尖变平；6 岁时，齿龈凹陷，有的牙齿开始松动；7 岁时，齿与牙齿之间出现大的空隙，门齿变短；至 8 岁时，牙齿有脱落现象。但乳齿的更换和永久齿齿面的磨损因营养状况、采食饲草种类和品种的不同而有差异。

十二、羊只的分群（舍）管理

1. 分群管理的好处

（1）公母分群（舍）管理，可以防止野交乱配、近亲交配和早配、早产等现象，提高羊群生产力。

（2）大小分群（舍）管理，使羊群整齐度均衡，各项活动能力趋于一致，互不干扰和影响，有利于个体的正常生长发育。

（3）强、弱羊只分群（舍）管理，可保证羊只的营养物质供应。

（4）不同生长发育阶段和用途羊只的分群（舍）管理，有利于草料的供给、营养的调控。

2. 分群的方法

（1）按性别分公、母和阉羊群，羔羊在断奶后进入过渡羊群时就按公、母、阉羊组群培育或育肥，继而进入后备培育群进行终选或育肥上市。

（2）按年龄一般分过渡羊群、后备培育群、成年羊群。

（3）按用途一般可设置繁殖母羊群、种公羊群、商品肉羊育肥群及后备公、母羊培育群。

（4）按体况专门设置病、弱羊群，进行照顾性管理。

任务四　环境调控技术

南江黄羊的环境是作为南江黄羊生产管理体系中的一个组成部分而被提出的，它主要是羊舍建筑的合理设计，能对冷、热、湿度、光照、羊舍卫生等的有效控制。处于逆境的南江黄羊，其生产速度和生产效率都减低，消除环境的极端状态或不利影响将会使羊群免于环境造成的应激，也会使其生产率和繁殖性能大大提高。对羊群所处环境实行有效控制是畜牧科学工作者和生产者提高南江黄羊生产潜力的重要技术手段和工具。在南江黄羊高效生产体系中，环境调控是重要的技术，必须予以高度重视。

一、高效南江黄羊生产的羊舍建筑与设施的规划设计

羊舍是南江黄羊生产的主要基础建筑设施。在南江黄羊生产水平较高的地区，一般均有较好的、能够满足各类型南江黄羊的高效生产的羊舍与设施。虽然南江黄羊是一种适宜放牧、能较好适应游牧生活、对恶劣气候条件及生态环境有较强适应性的家畜，但是现代化南江黄羊生产要求高效益和专业化，要提高经济效益，就必须改变旧的生产方式和管理习惯，更好、更合理地满足和保证各类南江黄羊的生理及生产需要，有效地控制生产环境，从而使羊群达到最佳的生产性能。这里所提出的适宜高效南江黄羊生产的羊舍建筑与设施，是指既要因时、因地制宜，又要把眼光看远一点，设计与建造经济、实用、适于大规模集约化工厂南江黄羊生产的建筑与设施。随着科技进步与生产力发展，新的南江黄羊生产方式将会取代传统的、落后的方式，由单一南江黄羊生产专业户转变为高效的工厂化南江黄羊生产。在设计羊舍与设施时，必须清醒地认识到这种发展趋势。

1. 羊场场址选择的基本原则

（1）干燥通风，冬暖夏凉的环境是南江黄羊最适宜的生活环境。据南江黄羊的生活习性，应选择地势高燥、向阳、背风、排水良好、通风干燥、宽阔的地方建场，切忌在低洼涝地、山洪水道、冬季风口之地修建羊舍。

（2）水源供应充足，清洁无严重污染，上游地区无严重排污厂矿，非寄生虫污染危害区。以舍饲为主时，水源以自来水为最好，其次是井水。舍饲南江黄羊日需水量高于放牧的南江黄羊，夏秋季高于冬春季，应掌握羊群需水量规律，保证供给。

（3）交通便利，通信方便，有一定能源供应条件。

（4）能保证防疫安全。主要设施及羊舍应距公路和铁路交通干线和河流 300 ~ 500 m 以上。要远离有传染病的疫区及活畜市场、食品加工厂和屠宰场。场内兽医室、病羊隔离室、贮粪池、尸坑等应位于下风方向，距主设施 500 m 以上。各类圈舍与设施有一定的间隔距离。另外，羊场应远离居民区，以防污染环境。

（5）具有一定的防灾和抗灾能力。

（6）羊舍既要适用又要耐用，但必须降低造价，减少固定资产投资。

2. 羊场规划与布局的基本要求

羊场在设计时，必须按照一个既定的总体规划来安排布置房舍、围栏、圈舍、林带等，其基本要求是配置合理，符合生产工艺流程，符合兽医保健及卫生防火要求，同时还要有利于提高劳动生产率，有利于积粪垫圈。具体要求如下：

（1）羊舍及各种建筑物的配置不仅要合理，还要符合羊场的整体规划要求。舍址要避风向阳，水源充足，地势高燥，排水良好，交通方便而有利于防疫；舍内环境要地面干燥，光线充足，通风必须良好，清洁卫生。舍内温度 10 ~ 20 °C，相对湿度 70% ~ 80%，氨气含量不超过 19 g/m^3。

（2）羊舍的方向一般以向南为宜。以由北向南朝向，舍内地面有 1% ~ 3% 斜坡为好。场地开阔，不宜狭长。在北方应首先考虑采光问题，采光系数 1：13，同时兼顾避风；在南方则要考虑遮阳，同时注重避免风暴袭击。

（3）有利于提高劳动生产率，合理布局羊舍、饲料库、饲草窖等设施，便于工厂化生产的操作。

（4）有利于防火，大型建筑彼此相距至少 30 m。

（5）有利于羊舍的整体性与环境美化。羊场的整个场区应分为饲养区、饲料加工调制区和办公区 3 个部分。整个羊场应统一规划环境绿化和美化，院落、通道、羊栏应保持清洁。

3. 羊舍建筑的基本要求

（1）不同生产方向南江黄羊所需的羊舍面积：羊舍的总面积大小主要取决于饲养量大小。羊舍过小，舍内潮湿，空气污染严重，影响南江黄羊的健康和生产效率，也直接妨碍了生产管理。表 5-7 列出各类羊所需面积。表 5-8 列出南江黄羊各类羊所需面积。

表 5-7 各种羊只需要的面积 单位：m^2/只

项　目	细毛羊、半细毛羊	奶山羊	绒山羊	肉用羊	毛皮羊
面　积	1.5 ~ 2.5	2.0 ~ 2.5	1.5 ~ 2.5	1.0 ~ 2.0	1.2 ~ 2.0

表 5-8 同一生产方向各类羊所需面积 单位：m^2/只

项　目	公羊单饲	公羊群饲	产羔母羊	育成公母羊	周岁母羊	去势羔羊	3 ~ 4 月龄断奶羔羊
面　积	4 ~ 6	2 ~ 2.5	1 ~ 2	0.7 ~ 1	0.7 ~ 0.8	0.6 ~ 0.8	母羊的 20%

① 公羊舍和青年羊舍——敞开式（图 5-13）。屋顶为双坡式，饲槽为单列式。在南方，高温高湿会引起奶山羊极大的不适，使其发病率高，生产性能受到抑制。羊舍建设需能排除高温高湿、暴雨和强风的干扰和袭击。羊舍南北全部敞开或北部敞开，运动场设在北面，饲槽设在南面。为了防潮、易于清洁和控制寄生虫的传播，可设水泥或竹条漏缝地板，地板条宽 8 ~ 10 cm、厚 3.8 cm、缝隙 2.5 cm。在北方，冬季寒冷，羊舍南面可半敞开，北面封闭而开小窗户，运动场设在南面，单列式小间适于饲养公羊，大间适于饲养青年羊。

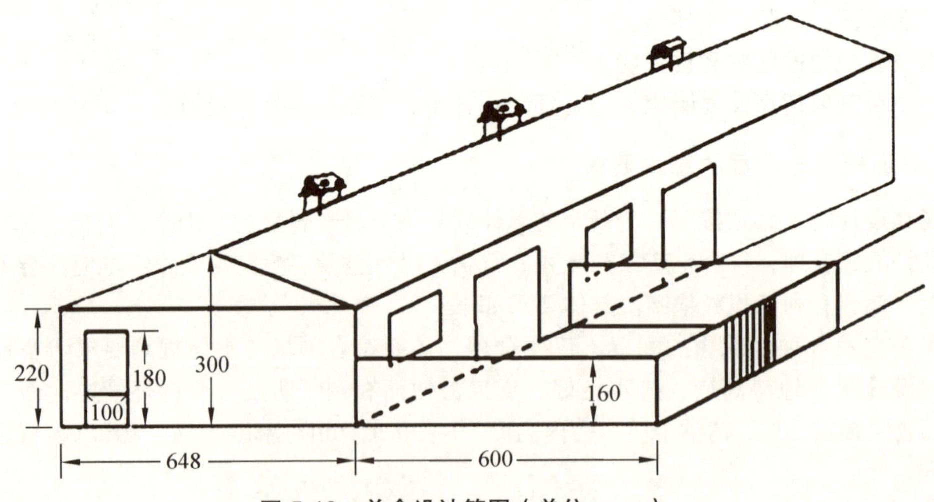

图 5-13 羊舍设计简图（单位：cm）

② 成年母羊舍——双列式（图 5-13）。成年母羊舍可建成双坡、双列式。在南方一面敞开，一面设大窗户；在北方，南面设大窗户，北面设小窗户，中间或两端可设单独的专用挤

奶室。舍内水泥地面，有排水沟，舍外设带有凉棚和饲槽的运动场。舍内设有饲槽和栏杆。温暖地区，羊舍两端开门，较冷的地方，可一端开门，一端设挤奶室。整个羊舍人工通风，羊床厚垫蓐草。

③ 羔羊舍——保暖式（图 5-13）。羔羊舍在北方关键在于保暖，若为平房，其房顶、墙壁应有隔热层，材料可用蛭石、锯末、刨花、石棉、玻璃纤维、膨胀聚苯乙烯等。舍内为水泥地面，排水良好，屋顶和正面两侧墙壁下部设通风孔，房的两侧墙壁上部设通风扇。室内设饲槽和喂奶间，运动场以土地面为宜，中部建筑运动台或假山。

（2）羊舍高度：一般不低于 2.5 m，南方可适当高些，达到 3 m 高，以利于防暑。

（3）建筑材料：要因地制宜，就地取材，经济实用。可采用石头、木头、土坯、砖瓦、树枝等作为建筑材料，有条件的地方可建成永久性的羊舍，但切忌造价过高。

（4）门、窗、地面：羊舍的门、窗应尽量宽敞些，有利于舍内通风干燥，保证舍内有足够的光照，使舍内硫化氢、氨气、二氧化碳等有害气体尽快排出。同时也要兼顾积粪出圈的方便。普通羊圈圈门高 1.8 ~ 2 m、宽 2.0 ~ 2.2 m；大群饲养的圈门，冬春怀孕母羊、产羔母羊的圈门宽度以 3.5 ~ 4 m 为宜。窗户面积一般为地面面积的 1/4 左右，距地面 1.3 m，窗户一般规格为 $80 \times 80\ cm^2$，南窗大于北窗。为防止冬春季贼风的侵袭，也可在舍顶增设可调节装置的气窗。羊舍地面要高于土地 20 cm 以上，地面以土地面为宜，地面须致密、平整、坚实、无裂缝。北方寒冷地区可适当增加墙体厚度；多风沙地区门窗可增加盖板和门窗，通风天窗等应加固定装置；盐碱地区墙基应有防腐蚀保护措施；南方多雨区羊舍房顶要有严密的防漏装置，墙基有排水设施；夏季炎热地区羊舍及运动场应设遮阳设施。

二、羊舍的类型及式样

羊舍的功能主要是为了保暖、遮风、避雨和便于羊群的管理。工厂化高效南江黄羊生产的羊舍，除了具备其基本功能外，还应该充分考虑不同生产类型南江黄羊的特殊生理需要，尽可能保证羊群能有较好的生活环境，同时适合于规模化饲养的工艺和管理，便于操作。

我国羊生产分布区域广，生态环境及生产方式差异大，羊舍的类型及式样各异，主要分为以下几种。

1. 长方形羊舍

这是我国南江黄羊生产普遍采用的一种形式。羊舍为长方形，屋顶中央有脊，两侧有陡坡，又称双坡式。这种羊舍具有建筑方便、变化样式多、实用性强的特点。可根据不同的饲养地区、饲养方式、饲养品种及羊群种类，灵活设计内部结构、布局及配置辅助设施。在以放牧为主的牧区，除冬季和产羔季节才利用羊舍外，其余大多数时间均在野外过夜，羊舍的内部结构可相对简单些，只需要在运动场内安放必要的饮水、补饲及草料架等设施。在以全舍饲或半舍饲为主的南江黄羊生产区或以饲养种用南江黄羊为主的羊场，应在羊舍内安置草架、饲槽和饮水槽等设施。以舍饲为主的羊舍多修为双列式。双列式又分为对头双列式和对尾式 2 种。

双列对头式羊舍：中间为走道，走道两侧各修一排带有颈枷的固定饲槽，南江黄羊采食时头对头。这种羊舍有利于饲养管理及南江黄羊采食的观察。

双列对尾式羊舍：走道和饲槽、颈枷靠羊舍两侧窗户而修。南江黄羊尾对尾。双列羊舍的运动场可建在羊舍外的一侧或两侧。羊舍内可根据需要隔成小间，也可不隔，运动场地也同样。图 5-14、图 5-15 为饲养 500 只南江黄羊母羊双列式羊舍的示意图。图 5-16 为可容纳 600 只南江黄羊母羊的寒冷地区冬季产羔羊舍平面图。图 5-17 为气候温和地区可容纳 400 只南江黄羊母羊的半敞棚舍平面图。为减少跨度，也可盖单坡式：前墙高 2.4 m，后墙高 1.8 m 即可。

图 5-14　平顶双列式羊舍

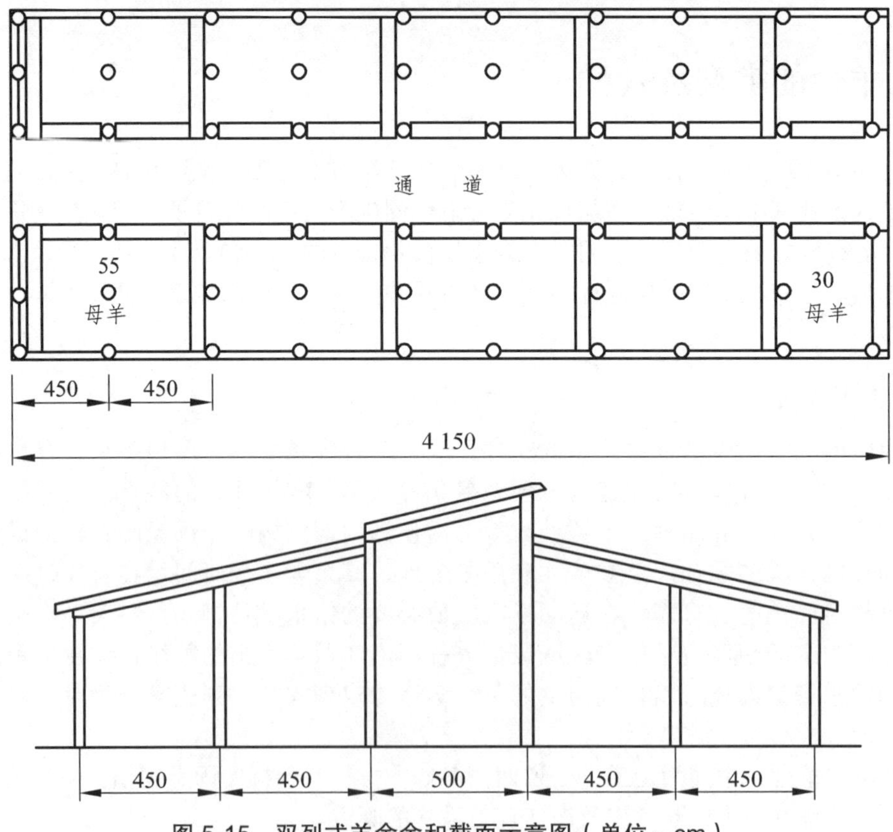

图 5-15　双列式羊舍舍和截面示意图（单位：cm）

容纳 600 只羊的种用羊舍

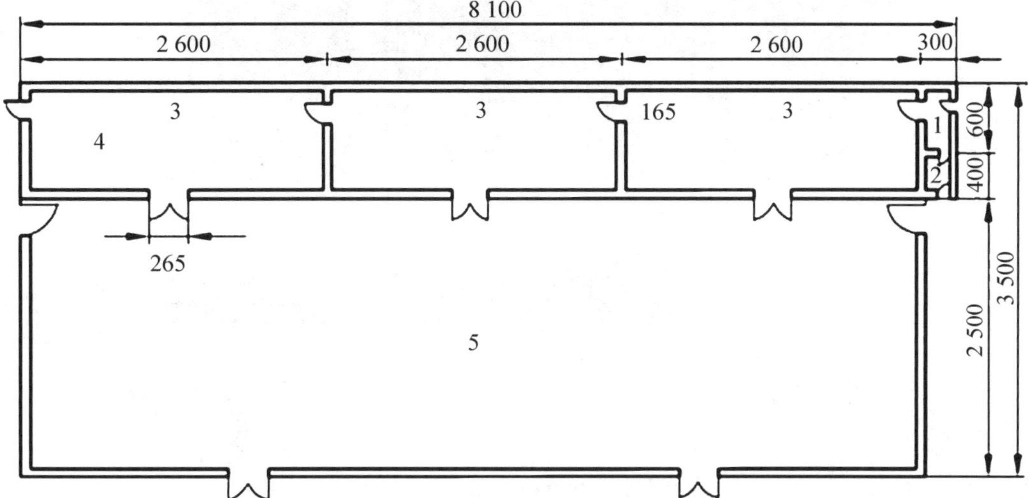

图 5-16　寒冷地区冬季产羔羊舍平面图

1—工人室；2—饲料室；3—羊圈；4—通气管；5—运动场

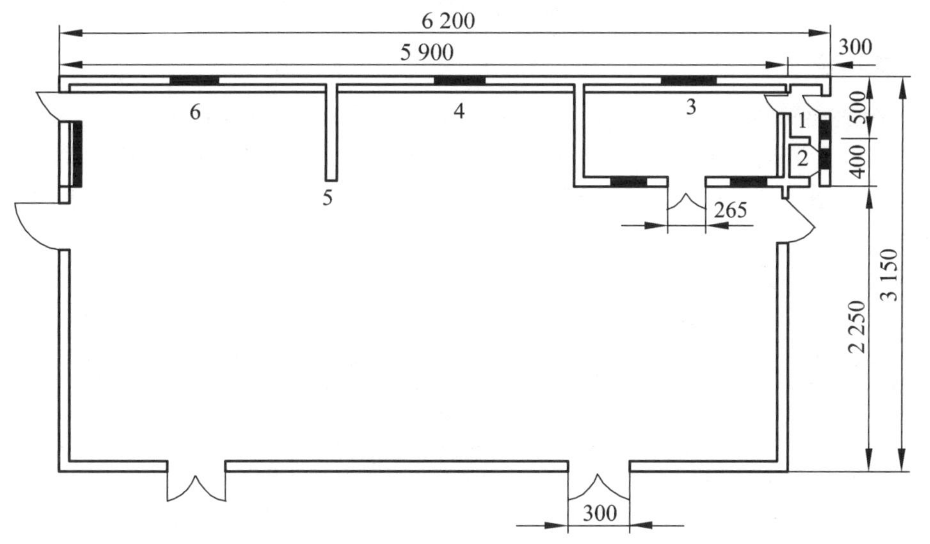

图 5-17　气候比较温和地区的半敞棚羊舍平面图

1—工人室；2—饲料室；3—羊圈；4—通气管；5—运动场

2. 棚舍结合羊舍

这种羊舍大致分为两种形式：一是利用原有羊舍的一侧墙体，修成三面有墙、前面敞开的羊舍。平时羊群在棚内过夜，冬春季和产羔期进入羊舍。另一种是三面有墙，向阳通风面为 1.0 ~ 1.2 m 的矮墙，矮墙上部敞开，外面为运动场的羊棚见图 5-18、图 5-19。

图 5-18 棚舍式羊舍

图 5-19 简易棚舍

3. 楼式羊舍

这种羊舍适于气候潮湿地区。夏秋季，南江黄羊住楼上，粪尿通过漏缝地板落入楼下地圈。冬春，将楼下粪便清理干净后，楼下住南江黄羊，楼上堆放干草和饲料，防风防寒，一举两得。漏缝地板可用木条、竹子铺设，也可用水泥预制漏缝地板，缝隙为 1.5 ~ 2 cm，间距 3 ~ 4 cm，距地面距离通常为 2 m。楼上开设较大窗户，楼下则只开较小的窗户，见图 5-20、图 5-21。此种楼舍既可修成双列式，也可依山而建。

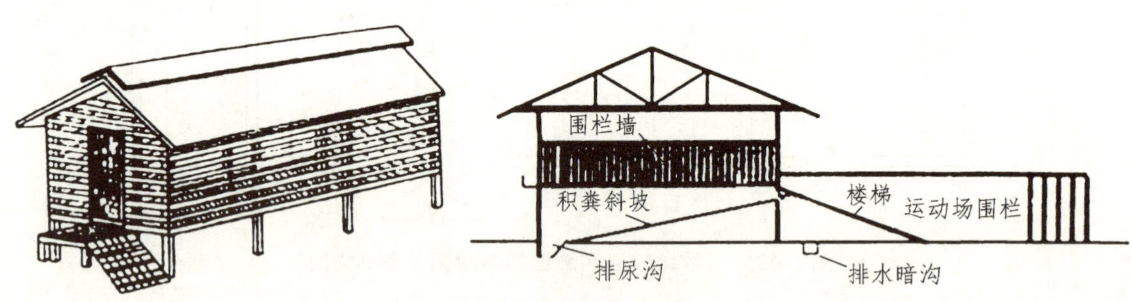

图 5-20 楼式羊舍示意图

图 5-21　楼式羊舍实物图

4. 塑料薄膜大棚式羊舍

用塑料薄膜修建羊舍，可明显提高舍内温度，十分有利于北方寒冷地区发展适度规模专业化南江黄羊生产，而且投资少，易于建造。

修建塑料棚羊舍，可利用已有的简易敞圈或羊舍的运动场，搭建好骨架后，扣上密闭的塑料薄膜即成。骨架材料可选用木材、钢材、竹竿、铁丝、铅丝和铝材等。塑料薄膜也可选用透光好、强度大、抗老化、防滴和保温好的膜，如聚氯乙烯膜、聚乙烯膜和无滴膜等。

塑料棚舍可修成单斜面式、双斜面式、半拱型和拱型等多种。薄膜可覆盖单层，也可覆盖双层。棚内圈舍排列，既可单列，也可双列。结构简单、经济实用的为单斜面式单层单列式膜棚。图 5-22 为拱型双斜面式塑料暖棚羊舍构造示意图。

在北方寒冷季节，塑料棚羊舍的最高温度可达 3.7 ~ 5 °C，最低温度为 – 0.7 ~ – 2.5 °C，分别比棚外温度提高 4.6 ~ 5.9 °C 和 21.6 ~ 25.1 °C，较好地满足了南江黄羊生长发育的要求。

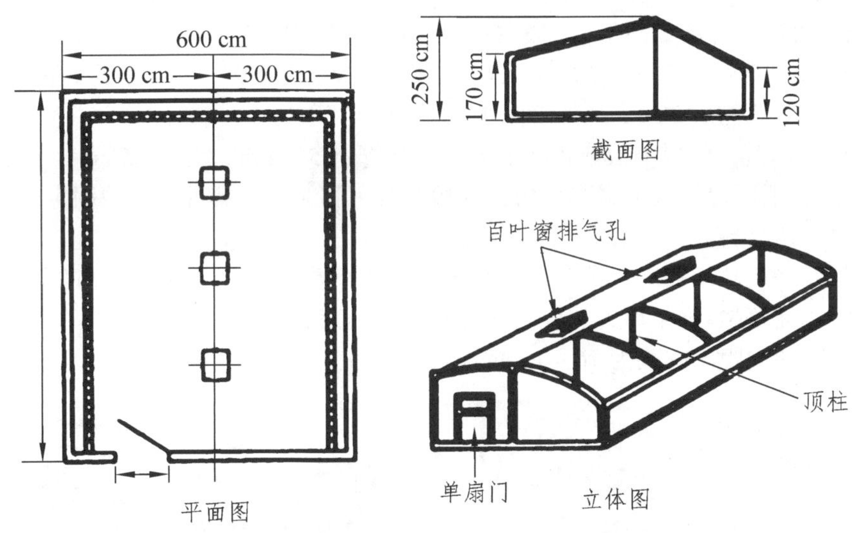

图 5-22　拱型双斜面塑料暖棚羊舍构造示意图

5. 简易羊舍

舍顶用草棚或其他避雨物覆盖，四周用砖或泥土筑墙，三面有墙，一面敞开，羊舍铺设草架、饮水、补饲槽（图 5-23）。这种可容纳 100 只南江黄羊母羊的羊舍结构简单，建筑简便，经济实用，投资较小。

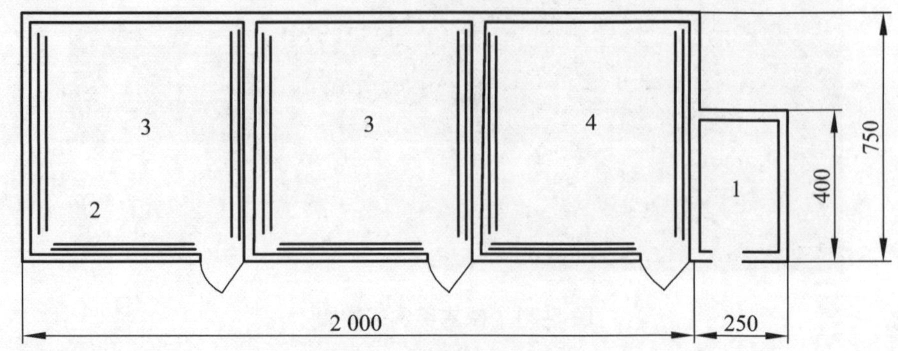

图 5-23 简易羊舍平面图（单位：cm）

1—人工室；2—草架；3—普通羊圈；4—产羔带羔圈

三、羊场的基本设施

1. 饲槽和饲草架

（1）固定式水泥槽：在羊运动场的四周或中间，用水泥和砖砌成固定式饲槽。饲槽高度可根据羊只品种、饲养不同阶段而定。饲槽内侧或羊站立吃草这侧必须焊铁护栏，防止羊只进入饲槽，污染草料和防止羊身上粘上草料，影响羊毛质量。有的采用草料架喂羊，效果也比较好。固定式水泥槽用砖、土坯及混凝土砌成。饲槽要求上宽下窄。成年母羊的饲槽，高 40 cm、深 15 cm、上部宽 45 cm、下部宽 30 cm。羔羊饲槽一般高 30 cm、深 15 cm、上部宽 40 cm、下部宽 25 cm。槽长可依羊群数量而定，一般按每只成年南江黄羊 30 cm，羔羊 20 cm 计算槽长长度。为了减少饲料的污染和干草的浪费，可采用干草架。为了防止饲料污染所导致的腹泻，可采用精料自动饲槽，羊只能从 20 cm 宽的缝隙中采食精料。

（2）移动式木槽：可用木板或铁皮制作，一般长 1.5 ~ 2 m、上宽 35 cm、下宽 30 cm、深 20 cm。为防止饲喂时南江黄羊攀踏翻槽，饲槽两端可临时安装装拆方便的固定架。铁皮饲槽，应在表面喷以防锈材料。

（3）草架：采用草架喂南江黄羊，可减少饲草的浪费，减少疾病。常见的草架有 3 种：

靠墙固定平面草架：草架设置长度，成年南江黄羊每只按 30 ~ 50 cm，羔羊以每只 20 ~ 30 cm 为宜，两竖棍间的间距，一般为 10 ~ 15 cm（图 5-24）。

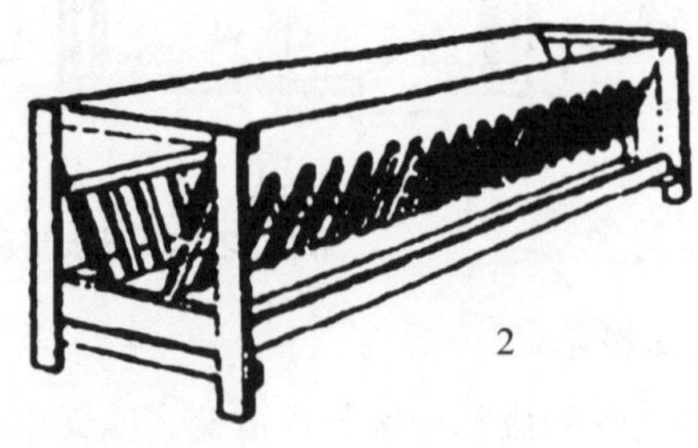

图 5-24　各种木制草架和小型料槽

1—长方形两面草架；2—U 型两面联合草料架；3—靠墙固定单面草架；4—靠墙固定单面兼用草料架；5—轻便料槽；6—三脚架料槽

两面联合草架：先制作一个高 1.5 m，长为 2 ~ 3 m 的长方形立体框，再用 1.5 m 的木条制成间隔 10 ~ 15 cm 的“V”字形装草架，然后将装草架固定在立体框之间即成。

简易木棍草架：用木棍或木板做成“V”形的栅栏，间隙距离 10 ~ 15 cm。

（4）水槽：羊只必须保证饮水供应，否则易发生消化系统疾病。水槽可用水泥砌成或用铁板焊。水槽形状可做成长条形、方形或圆形，能方便羊只饮水即可。周边必须安装护栏，防止羊只进入。

2. 多用途栅栏

多用途栅栏主要用于临时分隔羊群，在产羔时也可以用活动围栏围成临时产圈，分离南江黄羊母羊与羔羊之用，或在给羊只防疫、疫病治疗、驱虫、分群等生产中使用。可用木板、木条、钢筋、铁丝等制作成多用途、可移动或固定的栅栏。活动围栏是由多块栅板连接而成。每块栅板长 2 m、高 1 m。

羔羊补饲栏专用于羔羊的补饲用。可在羊运动场内或羊舍内用几块栅板围成一定面积，在围栏内对羔羊进行补饲。围栏间隔为 12 ~ 15 cm，使羔羊可以自由进出，大羊不能进入即可。

（1）活动母仔栏：大、中型羊场产羔经常用的设备之一，样式与尺寸见图 5-25。

（2）羔羊补饲栏：可用多个栅栏、栅板或网栏。在羊舍或补饲场靠墙围成足够面积的围栏，并在栏间插入一个让成年南江黄羊不能进入、羔羊可自由进出采食的栏门即可见图 5-26。

（3）分群栏：大、中型羊场在进行鉴定、分群及防疫注射时，常用分群栏进行分组，其结构见图 5-27。

（4）活动羊圈：对以放牧为主的羊场十分方便。活动羊圈可利用若干栅栏或围栏，选择合适的地形，连接固定成圆形、方形或长方形。活动羊圈的围栏样式见图 5-28 和图 5-29。

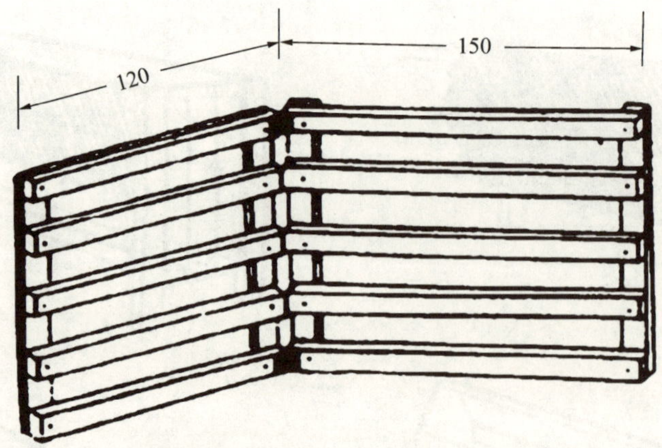

图 5-25　活动母仔栏（单位：cm）

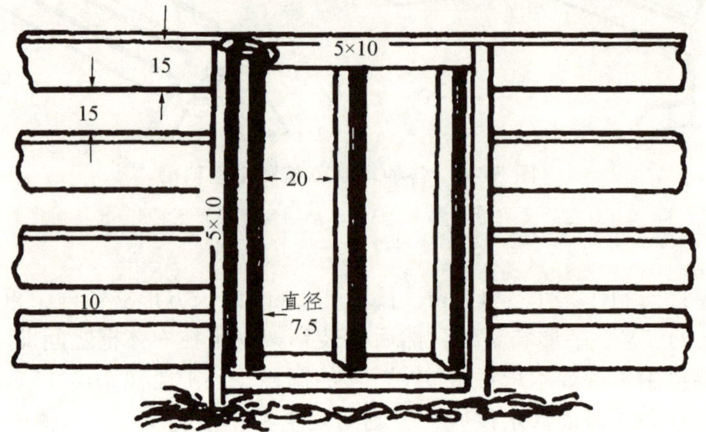

图 5-26　羔羊补饲栅门（单位：cm）

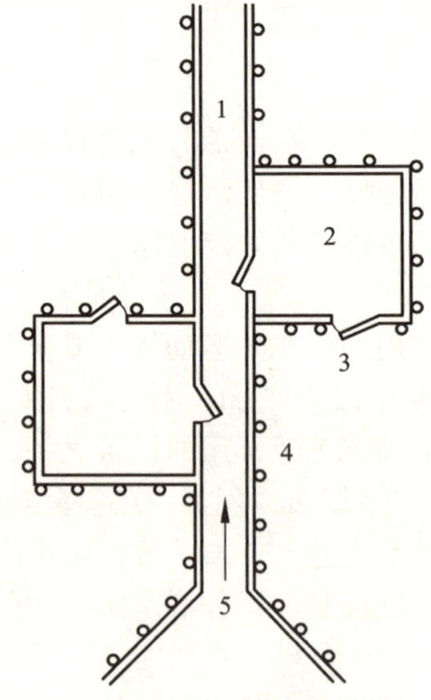

图 5-27　分群栏

1—狭道；2—羊圈；3—门；4—木桩；5—入口

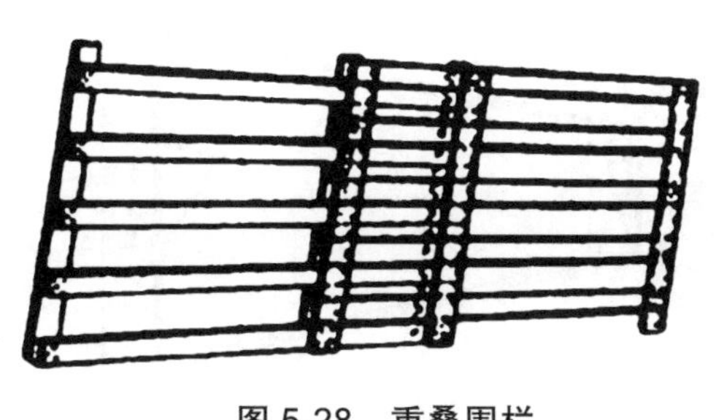

图 5-28　重叠围栏

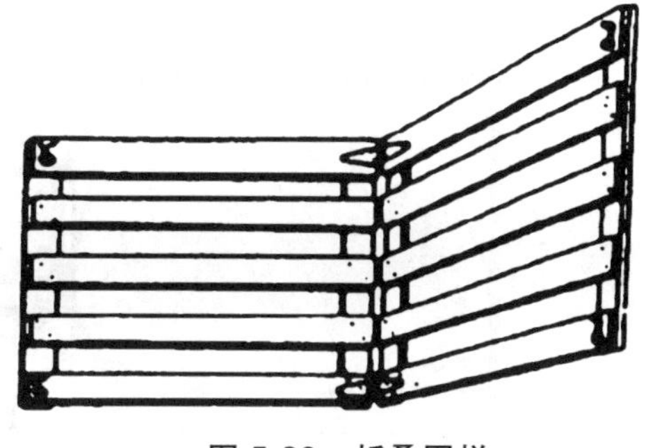

图 5-29　折叠围栏

3. 贮草堆草圈

羊舍周围应设堆草贮草圈。圈用砖或土坯砌成，或用栅栏、围栏围成，上面盖以遮雨雪的材料。堆草圈应设在地势较高处，或在地面垫一定高度的砖或土，设排水沟，防潮。

4. 药浴设置

药浴是养羊生产过程中必须进行的一项工作，主要目的是防治羊体外寄生虫对羊体和羊皮的侵害。药浴池为水泥砌成的长方形水池。入口处设漏斗形围栏，使羊依顺序进入药浴池，浴池入口呈陡坡，羊只入池时可迅速滑入池中。出口坡度较缓，斜坡上设小台阶，地面设滴流台，长 2 m，坡度为 100：5，以便药液回流入池。药浴设置一般用水泥筑成，形状为长方形或圆形。常用的有 4 种。

（1）大型药浴池：用砖、石、水泥等建成，池长 10 ~ 12 m，池顶宽 60 ~ 80 cm，池底宽 40 ~ 60 cm，深 1.0 ~ 1.2 m。入口处设漏斗形围栏，使南江黄羊依顺序进入药浴池，入口处呈陡坡，出口处有一定倾斜度，斜坡上有小台阶或横木条，其作用一是不使南江黄羊滑倒，二是南江黄羊在斜坡上停留一定时间，可使身上的药液流回浴池，见图 5-10 ~ 图 5-12。

（2）小型药浴槽、浴桶、浴缸：药液量约为 1 400 L，可同时洗浴 2 只成年南江黄羊，并可用门的开闭调节药浴时间，见图 5-11。

（3）帆布药浴池：用防水性能良好的帆布加工制作。药浴池为直角梯形，上边长 3 m、下边长 2 m、深 1.2 m、宽 0.7 m，外侧用套环固定。安装前按浴池的大小形状挖一土坑，然后放入帆布药浴池，四周扩套环用铁钉固定，加入药液即可使用。

（4）淋浴式药淋装置：我国近年来研制的 9AL-8 型药淋装置，通过机械对羊群进行药淋。该药淋装置由机械和建筑两部分组成，圆形淋场直径为 8 m，可同时容纳 250 ~ 300 只南江黄羊药浴。淋浴式药浴装置如图 5-30。

5. 饲料青贮设施

饲料青贮设施主要有青贮窖、青贮壕和青贮塔 3 种，应在羊舍附近修建。

6. 饲料库

规模较大的羊场或以全舍饲为主的羊场，应建有饲料库及调料库，室内通风良好、干燥、清洁。夏季要防饲料潮湿霉变，建筑形式可以是封闭式、半敞开式或棚式。

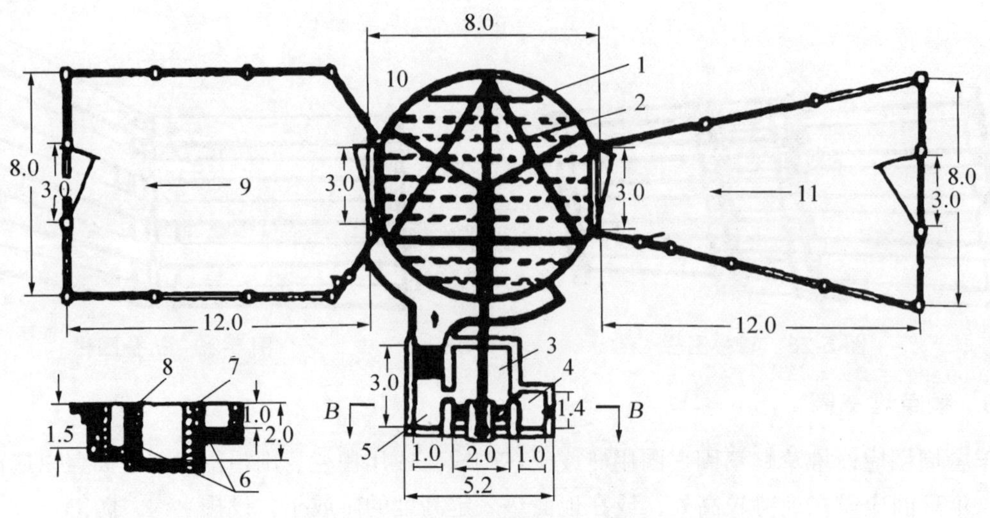

图 5-30　南江黄羊药淋装置地面建筑平面图（单位：cm）

1—下部喷头管路；2—上部喷头悬架；3—贮液池；4—进水池；5—过滤池；6—滤液槽；7—扶梯；8—排污孔；9—滤液栏；10—淋场；11—待淋场

7. 供水设施

以舍饲为主的羊场或羊场周围无泉水或河水，应在羊舍附近修建水井、水塔或贮水池，并通过管道进入羊舍或运动场。水源与羊舍应相隔一定距离，以防止污染。运动场或羊舍内应设可移动的木制、铁制水槽或用砖、水泥砌成的固定水槽。

8. 人工授精室与兽医室

大、中型羊场应建造人工授精室和兽医室。人工授精室应设有采精、精液检查和输精室。为节约投资，提高棚舍利用率，也可在不影响南江黄羊母羊产羔及羔羊正常活动的情况下，利用一部分产羔室，再增设一间输精室即可，见图 5-31。

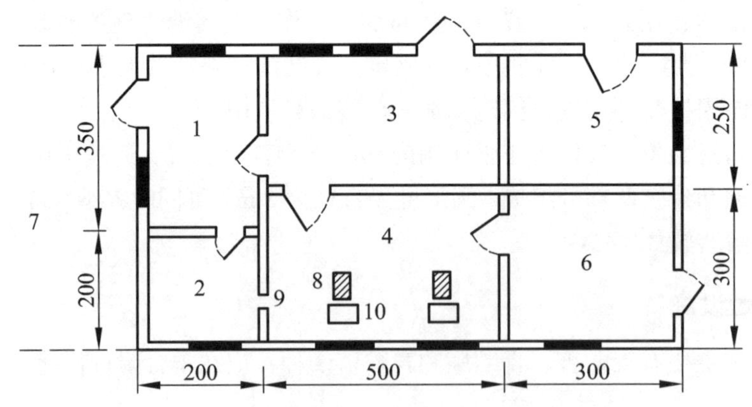

图 5-31　人工授精站平面图

1—采精室；2—精液检查室；3—输精等待室；4—输精室；5—储藏室；6—已输精母羊室；7—公羊圈；8—输精架；9—送精窗口；10—输精坑

四、塑料暖棚羊舍的建筑与利用

塑料暖棚饲养畜禽技术的高速发展，有效地推动了现代畜牧业的发展。将塑料暖棚羊生产、配合饲料、科学饲养管理和兽医保健等综合技术有机结合起来，整体应用到南江黄羊生产中，发挥各单项技术的优势和组合效应，正是工厂化高效南江黄羊生产所期望的一种生产管理新体系。该技术体系的推广应用，从根本上改变了我国西北地区南江黄羊生产落后的局面，提高了饲料转化率，促进了畜牧业的科技进步，也推动了规模化南江黄羊生产的发展。因此，推广暖棚技术是西北地区南江黄羊生产的一场革命，具有广阔的发展前景。

1. 南江黄羊的生存环境与生产性能的关系

南江黄羊将饲草、料转化为人们消费的肉、奶、皮和毛，其转化的速度和效率受包括气候环境在内的许多因素所制约。环境温度对南江黄羊采食效率、维持能量和生产需能有较大影响，南江黄羊生产率或饲料转化率均为摄入代谢能和维持需要能的函数。寒冷情况下，维持能量需要直线增加；热应激时，则非线性增加。无论是冷应激还是热应激情况下，南江黄羊的生产性能（产出）和采食量（投入）之间的关系决定了生产的效率会降低。冷应激时这种下降十分突出，热应激时则相对较缓。这种能量利用率的减少直接造成了生产经济效益上的损失。因此，应针对南江黄羊生产生存环境（表 5-9）的各构成因素实行有效的环境控制，以提高生产速度和生产效率。

表 5-9　家畜的环境

区　分	构成因素
热环境*	室温、空气湿度、气流、辐射
物理性环境	光、声音、畜舍、附属设施的结构、饲养密度、人工色彩
化学性环境	空气、水、氧、CO_2、CO、氨气、尘埃、饲料、饲料添加剂、农药等
地貌、土壤环境	纬度、高度、地势、地形、土壤（土性、土质、土壤水分）
生物性环境**	野生动植物、有害动植物、有害微生物、牧草、野草、树林
社会性环境	家畜的同种伙伴、异种间伙伴、管理者与家畜、亲仔、雌雄关系

注：*也可以称为温热环境；

**因素涉及多方面，但作为家畜管理学的对象并不那么多。

繁殖效率是南江黄羊生产中耗费最大的生产限制因素之一。不论是南江黄羊公羊还是母羊的生殖过程对环境都很敏感。一般来说，温度过低，南江黄羊母羊的发情活动受到一定抑制。温度和光照是造成南江黄羊繁殖季节性变化的主要原因。在适宜的理想温度、湿度和等热区内，南江黄羊的生长速度、饲料转化率和繁殖率都将得到最大限度的发挥。目前，已有许多技术管理措施可以用来改善或控制南江黄羊生存环境，在热环境—集约化生产体系中，塑料暖棚技术是十分重要的环境调控措施。

2. 塑料暖棚的设计

（1）塑料暖棚的设计原则：设计暖棚时，暖棚及运动场面积、温度和湿度的要求、通风换气参数、门的大小与个数，可参考羊舍设计主要参数。

暖棚羊生产是在日照时间短、光线弱、气候严寒的冬春季节进行的。所以，对暖棚的基本要求是结构合理、采光、保温、通风换气性能良好。显然，暖棚的设计不能完全照搬普通羊舍的设计参数，在暖棚设计时应首先考虑暖棚的温热特性。

（2）暖棚的方位：在冬季，为使阳光最大限度地射入棚内，我国应采用坐北朝南、东西延长的方位。早晨严寒和大气污染严重、阳光透光率低的地区，以偏西为好，这样可延长午后日照时间，有利于夜间保温。早晨不太冷、大气透明度高的地区，以偏东为宜，以便于早晨采光，偏东和偏西以 5° 为宜，不宜超过 10°。

（3）塑料面角度和后屋顶仰角：单坡型暖棚膜面与地面夹角（图 5-32）以 25° ~ 40° 为宜。后屋顶仰角（图 5-33）以 30° ~ 35°为宜。

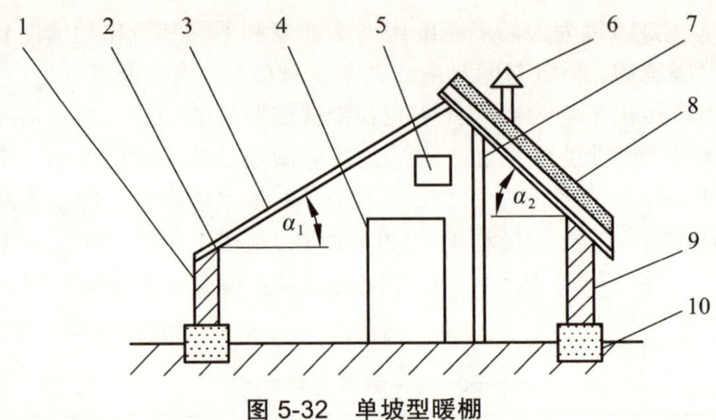

图 5-32　单坡型暖棚

1—前墙；2—棚架；3—薄膜；4—门；5—进气孔；6—排气孔；7—支柱；8—后屋顶；9—后墙；10—房基

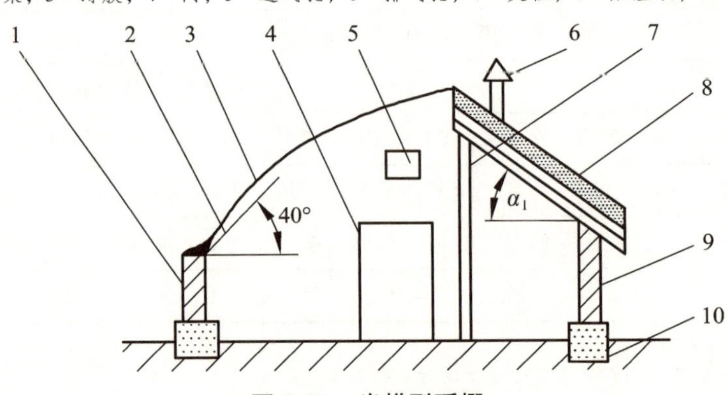

图 5-33　半拱型暖棚

1—前墙；2—棚架；3—薄膜；4—门；5—进气孔；6—排气孔；
7—支柱；8—后屋顶；9—后墙；10—房基

（4）长度、跨度、高度：依各地条件灵活设计。一般单座暖棚面积不宜超过 150 m^2；长度不宜超过 130 m，跨度 5 ~ 6 m，后屋顶宽 2.0 ~ 3.0 m，前墙高 1.1 ~ 1.3 m，后墙高 1.6 ~ 1.8 m。

（5）通风换气：暖棚采用自然通风换气。一般在端墙设进气孔，西端墙可少设进气孔。进气孔大小为 20 cm × 20 cm，个数依进气孔占排气孔面积的 70% 确定。排气孔设在后屋顶，排气孔大小为 50 cm × 50 cm，个数按每只南江黄羊 0.05 ~ 0.06 m^2 确定，排气孔应加风帽，进气孔、排气孔应均匀排列。

3. 暖棚的修造

棚址确定后，建好墙体，将棚架支好，并与墙体牢固结合。在架设棚架时，尽量使坡面或拱面高度一致。选择的木料或竹片要求光滑平直，上覆盖保护层。木料或竹片间隔一般为 80 ~ 100 cm。

塑料薄膜的规格众多，目前尚无专门用于营造南江黄羊生产塑料暖棚的薄膜。所以，目前仍是应用农膜，较普遍的薄膜有聚氯乙烯膜、聚乙烯膜和无滴膜等。实践证明，选择适宜膜的具体要求有 3 点：第一，对太阳光具有较高的透光率，以获得较好的增温效果；第二，对地面和羊体散发的红外线的透光率要低，以增强保温效果；第三，具有较强的耐老化性能，对水分子的亲和力要低，这样既可降低建筑成本，又可以长时间地保持较高的透光率。兼顾以上 3 点要求看，无滴聚氯乙烯薄膜更适合一些。

选定薄膜品种，按需要规格粘合，然后覆盖。塑料薄膜粘合的方法有 2 种：热粘，可用 1 000 ~ 2 000 W 的电熨斗或普通电烙铁粘接。一般情况下，聚氯乙烯膜的热温度为 130 °C，聚乙烯膜的热粘温度为 110 °C。胶粘，用特殊的粘合剂，均匀地涂在将要连接的薄膜边缘（需先擦干净），然后将其粘连在一起。这种方法适合于修补薄膜的漏洞。补修时，不同薄膜要使用不同的粘合剂，聚氯乙烯膜应用软质聚氯乙烯粘合剂，聚乙烯薄膜可选用聚氨酯粘合剂进行粘接。

覆盖薄膜时，应选择在晴朗天气进行。首先将膜展开，待晒热后再拉直，为使薄膜拉紧、绷展，在薄膜的两端缠上小竹竿以便操作。先将一头越过端墙在外部下面 10 ~ 20 cm 处固定，然后再将另一头拉紧固定，最后用草泥在端墙顶堆压薄膜。东西固定好后，用同样的方法固定上下端。

4. 暖棚的管理

（1）扣棚和揭棚：一般情况下，我国北方适宜扣棚时间为 10 月末至 11 月初。扣棚可随气温的下降由上向下逐步增加面积。揭棚的适宜时间为每年的 4 月初，应随气温的升高逐渐增加揭棚面积，直接将薄膜全部揭掉。

（2）防风雨：要将薄膜固定牢固，以防大风天气将薄膜全部刮掉。下雪时，要注意观察，并及时清除薄膜表面的积雪。

（3）防严寒：修建暖棚时，应备有足够数量的厚纸和草帘，在特别寒冷的时节或寒流侵袭时，将厚纸和草帘盖在塑膜上，以增强保温效果。

（4）适时通风换气：不论是多么寒冷的季节，都应进行通风换气。通风换气应在午前或午后进行，每次以 0.5 ~ 1.0 h 为宜。依饲养羊头数的多少、不同羊对寒冷的耐受力、气温情况灵活增减通风换气次数和换气时间。

（5）定期擦拭薄膜：及时除掉薄膜表面的冰霜，以免影响薄膜的透光性。发现某一局部出现漏洞时，应及时修补。

学习情境六　南江黄羊的高效繁殖技术

工厂化南江黄羊生产的核心是南江黄羊母羊的高效繁殖。南江黄羊母羊的繁殖率高低，直接影响到南江黄羊生产的经济效益。因此，在工厂化南江黄羊生产体系中，不仅要对南江黄羊母羊实行高效繁殖，还同时要实行高频率繁殖，两者紧密相关，互为补充。这里所谓的高效繁殖，是指每次每只南江黄羊母羊繁殖的羔羊数量、质量和生产效益的高效；而高频率繁殖，则是指在每年内每只南江黄羊母羊的繁殖效率的高效。要达到这两种高效，不从根本上改变现有的南江黄羊生产模式，不采用高效繁殖的生物工程配套技术，是不可能实现的。本学习情境将从生殖生理、生殖激素、高效繁殖生物工程激素的理论和进展、各种配套激素的操作规程、常规繁殖激素的改造等多方面予以论述。

项目一　南江黄羊高效繁殖的生殖基础

繁殖是南江黄羊生产中的关键环节，其繁殖过程，是指公、母羊通过交配使精、卵细胞结合达到母羊怀孕，最后分娩产羔并哺育成活至羔羊断奶（离母）的全部过程。这一过程是增加羊只数量，提高羊群质量，实现养羊业高产、高质、高效的基础。因此，应尽力发挥优良种羊，特别是优良公羊的作用，才能达到提高养羊效益之目的。但传统的配种方法，对种公羊影响很大，不利于优良种公羊种用价值的发挥，也严重地阻碍了圈养山羊繁殖性能的提高，使之难以实现养羊生产的目标。对此，应从掌握南江黄羊的繁殖规律入手，革新繁殖技术，以提高南江黄羊的繁殖力和生产性能。

任务一　南江黄羊的生殖器官与生殖机能特点

一、南江黄羊公羊的生殖器官

南江黄羊公羊的生殖器官包括：睾丸、附睾、输精管和尿生殖道、精囊腺、前列腺、尿道球腺及输精管壶腹和阴茎。南江黄羊公羊的生殖器官有产生精子、分泌雄激素，以及将精液运入南江黄羊母羊生殖道内等作用（图 6-1）。

1. 睾　丸

睾丸是产生精子的场所，也是合成和分泌雄性激素的器官，它能刺激南江黄羊公羊生长发育，促进第二性征及副性腺发育等作用。

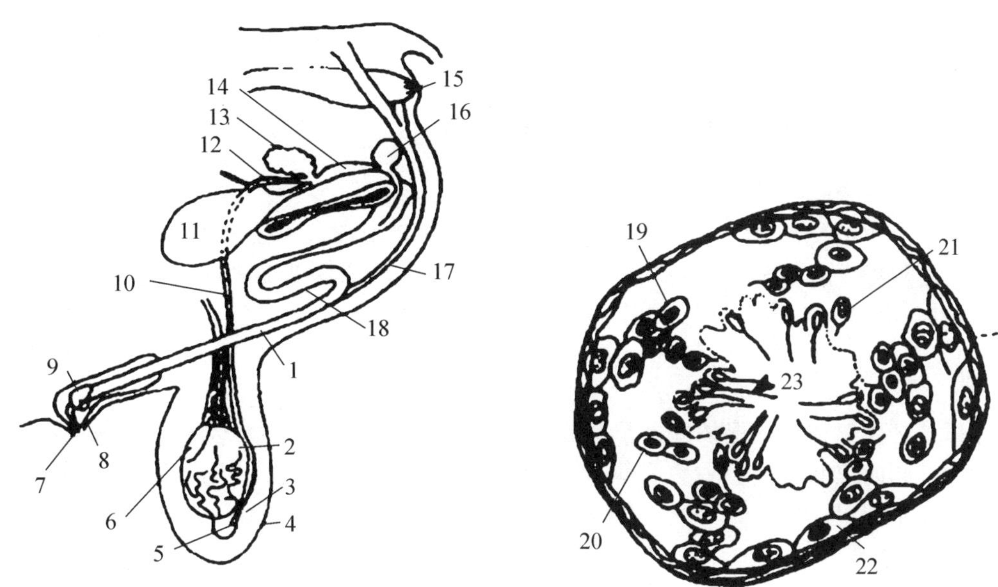

图 6-1　公羊的生殖器官

1—阴茎；2—睾丸；3，6—附睾体；4—阴囊；5—附睾尾；7—阴茎前端；8—包皮；9—龟头；10—输精管；11—膀胱；12—输精管壶腹；13—精囊腺；14—前列腺；15—直肠；16—尿道球腺；17—阴茎收缩肌；18—S 状弯曲；19—初级精母细胞；20—次级精母细胞；21—精细胞；22—精原细胞；23—精子

睾丸在胎儿未出生时，位于腹腔外面，当胎儿发育到一定时期（胚胎发育中期），它就和附睾一起通过腹股沟管进入阴囊，分居在阴囊的 2 个腔内。生后的南江黄羊公羊睾丸若未下降至阴囊，即会成为“隐睾”。两侧隐睾的南江黄羊公羊完全丧失繁殖能力，单侧隐睾的南江黄羊公羊具有繁殖能力，但隐睾往往有遗传性。所以，两侧或单侧隐睾的南江黄羊公羊均不能留作种用，应及时淘汰。

成年南江黄羊双侧睾丸重 120 ~ 150 g，每克睾丸平均每天可产生精子 3.4×10^7 ~ 3.7×10^7 个。

2. 附　睾

附睾贴附于睾丸的背后缘，分头、体、尾三部分。附睾头和尾部较大，体部较窄。附睾是精子储存和最后成熟的场所，也是排出精子的管道。此外，附睾管口上皮稀薄分泌物可供给精子营养和运动所需要的物质。由于附睾温度比体温低 4 ~ 7 °C，呈弱酸性（pH 为 6.2 ~ 6.8）和高渗透压环境，因而对精子的活动有抑制作用，从而使精子在附睾中保持有受精能力的时间持续 60 d。

长期不采精、非繁殖季节和夏季高温天气时，最初几次所采的精液品质往往比较差，这个时期的精液不能用于配种。

3. 输精管

输精管是精子由附睾排出的通道。它是一根厚壁坚实的束状管，分左右 2 条。一端始于附睾尾部，并由腹股沟管进入腹腔，再向后进入骨盆腔到尿生殖道起始部的背侧；另一端开口于尿生殖道黏膜形成的精阜上。

4. 副性腺

副性腺包括精囊腺、前列腺和尿道球腺。射精时，副性腺分泌物与输精管壶腹的分泌物混合，形成精清。精清与精子共同组成精液。精清不但稀释精子，扩大精液量，而且有助于精液输出体外和在南江黄羊母羊生殖道内的运行，激发精子活力和营养精子等作用。

5. 阴　茎

南江黄羊公羊的交配器官，主要由海绵体构成。成年南江黄羊公羊阴茎长约 30 ~ 35 cm，阴茎较细，在阴囊之后有 S 状弯曲。南江黄羊公羊必须是先有阴茎的勃起，而后才能有正常的射精。

6. 阴　囊

位于体外，主要作用是保护睾丸及调节睾丸处于适合温度。当天气炎热时，阴囊的皮肤汗腺分泌增加，同时皮肤松弛，阴囊下垂，使温度易于散发；当天气寒冷时，阴囊收缩，使睾丸贴近腹下，便于保温。

二、南江黄羊公羊的生殖机能特点

1. 南江黄羊公羊的性成熟与适宜的初配年龄

性成熟是一个连续的过程。南江黄羊公羊达到性成熟的年龄与体重增长速度呈一致的趋势。体重增长快的个体，其达到性成熟的年龄要比体重增长慢的个体早。群体中若有异性存在，可促进性成熟提前。

南江黄羊公羊在达到性成熟时，身体仍在继续生长发育，并且降低繁殖力。通常要求南江黄羊公羊的体重在接近成年时才开始配种。

2. 南江黄羊公羊的繁殖季节

南江黄羊公羊与南江黄羊母羊相比，繁殖季节虽然不明显，但其精子生成、精液品质和性欲以及受精能等，都有明显的季节性差异。一般情况下，南江黄羊公羊的繁殖机能，以秋季最高，精子数、精子活力、精子代谢等重要指标，也以秋季为最好。在工厂化高效南江黄羊生产中，南江黄羊母羊的配种时间已由单一的秋配，调整到一年四季的配种。根据这种新生产体系的需要，对南江黄羊公羊必须实行合理的生殖能力保健。南江黄羊公羊在非繁殖季节出现的生殖能力下降或生殖障碍，其主要问题是睾丸的生精机能下降，性欲降低。

3. 南江黄羊公羊的繁殖力与环境对繁殖的影响

南江黄羊公羊精子形成的周期大约为 49 d。公羊精子生产的能力，3 ~ 4 岁以后随年龄增长而增加，其繁殖性能不因年龄增长而减弱。提高精液品质和精子生产力，必须有适度的营养供给，营养不良或营养过度都有害于南江黄羊公羊生殖能力。

南江黄羊公羊的性欲与受精能力之间不呈正相关关系。射精的频度、精子活力、精子存活时间及畸形精子率，特别是精子顶体完整率，与该南江黄羊公羊的受精能力，具有显著的相关性。

夏季气候炎热时，高温对南江黄羊公羊的生精机能和繁殖力影响很大，南江黄羊公羊经过 3 ~ 5 d 高温后，会突然出现射精量减少、精子活力下降的现象，畸形精子和死精子明显增多。南江黄羊公羊精子的适宜发生温度为 15.6 ~ 29.5 °C。

光照时间过长，对南江黄羊公羊的生精机能也会产生不良影响。随着日照时间的增加，睾丸内的生精上皮细胞遭受破坏。一般短日照南江黄羊公羊的射精量、精子浓度、睾丸重和附睾内的精子数均比长日照的要高。

给南江黄羊公羊饲喂富含蛋白质的饲料，可以促进精子的生产，而饲喂低蛋白质饲料则可使南江黄羊公羊生精机能降低。研究结果表明：生理碱性饲料适于南江黄羊母羊，生理酸性饲料适于南江黄羊公羊。若相反使用，易使繁殖力降低。

三、南江黄羊母羊的生殖器官

南江黄羊母羊的生殖器官主要由卵巢、输卵管、子宫、阴道及外生殖道等部分组成（图 6-2）。

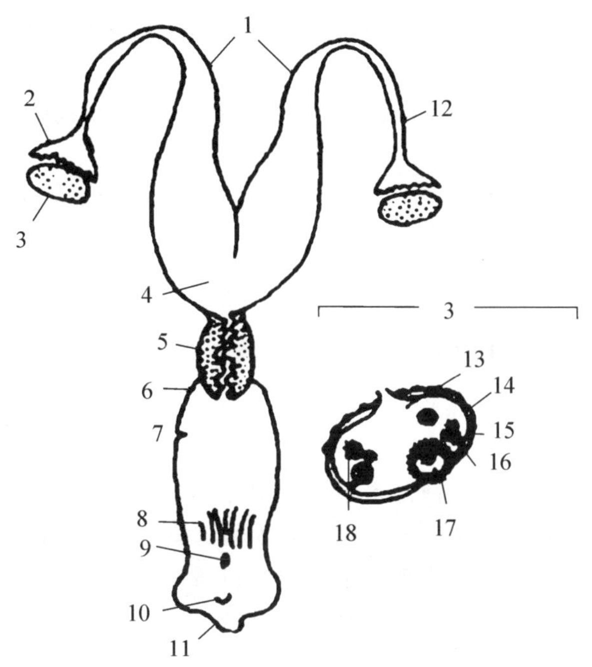

图 6-2　母羊的生殖器官

1—子宫角；2—喇叭口；3—卵巢；4—子宫体；5—子宫颈；6—阴道穹窿；7—阴道；8—前庭；9—尿道开口；10—阴蒂；11—阴门；12—输卵管；13—皮质；14—生殖上皮；15—白膜；16—初级卵泡；17—葛拉夫氏卵泡；18—次级和三级卵泡

1. 卵　巢

卵巢是南江黄羊母羊生殖器官中最重要的生殖腺体，位于腹腔的下后方，由卵巢系膜悬在腹腔靠近体壁处，左右各 1 个，质地坚韧，性质像卵，呈扁圆形，长 0.5 ~ 1.0 cm，宽 0.3 ~ 0.5 cm。卵巢组织分内外 2 层，外层的皮质层产生卵泡，生产卵子和形成黄体；内层的髓质层分布有血管、淋巴管和神经。卵巢的功能是生产卵子和分泌雌激素。

2. 输卵管

位于卵巢和子宫之间，为一弯曲的小管，管壁较薄。输卵管的前口呈漏斗状，开口位于腹腔，称输卵管伞。输卵管靠近子宫角的一端较细的部分称为峡部。输卵管的功能是使精子和卵子受精结合和开始卵裂，并将受精卵送到子宫。

3. 子　宫

子宫为一膜囊，位于骨盆腹腔前部、直肠下方和膀胱上方，由 2 个子宫角、1 个子宫体、1 个子宫颈组成。子宫口及子宫体的伸缩性极强，妊娠子宫由于面积和厚度增加，重量以及容积比未妊娠子宫增加 10 倍以上。子宫角和子宫体的内壁有许多盘状组织，称为子宫小叶，是胎盘附着母体取得营养的地方。子宫颈的后部突出于阴道中，不发情和怀孕时子宫颈紧闭，发情时稍微张开，便于精子进入。子宫的主要生理功能：一是发情时，子宫借助肌纤维有节律地、强而有力地收缩运送精子；分娩时，子宫强而有力地阵缩排出胎儿。二是胎儿发育生长的场所。子宫内膜形成的母体胎盘与胎儿胎盘结合后，形成胎儿与母体交换营养和排泄物的器官。三是在发情期前，内膜分泌的前列腺素对卵巢黄体有溶解作用，使黄体机能减退，并在促卵泡素的作用下引起南江黄羊母羊发情。

阴道为一富有弹性的肌肉腔体，是交配器官、产道和尿道。阴道的功能是排尿，发情时接受交配、接纳精液，分娩时为胎儿产出的产道。

南江黄羊母羊发情时，阴道上皮细胞角化状况有显著的变化，依此可对南江黄羊母羊的发情排卵作出准确的判断。

四、南江黄羊母羊的繁殖特性

1. 繁殖季节

南江黄羊和绵羊的共同繁殖特征是繁殖有较明显的季节性，属季节性多次发情。在野生状态下，南江黄羊母羊的繁殖期都很短。由于人为地选择和淘汰，南江黄羊母羊的繁殖季节大大延长，形成特有繁殖季节，其出现的早晚与饲料条件、营养状况、妊娠、分娩、泌乳、育羔、光照和品种等有密切关系，受环境因素的调节，南江黄羊母羊一般在夏、秋、冬 3 个季节有发情表现。从晚冬到第二年夏天的这段时间，南江黄羊母羊一般不表现发情，但在大多数情况下的卵巢中，都存在有正常发育的中型直至大型的卵泡，这些卵泡通常不持续发育，不能达到排卵。但在此时对南江黄羊母羊进行生殖调控处理，存在的卵泡可能继续发育，并出现发情和排卵。

实际生产中，把南江黄羊繁殖的季节性同羔羊生长需要的季节气候，围绕肉南江黄羊的生产需求有机地结合起来，以利养羊经济效益的提高。

2. 发情与发情周期

南江黄羊母羊能否正常繁殖，取决于能否正常发情。绵羊和山羊发情周期及发情持续期的比较见表 6-1。

表 6-1　绵羊和山羊发情周期及发情持续期的比较

种　类	发情周期/d	平均范围/d	发情持续期/h	排卵时间
绵　羊	16.7	14 ~ 19	24 ~ 36	发情快结束时
山　羊	20.6	18 ~ 22	26 ~ 42	发情结束后不久

3. 妊娠期

妊娠期因品种、胎次和单双羔等因素而有差异。南江黄羊妊娠期平均为 150 d。

4. 多产性

南江黄羊母羊的多产性因品种、个体和营养状况的不同而有明显的差异，通过选育和采取营养调控、生殖调控等措施，可以提高南江黄羊母羊的多产性能。

据研究，南江黄羊母羊的多产性具有明显的遗传性。采用营养调控，加强配种前的南江黄羊母羊营养，实行配种前的短期优饲，每增加 4 ~ 5 kg 活重，双羔率可提高 5% ~ 10%。采用生殖免疫调控，则可使南江黄羊的双羔率达到 50%。

任务二　南江黄羊的选种选配

一、种羊的选择

南江黄羊的选种包括种羊的选留和本品种的选择，具体地讲，就是把那些符合期望要求的个体，按不同标准从现有羊群中选出来，让它们组成新的繁殖群再繁殖下一代，或者从别的羊群中选择那些符合要求的个体加入到现有的繁殖群中来，经过这样反复的多个世代的选择工作，不断地选优去劣，最终达到：一是使羊群的整体生产水平得到进一步提高；二是把羊群变成一个全新的群体或品种。俗话说“公羊好一坡，母羊好一窝”正是这个道理。选择的主要性状多为有重要经济价值的数量性状和质量性状，如肉用羊的体重、产肉量、屠宰率、生长速度、繁殖力等。

1. 种羊选留

即选择符合生产方向和品种标准的羊留作种用。在选留中，对种公羊的选留特别重要，南江黄羊种羊的选留，从总体上讲，应符合下列条件：

（1）符合南江黄羊的品种特征、特性及品种标准的要求。

（2）健康无病，无生理缺陷，生殖器官正常。

（3）凡有遗传缺陷和携带致死（半致死）基因的个体（如下颌短、猫耳朵、角内错等）一律不得留作种用。

（4）注意选留来自多羔的个体作种用。

2. 亲本品种的选择

在杂交利用上，亲本品种的选择十分重要。虽然南江黄羊是我国目前肉羊生产的最佳品种选择，但在生产效益上，不同品种组合存在差异。因此，以南江黄羊为主要亲本改良其他地方山羊品种时，在组合上应把握如下要点：

（1）改良品种的生产性能或某经济性状指标应高于被改良品种的生产性能或经济性状指标。

（2）杂交组合中，品种间的配合力要强，并以杂种优势率的高低来度量。例如：以南江黄羊为父本与川东白山羊杂交的杂种优势率，六月龄和周岁羊体重分别达到 38.44% 和 51.74%，与巴山本地羊杂交为 17.86% 和 18.58%。

（3）改良地方山羊品种时，应注意保留被改良品种本身的优良特性。例如河南槐山羊的板皮驰名中外，素有“槐皮”之称，在引种改良时不能只考虑增长快，产肉多，还要考虑引入品种对板皮性能的影响。应用南江黄羊改良本地槐山羊，所获改良公羔周岁的体重提高 165.1%，而且板皮张幅增大，品质提高，深受当地的好评。

（4）被选亲本品种的适应性，尤其父母本品种都需引入发展商品肉羊产品生产的地方，在注意肉用生产性能及品种间配合力的同时，还应注意本品种的适应性。

此外，引种纯繁利用，不只是考虑生产性能，首先要考虑品种的适应性，因为品种生产能力再好，不适应引种地的生态环境也是徒劳的，往往会被自然淘汰，且在同一品种内也应选择不同的类群或群系进行配套利用。

二、选配的原则

1. 个体选配

群体不大或育种核心群，按照生产目的和育种目标，根据每只公、母羊在生产性能和外貌结构上的优缺点，制订个体选配计划，安排公、母羊的配对，并通过后裔鉴定，选定最佳配种组合。

2. 等级选配

将基础羊群按照生产性能、体型外貌进行分级，按级确定与配公羊，同时对公羊也进行评定等级。等级选配的原则是公羊的等级一定要高于或等于母羊。

3. 亲缘选配

按交配双方血缘关系的远近又分为亲缘选配和非亲缘选配。凡作种用生产的羊只都应弄清公、母之间的亲缘关系，避免近亲，特别是嫡亲（也即是父女、同胞、半同胞间）交配。具体地说，一般在 7 个世代以内具有共同祖先的个体间的交配，属于亲缘选配。而在 7 个世代以外才有共同祖先的个体间的交配，属于非亲缘选配。亲缘关系较近的个体，交配后代的亲缘系数（又叫近亲系数），大于 0.78% 者称为近交，小于 0.78% 者称为远交。

4. 同质选配

在同一品种内，以相同等级、性状的公母羊进行交配，对优秀羊群尤为重要。同质选配的优点是能较好地巩固和保持优良性状，增加群体中纯合基因型频率。

5. 异质选配

异质选配是指选择具有不同优点的公、母羊进行交配，以期获得结合双亲优良性状的后代，并创造出一个新的类型。但不能用某性状存在相反缺点的公、母羊交配，例如南江黄羊具有背腰平直、腹与胸近平的良好特点，如有弓背与凹背或卷腹与垂腹的羊只都不能留作种用进行交配。

任务三　南江黄羊的配种方法

一、自然交配

自然交配是让公、母羊直接交配，也称为本交。根据生产计划和选配的需要，按管理方式可分为自由交配和人工辅助交配。

1. 自由交配

按一定公、母比例（通常是 3% ~ 5%）将公羊和母羊同群放牧饲养，母羊发情时便与同群的公羊进行自由交配。这种方法又叫群体本交，其优点是可以节省大量的人力、物力，也可以减少发情母羊的失配率。但这种方法弊端也较多。

（1）公、母混群（混圈）饲养相互追逐，影响采食和抓膘。

（2）公羊需求量大，特别是零散圈养更相应地增大公羊数量，不仅难以保证配种公羊的质量，也不利于优秀种公羊作用的发挥。

（3）无法进行年龄、等级选配，导致“小配老”“老配小”“劣质母羊受配劣质公羊”，影响群体品质。

（4）公母混交，无法弄清后代血缘关系，导致近亲衰退。

（5）自由交配，使产羔分布零星，相应地增大饲养管理的难度。

（6）羊在同一群（圈）内的体重和年龄大小难以整齐，早配、早产极易发生。

（7）无法记录配种日期，致使保胎、护产工作难以到位，易造成意外损害和母羊早产、流产等。

（8）公羊精力耗损大，降低精液品质，影响受胎率的提高。

2. 人工辅助交配

平时将公母羊分开饲养，经发情鉴定后，将发情母羊与选定的公羊交配。这种方法克服了自然交配的缺点，有利于落实选种、选配措施，可克服自由交配的一些弊端；特别是可防止近亲和早配给养羊生产带来的危害，也减少了公羊的体力消耗，有利于母羊群采食，并能准确记录配种时间，做到有计划地安排分娩和产后管理等。人工辅助交配需要对母羊进行发情鉴定、试情和牵引公羊，花费的人力、物力相对较多。山丘农村专户养羊和农户零散圈羊，可采用这种方法，设立配种点（群），专户（专群）饲养配种公羊、负责广大农家饲养的母羊配种。但必须熟悉地掌握发情鉴定技术，否则会延误配种时机，影响产羔。

自然交配降低了种公羊的利用率，容易引起由生殖器官交配时接触引起传染病的发生。

二、人工授精

人工授精是用器械，以人为的方法采取公羊的精液，经过精液品质检查和一系列处理，再通过器械将精液输入到发情母羊生殖道内，从而使母羊受孕的配种方式。人工授精除可以克服自然交配所带来的弊端外，最重要的还在于扩大优良种公羊的利用率和母羊的受胎率，并可防治和减少生殖道疾病的传染。

人工授精，可分鲜精、冷冻精液等两种。冷冻精液人工授精又包括颗粒冷精液和细管冷冻精液。目前，在养羊业发达的地区和国家，人工授精在山羊的繁殖上仍是一种先进方法。至少在胚胎移植、克隆（无论是细胞、受精卵，还是胚胎克隆）尚未广泛应用于山羊生产之前，鲜精和冻精的人工授精仍是山羊生产上值得信赖和推崇的技术。

任务四　提高南江黄羊繁殖能力的有效途径

一、培育高繁殖力品系

选育高产母羊是提高繁殖力的有效措施，坚持长期选育可以提高整个羊群的繁殖性能，一般采用群体继代选育法，即首先选择繁殖性能较好的母羊组成基础群，作为选育零世代羊，以后各世代繁殖过程中实行闭锁繁育，但应避免近亲交配，第三世代群体近交系数控制在 12.5% 以内，随机编组交配，严格选留后代种公羊、种母羊。

1. 根据出生类型选留种羊

母羊随年龄的增长其产羔率有所变化，一般若初产母羊产的是双羔，则除了其本身繁殖力较高外，其后代也具有繁殖力高的遗传基础，这些羊均可选留作种用。

2. 根据公、母羊的外形选留种羊

（1）公羊的选留。

① 唇：上下唇吻合要好，如差异大，容易遗传给后代。

② 鼻：鼻拱的羊对环境的适应力较强，尤其对高温变化更能适应。

③ 角：除角型外，以深色角较浅色角繁殖力高。

④ 皮肤：与湿度有关，湿度较大的地方，一般皮肤较松弛、薄一点的好。

⑤ 体型：自上而下看公羊体型，要背腰平直、步行平稳、肩部匀称、体躯丰满，侧看呈砖块型或圆桶形。

⑥ 睾丸：对称，周径大，弹性好，用手触摸无硬结，睾丸周围皮肤紧凑，与主体色一致，睾丸越大，精子质量和数量越优。

（2）母羊的选留。

① 尻部：尻长而宽，充实平坦，倾斜适当，角度为 30° 左右，易于配种。如平尻者，自然交配就很困难。

② 蹄部：黑色蹄部，蹄壳坚硬，如较软，母羊怀孕负重过大，配种时不易受孕。

③ 乳房：左右乳房发育均等，前部向下腹部延伸，后部突出两股之间，各部宽广，质地柔软，乳头大小适中，挤奶后乳房收缩有小皱纹。

④ 坐骨间距离要宽。

⑤ 腹部较大，从上向下看似三角形。

⑥ 阴部较大呈桃形。

二、调整羊群结构，提高最佳繁殖年龄羊的比重

母羊承担着繁育羔羊的重任，南江黄羊母羊在 3 ~ 5 岁时处于最佳生育状态，随后生育能力会逐渐降低，到 6 岁后会逐渐出现一些生育障碍，并由于体况差，繁活率会大大降低。提高适龄母羊的比例是提高羊群繁殖力的重要措施。如果让适龄母羊的比例在整个羊群中达到60%，可大大提高羊群的繁殖力。

三、应用同步发情技术，合理安排配种、产羔计划

同步发情技术就是人为地干预原本处于发情周期不同阶段（卵泡期或黄体期的早、中、晚期）的同群母羊，统一调整到同一基准上，达到发情同期化目的，使大多数母羊在一定时期内发情、排卵，在短期内集中进行人工授精或胚胎移植。

采用同期发情技术，将产羔安排并适当集中在良好季节，可使用“前列腺素”或“三合激素”等进行同期发情，于每年 5 月、11 月为春配和秋配，10 月和 4 月抓好秋繁和春繁，并立足于把产配间隔调整和控制在 3 ~ 5 周内，完全可实现母羊一年两产，力求多产多胎、多羔。

四、加强饲养管理，提高营养水平

营养水平是影响公、母羊繁殖性能的重要因素。由于气候季节性变化，存在着牧草供给季节性不平衡，枯草季节，羊采食不足，身体瘦弱，影响羊的繁殖受胎率和羔羊成活率，在母羊体况瘦弱，处于体况评分最小的危险时期，及时进行补饲，可以提高体况分，保证母羊怀孕，见图 6-3。

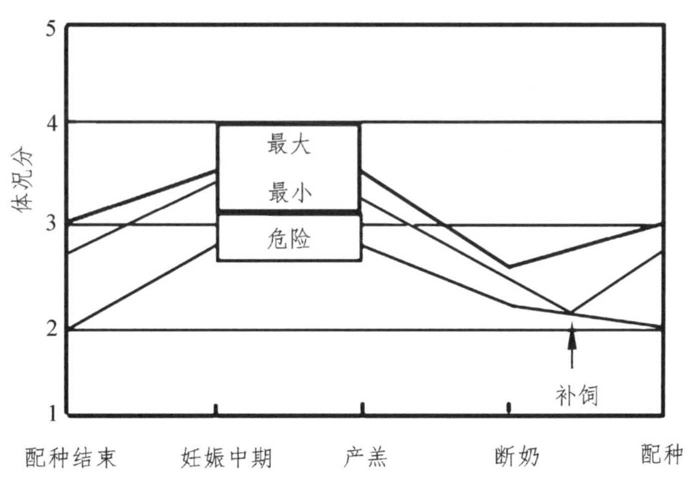

图 6-3 母羊生殖周期与体况评分曲线

配种季节应加强公、母羊的放牧补饲，配种前两个月应满足羊的营养需求。一方面延长放牧时间，早出晚归，尽量使羊多采食；另一方面还应适当补饲草料，所补草料不仅要富含蛋白质、脂肪、碳水化合物，还应注意维生素和矿物质的补充。

在抓膘催情的同时，也要注意不要使繁殖种羊过度肥胖，否则，会导致脂肪阻塞输卵管进口形成生理性不孕。公羊过度肥胖，引起睾丸生殖细胞变性，产生较多的畸形精子和死精子，无授精能力，其措施是注意合理的日粮搭配，同时保证种公羊的适当运动。

任务五 南江黄羊生殖的内分泌控制

一、生殖激素对南江黄羊公羊生殖的调节

1. 下丘脑—垂体—睾丸轴

南江黄羊公羊的生殖功能有赖于生殖器官与下丘脑和垂体之间的相互协调，而南江黄羊公羊的生殖力功能却表现出更复杂的特点。睾丸的 2 种主要功能，即分泌类固醇激素和产生精子，在解剖学上是分开的，雄激素的生物合成发生在睾丸的间质细胞，生精作用则发生在曲精细管。腺垂体通过促性腺激素（GTH），包括 FSH（促卵泡素）和 LH（促黄体素）的分泌参与控制这两种功能。而腺垂体本身又受到中枢神经系统许多部位的调节，这些部位通过下垂脑的促性腺激素释放激素（GnRH）实现协调控制。下丘脑—垂体—睾丸之间的关系形成轴的关系，在一个协调的反馈体系中互相影响（图 6-4）。

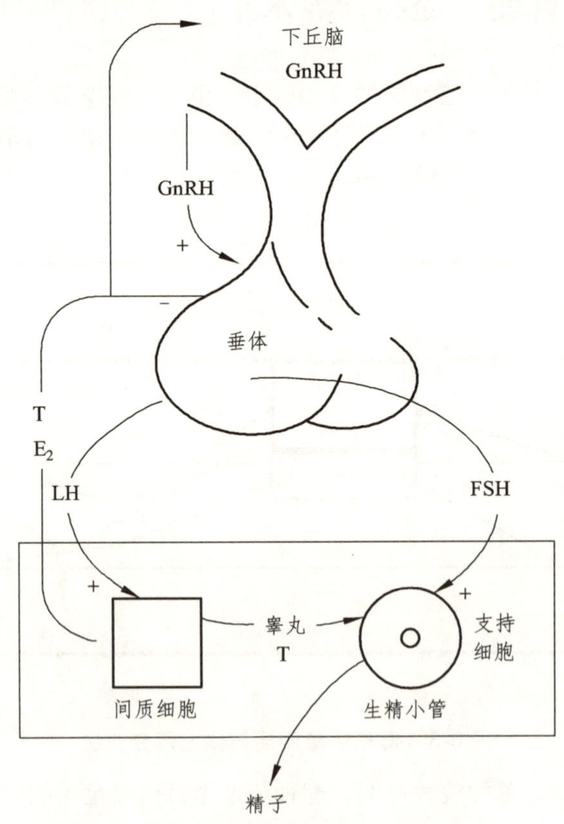

图 6-4 睾丸雄激素生物合成的激素调节

GnRH—促性腺激素释放激素；E—雄激素；FSH—卵泡刺激素；LH—黄体生成素；T—睾丸酮

下丘脑分泌的 GnRH 促使垂体释放 LH 和 FSH。当 LH 与睾丸间质细胞上的特异膜受体结合后，即诱导出一系列的反应，最终导致睾酮及雌二醇分泌。这些性腺激素又作用于下丘脑和腺垂体，通过负反馈机制来调节垂体促性腺激素（GTH）的释放。间质细胞分泌的睾酮与曲精细管的支柱细胞内的胞浆受体结合，这是精子分泌的关键。FSH 与支柱细胞的膜受体的结合对诱导生精过程有重要作用，从支柱细胞释放的抑制素能抑制 FSH 的分泌。

2. 初情期与性成熟的内分泌调节

南江黄羊公羊从胎儿期性腺分化开始，睾丸间质细胞就在促性腺激素的作用下暂时性分泌雄激素。

初情期的启动有赖于下丘脑—垂体—睾丸轴的成熟，表现为丘脑下部对睾丸类固醇总反馈降低，GnRH 分泌的频率和量明显增加，垂体对 GnRH 的熟悉性及睾丸对 LH 和 FSH 的熟悉性增加。

3. 繁殖季节的内分泌调节

多数南江黄羊公羊睾酮浓度最高值是在秋季，最低值在春季。繁殖和非繁殖季节南江黄羊公羊 LH 和睾酮分泌模式见表 6-2。

表 6-2 繁殖和非繁殖季节公羊 LH 和睾酮分泌模式

项　目	繁殖季节 9 月	非繁殖季节 5 月
平均 LH 水平/（ng/mL）	2.46±0.36	1.81±0.18
24 小时 LH 峰次数	5.40±2.28	3.60±0.75
最高峰值/（ng/mL）	6.33±2.28	6.50±0.70
平均睾酮水平/（ng/mL）	5.22±0.66	1.24±0.24
24 小时睾酮峰次数	5.40±0.98	3.20±0.66
最高峰值	9.81±0.79	3.97±0.80
每次 LH 峰间隔/min	52.16±3.55	54.50±2.29

这种激素分泌变化将会影响到南江黄羊公羊的生殖能力，使南江黄羊公羊的睾丸体积经历 3 个阶段的变化：退化（睾丸体积最小）、发育（体积增大）和活跃（体积最大），LH 释放的频率和幅度变化与上述 3 个阶段同步。

从下丘脑—垂体—睾丸轴对光周期反应可知，环境因素对性腺轴有直接作用。光照与周期性变化可以改变下丘脑对类固醇负反馈作用的熟悉性。对南江黄羊公羊来说，随着光照逐日缩短，这种熟悉性减弱，促性腺激素和性腺激素的分泌增加，精子生成机能增强，睾丸重量随之增加，光照周期的变化还可以通过调节松果腺激素的分泌及甲状腺激素和促乳素的分泌影响南江黄羊公羊的性活动。褪黑色素是松果腺分泌的一种激素，血浆中的浓度每日都有波动，黑暗时出现峰值。若采用抗褪黑色素处理可以达到抗松果腺活性的作用，达到刺激生殖系统活性的目的。长时间过高的环境温度，特别是热应激可以降低睾丸的内分泌和生精功能。

精子发生的内分泌调节：精子发生的过程从启动到完成都受这内分泌的调节，涉及多种生殖激素，其中最主要的有睾丸分泌的雄性激素和抑制素、下丘脑分泌的 GnRH、垂体分泌的 FSH 和 LH。

睾丸的生精功能主要受垂体促性腺激素（FSH 和 LH）的调节。FSH 对精子发生的调节作用是通过支持细胞实现的。FSH 首先维持支持细胞的分裂，其次与支持细胞膜上的受体结合，刺激雄激素结合球蛋白（ABP）的合成，而 ABP 对生殖细胞发育和分化为成熟的精子起着至关重要的作用。FSH 也可和精原细胞上的受体结合，直接启动精原细胞的分裂和刺激早期精母细胞的发育。FSH 还可刺激支持细胞产生一种或多种分泌因子，作用于间质细胞，以增强其对 LH 的反应性，提高睾酮的产量。

LH 对南江黄羊公羊作用的靶细胞是间质细胞，与膜上的 LH 受体结合，刺激睾丸雄激素的分泌，维持生精所需的雄激素浓度。

二、生殖激素对南江黄羊母羊生殖的调节

1. 下丘脑—垂体—卵巢轴

与南江黄羊公羊相似，南江黄羊母羊的生殖功能一方面受到垂体和下丘脑的控制，另一方面也受到卵巢类固醇激素对下丘脑和垂体活动的反馈调节，这种相互影响、相互制约的关系即下丘脑—垂体—卵巢轴。这个轴的活动亦受到其他中枢，特别是大脑皮层高级中枢的控制，见图 6-5。

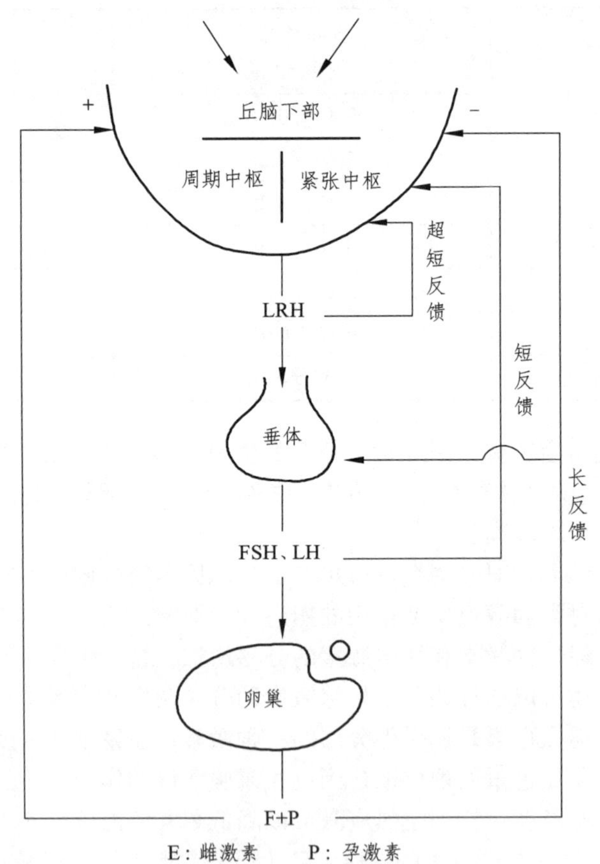

图 6-5　下丘脑—垂体—卵巢轴

2. 脑垂体对卵巢活动的调节

南江黄羊母羊卵巢的生卵功能和内分泌功能都能直接受脑垂体的控制，它通过分泌 FSH 和 LH 来实现对卵巢功能的调节作用。

FSH 能刺激卵泡生长，是卵泡发育成熟所必需的。FSH 与卵泡颗粒细胞膜上的特异受体结合，通过颗粒细胞影响卵子。FSH 在卵泡发育中的作用主要有促进内膜细胞的分化、促进颗粒细胞增生和刺激来源泡液的分泌，使卵泡及其内腔增大，同时伴有整个卵巢的增大。卵泡发育的以上 3 个阶段必须有 FSH 参加。只有当 FSH 与少量的 LH 共同作用时，成熟的卵泡才能排卵，分泌雌激素和孕激素。因此，LH 是促进卵泡类固醇生成所必需的。血液 LH 水平的突然升高（LH 峰）是触发排卵的主要原因，LH 同时也是黄体维持所必需的，LH 可以促进黄体细胞分泌雌二醇和孕酮。

3. 卵巢类固醇激素对生殖功能的调节

卵巢类固醇激素主要指雌二醇、孕酮和睾酮，它通过下丘脑—垂体—卵巢轴的正负反馈影响南江黄羊母羊的生殖活动。

雌激素主要由成熟卵泡和黄体分泌，其主要生物学作用是维持和促进南江黄羊母羊生殖器官和副性腺的发育。雌激素对子宫的作用主要是促进子宫内膜细胞分裂，产生典型的增殖变化，参与发情周期的形成，在雌激素的作用下，宫颈分泌的黏液量增大，黏液稀薄，有利于精子的穿透。雌激素可使阴道上皮细胞角化增加，增强输卵管的活动，对卵巢有直接和间接的作用，通过下丘脑和垂体，发挥正、负反馈两个方面的调节作用。在正常情况下，雌激素与促性腺激素协同促进卵的发育，也能刺激 LH 的分泌，促进黄体生成。大剂量的雌激素可以反馈性地使 FSH 分泌减少，雌激素和孕激素一起使用，能抑制 FSH 和 LH 的分泌，人类用复合避孕药正是基于此原理设计的。

孕激素是由卵巢黄体细胞和胎盘合成的，其主要的生物学作用是抑制子宫肌的收缩，维持妊娠，刺激乳腺的发育。孕激素的作用大多需要以雌激素的作用为基础。

雄激素在南江黄羊母羊体内的生物学作用，主要与南江黄羊母羊的性欲和性冲动有关。

任务六　与南江黄羊繁殖有关的生殖激素

生殖激素的作用是复杂的过程，如南江黄羊公羊、母羊的生殖器官的发育，精子、卵子的发生、发育和成熟，黄体的形成、退化，整个南江黄羊母羊发情周期中激素变化，精-卵结合与受精，胎儿发育，母羊分娩，泌乳，等等，都是在激素的调节下相互协同、按照严格的顺序和反馈机制进行的。可以说，南江黄羊繁殖的任何生理过程无一不是在激素的直接或间接的控制下才得以实现的，它的力量常常很强，极少量的激素就可以发挥巨大的生理反应。因此，了解和掌握主要生殖激素的作用机理和各个激素之间的相互关系，对南江黄羊的反馈作用是十分重要的。激素不足或滥用激素会造成南江黄羊的体内生殖激素紊乱，致使公、母羊出现短期或长期的不孕。

一、生殖激素的分类

生殖激素根据来源和功能不同，可分为以下三大类：

（1）来自丘脑下部的释放激素。

该激素可控制垂体合成与释放激素有关的激素。

（2）来自垂体前叶的促性腺激素。

（3）来自睾丸和卵巢的性腺激素

对两性行为、第二性征和生殖器官发育和维持，以及生殖周期的调节起着重要的作用。

除此之外，来自胎盘的一些激素，有些与垂体促性腺激素相类似，有些与性腺激素类似。下面把一些直接或间接作用于生殖活动的激素名称、简称、来源、化学结构、主要用途列于表 6-3 中。

表 6-3　生殖激素的种类、来源、化学结构和生理作用

各类激素	激素名称（英文缩写）	主要来源	化学结构	作用器官	主要用途
松果腺激素	褪黑激素（MLT）	松果腺		垂体	抑制促性腺细胞对 GnRH 的应答反应
丘脑下部激素	促性腺激素释放激素（GnRH）	丘脑下部	多肽	垂体前叶	使垂体前叶释放 FSH 和 LH
	促乳素释放因子（PRF）	丘脑下垂	多肽	垂体前叶	使垂体前叶释放促乳素
	促乳素抑制因子（PIF）	丘脑下部	多肽	垂体前叶	抑制垂体前叶释放促乳素
促性腺激素	促卵泡素（FSH）	垂体前叶	糖蛋白	卵巢、睾丸精细管	促进卵泡发育，促进精子生成
	促黄体素或促间质细胞素（LH 或 ICSH）	垂体前叶	糖蛋白	卵巢、睾丸间质细胞	促进卵泡成熟、排卵及雌激素分泌，促进黄体生成并分泌孕酮，促进间质细胞分泌雄激素及精子成熟
	促黄体分泌素（LTH）或促乳素（PF）	垂体前叶或胎盘（啮齿类）	糖蛋白	卵巢、乳腺	刺激泌乳、维持黄体对孕酮的分泌（大白鼠、绵羊），维持雄激素的分泌，刺激雄性副性腺发育
	绒毛膜促性腺激素（HCG）	胎盘绒毛膜（灵长类）	糖蛋白	卵巢	主要类似于 LH，也有 FSH 的作用
	孕马血清促性腺激素（PMSG）	马胎盘（子宫内膜）	糖蛋白	卵巢	主要类似于 FSH，也有 LH 的作用

续表

各类激素	激素名称（英文缩写）	主要来源	化学结构	作用器官	主要用途
性腺激素	雌激素（雌二醇、雌酮等）（E）	卵泡、胎盘	类固醇	雌性生殖道、乳腺、丘脑下部等	刺激并维持雌性生殖道的发育及发情时的变化，刺激性欲及性兴奋；维持第二性征，增强子宫的收缩能力，刺激乳腺腺管系统的发育；对丘脑下部或脑垂体具有正、负反馈作用
性腺激素	孕酮（P_4）	黄体、胎盘	类固醇	雌性生殖道、丘脑下部等	与雌激素协同，促进生殖道发育；协同雌激素使母畜表现性欲及性兴奋；使子宫能够维持胚胎发育。刺激乳腺腺泡系统的发育，对垂体促性腺激素具有负反馈作用
	睾酮（T）	睾丸的间质细胞	类固醇	公畜生殖器官及副性腺	促进精子生成，刺激性欲
	松弛素	卵巢、胎盘	多肽	雌性生殖道，骨盆韧带	在雌激素预先作用下，使耻骨联合、骨盆韧带及软产道松弛，能够扩张；抑制子宫收缩
	抑制素	卵巢、胎盘	多肽	丘脑下部、垂体	通过反馈作用，调节FSH的分泌，有时也能控制LH的分泌
垂体后叶素	催产素	垂体后叶	九肽	子宫、乳腺	刺激子宫及输卵管肌肉收缩，分娩时刺激子宫收缩。刺激乳腺肌上皮细胞收缩，引起放乳
局部激素	前列腺素（PGs）	各种组织	不饱和羟基脂肪酸	各种器官和组织	对于生殖器官的主要作用是：溶解黄体，出现再发情。使输卵管的平滑肌收缩或松弛，调节卵子的运行；与催产素协同作用，使子宫肌肉收缩，引起分娩的发生

以上激素都对生殖活动有直接影响，还有一些激素间接影响生殖活动，如垂体前叶分泌的促生长激素（STH）、促甲状腺素（TSH）、促肾上腺皮质素（ATCH），垂体后叶分泌的加压素（或抗利尿素 ADH），甲状腺分泌的甲状腺素，肾上腺皮质所分泌的皮质素和醛固醇，胰腺所分泌的胰岛素，甲状旁腺所分泌的甲状旁腺素，等。

二、促性腺激素释放激素（GnRH）

GnRH 由下丘脑分泌，它能控制垂体前叶分泌 2 种促性腺激素（FSH 和 LH），控制着垂体各种激素的分泌。这种激素具有高活性，较易大量合成，种间差异较小，分子量小，不致在体内产生抗体而使其生物学作用递减。它能促使体内自身调整以及可以避免副作用，因此，在医学临床和动物繁殖中的应用十分广泛。

GnRH 类似物是促排卵 2 号（LRHA2）和促排卵 3 号（LRHA3），国内它们主要由宁波第二激素等厂生产。其主要生理功能是：① 刺激垂体释放 LH 和 FSH。天然和合成的 GnRH 对公、母羊都有效应，注射后 15 min 血液中 LH 升至高峰，30 min 后 FSH 也升至高峰。② 刺激垂体加速合成 FSH 和 LH。③ 刺激排卵。④ 促进精子生成。

三、促性腺激素（GTH）

促性腺激素包括 FSH（促卵泡素）和 LH（促黄体素），由垂体前叶分泌。另外，PRL（催乳素）与黄体分泌孕酮有关，也是由垂体分泌。3 种促性腺激素的主要生物学作用如下：

1. FSH（促卵泡素）

其生物学作用主要有：① 促进卵泡生长发育，包括卵泡液的积聚、颗粒层细胞的增生、内膜细胞的发育等。② 促进卵泡成熟。③ 促进南江黄羊公羊精子的生成。

2. LH（促黄体素）

其生物学作用主要有：① 在 FSH 的协同下，能促进卵泡的最后成熟。② 增进卵泡颗粒层细胞的代谢和内膜层分泌雌激素，引起南江黄羊母羊的正常发情。③ 诱发成熟卵泡排卵和形成黄体。④ 维持妊娠黄体，具有早期保胎作用。⑤ 促进睾丸间质细胞的生理功能，与南江黄羊公羊的睾丸分泌睾酮有关。

3. PRL（促乳素）

其主要作用有：① 与雌激素协同作用乳腺管道系统，与孕酮共同作用于腺泡系统，与皮质类固醇激素一起激发和维持泌乳活动。② 促使黄体分泌孕酮。

四、性腺激素

性腺激素是由卵巢和睾丸分泌的激素，又称类固醇激素。

1. 雌激素（又称卵泡素、动情素）

雌激素包括雌二醇和雌酮 2 种，卵泡液是雌激素的主要来源，其主要作用如下：① 刺激并维持母畜生殖道的发育，在发情期促使母畜表现发情和生殖器官的生理变化。② 促进乳腺管状系统增长与孕酮共同刺激，并维持乳腺的发育。③ 刺激性中枢，使母畜发生性欲及性兴奋，这种作用是在少量孕酮的协同下发生的。④ 雌激素减少到一定量时，对丘脑下部和垂体前叶的负反馈作用减弱，导致释放促卵泡素。⑤ 刺激垂体前叶分泌促乳素。⑥ 使母畜发生并维持第二性征，如骨后软骨骨化早而骨骼较小，骨盆宽大，易于积蓄脂肪，皮肤软、薄，等。⑦ 怀孕期间，胎盘产生的雌激素作用于垂体，使其产生 LTH（促黄体分泌素），对于刺激和维持黄体的机能很重要，到怀孕足月时，胎盘雌激素增多，可使骨盆韧带松软。当雌激素达到一定浓度，且与孕酮达到适当的比例时，可使催产素对子宫肌层发生作用，并对启动分娩营造必需的条件。⑧ 促使雄性睾丸萎缩，副性器官退化，最后造成不育。

由于合成雌激素的生理效能与天然雌激素几乎完全相同，因此，在临床上被广泛应用。它们具有促使子宫收缩的作用，所以常用于治疗胎衣不下，排出干尸化胎儿，促发情，也用于人工刺激泌乳。由于它能对丘脑下部有反馈作用，因而能引起释放促黄体素释放激素。在合成雌激素中有己烯雌酚、二丙酸己烯雌酚、戊酸雌二醇、二丙酸雌二醇、苯甲酸雌二醇、双烯雌酚、己烯雌酚。

2. 孕激素（孕酮、黄体酮、助孕素）

孕激素主要由黄体和胎盘产生，肾上腺皮质和睾丸及卵泡颗粒层细胞也曾分离出孕酮，在代谢过程中，孕酮最后被降解为雌二醇而排出。其主要作用如下：① 促进生殖器官发育，只有在孕酮的作用下，才能发育充分。② 少量孕酮和雌激素共同作用，能使母畜出现发情的外部表现，并接受交配；只有在少量孕酮的协同作用下，中枢神经才能接受雌激素的刺激，母畜才能表现出性欲和兴奋性；否则，卵巢中虽有卵泡发育，但无发情的外部表现（暗发情）。大量孕酮能抑制发情，这是因为大量孕酮对下丘脑和垂体前叶有负反馈作用，能够抑制垂体促性腺激素的释放，特别是抑制 FSH 释放。③ 小剂量孕酮能间接通过其对 LH 的释放作用刺激排卵，亦可与雌激素共同作用，促进 LH 的释放而刺激排卵。④ 孕酮能维持子宫黏膜在雌激素作用后黏膜上皮的增长，刺激并维持子宫腺的增长和分泌，孕酮还可使子宫颈收缩，使子宫颈及阴道上皮分泌黏稠黏液，并抑制子宫肌蠕动，给胚胎附着和发育创造了有利条件。所以，孕酮是维持妊娠的必需激素。⑤ 对乳腺的作用。在雌激素刺激乳腺管的基础上，孕酮能刺激乳腺腺泡系统，使乳房发育。

孕酮在临床上多用于防止习惯性流产和功能性流产（缺孕激素而引起的流产），往往用于治疗卵泡囊肿。孕酮一般口服无效，故制成油剂进行肌肉注射，也可制成丸剂埋植皮下或制成乳剂，用于阴道栓。合成孕激素制剂的种类有：甲孕酮、甲地孕酮、氯地孕酮、氟孕酮、炔诺酮、18-甲基炔诺酮、甲地孕酮等。这些药物不但可肌肉注射和作栓剂，还可口服。

3. 雄激素

雄激素由睾丸间质细胞产生，肾上腺皮质素也能分泌少量雄激素，最主要的形式为睾酮。它的主要作用如下：① 刺激并维持公畜性行为所必需的条件。② 与 FSH（促卵泡素）及 LH（促间质细胞素）共同作用，刺激精细管上皮的机能，从而维持精子的形成。③ 促进雄性副性器官的发育和分泌机能，如前列腺、精囊腺、尿道球腺、输精管、阴茎和阴囊等。④ 促进公畜的性欲，促进雄性第二性征的表现，如骨骼肌的发育。⑤ 通过下丘脑的负反馈作用，抑制垂体分泌促性腺激素，以保持体内的平衡状态。

4. 松弛素

松弛素主要来源于妊娠期间的黄体，也可由胎盘和子宫产生。松弛素为一种水溶性多肽物质，只有在接近妊娠期的后 2/3 时才会大量出现。分娩时即在血液中消失。

松弛素的主要生理作用与分娩有关。松弛素的作用只有在雌激素和孕激素的预先作用后才能对生殖道和有关组织有较强的作用。松弛素单独使用作用较小，其主要的功能有：① 促使骨盆韧带松弛，耻骨联合分离和子宫颈口扩张，以利于分娩时胎儿产出。② 促使子宫水分含量增加和乳腺发育。

5. 抑制素

抑制素是由睾丸的支持细胞和卵巢的颗粒细胞分泌的一种糖蛋白激素。它能选择性地抑制 FSH 的分泌，而对 LH 没有作用。抑制素可抑制 FSH 的分泌，从而影响睾酮的分泌，也影响卵巢的排卵反应。

五、胎盘激素

胎盘激素是由灵长类和马胎盘产生的蛋白质激素，它具有促性腺激素的功能，生产上经常用 PMSG（孕马血清促性腺激素）替代 FSH，用 HCG（人类绒毛膜促性腺激素）替代 LH，解决羊群的繁殖问题。

1. PMSG（孕马血清促性腺激素）

PMSG 是一种比较特殊的促性腺激素，同一个分子中同时具有 FSH 和 LH 的 2 种作用。其主要作用是促进卵泡发育和促进排卵，促进黄体生成。

PMSG 是妊娠 60 ~ 120 d 的母马血液中所含有的一种促性腺激素。母马妊娠 60 d 时激素的水平达到高峰，维持到 120 d，170 d 后几乎完全消失。

PMSG 主要用于与孕激素配合对南江黄羊母羊实行同情发情、非繁殖季节诱导发情和幼龄母羊的诱导发情；对于母羊卵巢机能衰退、公羊性欲不强、生精能力衰退等有明显的作用，在胚胎移植中用于母羊的超数排卵处理。

2. HCG（人类绒毛膜促性腺激素）

HCG 存在于早期妊娠妇女的尿液中，并来源于胎盘绒毛的滋养层。孕妇妊娠 8 ~ 9 周分泌达到高峰，21 ~ 22 周降至最低。HCG 是一种廉价的 LH 代用品。HCG 具有促进卵泡成熟排卵和黄体生成的多种作用。生产中常用于提高母羊冷冻精液受胎率，促进公羊性欲和促进公羊生精机能。HCG 还可配合其他激素应用于母羊不发情、卵巢静止、卵巢萎缩以及母羊安静发情等繁殖障碍问题。

六、前列腺素（PG）

PG 及其人工合成类似物氯前列烯醇（PGF2α）， 对人类和动物具有广泛的生物学作用。其主要有如下作用：

1. 溶解黄体

PGF2α 对黄体具有明显的溶解作用。根据研究，PGF2α的溶解黄体作用仅限于 4 ~ 6 d 以后的黄体，对新生黄体无效。在南江黄羊母羊上应用时，繁殖季节有效，非繁殖季节无效。因为 PG 的作用仅限于溶解黄体，故单独使用效果较差。

2. 影响排卵

PG 可调节输卵管各段的收缩和松弛，因而可影响精子、卵子的运行和在南江黄羊母羊生殖道内的停留时间，间接影响受胎。

3. 刺激子宫平滑肌收缩

PG 对子宫平滑肌有强烈的刺激，可使子宫颈松弛。生产中常用于人工引产和在精液中添加、刺激精子活动，有利于输精后的精子被动运行。PG 可提高妊娠子宫对催产素的敏感性，PG 与催产素同时使用，具有协同作用。

PG 最重要的作用是：加强（或减弱）生殖道的运动机能；引起卵巢中黄体的退化（溶解黄体的作用）。

任务七　高效高频繁殖常用激素及制剂

一、子宫收缩药物

1. 垂体后叶素

【作用与用途】本品是由猪、牛脑垂体后叶中提取的水溶液成分，含催产素和加压素（又称抗利尿素）。垂体后叶素对子宫平滑肌有选择作用，其作用强度取决于给药的剂量和当时的子宫生理状态。对于非妊娠子宫，小剂量能加强子宫的节律性收缩，大剂量可引起子宫的强直性收缩。对妊娠子宫，在妊娠早期不敏感，妊娠后期敏感性逐渐加强，临产时作用最强，产后对子宫的作用又逐渐降低。对子宫的作用特点是：对子宫的收缩作用强，而对子宫颈的收缩作用较小。此外，还能增强乳腺平滑肌收缩，促进排乳。本品所含的抗利尿素可使南江黄羊尿量减少，还有收缩毛细血管，引起血压升高的作用。本品适用于子宫颈已经开放，但宫缩乏力者，可肌肉注射小剂量催产；产后出血时，注射大剂量，可迅速止血；治疗胎衣不下及排除死胎，加速子宫复原；新分娩而缺乳的南江黄羊母羊可作催乳剂。

【制剂、用法与用量】本品口服无效。注射液：南江黄羊 10 ~ 50 单位/次。治疗子宫出血时，用生理盐水或 5% 葡萄糖注射液 500 mL 稀释后，缓慢静脉滴注。

2. 催产素

【作用与用途】对子宫收缩作用与垂体后叶素注射液的作用相同。

【制剂、用法与用量】用量与用法同垂体后叶素注射液。

3. 马来酸麦角新碱

【作用与用途】本品与垂体后叶相比，对子宫作用显著而持久，可直接兴奋整个子宫平滑肌（包括子宫颈）。稍大剂量可使子宫产生强直性收缩。

【制剂、用法与用量】南江黄羊 0.5 ~ 1 mg/次。

4. 氯前列烯醇

【作用与用途】本品为前列腺素的类似物，能溶解黄体，刺激发情和排卵。对妊娠子宫可加强其收缩，以妊娠晚期的子宫最为敏感。可用于人工授精，促使南江黄羊同期发情，治疗持久黄体，催产或引产，等。

【制剂、用法与用量】注射液，南江黄羊肌肉或阴唇注射 0.5 ~ 1 mg/次。子宫灌注每 12 h 一次。

二、类固醇激素

1. 己烯雌酚

【作用与用途】本品为人工合成的雌激素，可促进子宫、输卵管、阴道和乳腺的生长和发育。除维持成年母羊的性征外，还能使阴道上皮、子宫平滑肌、子宫内膜增生，刺激子宫收缩。小剂量可促进 LH 的分泌；大剂量则可抑制 FSH 的分泌，也能抑制泌乳。该药对反刍动物有明显的促蛋白质合成的作用，还有增进体内水分、加速增重和加快骨盐的沉积等作用。

【制剂、用法与用量】片剂：南江黄羊 3 ~ 10 mg/次。注射剂：南江黄羊 1 ~ 3 mg/次。

2. 雌二醇

【作用与用途】本品口服无效，必须肌肉注射。作用与己烯雌酚相同，但作用强烈。

【制剂、用法与用量】注射液：南江黄羊 1 ~ 3 mg/次。

3. 炔雌醇

【作用与用途】本品为人类口服避孕药的主要成分，作用较雌二醇强，可以口服。

4. 炔雌醚（炔雌醇环戊醚）

【作用与用途】本品为口服长效避孕药，作用与雌二醇相似。

5. 雌三醇

【作用与用途】生理和药理作用与雌二醇相似，但又有特点，它的雌激素活性较弱。

6. 黄体酮

【作用与用途】本品为天然黄体酮制剂，在乙醇或植物油中溶解，应避光保存。本品主要作用于子宫内膜，能使雌激素所引起的增殖期转化为分泌期，为孕卵着床做好准备；并抑制子宫收缩，降低子宫对缩宫素的敏感性，有“安胎”作用。此外，与雌激素共同作用，可促使乳腺发育，为产后分泌作准备。临床上常用于治疗习惯性流产、先兆性流产或促使母畜同期发情，也用于治疗卵巢囊肿。

【制剂、用法与用量】注射液：每支 1 mL，含量为 50 mg、20 mg、10 mg。肌肉注射用量：南江黄羊 15 ~ 25 mg/次。

复方黄体酮注射液：每毫升含黄体酮 20 mg、苯甲酸雌二醇 2 mg。用途、用量同黄体酮，治疗效果较好。

7. 甲孕酮（醋酸甲孕酮、安宫黄体酮 MAP）

【作用与用途】本品为人工合成孕激素，与黄体酮相比，口服后不易在肝脏中代谢失活，故口服有效。本品无明显胸激素活性，无雌激素活性，具有弱抗雌激素活性。用 MAP 制成的阴道海绵栓，可用于繁殖季节的南江黄羊母羊同期发情。对幼龄母羊，可采用口服处理。繁殖季节，阴道埋植 50 mg。

8. 己酸孕酮（孕酮己酸酯、避孕针 1 号）

【作用与用途】人工合成孕激素，肌肉注射后缓慢吸收，发挥长效作用。本品主要与雌二醇配合应用，每支含己醇孕酮 250 g，戊酸雌二醇 5 g。

9. 炔诺酮

【作用与用途】人工合成孕激素，口服有效，孕激素活性及抑制排卵的作用较孕酮为强。每片含炔诺酮 0.6 g，炔雌醇 0.035 g。用皮下埋植法对南江黄羊母羊进行同期发情处理，可用此类药物。

10. 炔诺酮庚酸酯（庚炔诺酮）

【作用与用途】生物活性同炔诺酮，肌注后作用时间明显延长，具有长效孕激素和长效抑制排卵的活性。此外，尚有弱雌激素、弱雄激素和较强的抗雌激素的活性。本品主要作为长效避孕针的主要成分。庚炔诺酮避孕针，每支含庚诺酮 200 g，每 2 月注射 1 次，避孕 2 个月。复方庚炔诺酮人用避孕针，每支含庚炔诺酮 60 g 或 80 g 及戊酸雌二醇 5 g，人用每月肌注 1 次，避孕 1 个月。

11. 18-甲基炔诺酮（高炔酮）

【作用与用途】本品为 19-去甲基睾丸酮类孕激素，口服有效。对南江黄羊母羊进行同期发情处理时，可皮下埋植处理。

12. 甲地孕酮（醋酸甲地孕酮、妇宁片）

【作用与用途】药理活性和化学结构与甲孕酮相似，口服有效。常用复方甲地孕酮避孕针（美尔伊注射液），内含甲地孕酮 25 mg、雌二醇 3.5 mg。本品为微结晶水混悬剂，肌肉注射后，在注射局部形成“储库”，缓慢吸收而发挥长效作用。人用每月肌注 1 次，避孕 1 个月。

13. 甲基睾酮（甲地睾丸酮）

【作用与用途】本品主要是促进雄性生殖器官的发育成熟，保持第二性征。大剂量注射，可抑制垂体前叶分泌促性腺激素，有对抗雌激素的作用。此外，本品具有明显的促进蛋白质合成的作用，并可使体内蛋白质分解减少，增加氮和无机盐在体内潴留，使肌肉发达，体重增加。较大剂量可刺激骨髓的造血功能，促进红细胞和白细胞的生成。

临床上用于治疗种公畜的性欲缺乏，创伤、骨折，再生障碍性或其他原因的贫血，或用于促使抱窝母鸡醒抱，动物肥育。

14. 氟孕酮（FGA）

【作用与用途】本品为合成孕酮，口服有效。用于南江黄羊母羊同期发情或非繁殖季节诱导发情，启动和刺激南江黄羊母羊卵巢的活性。繁殖季节阴道埋植 40 ~ 45 mg，非繁殖季节阴道埋植 45 ~ 60 mg。

15. 三合激素

【作用与用途】本品为人工复合类固醇激素制剂，每毫升内含丙酸睾丸素 25 mg、黄体酮 12.5 mg，苯甲酸雌二醇 1.5 mL。一般慎用于南江黄羊母羊的同期发情或诱导发情。

16. 丙酸睾丸素（丙酸睾丸酮）

【作用与用途】与甲基睾丸素相同。

17. 苯丙酸诺酮（苯丙酸去甲睾酮）

【作用与用途】本品促进蛋白质合成代谢的作用特别强，能增长肌肉，增加体重，促进生长；增加体内的钙和钠，加速钙盐在骨中的沉积，促进骨骼的形成。本品还能直接刺激骨髓形成红细胞；促进肾脏分泌促红细胞生成素，增加红细胞的生成。

本品临床主要用于热性疾病和各种消耗性疾病引起的体质衰弱、严重的营养不良、贫血和发育迟缓的治疗；还可用于手术后、骨折及创伤，以促进创口愈合；也可用于加速南江黄羊的肥育。

18. 十一酸睾丸素

【作用与用途】本品为油溶剂注射液，肌肉注射后，产生典型的雄激素作用，持续时间 70 d 以上。在南江黄羊公羊生殖保健中，应用本品具有明显的作用。

三、抗类固醇激素及制剂

抗类固醇激素的作用，是与各种靶细胞膜上的受体相互作用，表现较强的抗雌激素、抗孕酮和抗雄激素等生物学作用。

1. 氯蔗酚胺（克罗米酚）

抗雌激素类药物，具有较强的抗雌激素作用

【作用与用途】抗雌激素类药物，具有较强的抗雌激素作用和较弱的雌激素活性。在下丘脑水平拮抗雌二醇的反馈作用，增强促性腺激素释放激素的释放，使垂体前叶 LH 分泌增加，FSH 释放也增加，诱发排卵。对子宫、子宫颈均表现抗雌激素作用。本品口服有效。

2. 米非司酮（RH486，Mifenpristone）

【作用与用途】米非司酮与孕酮受体结合，能抑制孕酮对子宫内膜的作用。口服易吸收。目前，米非司酮是人用的新型抗早孕药物。

3. 醋酸氯羟甲烯孕酮（CPA）

【作用与用途】具有较强的抗雄激素活性，能够抑制雄性动物促性腺激素的分泌，抑制睾丸合成雄性激素。可用于雄性性欲亢进等。

四、促性腺激素

1. FSH（促卵泡素）

【作用与用途】本品主要作用是刺激卵泡的生长和发育。与少量促黄体素合用，可促使卵泡分泌雌激素，使母畜发情；与大剂量促黄体素合用，能促进卵泡成熟和排卵。促卵泡素能促进公畜精原细胞增生，在促黄体素的协同下，可促进精子的生成和成熟。

【制剂、用法与用量】注射液：每支含 200 单位、100 单位，有效期 2 年。肌肉注射用量：南江黄羊 50～100 单位/次。临用前用生理盐水稀释后注射。

2. LH（促黄体素）

【作用与用途】促黄体素是从猪脑下垂体前叶提取出来的。它在促卵泡素作用的基础上，可促进母畜卵泡成熟和排卵。卵泡在排卵后形成黄体，分泌黄体酮，具有早期安胎作用。还可作用于公畜睾丸间质细胞，促进睾丸酮的分泌，提高性欲，促进精子的形成。

【制剂、用法与用量】粉针：每支含 200 单位、100 单位。肌肉注射量：南江黄羊 10～15 单位/次。临用前，用生理盐水稀释后注射，治疗卵巢囊肿，剂量加倍。

3. HCG（人类绒毛膜促性腺激素）

【作用与用途】作用与促黄体素相似，能促进成熟的卵泡排卵和形成黄体。当排卵障碍时，可促进排卵受孕，提高受胎率。在卵泡未成熟时，则不能促进排卵。大剂量可延长黄体的存在时间，并能短时间刺激卵巢，使其分泌雌激素，引起发情。能促进公畜睾丸间质细胞分泌雄激素。用于促进排卵，提高受胎率；还用于治疗卵巢囊肿、习惯性流产等。

【制剂、用法与用量】粉针：每支含 5 000 单位、2 000 单位、1 000 单位、500 单位。临用时以生理盐水或注射用水溶解。肌肉注射用量：南江黄羊 100～500 单位/次。治疗习惯性流产，应在妊娠后期每周注射 1 次；治疗性机能障碍、隐睾症，每周注射 2 次，连用 2～6 周。

4. PMSG（孕马血清促性腺激素）

【作用与用途】主要作用与 FSH 促卵泡素相似，可促进卵泡的发育和成熟，并引起母畜发情。但也有较弱的 LH（促黄体素）的作用，可促使成熟卵泡排卵。对公畜主要表现为促黄体素作用，促进雄激素的分泌，提高性欲。

临床上主要用于治疗久不发情、卵巢机能障碍引起的不孕症；对南江黄羊母羊可促使超数排卵，促进多胎，增加产羔数。

【制剂、用法与用量】粉针剂（兽用精制孕马血清促性腺激素）：每支含 400 单位、1000 单位、300 单位。皮下、肌肉或静脉注射用量：南江黄羊 200～1000 单位/次，1 日或隔日 1 次。

5. HMG（人绝经期促性腺激素）

【作用与用途】本品由绝经后妇女尿中提取。HMG 不同于 HCG，因为 HMG 中 LG 和 FSH 的比例为 1∶1，而 HCG 中 LH 活性很高，FSH 活性很小，是第三代的促性腺激素制剂。HMG 主要用于促进排卵，治疗雄性不孕症。

五、促性腺激素释放激素

1. 促排卵 2 号（LRH-A2）

【作用与用途】LRH-A2 为人工合成的促性腺激素释放激素的类似物，主要用于南江黄羊母羊诱导发情、同期发情，还可在精液中添加，提高受胎率。对南江黄羊公羊性欲衰退和生殖能力下降，亦有显著的疗效。

2. 促排卵 3 号（LRH-A3）

【作用与用途】LRH-A3 为人工合成的促性腺激素释放激素，生理作用和应用效果、范围与 LRH-A2 类似。

六、中　药

1. 九香虫

【功用主治】理气止痛，温中壮阳。

2. 山茱萸

【功用主治】补肝肾，涩精气，固虚脱。

3. 五加皮

【功用主治】祛风湿，壮筋骨，活血化瘀。

4. 巴戟天

【功用主治】补肾阳，壮筋骨，祛风湿。

5. 冬虫夏草

【功用主治】补虚损，益精气，止咳化痰。

6. 肉苁蓉

【功用主治】补肾，益精，润燥，滑肠。

7. 阴起石

【功用主治】温补命门。

8. 补骨脂

【功用主治】补肾助阴。

9. 韭　子

【功用主治】补肾肝，暖腰膝，壮阳固精。

10. 海　马

【功用主治】补肾壮阳，调气活血。

11. 菟丝子

【功用主治】补肝肾，益精髓，明目。

12. 蛇　床

【功用主治】温肾助阳，祛风，燥浊，杀虫。

13. 淫羊藿

【功用主治】补肾壮阳，祛风除湿。

14. 蛤　蚧

【功用主治】补肺益肾，定喘止咳，温中益肾，固精助阳。

项目二　南江黄羊高效繁殖的生产体系与技术应用

任务一　南江黄羊高效繁殖的生物工程技术

工厂化、规模化高效南江黄羊生产是现代畜牧业的重要特征，也是畜牧业发展的必由之路。自 20 世纪 80 年代起，许多经济发达国家已开始在生产中采用配套技术实现规模化高效生产，其特点是：羊场规模大，饲养密度高，生产周期短，繁殖率和劳动生产率高，饲养以舍饲为主。目前，国外在羊生产中广泛采用高效繁殖管理和母羊发情周期调控等先进技术，使南江黄羊生产发展成为工厂化生产的高效产业。从工厂化南江黄羊生产的发展趋势看，高频率高效繁殖是实现高效南江黄羊生产的关键技术，也是决定南江黄羊生产效益和适应市场经济的首要制约因素。

南江黄羊高效繁殖的生物工程技术，是保证工厂化南江黄羊生产母羊高效繁殖最有力的手段，也是实现工厂化高效南江黄羊生产的核心技术。目前，已在生产中应用，并已发挥了重要作用的技术主要包括：南江黄羊母羊发情调控、母羊一年两产、生殖免疫及免疫多胎、公羊生殖保健、优化人工授精、营养繁殖调控、母羊发情鉴定与早期妊娠诊断、胚胎移植等。本任务从南江黄羊繁殖的生物工程的技术原理、研究应用进展和前景作一概述。

一、南江黄羊母羊发情调控

1. 技术原理

要达到南江黄羊母羊发情周期的人为调控，首先要解决的问题是如何人为安排母羊在繁殖季节或非繁殖季节正常发情与排卵，人为确定配种时间。现已证实，采用孕激素与促性腺激素结合处理是行之有效并且可以在生产中推广的技术。对处于发情周期任一阶段的南江黄羊母羊，采用外源激素破坏黄体或造成“人工黄体期”，在预定的时期内结束黄体功能或促使卵泡发育，就可以达到发情周期的调控。

依据南江黄羊母羊所处发情周期的生殖内分泌、生殖器官及营养、体况等特征，发情控制的技术方案可分为母羊繁殖季节的同期发情、非繁殖季节的诱导发情和幼龄母羊诱导发情 3 种，其主要区别在于孕酮处理的时间长短和促性腺激素的剂量不同，由于这种技术方案是针对南江黄羊母羊的不同生理状态而设计的，所以处理的效果有较大的差异。

在发情调控中，孕激素的处理方法以阴道埋植为主，这种处理方法避免了口服孕酮时首先必须经过胃肠道及门脉系统，在达到体循环之前与肝细胞（包括肠壁）的药物代谢酶接触，从而降低了药物在血液中浓度的所谓“首过效应”。阴道埋植孕酮的处理方法，可直接刺激靶器官，减少用药剂量；一旦撤除，南江黄羊母羊体内的孕酮水平骤降，此时再与促性腺激素配合，则会在撤除海绵栓之后迅速促进卵泡发育，继而达到排卵。

非繁殖季节母羊诱导发情的处理改进方案。首先，于埋植 PRID（孕酮阴道释放装置）的同时采用雌孕激素合剂预处理，对非繁殖季节母羊输卵管和卵巢的活性以及宫颈内膜上皮细胞分泌黏液的功能均有激活作用；第二，于撤栓前一天注射促性腺激素，配合撤栓，造成对母羊卵巢和卵泡发育的第二次刺激，从而达到提高排卵率的目的。

2. 国内外的水平、动向

国外自 Robinson（1964）首次采用孕酮进行绵羊同期发情和排卵控制以来，Gordon（1975）、Colas（1975）、Vipond 和 King（1979）、Boland（1981）采用 FGA（氟孕酮）+ PMSG（孕马血清促性腺激素）、MAP（甲孕酮）+ PMSG 黄体酮 + PMSG、PGs（前列腺素）注射和 MA（甲地孕酮）、MGA 口服等方法在生产实践用于羊发情周期的调控。处理的结果是：Macdonnell（1978）用 500 mg 和 1 000 mg 黄体酮注射处理，母羊受胎率（CR）分别为 50% 和 63%，埋植的分别为 30.2% 和 68.0%。Ainsworth 等（1973）采用 60 mg FGA 埋植，CR 为 60%（53% ~ 73%）。Ainsworth 等（1987）、Crosby（1987）、Guhzel（1987）采用 35 mg 和 45 mg FGA 处理，母羊的 CR 分别为 35% ~ 77%、78% 和 84%，而 Hunter 等（1980）采用 FGA 处理的 CR 分别是 54.5%、69%和 71.08%。采用 60 mg MAP 埋植，Harma 等（1989）获得的 CR 为 50% ~ 80%，福井丰等（1987）的结果为 85%。AKaike 等（1990）对 137 只母羊用 60 mg MAP 阴道埋植 9 d，撤栓时注射 PMSG 600 单位，CR 为 47.8%，埋植 14 d 的 CR 为 63%。Hamra 等（1990）埋植 12 d 的 CR 为 68%。Crosby 等（1990）处理 13 d 的 CR 为 45.4%。处理 10 d（AIkass，1990），排卵为 1.5 ~ 0.8 枚，处理 13 d，撤栓时注射 100 mg GnRH（垂体促性腺激素释放激素）+750 单位 PMSG，CR 为 64%。口服处理，Goel 等（1990）自 4 喂 MGA 0.15 mg/d，VB_1、VA+MGA、MAP+VB_1、MAP 处理，CR 分别为 81.9%、90.0%、72% 和 62.58%。Perez（1995）对 104 只母羊用 MAP 60 mg 处理 14 d，5 d 内发情率为 87.1%，CR 为 59.1%。在非繁殖季节，Gordon（1975）报道 8 314 只母羊诱导发情，春季 CR 为 34.7%，夏季为 64.0%。1 115 只母羊采用孕酮埋植，非繁殖季节的 CR 为 65.0%。

羊发情调控的国内研究水平与国外相近，但处理的方法众多。王利智等（1984）在湖羊上采用甲硅环（MSVR）、ITC（二合激素），CR 分别为 80% 和 23.3%。陈永振等（1991）采用 ITC 处理，母羊发情率为 78.3%、CR 为 25.0%。林子忠等（1989）耳部皮下埋植孕酮，CR 为 80%。

采用 PG 注射处理，李文萍（1993）在 513 只母羊上获 CP 为 80.91%，张居农等（1991）实验所获 CR 为 80.0%，冯建忠等（1995）所获的 CP 为 80%。从大量文献报道分析，繁殖季节 MAP 埋植的羊群产羔率为 60%～65%。张居农等（1995）采用 MAP 埋植，CP 达到 85%。在生产上推广 MAP，3 000 只母羊的第一性期 CP 为 80%（对照组分别为 85% 和 80%）。初产母羊采用 MA 口服处理，第一情期 CP 为 25%，产羔率为 80%（对照组为 40%～55.3%）。对 8 月龄的幼龄母羊诱导发情，MA 口服和 MAP 埋植，母羔羊的 CP 为 66.7%～77.8%。

张居农等（1995）采用复合激素制剂对 273 只母羊进行同期处理，繁殖成活率达到 155.56%，14 d 内母羊的发情率为 100%，全群空胎率为 7%；而对照组的繁殖率为 85.48%，空胎率为 20.37%。张居农等（1998）采用特殊的方法，在大面积的生产条件下对非繁殖季节的母羊进行处理，母羊的 CP 平均达到 60%，最高的羊群达到 100%。在生产中推广同期发情，母羊的 CP 平均在 85% 以上。

为了提高南江黄羊母羊繁育率，在发情调控处理前，可对母羊首先使用双羔处理，在双羔处理之后再进行同期处理，不会影响两者的处理效果。

发情调控处理后采用大幅度提高人工授精受胎率技术设计处理，不会对发情调控处理产生不良影响。营养调控处理、公羊效应、采用中草药处理对于促进南江黄羊母羊发情调控处理，均具有较好的效果。

发情调控技术是进行胚胎移植、转基因、试管羊等生物技术的基础，只有在此基础上才能完成其他生物工程技术。所以，发情调控是繁殖生物工程技术的关键技术。

二、生殖免疫及免疫多胎

1. 技术原理

生殖免疫是现代高新生物工程技术之一。它是在免疫学、生物化学、内分泌学等学科基础上兴起的一门边缘学科。近年来，此项生物技术用于提高南江黄羊的繁殖力已得到普遍的重视，已成为实现南江黄羊高频率繁殖的一项关键技术。

生物免疫的基本原理是以蛋白质激素、多肽激素抗原或以类固醇激素半抗原为免疫原，注射给动物后，机体产生相应的激素抗体，主动或被动中和动物体内相应的激素，破坏其原有的代谢平衡，使该激素的生物活性全部或部分丧失，从而引起内分泌平衡的改变，引起各种生理变化，达到人为的控制目的。

2. 国内外研究应用水平、动向

目前，生殖免疫技术发展十分迅速，主要的生殖激素都已用于激素免疫的研究，涉及人和猪、牛、羊、马、犬、鼠、猴、鹿等多种动物。

（1）GnRH 免疫。GnRH（垂体促性腺激素释放激素）与适当的大分子载体物质耦联后免疫动物，可诱导体内产生特异性抗 GnRH 的物质。该抗体与内源性 GnRH 形成的抗原抗体复合物可使大部分具有活性的 GnRH 分子失活，减少了对垂体作用的程度，特异性地导致 LH、FSH 等激素水平明显降低，并进而使动物性腺发生退行性变化，甾体激素的合成与分泌降低，破坏性腺轴的正常反馈调节。目前，GnRH 免疫主要用于母牛免疫终止妊娠和公畜的化学去势。由于 GnRH 免疫后尚可部分保留家畜甾体激素生成的机能，因此，可以作为家畜的促生长、提高饲料转化率和提高肉品质的一项技术措施。

（2）促性腺激素免疫。LH 免疫可使动物避孕。FSH 免疫可使公畜精子发生和受精能力下降。HCG 免疫主要用于控制动物的生育力。在胚胎移植中，采用 PMSG 抗血清被动免疫，可以纠正 PMSG 的半衰期。在早期胚胎发育阶段，会导致外周血液中的高雌二醇的水平，影响卵泡的最终成熟等问题，使排卵率和胚胎移植成功率提高。

（3）性腺激素免疫。自 20 世纪 80 年代以来，澳大利亚和我国学者以主动免疫方式将雄性激素抗原用于绵羊，提高母羊双羔率达 20%～35.65%。近期，不少研究者正在以相似的方法试验提高母牛的双犊率。目前，国内外研究较多的是采用雄激素主动免疫母羊，以提高母羊双羔率。如 Fecundin（1983）、王利智等（1988）的睾酮-3-羧基-BSA，杨利国等（1990）的雄烯二酮-7 α 羧基硫醚-BSA，王云芳等（1995）的免疫中和技术，张居农等（1989）和王风端（1995）以孕激素、雌激素、LRH-A2（促排 2 号）+ PMSG 方法制成的复合激素制剂，也达到了较好的双胎和同期发情效果。

（4）抑制素免疫。抑制素（Inhibin，IB）是一种主要存在于卵泡液和精液中的糖蛋白。虽然 Mccullag 早在 1932 年就已发现了该激素，但一直到 20 世纪 80 年代，才先后从牛、猪、羊等动物和人类卵泡液中分离、提纯，并测得其生化组成，进而人工合成了抑制素免疫片断；或利用 cDNA 技术，通过大肠杆菌（E・coli）的表达，得到了抑制素融合蛋白。抑制素的主要生物活性是选择性地抑制垂体 FSH（促卵泡素）的生成和分泌，即可通过复杂的反馈机理调节 FSH 水平，又可通过局部直接作用对卵巢内卵泡发育发挥调节作用。抑制素免疫后可以降低机体内抑制素含量，从而反馈性提高母羊体内的 FSH 浓度，继而提高排卵率。抑制素免疫的抗体滴度可以持续 13 个月，最长可在 3 年以上。抑制素免疫还可以提早使母羊性成熟，但不能诱发母羊在非繁殖季节繁殖。张居农等（1998）采用抑制素主动免疫绵羊，使母羊的双羔率达到 50%～80%，对照组母羊仅为 5%。

（5）褪黑激素免疫。褪黑激素（Melationin MLT）是由松果腺合成分泌的一种神经激素，它作为光照变化的内分泌信号，参与调节动物许多生理节律性。国内外研究表明，褪黑激素在动物繁殖季节性变化中具有重要调节作用。褪黑激素对生殖系统的作用较复杂，因动物种类、生理状况、不同季节而表现出促进或抑制的多重性，在短日照动物上可表现促进作用，在长日照动物上又可表现出抑制作用。将褪黑激素制成免疫抗原，则可以用于南江黄羊母羊的诱导发情。

（6）前列腺素免疫。前列腺素（PGF2α）免疫可导致动物发情周期延长。Ronaune 等（1990）以 PGF2α-HAS（人血清白蛋白）结合物对母羊进行主动免疫，结果在连续两个繁殖季节均出现了长达 135 d 左右的持久黄体，有效滴度至少可维持 400 d。目前，这种免疫主要用于动物的绝育。

（7）催产素免疫。催产素（OT）对绵羊进行主动免疫，可使其发情周期延长，PGF2α水平下降，使促性腺激素水平升高，催产素免疫对绵羊的生殖功能有重要作用。

三、南江黄羊公羊的生殖保健

1. 技术原理

南江黄羊属于季节性繁殖动物。在繁殖季节，公羊母羊均可表现出正常性行为，而在非繁殖季节则缺乏或性功能很弱。在南江黄羊母羊实行一年二产或二年三产的繁殖方式时，南江黄羊公羊必须有旺盛的性欲和优良的精液品质，才能保证诱导发情或同期发情处理的南江黄羊母羊能够正常受胎。

南江黄羊公羊睾丸的间质细胞主要是分泌睾酮，而 LH 主要作用于间质细胞，使其保持正常的分泌雄性激素和维护生精机制。FSH 主要作用于南江黄羊公羊和睾丸曲精细管，曲精细管的主要功能是生精。LH 和 FSH 与低剂量的睾酮配合处理，对因激素调节不平衡而致的南江黄羊公羊生殖障碍有治疗作用。依据南江黄羊公羊血浆激素变化特点合理使用生殖激素是南江黄羊公羊生殖能力的保障措施。

2. 应用方法与效果

南江黄羊公羊生殖保健的主要内容有：以南江黄羊公羊性欲和精液品质的情况实施合理的饲养和激素处理。

（1）南江黄羊公羊的生殖障碍。张居农等（1987）采用外源激素克服公羊生殖障碍的方案为：对性欲低下、精液品质正常的公羊，采用 LH + 低剂量睾酮处理，具体方法是每只公羊每天注射睾丸酮 50 mg，连续 6 ~ 7 d，同时每天注射 100 μg 的 LRH-A2 或静脉注射 1000 单位的 HCG，每日 2 次以热毛巾按摩睾丸，每次 10 min，连续 8 d。对性欲正常、精液品质较差的公羊，采用 FSH + 低剂量睾丸酮处理，方法同上，剂量为 100 单位的 FSH 或 300 单位的 PMSG，隔日一次肌肉注射，睾丸酮及睾丸按摩方法同上。经以上处理后，公羊 8 ~ 10 d 可以恢复到正常生殖机能。

（2）生殖能力保健。在南江黄羊公羊生殖保健中，给南江黄羊公羊补饲二氢吡啶和注射十一酸睾丸素，具有较好的效果。另外，几种中草药制剂对于保障南江黄羊公羊的生殖机能，也有较好的作用。

在南江黄羊公羊生殖保健中，营养调控十分重要。

四、优化人工授精技术

1. 人工授精技术优化的重要性

南江黄羊人工授精是传统的南江黄羊生产技术之一，各地的技术水平都较高。近年来，随着高新生物技术的迅速发展，为适应工厂化高效南江黄羊生产对南江黄羊母羊高频率繁殖的需要，传统的人工授精技术应当进行优化。采用标准化的技术程序和行之有效的繁殖管理，保证了南江黄羊母羊的正常繁殖力，并使其有较大幅度的提高。

2. 提高人工授精受胎率的技术设计

张居农等（1991）提出的大幅度提高羊冷冻精液受胎率技术设计方案，将冷冻精液的受胎率由 30% ~ 50% 提高到 70%。此技术设计方案同样适用于常温精液和同期发情等发情调控处理的母羊。

具体操作方法是：按人工授精操作规程要求严格操作，正确挑选发情南江黄羊母羊和进行发情鉴定。于输精前 4 h 一次静脉注射 500 单位的 HCG，而后再用 LRH-A2 和催产素处理，剂量为每毫升稀释后的精液中添加 1 单位的催产素、100 μg 的 LRH-A2，处理后立即输精。

在优化人工授精技术中，应特别注意因地制宜地开展各种提高受胎率的试验，通过综合技术的配套，达到较高的水平。

3. 南江黄羊母羊发情与最佳输精时间的确立

在南江黄羊生产实践和生物工程技术中，准确判定南江黄羊母羊发情时间是成功地进行配种、采卵或胚胎移植的根本保证。大多数南江黄羊母羊发情时表现不安、食欲减退，少数发情表现有时不规律，发情时无特殊征候。南江黄羊的发情鉴定可采用带试情布或用结扎输精管的南江黄羊公羊进行群体试情。这种方法不但需要每天烦琐的多次人工观察，而且由于群体中母羊数及公羊对母羊发情刺激的反应和识别能力的不同而容易造成遗漏。

采用南江黄羊母羊阴道涂片检查上皮细胞角化程度，可以较准确地判定南江黄羊母羊排卵情况。操作方法是：在钝玻璃棒头上缠一层脱脂棉，并用生理盐水浸湿后，插入南江黄羊母羊阴道内，轻轻转动取样。在载玻片上滴加生理盐水，将棉球上阴道内容物均匀抹在载片上。晾干后，滴加甲醇固定 2 ~ 3 min，再用姬姆萨（蒸馏水与原液体 1：1）染色 5 ~ 6 min，水洗、干燥、镜检。母羊发情时阴道角化上皮细胞可达到 38%。

五、南江黄羊母羊一年两产

1. 技术原理

南江黄羊母羊的一年两产或两年三产，是在充分利用现代营养、饲养和繁殖技术的基础上发展起来的一种新的繁殖生产体系。其技术原理与发情调控的原理相同。除了采用外源激素处理外，利用南江黄羊母羊产后发情的有利时机、抗孕酮的被动免疫等措施也是提高南江黄羊母羊产羔频率的有效方法。

2. 技术程序与相关配套技术

南江黄羊母羊一年两产或两年三产主要采用诱导发情和同期发情技术。在实施该生产体系时，必须与羔羊的早期断奶、母羊的营养调控、公羊效应等技术措施相配套。

（1）南江黄羊母羊繁殖的营养调控。一般说来，营养水平对南江黄羊季节性发情活动的启动和终止无明显作用，但对排卵率和产羔率有重要作用。

在配种之前，南江黄羊母羊平均体重每增加 1 kg，其排卵率提高 2% ~ 2.5%，产羔率则相应提高 1.5% ~ 2%。由于体重是由体格和膘度决定，所以影响排卵率的主要因素不是体格，而是膘情，即膘情为中等以上的南江黄羊母羊排卵率高。

配种前南江黄羊母羊日粮营养水平，特别是能量和蛋白质对体况中等和差的南江黄羊母羊排卵率有显著作用，但对体况好的南江黄羊母羊作用则不明显。在此基础上，于南江黄羊母羊配种前 5 ~ 8 d，提高其日粮营养水平，可以使排卵率和产羔率显著提高。另外，日粮营养水平对早期胚胎的生长发育也有重要作用。在配种后一定时期内，过高的日粮营养水平会增大胚胎的死亡率；相反，低营养水平对胚胎死亡影响不大，但可使早期胚胎生长发育缓慢。所以，日粮保持维持需要有利于早期胚胎的成活和生长发育。

（2）南江黄羊公羊效应。在新型的南江黄羊生产体系中，在非繁殖季节将公羊和繁殖母羊严格隔离饲养，要求母羊闻不到公羊气味，听不到公羊的声音和看不见公羊。这样在配种季节来临之前突然将南江黄羊公羊引入南江黄羊母羊群中，24 d 后相当部分的母羊出现正常发情周期和较高的排卵率，这样不仅可以将配种季节提前，而且可以提高受胎率。在采用孕激素诱导发情时，可适当提高配南江黄羊种公羊比例，一般应达到公母比 1∶5。

采集南江黄羊公羊尿，不加任何处理，以氧气瓶为动力，用喷枪向南江黄羊母羊群喷洒南江黄羊公羊尿，可以达到较好的同期发情率和双羔率。

（3）羔羊早期断奶。哺乳会导致垂体前叶促乳素分泌量增高，同时引起下丘脑“内鸦片”（Opioid）的分泌量增高，这两者的作用使 LH（促黄体素）的分泌量和频率不足。因此，哺乳母羊不能发情排卵。要达到二年三产或一年二产的目的，必须重视羔羊的培育工作，尽早断奶。

六、胚胎移植

1. 技术原理及技术程序

胚胎移植是采用外源生殖激素对优秀供体个体进行超排处理，在早期胚胎时期从输卵管或子宫把胚胎冲洗出来，移植到另一只经同期化处理的未配种的受体南江黄羊母羊体内，使其发育成为胎儿。

胚胎移植的基本程序主要包括：供体和受体的选择、供体的超排、受体同期化处理、胚胎冲洗、回收、检卵和移植。

2. 国内外的主要进展

胚胎移植是一种应用于哺乳动物的繁殖技术。自 1890 年 Walter Heap 利用胚胎移植技术获得幼兔以来，迄今已有 100 多年的历史，但直到 20 世纪 30 年代才得到畜牧界的重视。胚胎移植研究工作首先是在绵羊上获得成功，此后，在奶牛上实行了商品生产。进入 90 年代，我国已开始在南江黄羊的生产中将胚胎移植技术作为提高南江黄羊繁殖率的措施加以应用。

南江黄羊胚胎移植绝大多数是采用手术途径进行。手术法易于操作、便于推广，但可能引起南江黄羊生殖系统的损伤或手术粘连。非手术法可避免上述弊端，但需要的设备投资大、技术难度高，不易在生产条件下推广。

羊超数排卵的处理水平，国内外大致相同。Tervit 等（1991）用 2000 单位 PMSG 和 24～32 mg 的 FSH 对 Texl 供体母羊超排，平均每只供体获可用胚 11 枚。谭景和等（1993）用 FSH 对羊超排，平均每只获可用胚 13 枚。张居农等（1995）处理的供体最好组合获可用胚 14.3～15.5 枚。鲜胚的移植妊娠率，国内外的最好水平为 60%～80%。张居农等（1995）提出的受体同期化处理方案，以 MAP、PG、PMSG 等激素处理为基础，使供体与受体的生理状况接近同期化，从而提高了移植妊娠率。

将胚胎移植技术应用于生产，目前主要的问题是简化处理程序，减低成本，提高移植妊娠率。

七、利用多胎基因提高母羊繁殖力

1. 多胎母羊的生殖生理

（1）排卵数。一般认为，排卵数越多，产羔数就越多。Handradan 等认为，每胎产羔数与排卵率之间呈曲线关系。对每胎产羔数进行选择，结果是产羔数增加伴随排卵数的提高，排卵率的提高等于或大于每胎产羔数的增加。Bindon、Bradford 以及 Smith 等报道，即使在自然条件下，对排卵多品种的羊采用 PMSG 处理，其超排效果高于其他品种的母羊。

（2）内分泌。排卵率高与促性腺激素的浓度有关，多产品种的母羊血液中促性腺激素的浓度高于排卵率低的母羊，LH 浓度的差异在母羔出生后 1 个月即可表现出来。FSH 分泌的差异决定早期生产卵泡的数目及其最终闭缩卵泡的比例。雌二醇含量无明显的差异。高产品种母羊血液中抑制素的浓度仅为低产品种的 1/3，据此可以在大群中选择高产母羊。

（3）胚胎存活。羊的胚胎死亡率一般为 20% ~ 30%，排卵率高的品种因胚胎死亡而引起的产羔数的减少比排卵率低的品种要多。Wilmut 认为，母羊的胚胎死亡可能有一部分是由于排卵时间与排卵后孕酮分泌的开始时间不同步。

（4）子宫容纳胚胎的能力。高产品种母羊的子宫容纳胚胎或胎儿的能力比低产品种要高。

2. 多胎的遗传机制

许多研究表明，多胎羊产羔率高的主要原因是其排卵率高。布鲁拉美利奴羊所含的 Fec 基因是一个显性的多产主基因。带有多产突变基因的羊具有产羔率高、多胎性遗传分离、突变基因可以固定并能通过杂交转移给其他品种等特点。据测定，携带 FecB 基因的成年或后备母羊，其垂体和卵巢的功能均与非携带者有明显的差异。

3. 应用多胎基因的前景

羊的高效繁殖和无繁殖季节的繁殖是工厂化高效养羊可持续发展的基础和保证，而一般的羊品种都是单胎和季节性繁殖，这也是世界羊生产效率低的主要原因。因此，充分应用多胎基因，在大群中大力推广具有多胎主基因的公羊，是改变羊繁殖性能最直接和最根本的方法，美国和加拿大等国以昂贵的代价引进布鲁拉美利奴羊的目的就在于此。目前，我国除积极引进 Fec 基因携带的绵羊品种用于育种和改良整体羊群外，更应注重通过杂交、后裔测定、染色体及分子遗传分析等方法和手段，确定该性状的遗传模式，并分离、固定、转移多产基因。此项技术具有十分重要的现实意义和巨大的潜在经济效益，前景十分广阔。

八、早期妊娠诊断

1. 早期妊娠诊断的意义

南江黄羊母羊的繁殖力是决定南江黄羊生产效益的“重中之重”，应用生物技术对南江黄羊实行超早期的妊娠诊断，在配种后的 10 ~ 20 d 之内能准确地判断母羊的妊娠状况，依此对母羊实施合理的饲养和管理。据报道，因为不良或过度饲养可使 8% ~ 10%的妊娠母羊受精卵损失。及时、准确地判断并挑选出未妊母羊，对其进行发情控制处理，可以及早弥补繁殖损失，从而提高南江黄羊生产的经济效益。南江黄羊母羊的早期妊娠诊断技术是高效养羊的重要技术环节。

2. 研究进展及前景

采用免疫学方法对母羊实行早期妊娠诊断，国外主要以检测 EPF（早孕因子）为主，也有采用乳汁孕酮检测、乳胶凝集等方法的。国内张居农等（1997）采用 HCG 诊断试剂盒试用于母羊尿液的检查。从早期妊娠诊断的准确性分析，上述方法已达到85%，符合早孕检查的要求，但受采样、操作方法、仪器设备等的限制，目前还难以在生产中应用。已有研究者试图从羊 OCG（羊绒毛膜促性腺激素）和 OPT-1（羊胚胎滋养层蛋白-1）的研究入手，建立 OCG 和 OTP-1 的检测和单克隆抗体的技术体系，将早期妊娠诊断技术用于羊生产实践，此项研究具有广阔的前景。

任务二　南江黄羊的发情鉴定及调控技术

发情鉴定及调控是工厂化高效南江黄羊生产的关键技术，成功地人为调控南江黄羊母羊的发情周期，就能达到南江黄羊母羊繁殖的计划性和依市场组织生产，从而达到母羊的高效繁殖与羊生产的高效益有机结合的目标。发情调控技术主要包括：母羊诱导发情、同期发情和当年母羔诱导发情。

一、发情鉴定

准确地判断发情，适时配种，不误情期，对圈养南江黄羊尤为重要。 南江黄羊性成熟后，其性行为表现和内外生殖器的征状表现，出现周期性变化谓之发情。对母羊发情的鉴定，可采取如下方法：

（1）外部观察法。母羊发情表现出鸣叫、摆尾、互相爬跨、主动接近和尾追公羊以及外阴部充血肿胀、松弛并有稀薄黏液由多变少渐至混浊、糊状等征状。根据发情表现征状，鉴定发情，是发情鉴定最基本的方法，但对有些发情不明显的羊只，要细心观察。

（2）阴道检查法。采用开腔器或内窥镜开腔器插入并打开阴道，检查生殖器变化。若阴道黏膜潮红充血、黏液增多、子宫颈口松弛等，可判定母羊已发情；若子宫颈口黏液，由稀薄变得浓稠并渐至减少，可断定已开始排卵，应适时进行输精。

二、常规妊娠诊断

配种后，精子和卵子在母羊生殖道内形成受精卵并着床于子宫角，与母体建立联系的过程谓之妊娠。妊娠后，自受精卵开始依靠母体提供的营养发育成胎儿的过程谓之妊娠期（也叫怀孕期）。南江黄羊怀孕期平均为 148 d（142 ~ 155 d）。依据配种后母羊的体况、生理变化作出是否怀孕的判断，谓之妊娠诊断。及时作出妊娠诊断，以对怀孕母羊适时进行保胎护理，对未孕母羊进行及时复配，确保羊群全配、满怀。

较准确及时的妊娠诊断，是根据怀孕母羊孕酮的变化进行实验室诊断。在农村，圈养南江黄羊不具实验室诊断的条件下，可采用以下方法：

（1）阴道诊断法。在通常的情况下，怀孕一周后的母羊，阴户流出白色黏液，有时外阴黏结草屑或腹毛；怀孕 20 d 左右的母羊，用开腔器打开阴道，若黏膜为白色，几秒钟后变为粉红色，且黏液量少而透明，20 d 以后由稀薄变得浓稠，即可认定已孕，否则未孕。

（2）外部观察法。妊娠母羊新陈代谢旺盛，食欲增强，消化能力提高，体重逐日增加，腹围渐至增大，一般的怀孕母羊均阴门紧闭、阴唇收缩，并结合配种后20 d左右不再发情，可断定已孕，否则未孕。此外还可采用直肠腹壁触诊法，适于怀孕两个月以后，而用于早期诊断效果较差。

此外还可采用直肠腹壁触诊法，适于怀孕两个月以后的母羊，而用于早期诊断效果较差。

三、繁殖季节安排

把南江黄羊繁殖的季节性同羔羊生长需要的季节气候，围绕肉用南江黄羊的生产需求有机地结合起来，以利养羊经济效益的提高。

（1）母羊的繁殖季节。母羊的发情配种在品种、地理区域变化影响下，呈现季节性。南江黄羊是肉用南江黄羊品种，在亚热带气候类型区不受季节影响，但春末、秋季和初冬，特别是盛秋季节发情较为集中。

（2）公羊的繁殖季节。公羊没有明显的繁殖季节，常年都能配种，但炎热的夏季性欲较差，春秋，尤其是秋季性欲旺盛，标志着精液品质好。

（3）适当集中在良好的季节产羔，有利于羔羊的管理和生长。最好的产羔季节是春、秋，特别是春季产羔，有利于当年羔羊育肥出栏。为确保繁殖，达到年产羔两窝，其产配计划可参考表6-4。

表6-4　繁殖羊群的配种、产羔计划安排

月　份	头　年									次　年					
（合并）	4	5	6	7	8	9	10	11	12	1	2	3	4	5	6
配种/%	100	70	20				10	70	20				10	70	20
产羔/%						10	70	20				10	70	20	

四、同期发情技术

对母羊发情周期进行同期化处理，使之同期发情。采用本技术在于集中时间配种、产羔、育羔、育肥，并有助于将产羔安排在理想季节。本项繁殖技术的应用，还有助于人工授精技术的开展，一般是采用孕激素和前列腺素处理。例如：应用前列腺素，从子宫颈口直接注入子宫1～2 mg或肌肉注射0.5 mg，3～5 d即可发情；使用“三合激素”每羊肌注2 mL，亦可收到同期发情的效果。但必须在情期整齐后的第二情期配种，受孕率方可提高。

1. 发情调控的适用范围

南江黄羊同期发情是一项重要的高新生物技术，同时也是实现一年两产或两年三产，依市场需要调整南江黄羊母羊配种期的必需技术措施。同期发情技术是一项组织严密、科学严谨的技术体系，只有按技术规程正确地操作，才会产生应有的生产效益。

同期发情技术适用范围主要有如下方面：

（1）减少发情鉴定时间和次数，合理利用圈舍、气候和草场资源，提高优秀南江黄羊公羊的利用率。

（2）在南江黄羊高效繁殖体系中，对南江黄羊母羊实行一年两产或两年三产，依市场需求调整南江黄羊母羊配种期和产羔期。

（3）在草场或配种时间有限制的地区，南江黄羊母羊批量集中发情，便于人工授精和品种改良的计划、组织和实施。

（4）有利于南江黄羊生产专业户和个体南江黄羊生产者组织混合羊群的集中繁殖，不需试情，按自己拟订的繁殖计划集中配种和生产。

（5）根据妊娠状况和妊娠周期合理安排饲养，依南江黄羊母羊妊娠需要调整日粮配方，提高管理水平。

（6）定时计划输精，集中配种，集中产羔，有利于充分利用气候、草场和圈舍、劳力资源。

（7）监视和人为控制南江黄羊母羊生产进程，减少初生羔羊死亡率，合理安排寄养哺育。

（8）在工厂化、集约化南江黄羊生产体系中，对于批量生产商品南江黄羊，全年均衡供应和市场销售具有重要作用。

（9）严格控制疾病。

（10）胚胎移植技术程序中供、受体的周期化处理。

（11）实行排卵控制，克服不孕症。

（12）实行集中产羔，与双羔技术、冷冻精液技术配合，提高产羔率。

（13）处理当年南江黄羊母羊和初产母羊，使其正常发情、排卵，提高繁殖率。

2. 同期发情处理方案的种类

（1）对幼龄母羊采用口服孕激素和促性腺激素处理。

（2）对成年母羊采用阴道孕激素和垂体促性腺处理。

（3）对幼龄母羊或成年母羊采用一次肌肉注射同期发情复合激素处理。

（4）PGS 子宫、阴唇注射处理。

（5）孕激素耳部或皮下埋植处理。

（6）口服中药处理。

3. 同期发情激素制剂

药物的选择是同期发情处理效果的关键环节之一，必须要严格把关。

（1）供试药品选择。目前从新疆的应用效果证实，可以认准乌鲁木齐三英生物高科技有限公司和石河子大学动物科学系研制、提供的配套处理药物，主要有：预处理性腺激素、阴道孕酮释放装置（PIDRS）PMSG、LRH-A2、催产素、HCG。

（2）质量选择。选择的处理药物，必须经过实际测定或预备实验，确认其效果后才能用于生产。

（3）贮存、运输。除孕激素外，其余药物必须低温（5 °C）保存。处理时，避免直射阳光和持续高温，药品必须放入小瓶内保存。运输中特别要注意温度变化。

4. 同期发情处理效果评定标准和统计方法

同期发情处理效果的评定标准如下：

（1）撤栓后 72 h 内母羊发情同期率达到 95%。

（2）两个情期总受胎率达到 95%。

（3）统计公式。促性腺激素处理后：

$$72\text{ h同期发情率}=\frac{72\text{ h发情母羊数}}{\text{处理母羊总数}}\times 100\%$$

首次配种后 18 d 内：

$$\text{第一情期受胎率}=\frac{\text{不返情母羊数}}{\text{不返情母羊总数}}\times 100\%$$

第一情期 + 第二情期：

$$\text{总受胎率}=\frac{\text{配种不返期母羊}}{\text{处理母羊总数}}\times 100\%$$

$$\text{同期产羔率}=\frac{\text{预定产羔期内产羔母羊}}{\text{处理母羊总数}}\times 100\%$$

$$\text{同期发情繁殖率}=\frac{\text{同期发情产羔羔羊总数}}{\text{处理母羊数}}\times 100\%$$

5. 技术规程

（1）口服甲孕酮（MAP）处理方案。

① 工艺流程图。幼龄母羊→首次预处理→初龄母羊→肌注复合孕酮制剂→口服 MAP，连续 10 d→口服 MAP 第 9 d 肌肉注射 PMSG→PMSG 处理后 56 h 配种→配种同时静注 HCG 或 LRH-A2→配种同时每毫升精液加 1 单位 OXT 精液处理→第二次配种后第 14 d 放入公羊 20 d 开始试情→撤出公羊。

② 处理操作详解。

第一，幼龄母羊、初产母羊标记。用顺序号 1，2，3，…，蘸羊毛标记涂料，在母羊背部印上号，将所有处理母羊逐一编号。

第二，编号，同时对母羊进行首次预处理，肌注复合孕酮制剂 1 mL。

第三，肌注复合孕酮，同时灌服 MAP 6 mg，第 2 d 开始拌入饲料中或逐一灌服。

第四，于口服 MAP 的第 9 d，肌肉注射 PMSG 330 单位。PMSG 为冻干粉状结晶，稀释时必须用生理盐水，按处理头数计算，每只羊的注射总量为 2 ~ 3 mL。

第五，PMSG 处理后，第 2 d 开始试情，发情后第 2 次配种，或于 PMSG 处理后 50 ~ 56 h，定时第 1 次配种。

第六，于首次配种同时，静脉注射 LRH-A2 或 HCG。为冻干粉状物，稀释时必须用生理盐水，每只母羊静脉注射总量为 5 mL。

第七，间隔 6 h 进行第二次输精，再间隔 8 ~ 10 h 进行第三次输精，每只母羊发情后输精 3 次。

第八，精液处理，采精后立即用葡-柠-卵稀释液作 1∶1 稀释，检查活力后再作 1 ~ 2 倍稀释。临用前按每毫升稀释精液加催产素 1 单位进行处理。

第九，葡-柠-卵稀释液配置。取葡-柠-卵标准液 80 mL，加 20 mL 新鲜卵黄，混匀即成。

第十，第二次、第三次配种的精液处理同上。

第十一，第一次输精后第 14 d 开始，放入试情公羊试情，发情母羊进行第 2 次配种。

（2）阴道孕酮释放装置（CIDRS）处理方案。

① 工艺流程图。初产母羊→首次处理→成年母羊→肌注复合孕酮制剂→埋植 CIDRS，连续 10 ~ 12 d 埋植 CIDRS 后第 9 ~ 11 d（撤栓前一天）肌肉注射 PMSG→PMSG 处理后 56 h 配种→配种同时静注 HCG 或 LRH-A2→配种同时每毫升精液加 1 单位 OXT 精液处理→第二次配种后第 14 d 放入公羊 20 d 开始发情→撤出公羊。

② 处理操作详解。

第一，母羊标记。

第二，编号，同时对母羊进行首次预处理，肌注复合孕酮制剂 1 mL。

第三，肌肉注射复合孕酮制剂，同时埋植 CIDRS。

第四，埋植 CIDRS 前，将阴道孕酮装置（CIDRS）从密封包装袋中取出，然后将其浸入含有 1% ~ 2% 土霉素的灭菌植物油中，或浸入含 3% 的灭菌土霉素溶液中，稍稍浸泡即可。埋植时，将母羊固定后，用开膛器打开阴道，用肠钳将浸过植物油或土霉素溶液的 CIDRS 放入阴道内 5 ~ 8 cm 处，留出海绵栓一头的线头。操作时，应当特别注意防止尘土飞扬，避免溶液冲洗。

第六，埋植 CIDRS 的第 9 ~ 11 d（即撤栓前一天），肌肉注射 PMSG 330 ~ 400 单位。PMSG 为冻干粉状结晶，稀释时必须用生理盐水，按处理头数计算，每只羊的注射总量为 2 ~ 3 mL。

第七，PMSG 处理后第 2 d 撤栓。

第八，撤栓后第 2 d 开始检查母羊发情，或在 PMSG 处理后于首次配种同时，静脉注射 LRH-A2 5 μg，或静脉注射 HCG 500 单位。LRH-A2 或 HCG 为冻干粉状物，稀释时必须用生理盐水，每只母羊静脉注射总量为 5 mL。

第九，间隔 6 h 进行第 2 次输精，再间隔 8 ~ 10 h 进行第 3 次输精，每只母羊发情后输精 3 次。

第十，精液处理。采精后，立即用葡-柠-卵稀释液作 1∶1 稀释，检查活力后再作 1 ~ 2 倍稀释。临用前按每毫升稀释后精液加催产素 1 单位进行处理。

第十一，葡-柠-卵稀释液配置。取葡-柠-卵标准液 80 mL，加 20 mL 新鲜卵黄，混匀即成。

第 2、第 3 次配种的精液处理同上。

第一次输精后，从第 14 d 开始，放入试情公羊试情，发情母羊进行第 2 次复配，配种方法及要求，以及精液处理方法同上。

（3）一次注射复合激素制剂处理方案。

① 工艺流程图。成年母羊或初产母羊→肌肉一次注射复合激素制剂→母羊试情→配种→第二情期复配→放入公羊→撤走公羊。

② 操作详解。对成年母羊或初产羊肌肉一次注射复合素制剂，配种方法及要求同上。

（4）前列腺素处理方案。

① 工艺流程图。成年母羊或初产母羊→阴唇或肌肉注射氯前列稀醇→注射促性腺激素→试情、发情、配种→第二次复配→放入公羊→撤走公羊。

② 操作详解。对确定未孕的母羊阴唇注射氯前列稀醇 0.5 ~ 1.0 mL，第二天或第三天注射 PMSG 300 ~ 400 单位，或注射 LRH-A2 5 ~ 10 μg。试情、发情、配种。

6. 诱导发情

（1）技术原理。在非繁殖季节或繁殖季节，由于季节、环境、哺乳和应用等原因造成的母羊在一段时间内不表现发情，这种不发情属于生理性的乏情期。在此生理期内，母羊垂体的 FSH 和 LH 分泌不足以维持卵泡发育和促使排卵，因而卵巢上既无卵泡发育，也无黄体存在。利用外源刺激，如促性腺激素、溶解黄体的技术以及环境条件的刺激，特别是孕酮对母羊发情具有"启动"作用，促使乏情母羊从卵相对静止状态转变为机能活跃状态，恢复母羊的正常发情和排卵，这就是母羊诱导发情技术的原理。

诱导发情不但可以控制母羊的发情时间，缩短繁殖周期，增加产羔频率，而且可以调整母羊的产羔季节，羔羊按计划出栏，按市场需求供应羔羊肉，从而提高经济效益。

（2）技术方法。季节性乏情、哺乳性乏情和病理性乏情的发生原因，诱导发情的处理方法与同期发情基本相同（详见同期发情技术原理与技术规程），所不同的是诱导发情必须进行孕酮预处理，埋植海绵栓的时间比同期发情长 1 ~ 4 d，PMSG 注射的剂量高 100 单位。据研究报道，采用催产素诱导羊发情，每天早、晚各皮下注射 5 单位，可使发情周期由原来的 19.5 d 缩短到 6.8 d。采用褪黑激素处理代替短日照处理，但处理期至少要持续 5 周。

7. 当年母羔诱导发情

当年南江黄羊母羊体重达到成年南江黄羊母羊体重的 60% ~ 65%，生出 7 月龄以上时，采用生殖激素处理，可以使南江黄羊母羊成功繁殖。根据幼龄母羊生殖器官解剖的特点，诱导发情的处理方案可采用阴道埋植海绵栓和口服孕酮 + PMSG（详见同期发情技术原理与技术规程）。特别要说明的是，PMSG 的剂量应严格控制在 400 mL 以下，防止产双羔。

8. 发情调控激素方案的优选及配套技术

依据母羊生殖生理的特点，选择实施有效的发情调控技术十分重要。目前，国内关于母羊发情调控的研究报道较多，在小规模的实验研究中结果尚可，但在大规模生产中，尤其在工厂化南江黄羊高效生产体系中应用，却表现出许多弊端。可采用优选技术方案，选择使用安全、可靠、重复性高的成熟技术。

从理论和实践角度看，孕激素-PMSG 法应当作首选方案。孕激素最好选用：繁殖季节采用甲孕酮海绵栓（MAP），非繁殖季节采用氟孕酮（FGA），剂型以阴道海绵装置为最好。对不适宜埋栓的南江黄羊母羊，也可采用口服孕酮的方法。PMSG 的注射时间，应在撤栓前 1 ~ 2 d 进行，这样才可能消除因突然撤栓造成的雌激素峰而引起排卵障碍。这种处理方案符合安全、可靠的要求。第一个情期不受胎，还会正常出现第二、第三个情期，不致对南江黄羊母羊的最终受胎造成影响。

前列腺素处理法对非繁殖季节的南江黄羊母羊效果较差，可分 PMSG 配合处理，以提高受胎率。这种技术方案不会对南江黄羊母羊下一个情期造成负面影响。

肌肉注射三合激素、己酸孕酮或黄体酮等，虽然操作简便，但效果不确实，特别是极易造成处理后南江黄羊母羊很快发情，但不排卵；或第一个情期发情配种后不论受胎与否，均不再表现发情，最终造成相当比例的母羊空胎。从理论上分析，选用一次性注射的孕酮加雌激素的制剂，真正能引起母羊发情的是雌激素，而单纯由雌激素引起的发情大多不伴有排卵，而且还会对母羊的内分泌造成较长时间的负反馈。目前，不少南江黄羊生产者看到一次性注射避孕针或三合激素等廉价、方便，便作为一种技术在生产中应用，结果造成了不应有的损失，最终反而认定任何发情调控技术都不可靠。市场上销售的这类激素产品，并不是为南江黄羊母羊设计的，也不针对提高南江黄羊母羊繁殖率，而是用于人类避孕的药物，其特点是干扰受精环境，而不影响内分泌平衡。

在进行发情调控，特别是对非繁殖南江黄羊母羊实施诱导发情时，必须坚持 3 个情期的正常配种。非繁殖季节母羊的诱导发情在技术上有较大的难度，主要是受母羊产后生殖生理的限制，母羊此时卵巢的活性很低。处理的重点应当是以较大剂量刺激母羊卵巢，经过一定时间的刺激，突然撤除孕酮，配合促性腺激素，可能使大多数母羊出现发情并排卵，即使第一情期未妊娠，在随后出现的第二、第三个情期，也会受胎。所以，必须坚持处理后 3 个情期的正常配种。

非繁殖季节诱导发情处理南江黄羊母羊的同时，必须同时重视南江黄羊公羊的生殖保健处理。非繁殖季节，母羊卵巢处于相对静止状况，而此时的公羊也同样处于睾丸活动的相对静止。若不对公羊采取激素处理，则公羊就不能在母羊达到发情时保持有正常的配种能力。采用公羊生殖保健的技术，在处理母羊的同时，对公羊也采取相应的处理，保证了公羊的配种能力，因而受胎率也较高。

发情调控处理的南江黄羊母羊，必须有较好的体况和膘情，否则就会影响到处理南江黄羊母羊的受胎率。

非繁殖季节或繁殖季节对南江黄羊母羊实施发情调控，必须有 40 d 以上的断奶间隔。哺乳会导致南江黄羊母羊垂体前叶促乳素分泌量增高，同时引起下丘脑“内鸦片”的分泌量增高，这两者的作用使 LH 的分泌量和频率不足。

在进行发情调控处理时，还应当特别选用配套技术。配套技术包括配套的药物、统一的程序、优化人工授精技术、首次配种时间、南江黄羊母羊发情状况的确定、早期妊娠诊断、复配管理等。只有采用配套技术，才能保证处理效果，使该项技术发挥最大效力，为高效生产奠定基础。

任务三　南江黄羊的高频繁殖生产体系

高频繁殖，是随着工厂化高效南江黄羊生产，特别是育肥羊及肥羔羊生产而迅速发展的高效生产体系。这种生产体系的指导思想是：采用繁殖生物工程技术，打破南江黄羊母羊的季节性繁殖的限制，一年四季发情配种，全年均衡生产羔羊，充分利用饲草资源，使每只南江黄羊母羊每年所提高的胴体重量达到最高值。高效生产体系的特点是：最大限度地发挥南江黄羊母羊的繁殖生产潜力，依市场需求全年均衡供应肥羔上市，资金周转期缩短，最大限度提高南江黄羊生产设施的利用率，提高劳动生产率，降低成本，便于工厂化管理。

1. 一年两产体系

一年两产体系可使南江黄羊母羊的年繁殖率提高 90% ~ 100%，在不增加羊圈设施投资的前提下，南江黄羊母羊生产力提高 1 倍，生产效益提高 40% ~ 50% 以上。一年两产体系的核心技术是南江黄羊母羊发情调控、羔羊超早期断奶、早期妊娠检查。按照一年两产生产的要求，制订周密的生产计划，将饲养、兽医保健、管理等融为一体，最终达到预定生产目标。这种生产体系目前正在石河子大学和新疆兵团实际运转，从已有的经验分析，该生产体系技术密集、难度大，但只要按照标准程序执行，一年两产的目标可以达到。一年两产的第一产宜选在12月，第二产选在7月。

2. 两年三产体系

两年三产是国外20世纪50年代后期提出的一种生产体系，沿用至今。要达到两年三产，南江黄羊母羊必须8个月产羔一次。该生产体系一般有固定的配种和产羔计划，如：5月份配种，10月份产羔；1月份配种，6月份产羔；9月份配种，翌年2月份产羔。羔羊一般是2月龄断奶，南江黄羊母羊断奶后1个月配种。为了达到全年的均衡产羔，在生产中，将羊群分成8月产羔间隔相互错开的4个组，每2个月安排1次生产。这样每隔2个月就有一批羔羊屠宰上市。如果南江黄羊母羊在第一组内妊娠失效，2个月后可参加下一个组配种。用该体重组织生产，生产效率比一年一产体系增加40%。该体系的核心技术是南江黄羊母羊的多胎处理、发情调控和羔羊早期断奶，强化育肥。

3. 三年四产体系

三年四产体系是按产羔间隔9个月设计的，由美国BELTSVLLE试验站首先提出。这种体系适宜于多胎品种的母羊，一般首次在母羊产后第4个月配种，以后几轮则是在第3个月配种，即1月份、4月份、6月份和10月份产羔，5月份、8月份、11月份和翌年2月份配种。这样，全群母羊的产羔间隔为6个月、9个月。

4. 三年五产体系

三年五产体系又称为星式产羔体系，是一种全年产羔的方案，由美国康奈尔（CORNELL）大学伯拉·玛吉（BRAIN MAGEE）设计提出。母羊妊娠期一般是73 d，正好是一年的1/5。羊群正好可分为一年3组。开始时，第一组母羊在第一期产羔，第二期配种，第四期产羔，第五期再配种；第二组母羊在第二期产羔，第三期配种，第五期产羔，第一期再次配种；第三组母羊在第三期产羔，第四期配种，第一期产羔，第二期再次配种。如此周而复始，产羔间隔7.2个月。对于1胎1羔的母羊，1年可获1.67个羔羊；若1胎产双羔，1年可获3.34个羔羊。

5. HARPER体系

该体系将母羊分为2群，交配日期和受胎率要求见表6-5，母羊产羔数见表6-6，羊群每年生产性能见表6-7。在农场条件下实行Harper体系的产羔间隔及饲养方式见表6-8。

表6-5　HARPER体系羊群的受胎率　　单位：%

交配日期	羊群			平均
	A	B	A	
12月	98	98	94	97
8月	94	93	87	91
4月	76	79		78
平均	89	90		89

表 6-6 HARPER 体系母羊产羔数

交配日期	羊群			平均
	A	B	A	
12 月	2.28	2.71	2.25	2.68
8 月	2.30	2.33	2.12	2.25
4 月	1.75	1.64		1.70
平均	2.29	2.23		2.21

表 6-7 HARPER 体系羊群年生产性能指标

每只公羊每年交配母羊总数	50
羊群中的母羊数	100
母羊每年交配 1.5 次的交配总数	150
89% 母羊受胎率/每次交配，第二次配种的母羊数	11
实际每年母羊交配数	161
按 89% 受胎率的母羊产羔数	145
每只母羊产羔数	2.12
每 100 只母羊产羔数	320
每只母羊生产出栏羔羊数	2.86
死亡率/%	1.6
每 100 只母羊生产出栏羔羊数	270

表 6-8 HARPER 体系的农场条件下高频产羔及饲养方式

生理阶段	12 月交配		8 月交配		4 月交配	
	月份	饲养地点	月份	饲养地点	月份	饲养地点
催情补饲	11 月	羊舍	6 月	羊舍	3 月	舍饲
交配	12 月	羊舍	8 月	羊舍	4 月	羊饲
妊娠 1 个月	1 月	羊舍	9 月	羊舍	5 月	羊饲
妊娠 2 个月	2 月	羊舍	10 月	羊舍	6 月	羊饲
妊娠 3 个月	3 月	舍饲	11 月	羊舍	7 月	羊饲
妊娠 4 个月	4 月	舍饲	12 月	羊舍	8 月	羊舍
产羔	5 月	舍饲	1 月	舍饲	9 月	舍饲
哺乳	6 月	羊舍	2 月	舍饲	10 月	舍饲

6. 机会产羔体系

该体系是依市场设计的一种生产体系。按照市场预测和市场价格组织生产，若市场较好，立即组织一次额外的产羔，尽量降低空怀母羊数。这种方式适于个体生产者。

任务四　南江黄羊的母羊多胎技术

母羊的多产性是具有明显遗传特征的性状。从解剖学上分析，母羊是双角子宫，适合怀双胎。从生产实践中，不少羊不仅可以产双羔，甚至可以产 3 胎和 4 胎。提高母羊的产羔率，可以大幅度提高生产效益。因此，在生产发达的国家，如澳大利亚、新西兰等，一直非常重视母羊产双羔的研究。

目前，用于提高母羊产双羔率的方法主要有 4 种：第一是采用促性腺激素，如 PMSG 诱导母羊双胎；第二是采用生殖免疫技术；第三是应用胚胎移植技术；第四是采用营养调控技术。

1. 促性腺激素

对单胎品种的母羊多采用这种方法。一般是在母羊发情周期的第 12 ~ 13 d，一次注射 PMSG 700 ~ 1 000 mg，或用孕酮处理 12 ~ 14 d，撤栓前注射 PMSG 500 mL 以上，HCG 200 ~ 300 mL。在非繁殖季节，需要增加激素剂量。据报道，注射 500 mL PMSG 可提高每只母羊的产羔指数 0.2 ~ 0.6 只，PMSG 处理的弊端是不能控制产羔数。剂量小时，双胎效果不明显；剂量大时，则会出现相当比例的 3 胎或 4 胎，影响羔羊成活率，有时还会造成母羊卵巢囊肿。

促性腺激素处理可与同期发情处理结合，即在同期处理时，适当增加促性腺激素的剂量，可以达到提高双羔率的目的。直接用促性腺激素，因母羊对激素反应的敏感性存在的个体差异，处理效果有时不确定，选用这种方案时须作预试，因品种、因地区而确定合理的剂量和注射时间。

2. 生殖免疫技术

生殖免疫技术为提高母羊多胎性能提供了新的途径。该技术是以生殖激素作为抗原，给母羊进行主动或被动免疫，刺激母羊产生激素抗体，这种抗体与母羊体内相应的内源性激素发生特异性结合，显著地改变内分泌原有的平衡，使新的平衡向多产方向发展。

目前的生殖免疫制剂主要有：双羔素（睾酮抗原）、双胎疫苗（类固醇抗原）、多产疫苗（抑制素抗原）及被动免疫抗血清等。这些抗原处理的方法大致相同，即首次免疫 20 d 后，进行第二次加强免疫，二免后 20 d 开始正常配种。据测定，免疫后抗原滴度可持续 1 年以上。

3. 胚胎移植 2 个受精卵

胚胎移植技术在本学习情境有专门讨论。应用这一技术可给发情母羊移植 2 枚优良种畜的胚胎，不但能达到一胎双羔，还可以通过普通母羊繁殖良种后代，在生产中具有很大的经济价值。

4. 营养调控技术

营养调控技术提高南江黄羊母羊双羔率，主要包括采用配种前短期优饲、补饲 VE 和 VA 制剂，补饲白羽扁豆和矿物质微量元素等。实践证实，这些措施可以提高南江黄羊母羊的繁殖率。

依各地的生产条件，对配种前的南江黄羊母羊实行营养调控处理，加大短期的投入，可以达到事半功倍的效果。一般情况下，采取这种处理，在配种前的短期内使南江黄羊母羊活重增加 3 ~ 5 kg，可以提高南江黄羊母羊的双羔率 5% ~ 10%。待配种开始后，恢复正常饲养。从经济效益上分析，不会增加生产成本，投入恰到好处。

对经过生殖免疫处理的南江黄羊母羊于配种前 20 d 补饲 VE 和 VA 合剂，可以显著提高免疫处理的效果。

任务五　南江黄羊的胚胎移植技术

目前，我国的半胚胎移植技术已由实验室阶段转向生产实际应用，在生产中发挥了重大作用。在工厂化高效南江黄羊生产体系中，此项技术的应用占有较大比重。因此，必须重视胚胎移植技术的应用和技术开发，加强技术培训，使其在高效南江黄羊生产中发挥更大的作用。

胚胎移植的基本过程包括：供体和受体选择、供体超排和受体同期发情处理、冲卵、捡卵的移植。本节将重点介绍南江黄羊胚胎移植的技术要点与操作规程。

一、供体超数排卵

1. 供体南江黄羊的选择

供体南江黄羊应符合品种标准，具有较高生产性能和遗传育种价值，年龄一般为 2.5 ~ 7 岁，青年南江黄羊为 18 月龄，体格健壮，无遗传性及传染性疾病，繁殖机能正常，经产南江黄羊没有空胎史。

2. 供体南江黄羊的饲养管理

良好的营养状况是保持正常繁殖机能的必要条件。应在优质牧草的草场放牧，补充高蛋白饲料、维生素和矿物质，并供给盐和清洁的饮水，做到合理饲养，精心管理。

供体南江黄羊在采卵前后应保证良好的饲养条件，不得任意变化草料和管理程序。在配种季节前开始补饲，保持中等以上体膘。

3. 超数排卵处理

南江黄羊胚胎移植的超数排卵，应在每年南江黄羊最佳繁殖季节进行。供体南江黄羊超数排卵开始处理的时间，应在自然发情或诱导发情的情期第 17 d 开始进行。

4. 超数排卵处理技术方案

（1）促卵泡素（FSH）减量处理法。① 60 mg 孕酮海绵栓埋植 12 d，于埋栓的同时肌肉注射复合孕酮制剂 1 mL。② 于埋栓的第 10 d 肌肉在注射 FSH，总剂量 300 mg，按以下时间、剂量安排进行处理：第 10 d，早 75 mg，晚 75 mg；第 11 d，早 50 mg，晚 50 mg；第 12 d，早 25 mg，晚 25 mg。用生理盐水稀释，每次注射溶剂量 2 mL，每次间隔 12 h。③ 撤栓后放入南江黄羊公羊试情，发情配种。④ 用精子获能稀释液（3 mg/mL BSA + 10 ug/mL 肝素 + 5 mmol/L 咖啡因）按 1∶1 稀释精液。⑤ 配种时静注 HCG 1 000 单位，或 LH 150 单位。⑥ 配种后 3 d 胚胎移植。

（2）FSH + PMSG 处理法。① 60 mg 孕酮海绵栓阴道埋植 12 d，埋植的同时肌肉注射复合孕酮制剂 1 mL。② 于埋植的第 10 d 肌注 FSH，时间、剂量如下：第 10 d，早 50 mg，晚 50 mg，同时肌注 PMSG 500 单位；第 11 d，早 30 mg，晚 30 mg；第 12 d，早 20 mg，晚 20 mg。③ 撤

栓后试情，发情配种，同时静注 HCG 1 000 单位。④ 精液处理同上。⑤ 配种后 3 d 采胚移植。

（3）PMSG 一次处理法。① 60 mg 孕酮海绵栓埋植 12 d，于埋栓的同时肌肉注射复合孕酮制剂 1 mL。② 埋栓第 11 d 肌注 PMSG 1 500 单位，18 h 后肌注 APMSG（抗孕马血清）1 500 单位。③ 第 12 d 撤栓。④ 撤栓后试情，发情配种，同时静注 HCG 1 000 单位。⑤ 精液处理同上。⑥ 配种后 3 d 采胚移植。

5. 发情鉴定和人工授精

FSH 注射完毕，随即每天早晚用试情南江黄羊公羊（带试情布或结扎输精管）进行试情。发情供体南江黄羊每日上下午各配种一次，直至发情结束。

二、采 卵

1. 采卵时间

以发情日为 0 d，在 6 ~ 7.5 d 或 2 ~ 3 d 用手术法分别从子宫和输卵管回收卵。

2. 供体南江黄羊准备

供体南江黄羊手术前应停食 24 ~ 48 h，可供给适量饮水。

（1）供体南江黄羊的保定和麻醉。供体南江黄羊仰放在手术保定架上，四肢固定。肌肉注射 2% 静松灵 0.2 ~ 0.5 mL，局部用 0.5% 盐酸普鲁卡因麻醉，或用 2% 普鲁卡因 2 ~ 3 mL，或注射多卡因 2 mL，在第一、第二尾椎间作硬膜外鞘麻醉。

（2）手术部位及其消毒。手术部位一般选择乳房前腹中线部（在两条乳静脉之间）或四肢股内侧鼠蹊部。用电剪或毛剪在术部剪毛，应剪净毛茬，分别用清水消毒液清洗局部，然后涂以 2% ~ 4% 的碘酒，待干后再用 70% ~ 75% 的酒精棉脱碘。先盖大创布，再将灭菌巾盖于手术部位，使预定的切口暴露在创巾开口的中部。

3. 术者准备

术者应将指甲剪短，并锉光滑，用指刷、肥皂清洗，特别主要刷洗指缝，再进行消毒。术者需穿清洁手术服、戴工作帽和口罩。

手臂消毒：在两个盆内各盛温热的洁水（已煮沸过）3 000 ~ 4 000 mL，加入氨水 5 ~ 7 毫升，配成 0.5% 的氨水，术者将手指尖到肘部先后在 2 盆氨水中各浸泡 2 min，洗后用消毒毛巾或纱布擦干，按手向肘的顺序擦。然后再将手臂置于 0.1% 的新洁尔灭中浸泡 5 min，或用 70% ~ 75% 酒精棉球擦拭 2 次。双手消毒后，要保持拱手姿势，避免与未消毒过的物品接触，一旦接触，即应重新消毒。

4. 手术的基本要求

手术操作要求细心、谨慎、熟练，否则，直接影响冲卵效果和创口愈合及供体南江黄羊繁殖机能的恢复。

（1）组织分离。

作切口注意要点：切口常用直线形，作切口时注意以下 6 点：① 避开较大血管和神经；

② 切口边缘与切面整齐；③ 切口方向与组织走向尽量一致；④ 依组织层次分层切开；⑤ 便于暴露子宫和卵巢，切开长约 5 cm；⑥ 避开第一次手术瘢痕。

切开皮肤：用左手的食指和拇指在预定切口的两侧将皮肤撑紧固定，右手用餐刀式执刀，由预定切口起点至终点一次切开，使切口深度一致，边缘平直。

切皮下组织：皮下组织用执笔式执刀法切开，也可先切一小口，再用外科剪刀剪开。

切开肌肉：用钝性分离法。按肌肉纤维方向用刀柄或止血钳刺开一小切口，然后将刀柄末端或用手指伸入切口，沿纤维方向整齐分离开，避免损失肌肉的血管和神经。

切开腹膜：切开腹膜应避免损失腹内脏器，先用镊子提起腹膜，在提起部位作一切口，然后用另一只手的手指深腹膜，引导刀（向外切口）或用外科剪将腹膜剪开。

术者将食指及中指由切口伸入腹腔，在与骨盆腔交界的前后位置触摸子宫角，摸到后用二指夹持，牵引至创口表面，循一侧子宫角至该输卵管，在输卵管末端拐弯处找到该侧卵巢。不可用力牵拉卵巢，不能直接用手捏卵巢，更不能触摸排卵点和充血的卵泡。

观察卵巢表面排卵点和卵泡发育，详细记录。如果排卵点少于 3 个，可不冲洗。

（2）止血。

毛细管止血：手术中出血应及时、妥善地止血。对常见的毛细管出血或渗血，用纱布敷料轻压出血处即可，不可用纱布擦拭出血处。

小血管止血：用止血钳止血，首先要看准出血所在位置，钳夹要保持足够的时间。若将止血钳沿血管纵轴扭转数周，止血效果更好。

较大血管止血：除用止血钳夹住暂时止血外，必要时还需用缝合针结扎止血。结扎打结分为徒手打结和器械打结两种。

（3）缝合。

缝合的基本要求：① 缝合前创口必须彻底止血，用加抗生素的灭菌生理盐水冲洗，清除手术过程中形成的血凝块等；② 按组织层次结扎松紧适当；③ 对合严密、创缘不内卷、外翻；④ 缝线结扎松紧适当；⑤ 缝合进针和出针要距创缘 0.5 cm 左右；⑥ 针间距要均匀，所以结要打在同一侧。

缝合方法：缝合方法大致分为间断缝合和连续缝合 2 种。间断缝合是用于张力较大、渗出物较多的伤口。在创口每隔 1 cm 缝一针，针针打结。这种缝合常用于肌肉和皮肤的缝合。连续缝合是只在缝线的头尾打结。螺旋形缝合是最间断的一种连续缝合，适于子宫、腹膜和黏膜的缝合；锁扣缝合，如同做衣服锁扣压扣眼的方法，可用于直线形的肌肉和皮肤缝合。

5. 采卵方法

（1）输卵管法。供体南江黄羊发情后 2 ~ 3 d 采卵，用输卵管法。将冲卵管一端由输卵管伞部的喇叭口插入，2 ~ 3 cm 深（打活结或用钝圆的夹子固定），另一端接集卵皿。用注射器吸取 37 °C 的冲卵液 5 ~ 10 mL，在子宫角靠近输卵管的部位，将针头朝输卵管方向扎入，一人操作，一只手的手指在针头后方捏紧子宫角，另一只手推注射器，冲卵液由宫管结合部流入输卵管，经输卵管流至集卵皿。

输卵管法的优点是卵的回收率高，冲卵液用量少，捡卵省时间。缺点是容易造成输卵管特别是伞部的粘连。

（2）子宫法。供体南江黄羊发情后 6 ~ 7.5 d 采卵。这种方法，术者将子宫暴露于创口表面后，用套有胶管的肠钳夹在子宫角分叉处，注射器吸入预热的冲卵液 20 ~ 30 mL（一侧用液 50 ~

60 mL)，冲卵针头（钝形）从子宫角尖端插入，当确认针头在管腔内进退通畅时，将硅胶管连接于注射器上，推注冲卵液，当子宫角膨胀时，将回收卵针头从肠钳钳夹基部的上方迅速扎入，冲卵液经硅胶管收集于烧杯内，最后用两手拇指和食指将子宫角捋一遍。另一侧子宫角用同一方法冲洗。进针时避免损失血管，推注冲卵液时力量和速度应适中。

子宫法对输卵管损失甚微，尤其不涉及伞部，但卵回收率较输卵管法低，用液较多，检卵较费时。

（3）冲卵管法。用手术法取出子宫，在子宫提扎孔，将冲卵管插入，使气球在子宫角分叉处，冲卵管尖端靠近子宫角前端，用注射器注入气体 8 ~ 10 mL，然后进行灌流，分次冲洗子宫角。每次灌注 10 ~ 20 mL，一侧用液 50 ~ 60 mL，冲完后气球放气，冲卵管插入另一侧，用同样方法冲卵。

（4）术后处理。采卵完毕后，用 37 °C 灭菌生理盐水湿润南江黄羊母羊子宫，冲去凝血块，再涂少许灭菌液体石蜡，将器官复位。腹膜、肌肉缝合后，撒一些碘胺粉等消炎防腐药。皮肤缝合后，在南江黄羊子宫，冲去凝血块，再涂少许灭菌液体石蜡，将器官复位。腹膜、肌肉缝合后，撒一些碘胺粉等消炎防腐药。皮肤缝合后，在伤口周围涂碘酒，再用酒精作最后消毒。供体羊肌注 80 万单位和链霉素 100 万单位。

三、捡 卵

1. 捡卵操作要求

捡卵者应熟悉体视显微镜的结构，做到熟练使用。找卵的顺序应由低倍到高倍，一般在 10 倍左右已能发现卵子。对胚胎鉴定分级时再转向高倍（或加上大物镜）。改变放大率时，需再次调整焦距至看清物像为止。

2. 找卵要点

根据卵子的比重、大小、形态和透明带折光性等特点找卵。① 卵子的比重比冲卵液大，因此一般位于集卵皿的底部；② 南江黄羊的卵子直径为 150 ~ 200 μm，肉眼观察只有针尖大小；③ 卵子是一球形体，在镜下呈圆形，其外层是透明带，它在冲卵液内的折光性比其他不规则组织碎片折光性强，色调为灰色；④ 当疑似卵子时晃动表面皿，卵子滚动，用玻璃针拨动，针尖尚未触及卵子即已移动；⑤ 镜检找到的卵子数，应和卵巢上排卵点的数量大致相当。

3. 捡卵前的准备

（1）待捡的卵应保存在 37 °C 条件下，尽量减少体外环境、温度、灰尘等因素的不良影响。捡卵时将集卵杯倾斜，轻轻倒弃上层液，留杯底约 10 mL 冲卵液，再用少量 PBS 冲洗集卵杯，倒入表面皿镜检。

（2）在酒精灯上拉制内径为 300 ~ 400 μm 的玻璃吸管和玻璃针。将 10% 或 20% 南江黄羊血清 PBS 保存液用 0.22 μm 滤器过滤到培养皿内。每个冲卵供体南江黄羊需备 3 ~ 4 个培养皿，写好编号，放入培养箱待用。

4. 捡卵方法及要求

用玻璃清除卵外围的黏液、杂质。将胚胎吸至第一个培养皿内，吸管先吸入少许 PBS 再吸入卵。在培养皿的不同位置冲洗卵 3 ~ 5 次。依次在第二个培养皿内重复冲洗，然后把全部卵移至另一个培养皿。每换一个培养皿时应换新的玻璃吸管，一个供体的卵放在同一个皿内。操作室温为 20 ~ 25 °C，捡卵及胚胎鉴定需 2 人进行。

四、胚胎的鉴定与分级

1. 胚胎的鉴定

（1）在 20 ~ 40 倍体视显微镜下观察受精卵的形态、色调、分裂球的大小、均匀度、细胞的密度、与透明带的间隙以及变性情况等（图 6-6）。

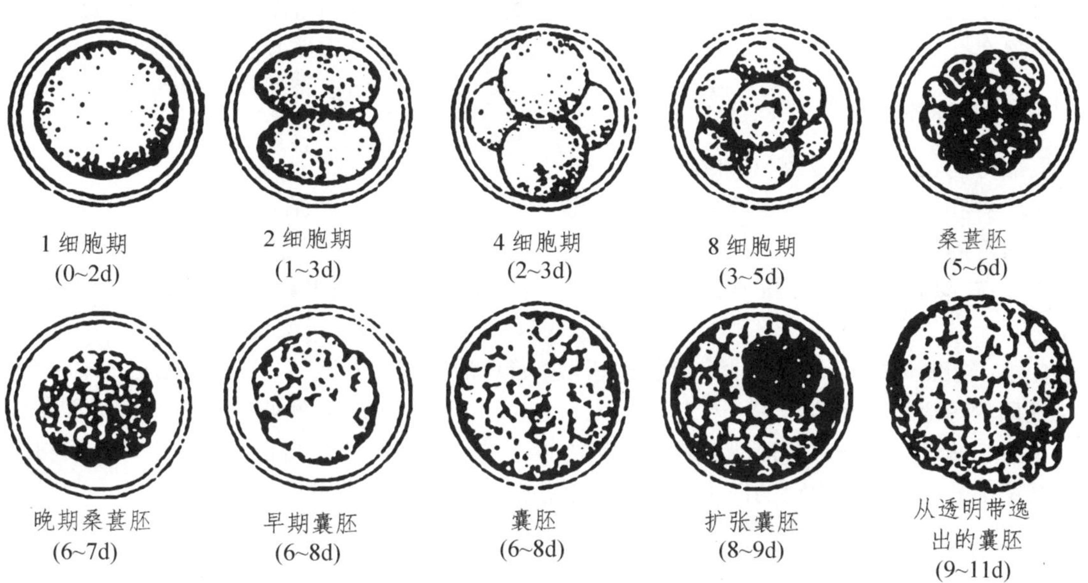

图 6-6　妊娠天数与胚胎的发育阶段

（2）凡卵子的卵黄未形成分裂球及细胞团的，均列未受精卵。

（3）胚胎的发育阶段。发情（授精）后 2 ~ 3 d 用输卵管法回收的卵，发育阶段为 2 ~ 8 细胞期，可清楚地观察到卵裂球，卵黄腔间隙较大。6 ~ 8 d 回收的正常受精卵发育情况如（图 6-7）。

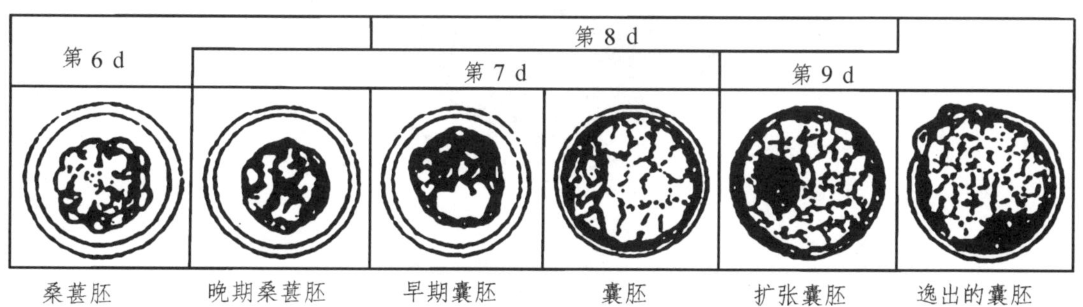

图 6-7　第 6 ~ 8 d 回收胚胎的正常发育阶段

桑葚胚：发情后第 6 ~ 8 d 回收的卵，只能观察到球状的细胞团，分不清分裂球，细胞团占据卵黄腔的大部分。

致密桑葚胚：发情后第 6 ~ 7 d 回收的卵，细胞团变小，占卵黄腔的 60% ~ 70%。

早期囊胚：发情后第 7 ~ 8 d 回收的卵，细胞团的一部分出现发亮的胚胞腔。细胞团占卵黄腔的 70% ~ 80%，难以分清细胞团和滋养层。

囊胚：发情后第 7 ~ 8 d 回收的卵，内细胞团和滋养层界限清晰，胚胞腔明显，细胞充满卵黄腔。

扩大囊胚：发情后第 8 ~ 9 d 回收的卵，囊腔明显扩大，体积增大到原来的 1.2 ~ 1.5 倍，与透明带之间无空隙，透明带变薄相当于正常厚度的 1/3。

孵育胚：一般在发情后 9 ~ 11 d，由于胚胞腔继续扩张，致使透明带破裂，卵细胞脱出。

凡在发情后第 6 ~ 8 d 回收的 16 细胞以下的受精卵均应列为非正常发育胚，不能用于移植或冷冻保存。

2. 胚胎的分级

胚胎分为 A、B、C 3 级（图 6-8）。

A 级：胚胎形态完整，轮廓清晰，呈球形，分裂球大小均匀，结构紧凑，色调和透明度适中，无附着的细胞和液泡。

B 级：轮廓清晰，色调及细胞密度良好，可见到少量附着的细胞和液泡，变性细胞约占 10% ~ 30%。

C 级：轮廓不清晰，色调发暗，结构较松散，游离的细胞或液泡多，变性细胞达 30% ~ 50%。

胚胎的等级划分还应考虑到受精卵的发育程度。发情后第 7 d 回收的受精卵在正常发育时应处于致密桑葚胚至囊胚阶段。凡在 16 细胞以下的受精卵及变性细胞超过一半的胚胎均属等外，其中部分胚胎仍有发育的能力，但受胎率很低。

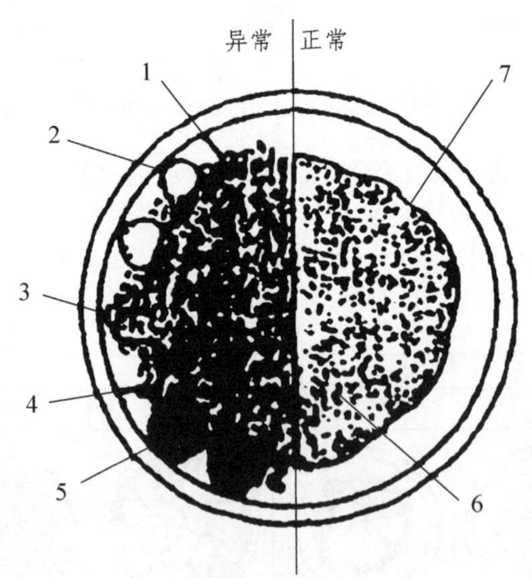

图 6-8 胚胎品质的衡量示意图

A—变性部分在 10%以内；B—变性部分在 10% ~ 30%；C—变性部分在 30% ~ 50%；D—变性部分占据胚胎大部分；1—边缘不整齐；2—有水泡；3—细胞突起；4—色泽暗淡；5—卵裂球游离；6—色泽明亮；7—边缘整齐

五、胚胎的冷冻保存

1. 三步平衡法

（1）10% 甘油保存液的配制取 9 mL 含 20% 南江黄羊血清的 PBS，加入 1 mL 甘油，用吸管反复混合 15 ~ 20 次，经 0.22 μm 滤器过滤到灭菌容器内待用。

（2）取含 20% 南江黄羊血清、0.3 mol 蔗糖的 PBS 2 mL 和 3.5 mL，分别加入 10% 甘油 3 mL 和 1.5 mL，配成含 6% 和 3% 甘油的蔗糖冷冻液。将 3%、6% 和 10% 3 种甘油浓度的冷冻液分别装入小培养皿。

（3）胚胎分别在 3%、6% 和 10%甘油的冷冻液中浸 5 min。

（4）胚胎装管用 0.25 mL 塑料细管按以下顺序吸入：少量的 10% 甘油的 PBS 液气泡、10% 甘油的 PBS 液（含有胚胎）、气泡、少量的 10% 甘油的 PBS 液，加热封口两道。

（5）塑料细管的编号：剪一段（2 cm）0.5 mL 塑料细管作为标记外套，内装色指，注明供体品种、耳号、胚胎发育阶段及等级、制作日期（年、月、日），并在外套管上写明序号备查（图 6-9）。

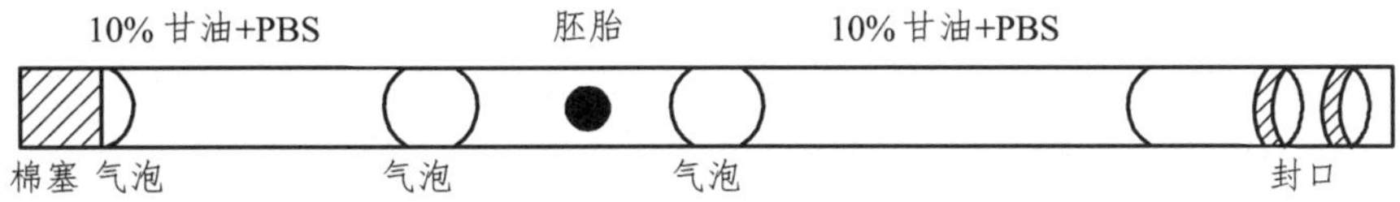

图 6-9 胚胎装管示意图

2. 冷冻程序

将细管直接浸入冷冻仪的酒精浴槽内，以 1 °C/min 的速度从室温降至 – 6 °C，停 5 min 后植水，再停留 10 min，以 0.3 °C/min 的速度降至 – 30 °C，再以 0.1 °C/min 的速度降至 – 38 °C 后直接投入液氮，长期保存。

六、冷冻胚胎的解冻

1. 解冻液的配制

根据上文所述配制出 10%、6% 和 3% 甘油的蔗糖解冻液，用 0.22 μm 滤器灭菌，分装在小培养皿内，第 1 ~ 4 杯分别为 10%、6%、3%、0% 甘油的蔗糖解冻液，第 5 杯为 PBS 保存液。

2. 胚胎的解冻

胚胎从液氮中取出，在 3 min 内投入 38 °C 水浴，浸 10 min。

3. 三步脱甘油

用 70% 酒精棉球擦拭塑料细管和剪刀刃，剪去棉塞端，与带有空气的 1 mL 注射器连接。再剪去细管的另一端，在室温下将胚胎推入 10% 甘油和 0.3 mol 蔗糖的 PBS 解冻液中，放置 5 min 后一次移入 6%、3% 和 0% 甘油的蔗糖 PBS 解冻液中，各停留 5 min，最后移至 PBS 保存液中镜检待用。

七、胚胎分割

1. 准备工作

（1）检查和调整好显微操作装置。

（2）微细玻璃针和固定吸管的制作：玻璃针细度要求为 2 μm，用专用拉针仪制作。固定管要求拉制成内径为 100 μm 的细管，切口要齐，并用煅溶仪烧圆。上述针、吸管均用 70% 酒精灭菌，使用前用 PBS 液反复冲洗。

（3）安装好分割胚胎的用具。

（4）将含有 20% 犊牛血清的 PBS 液经 0.22 μm 滤器过滤，在灭菌直径为 90 mm 的塑料培养皿内做成液滴，覆盖液体石蜡备用。

2. 分割操作

（1）将第 6 ~ 8 d 回收的发育良好的胚胎移入已做好的液滴，每个液滴放入 1 枚胚胎，以免半胚相混。将培养皿移至倒置显微镜或实体解剖镜下，调整焦距，找到胚胎。用固定吸管固定胚胎，用玻璃针或刀片从内细胞团正中切开。

（2）使用刀具分割时可不用固定管。先用刀刃在培养皿底上划一刀印，再从刀尖将胚胎拨至刀印上，调整好内细胞团的位置，用刀片从上往下垂直切成两团。

（3）分割好的胚胎移至含 20% 羊血清（或犊牛血清）的 PBS，清洗后装管移植。

（4）冷冻胚胎解冻后分割操作同上。

八、胚胎移植

1. 受体南江黄羊的选择

胚胎受体应选用健康、无传染病、营养良好、无生殖疾病、发情周期正常的经产南江黄羊。

2. 供体南江黄羊、受体南江黄羊的同期发情

（1）自然发情。对受体羊群自然发情进行观察，与供体南江黄羊发情前后相差 1 d 的南江黄羊，可作为受体。

（2）诱导发情。南江黄羊诱导发情分为孕及时类和前列腺素类控制同期发情 2 类方法。孕酮海绵栓法是一种常用的方法。

海绵栓在灭菌生理盐水中浸泡后塞入阴道深处，至 13 ~ 14 d 取出，在取海绵栓的前一天或当天，肌肉注射 PMSG 400 单位，56 h 前后受体南江黄羊可表现发情。

（3）发情观察。受体南江黄羊发情观察早晚各一次，南江黄羊母羊接受爬跨确认为发情。受体南江黄羊与供体南江黄羊发情同期差控制在 24 h。

3. 移　植

（1）移植液。0.03 g 牛血清白蛋白溶于 10 mL PBS 中，1 mL 血清 + 9 mL PBS，以上 2 种移植液均含青霉素（100 单位/mL）、链霉素（100 单位/mL）。配好后用 0.22 μm 细菌滤器过滤，置 38 °C 培养箱中备用。

（2）受体南江黄羊的准备。受体南江黄羊术前需空腹 12 ~ 24 h，仰卧或侧卧于手术保定架上，肌注 0.3% ~ 0.5% 静松灵。手术部位及手术要求与供体样相同。

（3）简易手术法。对受体样可采用简易手术法（郭志勤）移植胚胎。术部消毒后，拉紧皮肤，在后肢鼠蹊部作 1.5 ~ 2 cm 切口，用一个手指伸进腹腔，摸到子宫角引导至切口外，确认排卵侧黄体发育状况，用钝形针头在黄体侧子宫角扎孔，将移植管顺子宫方向插入宫腔，推出胚胎，随即子宫复位。皮肤复位后即将腹壁切口覆盖，皮肤切口用碘酒、酒精消毒，一般不需缝合。若切口增大或覆盖不严密，应进行缝合。

受体南江黄羊术后在小圈内观察 1 ~ 2 d。圈舍应干燥、清洁，防止感染。

（4）移植胚胎注意要点。① 观察受体卵巢，胚胎移至黄体侧子宫角，无黄体不移植。② 一般移植 2 子宫角，无黄体不移植。一般移避开血管，防止出血。③ 不可用力牵拉卵巢，不能触摸黄体。④ 胚胎发育阶段与移植部位相符。⑤ 对受体黄体发育按突出卵巢的直径分为优、中、差，优 0.5 ~ 1 cm，中 0.5 cm，差小于 0.5 cm。

4. 受体南江黄羊饲管

受体南江黄羊术后 1 ~ 2 情期内，要注意观察返情情况。若返情，则应进行配种或移植；对没有返情的南江黄羊，应加强饲养管理。妊娠前期，应满足南江黄羊母羊对热量的摄取，防止胚胎因营养不良而引起早期死亡。在妊娠后期，应保证南江黄羊母羊营养的全面需要，尤其是对蛋白质的需要，以满足胎儿的充分发育。

九、试剂配制

南江黄羊胚胎移植过程中用的冲卵液和羊血清的制作方法如下。

1. 冲卵液（PBS）的配制

改进的 PBS 配方：

氯化钠（NaCl）	136.87 mmol	8.00 g/L
氯化钾（KCl）	2.68 mmol	0.20 g/L
氯化钙（$CaCl_2$）	0.90 mmol	0.10 g/L
磷酸二氢钾（KH_2PO_4）	1.47 mmol	0.20 g/L
氯化镁（$MgCl_2 \cdot 6H_2O$）	0.49 mmol	0.10 g/L
磷酸氢二钠（Na_2HPO_4）	8.09 mmol	1.15 g/L
丙酮酸钠	0.33 mmol	0.036 g/L
葡萄糖	5.56 mmol	1.00 g/L
牛血清白蛋白		3.00 g/L
（或犊牛血清）		10 mL/L
青霉素		100 单位/mL
链霉素		100 单位/mL
双蒸水加至		1 000 mL

PBS 液的配制：为了便于保存，可用双蒸水分别配制成 A 液和 B 液，以便高压灭菌，也可配制成浓缩 10 倍的原液。

将配好的A、B原液用活动双蒸水分别高压灭菌，低温保存待用。

冲卵液的配制：各取浓缩A、B原液100 mL，缓慢加入灭菌双蒸水800 mL充分混合。取其中20 mL，加入丙酮酸钠36 mg、葡萄糖1.0 g、牛血清蛋白3.0 g（或羊血清10 mL）和抗生素，充分混合后用0.22 μm滤器过滤灭菌，倒入大瓶混合均匀待用。冲卵液pH为7.2 ~ 7.4，渗透压为270 ~ 300 mmol。A、B液混合后，如长时间置于高温（40 °C）下，会形成沉淀，影响使用，应注意避光。

保存液的配制：2 mL供体羊血清 + 8 mL PBS，青、链霉素各100单位/mL，0.22 μm滤器过滤灭菌。

2. 羊血清的制作

对超数排卵反应好的供体南江黄羊于冲卵后采卵。

血清制作程序：用灭菌的针头和离心管从颈静脉采血，30 min内以用 3 500 r/min 离心10 min取血清，再用同样转速将分离出的血清再离心10 min，弃去沉淀。

血清的灭活：将上述血清集中在瓶内，用 56 °C水浴（血清温度达 56 °C）灭活30 min，或者在52 °C温水中灭活40 min。灭活后，用3 500 r/min离心10 min，再用0.45 μm滤器过滤灭菌，然后分装为小瓶，于 – 20 °C保存待用。

血清使用前要做胚胎培养试验，只有经培养后确认无污染、胚胎发育好的血清才能使用。

十、实验室的准备

1. 器具的洗刷

器具使用后应立即浸于水中，流水冲洗。粘有的污秽或斑点应立即冲刷掉，然后再用洗涤液清洗。

新的玻璃器皿用清水洗净后，放入洗液或稀盐酸中浸泡24 h，流水冲洗掉洗液，再用洗涤液认真刷洗，或用超声波洗涤器洗涤。洗涤剂可用市售品。

（1）水洗。从洗涤液中取出后立刻放入流水中，冲洗3 h，完全冲掉洗涤液。

（2）洗净。用去离子水冲洗5次，用双蒸水冲洗5 次，最后用双蒸水洗2次。

（3）干燥和包装。洗净厚度器具放入干燥箱烘干，再用白纸或牛皮纸包装待消毒。

2. 器具的灭菌

（1）高压灭菌。适用于玻璃器皿、金属制品、耐压耐热的塑料制品以及可用高压蒸汽灭菌的培养液、无机盐溶液、液体石蜡等。上述器具经包装后放入高压灭菌器内，在121 °C（0.1 MPa）处理20 ~ 30 min，PBS等培养液为15 min。

（2）气体灭菌法。对于不能高压蒸汽灭菌处理的塑料器具可用环氧乙烯等气体灭菌。灭菌方法与要求可根据不同设备说明进行操作。气体灭菌过的器具需放置一定时间才能使用。

（3）干热灭菌法。对耐高温的玻璃及金属器具，包装好以后放入干热灭菌器（干烤箱），160 °C处理1 ~ 1.5 h，或者使温度升至180 °C以后关闭开关，待降至室温时取出。在烘烤过程中或刚结束时，不可打开干燥箱门以防着火。

（4）紫外线灭菌。塑料制品可放置在无菌间距紫外线灯 50 ~ 80 cm 处，器皿内侧向上，塑料细管需垂直置于紫外线下照射 30 min 以上。

（5）钴（^{60}Co）同位素照射灭菌。将需要灭菌的器具包装好，送有关单位处理。

（6）用 70% 酒精浸泡消毒。聚乙烯冲卵管以及乳胶管等，洗净后可在 70% 酒精液中浸泡消毒。

3. 培养液的灭菌

（1）过滤灭菌法。装有滤膜的滤器经高压灭菌后使用。培养保存液用 0.22 μm 滤膜，血清用 0.45 μm 滤膜过滤。过滤时，应弃去开始的 2 ~ 3 滴。

（2）用抗生素灭菌。在配制培养液时，同时加入青霉素 100 单位/mL、链霉素 100 单位/mL。

4. 液体石蜡油的处理

市售液体石蜡装入分液漏斗，用双蒸水充分摇动洗涤 3 ~ 5 次，静置或离心分离水分。

液体石蜡装入三角烧瓶内（装入量为容量的 70% ~ 75%），用硅塞封口，塞上通入长和短的 2 根玻璃管，管上端塞好棉花。一根深入油面底层，一根不接触油面。高压灭菌 15 min，呈白浊色，冷却后静置 12 h，即为透明。

将使用的培养液用滤器灭菌，按石蜡油量的 1/20 加入并充分混合。

由长玻璃管通入 5% 二氧化碳、95% 空气组成的混合气体 30 min。

经上述处理后的石蜡油，在使用前放在二氧化碳培养箱内静置平衡一昼夜，使液相和油相完全分离，待用。

十一、主要器械和设备

1. 回收卵器械

冲卵管：带硅胶管的 7 号针头（钝形）；

回收管：带硅胶管的 16 号针头（钝形）；

肠钳套乳胶管；

注射器 20 mL 或 30 mL；

集卵杯：50 mL 或 100 mL 烧杯。

2. 捡卵与分割设备

体视显微镜；培养皿（35 cm × 15 cm、90 cm × 15 cm），表面皿；巴氏玻璃管；培养箱，二氧化碳培养罐及二氧化碳气体；显微操作仪及附件。

3. 移　植

微量注射器、12 号针头；移植管——内径 200 ~ 300 μm 玻璃细管或前端细后部膨大的（套在注射器上）塑料细管。

4. 手术器械

毛剪，外科剪（圆头、尖头）；活动刀柄、刀片、外科刀；止血钳（弯头、直头）、蚊式止血钳、创巾夹、持针器、手术镊（带齿、不带齿）；缝合针（圆刃针、三棱针）、缝合线（丝线、肠线）、创巾若干；手术保定架、手术灯、活动手术器械车。

5. 其　他

蒸馏水装置1套；离子交换器1台；干烤箱1台；高压消毒锅1台；滤器若干，0.22 μm、0.45 μm滤器膜，0.25 mL（塑料细管）；pH计1台。

6. 药品及试剂

配制PBS所需试剂：FSH和LH，PMSG及抗PMSG等超排激素；2%静松灵，0.5%普鲁卡因、利多卡因；肾上腺素及止血药品；抗生素及其他消毒液、纱布、药棉等。

十二、记录表格（表6-9～表6-11）

表6-9　供体羊超数排卵记录表

供体号：______品种：__________________出生时间（年龄）：______

产羔时间：________胎次：_________

处理前发情日期：（1）_________（2）_________

超排处理日期：_____年____月__日　激素：批号：______

总剂量：_____每日剂量：（1）____（2）____（3）____（4）____

促排药注射日期：_________　剂量：_________

发情时间：_________症状：_____________

输精时间：（1）____（2）____（3）____公羊号：______

回收卵日期：___月___日　开始：___时___分　结束：___时___分

冲卵人：_________捡卵人：_________

卵巢	冲卵液回收率	卵　巢		回收卵数	未受精卵	退化卵	2—16细胞	胚胎发育与等级							
		CL	F					枚数	等级	M	CM	EB	BL	EXB	HB
左									A						
									B						
									C						
右									A						
									B						
									C						

表 6-10　冷冻胚胎记录表

供体号：____________ 品种：______操作者：______

冲卵结束时间：____冷冻时间：____防冻剂：______冷冻方法：______

序号	发育阶段	级别	简图	提篓号	简号	解冻温度	脱甘油方式	解冻后形态	培养情况	用途	备　注

表 6-11　受体羊移植记录表

序号	受体号	供体号	群号	发情日期	返情日期	黄体发育	移植时间	胚胎等级	术者	产羔	备注

任务六　南江黄羊的人工授精技术

一、人工授精技术的特点

人工授精是一项实用的生物技术，它借助器械，以人为的方法采集公羊的精液，经过精液品质检查和一系列处理，再通过器械将精液注入发情母羊生殖道内，以达到受胎目的。该项技术具有以下特点：

（1）充分利用生产力高的南江黄羊种公羊，加速改良南江黄羊，提高生产力及经济效益。

（2）防止交配而传染的疾病。

（3）减少南江黄羊母羊的不孕，提高南江黄羊母羊受胎率和繁殖率。

（4）便于组织畜牧生产，促进改良育种工作的开展。

二、人工授精站的建筑和设备

（1）人工授精站主要建筑包括采精室、验精室、输精室、母羊待配圈、种公羊及试情公羊棚圈等。站内房屋多少与平面布置，可根据不同条件确定。

（2）输精、授精、采精三室，应保持温暖、干燥，并有充足光线，室内温度要求在 5 ~ 20 °C。为了保持室内清洁，减少尘土，地面最好铺砖块，输精室应离地面高 50 cm。

（3）人工授精站所有房屋，应在授精开始前 10 ~ 15 d 用石灰粉消毒，并维修室内取暖设施。室内应避免各种药物的气味和煤气等。

（4）人工授精站应备的器械、药品及用具，见表 6-12、图 6-10 和图 6-11。

表 6-12　绵羊人工授精站所需器械、药品和用具

序号	名　称	规　格	单　位	数　量
1	显微镜	300～600 倍	架	1
2	蒸馏器	小型	套	1
3	天　平	0.1～100 g	台	1
4	假阴道外壳		个	4
5	假阴道内胎		条	8～12
6	假阴道塞子（带气嘴）		个	6～8
7	玻璃输精器	1 mL	支	8～12
8	输精量调节器		个	4～6
9	集精杯		个	8～12
10	金属开腔器	大小 2 种	个	各 2～3
11	温度计	100 °C	支	4～6
12	寒暑表		个	3
13	载玻片		盒	1
14	盖玻片		盒	1～2
15	酒精灯		个	2
16	玻璃量杯	50 mL、100 mL	个	各 1
17	玻璃量筒	500 mL、1 000 mL	个	各 1
18	蒸馏水瓶	5 000 mL、10 000 mL	个	各 1
19	玻璃漏斗	8 cm	个	各 1～2
20	漏斗架		个	1～2
21	广口玻塞瓶	125 mL、500 mL	个	4～6
22	细口玻塞瓶	500 mL、1 000 mL	个	各 1～2
23	玻璃三角烧瓶	500 mL	个	2
24	洗　瓶	500 mL	个	2
25	烧　杯	500 mL	套	2
26	玻璃皿	10～12 cm	个	2
27	带盖搪瓷杯	250 mL、500 mL	个	各 2～3
		20 cm×30 cm	个	2
28	搪瓷盘	40 cm×50 cm	个	2
29	钢精锅	27～29 cm、带蒸笼	个	1
30	长柄镊子		把	2
31	剪　刀	直头	把	2
32	吸　管	1 mL	支	2
33	广口保温瓶	手提式	个	2
34	玻璃棒	0.2 cm、0.5 cm	根	200

续表

序号	名　称	规　格	单　位	数　量
35	酒　精	95%，500 mL	瓶	6 ~ 8
36	氯化钠	化学纯，500 g	瓶	1 ~ 2
37	碳酸氢钠或碳酸钠		kg	2 ~ 3
38	白凡士林		kg	1
39	药　勺	角质	个	2
40	试管刷	大、中、小	个	各 2
41	滤　纸		盒	2
42	擦镜纸		张	100
43	煤酚皂	500 mL	瓶	2 ~ 3
44	手　刷		个	2 ~ 3
45	纱　布		kg	1
46	药　棉		kg	1 ~ 2
47	试情布	30 cm × 40 cm	条	30 ~ 50
48	搪瓷脸盆		个	4
49	手电筒	带电池	个	2
50	煤油灯或汽灯		个	2
51	水　桶		个	2
52	扁　担		条	1
53	火　炉	带烟筒	套	1
54	桌　子		张	3
55	凳　子		张	4
56	塑料桌布		m	3 ~ 4
57	器械箱		个	2
58	耳号钳	带钢字母	套	1
59	羊耳号	铝制或塑料制	套	1 500 ~ 2 000
60	工作服		套	每人 1 套
61	肥　皂		条	5 ~ 10
62	碘　酒		mL	200 ~ 300
63	煤		t	2
64	配种记录本		本	每群 1 本
65	公羊精液检查记录		本	3
66	采精架		个	1
67	输精架		个	2
68	临时打号用染料			若干
69	其　他			

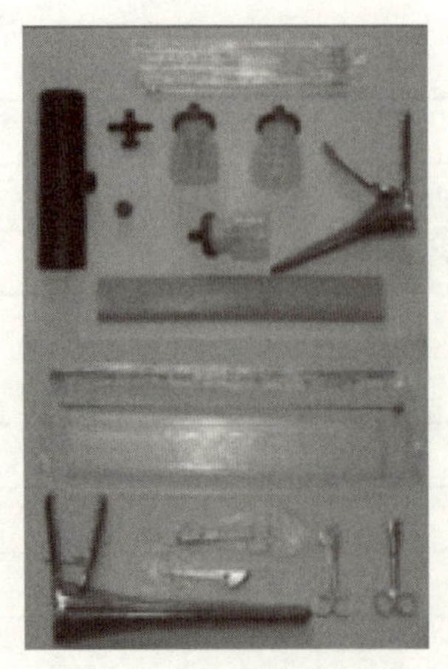
图 6-10　人工授精所需器械、用具

图 6-11　精液运输贮存箱

三、南江黄羊种公羊的选择与配种前的准备

（1）人工授精需要的南江黄羊种公羊，必须每年按要求进行个体等级鉴定，并从中选出主配优秀南江黄羊公羊。在配种前 1 ~ 1.5 月必须加强饲养管理，并做精液品质的检查。

（2）选择南江黄羊种公羊时，应考虑南江黄羊公羊的血缘遗传性、生产性能、健康状况、外貌、生殖器官、精液品质等。

（3）南江黄羊种公羊配种前，应进行兽医检查并修蹄。四、南江黄羊种公羊、试情南江黄羊公羊的饲养管理

1. 南江黄羊种公羊的饲养管理

（1）南江黄羊种公羊的放牧管理必须选派责任心强、有放牧经验的牧工担任。

（2）人工授精的南江黄羊种公羊应分群饲养。

（3）南江黄羊种公羊圈舍应宽敞、清洁、干燥，并有充足的光线，必要时应添设灯光照明。

（4）南江黄羊种公羊到站后应进行编号，并按期称重，观察南江黄羊种公羊的食欲、性欲等情况。

（5）南江黄羊种公羊必须给予多样化的饲草饲料，配种期的饲料日粮应按南江黄羊种公羊日粮标准供应。配方如下：

玉米 1 000 g，食盐 18 g，麸皮 300 g，带壳鸡蛋 4 ~ 6 个，大麦 300 g。苜蓿干草 900 g（按 70 kg 体重标准），合计 2 418 g。

2. 南江黄羊种公羊的饲养管理日程

（1）准备阶段日程。

时间	饲养管理项目
8：00 ~ 9：30	运动、放牧、饮水、早饲
10：00 ~ 13：00	采精
15：00 ~ 20：00	运动、放牧、饮水

20：00 ~ 21：00　　　晚饲
　　　　　　　　　　　休息

（2）配种阶段管理日程。

时间	饲养管理项目
7：00 ~ 8：30	运动、放牧、饮水
	喂料（喂给日粮 1/2）
9：00 ~ 11：00	采精
13：00 ~ 15：00	运动
14：00 ~ 17：00	补饲休息
	采精
19：00 ~ 20：00	放牧、饮水
20：00 ~ 21：00	喂料（喂给日粮 1/2）
	休息

（3）南江黄羊种公羊的利用。

准备阶段：陆续采精 20 次左右，以达到排除陈精的目的。

配种期间：成年南江黄羊种公羊每日可采精 2 ~ 4 次，必要时采精 4 ~ 5 次。注意不可连续高频率采精，以免影响南江黄羊公羊采食、性欲及精液品质。

3. 试情南江黄羊公羊的饲养管理

试情公羊的饲养管理直接影响到人工授精的各个指标的完成。所以，必须选用身体健壮、性欲旺盛、无疾病（包括寄生虫病）的优良南江黄羊公羊试情。

人工授精期间，对试情南江黄羊公羊须予以单独饲养，每日可给予 0.5 ~ 1 kg 精料，食盐自由采食，应加强试情南江黄羊公羊的放牧。

为提高试情南江黄羊公羊性欲，可定期采精，并注意轮换使用试情南江黄羊公羊。

经常检查试情南江黄羊公羊的健康，发现有争斗外伤，应及时处理。

五、人工授精器材的准备及消毒灭菌

（1）对采精、稀释保存精液、输精、精液运输等直接与精液接触的器械，必须注意洗涤与消毒工作，以防影响精液品质及受胎率。

（2）人工授精所用的器械、药品必须放在清洁的橱柜中，各种药品及配制的溶液也必须有标签。

（3）器械的洗涤可用洗衣粉或洗净剂。洗刷时可用毛刷、试管刷、纱布等。洗刷后用温水反复冲洗，除去残留物，尔后用洁净蒸馏水冲洗两遍，用消毒干净纱布擦干或自然干燥。在洗刷假阴道内胎时，注意勿使污垢存留在内胎上。对输精器械应彻底洗刷干净。

（4）器械洗涤后，须根据器械种类采用下列方法之一进行消毒：① 75% 酒精消毒；② 煮沸 15 ~ 20 min 消毒；③ 火焰消毒。

（5）凡与精液接触的器械在用酒精消毒后，须用生理盐水冲洗。如用蒸馏水或过滤开水冲洗后，仍需再用生理盐水冲洗。

（6）几种重要器械在使用前的消毒与冲洗。

① 假阴道内胎：先用 70% 酒精擦拭后，待酒精挥发一会，用蒸馏水冲洗 2 次，再用生理盐水冲洗。

集精瓶及其他玻璃器皿的消毒及冲洗程序与假阴道内胎相同。

② 输精器：在吸入 70% 酒精消毒后，吸入蒸馏水冲洗 2 次，然后再用生理盐水冲洗 2 次。

③ 金属开膣器：可先用 70% 酒精棉球消毒或用 0.1% 高锰酸钾溶液消毒。消毒后可放在温（冷）开水中冲洗一次，再放在生理盐水中冲洗一次即可使用，也可用火焰消毒法消毒。

④ 擦拭用纸：应每天消毒一次，消毒方法是将卫生纸放于小锅内，蒸煮 15 ~ 20 min。

⑤ 毛巾、擦布、桌布、过滤纸及工作服等：各种备用物品均应经高压灭菌器或在高压消毒锅内进行消毒。

六、常用溶液及酒精棉球的制备

（1）生理盐水。生理盐水为 0.9% 氯化钠溶液。配制方法如下：标准称量 9 g 化学纯氯化钠粉，溶解于 1 000 mL 水冲煮沸消毒即可。

（2）70% 酒精。在 74 mL 95% 酒精中加入 26 mL 蒸馏水即可。

（3）酒精棉球与生理盐水棉球。将棉球作成直径 2 ~ 4 cm 大小，放入广口玻璃瓶中，加入适量的 70% 酒精或生理盐水即可。勿使棉球过湿。

（4）酒精棉球瓶。所有的酒精棉球瓶须带盖，随用随开。

七、精液的采集

（1）采精前，应准备发情母羊或羯羊作台羊。采精前应清理台羊的臀部，以防采精时损伤公羊阴茎。

（2）假阴道的准备步骤如下：① 内胎的洗刷（检查是否漏水）；② 安装、消毒与冲洗；③ 临用前用配制的稀释液冲洗；④ 灌温水；⑤ 涂稀释液；⑥ 吹入空气：⑦ 检查与调节内胎温度，并调节内胎压力。

（3）假阴道的冲洗与消毒冲洗后，用漏斗从灌水孔注入 55 °C 左右温开水 150 ~ 180 mL，然后塞上带有气嘴的塞子，吹入或用打气球压入适量的空气，关闭气嘴活塞。

灌水量以外壳与内胎之间容积的 1/3 ~ 1/2 为宜，假阴道内的温度保持在 40 ~ 42 °C，年轻羊可低些。

（4）在灌温水后，将消毒冲洗后的双层玻璃瓶插入假阴道的一端。当环境温度低于 18 °C 时，在双层玻璃下可灌入 50 °C 的温水，使瓶内保持 30 °C 左右。若温度超过 18 °C，勿灌水。

（5）用棉球蘸取稀释液或生理盐水，从阴茎进口处涂抹一薄层于假阴道内胎上，深度为假阴道的 1/2 ~ 1/3，勿使插集精瓶的一端涂上凡士林。

（6）吹入适量的空气过程中，用酒精与生理盐水棉球擦过的温度计检查，使采精时假阴道内胎温度保持在 40 ~ 42 °C 为宜，如内胎温度合适，再吹入空气，调节内胎压力，即可用于采精。

（7）用清水或洗衣粉将种公羊包皮附近的污物洗净，擦干。

（8）采精时，采精者蹲于母羊右后方，用右手将假阴道横拿着，假阴道进口部向下，与母羊骨盆的水平线呈 35° ~ 40° 为宜。当公羊爬上母羊背时，注意勿使假阴道或手碰着龟头，迅速用左手托住阴茎包皮，将阴茎采入假阴道中。射精后，即将假阴道竖起，有集精瓶的一面向下，然后放出空气，将集精瓶取下，并盖上盖子。

（9）集精瓶及盛有精液的器皿必须避免直接太阳照射，注意保持 18 °C 的温度。

（10）集精瓶取下后，将假阴道夹层内的水放出。如继续使用，按照上述方法将内胎洗刷，消毒冲洗；若不继续使用，将内胎上残留的精液用洗衣粉溶液洗去，反复冲洗，干燥后备用。

八、南江黄羊公羊精液品质的检查

（1）为避免南江黄羊母羊由于精液品质关系降低受胎率和检查南江黄羊公羊的饲养管理情况，对南江黄羊种公羊的精液品质进行检查。一般检查项目为射精量、色泽、精子密度与活力。

（2）正常精液为乳白色。凡带有腐败臭味，颜色为红色、褐色、绿色的精液不能用于输精。

（3）检查精液品质须用 200 ~ 600 倍显微镜。

（4）检查所采集精液品质应在 18 ~ 25 °C 室温下进行。检查时用清洁玻璃棒输精器取精液一小滴，放在玻璃片中央，盖上盖玻片，勿使发生气泡。然后放在显微镜下检查精子密度与活力。检查精子活力时，可将一小滴精液先用一滴生理盐水稀释，再进行检查。所用载玻片与盖玻片须先洗涤清晰并使干燥。为防止显微镜头压着或压破盖玻片，可先将镜头下降到几乎接近盖玻片的程度，然后再慢慢升高镜头至适度为止。检查经过保存精液的精子活力时，须将精液温度逐渐升高，并放在 38 ~ 40 °C 下进行检查。

（5）用显微镜观察精液时，应根据下列标准来评定精液等级。

① 密度。如在视野内看见布满密集精子，精子之间几乎无空隙，这种精液评为“密”；如在精子之间可以看见空隙（大约相当一个精子的长度），评为“中”；如在精子之间看见很大的空隙（超过一个精子的长度），这种精液评为“稀”；如精液内没有精子，则用“无”字来表示。

② 活力。评定精子活力可分为 10 级，在显微镜下用目力来衡量。如精子 100% 为前进活动，评为 1；80% 前进运动的评为 0.8；以此类推。

（6）南江黄羊公羊精液品质的检查，分别于采精后、稀释后检查 2 次，精液密度达中以上，活力 0.7 ~ 0.8 以上，可用于输精。冷冻精液的指标为活力达到 0.3 以上可用于输精。

（7）为了合理稀释精液，在配种前用血球计数器来测定精子密度。

（8）其他精液品质指标的检查，视各配种站条件而定。

九、精液的稀释

1. 精液稀释液的配制

（1）各种成分的准备。蒸馏水要纯净新鲜，最好不要超过 15 d。卵黄要取自新鲜鸡蛋，先将蛋洗净，再用 75% 酒精消毒蛋壳，待酒精挥发后才可破壳，并缓慢倒出蛋清，用注射器刺破卵黄膜吸取卵黄，也可用玻璃片挑破卵黄膜，将卵黄轻轻倒出。不应混入卵白或卵黄膜。取一定量于容器中，搅拌后倒入经消毒并已冷却的稀释液中，摇匀。

抗菌素为青霉素（钾盐），必须在稀释液冷却后加入。

（2）配制稀释液的药品要准确称量，配成的溶液要准确，溶解后经过过滤，煮沸消毒 10 ~ 15 min。

（3）配制稀释液和分装保存精液的一切物品、用具都必须严密消毒。使用前先用少量稀释液冲洗 1 ~ 2 次。稀释液必须新鲜，先用先配。若在冰箱保存，可存放 2 ~ 3 d，但卵黄、抗菌素等成分需在临用时添加。

（4）稀释液配方及配制方法如下：

柠檬酸钠（$2H_2O$）　1.4 g

葡萄糖（H_2O）　3.0 g

消毒蒸馏水加 100 mL（用容量瓶）

充分溶解后，过滤至另一容器内，煮沸消毒 10 ~ 15 min。

取上述溶液 80 mL，待冷却后再加新鲜卵黄 20 mL，青霉素、链霉素各 10 万单位。贴上标签，备用。

（5）稀释液基质统一称量，分装于消毒过的小青霉素空瓶内，分别标有“柠-葡液配 100 mL”或“柠-葡液配 50 mL”。各配种站按以上配制方法操作，不需称量药品。

2. 精液的稀释及处理

（1）采精后，应尽快将新鲜精液进行稀释，并于稀释后检查精液品质。

（2）稀释倍数依各配种站情况而定，一般稀释 1 ~ 4 倍。稀释时，精液与稀释的温度必须调整一致，然后将一定量的稀释液沿壁徐徐加入集精杯中，轻轻摇匀。稀释后，精子活力要求在 0.8 以上。

（3）精液经稀释后，应尽快输精，注意环境温度。若输精时间长，应考虑稀释精液的保温，防止低温打击及冷休克。

十、精液的保存与运输

（1）供保存与运输精液的品质，须为活力 0.8 以上，密度达到“中”以上。

（2）保存与运送精液可用手提式广口保温瓶，所需精液瓶可用 2 mL 容量的玻璃管或小青霉素瓶等。

（3）精液瓶、瓶塞及所需其他精液接触器皿均须洗净并消毒。

（4）将精液作适度稀释后分装于精液瓶中，尽可能每个瓶中装满，以减轻振荡对精子的影响。瓶口用塞子塞紧，也可用蜡密封，并在瓶口周围包上一层塑料薄膜。

（5）取一个可放入广口保温瓶内的大小合适的瓷杯（或塑料杯），杯底和四周都衬上一层厚厚的棉花，将精液瓶放入其中。

（6）在广口保温瓶的底部放上数层纱布，纱布上放一个小木架，然后放一定数量的冰或用尿素降温（100 mL 水中加尿素 60 g 可降到 5 °C，再将内装精液瓶的瓷杯放在小木架上。在搪瓷杯的上端，周围衬些纱布以固定之，最后盖上广口保温瓶瓶盖，即可进行保存与运输。

（7）在精液保存与运输过程中，须使精液保持一定温度，并尽量避免振动。

（8）经过保存与运输的精液在输精前必须检查精子活力，如活力达不到要求，不能用于输精。检查时，先取精液瓶样品一滴滴于载玻片上，盖上盖玻片，将其逐渐升温，然后再评定精液品质。

（9）经过低温保存与运输的精液，在输精前应将温度升高到 20 °C 以上，以恢复精子活力。

十一、试　情

（1）按 1：（35 ~ 40）的比例放入试情南江黄羊公羊。参加试情的南江黄羊公羊必须带上试情布，每日早、晚各一次，定时放入南江黄羊母羊群中。

（2）试情时应在小群内进行，发现接受南江黄羊公羊爬跨、追引的南江黄羊母羊及时抓出。参加试情的工作人员应不断巡查，将其在发情的南江黄羊母羊抓出参加人工授精。

（3）发情南江黄羊母羊的外部表现不明显，主要表现愿意或喜欢接受南江黄羊公羊，并强烈摇尾巴。当被南江黄羊公羊爬跨时则不动。发情南江黄羊母羊只分泌少量黏液，因此要准确判定，严禁随意决定南江黄羊母羊发情与否，以免影响配种受胎。

（4）试情结束后，应及时将试情南江黄羊公羊隔出。清洗试情布，晾干。对抓出的发情南江黄羊母羊及时送往配种站。

（5）输精前输精员用开膣器检查南江黄羊母羊阴道及阴道黏液情况。对于发情过期、发情不到期的南江黄羊母羊不予输精，以保证输精质量。

十二、输　精

（1）为了提高输精质量，应注意下列各点：

① 南江黄羊种公羊及南江黄羊母羊在配种前应有充分准备，及时采精，及时输精。

② 所用精液品质必须良好。

③ 精液应正确输入南江黄羊母羊子宫颈内。

④ 严格遵守器械消毒规定，避免南江黄羊母羊生殖器官疾病的传染。

⑤ 输入的精子数，一次输入前进运动精子不少于 4 000 万 ~ 5 000 万个。

（2）输精室温度需保持 18 ~ 25 °C。

（3）输精器吸入精液后，应将输精管内空气排出，每次给每只南江黄羊母羊的输精量为 0.05 ~ 0.2 mL。

（4）输精前，应以棉球或小块灭菌纸将外阴擦净，每个棉球或一块纱布只能用一只南江黄羊母羊。用过的纱布洗净、消毒可再用。

（5）输精前，将消毒过的开膣器插入南江黄羊阴道，检查阴道内确无疾病，确实发情方可输精。细心地转动开膣器寻找子宫颈。找到后，将生殖器放在适当的位置，将输精器插入子宫颈内 0.5 ~ 1 cm，用大拇指轻压活塞，注入定量的精液。

（6）为了更准确地注射精液，每次输精后应将金属调节器（有机玻璃）按规定输精量调节。

（7）将精液注入后，即可取出输精器。输精器取出后，用干燥的灭菌纸擦去污染部分，即可继续使用。

（8）工作完毕，按规定及时清洗、消毒。

任务七　南江黄羊的精液冷冻技术

精液冷冻保存是人工授精技术的一项重大革新。它解决了精液长期保存的问题，使精液不受时间、地域和种畜生命的限制，便于开展省际、国际的交流，极大限度地发挥和提高了优良南江黄羊种公羊的利用率，加速了品种的育成和改良步伐。同时，对优良南江黄羊种公羊在短期进行后裔测定，保留和恢复某一品种或个体南江黄羊公羊的优秀遗传特性，以及在进行血统更新、引种、降低生产成本等方面具有重要意义。

一、采　精

用假阴道按常规方法采集精液。采精频度，一般连续采精 2 d，休息 1 d。在采精当日可连续采 2 次（间隔 10 ~ 15 min）。原精液的活力要求不低于 0.8。操作规程与常规人工授精相同。

二、稀　释

1. 冷冻精液稀释液的配制

（1）颗粒精液的配方 9-2 号液。Ⅰ液：取 10 g 乳糖加双重蒸馏水 80 mL、鲜脱脂奶 20 mL、卵黄 20 mL。Ⅱ液：取Ⅰ液 45 mL，加葡萄糖 3 g、甘油 5 mL。

（2）安瓿精液配方葡 3-3 液。Ⅰ液：取葡萄糖 3 g、柠檬酸钠 3 g，加双重蒸馏水至 100 mL，取溶液 80 mL，加卵黄 20 mL。Ⅱ液：取Ⅰ液 44 mL，加甘油 6 mL。

（3）细管精液配方。取葡 3-3 液 94 mL，加甘油 6 mL，再加硒 60 mg。

以上各种稀释液每 100 mL 另加青霉素 10 万单位，链霉素 100 mL。所用的稀释溶液（卵黄除外）需过滤并在水浴中煮沸消毒，甘油水浴消毒。稀释液现配现用。

2. 稀释比例

最终稀释比例（精液与稀释液之比）：颗粒精液为 1 : 1，安瓿精液和细管精液为 1 : 3。

3. 稀释方法

颗粒精液及安瓶瓿精液采用 2 次稀释法，细管精液采用一次稀释法。

一次稀释法：按稀释比例要求，一次稀释并分装和封口，裹 8 层纱布置 3 ~ 4 °C 冰箱内降温平衡 3 h。

两次稀释法：先以不含甘油的Ⅰ液将精液降至最终浓度比例的 50%，而后裹 8 层纱布置

3～4 °C 冰瓶或广口瓶内降温平衡（颗粒精液为 1～2 h，安瓿细管精液为 2～3 h）后，再用与Ⅰ液等量的含甘油的Ⅱ液组第二次稀释。

精液采出后应尽快稀释，如使用多只南江黄羊公羊的混合精液，或采精时间过长时，需对先采的精液进行预稀释（先加少量的稀释液）。每次稀释都应在等温下（精液与稀释液等温）完成。

三、分装与冷冻

1. 分装封口

（1）在玻璃安瓿或塑料细管上加印精液编号及冷冻日期等标记。

（2）安瓿精液：经第二次稀释后的精液，立即在 3～4 °C 下进行分装（1 mL 安瓿）和火焰封口。

（3）细管精液：用 5 mL 注射器，在室温下分装于 0.25 mL 细管内，并随即用塑料珠或聚乙烯醇粉封口。细管精液不宜过满。封口后中间应保留一定空隙，以防解冻时细管爆裂。

2. 冷　冻

（1）颗粒精液。

干冰法：用特制扎孔器或普通玻璃棒，在预先摊平、压实的干冰上戳上排列整齐圆光的小穴（直径 0.4 cm，深 2～2.5 cm），再用滴管吸取稀释混匀的精液，按 0.1 mL 容量逐穴滴冻。

液氮法：先将液氮注入 12 磅广口保温瓶内，随后放置漂浮冷冻器（系用泡沫塑料及 120 目铜纱自制而成，直径 15 cm、高 3 cm），铜网面保持低于保温瓶口 2～3 cm，以地温温度计测试温度，随时调节漂浮冷冻器铜网与液氮面的距离（约 3 cm），确保铜网面温度保持在 −80 °C 左右，用滴管吸取精液，按每粒 0.1 mL 滴冻。加盖停留 4 min 后浸入液氮，用小勺收取。精液分批冷冻，第二批滴冻前，需用干纱布将铜网面擦净。

（2）安瓿精液。

葡 3-3 安瓿精液：由直径 25 cm、深 20 cm 的铝筒，周围加 5 cm 厚保温材料并固定在特制木箱里的液氮槽和一个直径 18 cm、深 3～4 cm 带网眼的漂浮器制成简易冷冻器。冷冻时，向液氮槽内注入约 1 L 液氮，将约 40 支安瓿精液平放入漂浮器，置于距液氮面 2 cm 处，停留 7 min 后浸入液氮。

四、解　冻

1. 颗粒精液

干解法：将颗粒放入灭菌小试管中（每试管放 1 粒），在 70～75 °C 水浴中融化至还有绿豆粒大小时，迅速取出置于手心中。

2. 安瓿精液

（1）葡 3-3 安瓿精液。安瓿一支，置 60 °C 水浴中摇动 8 s，取出至融化。

（2）细管精液。取细管 1 支，置 70 °C 水浴中摇动 8 s，取出至全部融化。冷冻精液解冻后，应随即输精。

3. 精液处理

采用大幅度提高冷冻精液受胎率的技术设计，对精液进行激素处理。

五、输 精

1. 输精制度

（1）颗粒精液。采用每日 1 次试情、3 次输精法，即当日发情南江黄羊母羊于早晚用输精器各输精 1 次，翌日早晨再输精 1 次。

（2）安瓿及细管输精。每日 1 次试情，2 次输精（早、晚间隔 7 ~ 8 h），直至发情终止。

2. 输精标准

（1）颗粒精液。解冻后精子活率不低于 0.3，输精量为 0.2 mL，每次输精剂量中含或精子数不少于 0.9 亿个。

（2）安瓿及细管精液。解冻后精子活率要求在 0.35 以上。葡 3-3 安瓿及细管精液量分别为 0.3 mL 和 0.25 mL，每一输精剂量中含活精子数分别不得少于 0.8 亿个和 0.7 亿个。

任务八　南江黄羊的繁殖与管理技术在生产中的应用

繁殖是南江黄羊生产中的关键环节，是增加羊只数量，提高羊群质量，实现养羊业高产、高质、高效的基础。因此，应尽力发挥优良种羊，特别是优良公羊的作用，才能达到提高养羊效益之目的。但传统的配种方法，对种公羊影响很大，不利于优良种公羊种用价值的发挥，也严重地阻碍了圈养南江黄羊繁殖性能的提高，使之难以实现养羊生产的目标。对此，应从掌握南江黄羊的繁殖规律入手，革新繁殖技术，以提高南江黄羊的繁殖力和生产性能。

一、南江黄羊的选种选配

1. 选　种

就肉用南江黄羊新品种而言，凡留作种用的羊只必须符合下列条件：

① 符合南江黄羊的品种特征、特性；② 健康无病，无生理缺陷，生殖器官及生殖机能必须正常；③ 选留无遗传缺陷和不携带致死基因的优秀个体，特别注重多羔个体。

2. 选　配

选配应坚持如下原则：① 公、母之间年龄差别不宜过大，禁用老龄羊，特别是老龄公羊配种；② 避免公、母羊的近亲交配；③ 公羊等级应高于或等于母羊，禁用劣质羊，特别是劣质公羊配种；④ 禁用有遗传缺陷和含有死基因的公、母羊配种繁殖。

二、南江黄羊的配种适宜时间

（1）母羊排卵，一般出现在发情开始后 24 ~ 36 h，卵子在输卵管内保持受精能力的时间 12 ~ 24 h。

（2）配种后，精子进入母羊生殖道内保持有受精能力的时间为 24 ~ 48 h，达到受精部位（指输卵管壶腹处）的时间很快，最多几小时。

（3）最适宜配时间，应在母羊开始排卵后的 8 ~ 12 h；或用试情公羊试情，当母羊不拒绝公羊时，即为排卵开始，再隔 8 ~ 12 h 配种；或早、晚两次配种，容易受胎。

三、南江黄羊的繁育方法

南江黄羊生产中的繁育方法，主要有两大类，即纯种繁育和杂交繁育。

1. 纯种繁育

纯种繁殖是在同一山羊品种内使公、母羊进行交配的一种繁育方法，包括品系繁育和本品种选育在内。就南江黄羊品种而言，其选育保种，在采用这种方法进行种羊生产的同时，可结合组织山羊肉生产。因此纯种繁育应用采取的措施是：① 加强选种选配，提高品种质量；② 加强育种体系建设，落实育种措施；③ 加强种羊的生产管理和系谱管理，防止种群品质退化；④ 加强品（群）系繁育工作，抑制近交系增量；⑤ 加强饲养管理，确保常年饲草的平衡供应，增进羊群健康。

2. 杂交繁育

杂交繁育是将不同品种（或品种类群）的公、母羊进行交配的一种繁育方法。其目的在于利用杂种优势生产更多畜产品。杂种优势表现在抗病力、繁殖力、产肉力以及生长速度上优于纯种羊。在杂交组合上有：

（1）简单经济杂交，是两个品种（品种类群或专门化品系）公、母羊进行的杂交。例如：以南江黄羊为父本，本地山羊为母本的杂交；以南江黄羊无角类群公羊为父本，有角类群为母本的不同品系（品群）的杂交；以南江黄羊为母本，波尔山羊为父本的杂交。

（2）复杂经济杂交，指三个及三个以上品种公、母羊间进行的杂交。例如，以本地羊为母本、南江黄羊为父本的杂交一代羊，从中选择优质母羊同波尔山羊公羊交配。所构成的杂交组合，称三元杂交。

这里要明确的是，复杂经济杂交，可利用简单杂交所产生的杂交羊作亲本，而且杂交后代的生活力更强，更优于纯种的生产性能。但由于杂种优势不能遗传，因此只能供商品生产用，故在国内外广泛地应用于肉羊业。

四、提高南江黄羊繁殖力的途径与方法

繁殖是南江黄羊生产中的重要环节，而且高繁是南江黄羊生产的基本特征之一。鉴于圈养

南江黄羊是小群零散养殖，虽科学的饲养管理技术容易到位，但在提高繁殖力上又是一大难题，因而应着力于落实以下措施：

（1）加强高繁母羊群的选育，建立专门化的子羊繁殖基地（群、点、户），主攻产羔率，为肉山羊生产提供更多羊源。

① 选择多羔个体和高繁母羊组成繁殖母羊群。

② 从高繁羊群中选育优良公羊种用。

（2）加强种公、母羊的饲养，特别注重配种期的营养供应，以提高母羊排卵的数量和质量及公羊精液的品质，确保受胎。

（3）应用人工（辅助）授精技术，充分发挥优秀公羊的作用，提高群体品质。

（4）适时配种，不误情期。力求多产、多胎、多羔。

（5）调整羊群结构，提高适龄母羊比重，及时淘汰老龄母羊，以保持羊群旺盛的繁殖力。

（6）引入多胎品种杂交，扩大高繁的基因频率，获取产羔率的杂种优势。例如，上海金山县引用具有高繁性能的南江黄羊公羊同本地羊杂交。获得了窝产 7 羔的纪录。

（7）建立育羔群（圈），提早补饲、强化育羔，提高哺育率。

（8）应用激素免疫法提高繁殖率。

免疫是生物识别和消除“异己”的物质，从而使机体内外环境保持平衡的生理机能。激素免疫就是利用卵泡发育和黄体形成过程中的某些孕酮和雌激素的抗原性，制成抗原免疫药物，让其诱发母羊产生抗体，使母羊血液中天然游离的雌激素水平降低，刺激促性腺激素分泌，可增加促卵泡素（PSH）和促黄体素（LH）的释放，加速卵巢中卵泡的成熟，使母羊同时排出多个卵子，从而获得多胎。如在配种前 5 ~ 6 周给母羊肌肉注射“激素抗原免疫型药物”（商品名称为：XJC-A 型双羔苗）2 mL，间隔 3 ~ 4 周再注射一次（剂量同前），能显著提高母羊多羔率。

（9）加强怀孕期，特别是怀孕后期母羊的营养供应，做好保胎护产工作，是提高繁殖率的重要措施之一。

（10）应用同期发情技术，把产羔安排在理想季节，是实现繁殖目标的重要途径。

五、南江黄羊繁殖羊群的饲养管理

1. 种公羊的饲养管理

据研究，种公羊每次射精量为 1 mL 时，需要可消化蛋白质 50 g 以上，可见蛋白质营养对种公羊种用性能的发挥至关重要。种公羊获得充足的蛋白质，则性欲旺盛，精子活力强，密度大，母羊受胎率高。

（1）配种期的饲养管理。配种期公羊所消耗的营养和体力较大，所以每天的营养一定要全面，特别是蛋白质供给，日粮中蛋白质的含量应在 18% 以上。要补给多种多样的饲草，日粮中粗饲料含量不宜过高，否则会影响到配种能力和精液品质。在配种期，每只羊每天按 1 ~ 1.5 kg 干草、1 ~ 1.5 kg 混合精料、0.5 kg 胡萝卜、1 ~ 2 枚鸡蛋或 1 kg 牛奶进行补饲，每日可分 3 次以上给料，保证供给清洁饮水。合理安排喂料、配种（采精）、放牧、运动、饮水及休息时间。

（2）休闲期的饲养管理。在休闲期，种公羊虽没有配种任务，但仍不能忽视其饲养管理。要让其保持中等以上的体况，除放牧运动外，应补给足够的能量、蛋白质、维生素和矿物质。除在优质草地上放牧外，还应补给一定量的精料，并要保证枯草季节的饲草供给及营养搭配。

（3）饲养种公羊应注意的事项。一是青年公羊在配种初期，不仅要考虑蛋白质营养的供应，同时还应满足各内脏器官生长发育对日料中矿物质的需求，所以要控制好日粮的能量水平；二是配种期公羊在满足其蛋白质营养的前提下，还应注意到维生素，尤其是维生素 E 的补充；三是如果是舍饲为主的公羊，每天应不少于 6 h 的运动，同时可以人为地每天梳刮羊只皮毛 1 ~ 2 次，以促进血液循环；四是要掌握好配种（采精）次数，不宜配种过度，每天配种 3 ~ 4 只为宜，最多不超过 5 只，连续配种 4 ~ 5 d 应休息 1 d；五是公、母羊要分圈饲养，不能混养，因为混养使公羊长期处于兴奋状态，最终会导致抑制，影响配种质量。

2. 繁殖母羊的饲养管理

（1）空怀期的饲养管理。母羊空怀期（恢复期）只有 3 个月左右。中等以上体况的母羊在第一个发情期的受胎率为 80% ~ 85%，而体况差的只有 65% ~ 75%。因此，应提倡羔羊适时断奶，使母羊尽快恢复体况。在配种前一个半月，加强繁殖母羊的饲养，放牧时选择牧草丰茂且营养丰富的草场，延长放牧时间，使母羊尽可能食饱食好，同时要适当补饲，并注意维生素和青绿多汁饲料的供应，保证母羊获取足够的营养。从而使其早日复壮，促进早发情、多排卵及发情的周期性，提高羊群受胎率和多羔率。

（2）怀孕前期的饲养管理。就是指怀孕的前 3 个月，怀孕母羊不仅要保证自身所需营养供给，还要保证胎儿所需营养供给。怀孕前期胎儿发育较慢，所增重量仅占羔羊初生重的 10%，此期的饲养任务是维持母羊处于配种时体况，在牧草丰茂季节只要搞好放牧就可基本满足它对营养的需要。

（3）怀孕后期的饲养管理。怀孕的后 2 个月为怀孕后期。怀孕后期胎儿生长发育快，初生重的 90% 左右都是在怀孕后期形成的。如怀孕第 4 个月，胎儿平均日增重为 40 ~ 50 g，在怀孕第 5 个月日增重高为 120 ~ 150 g，且骨骼已经矿物化，因而怀孕的最后 1/3 时期，母羊对营养物质的需要应在平时日粮的基础上提高 40% ~ 60%、钙和磷提高 1 ~ 2 倍。可见怀孕母羊的饲养应把重点放在怀孕后期，此期的饲养管理对胎儿一生的生长发育、生产性能及经济效益都有重要影响。如适逢严冬，牧草枯黄，须加强营养，根据当地草料条件切实抓好补饲和防寒保暖工作。同时要避免羊群拥挤、过急驱赶前以及饲喂霉变饲料（草）。临产前进入产羔栏待产。

（4）哺乳期的饲养管理。母羊哺乳羔羊的时间为 2 个月，重点培育对象和弱羔可以延至 3 个月。母羊在产羔 3 d 后就要补喂营养全面、品质好的饲料，使母羊迅速恢复体况，保证乳汁充足，但饲料中多汁青绿饲料的比例不宜过高，以防止乳房炎和羔羊腹泻。一般情况下，在日常放牧的基础上，每羊每天补喂多汁青绿饲料 2 kg、青干草 0.5 ~ 1 kg、混合饲料 0.3 ~ 0.5 kg。哺乳后期，母羊除放牧采食外，亦可酌情补饲，以便恢复体况，提早发情受配。

3. 哺乳羔羊的饲养

（1）初生关。羔羊出生后，首先在半小时内要让其吃上初乳，因初乳含有丰富的蛋白质（17% ~ 23%）、脂肪（9% ~ 16%）、矿物质等营养物质和抗体，不仅有轻泻作用，还有利于快速排除胎粪和提高免疫力，而且对成活率、生长发育、生产性能等指标都有极大的影响。为了防止乳房炎和羔羊痢疾，首先在哺乳之前要用热毛巾和肥皂水对母羊乳房进行擦拭，达到清洁乳房、乳头和促进血液循环的目的；二是要将原停留在乳头的乳汁挤掉，疏通乳孔和除去停留已久的乳汁。对产多羔和弱羔的母羊，可能由于奶水不足影响羔羊的成活和生长发育，要做好羔羊的寄养工作，即让那些产单羔且乳汁充足的母羊带养。为了防止母羊拒绝寄养，可用胎液、新洁尔灭或淡酒精等涂于羔羊的身上，让母羊不易辨认，而不影响寄养。

对缺乏乳汁的母羊，要加强营养进行催乳或给羔羊饲喂奶粉，同时注意培养初产母羊的母子亲和力。

（2）补草（料）关。羔羊出生后的15～20 d内，母乳几乎是羔羊营养物质的唯一来源。所以在羔羊出生一周后要进行提前诱食和补草补料，可将母羊放牧在羊舍附近的优质草场内，让其自由运动采食和嬉戏，同时用专门的羔羊饲槽补料，可将豆类、玉米等精料炒至半熟再粉碎后饲喂，以达到早期补饲和促进消化系统发育的目的。

（3）防疫关。为了防止羔羊痢疾，提高成活率，应在吮食初乳的同时给羔羊口服土霉素片，连服3 d。1周后分次注射口蹄疫苗、羊三联苗、羊痘苗及传染性胸膜肺炎疫苗等，提高机体对疾病抵抗力。

学习情境七　南江黄羊羔羊培育配套技术

项目一　南江黄羊羔羊培育的意义与生物学基础

任务一　南江黄羊羔羊培育在高效养羊生产中的重要意义

在工厂化南江黄羊生产中，羔羊培育是中心环节，是实现南江黄羊生产高效益的关键。因此，必须重视羔羊的培育工作，在生产中采取配套的新技术，使工厂化南江黄羊生产能够获得更高的利益。

1. 羔羊培育是实现工厂化南江黄羊生产的关键环节

羔羊培育是在人为创造的条件下（如饲养、管理等）来影响和控制羔羊的生长发育，使其按照生产者所需要的速率生长，这就是培育的最终意义。一般说，工厂化南江黄羊生产设施比较完善，可以满足各种方式的羔羊培育的需要。在这种条件下，羔羊培育按照规范化、模式化方式生产，其效益将会达到预期的要求。因此，羔羊培育的好坏，将直接影响到工厂化南江黄羊生产的成败。

2. 实现科学的羔羊培育，可以保证羔羊生产的数量和质量

在南江黄羊生产中，羔羊生得多、活得多、长得快，南江黄羊生产才能获得较高的经济利益。用传统的粗放型南江黄羊生产方式管理羔羊，羔羊的成活率低，生产速度慢，效益差。采用羔羊早期培育的配套技术措施，不仅使羔羊的成活率提高，从数量上有所增加，而且也可加快羔羊的生长发育，从羔羊的质量上有所保证。

3. 羔羊培育是实现南江黄羊母羊高频高效繁殖的基础

进行羔羊培育，可以使哺乳母羊提早断奶，有利于母羊的体力恢复和生理恢复，为下一个繁殖季节的正常生产奠定基础。在工厂化南江黄羊生产中，母羊实现高频率繁殖制度，所以羔羊培育措施得当，母羊的繁殖生产才能提高，两者是统一的。

4. 羔羊培育是提高南江黄羊生产经济效益的突破口

利用羔羊生产发育快的特性对羔羊实现早期培育，可以实现肥羔的反季节生产，与市场需求接轨，创造较好的经济效益。对母羔羊实现重点培育，可以使当年母羔当年参加正常繁殖生产，降低生产成本。因此，羔羊培育是提高工厂化南江黄羊生产经济效益的突破口，应当予以特别的重视。

任务二　南江黄羊羔羊培育的生物学基础

羔羊生产发育及消化特点也就是进行羔羊培育的生物学基础。针对羔羊在哺乳期的生产发育、消化机能等方面的特性，实施有特色的培育措施，才能达到理想的目的。

1. 羔羊灾情生产发育的特性

生长发育快、适应能力差、可塑性强。

2. 羔羊消化机能的特点

胃容积小、瘤胃微生物区系尚不完善，不能发挥瘤胃应有的功能。

3. 羔羊骨骼、肌肉和脂肪的生长特点

肌肉生长速度最快，脂肪增长平稳上升，骨骼的增长速度最慢。

依据这些特性设计的羔羊培育技术方案，羔羊的生长发育可以按照生产者期望的目标发展。

项目二　南江黄羊的羔羊培育与哺乳技术

任务一　南江黄羊羔羊培育的方法

一、从南江黄羊母羊入手

1. 提前断奶，使南江黄羊母羊有足够的生殖系统生理恢复时间

哺乳期内，南江黄羊母羊垂体前叶促乳素分泌量较高，因而引起其他生殖激素的分泌量不足，生殖系统处于相对不活跃时期。提前断奶，则会使南江黄羊母羊体内的促乳素自然降低，内分泌重新平衡，为再次繁殖做好生理准备。提前断奶对于南江黄羊母羊子宫的复原，也具有重要的作用。

2. 加强配种前的饲养、管理，力求满膘配种

春夏季节气候温暖，青草繁茂，水源充足，要抓住大好时机，加强饲养，促进南江黄羊母羊增膘复壮。成年南江黄羊母羊经过冬季的妊娠和哺乳期，体内营养消耗很大。因此，应当利用春季和夏季的饲草资源优势，尽早尽快使南江黄羊母羊补充营养，恢复体重。南江黄羊母羊膘情好，发情才能整齐，受胎率也会高，并能为胚胎发育的开始创造良好的营养环境，给羔羊生产打下坚实的基础。配种前，对南江黄羊母羊采取短期优饲和短期育肥等措施，具有较好的作用。

3. 选择适宜的季节集中配种

传统南江黄羊生产，大多采用公母混群放牧，随时发情随时自然配种，分娩时间分散，羔羊出生日龄不集中，对羔羊的护理和培育都不利。工厂化南江黄羊生产，则必须批量配种，采用人工授精、同期发情等技术措施，使南江黄羊母羊按计划批量发情和配种，力争在短期内集中分娩产羔。按照这种生产制度，母羊产羔时间集中，羔羊的培育也易于进行，培育出的羔羊生长发育整齐，有利于批量育肥、上市或参加繁殖生产。

4. 加强妊娠南江黄羊母羊的饲养和管理

南江黄羊母羊配种应有详细的记载，或经过早期妊娠检查确定母羊的妊娠状况，尔后根据母羊的妊娠需要合理安排饲养和管理。在工厂化南江黄羊生产体系中，配种结束后，按受胎日期将妊娠期相近的母羊编组在一群，便于管理和投入。为了更有效地降低成本，妊娠期的日粮应当优化，以保证胎儿正常发育为前提，尽可能减少精料的投放。对妊娠母羊的管理，重点是保护胎儿发育，防止流产，采取的措施主要有放牧时不追不赶，进出羊舍严禁拥挤，不饮冰水、不饲喂霉变饲草等。

5. 加强哺乳羊母羊的饲养和管理

羔羊的初期生长发育全靠母乳，所以羔羊生后的第一周或数天内，应继续保持母羊良好的营养状况，使其有足够的乳汁哺育羔羊。羔羊出生后数日宜与母羊同圈舍饲。饲养上，可多给哺乳母羊饲喂些胡萝卜、甜菜、甜菜渣等多汁饲料，对于促进泌乳有较好的效果。泌乳期母羊应保证充足的饮水，最好能饮用温水或豆饼水。

二、从接产保羔入手

1. 核算预产期

按照配种记录和早期妊娠诊断的记录，核算南江黄羊母羊的预产日期。南江黄羊母羊的正常妊娠期为 150 d，对南江黄羊母羊的产期预算可参考表 7-1。当临产期临近时，要特别注意南江黄羊母羊的行为，加强看护。若羊群过大，需要按预产日期重新组群，把预产期相近的南江黄羊母羊编在一群，组成待分娩群，便于照看。对腹围粗大、行动迟缓、膘情较差的南江黄羊母羊要重点管理，因为这些南江黄羊母羊大部分是双羔羊母羊。产期已到的南江黄羊母羊，不要外出放牧，以防止羔羊冻死。

表 7-1 母羊妊娠期的推算表

配种日期		产羔日期		配种日期		产羔日期	
1 月	1	5 月	30	2 月	5	7 月	4
	6	6 月	4		10		9
	11		9		15		14
	16		14		20		19
	21		19		25		24
	26		24	3 月	2		29
	31		29		7	8 月	3

续表

配种日期		产羔日期		配种日期		产羔日期	
3月	12	8月	8	8月	9	1月	5
	17		13		14		10
	22		18		19		15
	27		23		24		20
4月	1		28		29		25
	6	9月	2	9月	3		30
	11		7		8	2月	4
	16		12		13		9
	21		17		18		14
	26		22		23		19
5月	1		27		28		24
	6	10月	2	10月	3	3月	1
	11		7		8		6
	16		12		13		11
	21		17		18		16
	26		22		23		21
	31		27		28		26
6月	5	11月	1	11月	2		31
	10		6		7	4月	5
	15		11		12		10
	20		16		17		15
	25		21		22		20
	30		26		27		25
7月	5	12月	1	12月	2		30
	10		6		7	5月	5
	15		11		12		10
	20		16		17		15
	25		21		22		20
	30		26		27		25
8月	4		31		31		30

注：资料来源于美国宾夕法尼亚州立大学奶羊函授教程105页。

2. 产羔设施的准备

产羔设施的完好是接产保羔的关键保障措施。工厂化南江黄羊生产一般都建有专门的产房，产羔前应进行检修。接产室温度以 5 ~ 10 °C 为宜，达不到这个温度的产房，应添置取暖设备。羔羊从母体 40 °C 的热环境突然降生到 – 20 ~ – 25 °C 的冷环境时，出生时毛短、毛稀，对冷环境的抵抗力很弱。在温暖的产房内接生，不仅可以大幅度降低羔羊的死亡率，而且对于下一步的羔羊早期培育也十分必要。所以说，产羔设施的合理利用是提高羔羊成活率的第一步，也是关键的一步。

3. 接羔技术

分娩征象及正常接产：南江黄羊母羊分娩的征象及分娩过程已在本书学习情境二中介绍。南江黄羊母羊产羔时，一般不需要助产，最好让其自行产出。但接羔人员应观察分娩过程是否正常，并对产道进行必要的保护。正常接产可按以下步骤进行：

首先，剪净临产南江黄羊母羊乳房周围和后肢内侧的羊毛，以免产后污染乳房。若母羊眼周围的毛过长，也应剪短，便于日后认羔。然后用温水洗净乳房，并挤出几滴初乳。再将母羊的尾根、外阴部、肛门洗净。

正常情况下，经产母羊产羔过程较快，而初产羊母羊和当年母羔的过程较慢。一般先看到两前蹄，接着是嘴和鼻，到头露出后，即可顺利产出，可不予助产。

产双羔时，先后间隔 5 ~ 30 min，但也偶有长达 10 h 的。双胎母羊分娩时，应准备助产。

羔羊娩出后，先把口腔、鼻腔及耳内黏液掏出擦净，以免因呼吸吞咽羊水引起窒息或异物性肺炎。羔羊身上的黏液，最好让母羊舔净，这样有助于母羊认羔。若母羊恋羔行为弱，可把羔羊身上的黏液涂到母羊嘴上，引诱母羊舔干。如果母羊仍不舔或天气较冷时，应用干草迅速将羔羊全身擦干，以免羔羊受凉感冒。

羔羊出生后，一般都是自行扯断脐带，等其扯断后再用 5% 碘酊消毒。人工助产娩出的羔羊，助产人员应把脐带中的血向羔羊脐部顺捋几下，在距羔羊腹部 3 ~ 4 cm 的适当部位断开，并进行消毒。

4. 难产及假死羔羊的处理

（1）难产及其处理方法。

第一，胎儿过大或阴道狭窄、羊水已流失时，用石蜡油涂抹阴道，使阴道润滑后，用手将胎儿拉出。

第二，胎儿口、鼻或两前肢已露出阴门，仍不能顺利产出时，先将胎膜撕破，捋净胎儿鼻口部的羊水，掏出口腔内黏液，然后在阴门外隔阴唇用手卡住胎儿头额后部，将头和两蹄全部挤出阴门，随母羊努责将胎儿顺势拉出。遇有先出后蹄倒产的，应轻轻牵拉两后蹄随母羊努责将胎儿拉出。

第三，遇有头颈侧弯或下弯的，将手伸进阴道将胎儿推回到子宫腔内，将头摆正，使鼻、唇和两前肢摆正并进入软产道，慢慢将胎儿拉出。

第四，前肢屈曲、只出一只蹄，或有肩部前置时，先将胎儿推回到子宫腔，待顺成正常状态后再慢慢顺势产出。

第五，坐骨前置时，将胎儿推回到子宫腔，握住两后蹄，顺势将两后肢拉直，送入软产道，再顺势拉出胎儿。

第六，遇有子宫扭转、子宫颈扩张不全及骨盆狭窄等胎儿不能产出时，要进行剖腹手术。

（2）假死羔羊的处理。羔羊产出后，身体发育正常，心脏仍有跳动，但不呼吸，这种情况称为假死。假死的原因主要是羔羊过早地吸入羊水，或子宫内缺氧、分娩时间过长、受凉等。出现假死时，一般采用两种办法使羔羊复苏：一种是提起羔羊两后肢，使羔羊悬空并拍击其胸、背部；另一种是让羔羊平卧，用两手有节律地推压胸部两侧。短时间假死的羔羊，经处理后，一般可以复苏。因受凉而造成假死的羔羊，应立即移入暖室进行温水浴，水温由 38 °C 开始，逐渐升到 45 °C。水浴时，应注意将羔羊头部露出水面，严防呛水，同时结合腰部按摩，浸 20 ~ 30 min，待羔羊复苏后，立即擦干全身。

三、从产后南江黄羊母羊的护理入手

南江黄羊母羊在分娩过程中失水较多，新陈代谢机能下降，抵抗力减弱。若此时护理不当，不仅影响南江黄羊母羊的健康，使其生产性能下降，而且还会直接影响到羔羊的哺乳。

产后南江黄羊母羊应注意保暖、防潮，避免贼风，预防感冒，并使南江黄羊母羊安静休息。产后 1 h，应给南江黄羊母羊饮水，第一次不宜过多，水温应高一些，切忌给南江黄羊母羊喝冷水。为了防止乳房炎，补饲量较大或体况好的南江黄羊母羊，产羔初期应稍减精料。

四、从初生羔羊的护理入手

羔羊出生后，体质弱，适应能力，抵抗力均较差，很容易发病。因此，搞好初生羔羊的护理，是保证其成活率的关键。

羔羊出生后，一般 10 多分钟即能起立，寻求母羊乳头。第一次哺乳应在接产人员护理下进行，使羔羊能尽快吃到初乳。初乳含有丰富的营养物质和抗体，有抗病和轻泻作用。

哺乳期羔羊发育很快，若母羊乳汁不够，应采取补饲代乳品人工哺乳，或找保姆母羊等措施，保证羔羊的正常发育。

羔羊的胎粪呈黑褐色、黏稠，一般生后 4 ~ 6 h 即可排出。24 h 后仍不见胎粪排出，应采取灌肠等措施。胎粪易堵塞肛门，造成排粪困难，应注意擦拭干净。

为了管理的方便和避免哺乳上的混乱，可采用母仔编号的方法，以便识别无误。

羔羊出生后，体温的调节机能不完善，若产房温度过低，会使羔羊体内的能量大量消耗，体温下降。体温一旦降低，几天内难以恢复。此时如遇气候变化，羔羊很容易发病。经验证明，产房的温度保持在 0 ~ 5 °C 为宜，过高则易发生感冒而引发肺炎。产房的湿度过大，或不卫生，给细菌的繁衍创造了良好的环境，羔羊出生后防御机能较差，脐带损伤更易感染。产房必须勤起勤垫，保持干燥和清洁卫生。

五、从羔羊的饲养入手

哺乳期是羔羊难饲养的阶段，饲养的好坏关系到其终身发育的优劣和生产水平的高低。饲养管理不当，生产发育不良，羔羊病多，死亡率高，只有根据羔羊在哺乳期的特点，进行合理的饲养管理，才能保证羔羊健康生长发育。

1. 早吃初乳

南江黄羊母羊分娩后 4 ~ 7 天内分泌的乳汁称为初乳。初产母羊的初乳期较长。初乳浓稠呈浅黄色，营养特别丰富，蛋白质含量高达 13.13%，乳脂率为 9.4%，分别是常乳的 4 倍和 2 倍多；镁盐含量特别高，所以初乳有轻泻作用，并能促进肠道蠕动，具有促进胎便排出和清理肠道的作用。不吃初乳的羔羊，细菌在胃肠道内繁殖很快，羔羊极易发病，胎便排不出，则易患便秘而死亡。愈早的初乳浓度愈浓，营养物质和抗体愈丰富。羔羊吃初乳越多，增重越快。

2. 吃好常乳

乳汁是羔羊哺乳期营养物质的主要来源，尤其是在生后第一个月，营养几乎全靠母乳供应，只有让羔羊吃好奶才能保证羔羊生长发育得好，在长势上表现为头长、背腰直、腿粗、毛光亮、精神好、眼有神、生长发育快。羔羊如常吃不饱，表现为被毛蓬松，腹部偏，经常无精打采、拱腰、鸣叫等。

3. 早训练，抓好补饲

羔羊生后 7 ~ 10 d 可以开始训练吃草、料。羔羊早开食能促进消化器官和消化腺的发育，使咀嚼肌发达，同时可补充铜、铁等矿物质，避免发生贫血。羔羊补饲迟，会使消化器官生长发育受阻，消化腺的内分泌机能受影响，从而影响到其以后的生长发育。

4. 适量运动及放牧

羔羊的习性爱动，早期训练运动促进羔羊的身体健康。生后 1 周，天气暖和、晴朗，可在室外自由活动，晒晒太阳，也可以放入塑料大棚暖圈内运动。生后 1 个月可以随群放牧，但要慢赶慢行。羔羊在放牧中喜欢乱跑和躺卧，为了训练羔羊听口令，便于以后放牧，在制止上述行为时，口令要固定、厉声，使它形成良好的条件反射。

5. 生活环境优化

羔羊由于对疾病的抵抗力弱，容易生病。忽冷忽热、潮湿寒冷、潮湿肮脏、空气污浊等不良生活环境都可以引起羔羊的各种疾病。羔羊培育应重视培育生活环境的优化，消除环境的不利影响，保障羔羊的正常生长发育。

6. 强化饲养、提早断奶

羔羊断奶应根据生长发育情况而定。工厂化南江黄羊生产采用早期断奶强化饲养的生产体系，一般条件的羊场也应在可能的情况下尽可能早地断奶。早期断奶后，羔羊在人为创造的营养环境下生活，生长发育和生长速度都可以按照生产者的预期目标发展。

任务二　南江黄羊羔羊人工哺乳与早期断奶

羔羊早期断奶，即比常规生产的断奶早，可在 4 ~ 7 周龄进行断奶。断奶前只要供给适宜的乳羊料或放牧采食，按照配套的管理程序操作，羔羊1月龄断奶，强化育肥59 d上市，羔羊的胴体重可达到17 kg。羔羊超早期断奶，是指羔羊出生后1～3月龄断奶，成功与否取决于人工哺乳技术水平。羔羊的超早期断奶，是工厂化南江黄羊生产的一项新技术。国外20世纪70年代以来，已进行过这方面的研究，大多在全舍饲条件下实施。这种技术能否用于牧区放牧羊群，研究报道甚少。

一、早期断奶的意义

羔羊早期断奶技术是高效南江黄羊生产的重要环节，对羔羊实现早期断奶，具有4个方面的意义：第一，早期断奶可以使羔羊尽早地处于人为调控的营养环境之中，有利于最大限度地发挥羔羊早期生长快的潜能，有利于羔羊的生长发育和抗御自然灾害；第二，早期断奶可以缩短羔羊生产周期，可以把羊羔出栏上市的时间由传统的8～10个月缩短到3～4个月，依市场需求反季节生产优质羔羊肉，提高羔羊的生产效益；第三，羔羊实现早期断奶，将有助于在母羊群中实行高效高频繁殖；第四，羔羊早期断奶，不仅大大降低了母羊的饲养成本，而且也有助于母羊提前进行生理和体况的恢复，为下一个繁殖季节的配种打下良好的基础。

二、早期断奶的生理学基础

南江黄羊母羊产后的泌乳量，一般在2～4周达到最高峰，8周内的泌乳量相当于全期总产乳量的75%，尔后明显下降。羔羊早期断奶能否成功，关键因素是瘤胃发育的状况。羔羊提早开食补饲，其有利因素之一是利用此时瘤胃发育不完全、微生物作用相对较弱，固体饲料通过瘤胃破碎后进入真胃，转化成葡萄糖被吸收，饲料利用率高；第二是供给固体饲料，可以促进瘤胃的发育。即使母羊泌乳量高，若对羔羊不实行早期补饲，其瘤胃发育就较差，断奶之前若不能完成由高奶量低补饲向低奶量高补饲的过渡，势必出现生长停顿现象，影响早期断奶效果。所以，羔羊能够消化的补饲量的多少是一项很实用的断奶指标。超早期断奶有别于早期断奶的最大难点是人工哺乳的应用状况。

三、羔羊早期断奶的方法

羔羊早期断奶的第一步是训练羔羊早龄开食。在固定地点设一围栏，内置饲槽，母羊进不去，羔羊可以随意进出。也可以采用母子分群的方法，将羔羊隔开单独训练。训练开食时，可采用多种方法，如适当短期限制哺乳，待羔羊饥饿时补饲乳羊料，也可以先用液体代乳品诱导，逐步过渡到饲喂固体饲料。

羔羊训练开食的时间越早越好。虽然在2～3周龄前采食量有限，但从早龄采食极少量的固体饲料对建立瘤胃功能和采食行为就有很大的作用。早龄训练开食，对促进羔羊的生长还具有长期的效应。

一般从7～10日龄开始诱食，10～15日龄开始补饲，补饲量逐渐加大，投放饲料总量以一次给料羔羊能在 20 ~ 30 min 吃完为宜。开始时每只羔羊每天 400 ~ 450 g，一直到断奶时全期每头羔羊平均消耗 9 ~ 14 kg 饲料。随着羔羊采食量的逐渐加大，羔羊哺乳的次数也应逐渐减少，最终过渡到完全断奶。断奶时间视早期开食和羔羊生长发育状况而定。工厂化南江黄羊生产要求 20 ~ 25 日龄完全断奶。

四、羔羊早期断奶的开食料、乳羊料与日粮组成要求

早龄羔羊开食日粮的适口性十分重要，因为这时羔羊对饲料种类的区分能力差，要靠适口性吸引羔羊吃食。开食料后改用乳羊料，即早补饲，可以不过分强调适口性，重点是保证能量和蛋白质的数量。对早龄羔羊适口性好的饲料有豆饼，它不仅能提高日粮的适口性，而且能提高适量的蛋白质，其次为苜蓿干草。苜蓿颗粒和玉米也是适口性好的饲料。用苜蓿、豆饼和糖蜜制成饲料日粮，适口性也很好。

对羔羊早期断奶的饲料总的要求是：第一要适口性好，保证吃够数量；第二是营养价值高，特别是蛋白质和能量；第三是成本低，也就是羔羊用日粮成分，要求是在瘤胃内发酵快，粗纤维含量少。配合时应注意：① 蛋白质不低于 15%；② 饲喂颗粒饲料可加大采食量，提高日增重，颗粒直径 0.4 ~ 0.6 cm；③ 日粮中应添加抗生素，每 100 kg 日粮按 4 g 计量。羔羊早龄补饲日粮的方法可参考美国 NRC 推荐的羔羊早龄补饲日粮配方（表 7-2）。

表 7-2　美国 NRC 推荐的羔羊早期补饲日粮　　单位：%

成　分	A	B	C
玉米	40.0	60.0	88.5
大麦	38.5	—	—
燕麦	—	28.5	—
麦麸	10.0	—	—
豆饼、葵花籽饼	10.0	10.0	10.0
石灰石粉	1.0	1.0	1.0
加硒微量元素盐	0.5	0.5	0.5
金霉素或土霉素/（mg/kg）	15.0 ~ 25.0	15.0 ~ 25.0	15.0 ~ 25.0
维生素 A/（单位/kg）	500	500	500
维生素 D/（单位/kg）	50	50	50
维生素 E/（单位/kg）	20	20	20

注：① 6 周龄以内要碾碎，6 周龄以后整喂。
② 苜蓿干草单喂，自由采食。
③ 石灰石粉与整粒谷物混拌不到一块时，取豆饼等蛋白质饲料与 10% 石灰石混拌，加在整粒谷物的上面喂。
④ 大麦、燕麦可以用玉米代替。
⑤ 预防尿结石病，可以另加 0.25%~0.50% 氯化铵。

放牧羔羊的补饲，以单一的谷粒为主，或用乳羊颗粒饲料，根据牧草生长情况，适当添加一些蛋白质饲料。

五、人工哺乳

人工哺乳的首要环节是代乳品的选择和饲喂。羔羊早期断奶必须是在初乳期之后，即生后24 h吃过初乳，因为不吃初乳，改用其他常乳，羔羊当时并不表现异常，问题是在以后的饲养期内。肯定羔羊未吃过初乳，断奶前应人工辅助羔羊吸吮其他母羊的初乳2～3次，或人工挤下初乳或母牛初乳，喂量300 g，12～18 h内分3次喂给。用母牛初乳应事先处理妥当，临用前在室温下回温，切忌加热，避免抗体被破坏。

喂给初乳后，4～5 h再喂代乳品。若时间相隔太长，新生羔羊体弱，会增加吮乳的困难。

代乳品至少具有以下特点：① 消化利用率高；② 营养价值近于羊奶，消化紊乱少；③ 配制混合容易；④ 添加成分悬浮良好。在牧区，牛奶是羔羊通用的代乳品，也可用奶山羊的乳作代乳品。目前，国内已有不少厂家生产羔羊代乳品，可试验选择使用。

人工哺乳时，单个羔羊可以用清洁啤酒瓶套上婴儿奶嘴，人持奶瓶，让羔羊站着喂。羔羊较多时，可以在铁制或塑料水桶下侧开孔，插入并固定奶嘴，固定在板壁上，让羔羊自行吮奶。

人工哺乳用的奶温，并不是首要的考虑因素，温奶、凉奶都行，但要特别注意：第一，羔羊爱吃温奶，吃得快，吃得多。如果第一次人工哺乳喂温奶，以后换用凉奶，羔羊不适应，可能拒食。因此，开头几次，特别是第一次喂奶时，应当考虑人工哺乳全期用奶的温度前后要一致。第二，温奶以37 °C为宜，凉奶以0～4 °C为宜。一般用奶瓶喂，容易做到定时定量，可以用温奶；用奶桶喂，羔羊自由接触，用凉奶比较合适。

人工哺乳羔羊的室温以20 °C为宜，新生羔羊可以提高到28 °C。室温偏低，下降到10 °C以下时，羔羊缺乏母羊的保护，为平衡自身的体温调节消耗能量，影响生长发育，降低人工哺乳效果。

羔羊第一次用奶瓶喂奶不顺利，羔羊未建立良好的吸吮行为，会增大以后喂奶过程的麻烦。因此，首次喂奶是调教羔羊的开端，必须加以重视。

人工哺乳羔羊 1～2 周后开食补料和给予饮水。在这一期间，羔羊吃料的多少并不重要，关键是要锻炼瘤胃和尽早建立采食行为，这样到3～4周龄时才会具有消化固体饲料的能力，为断奶打下基础。

羔羊停喂代乳品后，摄入的营养减少，多半会出现 7～10 d 的生长停滞期。此时，应当设法让羔羊多吃，特别是断奶的前几天，尽量做到：① 不改变原圈的布置，维持原有的饲槽、水槽的位置，不宜给羔羊换圈；② 不改变原有的补饲方式和类型。1周过后，待羔羊生长停滞现象有所缓解时，再适当减少蛋白质饲料的用量。

学习情境八　南江黄羊高效育肥技术

项目一　南江黄羊高效育肥基础

任务一　确定适宜的育肥方式

南江黄羊的肥育是为了在短期内用低廉的成本获得质优量多的羊肉。因此，肉羊的育肥方式应依据当地畜牧资源状况、品种、生产技术、羊舍基础设施等条件来综合考虑，确定适宜本地区、本单位的育肥方式。国内目前采用的育肥方式主要有放牧育肥、舍饲育肥、混合育肥和工厂化育肥 4 种。

南江黄羊经过短期的育肥，可明显提高羊肉的产量，改进胴体的品质。淘汰成年羊屠宰率仅有 40%，胴体重 16 ~ 18 kg，育肥后的屠宰率可以超过 50%，胴体重 22 ~ 25 kg，羊肉产量增加 25% 以上。

一、放牧育肥

放牧育肥是草原畜牧业采用的基本育肥方式。这种方式的特点是成本低，利用天然草场、人工草场或秋茬地放牧抓膘。成年南江黄羊放牧育肥，每日采食 7 ~ 8 kg 青草，折合干物质约 2 ~ 2.4 kg，60 d 放牧期可以增重 6 kg，平均日增重 100 g 以上。若在人工草场上放牧育肥，平均日增重可以达到 200 g。放牧育肥羊群按年龄和性别分群，必要时可按膘情调整。放牧育肥方式的确定因群而异。

二、舍饲育肥

舍饲育肥是按舍饲标准配制日粮，并以较短的肥育期和适当的投入获取羊肉的一种育肥方式。与放牧育肥相比，在相同月龄屠宰的育肥羊，活重高出 10% 以上，胴体重高出 20% 以上。舍饲育肥羊的来源以羔羊为主，其次是从放牧育肥群中补充一部分。

舍饲育肥的基本要求是：精料占日粮的 45% ~ 60%。随着精料比例的增高，南江黄羊的育肥强度加大，故要特别注意在利用大量精料上能给育肥羊一个适应期，预防过食精料造成南江黄羊肠毒血症和因钙、磷比例失调引起的尿结石症等问题。精料以颗粒料的饲喂效果最好。圈舍要保持干燥、通风、安静和卫生，预防期不宜过长。

三、混合育肥

混合育肥是指放牧与舍饲相结合的育肥方式。这种方式既能充分利用牧草的生长季节，又可获得一定的强度育肥效果。混合育肥的基本方式是采用放牧与补饲相结合。为了提高放牧育肥效果，可以采用放牧加补饲的方式。例如，第一期放牧育肥安排在 6 月下旬至 8 月下旬，第一个月全放牧，第二个月加精料 200 g。到育肥后期，补饲精料量增加到 400 g。第二期放牧育肥安排在 9 月上旬到 10 月底，第一个月放牧加补饲 200 ~ 300 g，第二个月补饲量增加到 500 g。全期增重可以提高 30% ~ 60%。

四、工厂化育肥生产

工厂化育肥生产是指在人工控制的环境下，不受自然条件和季节的限制，一年四季可以按人们的要求和市场需要进行规模大、高度集中、流程紧密相连、生产周期短及操作高度机械化、自动化的羊生产方式。在这个生产体系中，3 月龄的肉用南江黄羊体重可达周岁南江黄羊的 50%，6 月龄可达 75%。从生长所需要的营养物质来看，饲料报酬随月龄的增加而降低。例如，1 ~ 3 月龄的羔羊，每增加 1 kg 体重所需的饲料分别为 1.8 kg、4 kg 和 5 kg，可消化蛋白分别为 225 g 和 600 g。

用于生产肥羔的南江黄羊，大多数是早熟肉用南江黄羊品种及其杂种羔羊。专业化羔羊育肥的方式，有放牧育肥和舍饲育肥 2 种，舍饲育肥又可分为棚舍育肥及敞圈育肥。舍饲育肥在较高的饲养水平下，南江黄羊可获得较多的干物质（11.6%）和转换能（21.1%），羔羊增重快。由 15 kg 育肥到 41 kg 活重时，每增加 1 kg，其饲料消耗不超过 3.4 kg。用谷物饲料催肥，效果较压扁和粉碎的要好。颗粒饲料的效果更好，饲料报酬高，而且以粗饲料和精饲料 55：45 的颗粒饲料效果最好。

任务二　肉羊的饲养标准与典型日粮配方

一、育肥的营养需要

育肥就是要增加南江黄羊体内的肌肉和脂肪，并改善肉的品质。增加的肌肉组织，主要是蛋白质，其中也有少量的脂肪（1% ~ 6%）。增加的脂肪，主要蓄积在皮下结缔组织、腹腔（肠网膜）和肌肉组织中。南江黄羊育肥营养需要见表 8-1。

给育肥羊提供的营养物质必须要超过它本身维持营养需要量，才有可能在体内生长肌肉和沉积脂肪。育肥羔羊包括生长过程和育肥过程（脂肪蓄积），羔羊的“增重”来源于生长和育肥两方面。“生长”是肌肉组织和骨骼的增加。“育肥”的增重，则限于脂肪的增加，不包括“生长”的部分。所以，羔羊比成年南江黄羊育肥需要更多的蛋白质，就育肥效果而言，羔羊比成年南江黄羊更有利，羔羊增重比成年南江黄羊要快。

二、南江黄羊育肥的饲养标准与日粮配方

1. 南江黄羊饲养标准

南江黄羊不同生理阶段和生产条件下的能量和蛋白质饲养标准见表 3-1 ~ 表 3-10。

2. 南江黄羊饲料配方参考

（1）育肥羊矿物质微量元素添加剂配方（以 1 000 kg 为例）。

硫酸铜（$CuSO_4 \cdot 5H_2O$）6 kg、硫酸亚铁（$FeSO_4 \cdot 7H_2O$）50 kg、硫酸锌（$ZnSO_4 \cdot 7H_2O$）80 kg、亚硒酸钠 0.1 kg、碘化钾 0.14 kg、载体 863.76 kg。每只羊每日 10 ~ 15 g，均匀混于精料中饲喂。

（2）种羊混合精料配方。

种公羊饲料配方：玉米 52%、豆饼 25%、鱼粉 4%、麸皮 15%、骨粉 2%、食盐 1%、矿物质及维生素类 1%。

种母羊饲料配方：玉米 59%、豆饼 15%、麸皮 24%、食盐 1%、矿物质及维生素 1%。

（3）舍饲育肥羊精料配方。

舍饲育肥羊精料配方：玉米粉 21.5%，草粉 21.5%，豆饼 21.5%，玉米粒 17%，花生饼 10.3%，麦麸 6.9%，食盐 0.7%，尿素 0.3%，添加剂 0.3%，混合均匀即可饲喂。前 20 d 日均每只喂料 350 g。中 20 d 日均喂料 400 g，后 20 d 日均喂料 450 g，粗饲料不限量自由采食。

舍饲强度育肥羊精料配方：育肥的头 20 d，每只南江黄羊每天供给精料 500 ~ 600 g，配方为：玉米 49%，麸皮 20%，油饼 30%，石粉（骨粉）1%，添加剂（羊用）20 g，食盐 5 ~ 10 g。育肥 20 ~ 40 d，每只每天供给精料 0.7 ~ 0.8 kg，配方为：玉米 55%，麸秕 20%，油饼 24%，石粉（骨粉）1%，添加剂（羊用）20 g，食盐 5 ~ 10 g。育肥 40 ~ 60 d，每只每天供给精料 0.9 ~ 1.0 kg，配方为：玉米 65%，麸皮 14%，油饼 20%，石粉（骨粉）1%，添加剂（羊用）20 g，食盐 10 g。

（4）放牧补饲饲料配方。玉米 30%，麸皮 25%，菜籽饼 20%，大麦 20%，矿物质 3%，食盐 2%。

（5）羔羊育肥混合精料配方。

① 羔羊混合精料配方一：玉米 60%、豆饼 9.5%、胡麻饼 10%、麸皮 20%、骨粉 0.5%，日饮水 2 ~ 3 次，并适当补饲食盐。

② 羔羊混合精料配方二：玉米面 66%、豆饼 10%、麸皮 20%、骨粉 2%、食盐 1%、多维 1%。

③ 羔羊混合精料配方三：

30 ~ 60 d 龄羔羊育肥用的颗粒饲料：玉米粒 32.8%，大麦 10%，燕麦 14%，麸皮 10%，向日葵饼 8%，脱脂奶粉 5%，豆饼 10%，饲用干酵母 3%，废糖蜜 5%，微量元素 0.5%，白垩 0.3%，食盐 0.4%。

60 d 龄后育肥用饲料配方：玉米粒 49.9%，大麦 20%，麸皮 5%，向日葵饼 21%，饲用干酵母 2%，白垩 1.1%，饲用 1%。

（6）南江黄羊不同羊群的混合精料配方比例见表 8-1。

表 8-1　南江黄羊主产区不同类别羊群的混合精米配方比例（示例）　　单位：%

饲料名称	公羊配种期	母羊妊娠后期	后备公羊	后备母羊	当年羔羊育肥期
玉　米	50.00	40.00	45.00	40.00	30.00
麦　麸	15.00	25.00	30.00	25.00	35.00
三叶草粉（或苜蓿草粉）	15.00	20.00	5.50		
豆　粕	18.00	9.40	17.40	13.00	16.00
尿　素	0.50	1.00			
矿物质添加剂	1.00	1.10	1.60	1.50	0.50
食　盐	0.50	0.35	0.42	0.40	0.50
多　维		0.15	0.08	0.10	
菜籽饼		3.00			
小　麦				10.00	10.00
米　糠				10.00	8.00
合　计	100.00	100.00	100.00	100.00	100.00

任务三　育肥羊饲料添加剂的应用

在肉用南江黄羊育肥中，使用饲料添加剂可为育肥羊提供多种养分，促进生长，改善代谢机能，提高饲料报酬。

一、非蛋白氮添加剂

非蛋白氮添加剂最常用的是尿素。1 kg 尿素等于 2.88 kg 粗蛋白，相当于 5.6 ~ 6.0 kg 的豆饼。对低蛋白水平日粮饲养的南江黄羊效果十分明显。如放牧育肥的羊每只每日添加 12 g，连续 115 d，净增重提高 2.27 kg，净毛率提高 3.5%。为防止尿素饲喂不当引起中毒，目前已生产应用安全型非蛋白氮添加剂，如磷酸脲、缩二脲等。

使用尿素等非蛋白氮添加剂饲喂南江黄羊时，日粮中蛋白质水平不要过高，一般不超过 10% ~ 12%，其添加量为日粮干物质的 1%，或混合料的 2%，可替代所需日粮蛋白质的 20% ~ 35%。饲喂尿素等非蛋白氮时要有一个适应过程，10 d 后达到规定剂量。饲喂时，要注意与其他饲料充分混均匀，分次饲喂，切忌一次性投喂。喂尿素时，日粮中不应有生豆饼或花生豆饼类饲料，因为它们富含尿素酶，可引起尿素在瘤胃中迅速分解，导致中毒。

二、矿物质、微量元素添加剂

矿物质、微量元素添加剂是育肥羊不可缺少的营养物质，它可以调节机体能量、碳水化合物、蛋白质和脂肪的代谢，提高南江黄羊的采食量，促进营养物质的消化吸收，刺激生长，加速育肥进程。

育肥羊矿物质微量元素添加剂的组成为：每吨添加剂含硫酸铜（$CuSO_4 \cdot 5H_2O$）6 kg、硫酸亚铁（$FeSO_4 \cdot 7H_2O$）50 kg、硫酸锌（$ZnSO_4 \cdot 7H_2O$）80 kg、亚硒酸钠 0.1 g、碘化钾 0.14 kg。每只南江黄羊每日 10 ~ 15 g，均匀混于精料中饲喂。

三、莫能菌素钠

莫能菌素钠，又名瘤胃素、莫能菌素、孟宁素。它的作用是控制和提高瘤胃发酵效率，从而提高增重速度及饲料转化率。舍饲南江黄羊饲喂莫能菌素钠，日增重比对照组的提高 35% 以上，饲料转化率提高 27%。给育肥羊饲喂莫能菌素钠，日增重可以提高 16% ~ 32%，饲料转化率提高 3% ~ 19%。

用莫能菌素钠饲喂南江黄羊时，每千克日粮的添加量为 25 ~ 30 mg。最初的喂量要低些，逐渐增加到规定的剂量。

四、抗菌促生长剂

常用的抗菌促生长剂有喹乙醇、杆菌肽锌。它们能选择性地抑制致病性大肠杆菌，而不影响正常的菌群。它还能影响机体代谢，促进蛋白质同化作用，从而促进生长。据国内、外的试验，喹乙醇可使羔羊日增重提高 5% ~ 10%，每千克增重节省饲料 6%。

喹乙醇添加剂的剂量为：每千克日粮干物质添加 50 ~ 80 mg，杆菌肽锌添加剂量为每千克日粮干物质添加 10 ~ 20 mg，添加时与精料充分混合均匀。

五、缓冲剂

常用的缓冲剂有碳酸氢钠和氧化镁。在南江黄羊强度育肥时，往往是日粮中的精料比例加大，粗饲料量减少，这样机体代谢会产生过多的酸性产物，造成胃肠对饲料的消化能力减弱。在饲料中加入缓冲剂，就可以增加瘤胃中的碱性蓄积，使瘤胃环境更适合于微生物的生长繁殖，并能增加食欲，从而提高饲料的消化率。

使用缓冲剂应均匀混合于饲料中，添加量应逐渐增加，以免突然增加造成采食量下降。碳酸氢钠的用量为混合精料的 1.5% ~ 2%，或占整个日粮干物质的 0.75% ~ 1.0%。氧化镁的用量为混合料的 0.75% ~ 1.0%，占整个日粮干物质的 0.3% ~ 0.5%。试验表明，二者联合使用效果更好。碳酸氢钠与氧化镁的比例以（2 ~ 3）：1 为宜。

六、南江黄羊速效增重剂

南江黄羊速效增重剂是一种生理调控增重剂，它是以生理调控手段为基础，依赖南江黄羊自身内在的潜力，实现速效、高效增重目的的一项新技术。

速效增重剂每天的用量必须保证每千克活重 1.7 ~ 2.2 g。于计划屠宰前的 20 d 饲喂，喂期不超过 30 d。若计划育肥天数超过 30 d，最好采用喂 20 d，停 10 d，接着再喂 20 d 的方式，中间停喂的目的是给机体恢复正常代谢的时间，为第二个增重高峰的出现创造有利条件。这也是速效增重剂不同于其他添加剂或促生长剂的使用特点。

七、农副产品的利用

成年南江黄羊的育肥可以大量利用农副产品，以降低饲养成本，常用的有糟渣类，其营养成分如表 8-2。

表 8-2 糟渣饲料营养成分表

糟渣名称	自然状态			干物质中	
	水分/%	粗蛋白/%	代谢能/（MJ/kg）	粗蛋白/%	代谢能/（MJ/kg）
柑橘渣	9.2	3.3	10.94	3.63	12.03
菠萝渣	11.0	1.1	9.47	1.24	10.64
玉米糟	11.1	17.4	11.10	19.57	12.49
玉米糟	10.9	57.3	12.36	64.31	13.87
玉米糟	11.1	35.0	12.15	39.37	13.66
玉米糟	11.2	19.7	11.19	22.18	12.61
甘薯淀粉渣	90.6	0.0	1.09	0.0	11.61
甘薯淀粉渣	16.9	0.0	9.05	0.0	10.89
土豆淀粉渣	88.4	0.1	1.22	8.62	10.48
土豆淀粉渣	11.9	0.7	9.09	0.79	10.31
土豆淀粉渣	9.8	61.2	10.64	67.85	11.82
啤酒糟	73.8	5.3	2.72	20.23	10.39
啤酒糟	9.1	17.7	9.80	19.47	10.77
啤酒糟	10.9	21.5	8.93	24.13	10.01
威士忌酒糟	9.4	15.3	10.10	16.89	11.15
威士忌酒糟	57.6	9.6	4.40	22.64	10.39
威士忌酒糟	10.1	18.0	9.97	20.02	11.10
威士忌酒糟	73.4	5.1	3.18	19.17	11.98
威士忌酒糟	66.5	7.5	4.61	22.38	13.74
玉米酒糟	8.9	19.0	10.98	21.09	12.19
玉米酒糟	65.1	6.8	4.11	19.48	11.77
玉米酒糟	6.8	17.0	13.28	18.24	14.25

续表

糟渣名称	自然状态			干物质中	
	水分/%	粗蛋白/%	代谢能/（MJ/kg）	粗蛋白/%	代谢能/（MJ/kg）
玉米酒糟	7.1	18.3	11.35	19.3	12.23
白酒精	49.2	2.0	3.85	3.94	7.58
白酒精	94.5	0.7	0.54	12.73	9.89
柠檬酸发酵糟	11.1	1.1	5.24	1.24	6.12
酱油渣	25.9	14.9	8.17	20.11	11.02
酱油渣	13.4	18.0	9.55	20.79	11.02
酱油渣	12.3	26.0	9.34	29.65	10.52
豆腐渣	83.9	4.2	2.26	26.09	14.04
豆腐渣	8.9	22.4	12.74	24.86	14.12
糖　蜜	26.8	1.0	9.18	1.37	12.53
甘蔗渣	26.8	2.9	7.84	3.96	10.68
甜菜渣	11.9	4.5	10.14	5.11	11.52
大米胚芽	8.2	14.5	13.41	15.9	14.71
糖　渣	11.9	22.2	9.64	25.2	10.94
细粉末	12.0	15.9	8.30	18.07	9.43

任务四　育肥羊的生长发育特点

南江黄羊的个体发育及生长特点在学习情境三中已有介绍，这里将重点介绍育肥羊的生长发育特点。

一、育肥羊个体重的增长

1. 体重的一般增长

一般采用出生重、断奶重、屠宰活重、平均日增长等指标来反映南江黄羊的生长发育状况。测量上述指标时，应定时在早晨饲喂前空腹称重，用连续 2 d 的称重平均值表示。增重受遗传和饲养两个方面因素的影响。增重的遗传力较强，是选种的重要指标之一。断奶后的日增重速度的遗传力为 0.5 ~ 0.6。营养水平对肉羊生长发育影响很大，营养水平太低，就不能发挥优良品种的遗传潜力。

妊娠期间，2 月龄以前胎儿生长速度缓慢，而后逐渐变快。临近分娩时，发育速度最快。羔羊初生重与断奶重呈正相关，是选种的重要指标之一。胎儿身体各部位的生长特点，在各个时期不相同。一般是头部生长迅速，以后四肢生长加快，在整体体重中的比例不断增加。维持生命的重要器官如头部、四肢等的发育较早，而肌肉、脂肪和躯体等在生产上直接需要的部分却发育较迟，出生后羔羊在充分的饲养条件下，生长潜力很大。因此，根据羔羊的生长发育特点，在迅速发育的阶段给以充分的饲养，发挥其增重的效果。

2. 营养水平与补偿生长

营养水平对南江黄羊的生长发育影响很大。营养水平低就不能发挥优良品种的遗传潜力，影响肉羊身体各部位的生长发育。

在肉羊生产中，常见因生长发育某阶段饲料营养不足而使生长速度下降。一旦恢复高营养水平饲养，则生长速度比未受限制的南江黄羊增重要快，经过一段时期饲喂后，仍能恢复到正常体重，可在生产中灵活运用补偿生长的特性。

但若在生长的关键时期（断奶前后）生长速度严重受阻，则在以后的饲养阶段很难补偿，必须重视羔羊期间的正常饲养管理。

二、体组织的生长

体组织的生长直接影响到肉羊的体重、外型和肉的品质。

1. 体组织生长的一般特点

刚出生的羔羊骨骼已经能够正常负担整个体重，四肢骨的相对长度比成年南江黄羊高，保证出生后能随南江黄羊母羊哺乳。出生后，骨骼生长比较稳定。

肌肉的生长主要是肌纤维体积增大，肌纤维呈束状，肌纤维增大使肌纤维束相应增大。随年龄增大，肉质的纹理变粗。因此，青年南江黄羊和羔羊的肉质比老龄成年南江黄羊的肉嫩。初生羔羊肌肉生长速度比骨骼快，体重不断增长，肌肉和骨骼重量相差变大。肌肉的生长与其功能有着密切的关系。如初生羔羊消化道体积较小，因此腹外斜肌占总肌肉的比例小，但随消化道的发育，钙肌肉的生长增快。另外，单纯喂奶的羔羊腹外斜肌的生长速度比添加粗饲料饲喂的羔羊要慢。随南江黄羊母羊放牧的羔羊股二头肌和半腱肌的生长速度高于舍饲条件下的羔羊。

脂肪在南江黄羊体生长中的主要功能是保护关节的滑润，保护神经和血管，贮存能量。从出生到 12 月龄期间脂肪生长较慢，但稍快于骨骼，以后生长则变快。脂肪生长的顺序是：育肥初期网油和板油增加较快，以后皮下脂肪增长加快，最后沉积到纤维间，使肉质变嫩。年龄、日增重和肌肉重、脂肪重的相关比与平均日增重的相关显著。

各体组织占胴体重的百分比，在生长过程中的变化也很大。肌肉在胴体中的比例是先增加而后下降，脂肪的百分率持续增加，骨的比例持续下降，年龄越大则脂肪的百分率越高。

南江黄羊各体组织所占的比例，因品质、饲养水平等有较大的差别。生产性能好的南江黄羊，肌肉和脂肪所占的比重较大。

南江黄羊公羊和阉南江黄羊比较，南江黄羊公羊的骨量大且肌肉较多，脂肪的生长延迟。南江黄羊公羊的前躯肌肉较发达。据测定，成年南江黄羊公羊颈肩部的肌肉可达到 25%，而羯羊颈肩部肌肉仅有 16% ~ 17%。南江黄羊公羊的日增重比羯羊要大，南江黄羊公羊的屠宰率高于羯羊。南江黄羊公羊与青年南江黄羊相比，体重相同时，南江黄羊公羊脂肪含量比例较少，肌肉和骨的比例较大。

在粗放经营的情况下，冬季体重下降，青草期又恢复体重并继续增重。体重损失时，并不是人们所推理的首先是脂肪减少，然后是肌肉，最后是死亡。事实上，各体组织重量的下降大体是同时发生的，肌肉重量的损失比预料的要大。

体重开始恢复时，肌肉组织的恢复最快。据测定，每沉积 1 kg 脂肪就等于增加 2 kg 肌肉，但这时肌肉所含水分较多。由于脂肪组织在生命中不占重要地位，所以恢复较慢。

2. 肌肉和脂肪的增重

南江黄羊在生长过程中脂肪沉积的顺序为肾脂肪、骨盆腔脂肪、肌肉脂肪，最后为皮下脂肪。此外，不同品种类型脂肪沉积的情况稍有差别。专门化早熟肉用品种当达到屠宰体重时，总脂肪量比乳用品种要高。早熟品种皮下脂肪含量较高。

不同部位肌肉的重量，关系到整个肌肉的重量和优质肉切块的重量。不同部位肌肉的重量与年龄有一定的关系。后肢肌肉在出生时发育已较完全。因此，在以后的生长时期占全身肌肉的比例则有所下降，颈部肌肉、背腰部肌肉、肩部肌肉占整个肌肉的比例则有所增加。性别也能影响到肌肉的分布和重量。体重相同的南江黄羊公羊与南江黄羊母羊相比，前者总肌肉量大于后者，南江黄羊公羊颈部肌肉、肩胛部肌肉所占整个肌肉的比例均高于南江黄羊母羊和羯羊。

品种对胴体组成的影响很大，许多研究试验证明了这一点。

三、体组织的化学成分

1. 体组织化学成分

南江黄羊体组织的常规化学成分主要有水分、蛋白质、脂肪等物质。羊肉蛋白质含量与牛肉相似，其相对含量与南江黄羊的肥育程度有关。较肥的南江黄羊脂肪含量较高，蛋白质含量较低，含水量也较低，而瘦南江黄羊则相反。随着年龄的增长，体组织含水量下降，但脂肪和肌肉含量逐渐增加。

幼龄羊体组织中的水分比例很大，脂肪的比例较少。随着体重的增加，水分逐渐下降，脂肪的比例增加，蛋白质呈缓慢下降趋势。不同家畜体组织的化学组成见表 8-3。

表 8-3　南江黄羊、绵羊、牛、猪体组织的化学组成　　单位：%

畜　别	日　龄	水　分	脂　肪	蛋白质	灰　分
南江黄羊	545	57.5	22.7	17.8	1.0
绵　羊	90 ~ 895	29.6 ~ 73.8	4.9 ~ 46.6	10.7 ~ 19.5	1.7 ~ 5.8
牛	1 ~ 80	39.8 ~ 77.6	1.8 ~ 44.6	12.4 ~ 20.6	3.0 ~ 6.1
猪	1 ~ 928	30.7 ~ 80.8	1.1 ~ 61.5	8.3 ~ 19.6	1.3 ~ 5.6

2. 肌肉组织的化学成分

肌肉组织中同样含有水分、蛋白质、脂肪和灰分，但脂肪的含量较低。肌肉组织中的脂肪与总的可分割脂肪量之间呈高度相关。据研究，可分割的脂肪量越高，肌肉中的脂肪含量比例也就越大。此外，各部位肌肉中的脂肪量不尽相同。据测定，颈部肌肉的脂肪含量为 6%～10%，背部肌肉、臀部肌肉的脂肪含量较少，为 4% 左右。

3. 脂肪组织的化学成分

不同部位脂肪组织的化学成分有较大的差异，其中以肾脂肪组织的脂肪含量最高，肠系膜次之。南江黄羊公羊与羯羊相比，南江黄羊公羊脂肪组织中的脂肪含量比羯羊要低，但水分和蛋白质含量比羯羊高。另外，脂肪组织中的化学成分受饲养水平的影响较大，在低营养水平下，脂肪组织的含水量较高而脂肪含量较低。

项目二 南江黄羊高效育肥技术方案

任务一 1.5 月龄断奶羔羊精料育肥技术方案

一、育肥前的准备工作

（1）断奶前 15 d，将羔羊与南江黄羊母羊较长时间隔开，羔羊提早补饲。

（2）补饲的饲料与断奶后的育肥料相同，最好用颗粒饲料。

（3）南江黄羊母羊在配种前注射各种疫苗。

二、育肥技术要点

1. 日粮及饲料

虽然所有的谷粒都可以用作育肥饲料，但最好是选用玉米。育肥饲料按配方拌匀后，由羔羊自由采食，颗粒饲料可提高羔羊的饲料转化率，减少胃肠道疾病。

2. 饮水和日粮保持恒定

育肥期间不能断水，饮水槽要始终保持有清洁的饮水。育肥期内不要频繁更换饲料配方，改用其他油饼类饲料替代豆饼时，日粮中钙、磷比可能失调，应防止尿结石。

3. 羔羊管理

羔羊采食整粒或碎粒玉米的初期，常出现吐料现象，随着日龄的增长，这种现象消失。羔羊采食后的反刍动作也是初期少，后期增加，这些均属正常现象，不会影响到后期的育肥效果。羔羊饲槽、水槽要经常清扫，防止羔羊粪便污染饲料。阴雨或天气骤变时，羔羊可能会出现腹泻，应特别注意及时诊治。育肥期内，应经常检查羔羊群的行为和健康状况。定期抽测羔羊的生长发育情况，依育肥增重情况及时调整方案。

任务二　早期断奶与强化育肥技术方案

一、早期断奶与强化育肥的技术特点

早期断奶强化育肥，属于强度育肥，其特点是在哺乳期就开始羔羊的强化育肥，对羔羊实现早期断奶，直线育肥。这种方式育肥不是羊肉生产的主要方式，主要是为了满足市场或节日供应的特殊生产方式。羔羊的强化育肥，采取 3 月龄羔羊出栏上市，意义在于使南江黄羊母羊全年繁殖，安排在秋季和冬季产羔，生产元旦、春节、古尔邦节和开斋节等特需的羔羊肉。实际上，这种羔羊肉的生长方式常与民族和宗教习惯相联系，形成明确的目的性需求。

二、早期断奶与强化育肥的技术要点

从羔羊群挑选出体格大、早熟性好的公羔作为育肥对象。为提高育肥效果，育肥羔羊应及早开食，越早越好，也可母仔同时加强补饲。采用这种方式时，南江黄羊母羊应选泌乳性好的，哺乳期间每日供给 0.5 kg 精料和足够的优质豆科干草。待羔羊可以断奶时，及时断奶，再按 1.5 月龄羔羊育肥的技术方案进行操作。

任务三　断奶羔羊育肥技术方案

从我国羊肉生产的总趋势看，正常断奶羔羊育肥是最基本的生产方式，也是向工厂化高效肉羊生产过渡的主要途径。

一、育肥前的准备

羔羊育肥包括放牧育肥、混合育肥和舍饲育肥 3 种，生产者可依据自己的条件灵活选择使用。

1. 转群、运输的准备

羔羊断奶离开母羊和原有的生活环境，转移到新的环境和饲料条件时，势必产生较大的应激反应。为减弱这种影响，在转群和运输之前，应先集中起来，暂停供水供草，空腹一夜，第二天早晨称重后运出。装、卸车要注意小心操作，防止羔羊四肢的损伤。驱赶转群时，每天驱赶的路程不超过 15 km。

2. 转群后的管理

羔羊进入育肥场后的第 2 ~ 3 周是关键时期，死亡损失最大。羔羊在转群之前，如已有补饲的习惯，可降低损失率。进入育肥圈后，应减少对羔羊的惊扰，让其充分休息，保证羔羊饮水，有条件的可给羔羊提供营养补充剂。

3. 全面驱虫和预防注射

一般驱虫用丙硫苯脒唑，预防注射用四联苗和肠毒血症及羊痘疫苗，并根据季节和气温情况适时剪毛，以利于羔羊增重。

4. 按体格大小合理分群，按群配合日粮

首先按体格大小合理分群，体格大的羔羊优先给予精料型日粮，进行短期强度育肥，提早上市。体格小的羔羊，日粮中精料的比例可适当低些。

二、育肥技术要点

1. 预饲期

羔羊进入育肥期后，要有 15 d 的预饲过渡期。3 d 以内只喂干草，使羔羊适应新环境。4 ~ 6 d 仍以干草日粮为主，同时逐渐添加配合日粮。7 ~ 10 d 供给配合日粮，精、粗料比例为 36 : 64，含蛋白质 12.9%、消化能 10.48 MJ、钙 0.78%、磷 0.24%。

预饲期间，平均每只羔羊保证有 25 ~ 30 cm 长的饲槽，使羔羊在投料时能到饲槽前采食。一般一天喂 2 次，每次投料量以能在 45 min 内吃完为准。量不够时要及时添加，量过多时要注意清扫。羔羊吃食时，要注意观察它们的采食行为和习惯，发现问题通过小群间调整予以照顾。如要加大喂量或变换日粮配方都应在两三天内完成，切忌变换过快。另外，还应根据羔羊表现，对日粮不够完善的情况，从饲料种类和饲喂方法上进行调整。

2. 育肥期

羔羊预饲期结束后进入正式育肥期，根据育肥计划和增长要求，可选用不同日粮。常用的日粮有精饲料型、粗饲料型、青贮型 3 种，生产者可以灵活选择。最佳羔羊育肥的饲养标准见表 8-4。

表 8-4 最佳羔羊育肥的饲养标准

项 目	专利羔羊饲料	全价颗粒饲料
日增重/（182 g/d）	336	375
饲料转化率/（56 kg 饲料/千克活重）	3.64	3.50
日饲料摄入量/（kg/d）	1.19	1.27
最大日饲料摄入量/（kg/d）	1.36	1.45

在饲养管理方面，羔羊先喂 10 ~ 14 d 预饲期日粮，再转用青贮饲料型育肥日粮。青贮型日粮开始喂时要适当控制喂量，以后逐日增加，10 ~ 14 d 内达到全量。羔羊每日进食量不少于 2 ~ 3 kg，否则达不到预计的日增重。严格按饲料比例配匀，石灰石粉的数量要保证（5%），饲喂的饲料要过秤，不能估计重量。每天要清扫饲槽，保持清洁卫生。

任务四　成年羊育肥技术方案

成年南江黄羊育肥时应按品种、活重和预期增重等主要指标确定育肥方案和日粮标准。育肥方式可根据南江黄羊的来源和牧草生长季节来选择，目前主要的育肥方式有放牧与补饲混合型和颗粒饲料型 2 种。

一、育肥方式及特点

1. 放牧–补饲型

夏季，成年南江黄羊以放牧育肥为主，适当补饲精料，育肥日增重 120 ~ 140 g。秋季，主要选择淘汰老母羊和瘦弱羊作为育肥羊，育肥期一般 80 ~ 100 d，日增重较低。可采用两种方式：一是将淘汰南江黄羊母羊配种，采用怀孕育肥后上市；二是将南江黄羊先转入秋草场或农田茬地放牧，待膘情好转后，再转入舍饲育肥。

2. 颗粒饲料型

颗粒饲料型适用于有饲料加工条件的地区和成年南江黄羊和羯羊。颗粒饲料中，秸秆和干草粉可占 55% ~ 60%，精料占 35% ~ 40%。

二、饲养管理要点

育肥羊入圈前，要进行分群、称重、注射疫苗、驱虫和环境消毒、清洁等工作。圈内设有足够的水槽和料槽，以保证不断水、不缺盐。

合理安排饲喂：成年南江黄羊的日粮依配方不同而异，一般为 2.5 ~ 2.7 kg。每日喂 2 次，日喂量以饲槽内基本不剩为宜。

选择最优配方并严格称量饲料。合理利用饲料资源、尿素和各种添加剂。

任务五　南江黄羊圈养技术

一、圈养南江黄羊概述

1. 基本概念

南江黄羊是以食草为主的反刍家畜，其采食性、适应性、生理、生产活动以及对营养物质的需要与其他反刍动物，如水牛、黄牛、绵羊等有差异，更与杂食动物如猪、禽等有着明显差异。因此，南江黄羊的饲养方式，通常可分为三类，即：放牧（包括粗放放牧、系牧和“放牧 + 补饲”）、半圈半牧（又称半舍饲）；圈养（又叫舍饲）。

圈养，是指南江黄羊所需食物主要由人工在圈舍内按其营养需要供给；而不同于放牧饲养方式，主要靠南江黄羊本身在草地上自由寻觅食物来维持其正常的生理、生产活动。

牧谚云："羊要放、猪要胀"，"马无夜草不肥、牛无夜草不壮"，而且"猪喜睡卧、羊喜蹦跳"。可见，南江黄羊的生物学特性与生活习性不同于马、牛、猪。所以，南江黄羊的圈养绝不能等同于猪一样的圈养管理，必须与它的生理活动和生物特性相适。

圈养南江黄羊这种饲养方式，在我国农村具有广泛的应用前景，并且是实行集约化养羊生产的最佳饲养方式。这种饲养方式不仅适于山丘区，也适于平坝区。例如，地处黄淮平原的江苏东台，是一个"一马平川"的县级市，广大农户普遍圈养山羊，已形成区域性规模生产，年出栏肉羊上百万只；在大巴山区的南江县黑潭乡，曾一度有 80% 的农户圈养南江黄羊。

2. 南江黄羊在生态学上的地位与作用

对南江黄羊在利用土地上，当今尚存两种分歧意见：一是导致破坏森林、草地，引起水土流失；二是有重要价值，包括合理放牧和对草地与草资源的充分利用以及有利于农林业发展在内。

在协助二者的分歧中，有"事在人为、羊在人管"这样一句格言，指出了关键在于按照南江黄羊的特点，充分发挥其合理而有效地利用土地的作用，正确处理好"人、羊、林、草"的关系，维护南江黄羊在羊业生态系统中的轴心地位。

南江黄羊的祖先——野南江黄羊与森林有着密切关系，现今的野南江黄羊仍然是靠森林栖息与生活。因此，把南江黄羊视为破坏森林的首恶，是不公正的。相反，或许南江黄羊对森林还有所贡献；也有因无限制地放牧利用，特别是粗放放牧方式利用土地的效率最低，并导致森林退化、草地沙化，但这不在于羊，而在于人。因为，"羊在人管"。为避免不利影响，可采用圈养方式，使山羊更有效地利用饲草资源和包括林间草地在内的各类草地，起好维护生态平衡和在生态农业经济系统中的枢纽作用。

3. 圈养南江黄羊的好处

（1）能充分合理利用包括农村秸秆在内的草资源，相应地提高了土地利用效价。

（2）从草地（包括田间、林间草地）刈割饲草，经储存、加工、调制等人工处理供饲羊只，可提高饲草利用率、减少放牧利用对草资源的浪费。

（3）圈养有利于积肥，而羊肥是含氮、磷、钾等多种要素的复合有机肥料，有助于土壤改良和农作物增产。

（4）圈养可充分利用农田饲草和利用农耕地"增、间、套"种牧草，建立"粮、经、草"三元种植结构，以草养羊、以羊粪（包括秸秆过腹）肥田，有助于发展生态农业。

（5）可在经济林园，如苹果园、核桃园、桑园等种植下繁草，形成立体农业，以草养羊，羊肥投入果园，可造就良性循环的生态林园，有助林业发展。

（6）圈养便于实施科学养羊技术和科学地调配与平衡供应饲料，有助于提高饲料转化率，增大养羊业的科技含量。

（7）可充分利用闲散劳力，"出门带把镰，回家带把草"，广泛开展养羊生产活动，有利于劳力资源的充分利用。

（8）圈养南江黄羊，无论有、无山场，只要有草，家家户户都能养，有助于区域性生产规模的形成，提高养羊总体效益。

（9）圈养可缓解因南江黄羊放牧而导致幼林损失的矛盾，对树干稍高（1 m 以上）的幼林可通过圈养羊群放牧性运动，进行幼林抚育，强于刀抚。因为能给幼林自然施羊肥，从而可提高林业生态效应，有助于建立林牧结合的南江黄羊生产体系。

（10）圈养，便于科学处理羊的粪便，特别是病羊粪便，可避免污染环境、减少疫病（主要是寄生虫病）的传播，以提高环境效应。

二、圈养南江黄羊的设备与条件

圈养南江黄羊的设备简单，可因地制宜、因陋就简，就地取材、利用资源，但应具备以下条件：

1. 圈养南江黄羊的必备条件

圈养南江黄羊的必备条件有三，即圈舍、运动场地、饲草。

（1）圈舍，是圈养南江黄羊的首要条件，其基本要求是：

① 选址。山羊的圈舍应以东、南、西三面无遮阴物，早、晚能受到阳光照射和地势开阔为前提条件。应选择在向阳、背风、干燥、近水源、有运动场地处；切忌在低洼、阴暗、潮湿、当风向的地方建圈；并且最好在农村院户的下水道、下风向处，采用“一”字形羊圈，以南向为开阔地带最好，但也可根据地形、地势、地貌依山而建。

② 羊圈建造要求。应从经济、适用、卫生三个问题入手，以半楼（吊脚楼）式漏缝地板的简易羊圈为佳。但必须开设帘户以利空气流通、日光照射，并且应在舍内设置饲槽、草架、繁殖母羊产羔栏以及饮水装置等。

③ 面积。按羊只用途、类别、羊群大小而定，一般肉用山羊可按（表 8-5）参数选择。

表 8-5　肉用圈养南江黄羊圈舍建造面积参数　　单位：m^2/只

羊　龄	3～5 只		8～10 只		10～20 只	
	公	母	公	母	公	母
成年羊	2.2～2.5	2.0～2.2	2.0～2.2	2.0～2.8	1.8～2.0	1.5～1.8
育成羊	1.8～2.0	1.5～1.8	1.5～1.8	1.2～1.5	1.0～1.5	0.8～1.0
幼　羊	1.0～1.2	0.8～1.0	0.8～1.0	0.6～0.8	0.6～0.8	0.5～0.6

（2）运动场。为适应南江黄羊的生物学特性和生活习性，必须连接羊圈或在户外设置运动场地，这是圈养南江黄羊的基本保障条件，其运动场的面积应为羊圈面积的 2 倍以上。一是，与羊圈一体构成规范性圈舍；二是，与相连草山草坡以围栏连接构成庭院式圈舍；三是，零星圈养，可利用田隙草地作系牧性或围栏式放牧性运动地。

（3）饲草，是圈养南江黄羊的物质基础条件，其饲草的来源和利用方式（详见学习情境四）。

2. 主要设备

（1）青（微）贮池（壕），按羊群数量大小按图 4-1～图 4-5 修建。

（2）草架，按羊只年龄与体格大小参照图 5-24 制造。

（3）产羔栏，按繁殖母羊群数量的 30% 设置，可采用固定式的，亦可参照图 5-25 采用活动式多用隔栏。

（4）药浴池，最好参照图 5-12 建成多用式浴池。

3. 圈舍的设计与建造

羊舍类型、样式参照图 5-13 ~ 图 5-23 进行设计与建造。

三、圈养南江黄羊的草料来源及制作技术

1. 饲草饲料的来源

南江黄羊草料来源的途径有三：

（1）天然（野生）饲草，即在山丘农区（或低山、平坝农作区）主要指零星草山草坡（田间草地）自然生长的可食性草类，包括禾科草、类禾科草、阔叶（含豆料）草以及杂灌木嫩枝叶和各类杂草。

（2）农田饲草，主要是可供南江黄羊饲用的各种作物秸秆，亦包括伴随农作物生长（往往被耕作所除）的可食性杂草（如通常所称的熟地草）等。

（3）栽培牧草（亦称饲草作物），即应用牧草栽培技术，人工种植专门供羊饲用的牧草，主要有三种方式：

① 建立长期或短期人工（半人工）草地以及对天然草地的培育与补植适宜牧草改良。

② 利用停耕地、轮歇地和田间草地以及（田、塘、堰、沟、路）“五边”地种植优良牧草。

③ 改革农田耕作制度，由单一的粮食作物种植向“粮、经、草”三元结构转变，实施“草田轮间套作制”，发展“草田养羊业”。例如在山丘农区，利用冬闲田、地，在水稻或玉米秋收后（9 月中、下旬）种草，水田以“多花黑麦草 + 光叶紫花苕”或“多花黑麦草 + 紫云英”、旱地以“光叶紫花苕 + 萝卜”或“多花黑麦草 + 光叶紫花苕”，按相应的栽培技术混播种植，到次年 4 月中下旬至少可刈割 4 次：旱地可每公顷产鲜草 90 000 kg 以上；稻田可超过 150 000 kg；有的地方在以三叶草为主的人工草地上套种玉米，亦收效良好。

2. 牧草的配套种植与利用

南江黄羊生产最基本的特点之一，是利用廉价的饲草来生产优质产品，如为人类提供天然蛋白质食品来源等。所谓廉价饲草是指天然饲草（包括农村秸秆资源），但天然饲草营养物质含量不全面，随季节变化呈现出淡旺差异。为了解决南江黄羊所需饲草的常年平衡供应和天然饲草所含营养物质不全面、不平衡的问题，唯一的办法是采取与天然饲草来源配套的人工种草养羊措施。

这里要提起注意的是，种草养羊不是靠单纯的人工种草来组织南江黄羊生产，而是与天然饲草资源适度配套人工种草，为南江黄羊生产提供足量的饲草来源。否则，将失去南江黄羊利用廉价饲草生产价廉物美产品的特点，丧失南江黄羊产品优质而不能廉价的意义，相应地还会抑制南江黄羊生产的发展。

因此，应根据大巴山区天然饲草来源中豆科牧草比重低、冬性牧草缺和一般天然牧草（特别是作物秸秆）粗纤维含量高、能量含量低的实际来进行配套种植与利用。

（1）人工种草养羊与天然草地配套利用。

不同类型的天然草地，产草量的差异很大，而且放牧对天然牧草的利用率很低，一般仅占产草量的 30% ~ 50%。在大巴山区的生态条件下，一般上等草场 0.13 ~ 0.15 公顷（2 ~ 3 亩）、中等草场 0.25 ~ 0.35 公顷（4 ~ 5 亩）、下等草地 0.4 ~ 0.53 公顷（6 ~ 8 亩）、劣质草场 0.65 ~ 0.8 公顷（10 ~ 12 亩）才能载畜一个羊单位，而且还得结合牧草种、采、收、贮供越冬饲用。

南江黄羊合理利用草地的配套技术研究表明：按天然草地的 5% 人工种草进行配套利用是较为适宜的。如中等天然草地（每公顷可食性牧草产量 12 000 kg，即相当于亩产 800 kg 左右），每 6.67 公顷（100 亩）配套人工种草 0.33 公顷（5 亩），可载畜体重 40 kg 的成年母羊 25 只（相当于每 4 亩，即 0.27 公顷，载羊 1 只，或 1 公顷载 3.75 只），平均每只成年母羊种草 0.013 3 公顷（0.2 亩），100 只成羊母羊需在 26.67 公顷（400 亩）的天然草地内配套人工种草 1.333 公顷（20 亩）。如属劣质草场（每公顷产草 1 500 kg，即亩产 100 kg 左右），每 6.67 公顷（100 亩）配套人工种草 0.33 公顷（5 亩），平均可载畜体重 40 kg 的成年母羊 0.33 只（相当于 12 亩，即 0.8 公顷载羊 1 只），平均每只成年母羊种草 0.04 公顷（0.6 亩），100 只成年母羊应在 80 公顷（1 200 亩）的劣质天然草地内配套人工种草 4 公顷（60 亩）。

可见，良好的天然草地可采取“放牧 + 补饲”利用的饲养方式；劣质天然草地放牧利用是无多大价值的，只能采用种草圈养方式进行分散饲养，结合在草地上分区进行放牧性运动。

（2）人工种草与利用作物秸秆养羊配套。

多数农作物秸秆粗纤维含量高、能量浓度低，如玉米茎叶全株每千克可消能含量仅 9.23 MJ，尚不能满足南江黄羊对消化能最低浓度每 1 kg 草料 10.05 MJ 的需要；而且除少量豆科秸秆外，蛋白质含量均很低，玉米茎叶仅占 6%，大麦、小麦秸秆均只占 4%。因此，为了充分利用秸秆资源，除使用好相应的制作技术外，还需配套种草供养羊生产利用。其配套种草的数量应根据用于养羊的秸秆种类、数量以及当地土质的好坏而定。

在农户圈养南江黄羊的条件下，4 口之家，一般作物秸秆在 2 000 kg（干物质）左右，以 50% 即 1 000 kg 投入养羊是可能的，并以“对半”配套人工种植牧草即 1 000 kg（干物质），平均以鲜草 83.5% 的水分计，约需人工种植鲜草 6 000 kg。按中等地力，需豆科、禾科牧草交（混）种草 0.067 公顷（1 亩）。这样共计可供养羊的饲草为 2 000 kg（干物质），平均以可消化率 70% 计，可消化有机物为 1 400 kg，能养繁殖母羊 3 ~ 4 只或常年饲养体重 10 ~ 30 kg 的育肥肉羊 8 ~ 10 只。

（3）人工种草，在牧草种类上的配比。

在牧草种植的种类上，一般以豆科与禾本科 3∶7 为宜，即单播在面积上分别各占 30%和 70%，或混播牧草为一行豆科与两行禾本科牧草进行配套栽培，使之产量上能获得每 1 000 kg 牧草以 300 kg 以上豆科和 700 kg 以下禾本科牧草相配搭利用为宜。

（4）牧草栽培与轮供配比。

在牧草栽培轮供上，应根据用于种草养羊的土地多少并本着“合理有效利用土地”的原则，可采取“两个对半开”进行配套种植。

即：按养羊生产计划所需的人工栽牧草，以农作物“轮、间、套种”提供种植牧草来源 50%，利用停耕地或调整出农耕地专门建立高效、优质人工草地提供饲草来源 50%；在专门人工草地中，以 50% 的面积侧重用作越冬补青地，50% 为常年刈割利用。

综上，一个有 0.27 公顷（4 亩）中等地力耕地的农户，利用秸秆产量的一半圈养南江黄羊，可利用停耕地（含零星土地）种植优良牧草和农耕地轮作牧草共计 0.067 公顷（1 亩），产量可超过 6 000 kg，并与秸秆进行配套利用，可饲养繁殖母羊 3 ~ 4 只或常年性饲养育肥肉羊 8 ~ 10 只，并可按以下方案进行牧草轮供配套：

① 田间草地运动性放牧或系牧（4—10 月份）可获得牧草补充；

② 农副秸秆（4—10 月份）可青饲利用，11—3 月份以储藏（包括青贮）利用为主；

③ 人工种植牧草，由多年生黑麦草和白三叶草构成的长期人工草地供 3—11 月份利用，短期（越冬）牧草（多花黑发草 + 萝卜等）供 11—12 月份和次年 1—5 月份青饲。

3. 饲草的利用方式

饲草的利用方式可分如下三种：

（1）青刈供饲，一般在牧草的花前期，也可在盛花期或叶从期划割刈用，这是圈养南江黄羊对牧草利用的主要方式。

（2）刈割贮存利用，按前面所述饲草制作与贮存技术处理，用以对圈养南江黄羊所需饲草的平衡供应和淡旺季调剂。

（3）放牧利用，这种方式是圈养南江黄羊所需饲草的补充，适于田间草地系牧和零星、半人工草地运动性放牧及越冬补青草地定时性放牧补青。

四、圈养南江黄羊的饲养与管理技术

1. 圈养南江黄羊饲养管理的基本准则

圈养南江黄羊在饲养管理上的重要前提是合理化组群、规范化饲养。其组群规模，应根据南江黄羊的品种、类别、用途、生产方向，结合不同环境条件下的养羊生产实际。在我国南方山丘农村的肉用南江黄羊生产，目前，一般以农户为生产单元，按大、中、小群，进行适度规模组群（表 8-6）。

表 8-6　圈养南江黄羊的羊群大小划分

羊只类别	群别		
	大群/只	中群/只	小群/只
成年羊	15 ~ 20	8 ~ 10	3 ~ 5
青年羊	25 ~ 30	10 ~ 20	8 ~ 10
幼龄（育肥）羊	30 ~ 50	25 ~ 30	15 ~ 20

2. 分圈分群的类别与原则

（1）按年龄分群。

① 大羊（包括育成、成年羊）群，一般以进入配种繁殖年龄段为准。有条件者，最好再以育成羊（处于生长延续阶段，即基本体成熟后）与成年羊（完全体成熟后）分圈、分群饲养。

② 中羊（处于后备或育成前期的羊群，一般指断奶到基本体成熟时），自断奶起必须公、母单独分圈或分群饲养。

③ 小羊（通常指哺乳期的羔羊），应予单圈管理、定时哺乳。进行早期育羔的应在育羔间内于 2 周龄开始公、母分圈饲喂。

（2）按性别分类饲养，提前断奶转群。羔羊出生后半月开始按公、母分圈进入育羔间补饲草料，适时（一般双月龄）断奶后，分别进入后备公、母羊过渡群饲养。

（3）按生产用途分群，就商品生产群而言可分：

① 种用公羊群（圈）；

② 繁殖母羊群（圈）；

③ 育羔（育肥肉羊）群（圈）。

3. 建立规范性圈养南江黄羊生产结构新模式

从改变自繁自养与混群、混圈的粗放养羊旧习入手，建立规范化的养羊生产结构，为向科学化、集约化、产业化养羊业转变奠定基础。

（1）实行“三专”（即专户繁殖、专圈育羔、专群育肥）的圈养南江黄羊生产模式，以利把科学技术用于养羊生产，从而摆脱传统、粗放的饲养南江黄羊旧习对养羊生产力的桎梏。

（2）坚持种公羊单圈（或专群）喂养，应用人工（辅助）控制配种方法，定群、定养、定配、定时繁殖，以利提高繁殖成活率，使繁殖产羔同肉羊的育肥出栏季节紧密地结合起来。

（3）建立与农田相结合的种草养羊生产体系，发展“草田、草地、草果”养羊业，向集约化的区域性规模性生产经营转变，最基本的是立足于形成“繁殖（供种）—制种—育肥”的规范化的南江黄羊生产结构，为产业化生产奠定基础。

4. 圈养南江黄羊的饲养

（1）南江黄羊的营养需要。

根据南江黄羊的饲养建议标准和生产实践，提出南江黄羊的营养需要建议。

① 维持需要。仅是维持其生存和健康，不进行任何生产（包括增重、产肉、产毛、妊娠、泌乳等任何物质积累）的最低营养需要。因此，维持日粮，即指支持 24 h 生命期的饲料需量。在此期间，体重不增不减，只从事采食、消化和排泄废物等的最低活动。在圈养（每天保持 4 ~ 6 h 轻微活动）的条件下，肉用南江黄羊的维持营养需要（表 8-7）。

表 8-7　南江黄羊在低活动量情况下维持营养需要（每日每只需要）

体重/kg	干物质采食量/kg		代谢能/MJ	净能/MJ	粗蛋白/g		钙/g	磷/g	维生素 A（1000IU）	维生素 D（1000IU）
	A*	B*			TP	DP				
10	0.36	0.30	2.97	1.67	27	19	1	0.7	0.5	0.108
20	0.61	0.50	5.02	2.85	46	32	2	1.4	0.9	0.180
30	0.82	0.67	0.67	3.85	62	43	2	1.4	1.2	0.243
40	1.02	0.84	8.45	4.77	77	54	3	2.1	1.5	0.303
50	1.20	0.99	9.96	5.61	91	63	4	2.8	2.0	0.408
60	1.38	1.14	11.42	6.44	105	73	4	2.8	2.0	0.428
70	1.55	1.28	12.84	7.24	118	82	5	3.5	2.3	0.462
80	1.71	1.41	14.18	7.99	130	90	5	3.5	2.6	0.510
90	1.87	1.54	15.48	8.74	140	99	6	4.0	2.8	0.555

② 生产需要。

增重：每增重 1 g，在维持需要的基础上增加能量供应 36 kJ 消化能、粗蛋白质 2.84 g（可消化租白质 2.0 g）、钙 0.01 ~ 0.02 g、磷 0.007 ~ 0.014 g。

妊娠：前期，在维持的基础上增加 15% ~ 25%；怀孕后期，每只母羊每日增加能量（消化能）7.28 MJ、粗蛋白质 82 g（可能化粗蛋白质 57 g）、钙 2 g、磷 1.4 g 左右，并根据怀孕胎儿数和孕期长短加减。

泌乳：哺乳单羔，增加消化能供应 4.85 MJ、粗蛋白质 68 g（可消化粗蛋白质 48 g）、钙 2 g、磷 1.4 g，并在此基础上每多哺乳一羔增加 40% ~ 50%。

种公羊：非配种期，在维持需要的基础上增加 10% ~ 15%；配种期间，在维持需要的基础上增加 60% ~ 80%，并适当提高蛋白质的质量与供量，以保证配种；在配种结束后的两个月内增加 50% ~ 60%，以恢复和保持正常的体况。

③ 不同季节的营养需要。

春、秋两季保持维持及其相应的营养供应；夏季因气候炎热代谢水平提高，应在维持及相应的营养需要基础上，增加 5% ~ 10%；冬季因气候寒冷，消耗体热大，应提高能量供应 50% ~ 70%。

④ 不同饲养方式下的营养需要

在相同季节、气候、体重、用途以及饲料类型与结构的条件下，不同饲养方式对能量的需要存在相当大的差异。通常，圈养方式，在维持需要的基础上增加 10% ~ 15%；半圈半牧在圈养的基础上增加 20% ~ 25%；放牧饲养，在半圈半牧的基础上增加 30% ~ 35%（即在圈养的基础上增加 50% ~ 70%）。

（2）南江黄羊饲料的营养成分。

南江黄羊的生长、增重、生产、繁殖、配种和健康的好坏等，不仅取决于采食相应的足量饲料，而且与日粮的营养浓度和品质以及各种养分的配比密切相关。为了增大养羊的科技含量，提高饲料报酬和养羊效益，现将南江黄羊常用（典型）饲料的营养成分见附表，供日粮配合参考。

（3）日粮的结构与调供技术。

按羊只的营养需要计算的饲料干物质用量，大体按青草 （或青贮料）、干青草（或草粉、干粗料）、精料（或精料混合料）各三分之一构成日粮。在日粮中以草为主（50% 以上）者，谓之饲草日粮；反之，精料在 50% 以上的，谓之草料日粮。例如体重 10 kg、日增重 100 g 的幼羊，其如表 8-8。

表 8-8　幼羊每羊每日维持和生长的营养需要

干物质/g	DE/MJ	粗蛋白/g	Ca/g	P/g
625.00	7.20	55.00	3.00	2 010

若以白三叶草 30%、燕麦草 40%、精料（玉米、麦麸）30% 构成日粮，按饲料干物含量计算见表 8-9。

表 8-9　饲量干物含量计算

饲料名称		用量/kg	含水分/%	日粮干物含量	
				数量/g	%
燕麦草		1.25	80%	250	40.00
白三叶草		1.25	85%	187.5	30.00
精料	玉米	0.075	12%	66	10.56
	麦麸	0.135	10%	121.5	19.44
	小计	0.21		187.50	30.00
合计		2.71		625.0	1 000.00

上列日粮各饲料总用量 2.71 kg。按干物质计，其中精料（包括玉米和麦麸）占 30%、饲草占 70%，能量及其他营养物质均满足或超出营养需要量。照此数额，乘以同类羊只的数量，即构成一批羊只的饲粮。在草料调配与供应上，均以长草短喂、寸草三刀、与精料混均、喂后饮水为佳，但不同类别和用途羊只的饲料调供技术与要求各具特点。

（4）不同南江黄羊群的圈养。

① 繁殖母羊的饲养。

繁殖母羊的饲养，应立足于提高“三率”，即受胎率、繁殖率、哺育率，并根据不同时期对营养的需要进行日粮的调配与供应。

配种期，即配种前、后 2 ~ 3 周的繁殖母羊的饲养，应有利于提高卵泡质量，确保受胎。一般应在维持营养需要的基础上增加 10% ~ 15%，并适当增加维生素 E 和青绿多汁饲料的供应，把日粮的能量浓度控制在每千克 10.5 ~ 11 MJ 范围为宜。可在配种前 3 周，注射亚硒酸钠维 E；配种后 2 ~ 3 周至少应在维持需要的基础上增加营养供应 15%，并应特别注意蛋白质饲料品质的提高。

怀孕前期，通常是指受孕后的前 3 个月，营养供应需在维持的基础上增加 15% ~ 25%，并应适当提高饲料的能量与营养浓度，蛋白质的可消化率必须在 70% 以上。

怀孕后期，一般指母羊怀孕的最后两个月，胎儿体重的 2/3 在此期完成。因此，必须保证营养供应，在怀孕前期的基础上增加 50% ~ 60%，并提高饲料能量和蛋白质浓度（不得低于每千克日粮含消化能 12.56 MJ 和粗蛋白 122 g），尤其应增加钙、磷等矿物质饲料。但在临产前半月，应逐渐降低饲料营养浓度和供量（可在妊娠后期的基础上下降 20% ~ 30%）。

泌浮期，指母羊分娩后到羔羊断乳。分娩后，头 1 ~ 3 d 少喂精料，应逐步提高营养水平和恢复饲料供量，并增加蛋白质、矿物质以及青绿多汁饲料喂量。在表 8-10 所列日粮中，粗蛋白质的浓度已达到 18%，在精料混合料中可使用尿素 1.0% 以下，或磷酸脲以 2% ~ 3%为宜；哺乳后期适时使用配种期母羊饲料和尽可能使羔羊提前断乳，以利下一个繁殖季度适时发情受配。

表 8-10　泌乳期母羊日粮结构

日粮类型	饲料名称	用量/kg	所占比重/%
干青饲料（A）	青干草	0.50	25
	三叶草	0.25	12.5
	混合糟料	1.25	62.5

续表

日粮类型	饲料名称	用量/kg	所占比重/%
青粗饲料（B）	青刈黑麦草	0.30	12.5
	混合干粗料	0.50	25
	混合精料	1.50	62.5
青贮饲料（C）	混合干草	0.625	20
	青贮玉米	1.25	40
	混合精料	1.25	40

注：本表中的用量为饲料干物质。
日粮类型为 A、B、C，分别适用于体重 30 kg、40 kg、50 kg 以上的母羊哺乳单、双、多羔，且各型日粮中混合精料的蛋白质含量，应分别在 16%、18%、20% 以上。

② 青年母羊的饲养。

青年母羊正处于生长发育完善时期，在良好的饲养条件下，可于 6 ~ 8 月龄进入繁殖利用阶段。在饲养上，应供给优质干草。为确保生长与增重，母羊每天应供给精饲料 0.5 kg 左右，随时供给饮水，并注意微量元素和食盐以及钙、磷的添加，以维持正常膘情、防止过肥影响繁殖。

③ 种公羊的饲养。

种公羊在配种期，即在配种季节到来之前 2 ~ 3 周开始使用配种期公羊料，并根据体重和承担配种任务的大小，进行饲料调配与供应；确保日粮中含粗蛋白质达到 18%。非配种期的种公羊，应确保优质青干草的供应，并至少在配种结束后的半个月内继续使用配种期日粮，确保体况得以迅速恢复。

④ 后备公羊的饲养。

后备公羊的饲养，主要应有助于生长发育，特别应注重蛋白质、矿物质饲料的平衡供应，并控制好日粮的能量浓度（一般每千克饲料消化能的含量应在 10.5 MJ 以下），以免过肥，影响生殖机能。

⑤ 羔羊的饲养。

羔羊的饲养是山羊，特别是肉用山羊生产过程中的关键环节。此期的饲养目的在于提高成活，促进生长发育。在饲养上，主要应把好三关：

A. 羔羊哺乳关：羔羊出生后，最好能在 30 ~ 60 min 内使之吃上母乳；在出生后的 3 d 内，采取人工控制（辅助）哺乳方法，每天供乳 4 ~ 6 次，每次吸乳 50 ~ 60 mL，使之吃足初乳，并于 3 日龄肌肉注射“羔羊宝”，每羔 2 ~ 3 mL（间月再注一次）或自生后 12 h 起，每日每羔饲喂土霉素 20 ~ 25 mg 连续 3 d；到 1 周龄时，可注射羊“三联苗”或“四联苗”防疫；每日供给母乳和人工乳 3 ~ 4 次，每次 150 ~ 200 mL；同时采取措施提早诱饲和补饲草料，到 3 周龄喂奶次数减至 1 ~ 2 次，每一次 400 ~ 500 mL，到四周龄最好一次性喂乳（含人工乳）500 ~ 800 mL。

B. 断奶过渡关，即羔羊断奶后由以食乳为主向以食草为主转变，可用液体料或羔羊固体料，逐渐提高优质饲草比重构成过渡期（一般为 3 ~ 4 月龄）的日粮。此期应适量增加蛋白质饲料和维生素以及矿物质饲料的平衡供应，以保证骨骼和内脏器官的正常发育，力求缩短过渡期。

C. 羔羊越冬关。严寒的冬季，对秋羔和冬羔危害极大，为避免死亡、提高成活，除管理上采取对育羔圈垫草升温、防寒保温以及适时户外运动等措施外，在饲养上应努力做到：供应优质青草、提高能量浓度、增加喂料次数、坚持夜间补草、早晚供给温热饮水，并可在增加草料日粮供量的同时，适当补饲液体料。

⑥ 育肥羊的饲养。

圈养南江黄羊的育肥与舍饲牛的上市育肥大体相似，育肥期很短。但随年龄不同，在饲养和饲料调配与供应上存在着一定差异。

A. 育肥前的准备。首先是要有年度肉羊育肥的生产计划，在此基础上进行羊群阉割、疾病预防及草（料）种贮等育肥前的准备工作。

a. 羊群的准备。南江黄羊要根据 4 个生长发育高峰期拟订育肥计划，但农户育肥的最佳时期还是 7 ~ 8 月龄或 10 ~ 12 月龄比较符合实际。可将不作种用的冬春羔羊进行阉割集中育肥，对老残羊和淘汰羊可在产后进行整顿羊群调整结构，确定淘汰对象，阉割后实施短期育肥。有条件的农户和羊场可以组织批量生产，小群在 30 ~ 50 只、中群在 80 ~ 120 只、大群在 150 ~ 200 只的群体规模。

b. 防疫工作的准备。计划投入育肥的羊群，一律要进行体内、外寄生虫的驱杀和各类疫（菌）苗的免疫注射，提高羊只免疫力，避免疾病的发生和流行影响育肥效果。

c. 育肥羊的分类组群。要达到育肥的满意效果，应对育肥羊按照不同的年龄、体重大小及性别进行组群，以消除营养需求、采食力强弱、奔跑力差异对羊只生长速度的负面影响。

d. 草（料）及草场的准备。要根据不同类别（型）的羊群，科学调制日粮，定期轮换草场。

e. 注意营养物质的平衡供应。采取渐进供给，舍饲羊只应保证充足阳光照射和舍外运动，确保羊只保持良好的生长状态。

B. 育肥类型。

a. 当年羔羊的系列育肥。当年羔羊系列育肥，系经哺乳期补饲、断奶优饲、上市前两个月进行强度育肥。当年羔羊育肥是目前最佳的育肥方式，对春产的羔羊，夏季强化饲养，秋季强度育肥，冬季出栏上市。在饲料调供上要做到：一是矿物质和维生素的平衡供应；二是前期蛋白质饲料品质要好；三是进入强度育肥阶段，应控制饲料的能量浓度，提高蛋白质饲料比重，可以含粗蛋白质 20% 配制精料混合料；四是注重饲料适口性，增加采食量。当年羔羊的系列育肥要点：

早期补饲：对 1 周龄以上羔羊通过诱饲，补充富含矿物质和消化率高的蛋白质饲料，补充优质饲草，促进机体消化系统的完善和快速生长发育。

断奶优饲：断奶后的羔羊，在优质人工草场或丰茂的自然草场内进行放牧，获取全面的营养物质，再适当予以补饲，促进各器官尽快发育完善。

强度育肥：在入秋时节，集中两个月的时间，在长时间放牧的基础上，保证补充高营养水平的饲料，进行强度育肥。

b. 短期育肥。短期育肥主要是针对老、弱、病、残在内的淘汰羊的育肥饲养，侧重于增加能量供应，注重饲料的适口性，一般育肥期为 1.5 ~ 2 个月，即可上市。其育肥要点是对短期育肥羊进行防疫、阉割、驱虫、健胃及 I ~ 2 周的过渡期，然后应用强度优饲法育肥 2 个月左右达到增重 10 千克体重以上的效果。

c. 肥羔生产。肥羔生产系在 4 ~ 6 周龄（即 1 月龄左右）进入育肥；也可采取控制哺乳，初乳或一周龄后离母，进行人工育羔，缩短羔羊哺乳期，及早进入育肥。此种育肥方式，主要是出于生产“涮羊肉”料肉，经 4 ~ 6 周时间育肥到 8 ~ 10 周龄屠宰、上市销售。在饲料的调制与供应上，以高蛋白质低能量的优质饲草、饲料构成“高蛋低能”草料日粮，每日定时饲喂 4 ~ 6 次，并注意 B 族维生素和维生素 A、D、E 与矿物元素的平衡供应。

d. 青年羊育肥。在 1~2 周岁青年羊育肥阶段，应超过维持和生长的能量，并侧重于提高饲料的能量浓度，以每千克日粮含消化能超过 12.5 MJ 为宜，育肥 2 个月左右即可上市。

e. 异地育肥。就是在建立供种场（户）和制种场（户）的基础上，再建立大面积的若干育羔户和育肥户。将供（制）种户和育羔、育肥的功能分离，以达到专业化生产，批量出栏，缩短饲养周期，提高养羊效益。

5. 圈养南江黄羊的管理

（1）管理方法

从羔羊初生到配种繁殖或育肥出栏的管理，是肉用南江黄羊生产经营管理的重要组成部分，与饲养同等重要。在养羊生产上，要克服“重饲养、轻管理”的不良倾向，只有饲养与管理技术同时到位，才可获得良好的养羊效益。在管理程序上：

① 产前。一是临产前半月进入产羔栏，防止挤压、剧烈驱赶与运动；二是到产前 3 周，给母羊皮下注射亚硒酸钠维 E； 三是在妊娠期，特别是妊娠后期，要注意微量和常量矿物质元素的补充；四是在产前一周作好接羔护产准备。

② 产羔。羔羊出生后，有两项管理技术极为重要。一是及时断脐，用碘酒消毒，在距离羔羊体 10 cm 左右处切断脐带，以避免将病菌通过脐带带入羔羊体内；二是羔羊出生后应使其尽快吃上初乳，若超过 12 h 未吃上初乳，会导致羔羊抵抗力下降。此外，在产羔时还应注意观察羔羊有无异常，若遇弱羔、假死应及时处理。

③ 初生到断奶的羔羊，采取控哺乳和人工辅助哺乳措施，由每日吃初乳次数 4 ~ 6 次，逐减至 2 ~ 3 次，并提早进行补饲；到半月龄时对公、母羔分圈补饲，并及时编具羊号以便管理，对非留种羔羊在 1 月龄左右时予以奶阉。

④ 断奶到配种。此期，凡初选留种羔羊于断奶后分公、母进行专圈（群）系统培育；阉割羔羊，在断奶后专圈（群）适时育肥出栏。

（2）运动。

圈养条件下的南江黄羊每天必须保持 4 ~ 6 h 运动，但应禁止强度运动，否则会影响羊只的生理和生产活动。羔羊以自由运动为主；怀孕母羊和育肥羊着重在户外给予轻度运动；种公羊和育成羊适当中度运动。无论哪类羊只均应避免强度和剧烈运动。

（3）分圈分群管理。

分圈分群管理是科学养羊的核心，离开分圈分群，就不可能提高南江黄羊生产的科技含量。

① 按性别，2 ~ 3 周龄的羔羊即应开始公、母分圈喂养，断奶后按性别转群进行专群（专圈）管理；

② 按年龄分别设立大、中、小羊群（圈）；

③ 按用途分别设置繁殖母羊、种公羊、育肥肉羊群（圈）；

④ 对种公羊进行专群（专圈）管理、饲养，实行发情定配、散养羊只“牵羊配种”；

⑤ 按体况，对瘦弱羊（或三类羊）分设群（圈）进行照顾性管理。

（4）编号。

无论种羊生产，还是商品肉羊生产，编具羊号均是生产管理上的一项重要内容。通常是在出生后的 1 周龄内，以剪耳缺记录原始号；中选留种者，以耳标（金属或塑料）编具永久号。

（5）去势（阉割）。

羔羊出生后 3 ~ 5 周，对初选未中选的非留种羔羊进行奶阉（最佳的奶阉时间是半月龄时），以加快增重速度。对中选和成年时淘汰的羊只适时进行阉割，以利尽快育肥上市。

（6）饮水。

饮水是南江黄羊饲养与管理不可忽视的重要内容。对哺乳羔羊，不能认为吃奶就代替饮水，以及成年羊采食青嫩多汁料，只能减少而不能代替饮水。南江黄羊每天对水的摄入为体重的 15% ~ 20%，每天至少供给清洁饮水 2 ~ 4 次，炎热天需水量较高，应于夜间供水自由饮用。对初生到 1 周龄的羔羊，最好供给营养水自由饮用或分次在人工辅助下定时供饮。初生羔羊营养水的配方为：

硫酸铜 27.3 mg、硫酸亚铁 148.9 mg、硫酸锰 175.2 mg、硫酸锌 198.0 mg、氯化钴 0.4 mg、亚硒酸钠 0.3 mg、叶酸 1.9 mg、乳糖（或葡萄糖）448 mg，合计 1 000 mg（1 g），加入清洁冷开水 1 000 mL 中，在非金属容器内搅拌均匀，即成。供当天饮用或用奶瓶在人工辅助下饮用。

（7）去角。

在圈养方式下的羊只，最好是无角羊，对有角者可予以去角，使之性情温驯，少有角斗，便于管理。去角应在南江黄羊非常幼小之时，最佳时期在 1 ~ 2 周龄。其方法是：在局部或全身麻醉后，采用外科手术或电烙浇灼法，去掉角芽，使之不长角。无角羊除便于管理外，还可减少营养消耗。

（8）妊娠检查。

妊娠检查，是繁殖技术的重要内容，又是母羊管理的一个基本环节。配种后 3 周，进行外表征状检查或实验室检测，以确定是否怀孕；3 个月后，怀孕母羊开始凸肚，检测胎位、判定胎数，以便采取饲养措施；怀双胎的母羊小腹壁较为紧张，所显示出的胎动比怀单胎的明显，一般怀孕 3 个月以后的母羊性情温驯并可触感胎动；临产前 1 ~ 2 周，可挤出乳汁，渐至乳房胀大，左右腰窝表现出下陷并逐渐明显，行动迟缓，应立即作好接羔护产准备。

（9）测量体重。

体重是饲料饲养及保健措施的综合评定指标，也是肉用南江黄羊生产管理的基本指标。因此，对生长羊应按年龄（初生、二、四、六月龄，周岁、成年），对育成和成年羊按季节称量体重，并根据体重变化采取饲养措施。

（10）环境卫生。

环境卫生既是日常饲养管理的主要内容，也是保健工作的基本要求，包括清洁饲槽、圈舍、户外环境以及饮水、采食卫生，定期清圈消毒，坚持每天打扫圈舍，对平圈养羊的，应合理处理粪便，做到圈干、槽净，禁饮污水、死水。

6. 圈养南江黄羊不同季节的饲养管理

环境条件与南江黄羊的生产紧密相关，除了营养因素外，季节气候对南江黄羊的生长、增重、繁殖等影响极大。在大巴山区的生态环境下，按气温划分：冷季气温在 10 °C 以下延续的时间较长（以地处海拔 1 200 m 左右地带的北极、元顶子牧场为例），大约 135 d，一般出现在 11 月上旬（立冬）至次年 3 月下旬（春分），有时延长至 4 月上旬（清明前后）；热季（气温在 22 °C 以上）的时段不长，一般间断出现在 7—9 月，大约 50 d 时间；暖季（气温在 10 ~ 22 °C），最适宜南江黄羊的生长和繁殖，但时间也不很长，一般在 4—6 月和 10—11 月上旬以及 7 月与 9 月中的少量时段，共计不过 180 天（仅存 6 个月）的有效生长期。据南江黄羊的试验表明，寒冷的气候对增重的影响不比炎热的气候大，全牧、半圈半牧、圈养等不同饲养方式的羊群在 22 °C 以上每上升 1 °C，日增重速度分别下降 10.68 g、7.67 g、3.6 g，而冷季在 0 ~ 10 °C 区间的气温与育成羊的日增分别呈强、中、弱、负相关（相关系数全牧为 – 0.6、半牧为 – 0.3、舍饲为 – 0.1），但气温变化的差异越大，增重速度下降越大，每增加差异 1 °C，分别降低增重速度 14.71 g（全牧）、8.07 g（半牧）、1.5 g（舍饲）。

因此，对南江黄羊的不同季节的饲养管理应着重做好以下工作：

（1）无论是暖季、冷季，还是热季，在管理上，应通过圈养调控气温，使在一天或一段时间内环境气温差别不致过大。

（2）冷季应注意圈舍防寒、保暖、避免贼风；热季应注意降温、空气流通；在温暖季节应预防气温突然变化、忽冷忽热，特别是要注意防止寒潮的袭击。

（3）在饲养上，无论什么季节，都应保持饲草的平衡供应。羊谚云："养羊虽轻松，一天可废十天工"，意指长期的营养物质积累，短短几天的饥饿即可耗费。特别是冷季，应在前面所述维持和生产需要的基础上，提高能量供应 70% ~ 90%，若属生长期内羊只，能量浓度应在每千克 DE 12.50 MJ 左右；热季以提高 5% ~ 10%为宜，但饲料能量浓度不得低于 10.50 MJ/kg DE。其越冬饲养的日粮结构见表 8-11。

表 8-11　圈养南江黄羊越冬期日粮结构（每羊每日）

羊龄	精混料	青饲料	多汁料	青贮料	块根料	合计
周岁羊	1.125	0.325	0.50	0.25	0.375	2.575
育成羊	1.05	0.90	0.60	0.30	0.15	3.0
成年羊	0.95	1.0	0.9	0.36	0.57	3.78

注：日粮结构中的精料混合料，应根据羊只的生产用途与期别确定料号。

五、草料调配及供应

1. 营养需要

南江黄羊的营养需要，是指南江黄羊在维持正常的生命与健康和生理活动及保持最佳生产水平时，对各类营养物质的最佳需量。低于这个数量将影响羊只的身体发育和正常的生理、生产活动。南江黄羊所需营养物质同其他南江黄羊与畜禽一样，是碳水化合物、蛋白质、脂肪、矿物质、水和维生素，但需量随品种、畜种、用途不同而有不同的饲养标准。现根据有关肉用南江黄羊的建议饲养标准，提出肉用南江黄羊的营养需要量。

（1）维持需要能量可按下式计算：

$$\text{DE（消化能）} = 704W^{0.75}\ \text{（kJ）}$$

式中　$W^{0.75}$ 为代谢体重，即实际体重 W 的 0.75 次方。

例如，一只 50 kg 体重的成年母羊需：

$$\text{DE} = 13\ 234\ \text{（kJ）} = 13.24\ \text{（MJ）}$$

（2）维持需要蛋白质可按下式计算：

$$DCP（可消化粗化蛋白质）=QW^{0.75}（g/d）$$

式中　$Q=2.6525$

例如，一只 50 kg 体重的成年母羊，每天维持需要：

$$DCP=49.35（g/d）$$

（3）矿物质和维生素的需要，与能量或体重呈一定的比例关系，Ca、P 比为（1～2）：1，需要量与能量成正比。即：钙、能比为每兆焦耳（DE）0.14～0.17 g 钙，磷、能比为每兆焦耳（DE）0.17 g 磷。维生素与体重比例为：维生素 A 每千克体重为 88 IU，维生素 D 每千克体重为 0.9IU。

（4）幼羊的能量需要按公式计算如下：

$$DE（kJ）=736W^{0.75}［1+2.4\times 日增重（kg）］$$

幼羊维持所需要的蛋白质和能量，按单位代谢重或单位体重高于成年羊，每千克代谢体重维持所需粗蛋白质为 3.69 g。每增重 1 g 需粗蛋白质 0.284 g，可消化粗蛋白质 0.195 g。

2. 日粮调配

采用放牧方式的羊群，每天应坚持补充食盐、钙、磷等；在放牧育肥和哺乳期，可适当提高富含蛋白质的饲料、饲草的供应量；采用圈养方式的羊群，宜以长草短喂，其日粮可按需要由草粉、鲜草、精料以干物质计各 1/3 混合而成，分次供饲，并以适量干（青）草供自由采食。

3. 饲草日粮供量

放牧采食量，一般占羊体重的 15% 左右，但随季节、草地类型、羊只体况不同而异，枯草季节和雨季往往采食不足，影响正常生长发育和生产。

因此，日粮供量无论放牧采食，还是刈割供饲，均应供足。例如一只 50 kg 体重的成年哺乳双羔母羊，在入秋时节 1 d 大约需采食牧草 1 kg，相当于体重的 2%。若是育成期母羊需增加 5%～10%。每多哺乳一只羔羊还应增补 5%～10%。所以在日粮的调供上，应将饲草日粮与草料日粮结合供应。无论使用哪种日粮，在通常的情况下钠、氮、钙、磷都必不可少，而且应注意补充维生素 A、D、E 等必须维生素。

4. 放牧管理

坚持早出、晚归，出、收牧清点羊只。夏、秋每天放牧应保证在 12 h 以上；冬、春不少于 8 h；并于收牧后补饲食盐等矿物质饲料和按放牧季节及采食状况给予夜间补草，进行羊群日粮结构的调整。

5. 舍饲管理

舍饲（即圈养）管理，应坚持饲养管理规程，做到合理调配日粮，分次定时喂料，每天至少保持 6 h 的自由运动。

学习情境九　粪便的无害化处理与羊场环境污染的综合防治技术

随着畜牧业的发展与规模化、工厂化生产的崛起，畜禽粪便大量增加而集中。由于运输和农时季节等方面的矛盾，大量畜禽粪便腐败、流散现象十分严重，不仅污染了人们生活的环境，也严重污染了羊场，危害到羊群的安全。从生态农业的角度看，工厂化南江黄羊生产的大量优质粪肥是保证农业生产高产出和保持良好生态环境所必需的基础条件。就我国农业的总体情况而言，化肥占 10%～15%。近年来，我国化肥施用量不断增加，但化肥投入的效果呈下降趋势，其原因与有机肥的施用量急剧减少有一定关系。科学试验和生产实践证明，土壤有机质含量高低、有机质品质的优劣、土壤生物活性强弱是土壤肥力好坏的重要标志，长期施用化肥，如氮肥，土壤中磷、钾大量亏损。因此，有机肥与化肥配施，对缓解我国化肥供应中氮、磷、钾比例失调，解决我国磷、钾资源不足，促进养分平衡，降低生产成本，提高化肥的有效利用率，改良土壤，培肥地力，提高土壤的生产水平，均具有重大作用。

现代农业对土壤的利用方式是以物质能量密集型为特征，通过物质能量的高投入，从而获得高产出。工厂化高效南江黄羊生产采用了类似的方式，采用规模大、饲养密集、技术密集等技术体系。将这两种体系有机结合，使之形成一个土壤—植物—动物之间的良好生态体系，是两种体系的共同目标。建立适合我国国情的农业、羊生产以及农牧结合的生态农业体系，具有广阔的前景，但也需要更多的生物学与生态学知识与配套的技术措施。

项目一　南江黄羊粪便的特性与危害

任务一　羊粪便的特性

一、羊粪便的物理特性

1. 尿的物理特性

（1）尿量。南江黄羊的排尿量因年龄、生产类型、季节、饲喂饲料的种类及外界温度等因素不同而有较大的差异。据测定，南江黄羊在 365 d 的饲养期内，每只南江黄羊平均每日排尿量为 0.66 kg，一年排尿量平均为 240 kg。就个体而言，南江黄羊的排尿量多少，主要取决于南江黄羊摄入的水量及由其他途径所排出的水量。当日粮中蛋白质或盐类含量较高时，饮水量加大，同时尿量增多；外界温度高、羊群活动量大时，由肺或皮肤排出的水量增多，导致尿量减少；某些病理原因常可使尿量发生显著变化。

（2）尿色。南江黄羊尿中含有尿素和尿素色原，颜色可从浅黄到深黄。新排出的尿为浅黄色，放置一段时间变深。南江黄羊患有疾病或施用某些药物后，尿的颜色会有较大变化，如服用大黄末后尿呈橘红色。

（3）混浊度和黏稠度。南江黄羊的尿液透明，稀薄如水。经放置后，由于温度和 pH 等条件的变化，尿中许多物质逐渐析出，混浊度增加。尿的混浊度和黏稠度受季节、气候、饲料性质、饮水量和生理状况等多种因素的影响。

（4）气味。南江黄羊尿中含有多种挥发性有机酸，略带一定臊臭味，尤其是公南江黄羊尿的气味较大。一般是尿的浓度越高臊臭味越强。尿排出一段时间后，由于尿素和尿酸的分解而出现氨味。

（5）密度。南江黄羊尿的密度与尿中固体成分的含量有关，其中尿素含量对其影响最大，尿素含量越高，尿的密度就越大。尿的密度还与南江黄羊的饮水量以及经肠道、皮肤等排出水分的多少有关。南江黄羊的尿密度为（1.035 ± 0.015）g/cm^3，南江黄羊为（1.021 ± 0.08）g/cm^3。

（6）渗透压。南江黄羊尿的渗透压取决于肾脏对尿的浓缩、稀释能力和南江黄羊的年龄大小。羔羊的肾脏对尿的浓缩能力较差，所以尿的渗透压常常低于血浆，即小于 316 mmol/L。成年南江黄羊的尿渗透压一般都高于血浆，南江黄羊的尿最大渗透浓度为 350 mmol/L。

2. 羊粪的物理特性

（1）羊粪的排泄量。南江黄羊公羊排粪量大于南江黄羊母羊，排粪量与南江黄羊的采食量和体重呈强正相关。疾病可影响南江黄羊的粪排泄量。正常情况下，南江黄羊在 365 d 饲养期内，平均每只南江黄羊排粪量为 2.0 kg，平均年排粪量为 730 kg。

（2）羊粪的形状与硬度。粪的形状与硬度取决于粪中的水分，与饲料性质、南江黄羊的生理状况等多种因素有关。羊粪呈颗粒状，落地不易破碎，常可滚动。各种疾病引起的便秘和腹泻可使粪的形状和硬度发生显著的变化。

（3）羊粪的颜色。羊粪的颜色主要来源于粪中的粪胆素源。粪胆素源本身无色，随粪便排出体外后，氧化转变为粪胆素呈黄绿色，构成粪便的底色。由于饲料成分的差别，羊粪的颜色深浅不一。南江黄羊在全舍饲时粪为褐色，放牧时为淡绿色，哺乳羔羊的粪便多为灰黄色。患病状态下，粪便的颜色呈现异常，如南江黄羊患前胃弛缓、瘤胃积食、真胃炎和肺炎等疾病时，粪干色深并附有黏液。肠出血时，粪呈红色或黑色。服用某些药物也可使南江黄羊的粪便颜色发生变化。

（4）羊粪的气味。粪的臭味来源于粪便中的恶臭物质。正常生理状态下，草食家畜大肠内以糖类发酵为主，蛋白质腐败和脂肪酸败居次要位置，故臭味低于其他家畜。病理状态下，粪的臭味强度随之增加。

（5）羊粪中的可见物。除可见到未消化的饲料渣外，草食家畜粪中可见大量的粗纤维物质。羊粪表面有一层由大肠黏膜分泌的黏液。此外，粪中还常可见到寄生虫卵、微小寄生虫和多种微生物以及消化道上皮细胞等。

二、羊粪便的化学特性

1. 南江黄羊尿的化学特性

（1）南江黄羊尿的酸碱度。草食家畜的尿正常时呈碱性，南江黄羊尿液 pH 为 8.0～8.5，羔羊 pH 为 6.6。尿液的酸碱性主要取决于饲料的性质。南江黄羊的生理状况也会影响到尿的 pH。

（2）南江黄羊尿的化学成分。南江黄羊尿的化学成分主要来源于血液，少数物质由肾脏本身合成。一般情况下，南江黄羊尿中水分占 95%～97%，固体物占 3%～5%，固体物包括无机物和有机物。南江黄羊尿中的水分和主要无机物的含量如表 9-1。

表 9-1　各种家畜尿中的水分和主要无机质含量　　单位：%

动物	水分	无机质				
		Na^+	K^+	Cl^-	Ca^{2+}	无机磷
牛	92～95	0.048	1.360	0.330	0.001	—
犊牛		0.060	0.350	0.180	0.001	0.026
山羊	80～85	0.042	0.650	0.510	0.002	—
山羊羔		0.042	0.250	0.155	0.002	0.030
绵羊	80～85	0.130	0.350	0.330	0.003	0.018
马	87～92	0.050	0.900	0.060	0.010	0.015
猪	97	0.010	0.350	0.230	0.009	0.034
仔猪		0.047	0.200	0.145	0.002	0.022

据：1. 向垮，《家畜生理生化学》，1985；2. 北京农业大学，《肥料手册》，1979。

南江黄羊尿中的无机物质主要是钾、钠、镁和氨的各种盐。钾盐主要有 KCl、K_2HPO_4 和 K_2HPO_4 等；钠盐主要有 NaCl、$NaHCO_3$、NaH2PO$_4$ 和 Na_2HPO_4 等；钙和镁在尿中含量不多，它们以 $Ca(H_2PO_4)_2$、$Ca(PO_4)_2$、$CaHPO_4$、$CaSO_4$、$Mg(H_2PO_4)_2$、$MgHPO_4$ 和 $MgNH_4PO_4$ 等形式存在。氨在尿中主要以 NH_4Cl 和 $(NH_4)_2SO_4$ 等形式存在。尿中还有少量的硫，它以硫酸盐及其复合脂的形式存在。

正常的南江黄羊尿中无蛋白质，尿中的含氮物全为非蛋白质，主要有尿素、尿囊素、尿酸、肌酐、嘌呤和嘧啶碱、马尿酸、氨基酸、尿蓝母和氨等。南江黄羊尿中尿素态氮占尿中氮的百分率为 53.39%、马尿酸态氮为 38.70%、马尿酸态氮为 4.02%、肌酐态氮为 0.06%、氨态氮为 2.24%、其他态氮为 1.06%，总氮为 1.68%。南江黄羊尿中各种嘌呤化合物为 12%。尿中肌酐含量为 0.0050%。据测定，每昼夜从尿中排出的马尿酸总量为 30 g。

（3）南江黄羊尿中的无氮有机物。南江黄羊尿中的无氮有机物主要有无机酸、结合葡萄糖醛酸、含硫化合物等。有机酸主要是草酸，浓度不超过 1%，还含有少量的其他有机酸，如乳酸、β-羟丁酸、乙酰乙酸、柠檬酸、琥珀酸、甲酸、蚁酸、丙酸、丁酸和戊酸等。南江黄羊尿中的结合葡萄糖醛酸以酚和甲苯酚结合的葡萄糖醛酸含量较多。南江黄羊尿中的含硫化合物主要有 3 种存在形式，即无机硫酸盐、有机硫酸脂和中性硫，其中以无机硫酸盐为主，占总量的 80% ~ 85%。

（4）南江黄羊尿中的色素。南江黄羊尿中含有极少量的色素，包括尿胆素、尿胆素原和结合胆红素等。

（5）尿中的酶、激素和维生素。见本学习情境有关内容。

（6）尿能。动物采食饲料中的可消化能并不完全被机体利用，而是有一部分能量蕴藏在尿液的固形物质中（主要是含氮物质），随尿排出，这一部分能量称为尿能。据测定，反刍家畜每千克尿氮含能 31.17 MJ，一般占饲料可消化能的 3% ~ 5%。

2. 羊粪的化学特性

（1）羊粪的酸碱度。羊粪的酸碱度与饲料的种类及肠内容物的发酵和腐败程度有关。羊粪的 pH 为 7.6 ~ 8.4。

（2）羊粪的化学成分。羊粪的化学成分包括水分、粗蛋白、粗脂肪、粗纤维和无氮浸出物 5 个部分。除水分外，其余部分称为干粪。

羊粪的肥料养分分析，各种家畜粪的化学组成如表 9-2 和表 9-3 所示。

表 9-2 各种家畜粪的干物质组成（占干物质%）

畜 粪	粗蛋白	粗脂肪	粗纤维	粗灰分	无氮浸出物	资料来源
猪 粪	19 （11.3 ~ 31.4）	5 （1.8 ~ 9.4）	18 （6.7 ~ 22.9）	17 （9.7 ~ 28.1）		上海市农业科技情报中心，《畜粪饲料的研究利用和展望》，1983
猪 粪	18.9	6.6	20.0	18.1	38.0	上海市农业科技情报中心，《畜粪饲料的研究利用和展望》，1983
猪 粪	23.5	8.02	14.78	15.32	38.28	姚崙旦，《家畜环境卫生学》，1988
猪 粪	20.0	3.79	20.99	18.71	36.51	崔保瑚，《国外畜牧科技》，1983
仔猪粪	30.0	8.0	14.0	13.0	35.0	Henning A，et al. *Pig Neus and Information*，1982
幼猪粪	25.0	5.0	18.0	15.0	37.0	Henning A，et al. *Pig Neus and Information*，1982
架子猪粪	20.0	4.0	22.0	16.0	38.0	Henning A，et al. *Pig Neus and Information*，1982
牛 粪	11.3 ~ 22.4	1.9 ~ 7.3	12.1 ~ 32.1	11.6 ~ 23.1	35.2 ~ 54.4	卢大修，《粮食与饲料工业》，1989
奶牛粪	12.7	2.5	37.5	16.1	29.4	姚崙旦，《家畜环境卫生学》，1988
牛 粪	11.96	2.19	20.72	18.17	46.96	崔保瑚，《国外畜牧科技》，1983
牛 粪	16.85	4.60	22.10	17.35	39.10	崔保瑚，《国外畜牧科技》，1983

续表

畜　粪	粗蛋白	粗脂肪	粗纤维	粗灰分	无氮浸出物	资料来源
牛　粪	13.20	2.80	31.40	5.40	47.20	崔保瑚，《国外畜牧科技》，1983
牛　粪	18.20	1.10	24.93	21.33	35.52	崔保瑚，《国外畜牧科技》，1983
鸡　粪	28.79	2.44	13.55	23.30	31.92	崔保瑚，《国外畜牧科技》，1983
鸡　粪	22.05	3.29	14.24	32.74	28.08	崔保瑚，《国外畜牧科技》，1983
鸡　粪	25.90	1.69	10.50	33.20	28.71	崔保瑚，《国外畜牧科技》，1983
鸡　粪	34.90	3.52	12.75	12.98	35.85	崔保瑚，《国外畜牧科技》，1983
肉鸡笼养粪	37.1（32.2～43.6）	3.3（2.7～4.0）	15.2（12.0～19.8）	17.9（13.4～21.8）	26.5（18.2～32.3）	Herzing I，著，李民，译，《呼伦贝尔畜牧兽医》，1985
蛋鸡笼养粪	28.0±0.32	2±0.5	12.7±0.17	28±0.15	28.7±0.28	Herzing I，著，李民，译，《呼伦贝尔畜牧兽医》，1985
肉鸡垫料粪	25.5	2.7	25.2	17.0	29.6	上海市农业科技情报中心，《畜粪饲料的研究利用和展望》，1983
肉鸡垫料粪	28.3	2.1	23.5	12.5	33.6	上海市农业科技情报中心，《畜粪饲料的研究利用和展望》，1983
肉鸡垫料粪	31.3±2.9	3.3±1.3	16.8±1.9	15.0±3.2	29.5±1.6	Bhattacharya A N，et al.，*J. Anim. Sci.*，1975
后备鸡垫料粪	22.9	0.98	31.8	18.98		Bhattacharya A N，et al.，*J. Anim. Sci.*，1975
后备鸡垫料粪	25	0.38	31.1	25.1		Bhattacharya A N，et al.，*J. Anim. Sci.*，1975
后备鸡垫料粪	23.5	0.6	34	27.9		Bhattacharya A N，et al.，*J. Anim. Sci.*，1975
后备鸡垫料粪	18.1	0.6	29.4	23.4		Bhattacharya A N，et al.，*J. Anim. Sci.*，1975
兔　粪	13.5	3.06	31.3	7.02	45.09	王克健等，《甘肃畜牧兽医》，1990

表 9-3　各种家畜粪的肥分含量

单位：%

畜　粪	水　分	有机质	氮（N）	磷酸（P_2O_5）	氧化钾（K_2O）
猪　粪	81.5	15.0	0.60	0.40	0.44
马　粪	75.8	21.0	0.58	0.30	0.24
牛　粪	83.3	14.5	0.32	0.25	0.16
羊　粪	65.5	31.4	0.65	0.47	0.23
鸡　粪	50.5	25.5	1.63	1.54	0.85
鸭　粪	56.6	26.2	1.10	1.40	0.62
鹅　粪	77.1	23.4	0.55	1.50	0.95
鸽　粪	51.0	30.8	1.76	1.78	1.00

各类粪都富含有机质。有机质在积肥、施肥过程中，经过微生物的加工分解以至重新合成，最后形成腐殖质贮存于土壤中。腐殖质对土壤、培肥地力的作用是多方面的。各种家畜粪便有机物的组成如表 9-4。

表 9-4　家畜粪便肥分含量的的比较

单位：%

项　目	猪　粪	羊　粪	马　粪	牛　粪	鸡　粪
含水率	72.23			84.75	50.20 ~ 80.78
全　氮	1.05 ~ 2.96	1.22 ~ 2.35	0.66 ~ 1.22	0.47 ~ 0.84	1.06 ~ 1.91
全　磷	0.40 ~ 0.49	0.18	0.08	0.18 ~ 0.22	0.42 ~ 0.97
全　钾	0.39 ~ 2.08	2.13	2.07	0.20 ~ 2.00	0.09 ~ 1.36
灰　分	3.93			2.90	4.19 ~ 15.05
有机质	3.84			12.35	14.43 ~ 35.15
纤维分解氮	0.50	0.44	0.32	0.21	
水解氮	0.24	0.18	0.22	0.03	
氨态氮	0.13			0.09	0.14 ~ 0.16
可溶性碳	1.91			1.28	1.58 ~ 1.60
碳氮化	7.14 ~ 13.17	12.30	13.40	15.23 ~ 21.50	7.90 ~ 10.68

水分：羊粪的水分含量为 65.5%，与饲料种类有关。

粗蛋白：羊粪中的粗蛋白包括蛋白质和非蛋白氮两部分。羊粪的粗蛋白占干物质的 13.2% ~ 18.2%，主要形式是氨态氮和尿素，纯蛋白含量较少，粪中占粪尿总氮量的 50%。每 100 g 羊粪干重中各种氨基酸的含量为：天门冬氨酸 6.8 mg、苏氨酸 6 mg、丝氨酸 17.2 mg、谷氨酸 53.1 mg、普氨酸 10.4 mg、甘氨酸 10.0 mg、丙氨酸 17.9 mg、缬氨酸 8.5 mg、异亮氨酸 2.3 mg、亮氨酸 3.9 mg、络氨酸 2.7 mg、苯丙氨酸 1.6 mg、赖氨酸 5.9 mg、组氨酸 2.7 mg、精氨酸 1.0 mg。

粗脂肪：羊粪中粗脂肪的主要成分有脂类、有机酸、酚类、醇、醛、酮类、硫醇、色素和脂溶性维生素等，占干物质的 1.1% ~ 4.6%

粗纤维：羊粪中的粗纤维包括纤维素、半纤维素和木质素，占干物质的 22.10% ~ 31.40%。

粗灰分：羊粪中的矿物质来源有两部分：一部分是日粮中未被动物吸收的矿物质，即外源性矿物质；另一部分是由机体代谢经消化道或消化腺等器官分泌出来的矿物质，主要元素有钙、磷、钾、钠、镁、硫、铁、铜、锌、锰、钼、钴及微量元素成分，占干物质的 5.4% ~ 21.33%。

无氮浸出物：羊粪中的无氮浸出物主要包括多糖、二糖和单糖，维生素 C 也归于这一类，占干物质的 35.52% ~ 47.2%。

（3）粪能：家畜粪中有机物分解所释放的能量称为粪能。粪能的大小与饲料的性质有关，反刍动物粪能占可摄入能量的 60% 以上。衡量家畜粪能的意义在于说明用畜粪作饲料或作燃料的能量价值。

三、羊粪便的生物学特性

1. 粪尿中的微生物

（1）尿中的微生物。尿在膀胱中是无菌的。尿在排出过程中极易受到泌尿生殖道内存在的各种微生物，如葡萄球菌、链球菌、大肠杆菌、乳酸杆菌等的污染而带菌，所以新鲜尿中能检测到这些菌的存在。尿排出后，又受到周围环境的污染，尿中可检测到的微生物种类和数量会进一步增多。

（2）粪中的微生物。粪中的微生物很多，存在于大肠中的微生物在粪中几乎都能找到。粪排出后，由于受到周围环境微生物的污染，其中的微生物种类和数量就更多。垫料粪中的微生物还包括各种垫料中已存在的微生物。粪中的微生物指数是指新鲜粪或大肠中粪微生物的测定值。

羊粪中的正常微生物群来自消化道。

羊粪中的病源微生物主要包括：羊布氏杆菌、炭疽杆菌、破伤风梭菌、沙门氏菌、腐败梭菌、羊棒状杆菌、羊链球菌、肠球菌、魏氏梭菌、口蹄疫病毒、羊痘病毒等。

2. 粪尿中的寄生虫

（1）尿中的寄生虫。从尿中可检测到的寄生虫种类不多，主要是一些寄生于泌尿系统中的蠕虫或原虫，部分寄生于消化系统中的寄生虫虫卵或幼虫也可随尿排出。存在于畜粪尿中的寄生虫，其虫卵或幼虫具有相当强的抵抗力，对人畜健康有很大的威胁。

（2）粪中的寄生虫。羊粪中的寄生虫主要有：羊夏柏特线虫、羊钩虫、羊毛首线虫、肝片吸虫、日本血吸虫、矛形双腔吸虫、胰阔盘吸虫、腔阔盘吸虫、哥伦比亚结节虫、粗纹结节虫、贝氏莫尼尔绦虫、曲子宫绦虫、羊囊虫、羊球虫，羊肉孢子虫、羊小袋纤毛虫、羊泰勒虫。

3. 粪尿中的激素

粪尿中激素的来源主要有以下几个方面，即羊自身代谢、激素类药物或添加剂的残留、饲料残渣或饲料中的植物激素以及粪尿中的某些生物，这些激素及其代谢产物大多失活，但有些仍具有较强的生物活性。

（1）尿中的激素。正常南江黄羊尿中含有微量的激素及其代谢产物，较多的是各种类固醇激素的代谢产物，如肾上腺皮质分泌的17-羟类固醇、雌激素的代谢产物雌酮、雄激素和皮质激素的代谢产物雄酮等。

尿中激素及其代谢产物的含量与南江黄羊的生理状况有关。南江黄羊在妊娠期间尿中含有较高水平的17-α-雌二醇。

（2）粪中的激素。粪中的激素含量与南江黄羊的生长阶段、生理状态和激素类药物的使用情况有关，亦与饲料和垫料的成分有关，已发现三叶草、苜蓿、蚕豆、豌豆、玉米秆、甘蓝等植物中含有大量天然性雌激素如异黄酮、豆香素、萜烯等，具有类似雌二醇、雌酮和雌三醇的作用。

4. 粪尿中的维生素

（1）尿中的维生素。尿中的维生素含量很少，从尿中排出的只是维生素的降解产物，一般不具有活性或活性很低。尿中的维生素种类和含量与饲料的性质和机体的代谢状况有关。

（2）粪中的维生素。粪中含有多种维生素，包括维生素A、维生素K、维生素E和多种B族维生素。

5. 粪尿中的酶

（1）尿中的酶。正常南江黄羊的尿中含有微量的胰淀粉酶、胰脂肪酶和胰蛋白酶等酶类，但其活性都较低。

（2）粪中的酶。羊粪中的酶有3类，即微生物酶、动物酶和植物酶。在半腐熟状态下，羊粪中蔗糖酶的活性为376 mg/g，淀粉酶8.0 mg/g、蛋白酶9.67（NH_2—N_m）mg/g、脲酶26.25 NH_3 mg/g、碱性磷酸酶 351.8 mg/100 g。粪便入土壤后，粪中的酶能促进土壤的酶促反应，改善土壤吸收，直接影响土壤中有机物质的转化和合成过程，促进植物的生长发育。

6. 粪尿中的抗生素

羊粪尿中的抗生素含量主要取决于抗生素药物及添加剂的使用量与机体的代谢状况。

7. 粪的毒性

羊粪的毒性物质主要来自2个方面：一时粪中的病原微生物和寄生虫；二是粪中的化学药物、有毒金属盒激素等。

粪毒性的大小，按等量基5（g/L）相比，各种家畜粪的毒性大小顺序依次为鸡粪 > 猪粪 > 羊粪 > 马粪 > 牛粪。若将各种家畜粪的毒性值除以它们各自的N比（规定鸡粪N比为1），从等N基来看，各种家畜毒性的大小依次为鸡粪 < 牛粪 < 马粪 < 羊粪 < 猪粪。

任务二　羊粪便对环境的污染与危害

粪便对环境的污染与危害，已成为不可忽视的生态和环境保护的重要问题。除了有社会和人为的原因外，根本之处在于粪便本身包含有对人和动物生活环境造成危害的生物病原，以及粪便经过一定化学变化所产生的大量有害、有毒、恶臭物质。

一、粪便对水体的污染与危害

1. 粪便对水体的污染方式

粪便和其他污染物质一样，需在一定条件下才能对水体产生污染。当排入水体中的粪便总量超过水体能够自然净化的能力时，就会改变水体的物理性质、化学性质和生物群落组成，使水质变坏，并使原有用途受到影响，给人和动物的健康造成危害。

2. 水体的净化

水体受到粪便的污染后，经过水体自身的物理、化学、生物学等多种因素的综合作用而降低，逐步恢复到原来的状态和功能，消除污染和达到净化的过程称为水体的净化。

水体自净是与污染相反的过程，是水体对抗污染的自我调节作用，对保护水体环境具有重要意义。

水体自净是通过水体自发同时进行的物理净化过程、化学净化过程和生物学净化过程来实现的。

3. 粪便污染水体造成的危害

粪便污染导致水源水质和生活环境恶化。粪便污染的水体可能引起水体富营养化，加之粪便本身有机物的厌氧分解，两者共同的结果导致水的品质恶化。其主要危害有以下几种：

首先，造成污染区水质恶化不能饮用，甚至水源污染不能使用，引起供水困难。

第二，水体富营养化结果造成水生动植物死亡、腐烂、沉淀，并导致污泥增多，使水的净化处理增加困难，自来水工厂的工作效率降低，供水能力降低，净化成本显著升高。

第三，富营养化水体的表面水色污秽发黑，散发难闻发臭、令人恶心的气味，造成不愉快的感觉，影响周围居民的精神和身心健康。

第四，用富营养化水灌溉可致农作物发生烂秧倒苗、生育期出现倒伏和成熟不良等后果。

第五，加速湖泊的衰退和经济价值的降低。粪便中病源微生物和寄生虫造成疾病传播。水为主要传播媒介，传播传染病和寄生虫。在自然条件下，由于水体自净作用，污染水体的许多病源微生物和寄生虫等会很快死亡，因此天然水体的偶然一次污染，通常不会引起持久性污染。水源在受到大量的、长期的或经常性的污染时，就很可能造成这些介水传染病的流行。

二、粪便对空气的污染及危害

1. 粪便对空气的污染方式

粪便对空气的污染主要来自于羊场圈舍内外和粪堆、粪地周围的空间，污粪使有机物分解产生的恶臭以及有害气体和携带病源微生物的粉尘。

2. 空气的自净

排入空气中的粪便分解产物、微生物等污染物质的数量和浓度如果不大，空气能通过本身的物理、化学和生物学作用，使污染物质数量和浓度降低或被清除，使空气恢复或接近原来的状态，称为空气的自净作用。

3. 粪便污染空气造成的危害

羊场的恶臭除直接或间接危害人畜健康外，还会引起南江黄羊生产力降低，使羊场周围生态环境恶化。

恶臭对人畜健康的影响：粪便分解产生的恶臭物质和有害空气大多具有刺激性和毒性。恶臭通过神经系统引起的应激反应间接危害人和动物。恶臭对中枢神经系统的作用可反射性地引起呼吸抑制，使呼吸变浅变慢，肺活量减少。严重时导致呼吸困难，闭气晕倒，由此造成的血液供氧不足，会使心血管系统代偿性功能加强，负担加重，引起心血管系统疾病，进而影响代谢功能。

恶臭对机体抵抗力和免疫力的影响：恶臭的刺激性和毒性作为化学刺激源，当其作用达到一定强度时，可引起应激。与其他应激反应源引起的反应一样，恶臭会通过神经和内分泌途径，特别是下丘脑—垂体—肾上腺轴，使机体抵抗力和免疫力下降，发病率和死亡率提高。

恶臭对南江黄羊生产力的影响：恶臭可以直接危害南江黄羊的健康而影响其生产力，亦可引起应激反应，使机体和神经内分泌功能、体质、免疫力、食欲、代谢机能、健康状况等受到影响，特别是羊舍环境卫生状况恶化。恶臭对南江黄羊的长期作用而引起的慢性中毒，必然导致羊群的生产力、饲料转化率不同程度地下降。

恶臭对生态环境的影响：羊场的恶臭将大量的含硫、含氮化合物及碳氢化合物排入大气，与其他来源的同类化合物一起对人和动物直接产生危害。含硫化合物形成的酸雨及含氮化合物的硝化和淋洗可引起土壤酸化，pH 降低会使土壤有毒成分（如铅离子）溶解并进入地下水，森林地区受到影响尤为严重。恶臭通过各种途径以不同形式进入水生态系统，使水带臭味而不适于饮用；同时，臭气被水生生物吸收并在体内积累，使它们失去食用价值。

三、粪便对土壤的污染及危害

1. 粪便对土壤污染的特点及方式

进入土壤的粪便及其分解产物或携带的污染物质，超过土壤本身的自净能力时，便会引起土壤的组成和性状发生改变，并破坏原有的功能，造成对土壤的污染。土壤污染主要通过土壤—食物和土壤—水两个根本的途径对人或动物产生危害，空气和水中的污染物，最后都将经过自然界的物质循环进入土壤。

2. 粪便污染土壤的主要形式

粪便主要通过其中有机物分解产物和粪便中的病原微生物和寄生虫污染土壤。

3. 土壤的自净

土壤受污染后，经一定时间，有机物被转化为无机盐或腐殖质，并使粪便中的病源菌失去感染活性，污染物质数量逐渐减少，浓度降低，消除污染，称为土壤的自净作用。

4. 粪便污染土壤造成的危害

进入土壤中的粪便，其中的有机物数量过多或用法不当时，超过土壤的自净能力，就有可能造成污染。某些传染病源经常污染土壤，以土壤传播为主的传染病的病原体可以在土壤中寄生多年，经土壤或土壤中生活的动物（如蚯蚓、甲虫等）可以传播寄生虫，土壤性寄生虫如蛔虫病等，都可在一定时期内对人畜造成危害。

项目二　南江黄羊粪便处理利用与综合防治技术

任务一　粪便的处理与利用

羊场的粪便处理不当或管理不善，就会成为主要的污染源。但若经过无害化处理并加以合理利用，则可成为宝贵的资源，这也是提高南江黄羊生产效益的一个着手点。在工厂化南江黄羊高效生产体系中，南江黄羊生产积肥、过腹还田、粪便无害化处理是农牧业有机结合、良性循环的重要环节。通过这个环节，农业和饲料种植业紧密地与养殖业联系在一起，既充分利用了资源，又从根本上治理了污染源。因此，随着工厂化高效南江黄羊生产体系的不断发展，羊场的粪便处理和利用已成为亟待解决的问题。

一、国内外概况

传统上，羊粪便是用作肥料的。羊粪便中的氮、磷、钾及微量营养素提供了维持作物生产所必需的营养物质。将羊粪作为肥料，也是世界各国传统的、最常用的方法，绝大多数羊粪便是作为优质肥料予以消纳的。国外一些经济发达国家，甚至通过立法规定了羊场的最大饲养量、粪便施用量限额以及排污标准等，以迫使南江黄羊生产场对羊粪进行处理，其中主要用作还田。

长期以来，我国畜牧生产在农村基本上处于副业地位。城郊虽有一些专业化养殖场，由于数量少和规模小，农民没有条件使用大量的化肥来维持农作物高产，而主要靠使用大量有机肥料。就我国目前的养殖业水平而言，畜牧业还未构成对环境的污染。进入 20 世纪 90 年代后，我国畜牧业生产集约化、商品化和工厂化程度不断提高，农村的畜牧生产方式发生了根本的转变，一方面畜牧场的兴建向城市、工矿区集中，另一方面饲料场的规模由小型向大型发展。此外，客观现实促使农民主观上倾向于重化肥、轻粪肥。这样，由于饲养业与种殖业日益脱节，加之羊粪便的长期均衡产出与农业生产的季节性用肥不一致，传统的粪肥不适于现代机械化农业的使用，导致大量羊粪不能充分被农田消纳，一些羊场任其堆置，风吹、雨淋、日晒而使肥效大降，并污染周围环境。

在英国的英格兰和威尔士，虽然人口比较密集、工业相当发达，畜牧业仍然与种植业紧密结合，羊粪便几乎全部用作肥料。这样，既防止了羊粪对环境的污染，又提高了土壤肥力，促进了农业生产。

在日本，提倡畜粪还田已有 20 多年。为促进多用家畜粪便以减少污染，政府还颁布了《化肥限量使用法》，很多大中型牧场通过国家投资建立家畜粪便肥料加工厂，这些做法值得借鉴。

二、家畜粪便的肥效

粪便在保持和提高土壤肥力的效果上远远超过化肥。一些施用畜粪作肥料的地区，土地越种越肥，产量年年上升。

三、粪便还田前的处理

粪便在用作肥料时，有不加任何处理就直接施用的，也有先经某种处理再施用的。前者节省设备、能源、劳力和成本，但易污染环境，传播虫害且肥效差；后者则相反。为了防止粪便引起的污染和提高肥效，必须选用后者。在国外，羊场因受本国环境法规和粪肥还田政策约束，必须投入人力、财力和物力，对羊粪进行处理后再用作肥料。

1. 不加任何处理

不加任何处理直接用作肥料存在许多缺点：首先是农民的传统习惯不愿用肩挑人拉的方法，将大量鲜粪作肥料；第二是施肥淡季时，羊粪更无人问津，只好堆积在外任凭风吹雨淋、肥效流失；第三，粪肥中的杂草籽、寄生虫卵、病原菌对人畜、环境和作物均有一定危害性；第四，鲜粪在土壤中发酵产生的热量和分解物对农作物发芽、生长、开花和结果均有一定害处。所以，羊场粪便处理的未来趋势是用作肥料前必须事先经过处理。

2. 堆肥处理

从卫生观点和保持肥效等方面看，制作堆肥后再施用比使用生粪要好。堆肥的优点是技术和设备简单，施用方便，无臭味；同时，在堆制过程中，由于有机物的好氧降解，堆内温度持续 15 ~ 39 d 为 50 ~ 70 °C，可杀死绝大部分病原微生物、寄生虫卵和杂草种子；而且，腐熟的堆肥属迟效料，对作物要安全。

堆肥要尽量做到操作简便，设备少，附加费用低，不滋生害虫，不发生恶臭，不传播病原和杂草，对作物无伤害，施用方便等。

堆肥处理可采用如下方法：

场地：水泥地或铺有塑料膜的地面，也可在水泥槽中。

堆积体积：将羊粪堆成长条状，高不超过 1.5 ~ 2 m，宽 1.5 ~ 3 m，长度视场地大小和粪便多少而定。

堆积方法：先比较疏松地堆积一层，待堆温达 60 ~ 70 °C 时，保持 3 ~ 5 d，或待堆温自然稍降后，将粪堆压实，尔后再堆积加新鲜粪一层，如此层层堆积至 1.5 ~ 2 m 为止，用泥浆或塑料膜密封。

中途翻堆：为保证堆肥质量，含水量超过 75% 的最好中途翻堆，含水量低于 60% 的最好泼水。

启用：密封 2 个月或 3 ~ 6 个月，待肥堆溶液的电导率小于 0.2 mL/cm 时启用。

促进发酵过程：为促进发酵过程，可在肥料堆中竖插或横插适当数量的通气管。

在经济发达的地区，多采用堆肥舍、堆肥槽、堆肥塔、堆肥盘等设施进行自然堆肥，见图 9-1。其优点是腐熟快、臭气少、可连续生产。

(a) 无通风堆肥（需翻垛）

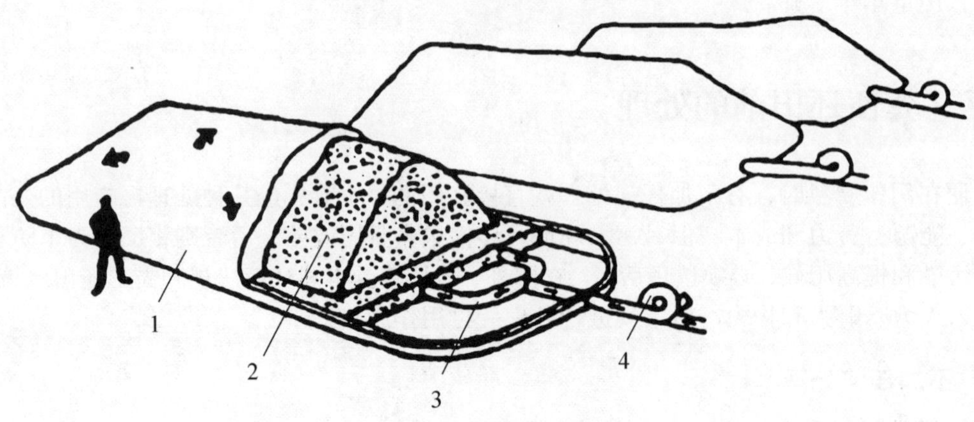

(b) 有通风堆肥（可不翻垛）

图 9-1　自然堆肥法

1—表层为已腐熟的堆肥；2—粪便及家庭垃圾；3—有孔的管；4—风扇

3. 制作液体圈肥

其方法是将生的粪尿混合物置于贮留罐内经过搅拌曝气，通过微生物的分解作用，变为腐熟的液体肥料。这种肥料对作物是安全的。在配备有机械喷灌设备的地区，液体粪肥较为适用。

4. 制作复合肥料

将粪制成颗粒肥料。

5. 塑料大棚发酵干燥

其工艺流程见图 9-2。用搅拌机使鲜粪与干粪混合，来回搅拌，直至干燥。

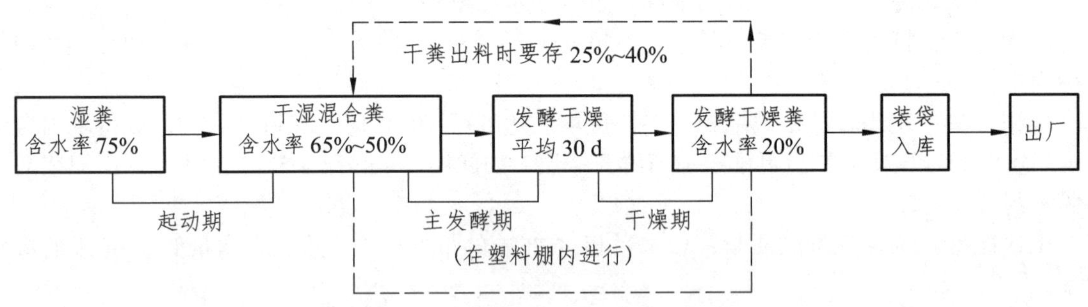

图 9-2　塑料大棚发酵干燥工艺流程

6. 玻璃钢大棚发酵干燥

其设备和原理与塑料大棚干燥法相同。

四、粪便制沼气用作能源

沼气是有机物质在厌氧环境中，在一定温度、湿度、酸碱度、碳氮比条件下，通过微生物发酵作用而产生的一种可燃气体。由于这种气体最初是在沼泽中发现的，所以叫沼气，其主要成分是甲烷（CH_4）。

五、粪便作为其他能源

1. 直接燃烧

含水量在 30% 以下的羊粪，可直接燃烧，只需专门的烧粪炉即可。

2. 生产发酵热

将羊粪的水分调整到 65% 左右，进行通气堆积发酵，有时可得到高达 70% 的温度。方法是在堆粪中安放金属水管，通过水的吸热作用来回收粪便发酵产生的热量。回收到的热量，一般可用于畜舍取暖保温。

3. 生产煤气、“石油”、酒精

将羊粪中的有机物在缺氧高温条件下发生加热分解，从而产生以一氧化碳为主的可燃性气体。其原理和设备大致上与用煤产生煤气相仿。每千克干燥羊粪大致可产生 300 ~ 1 000 L 煤气，每立方米大致含 8.372 ~ 16.744 MJ 热量。

据 Appell 等试验，以含水 60% 的牛粪，在 380 °C、408 个大气压（反应开始时为 82 个大气压）条件下进行 20 min 反应，“石油”的提取量为 47%，转换率为 99%，不需要准备干燥粪便。

有资料报道，45 kg 畜粪约可生产 15 L 标准燃烧酒精，残余物还可用于生产沼气或以适当方式进行综合利用。

任务二　羊场粪便污染环境的综合防治

羊场粪便污染防治有 2 个方面：一是粪便的合理管理；另一个是粪便处理与利用的技术。根据我国国情和各地治理粪便污染的经验，应当把粪便管理放在首位。

粪便管理的含义是：运用行政、法制、经济、技术和宣传教育的手段，协调农业、畜牧业发展与粪便污染防治之间的关系，达到既促使农业、畜牧业持续稳定发展，又解决粪便污染，实现经济效益、生态效益和社会效益的三者统一。

一、粪便污染综合防治的总体思路

依我国国情和防治经验，借鉴国外的做法，粪便污染综合防治的总体思路如下：

1. 生态学理论作指导

为解决好粪便污染，必须运用一系列生态学理论作指导，主要有农牧业生态系统的良性与恶性循环问题，生态环境平衡—破坏—恢复或治理—再平衡问题，物质循环及物质多层次利用和增值问题，牧业生态与牧业经济效益、社会效益三者统一的理论等。

2. 应用系统工程方法

必须从全面的、相互联系的、发展的观点出发，从与粪便污染方法有关的科学互相渗透、有机结合入手，着眼于总体最优来综合解决农业环境问题。

3. 整体规划

规划必须建立在全面调查、正确评价以及科学的预测和决策的基础上，避免“头痛医头，脚痛医脚”和“顾了一头，忽视了另一头”的做法。整体规划既有预防也有治理，既有宏观也有微观，既有技术也有管理。

4. 农牧结合

农业与羊生产业是相互联系、相互促进的，两者必须结合，粪便还田是重要环节。农业部提出的“沃土计划”的核心是重视施用畜禽粪便。我国是一个农业大国，从国情出发，城市郊区及农村羊场粪便的出路仍然应当采用粪便还田的方法。

5. 传统方法与现代方法相结合

由传统的高温堆肥处理，逐渐过滤到发酵干燥、制作颗粒肥料、建立沼气池等现代粪便处理。

6. 因地制宜

粪便的处理方法很多，有生物、物理、化学、生物化学等数十种，各地可以因地制宜加以选用。

二、粪便污染综合防治的宏观调控

1. 在战略上要靠国家，在战术上实行“谁污染谁治理”的方针

从宏观上说，畜牧场污染问题应当摆到保障人民卫生健康、农牧业协调发展、“菜篮子工程”实施等涉及全局性的位置上去解决，粪便污染治理费用应纳入畜牧场产品成本中去，国家给予一定补贴。从战术上，畜牧场污染治理必须贯彻“谁污染谁治理”的方针，全部靠国家是行不通的。畜牧场必须狠抓经济效益和生态效益。

2. 大中城市应控制畜禽生产总量、保持适度自给率

一个城市产品的自给率过低显然不行，但也不是越高越好，主要原因是饲养成本大，易造成粪便污染。随着市场经济的不断完善，国家宏观调控的不断加强，畜产品的自给率将适度下降。

3. 合理布局或调整布局

合理布局是指在未造成家畜粪便污染的城市发展畜牧业时的布局问题。这些城市发展畜牧业时，要防患于未然，力求不发生或少发生污染。调整布局则是针对近效已造成污染的城市。

4. 控制畜牧场规模过大

为了便于粪便还田和防止污染，不少发达地区都不主张畜牧场规模过大。确定适度规模应从经济效益和环境效益两个方面考虑。

5. 防治宜以大中型畜牧场为主，但绝不能忽视中型场、专业户和农户

把注意力放到污染大户上，无疑是正确的。但是，小型场、专业户和农户造成的污染也不能低估。

6. 种植部门与牧业部门必须密切配合

由政府协调种植与养殖部门在运行上、耕地用肥制度和资金投向上、科技服务上相互“接轨”，使粪便的还田顺利运转。

7. 大力开展科研工作

粪便污染不依靠科研就不能以较小的投资达到较大的效益。

8. 在经济发达的大中城市不提倡发展庭院畜牧业

农村庭院畜牧业的特点是畜舍与民宅混杂、畜禽鸣叫声、恶臭和苍蝇严重影响居民的生活环境。因此，在经济发达的大中城市，特别是近郊，不提倡发展庭院畜牧业。

三、建立农牧结合生态工程体系

农牧结合生态工程是一个复杂的农业生态、经济和技术系统工程，它由植物（种植业）、动物（养殖业）和微生物（连接种养业）3 个子系统组成。应根据具体情况进行结构调整。在农牧结合生态工程中，要特别重视发展以牛、羊为主体的草食家畜，逐步把草食家畜的饲养量提高 40%。在高效南江黄羊生产中，要特别重视建立工业化畜牧生态系统工程，建立大型生物能联合企业。这种企业包括饲料种植，畜禽饲养，废弃物和粪便处理，生物气制取、贮存、运输和再加工以及将剩余有机物再利用来生产蛋白质饲料和化工产品，从而大大提高了工厂化南江黄羊生产的经济效益，也显著改善了生产和生活环境。实践证明，这是一条防治粪便污染的有效途径。

学习情境十　南江黄羊的产品与加工技术

南江黄羊生产能为人类提供的主要产品有毛、肉、奶、皮和肠衣等。这类产品的生产、储藏、初加工和精深加工直接影响到南江黄羊生产的经济效益。本学习情境将重点介绍羊肉的产品特性与加工技术。

项目一　羊肉的屠宰加工及性状评定

任务一　羊肉的屠宰及产肉力的测定

一、屠宰的工艺流程

1. 屠宰前的要求和准备

为了保证肉和肉制品的质量，育肥南江黄羊在屠宰前必须严格进行兽医卫生检验，检验合格的南江黄羊才允许屠宰。育肥南江黄羊的屠宰，宰前16～24 h停止放牧和饲喂，临宰前2 h要停止饮水，以减少胃肠内容物。在屠宰之前要称量体重。停食期间，要让南江黄羊保持安静，防止惊吓。

2. 刺杀放血

经过活体检查合格的南江黄羊，便可进行屠宰。我国目前屠宰羊普遍采用刀杀法。将待宰南江黄羊保定好，用屠宰刀在下颌附近割断颈动脉，并顺下颌将下部切开，充分放血。横卧放血不易放尽血，可采用倒挂放血（图10-1）。

图10-1　家畜的屠宰尸体倒挂示意图

3. 剥　皮

放血后，趁羊屠体还有一定的体温，立即剥皮。剥皮切开的方法是沿腹部中线切开皮肤自颈部至尾部，再从四肢间的内侧切开两纵线，直达蹄间剥皮时尽量少用刀垂直于腹中的切线（图10-2），以免伤及皮板，最好用拳击法剥皮。皮板上力求不带肉脂。剥下的南江黄羊皮毛面向下，平整铺在地上晾干，也可以采用干燥法处理。

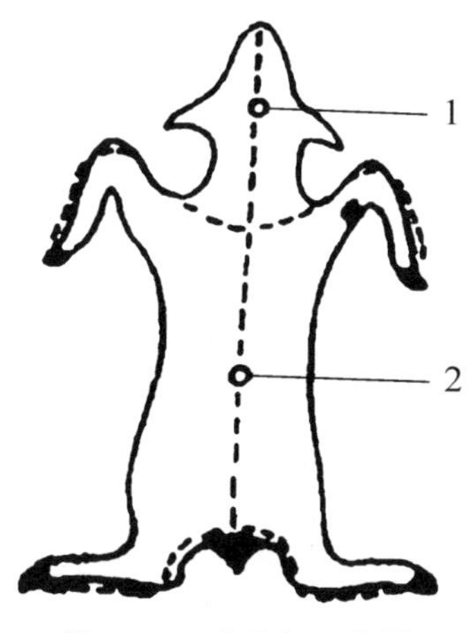

图 10-2 皮肤切开位置

1—喉管；2—脐

4. 剖腹摘取内脏

剥皮完后，接着是去头去蹄。去头是从枕环关节和第一颈椎间切断。去蹄是将前肢至桡骨以下切断，后肢是将胫骨以下切断。然后将屠体倒挂起来，剖腹（开膛）摘取内脏。用刀顺腹中线切开，除保留肾及肾脂外，其他内脏和内脏脂肪（包括网膜脂肪、肠系膜脂肪）全部摘除。若作屠宰测定，还要分别称测内脏各器官的重量和长度，并作详细的记录。

二、屠宰率和净肉率的测定方法

1. 测定项目及记录

按表 10-1 设计的项目作屠宰试验记录。

表 10-1 屠宰试验记录

羊 号					
性 别					
年 龄					
宰前活重					
头 重					
蹄 重					
皮 重					
心 重					
肝 重					
肺 重					
脾 重					
胃	胃及胃内容物重 胃净重				

续表

羊　号					
大肠	大肠及大肠内容物重 大肠净重 大肠长度				
小肠	小肠及小肠内容物重 小肠净重 小肠长度				
花油重					
胴体重					
第六胸椎背部脂肪层厚					
眼肌面积					
净肉重					
骨　重					
屠宰率					
净肉率					

说明：① 宰前体重：屠宰前停食 24 h 实测体重。② 净肉重：胴体重 – 骨重 = 净肉重。③ 骨重：剔骨后骨上残留肉不超过 500 g。④ 皮重：皮板不带肉屑，毛面不粘血污、泥土的鲜皮重。⑤ 头及四肢重：头部应注意有角无角，前后肢分别称重。⑥ 血重：实称血重或血重 = 宰前体重 – 放血后尸身重。⑦ 眼肌面积：背最长肌横截面面积，在最后 1 ~ 2 胸椎处切开，经冰冻定型后，用硫酸纸描绘眼肌轮廓，用求积仪测量面积，也可按下式计算：

$$眼肌面积 = 眼肌高 \times 眼肌宽 \times 0.7$$

2. 屠宰率、净肉率的计算方法

屠宰率和净肉率按以下公式计算：

$$屠宰率 = \frac{胴体重}{宰前体重} \times 100\%$$

$$屠宰率 = \frac{胴体重}{宰前体重 - 胃肠内容物重} \times 100\%$$

$$净肉率 = \frac{净肉重}{宰前体重} \times 100\%$$

$$净肉率 = \frac{净肉重}{宰前体重 - 胃肠内容物重} \times 100\%$$

$$骨肉比 = \frac{净肉重}{骨重}$$

三、胴体的分级（等）和切块

1. 胴体的分级标准

胴体亦称屠体，是衡量羊肉生产水平的一项重要指标。胴体重是指肉羊屠宰并立即取头、皮、血、内脏和四蹄，静止 30 min 后的躯干重量。我国南方以及国外一些国家的羊胴体是脱毛的，消费者和市场均予承认，也可计算在内。

南江黄羊鲜、冻胴体羊肉的感官要求和酮体等级及要求可参考我国制定的标准《鲜、冻胴体羊肉》（GB 9961—2008），见表 10-2、表 10-3。

表 10-2　鲜、冻胴体羊肉的感官要求

项　目	鲜羊肉	冷却羊肉	冻羊肉（解冻后）
色　泽	肌肉色泽浅红、鲜红或深红，有光泽；脂肪呈乳白色、浅黄色或黄色	肌肉红色均匀，有光泽；脂肪呈乳白色、淡黄色或黄色	肌肉有光泽，色泽鲜艳；脂肪呈乳白色、浅黄色或黄色
组织状态	肌纤维致密，有韧性，富有弹性	肌纤维致密，坚实，有弹性，指压后凹陷立即恢复	肉质紧密，有坚实感，肌纤维有韧性
黏　度	外表微干或有风干膜，切面湿润、不黏糊	外表微干或有风干膜，切面湿润、不沾手	外表微湿润，不沾手
气　味	具有新鲜羊肉固有气味，无异味	具有新鲜羊肉固有气味，无异味	具有羊肉正常气味，无异味
煮沸后肉汤	透明澄清，脂肪团聚于液固，具特有香味	透明澄清，脂肪团聚于表面，具特有香味	透明澄清，脂肪团聚于液面，无异味
肉眼可见杂质	不得检出	不得检出	不得检出

在国外，一般将羊肉分为大羊肉和羔羊肉两种。周岁以上换过门齿的为大羊，生后不满 1 岁的为羔羊，4～6 月龄屠宰的称为肥羔。

国外羊肉的分级的主要标准为胴体重和脂肪含量，含量用 GR 值的测定来确定。新西兰羊肉分级标准见表 10-4。GR 值大小与胴体膘分的关系见表 10-5。

2. 胴体切块

羊肉的胴体切块可等分为 8 大块见图 10-3。

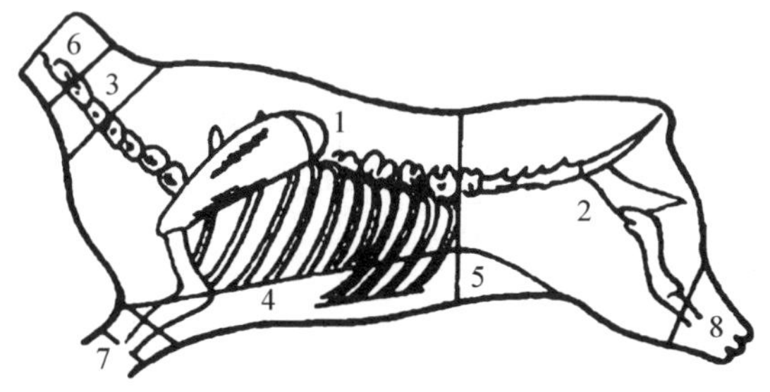

图 10-3　绵羊胴体切块

1—肩部；2—臀部；3—颈部；4—胸部；5—腹部；6—颈部切口；7—前腿；8—后小腿

表 10-3　南江黄羊酮体等级及要求

	大羊肉				羔羊肉				肥羔肉			
	特级	优级	良好级	可用级	特级	优级	良好级	可用级	特级	优级	良好级	可用级
酮体质量/kg	> 25	22 ~ 25	19 ~ 22	16 ~ 19	> 18	15 ~ 18	12 ~ 15	9 ~ 12	> 16	13 ~ 16	10 ~ 13	7 ~ 10
肥度	背膘厚度为 0.8 ~ 1.2 cm，腿肩背部脂肪丰富，肌肉不显露，大理石花纹丰富	背膘厚度为 0.5 ~ 0.8 cm，腿肩背部覆有脂肪，腿部肌肉略显露，大理石花纹明显	背膘厚度为 0.3 ~ 0.5 cm，腿肩背部覆有薄层脂肪，腿肩部肌肉略显露，大理石花纹略显	背膘厚度 ≤ 0.3 cm，腿肩背部脂肪覆盖少，肌肉显露，无大理石花纹	背膘厚度在 0.5 cm 以上，腿肩背部覆有脂肪，腿部肌肉略显露，无大理石花纹明显	背膘厚度为 0.3 ~ 0.5 cm，腿肩背部覆有薄层脂肪，腿肩部肌肉略显露，大理石花纹略显	背膘厚度 ≤ 0.3 cm，腿肩背部脂肪盖少，肌肉显露，无大理石花纹	背膘厚度 ≤ 0.3cm，腿肩背部脂肪覆盖少，肌肉显露，无大理石花纹	眼肌大理石花纹略显	无大理石花纹	无大理石花纹	无大理石花纹
肋肉厚/mm	< 14	9 ~ 14	4 ~ 9	< 4	> 14	9 ~ 14	4 ~ 9	< 4	> 14	9 ~ 14	4 ~ 9	< 4
肉脂硬度	脂肪和肌肉硬实	脂肪和肌肉比较硬实	脂肪和肌肉略软	脂肪和肌肉软	脂肪和肌肉硬实	脂肪和肌肉比较硬实	脂肪和肌肉略软	脂肪和肌肉软	脂肪和肌肉硬实	脂肪和肌肉比较硬实	脂肪和肌肉略软	脂肪和肌肉软
肌肉度	全身骨骼不显露，腿部丰满充实，肌肉隆起明显，背部宽平，肩部宽厚充实	全身骨骼不显露，腿部较丰满充实，略有肌肉隆起，背部和肩部比较宽厚	肩隆部及颈部脊椎骨尖稍突出，腿部欠丰满，无肌肉隆起，背部和肩部稍窄、稍薄	肩隆部及颈部脊椎骨尖稍突出，腿部窄瘦，有凹陷，背部和肩部窄、薄	全身骨骼不显露，腿部丰满充实，肌肉隆起明显，背部宽平，肩部宽厚充实	全身骨骼不显露，腿部较丰满充实，略有肌肉隆起，背部和肩部比较宽厚	肩隆部及颈部脊椎骨尖稍突出，腿部欠丰满，无肌肉隆起，背部和肩部稍窄、稍薄	肩隆部及颈部脊椎骨尖稍突出，腿部窄瘦，有凹陷，背部和肩部窄、薄	全身骨骼不显露，腿部丰满充实，肌肉隆起明显，背部宽平，肩部宽厚充实	全身骨骼不显露，腿部教丰满充实，略有肌肉隆起，背部和肩部比较宽厚	肩隆部及颈部脊椎骨尖稍突出，腿部欠丰满，无肌肉隆起，背部和肩部稍窄、稍薄	肩隆部及脊椎骨尖稍突出，腿部窄瘦，有凹陷，背部和肩部窄、薄

表 10-4 新西兰羊肉分级标准

羊肉分级	胴体重/kg	脂肪含量	GR/mm
1. 羔羊肉分级			
A 级:	9.0 以下	不含多余脂肪	
Y 级:		含少量脂肪	
YL	9.0 ~ 12.5		< 6.1
YM	13.0 ~ 16.0		< 7.1
P 级:		含中等量脂肪	
PL	9.0 ~ 12.5		6 ~ 12
PM	13.0 ~ 16.0		7 ~ 12
PX	16.5 ~ 20.0		< 12
PH	20.5 ~ 25.5		< 12
T 级①:		含脂肪较多	
TL	9.0 ~ 12.5		12 ~ 15
TM	13.0 ~ 16.0		12 ~ 15
TH	16.5 ~ 25.0		12 ~ 15
F 级②:		含过多的脂肪	
FL	9.0 ~ 12.5		> 15
FM	13.0 ~ 16.0		> 15
FH	16.5 ~ 25.5		> 15
C 级③:			
CL	9.0 ~ 12.5		变化范围较大
CM	13.0 ~ 16.0		变化范围较大
CH	16.5 ~ 25.5		变化范围较大
M 级:	胴体太瘦或受损失	脂肪呈黄色	
2. 成羊肉分级			
MM 级:	任何重量	没有多余脂肪	> 2
MX 级:	< 22.0		2 ~ 9
	> 22.5	含少量脂肪	2 ~ 9
ML 级:	< 22.0		
	> 22.5	含中等量脂肪	9.1 ~ 17.0
MH 级:	任何重量	含脂肪较多	9.1 ~ 17.0
MF 级:	任何重量	含过多的脂肪	17.1 ~ 25.0
MP 级④:			> 25.1
3. 后备羊肉分级			
HX 级:	任何重量	脂肪含量较少	< 9.0
HL 级:	任何重量	脂肪含量中等	9.1 ~ 17.0
4. 公羊肉分级			
R 级⑤:	任何重量		无

注：①② 用作切块出售，出口前修整胴体，除去多余的脂肪；③ 胴体修整后仍不符合出口标准，仅腿和腰部有 3 ~ 4 个切块可供出口；④ 胴体不符合出口标准，只能做切块或剔骨后出售；⑤ 所有公羊肉均属此级。

表 10-5　GR 值大小与胴体膘分的关系

GR 值/mm	胴体膘分
0 ~ 5	1（很瘦）
6 ~ 10	2（瘦）
11 ~ 15	3（中等）
16 ~ 20	4（肥）
21 以上	5（极肥）

3 个商业等级其类别及所占比例如下：

一等（75%）：肩部（35%）、臀部（40%）。

二级（17%）：颈部（4%）、胸部（10%）和腹部（3%）。

三等（8%）：颈部切口（1.5%）、前腿（4%）和后小腿（2.5%）。

胴体从中间分成 2 片，各包括前躯肉及后躯肉两部分。前躯肉与后躯肉的分切界限，是在第 12 与 13 肋骨之间，即在后躯上保留着一对肋骨。前躯包括肋骨、肩肉和胸肉，后躯肉包括后腿肉及腰肉。

后腿肉：从最后腰椎处横切。

腰肉：从第 12 对肋骨与第 13 对肋骨之间横切。

肋肉：从第 12 处至第 4 与第 5 对肋骨间横切。

肩肉：从第 4 对肋骨处起，包括肩胛部在内的整个部分。

胸肉：包括肩部及肋软骨下部和前腿肉。

腹肉：整个腹下部分的肉。

四、产肉力测定

通常在评定南江黄羊产肉力时，评定项目有：胴体重、屠宰率、净肉率、胴体产肉率和骨肉比。

1. 胴体重

胴体重指屠宰放血后，剥去毛、皮，去头、去内脏的整个躯体（包括肾脏及周围脂肪）静置 30 min 后的重量。

2. 净肉量

净肉量指用温胴体精细剔除骨后的净肉重量。要求在剔肉后的骨上附着的肉量及消耗的肉量不超过 300 g。

3. 屠宰率

屠宰率计算公式如前所述，系指体重与羊屠宰前活重之比。

4. 净肉率

净肉率计算公式如前所述，系指胴体净肉重占胴重的百分比。

5. 骨肉比

骨肉比系指胴体重与胴体净肉重之比。

6. 眼肌面积

测量倒数第 1 与第 2 肋骨之间脊椎上眼肌（背最长肌）横切面积，因为它与产肉量呈高度正相关。测量的方法：用硫酸绘图纸描绘出眼肌横切面的轮廓，用求积仪计算出面积。如无求积仪，可用以下公式估测：

$$眼肌面积（cm^2）= 眼肌宽度 \times 眼肌高度 \times 0.7$$

7. GR 值

GR 值系指在第 12 与 13 肋之间，距背中线 11 cm 处的组织厚度，作为代表胴体脂肪含量的标志（图 10-4）。

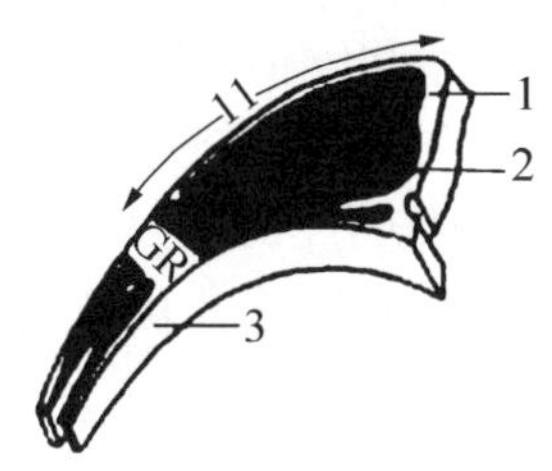

图 10-4　测定 GR 值部位示意图（cm）

1—背脊；2—肌肉；3—第 12 肋骨

任务二　羊肉的性状评定

羊肉的性状，包括肉的颜色、嫩度、失水性、pH、气味（膻味）和熟肉性等。

1. 羊肉的颜色

羊肉的颜色即肉色，是指肌肉的颜色。它是由肌肉中的肌红蛋白和肌白蛋白的比例所决定的。与肉羊的性别、年龄、肥度、屠宰前状况、放血的完全与否、冷却、冻结等加工情况有关。成年南江黄羊的肉呈鲜红或红色，老母羊肉呈暗红色，羔羊肉呈淡灰红色。

羊肉颜色的测定方法有目测和仪器测定法两种。目测是胴体分割后，目测肋肌、腰肌及后腿肌的色泽。白天最好在室外正常光线下进行，不要在阳光直射下观察，同样不能在暗光处观察。另一种方法是用分光光度计精确测定肉的总色度。目测法评定新鲜肉的切面，灰白色评 1 分，微红色评 2 分，鲜红色评 3 分，微暗红色评 4 分，暗红色评 5 分。两级间允许评 0.5 分。具体评分可用美式或日式肉色评分图对比，凡评为 3 分或 4 分者均属于正常颜色。

2. 羊肉的嫩度

羊肉的嫩度实际上是指煮熟肉入口后在咀嚼时对破裂的抵抗力，常指煮熟的肉或加工烹饪成其他制品的肉的柔软、多汁和易于被嚼烂的程度。消费者欢迎的羊肉品质均属于此类。相反，肉被咀嚼的过程中不易被嚼烂，说明肉的韧度高，这种肉不受消费者欢迎。

羊肉嫩度评定通常采用品尝和仪器评定两种。品尝评定是传统的也是最基本的方法。仪器评定有很多种方法，应用得比较广泛的是剪切测定法。目前通常采用肌肉嫩度计，即 CLM 型肌肉嫩度计，以千克为单位表示。在生产现场评定羊肉的嫩度，建议采取口感品尝法来评定。方法是取后腿或腰部肌肉 500 g 放入锅内蒸 60 min，取出切成薄片，放入盘中，佐料任意添加，凭咀嚼碎裂的程度，易碎裂的表示肉嫩，不易碎的则表示肉质粗硬。

3. 羊肉的失水率

南江黄羊屠宰后，肌肉蛋白质变性的最重要表现为丧失保持水分的性能。羊肉的失水率是羊肉的重要物理指标之一。一定面积和一定厚度的肌肉样品，在一定外力作用下，失去水分的重量的百分率，称为肌肉的失水率。用此法可间接反映肌间系水率（或保水性）。失水率高，系水率就低。羊肉失水率受南江黄羊的年龄、肌肉酸碱度的影响。肌肉系水率是动物屠宰后肌肉蛋白质结构和电荷变化的极敏感指标，直接影响肌肉的风味、嫩度、色泽、加工和储藏的性能，均有重要的经济意义。羊肉的失水率比牛肉和猪肉的失水率高。

测定方法：用 0.01 g 的扭力天平称量供试肉样（W_1），在肉样上下各覆盖一层医用纱布，纱布外各垫 18 片快速定性分析滤纸，滤纸外各垫一层硬质书写用塑料垫板，然后将垫好的肉样放置于压力仪的平台上，用匀速缓慢摇动压力仪的摇把，将平台升至压力仪显示相当于 35 kg 的读数时为止，保持 5 min，然后迅速松动摇把，压力读数复位，取出肉样，立即在天平上称重（W_2），按以下公式计算：

$$\text{肌肉失水率}=(W_1-W_2)\times 100\%$$

式中　W_1——压前肉样重（g）;

　　　W_2——压后肉样重（g）。

4. 羊肉系水率测定

系水率是指肌肉保持水分的能力。用肌肉加压后保存的水量占总含水量的百分数表示，它与失水率是一个问题的两种不同的概念。系水率高，则肉的品质好。测定方法是取背长肌肉样品 50 g，按食品分析常规测定法测定肌肉加压后保存的水量占总含量的百分数。

$$\text{系水率}=(\text{肌肉总水分量}-\text{肉样失水量})\div\text{肌肉总水分量}\times 100\%$$

5. 羊肉的酸碱度

羊肉的酸碱度是指羊屠宰停止呼吸后，在一定条件下，经过一定时间所测得 pH。

测定方法：用酸度计测定肉样的 pH，按酸度计使用说明书在室温下进行。直接测定时，在切开的肌肉面用金属棒从切面中心制一个小孔，插入酸度计电极，使肉紧贴电极端读数。捣碎测定时，将肉样加入组织捣碎机中捣 3 min 左右，取出装在小烧杯中，插入酸度计电极测定。

评定标准：鲜肉 pH 为 5.9 ~ 6.5，次鲜肉 pH 为 6.6 ~ 6.7，腐败肉 pH 在 6.7 以上。

6. 熟肉率

将屠宰后几小时的鲜肉进行烹饪加工（尤其是老羊肉），其肉味不美，且粗韧，肉汤混浊而缺乏风味。如果适当地进行一些处理再进行烹饪加工，则风味就大不一样。处理方法很简单，将屠体放在室内或冷藏库适当的温度中，经过一段时间的处理，即在 18 ~ 20 °C 的温度中保存 4 d，在 0 °C 中保存 2 d；在 1 ~ 3 °C 中保存 7 ~ 8 d。经过这样处理后，肉变成柔软多汁而味美，肉汤透明而风味佳良，且被胃蛋白酶可消化的程度增多。此种肉称为成熟的肉。但必须要在严格控制温度和相对湿度（85% ~ 87%）的条件下才能获得满意的效果。

7. 羊肉的气（膻）味

羊肉的气（膻）味是肉的质量指标之一，也是广大消费者十分重视的指标之一。羊肉的膻味取决于肉中所存在的特殊挥发性脂肪酸（或可溶性类脂物）、年龄、性别、去势等的影响。第一，通常南江黄羊公羊比南江黄羊母羊的气味重，年老的比年幼的重，未去势的比去势的重。第二，育肥期喂给有异味的草，肉中有异味。第三，屠宰前给南江黄羊注射或服用某种药物或其他的一些因素也可能使羊肉产生异味。对羊肉气（膻）味的鉴别，最简便的方法是煮熟品尝。按熟肉率的测定方法操作，煮熟后不加任何佐料（原味），凭咀嚼品尝判定。

任务三　羊肉的营养成分

1. 羊肉的营养成分

羊肉的蛋白质含量低于牛肉、高于猪肉，脂肪和热能含量高于牛肉、低于猪肉，见表 10-6、表 10-7）。

表 10-6　各种肉类 100 g 性蛋白质所含各种氨基酸的成分

氨基酸种类	羊　肉	牛　肉	猪　肉	鸡　肉
赖氨酸	8.7	8.0	3.7	8.4
精氨酸	7.6	7.0	6.6	6.9
组氨酸	2.4	2.2	2.2	2.3
色氨酸	1.4	1.4	1.3	1.2
亮氨酸	8.0	7.7	8.0	11.2
异亮氨酸	6.0	6.3	6.0	—
苯丙氨酸	4.5	4.9	4.0	4.6
苏氨酸	5.3	4.6	4.8	4.7
蛋氨酸	3.3	3.3	3.4	3.4
缬氨酸	5.0	5.8	6.0	—
甘氨酸	—	2.0	—	1.0
丙氨酸	—	4.0	—	2.0
丝氨酸	6.3	5.4	—	4.7
天冬氨酸	—	4.1	—	3.2
胱氨酸	1.0	1.0	1.0	0.0
脯氨酸	—	6.0	—	—
谷氨酸	—	15.4	—	16.8
酪氨酸	4.9	4.0	4.4	3.4

表 10-7　各种肉类营养成分比较

种　类	蛋白质/%	脂肪/%	矿物质/%	水分/%	能量范围/（MJ/kg）
牛　肉	16.2～19.5	11.0～28.0	0.8～1.0	55.0～60.0	31.4～56.1
猪　肉	13.5～16.4	25.0～37.0	0.7～0.9	49.0～58.0	52.7～68.2
绵羊肉	12.8～18.6	16.0～37.0	0.8～0.9	48.0～65.0	38.5～66.9
山羊肉	16.2～17.1	15.1～21.1	1.0～1.1	61.7～66.7	36.8～56.5

2. 体组织化学分成

羊体组织的常规化学成分如表 10-8。

表 10-8　绵羊、山羊、牛和猪体组织的化学组织　　单位：%

畜　别	日　龄	水　分	脂　肪	蛋白质	灰　分
绵　羊	90～895	29.6～73.8	4.9～46.6	10.7～19.5	1.7～5.8
山　羊	545	57.5	22.7	17.8	1.0
牛	1～80	39.8～77.6	1.8～44.6	12.4～20.6	3.0～6.1
猪	1～928	30.7～80.8	1.1～61.5	8.3～19.6	1.3～5.6

3. 肌肉组织化学成分

肌肉组织的化学成分如表 10-9。

表 10-9　公羊及羯羊肌肉的化学组成　　单位：%

性　别	水　分	蛋白质	脂　肪	灰　分
公　羊	78.3	87.3	7.4	4.4
羯　羊	76.5	85.5	8.3	4.3

4. 脂肪组织化学成分

脂肪组织化学成分如表 10-10。

表 10-10　不同营养水平对脂肪组织成分的影响　　单位：%

营养水平	水　分	蛋白质	脂　肪
自由采食	21	5.2	73.4
维持饲养	26	8.9	68.2
限制饲养	33	10.5	50.3

任务四　羊肉的加工

我国各民族的传统文化，赋予羊肉丰富多彩的食用方法，既可做成大众化风味小吃、家常便菜，也可以做成高档宴用大菜。

一、加工食用羊肉片

1. 特级羊肉片

选择含结缔组织少、幼嫩和营养完全的背最长肌、里脊肌、夹心肉为原料，装模或卷筒造型冷却后，切制成长方形条状或圆形结构的特优羊肉片，厚度不超过 2 mm。将切制好的羊肉片，按要求重量装袋密封。

2. 一级羊肉片

选取臀腿肌中的股二头肌、半膜肌、半腱肌和上臂肌等为原料，经精细加工制作而成。

3. 普通羊肉片

选用去掉筋、腱、韧带的胴体肉为原料，将胴体肉统一搭配，切制成厚 1 ~ 7 mm 的羊肉片。

二、羊肉串

烤羊肉串是深受人们欢迎的风味小吃，烤好的羊肉串色泽棕黄，肉嫩味香，鲜美可口。其具体做法如下：

1. 选料与处理

选取胸肩、背腰、臀腿等肉层较厚部位的瘦肉，剔除筋腱及碎骨，切成厚 0.2 ~ 0.5 cm、大小一致的肉片，用竹扦或钢扦穿成整齐的肉串，每串 8 ~ 10 片。

2. 配料与腌制

配料：食盐和酱油各为原料肉重的 0.2% ~ 0.3%，香料、辣椒面等适量。

腌制：将穿好的羊肉串胚浸泡于混合好的配料中，经数次翻动即可。

3. 烧　烤

烧烤分炭火和电热炉两种烧烤法。

炭火烧烤：将腌好的羊肉串置于炭火上，视炭火强度与羊肉串变化程度，随时调整翻动，一般 3 min 即可烤好，然后将孜然粉、辣椒面、精盐、味精等佐料均匀撒在羊肉串上，再稍加烧烤便可食用。

电热炉烧烤：将腌好的羊肉串胚竖挂于烤排上，每烤排可挂 8 ~ 10 串，再将挂好羊肉串的烤排送入炉内，每炉 8 ~ 10 排，一般 5 min 左右便可烤好。烧烤过程中只需抽查边熟情况，无须翻动和调换位置。此法较炭火烧烤更符合卫生要求。

三、酱制羊肉

1. 北京酱羊肉

原料：将南江黄羊宰后按部位剔选。筋腱较多部位切块宜小，肉质较嫩部位切块应稍大些，以便煮制均匀。

配料：每 50 kg 鲜肉用盐 1.5 kg，干黄酱 5 kg，大料面 400 g，丁香、砂仁各 100 g。

煮制：将羊肉切块，洗涤后入锅，放进盐、酱，先用旺火煮 1 h，除去腥膻味，然后再加配料，即对进“百年老汤”（每次炖肉以后，将一部分肉汤对入下次的肉锅中，这样日久天长不断，即称为“百年老汤”），用微火慢煮 6 h 左右，让料味渗入肉中，至肉烂而碎即可，味道浓香，芳香四溢。

2. 浙江酱羊肉

原料：选南江黄羊的鲜肉，切成重 0.25 kg 形肉块。

配料：每 100 kg 羊肉用老姜（捣碎）3 kg、绍兴酒 2 kg、胡椒 0.9 kg、酱油 12 kg。

煮制：将切好洗净的羊肉块入锅，根据肉质老嫩，先下老肉，后放嫩肉。煮沸之后，撇去汤面浮沫，然后放入备好的配料，将锅内羊肉进行翻动，使配料在锅内均匀分布，再铺上网油，塞紧压实，之后用旺火煮沸，然后用小火焖煮约 2 h 即可。成品酱羊肉色泽酱红、油亮，肉质酥软适口，味鲜美，无膻味。

四、烤羊肉

1. 选　料

选取经育肥的羔羊臀腿部肉为原料，去掉筋腱、碎骨，将肉厚部位划割刀口，以便于吸收辅料。

2. 配　料

与烤羊肉串大致相同。为了除去羊肉特有的气味，可加入适量大枣与板栗煮汁。

3. 腌　制

将配料拌匀，与原料肉混合揉擦，经过几次揉擦翻动，即可串插或钩挂烘烤。

4. 烧　烤

用炭火、电烤炉均可。烧烤时要定时调向转动，使之受热均匀，并结合转动，均匀地涂抹混合配料。烤好的羊肉色泽棕褐油亮，肉质鲜嫩，芳香可口，风味独特，别具一格，既可切片拼盘，蘸调料品尝，也可用刀、叉边吃边切。

5. 烤肥羔和胎羔

烤肥羔：选取经育肥的当年羔羊作原料，宰杀后除去皮、内脏、头、尾，修割颈部血肉，整修伤斑，用制成的配料浆汁进行灌注，即将各种配料制成的混合浆液灌注于羊胚体腔和注射于体躯，尤其是肌肉层厚的部位。在制作配料液时，要适当添加板栗与红枣，以缓和羊肉的膻味，在烧烤前需在羊胚表面用稀释蜂蜜上糖色。烤时要掌握好火候，经过高、低温两个烧烤阶段，约 40 ~ 50 min 便可烤好。烤好的肥羔体表呈棕红色，油光发亮，肉质鲜嫩，味美不膻。

烤胎羔：选取出生后 1 周的羔羊，剥皮，除去头、蹄、内脏等，制成灌注配料液和涂糖色的羊胚，经过 15 ~ 20 min 高温和低温烧烤即可。烤好的胎羔外观棕褐色，肉质极其鲜嫩。

五、烤羊腿

烧烤羊肉在我国有着悠久的历史，是新疆少数民族常见的传统食用方法。烤羊腿参照传统加工方法制成，产品色泽金黄，肉质酥烂，鲜香味美，爽口不腻，风味独特。

1. 原料肉的选择与整理

选用符合食品卫生要求的新鲜南江黄羊后腿。羊屠宰加工后，斩下后腿作为原料。割除蹄爪，用温水洗干净，剔去表面筋膜。用刀顺肌纤维方向纵向切开肌肉达腿骨，肌肉划切刀缝有利于腌制时吸收配料。

2. 腌　制

配料的配方为：羊后腿 1 只（重约 2.5 kg）、食盐 50 g、花椒粉 10 g、葱末 50 g。

将食盐、葱末和花椒粉混合均匀，然后抹擦在羊腿肉上，肉厚处多擦些配料，同时配料要擦入刀缝，腌制约 4.5 h。

3. 蒸　煮

将腌制的羊腿放入蒸笼内，加热蒸熟，约需 1.5 h，注意蒸汽要足。出笼后稍冷却，再挂糊。

4. 挂　糊

用 2 只鸡蛋的蛋液，加面粉 50 g、胡椒粉 10 g、孜然粉 5 g、味精 10 g，再加少量水调成糊状。把调好的糊均匀抹涂于羊腿肉上。

5. 烧　烤

将挂糊后的羊腿挂入烤炉中，可用远红外烤鸭炉进行烤制。温度控制在 22 °C 左右，表面烤至呈金黄色时即可出炉，约需 15 min，然后剔骨。肉切成片，盛入盘中，撒上孜然粉，即可食用。

六、月盛斋烤羊肉

北京月盛斋烤羊肉，具有特殊风味，颇为消费者喜爱，其产品已有 200 多年的历史，原为清宫“御膳房”的上等佳品。成品金黄光亮，外焦里嫩，不膻不腥，瘦而不柴，脆嫩爽口，余味带香。

1. 原料肉的选择与整理

选用南江黄羊后腿肉、褐背腰肉为宜，最好用当年羯羊肉，肉质细嫩，以新鲜羊肉为好。羊肉先用温水浸泡洗涤，除去表面血污、毛等杂物，捞出沥干水，置于案子上；然后剔骨，除去碎骨、淋巴结、大的筋腱和血管；再切成 1 kg 重的肉块，浸泡在温水中洗净。

2. 煮　制

烧羊肉煮制时，每次要调新汤，以宽汤煮制，达到去膻除腥使肉质鲜美之目的。

配料标准为：100 kg 原料肉、大茴香 500 g、花椒 150 g、桂皮 140 g、丁香 140 g、黄酱 10 kg、食盐 3 ~ 4 kg。

锅内加清水 50 kg 左右，水烧热后加入黄酱和食盐，搅拌溶解，使酱块充分粉碎。旺火烧沸，撇去表面浮沫，煮沸 0.5 h，然后舀出过滤，除去酱渣，酱液待用。

把香辛料用纱布袋装好，最好分成 2 袋，放在锅下部。然后放入羊肉，上面用箅子压住，以防肉块上浮。再加入酱液，淹没肉面，使肉全部在液面以下，若酱液不足可用清水补充。旺火烧沸，撇除表面浮沫，1 h 后，翻锅一次，改为微火烧煮。煮制期间，注意锅内随时添水，始终能将肉淹没于液面之下，待肉酥软熟透即可，约需 3 h。出锅时，用拍子把肉轻轻托出，保持肉块完整，按块分装在特制的肉屉中，或散开放入其他容器中，冷却至室温。

3. 油　炸

按锅容量大小放入适量花生油，加热使油温升至 160 ~ 170 °C 时，放入少量小磨香油，待香油散发出香味时，将肉分批入锅油炸。注意每次入油肉量不要多，油温波动不能太大。当炸至羊肉表面色泽呈鲜亮的黄色时立即捞出，即为成品。

七、羊肉香肠

羊肉香肠是家庭制作和保存羊肉最常用和最有效的方法之一。通过加入不同调料、调整用料比或改变某些工艺流程，就能制作出不同品种和风味的香肠。

1. 制作羊肉香肠的一般原则

（1）保持加工器具的清洁卫生和低温操作要求，一般应在 4 ~ 10 °C 以下进行。

（2）将肉绞磨（或刀切）成均匀的肉粒，同其他配料充分拌和均匀。

（3）为了长期保存香肠，必须进行腌制。腌制香肠的调味品和防腐剂主要有：食盐，用量占鲜肉重的 2%；食糖，用量占产品湿重的 0.25% ~ 2.0%；混合香料，常用的有胡椒、花椒、桂皮和玉果等，其用量为产品湿重的 0.25% ~ 0.5%；亚硝酸盐，45 kg 鲜肉中的亚硝酸盐用量不得超过 7 g。

（4）在制作商业性香肠中，可加入部分非肉成分，通常称为质改剂或填充物。常用质改剂为谷物类、大豆粉、淀粉和脱脂乳等。其主要目的是：降低生产成本，提高产量，补充香味或使香味更浓，易于切片，溶解脂肪和水，稳定乳化。

（5）熏制。熏制香肠的目的是增加风味，便于长期保存、显色，防止氧化和制作不同品种的香肠。

2. 制作羊肉香肠的工艺流程

（1）绞磨。将割除筋膜、肌腱和淋巴的鲜羊肉（也可加入 20% ~ 30% 的猪肉，肥瘦比 1：1）用绞磨机或利刀绞（切）成 1 cm 左右的肉粒。

（2）拌料。将肥瘦肉、食盐、质改剂和调味品充分拌匀。可用手工拌和也可用搅拌机拌和。但拌和时间不宜太长，以保证低温制作要求。

（3）腌制。若使用冰箱制作羊肉鲜香肠，可不进行腌制或经轻度腌制后进行灌装，放入冰箱中快速冷冻储存。若不使用冰箱，应将肉馅同食盐、食糖和亚硝酸盐等辅料拌匀后于 4 ~ 10 °C 下腌制 2 ~ 24 h。

（4）灌制。可用多用绞磨机，机内用一螺旋形挤压螺杆，外接灌装筒。将猪肠衣或羊肠衣套在灌装筒嘴上，将拌匀的肉馅装入灌装器内，摇动绞磨机手柄进行灌装。然后用粗线将香肠结扎成 10 cm 左右的小段。

（5）熏制。将香肠吊挂在烟熏房内，用硬质木材或木屑作烟熏燃料，室温 65 ~ 75 °C，烟熏时间 10 ~ 24 h，以使香肠中心温度在 50 ~ 65 °C 为宜。就风味而言，以山核桃木为最佳烟熏燃料。

（6）检验和包装。根据产品品质标准，对最终产品进行严格检验后包装。合适的包装有利于长期保存和销售。

八、腊羊肉

剔除羊肉的脂肪膜和筋腱，顺羊肉条纹切成长条状，按 100 kg 羊肉配料：食盐 5 kg、白砂糖 1 kg、花椒 0.3 kg、白酒 1 kg、五香料 100 g 调匀，均匀地涂抹在肉条表面，入缸腌 3 ~ 4 d，中途翻缸一次，出缸后用清水洗去辅料，穿绳挂晾至外表风干，入烤房烤至干硬（也可采用自然风干）。

九、几种羊肉制品的烹制技术

1. 羊肉汤

将羊肉剔骨，胃及大肠翻洗干净，小肠分节切断，在水中漂一夜后，用手捏挤出肠中的黏液和食糜；注意不可翻挤小肠，否则会影响汤味和汤色。洗净羊肺、羊心，将肉料下锅，加入猪骨或羊骨汤 15 ~ 20 L，再加入八角 25 ~ 30 g、山柰 25 ~ 30 g、生姜 100 g、苹果 2 枚，用旺火炖煮至熟，嫩羊肉需 30 ~ 40 min，老羊肉需 1 h 以上。

2. 爆炒制汤

将羊油或猪油放入烧红的锅内，倒入切成片或条的煮熟羊肉或羊杂 500 g 爆炒，同时加入姜 10 ~ 15 g、花椒 7 ~ 8 粒，炒至香味溢出时，加炖羊肉的原汤 2 ~ 4 L，旺火煎煮 2 ~ 4 min。起锅前 1 ~ 2 min 加入肝片。起锅时，加食盐 20 g，味精、胡椒各 2 ~ 3 g，葱花 20 g。食用时，如蘸一些辣椒面、食盐和味精，则风味更浓。

3. 五味花

取南江黄羊后腿腱子肉 1 000 g、八角 20 g、花椒 20 g、桂皮 20 g、酱油 300 g、丁香 2 g、陈皮 10 g、砂仁和豆蔻少量、食盐 100 g、小茴香 10 g、白糖 50 g、甜酱 50 g、香油 25 g，葱节、姜片和蒜粒各 50 g，将腱子肉放入开水锅中，撇去浮沫，加水量与肉平为宜，放入全部调料，开锅后用微火炖熟，捞出羊肉晾冷，切成薄片即可食用。

4. 鹿脯粉蒸

取南江黄羊胸脯及胸肋部肉 500 g、大米 150 g、八角 10 g、桂皮 10 g、小茴香 5 g、丁香 1 g、酱油 50 g、食盐 25 g、白糖 35 g、曲酒 50 g、甜酱 25 g、豆腐乳 1 块、香油 25 g、葱末 10 g、姜末 10 g，先将大米、八角、桂皮、花椒、小茴香、丁香入锅中炒熟后磨成粉状，将羊肉切成 3 cm 长、1 mm 厚的薄片，加入其他全部辅料腌 4 h 以上，再加入米粉等，上笼蒸至软烂（约 1 h）。

5. 当归生姜羊肉汤

取鲜羊肉 500 g，入沸水中烫一下，捞出切成小块，当归 50 g、生姜 5 g 切成大片，再将羊肉、当归和生姜放入锅中，加水适量，用旺火烧开，撇去浮沫，改文火炖烂即可食用。本药膳有补虚劳、益中气之功效。

6. 羊肉、龟和枸杞炖汤

将羊肉、龟肉各 50 g 入锅内烧沸，捞出切成小块，煸炒后入砂锅，加水适量，再加党参精制附片各 3 g、当归 2 g，冰糖、料酒、葱、姜各 10 g，胡椒、味精和食盐适量，待旺火烧开后，改文火炖至九成熟，加 10 g 枸杞炖熟即可食用。此药膳有补肾阳、益精血之功效。

7. 苍术羊肝汤

取南江黄羊肝 250 g，洗净切片，加苍术 4 g，葱、姜各 5 g，入锅中煮熟，食肝饮汤。本药膳有补肝、益血和明目之功效。

8. 炖羊肚汤

取南江黄羊肚 1 个，切薄片，加白术 2 g、党参 1.5 g、山药 30 g，入锅中炖熟后，弃去白术、党参，即可食用。本药膳有补中气、健脾胃之功效。

9. 羊肺汤

取南江黄羊肺 1 具洗净，将杏仁、柿霜、绿豆淀粉、酥油各 50 g，白蜜 30 g 一起和匀，经气管灌入肺中，扎紧气管口，入锅中煮熟后食用。此药膳有补肺气、调水道之功效。

项目二　南江黄羊板皮、肠衣、羊奶及其他副产物的加工利用

任务一　南江黄羊板皮的加工技术

板皮是制革工业的上等原料，生皮经鞣制而成的革皮，可用于工业、农业、军用、民用等各种制品，尤其是南江黄羊皮，柔软细致、轻薄而富有弹性，染色和保型性良好，历来是我国传统的出口商品，在国际市场上备受欢迎。

一、影响生皮品质的因素

1. 生皮剥制后的处理

生皮剥下来后，应立即清理掉粘在生皮上的杂物，并使其干燥。如将鲜皮折叠数小时不加处理，就会发生掉毛现象。可采用如下方法处理：① 生皮剥下后要立即摊开让其自然干燥；② 未经清除整理的鲜皮不要折叠起来，若要运走，也应一张一张平整叠起来；③ 生皮在自然干燥时，不应把其他东西放在上面；④ 已干燥的生皮要注意储藏。

发生脱毛后，如不采取处理措施，生皮就会霉烂。引起生皮霉烂的主要原因是生皮干燥方法不正确。很多牧场和养畜者将鲜皮放在太阳下曝晒，这是一种很糟的方法，皮面很快干固，但中间并未干透，且干燥得太快，会引起生皮断裂。有时不能及时收回，受雨水淋湿，引起发霉或腐败。

采用悬挂干燥法可以避免以上缺陷。

2. 屠宰和剥皮对生皮质量的影响

屠宰时用棍打屠体，血、粪便污染等都可造成皮张的污浊，若加工不当，就会使生皮发生腐败变质。

剥皮时，技术不熟练，会造成刀伤，轻则留存刀痕，重则将皮割破。剥皮时，如使用硬拉剥皮的方法，可使生皮变形或拉裂。

二、生皮的初步加工

家畜屠宰后剥下的鲜皮，大部分不能直接送制革厂进行加工，需要保存一段时间。为了避免发生生皮腐败，便于储藏和运输，必须进行生皮的初步加工。下面主要介绍鲜皮的清理和生皮的防腐保存两个主要过程。

1. 鲜皮的清理

清理主要是将鲜皮上的污泥、粪便、残肉、脂肪、耳朵、蹄、尾、骨、嘴唇等除去，因为

这些杂物的存在，很容易引起皮张的腐败。清理的方法，一般先割去蹄、耳、唇等，再用削刀或铲皮刀除去皮上残肉和脂肪，然后用清水冲洗粘污在皮上的脏物及血液等。

2. 生皮的防腐

鲜皮剥离后，应及时清理并进行防腐处理，以便于储藏。在生产上实际应用的防腐储藏方法有如下 5 种。

（1）干燥法。此法防腐的优点为：方法简便易行，成本低，便于储藏和运输，这是农牧区最常用的一种方法。干燥时，一般采用自然晒干，但大批干燥时，应采用干燥室。自然干燥时，把鲜皮肉面向外悬挂在通风的地方，要避免强烈阳光的曝晒。

框架干燥法操作要点：将生皮在框架中悬挂干燥时，沿生皮四周边缘 2 cm 处用刀尖戳 30 ~ 34 个小洞，再用绳子穿入小孔，然后绷在木框中。图 10-5 是用铁丝或绳子将皮张绷在木架上干燥的方法。无论采用哪种方法，要注意将皮撑张，每个撑张的方向用力应均匀，否则会引起皮张变形。撑张时，不可用力过度。

在干燥时，要防止鼠和昆虫叮咬，最好将皮张撑张在木框中，将木框悬挂在树上或室内。

干燥法的缺点：干燥过度或保存过久易成枯板皮，浸水难回软，同时保存时需要施加杀虫剂。

（2）盐腌法。生皮采用食盐防腐是最普通的防腐方法。食盐方法有下面两种：

撒（盐溶）盐干腌：将清理并经沥水的生皮，毛面向下，平铺于中心较高的垫板上，在整个肉面均匀地撒布食盐。必要时，可添加盐重 2% ~ 3% 的碳酸钠或 1% 的萘，然后在该皮上再铺一张生皮，作同样处理。这样层层堆积，叠成高 1 ~ 1.5 m 的皮堆。

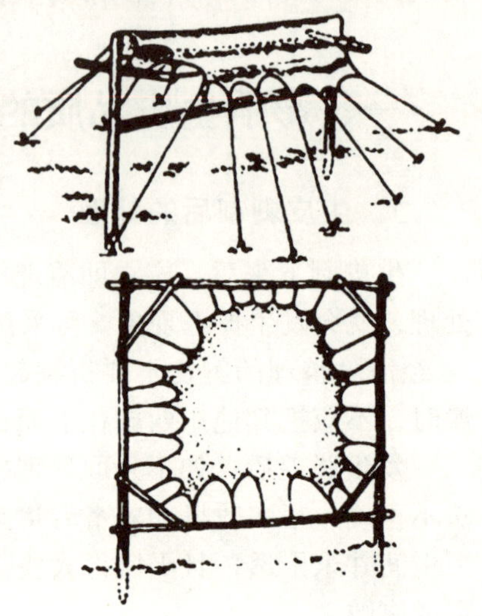
图 10-5　生皮干燥棚架

当铺开生皮时，必须把所有的褶皱和弯曲部分拉开，食盐应均匀地撒在皮上，厚的地方可多撒一些。盐腌的时间为 6 d 左右，用盐量约为皮重的 25%。

盐水腌法：将经过清理和沥干水的鲜皮称重分类，然后把鲜皮浸入盛有盐水（食盐水浓度为 25%）的水泥池中（必要时可添加少量的氟硅酸钠），经过一昼夜取出，沥水 2 h，进行堆积。堆积时再撒皮重 25% 的干盐。

浸盐水时，为保证质量，温度应保持在 15 °C 左右。为了防止生皮上产生盐斑，可在食盐中加入盐重量 4% 的碳酸钠。

盐腌法的优缺点：操作较简便，防腐效果及保存后质量较好，水洗即能回软；但耗盐量大，有盐污染。

盐腌法的注意事项：食盐宜用中等颗粒，防止产生红斑和盐斑。

（3）生皮盐干法。这种方法是将生皮经盐腌后再进行干燥。

操作的要点：先按盐腌法腌制清理过的鲜皮，然后自然干燥，使皮张含水量降到 20%以下。除去皮面析出的盐。

盐干法的优缺点：防腐措施经济可靠，用盐量较少，盐污染小，易保存也易回软，但操作较烦琐。

盐干法的注意事项：雷雨季节要注意防潮、反湿。

（4）冷冻法。这种方法是在寒冷地区和寒冷季节利用低温处理使生皮处于冰冻状态以实现防腐。

操作的要点：利用寒冷季节将清理后的鲜皮冰冻。

冷冻法的优缺点：方法简便，无污染，但运输不方便，解冻困难，皮张纤维易折裂。

冷冻法的注意事项：解冻时，避免猛叩折裂或加温烫伤生皮。

（5）浸酸法。采用食盐、氯化铵或明矾或食盐、硫酸按一定比例配合成的混合物处理生皮。配方如下：① 食盐 85%、氯化铵 7.5%、明矾 7.5%；② 食盐占皮重 1.5% ~ 2.0% 的硫酸混合液。浸酸处理时，将食盐、氯化铵和明矾混合物均匀地撒在生皮的肉面并稍加揉搓，然后毛面向外折叠成方形，堆积 7 d 左右。尔后将裸皮浸入食盐、硫酸混合液中，控制水温为 15 °C，浸泡 3 h 以上，取出沥水，置容器内保存。

浸酸法的优缺点：属半成品防腐保存法，但仅适用于脱毛羊皮的防腐。

浸酸法的注意事项：防止风干或与水接触，保持低温。

三、生皮的保藏和运输

鲜皮经过初加工后，应立即送入仓库中储藏。保藏妥当与否，对皮张的影响很大。对长期储藏的生皮进行再防腐处理，可用下列防腐剂（以皮重计）：氯化钠 5%、氟硅酸胺 1%、对位二氯苯 0.4%、萘 0.8%。经处理的生皮可长期保藏而不致腐败变质。

1. 仓库条件

储藏生皮的仓库，必须符合下列要求：① 室内通气良好，温度不超过 25 °C，相对湿度保持在 65% ~ 70%；② 库内应保留一定的空余场地，便于翻垛、倒垛以及仓库检查等；③ 仓库应能防热隔热，最好用水泥地面；④ 库内光线充足，便于检查及翻垛，但应避免直射阳光，以防生皮变质。

2. 生皮的入库及堆垛

经过初加工而且没有生虫的皮张即可入库储藏。皮张的正确堆放如下。

（1）铺叠式：将整张生皮完全铺开，使上面一张皮毛面紧贴下一张的肉面，层层堆叠。

（2）鱼形式：先将每张生皮毛面向外，沿背线折叠，然后层层堆叠（毛面对毛面）。

（3）小包式：将毛面向外折叠成小包状，再将 8 ~ 10 个小包叠成一堆。

以上 3 种方法，以第一种为最好。库中堆皮时，首先应该堆在木制的垫板上，堆与堆之间应有 40 cm 宽，行与行之间的距离不应小于 2 m，每堆中间应留有供翻垛用的空场地。

3. 药物处理

为了避免虫害，常用如下方法处理：

（1）萘处理。进库堆叠前，将皮平铺于木板上，撒布一层萘粉，然后再进行堆叠。此法仅适用于保藏较贵重的毛皮。

（2）杀虫剂处理。用杀虫剂处理，应防止对库区和环境的污染。

4. 仓库管理

仓库必须设有专人负责管理，经常检查库内温度和湿度。平时注意随时处理鼠害和虫害。

5. 生皮的运输

生皮的运输，是保证优质制革原料皮的重要工作之一。运输不合理会造成皮张发霉、腐败、折断，甚至变成废品。所以，运输时必须注意以下各点：① 用火车运输时，车厢必须保持清洁、干燥、通风良好，并保持一定的温度和湿度；② 装卸车时，尽量使皮铺平以防折断，特别是干皮和冻皮更应注意；③ 用汽车运输时，应备有雨布，防止日晒雨淋；④ 由于干皮容易吸水发霉以致腐败，所以应尽量缩短运输时间，尽量不在阴雨天运输。

四、羊板皮的加工

1. 羊板皮的分路

根据羊板皮的国家标准（GB 6440—86），将羊板皮分为五大路。各路板皮的特点如下。

四川路：在各路板皮中品质最好，板质坚韧，厚薄均匀，纤维编织紧密，毛小，光泽好，张幅中长，全头、全腿。四川路分为重庆路、成都路和万县路 3 个小路。

汉口路：板皮背毛多为白色，有少量黑色，皮板呈蜡黄色，细致、柔韧、光润，弹性好，张幅较小，全头全腿。汉口路产区较广。

华北路：板皮被毛有黑、白、青等色，皮板厚，重量大，皮层纤维较粗，张幅大，不带头、腿。华北路又分为交城路、哈达路、保定路、顺德路、新疆路和绥远路 6 个小路。

云贵路：板皮被毛黑、白、杂色均有，板皮较粗，油性较差，羊痘及烟熏较多，张幅较大。

济宁路：主要为青羊产区，板皮被毛青色，也有少量为黑、白色。毛较短细，皮板稍薄，细致，有油性，张幅较小，近似长方形，全头全腿。

2. 板皮的分级标准

羊板皮的收购分级，有国家正式标准。

（1）有关分级的名词术语。

板质很好：皮板肥厚，厚薄均匀，板面细致，油性足，光泽好，弹性强。

板质尚好：皮板略薄但厚薄均匀，板面细致，有油性，光泽好，有弹性。

板质较弱：皮板较薄，厚薄略显不匀，板面稍显发粗，油性较小，弹性较弱。

板质瘦弱：皮板瘦薄，厚薄明显不匀，板面粗糙带瘦纹，油性、光泽、弹性均差。

疔伤：有红疔、白疔之分，面积似绿豆大小。红疔指伤处带痂皮，板面透明发红，甚至溃烂成洞。白疔指伤处痂皮已脱落，板面透明发亮显暗白色。

痘伤：板面上呈现大小不一的鼓泡，泡内有淡黄色的粉末对应的皮表处凹陷或带小疙瘩。

疥癣板：被毛枯燥脏乱，皮表处带痂皮，板面粗糙，光泽暗淡。

伤痕：各种创伤愈合以后留下的痕迹。

老公羊皮：皮板厚硬，颈部尤为突出，厚薄不均，板面发粗，骚膻味大，被毛粗长，光泽差。

轻陈皮：板面稍显干枯，略微发黄，尚有一定弹性。

陈板：被毛枯燥光泽差，板面干枯发黄，弹性差。

轻烟熏板：板面呈黄肉色，油性差，常带烟熏味。

轻冻板：局部皮板略显厚、发糠，呈浅乳白色，无油性。

冻板：皮板略显厚、发糠，板面呈乳白色，无油性。

淤血板：板面呈暗红色，枯燥、无光泽，弹性差。

描刀：在板面上有深度不超过皮板厚度的 1/3 的刀痕。

回水板：干皮水湿以后又重新晾成的干板。板面发暗无光，被毛常带水绺。

（2）加工要求。屠剥适当，形状完整，晾晒平展，毛面，皮板洁净。

（3）规格质量。板皮的规格质量如表 10-11。

表 10-11　板皮的规格质量

等级	品质质量	四川、汉口、济宁、云贵路		华北路	品质比较/%
		面积/m^2	重量/g	面积/m^2	
特等	板质良好，在重要部位允许带 0.2 cm^2（如绿豆粒大小）伤痕一处；或板质尚好，重要部位没有任何伤残或缺点，可在接近两肷的边缘规定部分带有小的（0.2 cm^2）伤痕一处	0.44（4 平方市尺）以上	600（1.2 市斤）以上；云贵路无要求	0.5（4.5 平方市尺以上）	120
一等	板质良好，在重要部位允许带 0.2 cm^2（如绿豆较大小）伤痕一处；或板质尚好，重要部位没有任何伤残或缺点，可在接近两肷的边缘规定部分带有小的（0.2 cm^2）伤痕一处	0.23（2.1 平方市尺）以上	四川路、汉口路为 325（0.65 市斤）以上；济宁路 300（0.60 市斤）以上；云贵路无要求	0.33（3 平方市尺）以上	100
二等	板质较弱，或具有一等皮板质的轻烟熏板、轻冻板、轻疥癣板、钉板、回水板、死羊淤血板、老公羊皮，都可带伤残不超过全皮面积的 0.3%；或具有一等皮板质，可带伤残不超过全皮面积的 1%；或有集中疔、痘总面积不超过全皮面积的 10%，制革价值不低于 80%	四川路、云贵路为 0.23（2.1 平方市尺）以上；汉口路、济宁路为 0.19（1.7 平方市尺）以上	300（0.6 市斤）以上；云贵路无要求	0.28（2.5 平方市尺）以上	80
三等	板质瘦弱，允许带集中伤残不超过全皮面积的 5%；或具有二等皮板质的浆板、陈板、疥癣、烟熏板、回水板，都允许带集中伤残不超过全皮面积的 10%；或具有一等皮板质、允许带伤残不超过全皮面积的 25%，制革价值不低于 60%	四川路、云贵路为 0.23（2.1 平方市尺）以上；汉口路、济宁路为 0.19（1.7 市尺）以上	250（0.5 市斤）以上；云贵路无要求	0.22（2 平方市尺）以上	50
等外	不具备等内皮品质				30 以下

（4）注意事项。四川路、汉口路要求全头全腿；大毛猾子皮不能按羊板皮收购；对钉撑过大的皮张要酌情降等。

五、羔皮和裘皮

羔皮和裘皮是根据屠宰时的年龄划分的。凡从流产或生后几天内的羔羊所剥取的毛皮，称为羔皮；从生后 1 月龄以上的羊所剥去的毛皮称为裘皮。我国毛皮市场对羔皮和裘皮的划分与此有所不同：凡从 1 岁以内尚未经过第一次剪毛的羊剥取的皮统称为羔皮；从 1 岁以上已经剪过毛的羊剥取的皮，统称为裘皮。羔皮大都露毛穿用，用以制作衣帽、皮领或翻毛大衣等，所以要求花案奇特，美丽悦目；裘皮主要用于制作毛面向内穿着的衣物，用以御寒取暖，因此要求保温性能强、结实、美观、大方。

任务二 南江黄羊肠衣的加工

肠衣是羊的主要副产品之一，也是我国传统的出口商品，早在 1900 年即开始出口，远销欧美各国。我国肠衣的特点是口径大小适宜，两端粗细均匀，颜色纯洁透明，薄膜结实坚韧，富有弹性，经过高温蒸、煮、熏等工序都不会变裂，用它制成的各种香肠、腊肠、灌肠等成品，能保持长时间不变质、不走味，因而在国际市场上享有很高的声誉。

一、肠衣的基本特征和品质要求

羊的小肠、大肠、大肠头（直肠）、膀胱等，经过加工，除去各种不需要的组织后剩一层有韧性的半透明薄膜，通称为肠衣。

肠衣在加工过程中分为原肠、半成品肠衣和成品肠衣 3 种。羊屠宰后，将肠子取出，经过倒粪、倒尿、串水清洗等工序处理后，即为原肠。原肠的肠壁从里到外由黏膜层、黏膜下层、肌肉层和浆膜层 4 层组成，其中黏膜层、肌肉层和浆膜层在加工过程中均能被除掉，只保留黏膜下层。在原肠收购中，可根据以下特征区分羊肠子：南江黄羊肠子一般发亮，用手捋肠壁有不平的感觉，较柔软，拉力较小；绵羊肠稍长，无光，用手捋肠壁时感觉较平直，比南江黄羊肠子挺实，拉力大。

原肠经过浸泡、冲水、刮制、验质、去杂、量码、盐腌、扎把等工序后即成半成品肠衣。收购部门称为毛货、光肠或胚子。对半成肠衣的要求是：品质新鲜，无粪污杂物，头子割齐，无破洞；气味正常，无腐败气味及异味；色泽应是白色、乳白色、青白色、黄白色、青褐色，以前两种颜色为上等。半成品肠衣再经过验质、分路、量码、扎把、装桶等工序，即为肠衣成品。对盐腌南江黄羊肠衣成品的合格要求是：品质要求为肠壁坚韧，无痘疔，新鲜，无异味，呈白色或青白色、黄白色、灰白色、青褐色。按长度分为 6 路个路：一路 22 m 以上，二路 20 ~ 22 m，三路 18 ~ 20 m，四路 16 ~ 18 m，五路 14 ~ 16 m，六路 12 ~ 14 m。扎把要求为每根 31 m，3 根为一把，总长 93 米，结头不超过 16 个，每节不得短于 1 m。装桶要求为每桶 500 把，1 500 根。

二、肠衣的加工

猪、牛、羊的盐渍肠衣加工工艺过程稍有不同，现将几个主要过程介绍如下。

1. 浸　漂

将原肠浸入水中，肠中灌入清水，浸泡时间为 18 ~ 24 h，浸泡水应洁净。

2. 刮　肠

将浸漂后的原肠放在木板上逐根刮制，刮肠方法同上。

3. 灌　水

刮光后用水冲洗，并检查有无漏水的破孔或溃疡，不能用的部分需割除。

4. 量　码

冲洗好的肠衣，每 100 码（91.5 m）合为一把，每把不得超过 18 节（猪），每节不得短于 1.35 m。羊肠衣每把长度为 93 m，其中绵羊肠衣一路至三路每把不超过 16 节，四路及五路 18 节，上路 20 节，每节不得短于 1 m。南江黄羊肠衣，一路至五路每把不超过 18 节，六路每把不超过 20 节，每节不短于 1 m。

5. 腌　肠

将配扎成把的肠衣散开，用精盐均匀腌渍。腌渍须一次上盐，一般每把需用盐 0.5 ~ 0.6 kg。上好盐后重新扎把并下缸或每 4 ~ 5 把肠衣放在竹筛内使盐水沥出。

6. 缠　把

腌肠后 12 ~ 13 h，即可缠把。

7. 漂浸洗涤

将腌肠浸入清水中，反复换水洗涤，必须将肠内外不洁物洗净，应少浸多洗。漂洗时间，夏天不超过 2 h，冬季可适当延长，但不得过夜，水温不宜过高。

8. 灌水分路

这道工序是整个肠衣成品加工过程中的重要环节。将洗好的腌肠灌入水，一方面可检验肠衣有无破损漏洞，另一方面按肠衣口径大小进行分路。测量肠衣口径的方法：肠衣灌水后双手紧握两端，双手距离约 0.3 m，依其肠衣自然弯度对准卡尺测量。分路的规格如下：

南江黄羊肠衣共分 6 个路分。一路 22 mm 以上，二路 20 ~ 22 mm，三路 18 ~ 20 mm，四路 16 ~ 18 mm，五路 14 ~ 16 mm，六路 12 ~ 14 mm。

9. 配　码

把同一路分的肠衣，按规格尺寸扎成把。

10. 腌肠及缠把

配毛码成把后，再用精盐腌肠，待水分沥干后再缠成把，即成成品。

以上加工工序，1 ~ 6 与半成品加工方法相同，7 ~ 10 是制成品的工序。

任务三　羊奶的加工

一、羊奶的营养价值与理化特性

在人类食品中，奶是营养成分最全面又最容易消化吸收的食品。奶中含有 200 多种营养物质和生物活性物质，其中氨基酸 20 种，维生素 20 种，矿物质 25 种，乳酸 64 种，以及多种乳糖和酶类。奶中各种营养物质的消化率在 90% 以上，有的几乎全部被消化吸收利用。

羊奶与牛奶成分比较见表 10-12，与牛奶比较，羊奶具有本身的一些理化特点，主要表现在以下几方面。

表 10-12　绵羊奶、南江黄羊奶与牛奶成分比较　　单位：%

成　分	牛　奶	山羊奶	绵羊奶
水　分	87.5	86.4	81.6
干物质	12.5	13.6	18.4
总蛋白质	3.3	4.0	5.7
其中：酪蛋白	2.7	3.0	4.5
乳清蛋白	0.3	1.0	1.2
脂　肪	3.8	4.3	7.2
乳　糖	4.7	4.5	4.6
灰　分	0.7	0.8	0.9
其中：钙/（mg/%）	125	180	210
磷/（mg/%）	105	120	165
能量/（kJ/kg）	3.05	3.26	4.69

1. 羊奶的干物质和能量含量高

南江黄羊羊奶的干物质含量比牛奶高 1.1% 左右，每千克南江黄羊鲜奶能量比牛奶高 1 632 J 和 209 J。

2. 羊奶的含脂率高，脂肪球小

南江黄羊奶的含脂率比牛奶高 0.5%。脂肪球小，被认为是羊奶具有较好消化率的原因之一。

3. 羊奶富含维生素和微量元素

羊奶中的维生素总含量比牛奶高 11.29%，其中维生素 C 含量是牛奶的 10 倍，尼克酸是牛奶的 2.5 倍。微量元素中钴含量比牛奶高 6 倍。

4. 其　他

羊奶比牛奶偏碱性，一般牛奶 pH 为 6.6 ~ 6.8，羊奶 pH 为 6.8 ~ 7.0。牛奶的酸度梯度是为 18 ~ 19 °T，羊奶为 12 ~ 15 °T，所以羊奶对于胃酸分泌过多和胃溃疡患者，是一种具有治疗作用的饮食；羊奶中核苷酸含量较高，对婴幼儿的智力发育及成人健脑大有益处；羊不易患结核病，故饮用羊奶比牛奶更安全。

二、羊奶的检验与储存

1. 羊奶的检验

羊奶的检验可分以下几个方面：

（1）色、味、组织形态的评定。正常的羊奶为白色略带淡黄色，具有甜味和特有的羊脂肪酸味。如发现粉红色、蓝色、红色等异常颜色或奶呈黏滑状、絮状物，甚至凝块，多为细菌污染的结果。如果有些异味，但色、组织状态正常往往是饲料、储存器或储藏时外来异味所致。

（2）比重测定法。为防止奶中掺水，收奶时应测定奶的比重。在 15 °C 时，正常鲜奶的比重为 1.034（1.030 ~ 1.037）。如掺水 10%，则比重计减少 3 个刻度（3 度）。如正常奶在比重计上刻度为 30，则羊奶比重为 1.030，加水 10% 后，比重降为 30 – 3 = 27，即 1.027。

（3）新鲜度测定。新挤出的奶呈两性反应，可使红色石蕊试纸变蓝，也可使蓝色石蕊试纸变红。新鲜奶的正常酸度为 11 ~ 18 °T，若超过 18 °T 则不宜收购。可用 70% 的酒精 1 mL 与等量的羊奶在玻璃皿中充分混合后，让其在器皿中流动，若底部出现白色颗粒或絮状物沉淀，则说明奶的酸度已超过 18 °T。

2. 羊奶的储存

奶在储存前必须进行冷却，使奶全面降温后再储存。冷却的时间应尽量短，否则会影响其本身的杀菌特性。杀菌特性即刚挤出的鲜奶在储存短时间内能抑制奶中细菌的繁殖。这种杀菌特性保持时间的长短，视羊奶的温度而异。在 30 ~ 35 °C 时，保持时间不超过 2 h；10 °C 时，为 24 h；5 °C 时，为 48 h。

储存的温度因储存的时间而定。储存 6 ~ 12 h，要求 8 ~ 10 °C；储存 24 ~ 36 h，要求 4 ~ 5 °C，储存 36 ~ 48 h，要求 1 ~ 2 °C。

已冷却的奶，应储存在有流动冷水的水池或冰水池中。水池一般长 1 m，宽 1 m，深不小于 1 m。储存室内只能储存奶，不能同时储存其他物品，以免将异物、异味带入奶中。

为了防止病菌传染和延长储存时间，应进行巴氏法消毒。常用的方法有 2 种：低温长时间杀菌法（奶加热到 62 ~ 64 °C 保持 30 min）和高温短时间杀菌法（72 ~ 75 °C 保持 16 s 或 80 ~ 85 °C 瞬间灭菌）。

三、羊奶的加工

1. 一般乳制品的加工

羊奶除了经过消毒制成消毒奶出售外，还可以加工成炼乳，即将奶浓缩至原体积 40% ~ 50% 左右。奶粉，通过不同方式将奶干燥，水分应在 5% 以下，再混于蔗糖等，然后装袋制成，便于保存、运输，而且利用方便。干酪，以全乳或脱脂乳为原料，利用凝乳酶（皱胃酶或胃蛋白酶），将其凝固，再通过排乳、压榨、成型加盐，经一定时间的发酵成熟而制成。奶油，通过分离机，使其水分降到 16% 以下，脂肪 80% 以上而制成，奶油分酸性奶油和甜奶油 2 种，羊奶油呈白色，牧民称为酥油，一般不凝结成块而呈浓液状。干酪素，利用酸或凝乳酶，使脱脂乳中的酪蛋白凝固，弃去乳清，将酪蛋白凝块经洗涤、压榨、干燥等工序，制成干酪素。乳糖，利用制造干酪素弃去的乳清，除去乳清蛋白，然后经蒸发、浓缩、冷却结晶、分离洗涤、干燥等工序制成。

2. 干酪素的加工

干酪素是指乳中酪蛋白在皱胃酶或酸的作用下产生的凝固物经干燥后的产品，在工业上多作胶着剂。干酪素的加工办法和产品质量各有不同，但对原料乳的要求都一致。下面以盐酸干酪素为例，简要介绍干酪素的生产工艺过程。

原料脱脂乳：将羊奶加热到 32 ~ 33 °C，用分离机进行分离，含脂率应在 0.05% 以下。

脱脂乳加热：将鲜脱脂乳加热至 34 ~ 35 °C。

加酸：将工业用浓盐酸（30% ~ 38%）先用 8 ~ 10 倍水稀释，在搅拌的同时徐徐加入稀盐酸，或在凝乳槽的底部装以带有多数小孔的管子，将稀盐酸从管内喷雾状加入则更好。加酸时，注意不要使脱脂乳形成大量泡沫。

酪蛋白的凝固：当酪蛋白开始产生凝块时，可用 pH 试纸进行试验，若 pH 达 4.6 ~ 4.8，加酸应暂时中止，则凝块自行沉淀。这时，除去一半的乳清，然后再加酸使 pH 达 4.2。这时颗粒大小约为米粒的 2 倍，并为坚实松散的状态。但必须注意加酸切勿过多，以免蛋白质溶解。

洗涤过滤：加酸后经过短期搅拌，即可放出乳清，然后加入与原料脱脂乳等量的温水进行搅拌洗涤。放出洗涤水后再用约半量原料乳的冷水搅拌洗涤 2 次，然后用布过滤。

脱水：用离心脱水机或压榨机进行脱水，此时含水量为 50% ~ 60%。

粉碎：将脱水后的干酪素用粉碎机粉碎成一定大小的颗粒，或置于 20 目的筛上用刮板使干酪素通过筛孔进行粉碎。

干燥：将粉碎的干酪素铺于布框或金属网（70 ~ 80 目）上，用火力或阳光进行干燥。火力干燥时，温度不要超过 55 °C，时间不超过 6 h。

粉碎分级：干燥后的干酪素先进行粉碎，然后用筛子分成 30、60、90 目等级别。

3. 民族乳制品的加工

新疆是一个多民族居住的地区，各民族都有自己独特的风俗习惯。在制作乳制品方面，各少数民族大致相似。这些乳制品的加工方法虽然古老，但方法简单，产品别具风味，深受人们的喜爱。下面简要介绍几种民族乳制品的加工方法。

（1）奶皮子。奶皮子是民族地区的一种特有的乳制品。成品的形态为厚 1 cm、半径 10 cm 的饼状物，颜色微黄，营养价值高于一般奶油。加工方法各地有所不同，大致的加工方法如下：将羊奶过滤，倒入锅内，以大火加热。加热到快沸腾时，降火，并用铁勺不断翻扬，使羊奶表面不结皮，奶不致沸腾外溢。

持续一定时间，待羊奶表面形成致密的泡沫时，将锅取下，放置阴凉处自然冷却。

经过一夜，乳的表面形成一层厚厚的奶皮层，用小刀沿锅边将奶皮子划开，然后用筷子伸入奶皮层下将其挑起。

将挑起的奶皮子放在平面上晾干 1 ~ 2 d，即出成品。

奶皮子的食用方法很多，一般牧民多用作拌奶茶作早点，有时将奶皮子切成小块放在煮熟的牛乳中食用。冬天可将奶皮子放在炉上烤黄再食用，这样风味更浓。

（2）奶豆腐。奶豆腐的制作方法与豆腐大致相同。方法为：加少量的醋于碗中，然后盛一铁勺煮开的羊奶倒入碗中，不断摇荡，等全部蛋白质凝成团状后取出，沥去乳清，放入食盐水保存，随用随取，十分方便。新疆少数民族地区的奶豆腐，与上述方法不同。它是用奶皮子加工剩余的脱脂乳制成的，方法为：将作奶皮子加工剩余的脱脂乳置于容器中，使脱脂乳自然发酵凝固。随后排出乳清，将尚含有相当水分的凝块放入锅内，加热搅拌。最后，将凝块取出摊开或放置在一个定形的方匣中，冷却后就成为奶豆腐。为了便于保存，可把做好的奶豆腐放在太阳下晒干。晒干的奶豆腐携带方便，并且充饥耐久，为牧民最普通的食物之一。

（3）酥油。酥油是新疆、内蒙古、西藏、青海等地少数民族普遍的食品。每到产奶盛季，牧民大量加工酥油，以供常年食用。酥油的制作方法如下：将鲜乳用牛乳分离机或加热静置的方法取出稀奶油或奶皮，然后倒入木桶发酵 1 周。发酵期间，应经常搅拌。

发酵后，将木桶表面的带有强烈酸味的凝固乳脂肪取出。

挤出其中乳汁，放在冷水中漂洗和搓揉，最后沥取或挤去水分。

将上述加工的奶油倒入锅内溶化，并除去油脂表面的杂物，加热到锅内没有水分的响声时，将奶油倒出，去掉沉到锅底的渣子，即成酥油。

任务四　南江黄羊其他副产品的开发

一、羊　骨

羊骨可用来生产骨胶原、骨胶、骨粉。从羊骨中提炼的脂肪，是重要的工业用脂肪。在大型屠宰场，设置有专门加工骨的车间和设备。在农村中，习惯上羊的胴体不剔骨，羊肉连同骨一起销售和烹调（羊肉加工厂除外）。羊骨粉是优质饲料的原料和肥料。粗制骨粉的加工方法：将骨压成小块入锅中煮沸 3 ~ 8 h，除去部分骨油和脂肪，沥干水分并晒干，放入 100 ~ 140 °C 的干燥室或炉中，烘干 10 ~ 12 h，用粉碎机磨成粉末，即为成品。

二、羊　血

羊血是饲料工业的重要原料。羊血中的干物质含量约为 18%，其中约有 90% 是蛋白质，其他成分包括脂肪、糖、矿物质盐、胆固醇和卵磷脂等。大多数羊血被用于生产血粉作畜禽饲料。现代加工技术，如“环形干燥法”、“酶水解血粉法”和各种预浓缩血的方法，为工厂化生产优质血粉开辟了重要途径。在农村条件下，加工少量羊血可采用自然干燥法和热凝结法。

选择高燥、向阳的地方修建一个浅水泥池，注意排水。将羊凝血倒入池内，摊晒均匀，厚度约 5 cm，并盖上芦席或竹席，将血凝块踩碎，排出水分，揭去芦席，于日光下连续晒 35 d。每天翻晒 5 ~ 8 次。将晒干的血粉粉碎过筛，即为成品。也可将凝血切成 10 cm 左右的方块，放入沸水中 20 min，其间保持加温，但不要煮沸，待血块内部变成紫黑色后捞出，放入厚布中包紧，榨干水分后，取出搓散，于日光下晒 1 ~ 3 d，粉碎过筛，即为成品。

在食品工业中，羊血可用来生产黑布丁、血香肠、糕点、血饼、面包、冰淇淋和奶酪等。在医药工业和轻工业方面，主要用来生产黏合剂、复合杀虫剂、皮革面漆、泡沫灭火剂、纸塑料和化妆品等。

三、羔羊皱胃

1～3 日龄羔羊皱胃的凝乳酶和胃蛋白酶是制造干酪、酪素及医药工业的重要原料。羔羊的皱胃（第四胃）与重瓣胃（第三胃）相连。凝乳酶和胃蛋白酶由胃底腺分泌，其分泌的质和量与进入皱胃的奶有关。在专业化屠宰场，设有专门加工皱胃的车间。在农村条件下，宰杀羔羊前，让其吃足初乳，或用去掉针头的注射器将羔羊灌饱乳汁。宰杀后，扎紧皱胃两端开口并切下，挂在通风处晒晾干后出售。

专门用来制作凝乳酶的皱胃，在羔羊宰杀后，切下皱胃送入加工车间。从大切口端（与第三胃连接处）轻轻捏挤出胃内容物，不得用水洗涤。剥去胃表面的血管和脂肪组织，注意不要损失外膜。用细绳将大切口扎紧，从小切口处用气压机打入压缩空气，扎紧小切口，然后将皱胃固定在细竹竿或木棍上。每根木棍长约 2 m，可固定 10～15 个皱胃，然后放入烘房，在 35～38 °C 条件下烘干 2～3 d，取出后从小切口排气，扎紧，再按标准进行分类；每 25～50 个为一捆，用机器压紧，捆扎后送交收购加工部门。

四、瘤胃内容物

瘤胃内容物含约 18% 的蛋白质和 2%～3% 的脂肪，还富含矿物质元素和 B 族维生素。瘤胃内容物可用于生产沼气、发酵干物质用作畜禽饲料或加在饲草和秸秆中进行混合青贮。在较大的屠宰场，可用机械将收集的瘤胃内容物中的液体挤压出来，然后于 100 °C 条件下烘干，粉碎后用于反刍动物日粮内。从瘤胃中挤出的液体，可进一步浓缩或干燥处理用于猪的日粮内。在农村条件下，可将南江黄羊的瘤胃内容物自然晒干或风干后用来饲喂牛、羊。

五、软组织、下水和胆汁

软组织包括带骨和不带骨的软组织和废弃物，可用来加工成肉粉或提取羊油。前者广泛用作畜禽和观赏动物的饲料日粮，后者主要用作轻工业原料。

下水主要包括气管、肺、心、胃、肠、肝和脾等，既可供人们食用，也可用于生产肉粉作畜禽饲料原料。

羊的胆汁是医药工业的重要原料。当胆汁含 75% 左右的干物质时，可较长期保存。在实际生产中，人们常将胆汁丢弃，实在可惜。因此，提倡将胆囊收集起来，经风干处理后交收购加工部门。

六、羊　粪

在专门化畜牧场或屠宰场，可将羊粪加工后作饲料、肥料或燃料。羊粪加工主要采用生物法和化学法，这些方法需要大量的设备投资和占用大量的土地。畜粪的处理一方面可合理利用废弃物，因为羊粪中含有大量蛋白质等营养物质；另一方面可预防环境污染。

近年来已开发出有效加工羊粪的生物方法，其产品为生物腐殖质，十分适宜在农村条件下应用。在现代农业生产中，化学肥料的施用量显著增长，导致土壤酸化，缺乏微量元素，土壤结构被破坏，土壤中有益微生物的生活条件受到限制。有关专家认为，生物腐殖质对土壤肥力有特别重要的作用，除营养物质显著高于羊粪和其他堆肥外，还具有许多优势，如：生物腐殖质具有生物活性，含微生物和调节植物生长的激素和酶；蚯蚓的生命活动能减少沙门氏菌和其他病原菌数；肥料中的有机物具有较大的稳定性；植物生长所必需的矿物质在肥料中以易吸收的形式存在；可生产大量畜禽蛋白质饲料等。

羊粪是生产生物腐殖质的基本原料。制作方法：将羊粪与垫草一起堆成 40 ~ 50 cm 高的堆，浇水，堆藏 3 ~ 4 个月，直至 pH 达 6.5 ~ 8.2，粪内温度 28 °C 时，引入蚯蚓进行繁殖。蚯蚓 6 ~ 7 周龄性成熟，每个个体可年产 200 个后代。在混合群体中有各种龄群。每个个体平均体重 0.2 ~ 0.3 g，繁殖阶段为每平方米 5 000 条，产蚯蚓个体数为每平方米 30 000 ~ 50 000 条。生产的蚯蚓可加工成肉粉，用于生产强化谷物配合饲料和全价饲料，或直接用于鸡、鸭和猪的饲料中。

学习情境十一　高效养羊兽医卫生保健与防治技术

项目一　南江黄羊疾病防治的基本知识

南江黄羊是一种抗病力较强的动物，以体格健壮、适应性强著称。因此，在南江黄羊生产中，我们常常忽略了对南江黄羊疾病的防治。近年来，随着南江黄羊的交易日趋活跃，流动频繁，加之生态环境的恶化，给南江黄羊疾病的发生和流行提供了更多条件。近年来，不少地区都出现南江黄羊染疫而造成的重大死亡和损失，不仅给南江黄羊生产造成危害，而且影响了南江黄羊产品的销售和南江黄羊的推广，阻碍了山区农民致富奔小康的步伐。

引发南江黄羊疾病的因素很多，有物理的（如食道阻塞）、化学的（如食物中毒），更多的是生物的（如寄生虫病、传染病）。临床上常将南江黄羊疾病分为传染病、寄生虫病和普通病三大类，其中普通病主要包括内科病、产科病、中毒病、代谢性疾病几种。自然界中微生物分布广泛，但致病微生物只是极少数，主要有细菌、病毒、霉菌、放线菌、支原体、衣原体、立克次氏体、钩端螺旋体。所以，在临床上不同病原微生物引起的不同疫病在治疗方法和选择药物上也是不一样的。准确诊断，对病下药，不仅能使疫病得到及时治疗，又能节省开支，最大限度地减少疫病对南江黄羊生产的损失。

南江黄羊疾病中危害最大的是传染病，主要有口蹄疫、羊痘、传染性胸膜肺炎、羊传染性脓疱病（口疮）、羔羊痢疾、羊肠毒血症（软肾病）、羊快疫、羊猝狙、钩端螺旋体病等。其次是寄生虫病，常见的寄生虫病有羊肝片吸虫病、绦虫病、多头蚴病（脑包虫病）、肺线虫病（丝状网尾线虫）、疥螨、蜱、毛虱病等。除此之外，流产、难产和瘤胃臌气、食物中毒等普通病也常有发生。疾病造成的危害最严重的是引起羊只死亡，或传染其他羊、其他动物和人类；其次是损害羊的组织器官，造成暂时或永久性的功能障碍；同时，疾病还消耗营养、降低生产性能。最终导致羊只数量减少，质量下降，经济效益低下，甚至威胁人畜安全，影响社会稳定。因此，搞好南江黄羊疾病的防治工作意义十分重大。

任务一　南江黄羊疾病防治方法

加强饲养管理、增强南江黄羊体质是防止疾病发生的关键。除此之外，不同种类的疾病有着不同的防治方法。

一、传染病的防治方法

传染病的传播有其特定的规律，除气候、环境等因素影响外，导致某种传染病发生是由特定的传染源、一定的传播途径、对这种致病微生物敏感的动物三个因素共同作用的结果。消灭（消除）传染源、阻断传播途径或不养易敏感动物，传染病就不会发生。传染源是指患这种传染病的动物（包括潜伏期、患病期和愈后期）、动物尸体等；有些动物带菌（毒）后的潜伏期没有明显症状，患传染病愈后带菌（毒）（三个月内的称急性带菌羊，如口蹄疫等；三个月以上的称为慢性带菌羊，如传染性胸膜肺炎等）都可能引起忽略，往往就成为新的传染源。传播途径是指病原体从传染源排出后，经一定的方式通过消化道、呼吸道、生殖道、皮肤黏膜再侵入其他易感羊所经过的感染路径。传播途径有两种，一种是垂直传播，另一种是水平传播。以水平传播为多见，即患病动物或带菌动物排出的病原体污染饲料、牧草、饮水、空气、设备、用具、土壤及活的媒介（如昆虫、蚊、螨、蜱、虱、飞鸟等），使健康羊吸入或食入而感染。易感动物是指对这种病原体敏感的动物，外界环境、日龄、体质、品种不同，对传染病的易感性也不一样。根据传染病的传播速度、范围和造成的损害程度等流行特点可将传染病分为大流行、流行性、地方流行性和散发性几种。南江黄羊所发传染病中仅地方流行性（如传染性胸膜肺炎、羊痘等）和散发性（如传染性脑炎-关节炎、钩端螺旋体病等）两种，以地方流行性传染病对养羊业危害较大。了解传染病的流行环节和流行特点，对科学防治羊传染病十分重要。

1. 定期预防接种

定期对羊只进行预防性免疫接种是防止传染病最有效的一种方法。根据羊传染病的流行情况及国家强制免疫接种的要求，目前主要进行羊痘苗、口蹄疫苗、羊传染性胸膜肺炎苗、羊（羊快疫、羊猝狙、羊肠毒血症）三联苗等的免疫接种。羊痘苗预防由羊痘病毒引起的羊痘病，每瓶 50 头份（ – 15 °C 保存期 2 年），用 25 mL 生理盐水或注射用水稀释后，每羊皮内注射 0.5 mL，免疫期为 12 个月。羊性胸膜肺炎苗预防由支原体引起的羊传染性胸膜肺炎，其溶剂为氢氧化铝溶液，每瓶装 100 mL，2 ~ 8 °C 温度保存，颈中部皮下或肌肉注射，6 月龄以下羊每只注射 3 mL，6 月龄以上每只 5 mL，免疫期 9 个月。羊三联苗预防羊猝狙、羊快疫、羊肠毒血症和羔羊痢疾四种细菌性传染病，每瓶装 100 mL，每只羊皮下或肌肉注射 5 mL，免疫期为 1 年。羊口蹄疫苗预防由口蹄疫病毒引起的羊口蹄疫病。羊痘苗和三联苗注射 1 周即产生免疫力，羊传染性胸膜肺炎苗注射半个月产生免疫力。两种疫菌苗不可同时注射，必须待一种疫菌苗产生免疫力后才能注射另一种。口蹄疫苗注射时部分羊只会发生反应，病弱羊、怀孕羊应严禁注射。注射时要仔细阅读疫苗的说明书和标签，过期失效和有破损污染的一律不得使用，要搞好注射器械的消毒，每注射一只羊前后要对注射部位进行消毒，注射下一只羊时要更换针头。病羊和怀孕后期的羊原则上暂不注射。羔羊一般在断奶时再注射，但有些羊场在羔羊 15 日龄就注射三联苗，一月龄时注射传染性胸膜肺炎疫苗。

2. 搞好药物预防

传染病的种类较多，而免疫注射只能预防几种传染病，不少传染病还没有研制出疫苗，有些传染病虽有疫苗但免疫时有些特殊要求（如羊流产衣原体苗要求在怀孕前后一个月内注射），操作极不方便，初生羔羊、患病羊、怀孕后期母羊原则上不适合注射疫菌苗。弥补的最好办法就是进行药物预防。药物预防一般在季节（气候）变化、羊群变换或邻近有其他传染病发生时使用。方法是给羊群口服或注射抗生素类或磺胺类药物。针对要预防的传染病种类，可注射青霉素、链霉素、复方新诺明等，也可将土霉素、四环素粉剂掺入饮水或饲料中饮用或食用，药物占饲料和饮水的比例为：抗生素粉剂预防量 0.01% ~ 0.03%，治疗量 0.04% ~ 0.05%；磺胺类粉剂预防量 0.1% ~ 0.2%，治疗量 0.2% ~ 0.5%。但要注意的是，现在市场上所售袋装抗生素和磺胺类药物粉剂其药物有效含量均未达 90%，一般在 10% ~ 30%，故用药时应按比例增加用量。因羊是反刍动物，故抗生素药物不宜长期和频繁口服，以免引起羊只消化功能损害。另外，肉羊在出栏前一个月内不宜使用，以免造成药物残留，影响羊肉品质。

3. 坚持自繁自养，严格入群检疫

自繁自养羊只和流动性小的羊群感染传染病的较少。一些运销户、羊只集散点和交通沿线、城镇附近的羊群发生传染病的较多。要坚持自繁自养，禁止从疫区购羊。对购入和调入的羊只要详细了解其来源地的疫情、健康状况并经严格检疫后，才能购入。入群（户）前要进行一个月的隔离，经确认健康无病后才能与原有羊只同群。

4. 注意环境卫生，定期进行消毒

良好的卫生状况对防止传染病十分重要。要每天清扫羊舍，注意羊舍的通风透光。杀虫灭蝇，消灭老鼠。每月或每季度对圈舍及周围环境进行一次消毒，疫病流行期每天消毒，消毒药物可用 10% ~ 20% 的石灰乳或 10% 的漂白粉溶液、30% 草木灰水、3% 的氢氧化钠及市场上销售的菌毒敌等专用消毒液，见图 11-1。对粪便要集中堆码进行生物发酵处理，妥善隔离好病羊，对病死羊尸体进行深埋或焚烧销毁。

图 11-1 羊舍内清洗消毒

当羊群发生传染病后要立即上报有关部门并及时采取扑灭措施。一是立即将病羊、疑似病羊与健康羊隔离饲养；二是封锁羊场，禁止调入调出；三是对圈舍、环境及用具进行严格消毒，并坚持 15 ~ 20 d；四是对病羊进行及时有效的持续治疗；五是对羊群进行药物预防和紧急预防接种；六是对危害极大的传染病病羊及同群羊（如口蹄疫等）进行扑杀销毁，对病死羊尸体和污染物妥善处理。

二、寄生虫病的防治方法

从表面上看，寄生虫病的危害小于传染病，主要表现为死亡率相对较低。但是，寄生虫病造

成羊只抵抗力、生产力低，经济价值低下，尤其是易感染传染病，危害人体健康等危害仍是惊人的。寄生虫按其形态、寄生部位和生活史可分为蠕虫、原虫和蜘蛛昆虫三大类。蠕虫又包括吸虫（如羊肝片吸虫病）、绦虫（如羊莫尼茨绦虫病）和线虫（如由丝状网尾线虫引起的羊肺线虫病）。其中绦虫又分成虫绦虫和绦虫蚴两类。原虫病在南江黄羊中尚未发现。蜘蛛昆虫类可分为蜘蛛类和昆虫类，蜘蛛类主要有羊螨（即疥螨）和羊蜱（俗称“草虱子”），昆虫类常见的是羊虱。

寄生虫的损害方式主要有四种。一是夺取营养：部分通过小肠、胃等消化道吸取养分；大部分通过吸取血液获取。二是引起机械损伤：挤压、撕裂组织器官、钻孔、管道梗塞、黏膜脱落等。三是损伤组织后带入细菌和“超寄生现象”（细菌或病毒寄生虫卵内）引起局部组织感染发生炎症，或发生传染病。四是产生毒素毒害羊体。最终导致羊的生长发育迟缓，增重减慢和消瘦、贫血，严重影响生长和繁殖，使畜产品数量减少，质量降低。寄生虫的生长发育也有其规律，大多要经历虫卵、幼虫、成虫几个阶段。而且大部分的寄生虫虫卵和幼虫（蚴）要通过其他动物或昆虫（即中间宿主）才能发育成具有感染能力的蚴，切断其发育史上任何一个环节，都不能被感染。同时寄生虫病的发生和发展也必须具备三个条件，即易感动物、具有一定致病力的病原和适宜的外界环境。寄生虫的感染途径有些是羊体间直接接触感染，如外寄生虫；有的是由于羊吃了具有侵袭性的虫卵、幼虫污染的饲料、牧草、饮水或误食含有侵袭性幼虫的中间宿主而感染，大部分蠕虫就是经过这种途径感染的；有的是从皮肤直接钻入而感染，如血吸虫和钩虫等。但大多数情况是混合感染，特别是蠕虫病。根据寄生虫的发育史不同，常将寄生虫分为土源性寄生虫和生物源性寄生虫。土源性寄生虫又称直接发育型寄生虫，是发育过程中不需要中间宿主或感染过程中不需要传播者的寄生虫，如丝状网尾线虫；生物源性寄生虫又称间接发育型寄生虫，是发育中必须依靠中间宿主或感染时需要传播者的寄生虫，如肝片吸虫等。寄生虫病呈急性的较为少见，往往都是由于突然感染或体质太差、缺草缺料以及有其他疾病羊体抵抗力极差时才呈急性。一般都是慢性经过，症状不明显，不仅容易忽略，延误治疗，而且使羊作为带虫者，成为传播寄生虫病的主要来源。所以说，寄生虫病也具有传染性。

1. 定期驱虫和药浴

预防性驱虫和药浴一年不得少于 3 次。即三、四月份气温开始转暖适宜寄生虫繁殖的时节进行一次驱虫和药浴，八月份羊只开始抓秋膘时进行一次驱虫和药浴，十月下旬至十一月上旬肉羊出栏前（销售前 20 d）和羊群准备越冬时进行一次药浴和驱虫。平时发现有感染寄生虫症状的个体要补驱，新进羊群要驱虫和药浴，羔羊在 40 日龄左右就应驱虫药浴。驱虫用的药物现在多选用阿维菌素（或双威）、丙硫苯咪唑（抗蠕敏）、盐酸左旋咪唑等，药物要交替使用，以免产生耐药性。要对驱虫后羊群所排粪便集中进行杀虫处理，驱虫后一周内羊群放牧草场要天天更换，至少半个月后才能再去放牧。药浴时，常用双甲脒乳剂、敌百虫片兑成乳液（温度最好在 36 ~ 39 °C）进行池浴、桶浴或用喷雾器对羊体喷洒。药浴前要给羊饮足水，以免羊只口渴而饮用药液引起中毒。操作人员要注意个人防护，药浴结束后用清水或酸性洗涤剂清洗用具和清洁个人卫生。

2. 消灭外界环境中的病原

一是对羊粪进行堆积，外覆 10 cm 厚的泥土，发酵 3 个月就可杀灭粪便中的虫卵和幼虫。二是定期轮牧，有条件的地方按春、夏、秋、冬不同季节安排草场，羊群每 3 个月轮牧一次。特别是驱虫后的羊群最好舍饲 3 ~ 7 d 以避免带虫（卵、幼虫）的粪便污染草场。

3. 控制和消灭中间宿主

污水塘、水田里的淡水螺蛳和某些草地中的陆地螺蛳、蜻蜓、冬螽等不少都是羊寄生虫的中间宿主，消灭中间宿主就破坏了寄生虫的生活环链。对淡水螺蛳，可用 1∶5 000 的硫酸铜溶液灌溉；对陆地螺蛳，可用硫酸铜与细砂按 1∶10 的比例混合后，每亩洒 1 000 g。更提倡生物性消灭（消除）中间宿主，如饲养水禽、人工捕捉等，同时要做好填塘、排污等工作，避免羊群到低洼、潮湿的地方和沼泽地、污水塘边放牧。羊的饮水要用流动的山泉水或经消毒后的自来水。要切实保证水源和草场不受污染。对犬实行拴养，将犬粪集中妥善处理，定期对犬驱虫。妥善处理动物尸体、内脏和排泄物、污染物。

4. 加强饲养管理，搞好环境卫生

羊群的体质是决定寄生虫病发生与否及损害程度大小的关键因素。因此，必须加强饲养管理，增强羊只体质。同时，要保持圈舍和周围环境的清洁、干燥，保持饮水和饲草饲料的清洁卫生，饲草（料）富含维生素、蛋白质、矿物质等。

三、普通病的防治方法

羊的普通病发病较少，危害相对较小。只要切实加强饲养管理，注意观察羊体健康，早发现早治疗，就能减少普通病的危害。

任务二　南江黄羊疾病的诊断与治疗

一、羊的主要生理指标

体温（直肠）：39 °C ± 0.5 °C；脉搏：90（70 ~ 135）次/分；呼吸：12 ~ 20 次/分；瘤胃蠕动：3（1.5 ~ 6）次/分；反刍：4 ~ 8 次/24 h。

二、羊病的诊断

1. 饲养管理过程中细心观察

羊是抗病力较强的动物，一般的小病小痛和较重疾病的发病初期没有明显的症状，如不仔细观察很难发现，但当临床上有明显的症状时，羊的疾病就已经很重了，治疗起来难度也就增大了。放牧和饲养时要在饲养管理过程中留心观察羊的精神、采食、运动、大小便等情况，及早发现及早治疗往往能起到事半功倍的效果。如放牧时始终走在队伍后面、采食骤减或停止、精神不振、咳嗽、舔毛、在树干或墙壁上擦痒、大便变稀、小便变黄或血尿等，出现以上现象就可以判断其已发病，及时报告、及时治疗就能及时抓住治病的最佳时机，使羊只转危为安。

2. 临床诊断

临床诊断有问诊、视诊、触诊、嗅诊、听诊等。问诊是向畜主和饲养员询问病羊的发病史、生活环境、周围及同群羊只是否发病、发病过程和发病表现，以分析发病原因、性质，准确诊断。视诊是对病羊的精神状态、营养状况、皮肤、可视黏膜、粪尿、呼吸等情况进行仔细察看，以判断病因、病的种类。触诊是通过触摸或用仪器设备检查羊的体温、脉搏、皮肤、淋巴结以及必要时压迫内脏等以感知温度、硬度、压痛、移动性和表现状态，以确定病变的位置、大小和性质。嗅诊是嗅闻病羊的分泌物、排泄物、呼出的气味等以判断内脏的病变。听诊是直接或用仪器设备听取羊体内脏器发出的声音以推断其病理变化。临床诊断是一项较专业的工作，同时还要具备一定的实践经验。

3. 病理剖检诊断

对病羊的尸体进行解剖，察看组织及内部脏器的病理变化。尸检一般愈早愈好，特别在夏天尸体易腐败变质，影响尸检的准确性。对传染病的尸检要格外小心。一是做好个人防护，防止人畜共患传染病感染剖检人员；二是慎重选择剖检地点，防止病原污染；三是剖检后要对尸体和污染物进行深埋，并对尸体和污染的地方喷洒 4%的氢氧化钠或 20%的石灰水溶液。法律规定禁止剖解的病羊不应剖解。

4. 实验室诊断

当剖检后仍难以确诊时，只有将病料送实验室进行进一步诊断。

5. 药物鉴别诊断

有些地方没有条件进行实验室诊断或又不能进行剖检而临床诊断又难以确认时，使用药物鉴别诊断也不失为一个好办法。具体的方法是：按初步诊断怀疑的几种病，采用几种不同的敏感药物分组治疗，按治疗后的效果判断是什么病。

三、羊病的治疗

羊病的治疗是建立在准确的诊断基础之上的，准确诊断了羊的疾病后还要选择合适的给药途径。

1. 口服给药法

（1）饮水、饲料给药法：将药物按一定比例均匀地拌入饲料或饮水中，让羊自由采食或饮用。这种方法常用于药物预防时使用。

（2）手喂和长颈瓶给药法：一人骑在羊背上，将羊固定于两胯之间，抬起羊头，使羊口角与眼呈水平，另一人站于羊头前，左手用食、中两指从羊右口角伸入羊口中，轻轻按压舌面。右手用长颈瓶（内装药片）或徒手将药投入羊口舌面中部，再灌入少量清水即成。

2. 注射给药法

注射前，必须对注射器、针头严格消毒，一般可煮沸 15 ~ 20 min，病羊多时要多备一些针头，做到一羊一只针头，注射前先剪去注射部位的毛，用碘酒消毒、酒精脱碘，注射后也要用碘酒、酒精消毒。

（1）皮下注射：对于易溶解无刺激性的药物，或希望药物较快吸收，尽快产生药效时，常用这种方法。注射部位：颈侧或股内侧皮肤松软处。方法：以左手的食指和大拇指捏起注射部位的皮肤，右手持注射器，使皮肤和针头呈 30° 角向内下方刺入 2 ~ 4 cm 时注入药液。

（2）肌肉注射：常用于有刺激性或难以吸收的药物。注射部位：颈侧或臀部肌肉丰满处。方法：以左手大拇指、食指分开压绷注射部位的皮肤，右手持注射器垂直刺入肌肉内 2 ~ 4 cm，回抽注射器如无回血即可缓慢注入药液。

（3）静脉注射：对刺激性较大、药液剂量大、希望尽快发生药效时多采用这种方法。静脉注射要求注射器械消毒必须严格，药物纯净，注射速度不宜太快。注射部位：颈侧上 1/3 与中 1/3 交界处的颈静脉沟的颈静脉内。注射方法：将注射器或输液管中的空气排尽。注射时，以左手大拇指按压注射部位的下部，使颈静脉怒张，其余 4 指在颈的对侧固定。右手持针头与静脉管呈 45° 角刺入静脉内，松开左手见到有回血后，再将药液缓慢注入。大剂量静脉滴注时可使用一次性输液器。

除此之外，还有以下三种方法：

（4）气管注射：尤适宜肺炎、蠕虫性肺炎等。

（5）穴位注射：如交巢穴（尤适应拉稀、腹泻等）。

（6）腹腔注射：适宜小羊注射，药量大。

3. 外用法

外用多用于体外消毒、杀灭外寄生虫和治疗创伤、羊痘等病。

（1）洗涤：将药物配成适当浓度的溶液，清洗局部皮肤或鼻、眼、口腔黏膜及创伤等部位。

（2）涂擦：将药物制成软膏或适宜剂型，涂擦于皮肤或黏膜、创伤表面。

四、羊病防治应注意的几点

多年来，养羊业都习惯于小群相对封闭式饲养，很少病源传入，因此羊群发病率低，养羊户和养羊场对羊病防治未引起足够重视，有些甚至认为羊只病死是自己运气不好，其实是缺乏科学的防疫观念。近年来，羊病特别是羊传染病的不断发生使不少养羊户、种羊场蒙受巨大损失，有些甚至最终放弃了自己热爱的养羊事业。因此，正确认识和理性对待羊病的防治是十分重要的。

1. 必须坚持预防为主的方针

到目前为止，炭疽、口蹄疫等重大传染病在南江黄羊中尚未发生过。已发现的羊痘、羊传染性胸膜肺炎、羊梭菌病等传染病也不是什么绝症，是既可防又可治的。实际上，通过多年的实践证明：无论哪种类型的羊群，只要做好几种传染病的预防接种工作，再辅以适当的药物预防，完全可以避免羊传染病的发生。一年进行 3 次驱虫和药浴，就可减少或避免寄生虫病的危害。随时补充营养盐砖，可以解决羊只各种矿物元素和微量元素的缺乏。其他零星发生的病例，只要养殖场、养羊户随时备有体温表、注射器具和常用药物，自己都可以治疗用药。

2. 细心观察，早发现早治疗

一旦发生羊病，必须早发现早治疗。有不少病包括传染病在早期治疗很快就会痊愈，但如治疗不及时，不仅疾病加重，而且还会出现其他并发症，特别是当病变部位损害至难以恢复时，治愈的难度就更大了。若是传染病，将有更多传播时间和机会。因此，在放牧和饲养管理过程中一定要细心观察，一旦发病及早治疗。

3. 对病用药，慎重选药

养羊户和养殖场的放牧人员、饲养员应该掌握基本的羊病诊治技术，能够诊断一些简单的或有典型症状的疾病，并能准确用药。养羊生产中不少人习惯于“万病不离青、链霉素”，殊不知很多疾病使用青、链霉素根本就无效，只能起到控制并发症的作用。而长期滥用抗生素，还易使羊产生耐药性。所以，一定要准确诊断，正确用药。羊的有些病病程较长，有的还发生并发症，因此，必须持续用药，有些病用药时间可长达一周。我们不可能期望它像普通感冒一两次用药就可治愈，必须坚持不间断地用药，否则就可能前功尽弃。

还有，现在市面上出现的兽药花样很多，有些药名花哨，药价昂贵，还称“包治百病”，但其基本成分仍然不外乎抗生素、磺胺类及一些具有清热解毒功能的中药。养羊户常被其令人眼花缭乱的广告和过分夸张的说明书所迷惑，常常造成“小病花了大价钱”的后果，甚至“花了钱治不好病”。另外，现兽药市场伪劣兽药（包括疫菌苗）较多，普遍问题是药物有效含量远远不足，临床应用很难达到效果。为避免这些药物影响治疗，养羊户、养羊场应在正规的医药公司和兽医指导下进行用药。

项目二　各种类型南江黄羊兽医卫生保健与防疫

任务一　公羊兽医卫生保健与防疫指南

一、技术要点

提高种羊的利用率是兽医保健技术的总目标。影响南江黄羊种公羊利用率的主要因素是生殖、泌尿系统、肺部疾病所造成的器质性损伤及营养失调、管理不当而引起的精液品质降低。其保健要点是给种南江黄羊创造适宜的生态环境，进行科学的饲养管理、定期的健康检查与检疫、早期的疾病诊断与预防，保证精液良好的品质、减少垂直传播疾病、提高受胎率。在采精、授精、胚胎移植时，建立消毒、隔离、无菌操作的卫生制度，减少环境病原微生物的污染，是提高受胎率与后代羔羊健康的重要环节。

二、环境控制

（1）种羊场各类种南江黄羊必须分群隔离饲养，严禁自然交配，南江黄羊种公羊圈舍应与其他羊群及周围环境严格分开，场内应设有足够的运动场、充足的水源，有坚固的双层铁网栅栏，防止其他动物及无关人员钻入。场内设有独立分开的饲养圈舍、采精室、检疫室、冻精生产室及粪便处理场，除南江黄羊种公羊饲养人员、兽医人员及育种技术人员外，其他人员不得入内。

（2）南江黄羊种公羊圈舍应保持地面清洁、干燥、通风及适度的光照，每天保证 6 h 以上的运动量，每隔 3 个月对墙壁地面进行一次喷雾消毒。

三、营养保健

（1）供给清洁饮水，配种采精前后应提供温水。

（2）适时定量饲喂全价饲料及优质的青绿粗饲料，必要时应在饲料中添加南江黄羊种公羊专用防尿石矿物微量元素制剂。配种期应额外添加足量维生素 A、维生素 D_3、维生素 E、维生素 B_2 制剂。

（3）杜绝饲喂霉变饲料、冰冻青贮料、未经脱毒处理的棉籽壳或棉籽饼、菜籽饼等含毒素饲料。

四、健康检查

每年春秋对南江黄羊种公羊进行 2 次健康检查，包括心肺检查、胃肠检查、泌尿生殖系统检查、运动和皮肤检查、血尿常规生理生化指标检查。每年进行 4 次特殊检查（每隔 2 个月），包括阴囊、睾丸、附睾、包皮内外触诊检查，精液显微镜检查（白细胞、精子活力、精子密度），精液细菌学培养（布氏杆菌、放线菌）与血清学试验。每年产羔期对流产胎儿胃内容物、流产南江黄羊母体胎盘和阴道排泄物做微生物分离培养（布氏杆菌、胎儿弯杆菌）。

五、检　疫

种羊场内所有新引进南江黄羊种公羊、出场南江黄羊种公羊（包括试情南江黄羊公羊、后备南江黄羊种公羊）在引进半个月内及出场前 1 周，配种前（9—10 月）对血清样品进行布氏杆菌（S 型）抗体的血清学检疫。其他种公羊 4 ~ 5 月进行一次上述检疫。对引进南江黄羊种公羊在引进后 1 周内进行蓝舌病、衣原体流产血清学检疫。断奶羔羊进行包虫病（棘球蚴、多头蚴）血清学检查，阳性者进行早期药物治疗。

六、驱　虫

南江黄羊种羊场内所有羊群每年必须进行 2 次驱虫（4、10 月），2 次药浴（6、9 月），1 ~ 2 次羊鼻蝇驱虫（6、9 月）。驱虫前后应注意气候变化，掌握投药方法、剂量、浓度。做好投药后的羊群观察、粪便检查、收集与处理，并储备阿托品、解磷定、硫酸钠、葡萄糖、维生素 C 注射液、地塞米松等必要的急救药物。

七、免疫接种

南江黄羊种羊场内所有 6 月龄以上羊群每年在 4 ~ 5 月份注射一次炭疽菌苗，南江黄羊种公羊与其他羊群 7 ~ 8 月份注射一次。有羔羊痢疾流行的种羊场应在南江黄羊母羊产前一个月再注射一次。必要时可给南江黄羊母羊于同期注射大肠杆菌多价菌苗。确定有传染性脓疱及羊痘流行的羊群应在 3 ~ 4 月对当年羔羊全部注射南江黄羊口疮睾丸细胞弱毒疫苗及羊痘鹌鹑化弱毒苗。对国家法定检疫的羊传染病，均不得使用疫苗接种。

八、兽医管理

（1）种羊场配备具有丰富临床经验的专职兽医与操作熟练的检验人员，负责对南江黄羊种公羊进行卫生管理与保健、兽医防疫、疾病诊断与防治工作，制定与组织实施兽医防疫检验与保健技术措施。

（2）建立专门的南江黄羊种公羊健康登记卡（包括每次常规体检、血尿生化的检查、精液检查与疫病血清学检疫）。

（3）建立必要的病例、病史档案，包括繁殖性能、流产、羔羊死胎、畸形羔羊、羔羊死亡率、泌尿生殖系统疾病。

九、精液生产与人工授精的兽医卫生保健

生产与提供无特定病原体的合格精液，是种羊场卫生保健的最终目的。因此种羊场应对精液生产与人工授精中的卫生条件进行必要的管理与控制。

（1）精液生产地应设在南江黄羊种公羊饲养场内，与南江黄羊种公羊舍、检疫室、隔离室、采精室等隔开，生产中心应设有生产室（精液检查、处理、冻精制备与包装）、器械消毒室与精液保存室，各室应严格分开。精液生产室应设紫外线消毒装置，工作人员在生产过程中应穿经消毒处理的专用工作服和靴，戴上口罩。生产中心应有专职兽医进行卫生监督。

（2）制备冻精所需的各类稀释液必须经灭菌或抑菌处理。用蛋黄作为稀释液成分时，必须从无禽结核、沙门氏菌的鸡群中挑选，牛奶需经巴氏消毒。在稀释液中必须加入青霉素与链霉素，以控制稀释液中可能存留的细菌生长。与精液或稀释液直接接触的各类玻璃器皿必须清洗干净，蒸馏水冲洗，经高压灭菌后备用。

（3）采精室应保持清洁卫生，每次采精前应对室内进行空气喷雾消毒，保持地面一定湿度，防止尘土污染精液。为防止南江黄羊种公羊和试情南江黄羊公羊在采精时生殖器接触，可在南江黄羊公羊包皮前放一块消毒挡帘。负责采精与精液制备的育种人员应尽可能减少与育种站以外的人员和牲畜接触。非本站工作人员不得随意进入精液制备室。

（4）采精和人工授精所用的一切器皿（假阴道、采精器、集精杯、胶皮内胎、输精器）每次使用后应煮沸消毒，每次消毒的器皿只能使用一次。所有器皿应在包装消毒后置于采精室专用柜内保存。

（5）被采精的南江黄羊公羊应无下列传染病：羊型布氏杆菌病（附睾炎）、马尔他布氏杆菌病、羊精液放线菌病、羊流产沙门氏菌病、龟头包皮炎和衣原体病。

任务二　妊娠母羊围产期兽医卫生保健

一、技术要点

保证围产期南江黄羊母羊健康，减少流产、死胎、妊娠疾病，提高南江黄羊母羊繁殖率是实施本技术的目的。影响围产期南江黄羊母羊健康的主要因素是营养性缺钙、妊娠毒血症、乳房炎以及继发感染引起的全身败血症。保健要点是减少南江黄羊母羊应激反应，提高抗病力。

二、环境控制

重点是给围产南江黄羊母羊与哺乳羔羊建立一个采光良好、保暖通风、干燥与清洁的圈舍环境。

（1）羊场产羔圈应设在牧场中避风、朝阳、气温较温暖且变化不大的地区，圈舍内设多个分隔的产房、羔羊补饲槽。舍内应有便于开关并加封塑料布的天窗和窗户，以便于采光和通风。圈舍朝阳门前设一个四周有挡风墙的运动场，以供羔羊在阳光下栖息。圈舍内应有防寒保暖设施。

（2）每次产羔结束后腾空的产圈应及时清扫，地面用 2%～4% 烧碱消毒，产圈四周 1 m 高度用 20% 石灰水粉刷，待下次产羔前 2 周再行消毒一次。临产南江黄羊母羊产房地面最好铺设清洁干草，产房中的单个产圈在南江黄羊母羊与羔羊移出后，应将其垫草与粪便进行清除，消毒后再使临产南江黄羊母羊进入，产羔期舍内地面保持干燥与清洁。在气候条件允许时，可在开放的田野和草场产羔。产羔圈充足时可进行轮流产羔，以减少羔羊腹泻的发生。

三、营养保健

（1）供给清洁饮水，放牧羊群应减少对怀孕南江黄羊母羊的剧烈驱赶，在野外饮水时应有牧工带领，以减少应激，避免暴饮。冬季舍内饮水应提供温水。

（2）适时定量饲喂全价饲料及优质的青绿粗饲料。饲料中应添加足够矿物质和微量元素添加剂、维生素 AD_3、维生素 B_2、维生素 E 制剂。所用饲料必须满足围产期母羊钙、磷、能量、蛋白质等各项指标。

（3）杜绝饲喂霉变饲料、冰冻饲草。

四、药物防治

母羊在妊娠后期及哺乳前期，易发生妊娠毒血症、缺钙、乳房炎及继发感染引起全身败血症，应储备糖皮质激素、抗生素、钙制剂、葡萄糖及碳酸氢钠注射液、维生素 C 等药物，每天早晚检查母羊体况，发现异常时应及时治疗。

任务三　哺乳羔羊保健

一、技术要点

提高羔羊成活率是实施本技术的主要目的，影响羔羊成活率的主要因素是各类原因引起的下痢、继发性肺炎、传染性口膜炎、脐炎、缺乳以及因风寒袭击而受凉。保健的主要要点是改善饲养环境，加强营养性抗病，控制继发感染，做好早期预防。

二、接羔准备

羊群在产羔前，应做到接羔育幼的一切准备工作与组织安排，包括南江黄羊母羊饲草饲料储备，产圈的防寒保暖、清洁与消毒，各类消毒及防病用药物、器具、畜牧与兽医专职技术人员、饲养人员及值班人员工作安排以及生活准备。主管业务领导应会同技术人员、承包户制订产羔育幼期间的技术管理与经济承包责任事宜，确保各承包羊群接羔育幼工作顺利进行。

三、环境控制与术部消毒

给初生羔羊建立一个保暖、采光、通风、地面干燥与清洁的环境，是保证羔羊成活率的首要环节。初生羔羊舍内温度保持在 8 ~ 15 °C，湿度不高于 50%，防止忽冷忽热及封闭太严造成通风不良，湿度过大。

羔羊出生时，脐带断端必须用 5% 碘酊或 1% 石炭酸水溶液消毒。需助产或人工哺乳时，应注意术者手、南江黄羊母羊外阴、乳头的清洁与消毒。羔羊断尾应选在地面平坦、避风的地方进行，并保证断端完全烧烙。

四、营养保健

保证羔羊及时吃上初乳，必要时采取人工哺乳，对于双羔或母乳不足的羔羊及时采用羔羊全营养抗病代乳品人工喂服，体弱或病羔及时灌服营养抗病口服制剂（内含维生素 C、γ-球蛋白、微量元素等）。

处于缺硒地区的羊场，应在南江黄羊母羊妊娠后期在饲料中添加含硒矿物质添加剂。羔羊出生第一天注射 1 mL 含硒维生素 E 注射液，第三天注射右旋糖苷铁 1 mL，羔羊断奶时再注射含硒维生素 E 注射液 2 ~ 3 mL。

五、健康检查与药物防治

负责产羔期兽医卫生与防疫工作的兽医人员及饲养员，应每天早晚 2 次，逐只观察产圈内羔羊健康状况，检查其哺乳、腹围大小、口鼻分泌物、呼吸、体温、粪便性质等。出现可疑病羔应及时进行对症治疗。对生物可疑传染病的，应将南江黄羊母羊与羔羊一同隔离，防止疾病扩散。

对出现脐炎、腹泻、肺炎的羔羊，除进行抗菌、消炎、止泻外，应及时经静脉或口服给予含葡萄糖、氯化钠、氯化钾、碳酸氢钠等电解质溶液，以防止酸中毒和脱水，给予大量维生素C或含维生素C的多维素制剂，以提高羔羊抗病力。随南江黄羊母羊放牧的羔羊在遇到寒风、冷雨、风雪袭击时，在归圈后应立即逐只注射青霉素，以防止肺炎、脐炎发生。

任务四　育肥羊兽医保健

一、技术要点

提高出栏率或育成率是实施本技术的主要目的，造成集约化全舍饲育肥羊死亡的主要原因是由于饲养环境、饲料成分、饲养方式变化而引起的一系列营养代谢病、饲料性中毒、条件性病原菌感染、多头蚴感染、应激性猝死症等。保健的主要要点是：控制羔羊白肌病、肠毒血症、溶血性大肠杆菌病、李氏杆菌病、巴氏杆菌败血症、多头蚴病，技术关键是消除各种诱发因素。

二、营养保健

保证饲料中足够的营养物质，按1%添加抗病促消化、防尿结石病、抗应激复合添加剂，提供足够的优质青粗饲料，精、粗饲料比例不能低于1∶3。育肥前应将羔羊按体质大小分群饲养，在炎热季节应对饲料现配现喂，防止发酵。先喂粗饲料后喂精饲料。育肥的初期以粗饲料为主，逐渐增加精饲料的比例。杜绝饲喂霉变饲草及霉变结块原料配制的精料。

保证育肥羔羊足够的清洁饮用水，杜绝饮用低洼地碱水、污水。冬季应饮加温水，夏季水槽应及时清洁，避免饮用过夜水。必要时应对水源进行水质卫生指标测定。

三、免疫程序

羔羊育肥前1周应逐只注射南江黄羊厌气菌四防苗，每只羔羊3 mL。羊痘及口膜炎常发地区应分别接种羊痘弱毒苗和口膜炎弱毒苗。

四、药物预防

（1）羔羊育肥前注射维生素E-亚硒酸钠，每只5 mL，间隔半个月重复一次。

（2）育肥前应进行体内外驱虫。

（3）出栏南江黄羊长途运输前，不宜吃得过饱，应给南江黄羊饮用含维生素C的口服补液盐或其他电解质水溶液。夏季运输时可每只口服氯丙嗪20 mg，以减少应激。

五、环境调控

育肥羊圈应在羔羊群进入前半月进行彻底清扫，采用20%石灰乳喷洒墙壁与地面，每隔半月用强力消毒灵或百毒杀进行空气喷雾消毒。

育肥羊舍应保证适度的光照、通风、密度与地面干燥，防止阴暗、潮湿、拥挤及过高的有害气体等不良环境对羔羊产生的应激。

育肥场内应设有足够的围栏，以供给羔羊运动。保证羔羊每天至少有 4 h 的运动时间，并在栏内放置少量秸秆饲草，供羔羊啃嚼，促进瘤胃机能活动，有条件的羊群应每天将羊群赶出栏外运动几小时。

项目三　规模化羊场主要疾病综合防治措施

任务一　南江黄羊的常见传染病

一、病毒性传染病

1. 羊　痘

山羊痘是由山羊痘病毒引起的一种急性、热性、接触性传染病，以无毛或少毛的皮肤和黏膜上发生痘疹为特征。

【病原】本病的病原是山羊痘病毒，是一种亲上皮性病毒，在皮肤和黏膜的丘疹、脓疱及痂皮内大量存在。鼻黏膜分泌物内也含有病毒，在发病初期及体温上升时，血液中有时也有病毒存在。本病毒抵抗力较强，在外界环境可存活很长时间，在羊舍内可生存半年，在干燥环境中可存活 6 ~ 8 周，在低温暗处可保存两年以上，但当加热到 50 °C 以上时很快死亡。普通消毒药物可将其杀死。在直射阳光或紫外线的作用下可迅速死亡。病羊痊愈后即可获得终身免疫。

【流行特点】本病通常侵害个别羊群。在冬末春初呈地方性或广泛性流行。它主要通过呼吸道感染，也可经损伤的皮肤和黏膜侵入机体。气候严寒、雨雪、霜冻、枯草季节、饲养管理不良等因素都可以促进发病和加重病情。

【症状】主要在皮肤和黏膜上形成痘疹。

病羊发病初期体温高达 40 ~ 41 °C，精神不振，食欲减退， 呼吸、脉搏次数增加，结膜潮红，鼻孔流出浆液或脓性分泌物。经 1 ~ 4 d 后在全身皮肤的无毛或少毛部位相继出现红斑、丘疹（结节呈白色、淡红色）、水疱（中央凹陷呈脐状）、脓疱。结痂脱落后并遗留一红色或白色瘢痕，后痊愈。非典型病例不呈上述典型经过，常发展到丘疹期而终止，呈现良性经过，即“顿挫型”。有的病例继发感染时痘疱发生化脓、坏疽恶臭，形成较深的溃疡，常为恶性经过，羔羊病死率为 20% ~ 50%。成年羊单纯感染羊痘的病死率较低，常在 3% 左右，单纯性本病为良性，经过 5 ~ 7 d，但一旦出现并发症或同时感染其他传染病时，其病死率可达 50%。其主要危害是继发性肺炎、流产等。

剖检病死羊的病变，可见前胃和第四胃的黏膜有大小不等的圆形或半球形坚实结节，有的融合在一起形成糜烂或溃疡。咽和支气管黏膜也常出现痘疹，肺部有干酪样结节和卡他性炎症变化。

【诊断】本病的确诊，除根据本病流行特点、临床症状及剖检病变外，还需进行实验室诊断。

鉴别诊断：本病应与羊传染性脓疱病加以区别。

【预防】(1) 加强羊的饲养管理，羊圈要保持干燥清洁，抓好秋膘，做好防寒过冬工作。主要是严格隔离、消毒（已病未病羊只严格隔离，饲具、圈舍、饲草（料）、草场严格分离，对已染疫的羊舍、饲具、粪便、草场、羊体、诊治、饲养人员严格消毒），消毒药必须使用能杀灭病毒的药物。

(2) 定期注射疫苗，将羊痘鸡胚化弱毒疫苗稀释摇匀，不论羊大小，一律皮内注射 0.5 mL。注射后 6 d 产生免疫力，免疫期为 1 年。

【治疗】(1) 局部疗法。皮肤上的痘疹可用 2% 来苏儿或 1% 醋酸洗涤；有溃疡时可用 1% 硫酸铜、1% 明矾或 0.1% 高锰酸钾冲洗后，涂以碘酊或龙胆紫药水处理。黏膜上的痘疹可用 0.1% 高锰酸钾或碘甘油或抗生素软膏处理，也可用羊痘速治等药物治疗。

(2) 为防止并发症，用青霉素 20 万～60 万单位，链霉素 20 万～60 万单位，肌注，每日 2 次，连续 3～7 d。

(3) 针对出现的临床症状、继发病、并发病对症治疗，还可采取免疫血清治疗。

2. 羊传染性脓疱病（口疮）

羊传染性脓疱病是由传染性脓疱病毒引起的一种传染病，其特征为口唇等部位的皮肤和黏膜形成丘疹、脓疱、溃疡及结成疣状厚痂。本病为人畜共患病。

【病原】传染性脓疱病毒又称口疮病毒。病毒粒子表面呈特征性的编织螺旋状结构，长轴呈 S 形或 8 字形缠绕。本病毒对外界有相当强的抵抗力，痂皮暴露在阳光下数月其感染性不受影响。在室温条件下该病毒至少可保存 5 年。该病毒对乙醚、氯仿较敏感，对温度较敏感，在 60 °C 条件下 30 min 可以杀死。

【流行特点】本病主要传染源为病羊和其他带毒动物。感染羊无性别、品种差异，以 3～6 个月羔羊发病最多。成年羊同样可被感染，人和猫也可感染。本病主要通过皮肤或黏膜擦伤而感染。本病一年四季均可发生，以秋季多发。本病在羊群中可连续危害多年。

【症状】本病潜伏期 4～7 d，产临床上主要有 3 种病型。

唇型：此型是最常见的病型。病羊的口角、上唇或鼻镜上先发生散在的小红点，继而发展成水疱或脓疱，脓疱破溃后形成黄色或棕色的疣状结痂。如为良性，经过 1～2 周内痂皮脱落恢复正常。严重病例，患部波及整个唇部、面部、眼睑和耳郭等部位，形成大面积龟裂和易出血的痂垢，痂垢下伴有肉芽组织增生。整个嘴唇肿大外翻呈桑葚状突起，严重影响采食。病羊日趋衰弱而死。病程长达 2～3 周。个别病例常继发化脓菌和坏死杆菌感染，而引起深部组织化脓坏死。少数严重病例可因继发肺炎而死亡。

蹄型：此型主要出现在绵羊，在南江黄羊群中也发现过几例疑似病例，但未确诊。常在蹄叉、蹄冠或系部皮肤上形成水疱或脓疱，破裂后形成溃疡。如有续发感染，则化脓坏死，变化可波及皮肤基部或蹄骨。病羊表现跛行，长期卧地，有的可在肺脏、肝脏和乳房中发生转移病灶，常因衰弱或败血症死亡。

外阴型：此型较少见。病羊有黏性和脓性阴道分泌物。肿胀的阴唇和附近皮肤发生溃疡，乳头、乳房的皮肤发生脓疱、烂斑和痂垢。公羊阴鞘和阴茎肿胀，出现脓疱和溃疡。单纯的外阴型病症很少有死亡。

剖检病死羊的病变，可见患部细胞肿胀，表皮增厚 2 ~ 3 倍，表皮细胞空泡变形，细胞浆内有大小不等的嗜酸性包涵体。

【诊断】本病的确诊，除根据流行特点、临床症状和剖检病变外，还需进行实验室诊断。

【鉴别诊断】本病应与羊痘、坏死杆菌病加以区别。

【预防】（1）保持羊皮肤黏膜不发生损伤，尽量清除饮料或垫草中的芒刺和异物，每只羊每天喂食盐 5 ~ 8 g。

（2）本病常发地区，可在羔羊进入育肥圈前 14 d 用羊口疮弱毒疫苗进行免疫接种，10 d 后产生免疫力，免疫期一年。

（3）新购入的羊应隔离检查并对蹄部、体表进行消毒处理。

（4）发现病羊及时隔离治疗。被污染的草料应烧毁。圈舍、用具用 2% 氢氧化钠或 10% 石灰乳或 20% 热草木灰水消毒。

【治疗】对病羊治疗可先涂以水杨酸软膏将痂垢软化，除去痂垢，用 0.2% ~ 3% 高锰酸钾冲洗创面，用浸有 5% 硼酸或 5% 硫酸铜溶液的棉球擦掉溃疡面上的污物，再涂以 2% 龙胆紫或碘甘油（用 5% 碘酊加入等量的甘油）或土霉素软膏，每日 1 ~ 2 次；对蹄部病患可用 5% 甲醛溶液或用饱和硫酸铜溶液将蹄部浸泡 1 ~ 2 min，连泡 3 次，再撒布硫酸铜粉或高锰酸钾粉，也可用 3% 龙胆紫溶液、1% 苦味酸或土霉素软膏涂拭患部。

3. 关节炎–脑炎

山羊关节炎-脑炎是由山羊关节炎-脑炎病毒引起的一种慢性病毒性传染病。本病的主要特征是成年山羊呈缓慢发展的关节炎，间或伴有间质性肺炎或间质性乳房炎；而 2 ~ 6 月龄的羔羊则表现为上行性麻痹的脑脊髓炎症状。本病分布于世界很多养羊的国家。1985 年以来，我国先后在甘肃、贵州、四川、陕西、山东和新疆等省（自治区）发现本病。

【病原】山羊关节炎-脑炎病毒在分类上属于反转病毒科、慢病毒属。病毒核酸类型为单股 RNA。本病毒与梅迪-维斯纳病毒同属于慢病毒属，血清学试验有交叉反应，两种病毒可通过分析基因组核酸序列进行区别，基因组有 15% ~ 30% 的同源性。山羊胎儿滑膜细胞常用于分离山羊关节炎-脑炎病毒，病料接种后 15 ~ 20 h，病毒开始增殖，24 h 后细胞出现融合现象，5 ~ 6 d 细胞层布满大小不一的多核巨细胞。试验证明，合胞体的形成是病毒复制的象征。山羊关节炎-脑炎病毒虽能在山羊睾丸细胞、山羊胎膜细胞、山羊角膜细胞上进行复制，但不引起细胞病变。

【流行特点】山羊是本病的主要易感动物。自然条件下，本病只在山羊之间相互传染发病，绵羊不感染。病羊和隐性带毒羊为主要传染源。感染羊可通过粪便、唾液、呼吸道分泌物、阴道分泌物、乳汁等排出病毒，污染环境。病毒主要经吮乳而感染羔羊，污染的牧草、饲料、饮水以及用具、器物可成为传播媒介，消化道是主要的感染途径。各种年龄的羊均有易感性，而以成年羊感染发病居多。感染母羊所产羔羊当年发病率为 16% ~ 19%，病死率高达 100%。感染羊在良好的饲养管理条件下，多不出现临床症状或症状不明显，只有通过血清学检查，才被发现。一旦饲养管理不良、长途运输或遭受到环境应激因素的刺激，则表现出临床症状。

【症状】依据临床表现，一般分为 3 种病型：脑脊髓炎型、关节炎型和肺炎型，多为独立发生。

（1）脑脊髓炎型。潜伏期 53 ~ 131 d。脑脊髓炎型主要发生于 2 ~ 6 月龄山羊羔，也可发生于较大年龄的山羊。病初羊精神沉郁、跛行，随即四肢僵硬，共济失调，一肢或数肢麻痹，横卧不起，四肢划动。有些病羊眼球震颤，角弓反张，头颈歪斜或作圈行运动，有时面部神经麻痹、吞咽困难或双目失明。少数病例兼有肺炎或关节炎症状。病程半月至数年，最终死亡。

（2）关节炎型。关节炎多发生于 1 岁以上的成年山羊，多见腕关节肿大、跛行，膝关节和跗关节也可发生炎症。一般症状缓慢出现，病情逐渐加重，也可突然发生。发炎关节周围的软组织水肿，起初发热、波动，疼痛敏感，进而关节肿大，活动不便，常见前肢跪地膝行。个别病羊肩前淋巴结和腘淋巴结肿大。

发病羊多因长期卧地、衰竭或继发感染而死亡。病程较长，为 1 ~ 3 年。

（3）肺炎型。肺炎型病例在临床上较为少见。患羊进行性消瘦，衰弱，咳嗽，呼吸困难，肺部叩诊有浊音，听诊有湿罗音。各种年龄的羊均可发生，病程 3 ~ 6 个月。

除上述 3 种病型外，哺乳母羊有时发生间质性乳房炎。

【病理变化】病变多见于神经系统、四肢关节、肺脏及乳房。

（1）脑脊髓炎型。小脑和脊髓的白质有 5 mm 大小的棕红色病灶。组织病理学观察，呈现中枢神经系统的非化脓性脑炎以及颈部脊髓的脱髓鞘现象。

（2）关节炎型。发病关节肿胀、波动，皮下浆液渗出。关节滑膜增厚并有出血点。滑膜常与关节软骨粘连。关节腔扩张，充满黄色或粉色液体，内有纤维素絮状物。病理组织学检查呈慢性滑膜炎，淋巴细胞和单核细胞浸润，严重者发生纤维蛋白坏死。

（3）肺炎型。肺脏轻度肿大，质地变硬，表面散在灰白色小点，切面呈斑块状实变区。支气管淋巴结和纵膈淋巴结肿大。病理组织学检查发现细支气管以及血管周围淋巴细胞、单核细胞浸润，肺泡上皮增生，小叶间结缔组织增生，邻近细胞萎缩或纤维化。

乳腺炎病例：病理组织学检查可见血管、乳导管周围以及腺叶间有大量淋巴细胞、单核细胞和巨细胞渗出，间质常发生灶状坏死。少数病例肾脏表面有 1 ~ 2 mm 灰白色小点，组织学检查表现为广泛性肾小球肾炎。

类症鉴别：山羊关节炎-脑炎通常须与梅迪-维斯纳病进行鉴别。自然情况下，山羊关节炎-脑炎只感染山羊，梅迪-维纳斯病主要感染绵羊，较少感染山羊。通过病毒基因组核酸序列分析，可对两种病毒进行区别。

【防治】（1）勿从有本病的国家或地区引进种山羊，引入羊坚持严格检疫，而且入境后继续单独隔离观察，定期复查，确认健康后，才能转入正常饲养繁殖或投入使用。提倡自繁自养，防止本病由外地传入。

（2）本病目前尚无疫苗和特异性治疗药物可供使用，主要以加强饲养管理和卫生防疫工作为主，羊群定期检疫，及时淘汰血清学反应阳性羊。

二、细菌性传染病

1. 羊布氏杆菌病

羊布氏杆菌病又称传染性流产，是由布氏杆菌引起的人、畜共患的慢性传染病，主要侵害动物的生殖系统，引起母羊流产、死胎、木乃伊胎、不育，公羊发生睾丸炎，有的发生关节炎、支气管炎、乳房炎等。

【病原】本病的病原是布氏杆菌。布氏杆菌是一种微小的近似球状的杆菌，形态不规则，不形成芽孢，无荚膜，革兰氏染色阴性，为需氧和兼性厌氧菌。布氏杆菌分牛、羊、猪 3 型，其中羊型对人致病作用最强。布氏杆菌对热抵抗力不强，60 °C 条件下 30 min 即可杀死，但对干燥抵抗力较强，在干燥土壤中，可生存两个月以上。在毛、皮中可生存 3 ~ 4 个月。对日光照射以及一般消毒剂的抵抗力不强，在数分钟内可杀死本菌。

【流行特点】本病主要传染源是病羊。一般母羊较公羊易感性高，随着性的成熟，易感性增强。在流产胎儿、胎衣、羊水、流产母羊阴道分泌物、乳汁以及公羊的精液内都含有大量病原体。主要经消化道感染，也可通过交配、皮肤或黏膜的接触而传染。发病无季节性，但春、夏季较高。本病常呈地方性流行，先少数流产，以后流产增多，严重时半数以上孕羊发生流产或产出死胎、弱胎。多数羊流产一次便可获得终身免疫，因此初产母羊发病较多。

【症状】母羊除流产外，其他症状常不明显。流产多发生在妊娠后的 3 ~ 4 个月。严重时，流产可达 50% ~ 90%。流产前 2 ~ 3 d，病羊表现减食、口渴、精神沉郁，阴门流出黄色黏液。在流产后 10 ~ 15 d 内有热症，脉搏不整齐，呼吸急迫，常因关节炎而出现跛行症状。有时病羊还发生支气管炎、滑液囊炎等。公羊常可见睾丸炎，母羊则有乳房炎等。

剖检母羊的病变，可见胎衣呈黄色胶冻样浸润，有些部位覆有纤维蛋白和脓液，有的增厚，并有出血点。流产胎儿的第四胃中有淡黄色或白色的黏液絮状物，胃肠或膀胱的浆膜下可见到出血点和出血斑。

【诊断】本病的确诊，除根据流行特点、临床症状外，还需进行实验室诊断。

【预防】（1）保护健康羊群，加强饲养管理，提高羊只的抵抗力。

（2）一旦发生疫情，应及时隔离，以淘汰屠宰为宜，严禁与健康羊接触。对被污染的用具和场地用 10% ~ 20% 石灰乳、2% 氢氧化钠溶液、5% 克辽林等进行消毒。流产胎儿、胎衣、羊水和产道分泌物要深埋。对未发病羊只，进行菌苗免疫接种：① 用布氏杆菌猪型 2 号菌苗臂部肌肉注射 0.5 mL/只（含菌 50 亿）；饮水免疫时，按每只羊内服 200 亿菌体计算，于两天内分 2 次饮服。注意 3 月龄以内的羔羊和孕羊均不能注射接种。免疫期为 1 年。② 将布氏杆菌羊型 5 号弱毒冻干菌苗用适量灭菌蒸馏水稀释皮下或肌肉注射，每只剂量为 10 亿活菌；室内气雾免疫每只剂量为 25 亿活菌；室外气雾免疫（露天避风处），每只剂量为 50 亿活菌；饮服或灌服，每只剂量为 250 亿活菌，免疫期为 1.5 年。③ 用布氏杆菌无凝集原（M-Ⅲ）菌苗，无论羊只年龄大小（孕羊除外），每只羊皮下注射 1 mL（含菌 250 亿）或每只羊口服 2 mL（含菌 500 亿），免疫期为 1 年。

【治疗】本病应以预防为主，病程长，可用金霉素或土霉素肌肉注射，按每千克体重 5 mg，每日 2 次，首次加倍，连用 2 ~ 3 周。

2. 破伤风

破伤风又称“锁口风”“强直症”，是由破伤风梭菌引起的一种急性、创伤性、人畜共患的中毒性传染病。全身肌肉强直性痉挛和对外界刺激的反射兴奋性增强，是本病的特征。

【病原】本病的病原是破伤风梭菌、革兰氏染色阳性厌氧菌，大多单独存在，间呈短链排列；有鞭毛，能运动；无荚膜，能形成芽孢，直径较菌体大，位于菌体的一端，形似鼓槌状。破伤风梭菌繁殖体对外界环境抵抗力不强，煮沸 5 min 即死亡。一般常用的消毒药均能在短时间内把它杀死。但芽孢的抵抗力很强，在土壤中可存活几十年。含有芽孢的材料须煮沸 1 ~ 3 h 才能杀死。5% 石炭酸经 15 min，5% 煤酚皂溶液经 5 h，0.1% 升汞经 30 min，10% 碘酊、漂白粉和 3% 过氧化氢经 10 min，3% 甲醛经 24 h，才能杀死芽孢。本病原体广泛存在于施肥的土壤和尘土、生锈铁器、肠道中，以及家畜和人的粪便内，只要有适宜的伤口就可能感染发病。特别是伤口较深而外口较小、闭合式、出血少的伤口最易感染，常在初生羔羊断脐时消毒不严和羊只阉割后感染此病。

【流行特点】各种家畜均有不同程度的易感性。羊常因断角、去势、断脐、剪毛和其他创伤或擦伤而感染，特别是狭小而深的创伤（如钉伤、刺伤），伤口内发生坏死，或伤口被泥土、粪、痂皮封盖而造成厌氧环境时，最适合病原生长繁殖，产生大量毒素，侵害中枢神经系统。但在临床上有许多病例往往找不到伤口，这可能在潜伏期中创伤表面已愈合。有时可经过胃肠黏膜的损伤而感染。本病无季节性，通常为零星散发。

【症状】本病潜伏期约 1 ~ 2 周（最短的 1 d，最长的达数月）。病羊发病初期症状不明显，只见精神呆滞，起卧困难。随着病情发展，四肢逐渐强直，运步困难，头颈伸直，角弓反张或侧反张，肋骨突出，开口困难，采食和咀嚼障碍，严重时牙关紧闭，不能采食和饮水，流涎，尾颈直，常有轻度腹胀，先腹泻后便秘。体温一般正常，仅在临死前体温升到 42℃以上，死亡率很高。

剖检病死羊时肉眼常未见有特殊变化。

【诊断】一般可根据创伤史和症状来确诊。

【预防】（1）加强饲养管理，防止发生外伤。

（2）一旦发生外伤、阉割或处理羔羊脐带时，要及时用 2% ~ 5% 碘酊严格消毒。

（3）在本病常发地区，进行手术前或发生创伤后注射破伤风抗毒素 1 万单位可以预防本病的发生。破伤风类毒素是预防破伤风的有效生物制剂，可在发病较多的地区定期进行预防注射。

【治疗】西药治疗方法：

（1）将病羊放入清洁、干燥、僻静、较黑暗的房舍。给予易消化的饲料和充足的饮水；对便秘、臌气的病羊，须用镇静药物及时处理，可用温水灌肠或投服盐类泻剂。

（2）对伤口要及时扩创，彻底清除伤口内的坏死组织，可用 3% 过氧化氢（双氧水）、1% 高锰酸钾或 5% ~ 10% 碘酊进行消毒处理。

（3）对病羊发病初期可先静脉注射乌洛托品，再用破伤风抗毒素 5 万 ~ 10 万单位，肌肉或皮下注射，以中和毒素。

（4）缓解肌肉痉挛，可用氯丙嗪，剂量按每千克体重 0.002 mg，或用 25% 硫酸镁注射液 10 ~ 20 mL，肌肉注射，并配合 5% 碳酸氢钠 100 mL，静脉注射。

（5）牙关紧闭时，用 2% 普鲁卡因 5 mL 和 0.1% 肾上腺素 0.2 ~ 0.5 mL 混合后，注入两侧咬肌。如不能采食，可进行补糖补液。

（6）青霉素 40 万 ~ 80 万单位，肌肉注射，每日 2 次，连用 1 周。

中药治疗方法：中药配合治疗能缓解症状，缩短病程。用“防风散”：防风 8 g、羌活 8 g、天麻 5 g、天南星 7 g、炒僵蚕 7 g、清半夏 4 g、川芎 4 g、炒蝉蜕 7 g，水煎两次，再将药液混在一起，待温加黄酒 50 g 胃管投服，连服 3 剂，隔天一次。上述方剂可适当加减，若伤在四肢，加独活 5 g；伤在头部，重用白芷；嚼膜外露严重的病羊，重用防风、蝉蜕；流涎量多的病羊，重用僵蚕、半夏；牙关紧闭的病羊，加蜈蚣 1 ~ 2 条、乌蛇 3 ~ 6 g、细辛 1 ~ 2 g。

3. 羔羊大肠杆菌病

羔羊大肠杆菌病又称“羔羊白痢”，是由致病性大肠杆菌引起的羔羊急性传染病，其特征是剧烈下痢及全身败血症。

【病原】本病的病原是致病性大肠杆菌，是革兰氏染色阴性、中等大小的杆菌。本菌对外界抵抗力较强，一般常用的消毒液均能迅速将其杀死。

【流行特点】本病多发生在数日龄至 6 周龄以内的羔羊，有些地方 6 ~ 8 月龄的羔羊也可发病。本病的发生与气候突变，通气不良，营养不足，饲料中缺乏足够的维生素、蛋白质，羊群拥挤，场圈潮湿污秽等有关。本病主要以消化道感染。冬春舍饲期间多发，而放牧季节则很少发病，主要呈地方性流行或散发。

【症状】本病潜伏期为数小时至 1 ~ 2 d。根据临床症状本病可分为两种类型：

肠型（下痢型）：本病型主要发生在 7 日龄以下的羔羊。病羊初期体温升高，随之出现腹泻，体温下降，粪便先为半液状，由黄变灰变黑，以后呈液状，混有气泡、血液和黏液。病羊表现腹痛、虚弱、严重脱水、卧地不起，如不及时救治，经 24 ~ 36 h 死亡。病死率可达 15%，甚至更高。

败血型：本病型主要发生在 2 ~ 6 周龄的羔羊。病羊初期体温高达 41.5 ~ 42 °C，呈败血症表现。病羊很快发生虚脱和神经症状，但很少或不发生腹泻。有的病羊四肢关节肿胀、疼痛或伴发肺炎，最后昏迷死亡。病程很少超过 24 h。

剖检肠型病羊，主要病变在消化道，可见胃肠充满乳样内容物，瘤胃、网胃黏膜脱落，真胃和肠道黏膜充血、出血；肠系膜淋巴结肿大，切面多汁有出血点。败血型病羊，主要病变是胸、腹腔和心包大量积液，内有纤维素；肘关节和腕关节肿大，滑液混浊，内有纤维素性絮片；脑膜充血，有很多小出血点。

【诊断】本病的确诊，除根据临床症状及剖检病变外，还需采取内脏组织、血液或肠内容物做细菌分离鉴别等实验室诊断。

鉴别诊断：本病应与 B 型魏氏梭菌引起的初生羔羊痢疾加以区别。

【预防】（1）加强孕羊的饲养管理，确保新产羔羊的健壮，以增强机体抵抗力。

（2）改善羊舍的环境卫生，做到定期消毒，尤其是在母羊分娩前后应对羊舍彻底消毒 1 ~ 2 次。

（3）注意幼羊防寒保暖工作，尽早让羔羊吃到足够的初乳。

（4）对污染的环境、用具，可用 3% ~ 5%来苏儿液消毒。

【治疗】西药治疗方法：

（1）氟哌酸，口服 0.1 ~ 0.2 g，1 日 3 ~ 4 次。

（2）土霉素粉（片）按每日每千克体重 30 ~ 50 mg，分 2 ~ 3 次口服。

（3）磺胺脒第一次内服按每千克体重 1 g，以后每隔 6 h 内服 0.5 g。

（4）痢特灵（呋喃唑酮）按每次每千克体重 0.03 g，每日 2 ~ 3 次内服，连用 2 ~ 5 d。

（5）对新生羔羊可同时加胃蛋白酶 0.2 ~ 0.3 g 内服；心脏衰弱者可注射强心剂，脱水严重者可适当补充生理盐水或葡萄糖盐水，必要时还可加入碳酸氢钠或乳酸钠以防止全身酸中毒。

（6）对有兴奋症状的病羊，可内服水合氯醛 0.1 ~ 0.2 g（加水内服）。

中药治疗方法：

（1）用大蒜酊（大蒜 100 g，95% 酒精 100 mL，浸泡 15 d，过滤即成）2 ~ 3 mL，加水一次灌服，每天 2 次，连用 5 ~ 7 d。

（2）用白头翁、秦皮、黄连、炒神曲、炒山楂各 15 g，当归、木香、杭芍各 20 g，车前子、黄柏各 30 g，加水 500 mL，煎至 100 mL。每次 3 ~ 5 mL，灌服，每日 2 次，连用 3 ~ 5 d。

4. 羊快疫

羊快疫是由腐败梭菌引起的主要发生于绵羊的一种急性、致死性传染病。以突然发病，病程短促，真胃出血性炎性损害，数分钟至数小时死亡为特征。

【病原】本病的病原是腐败梭菌，是革兰氏染色阳性的厌气大杆菌。病羊血液和脏器涂片，可见单个或 2 ~ 5 个菌体粗的大杆菌，有时则呈无节的长丝状。本菌可产生多种毒素。在动物体内外均能产生芽孢，不形成荚膜。一般要使用强力消毒药如 20%漂白粉，3% ~ 5%氢氧化钠等进行消毒。

【流行特点】以 6 ~ 18 个月龄羊多发，主要通过消化道感染。腐败梭菌常以芽孢形式分布于低洼的草地、熟耕地及沼泽地之中。羊采食被污染的饲料和饮水后，芽孢便随之进入消化道，一般情况并不发病，只有在秋冬和初春季节，气候骤变，羊受寒或采食了冰冻带霜的草料和受肠道寄生虫的侵袭等，肌体抵抗力低下时，才容易诱发本病。病原大量繁殖产生的外毒素，使消化道黏膜，特别是真胃黏膜发生坏死和炎症。毒素刺激中枢神经系统，引起病羊急性休克，迅速死亡。本病呈散发或地方性流行。

【症状】病羊突然死亡，来不及表现症状，常死在牧场放牧时或早晨发现死于羊圈内。其他病羊表现离群，卧地，虚弱，行走困难，运动失调，腹胀，腹痛，腹泻，体温有的正常、有的升高。病羊最后极度衰竭而昏迷，出现磨牙抽搐，口吐泡沫，经数分钟至几小时死亡。很少有耐过的。

剖检病死羊的病变，可见刚死的羊真胃有出血性炎症变化，胃底部及幽门附近的黏膜，常有略低于周围正常黏膜的出血斑块和坏死区。黏膜下组织水肿，胸、腹腔及心包积液，心的内外膜和肠道有出血点，胆囊多肿胀。肝脏肿胀，质脆，呈煮沸状。

【诊断】本病的确诊，需进行实验室诊断。

鉴别诊断：本病应与羊肠毒血症、羊黑疫、羊炭疽加以区别。

【预防】（1）疫区每年定期预防注射快疫单苗，皮下或肌肉注射 5 mL，免疫期半年以上。定期注射混合苗，或定期注射三联苗（羊快疫、羊猝狙、羊肠毒血症）或五联苗（适用于上 3 种病加上羊黑疫、羔羊痢疾）。

（2）加强饲养管理，防止受寒，避免羊只采食冰冻饲料。圈舍应建于干燥处。

（3）本病发生严重时，应及时转移放牧地。

【治疗】病羊往往来不及治疗就死亡。对病程稍长的病羊，可选用：

（1）青霉素，肌肉注射，每次 80 万 ~ 160 万单位，每日 2 次。

（2）磺胺嘧啶，灌服，按每次每千克体重 5 ~ 6 g，连用 3 ~ 4 次。

（3）10% ~ 20% 石灰乳，灌服，每次 50 ~ 100 mL，连用 1 ~ 2 次。

（4）复方磺胺嘧啶钠注射液，肌肉注射，按每次每千克体重 0.015 ~ 0.2 g（以磺胺嘧啶计），每日 2 次。

（5）磺胺脒，按每千克体重 8 ~ 12 g，第一天一次灌服，第二天分两次灌服。

（6）10% 安钠咖 10 mL 加于 500 ~ 1 000 mL 的 5% 的葡萄糖中，静脉注射。若发病超过两天，粪便已发软或已拉稀时，治疗一般无效。

5. 羊猝狙

羊猝狙是由 C 型魏氏梭菌引起的一种毒血症，以急性死亡、腹膜炎、溃疡性肠炎为特征。

【病原】本病的病原是 C 型魏氏梭菌，革兰氏染色阳性，是长的大杆菌、厌氧菌。本菌能形成芽孢，芽孢大于菌体的宽度，位于菌体中央，呈椭圆形，似梭状，故名梭菌，无鞭毛，不能运动，在动物体内及含血清的培养基中能形成荚膜，是本菌特点之一。本菌广泛存在于自然界，通常在土壤、饲料、饮水、粪便中。梭菌繁殖体的抵抗力并不强，一旦形成芽孢后，对热力、干燥和消毒药的抵抗力就显著增强。

【流行特点】以 1 ~ 2 岁羊多发，主要通过消化道感染。病原通过发病母羊的肠道随粪便排到体外，污染周围土壤、饲料、饮水、垫草等。初生羔羊接触了被污染的母羊体表、乳头、泥土和垫草，将本菌芽孢吞入消化道内而感染发病。芽孢在羊体小肠中发芽繁殖，并产生大量毒素，毒素通过肠壁吸引而引起毒血症，致使羊发病和死亡。

【症状】病羊死亡突然，来不及表现症状，常于次晨死于羊圈内。病程稍缓的病羊表现离群，卧地，虚弱，行走困难，运动失调，腹胀，腹痛，腹泻，体温有的正常、有的升高。最后极度衰竭而昏迷，出现磨牙抽搐，口吐泡沫，经数分钟至几小时死亡。很少有耐过者。

剖检病死羊的病变，可见十二指肠和空肠黏膜严重充血糜烂，个别区段有大小不等的溃疡灶。常在死后 8 h 内，由于细菌的增殖，于骨骼肌肌肉间积聚有血样液体，肌肉出血，有气性裂孔。

【诊断】本病的确诊，除根据临床症状和剖检外，还需进行实验室诊断。

鉴别诊断：本病应与羊肠毒血症、羊黑疫、羊炭疽加以区别。

【预防】（1）疫区每年定期注射三联苗（羊快疫、羊猝狙、羊肠毒血症）或五联苗（适用于上 3 种病加上羊黑疫、羔羊痢疾）。

（2）加强饲养管理，防止受寒，避免羊只采食冰冻饲料。圈舍应建于干燥处。

（3）本病发生严重时，应及时转移放牧地。

【治疗】对病程稍长的病羊，可选用：

（1）青霉素，肌肉注射，每次 80 万 ~ 160 万单位，每日 2 次。

（2）磺胺嘧啶，灌服，按每次每千克体重 5 ~ 6 g，连用 3 ~ 4 次。

（3）10% ~ 20% 石灰乳，灌服，每次 50 ~ 100 mL，连用 1 ~ 2 次。

（4）磺胺脒，按每千克体重 8 ~ 12 g，第一天一次灌服，第二天分两次灌服。

（5）复方磺胺嘧啶钠注射液，肌肉注射，按每次每千克体重 0.015 ~ 0.02 g（以磺胺嘧啶计），每日 2 次。

（6）10% 安钠咖 10 mL 加于 500 ~ 1 000 mL 的 5% 的葡萄糖中，静脉注射。

6. 羊肠毒血症

羊肠毒血症又称软肾病、类快疫，是由 D 型魏氏梭菌在肠道内产生的毒素而引起的一种急性传染病，以腹泻、惊厥、麻痹和突然死亡及软肾为特征。

【病原】本病的病原是 D 型魏氏梭菌，革兰氏染色阳性，为厌气粗大杆菌，不能运动，在动物体内形成荚膜，能产生芽孢，故又称产气荚膜杆菌，可产生 α、β、ε 等各种肠毒素，具有坏死和致死作用，可导致全身性毒血症。一般消毒药可杀死本菌繁殖体。繁殖体在干燥土壤中存活 10 d，潮湿土壤中存活 35 d，干燥粪中存活 3 d。芽孢抵抗力则较强，在土壤中可存活 4 年。

【流行特点】以 2 ~ 12 月龄羊最易发病。病羊多为膘情较好者。通常在农区多发于蔬菜、粮食收获季节，羊吃了多量蔬菜和大量谷类时发病；在牧区多发生在春末夏初、青草萌发和秋季牧草结籽后的一段时期。

【症状】病羊常常当晚小见症状，次晨突然发现死于羊圈内。病程稍缓的病羊常呈现腹痛、腹胀、离群呆立、嚼食泥土或其他异物。病羊一般体温不高。病初粪球干小，濒死期发生肠鸣腹泻，排出黄褐色水样粪便，有时混有血丝，或伴有伪膜性肠炎。有的卧地或独自奔跑，出现四肢划动、全身颤抖、眼球转动、磨牙、头颈向后弯曲等神经症状。最后口、鼻流沫，常于昏迷中死亡。

剖检病死羊的病变，可见肾脏表面充血，实质松软，呈不定型的软泥状（一般认为是死后的变化）。肝脏肿大、充血、质脆，胆囊肿大 1 ~ 3 倍，充满胆汁。小肠黏膜充血、出血，严重的整个肠壁呈血红色或有溃疡。全身淋巴结肿大、充血，切面黑褐色。体腔积液，心外膜有出血点。

【诊断】本病的确诊，除根据临床症状外，还需进行实验室诊断。

鉴别诊断：本病应与炭疽、巴氏杆菌和大肠杆菌病加以区别。

【预防】（1）在农、牧区，春夏之际减少抢青抢茬，秋季避免吃过量结籽饲草和多汁的蔬菜饲料。

（2）羊群出现本病时，要立即将羊群迁移至干燥地方放牧。

（3）疫区应定期注射羊三联或五联菌苗。

【治疗】对病程较缓慢的病羊，可用：

（1）青霉素，肌肉注射，每次 80 万 ~ 160 万单位，每日 2 次。

（2）磺胺脒，按每千克体重 8 ~ 12 g，第一天一次灌服，第二天分两次灌服。

（3）10% 石灰水，灌服，大羊 200 mL，小羊 50 ~ 80 mL，连用 1 ~ 2 次。此外，应结合强心、补液、镇静等对症治疗，有时尚能治愈少数病羊。

7. 羔羊痢疾

羔羊痢疾是由 B 型魏氏梭菌引起的一种急性传染病。其特点是剧烈腹泻、小肠发生溃疡和迅速而大批死亡，是影响羔羊成活率的疾病之一。

【病原】本病的病原是 B 型魏氏梭菌，又称产气荚膜杆菌，为厌气粗大杆菌，革兰氏染色阳性，不能运动，在动物体内能形成荚膜，能产生芽孢，可产生各种肠毒素，具有坏死和致死作用，能导致全身性毒血症。一般消毒药可杀死本菌繁殖体。繁殖体在干燥土壤中存活 10 d，潮湿土壤中存活 35 d，干燥粪中存活 3 d。芽孢抵抗力则较强，在土壤中可存活 4 年。

【流行特点】本病主要侵害新生羔羊，以出生后 1 ~ 4 d 内发病最多，7 d 以后发病很少见。本病主要传染源是病羔羊，其次为带菌母羊。病羔羊的肠道中常有大量病原体繁殖，并随粪便排出到外界，污染周围环境。羔羊通过吃奶或与病羔接触，或舔食污染的物品，或通过饲养员未经洗净带菌的手接触而感染。病原经过消化道侵入体内，在小肠（特别是回肠）里大量繁殖，产生毒素，引起发病。羔羊也可通过脐带或创伤感染。当母羊饲养管理不好，尤其是怀孕期内缺乏补充饲料时，所产羊羔体弱，易发本病；天气严寒，特别是大风雪后，产羔的温度过低，羔羊受冻，哺乳不当，饥饱不均时，也很容易诱发本病。一般是产羔初期散发，产羔盛期大批发生和死亡。纯种羊发病和死亡多于杂种羊和土种羊。

【症状】本病潜伏期 112 d。临床上分两种类型：

急性型：流行时最早出现的病例常为急性型。羔羊死亡很突然。羔羊头晚还似健康，次日早晨发现已死于羊舍。若仔细观察病羔，可发现羔羊死前喜卧，无精神，不吃奶，对周围事物没反应，腹胀痛，低头，粪便先似正常，以后变棕灰色半液体状，有的有血液混杂，粪便恶臭；病羔黏膜发绀，脱水，呼吸急促，头向后弯，昏迷，口流白沫，全身发凉，不久即死亡。病程数小时到十几小时。

亚急性型：此型最为常见。病程可达 1 ~ 2 d，病羔表现无精神，食欲废绝，眼下陷，懒于活动，喜卧，强令起立也不爱动，长时间卧下。弓背，似有腹痛感觉。不久腹泻，粪呈黄色半液体状，后带黏液，颜色为黄绿、灰黄或带血，或呈血便。肛门及尾根常沾满粪便，有腥臭味。最后昏迷死亡。

病羔若不及时治疗，难以自然恢复。

剖检病死羔羊的病变，以消化道变化最显著，可见真胃黏膜出血和水肿；肠黏膜充血，空肠、回肠有豌豆至蚕豆大的黄色坏死区，外围有充血带，严重的溃疡可深入肌层。肠内容物可由正常变至纯血及有黄色干酪样坏死块。大肠也发炎。肠系膜淋巴结肿胀或出血。肝肿大，胆囊充满胆汁。心包有淡黄色积水，心内外膜出血。肺、脾变化不明显。

【诊断】本病的确诊，除根据流行特点、临床症状及剖检病变外，还需进行实验室诊断。

鉴别诊断：本病应与大肠杆菌病、沙门氏菌加以区别。

【预防】(1) 加强母羊的饲养管理。对孕羊要做好产前抓膘、保胎工作，在怀孕后期补给优质饲草、青干草、胡萝卜及矿物质等。做好圈舍及用具的消毒工作。

(2) 做好产前的准备工作。产羔房要保暖、干燥、清洁。剪去母羊阴门附近污毛，用消毒液消毒乳房及后躯。

(3) 加强对羔羊的护理，脐带要进行消毒。新生羔羊要同母羊一起放于单独的木栏内，合理哺乳，避免饥饱不均，防止受凉。

(4) 因本病大多发生在严寒季节，可以试行提前产冬羔的办法来减少本病发生。

(5) 在常发疫区，可采取药物预防。羔羊出生后 12 h 内，灌服土霉素 0.12 ~ 0.15 g，每日 1次，连用 3 d。

(6) 预防接种。对生产母羊注射羔羊痢疾菌苗或羊梭菌病四联苗或五联氢氧化铝菌苗。

(7) 病羔接触过的用具等要彻底消毒。每次产羔后亦应彻底清扫和消毒。

【治疗】发病后将病羔隔离，并加强护理工作。

(1) 初期用轻泻剂，以清除肠内容物。用硫酸镁 2 ~ 3 g，溶于 30 ~ 40 mL 温水中，内加甲醛 0.2 ~ 0.3 mL，一次灌服。

(2) 用 1% 高锰酸钾液，每次 15 ~ 20 mL，第一天上、下午各服一次，第二天上午一次，连用 2 ~ 3 d。

(3) 土霉素 0.2 ~ 0.3 g、胃蛋白酶 0.2 ~ 0.3 g 加水灌服，每日 2 次。

(4) 磺胺脒 0.5 g、鞣酸蛋白 0.2 g、次硝酸铋 0.2 g、碳酸钠 0.2 g 或再加呋喃唑酮 0.1 ~ 0.2 g，加水灌服，每日 3 次。

(5) 呋喃唑酮 0.1 ~ 0.2 g，每日 2 次。

(6) 硫酸镁、甲醛及磺胺胍疗法。先灌服含 0.5% 甲醛和 6% 硫酸镁溶液 30 ~ 60 mL，经 4 h 以后，灌服磺胺脒 1 g、甲氧苄氨嘧啶（TMP）0.2 g、鞣酸蛋白 3 g。以后每天 2 次，减半服之，直至痊愈。

(7) 呋喃唑酮 0.5 g、磺胺脒 2.5 g、亚硝酸铋 6 g，加水 100 mL 混合，每只羔羊灌 4 ~ 5 mL，每日 2 次。

(8) 并发肺炎时可用青霉素、链霉素各 20 万单位混合，肌肉注射，每日 2 次。

在使用上述药物的同时，要适当采取对症治疗措施，如强心、补液、镇静，食欲不好者可灌服人工胃液 10 mL 或番木鳖酊 0.5 mL，每日一次。

（9）中药疗法。可用加减乌梅汤：乌梅（去核）、炒黄连、黄芩、郁金、炙甘草、猪苓各 10 g，诃子肉、焦山楂、神曲各 12 g，泽泻 8 g、干柿饼（切细）1 个，将上药研碎，加水 400 mL，煎汤浓缩至 150 mL，去渣，加红糖 50 g 为引，每次内服 30 mL，若拉稀不止，再服 1 ~ 2 次。或服加味白头翁汤：白头翁 10 g、黄连 10 g、秦皮 12 g、生山药 30 g、山萸肉 12 g、诃子肉 10 g、茯苓 10 g、白术 15 g，白芍 10 g、干姜 5 g、甘草 6 g，将上药水煎 2 次，每次煎 300 mL，混合后每只羔羊灌服 10 mL，每日 2 次。

（10）加味承气汤：大黄、酒黄芩、焦山楂、枳实、甘草、朴硝 25 克（另包）、秦皮 10 g、厚朴 10 g。将前 7 味药加水 400 mL，煎汤浓缩至 150 mL，去渣，加入厚朴即成。每只羔羊 20 ~ 30 mL，去清除胃肠内的积聚物。

8. 羊链球菌病

羊链球菌病俗称嗓喉病，是由链球菌（属 C 群兽疫链球菌的一种）引起的一种急性、热性败血性传染病。

【病原】本病的病原是链球菌，革兰氏染色阳性，有清晰荚膜。本菌对外界抵抗力较强，而对一般的消毒药物抵抗力较差。

【流行特点】本病主要传染源是病羊和带菌羊。本病菌存在于病羊的各个脏器及分泌物、排泄物中，通过呼吸道、皮肤损伤或羊虱蝇叮咬而感染。常以冬春二、三月份体质下降时多发。特别是当天气严寒或大风雪以后，羊发病和死亡数显著增加，在新疫区本病危害严重。

【症状】病羊初期体温升至 41 °C，精神不振，食欲减少或废绝，反刍停止。眼结膜充血，流泪，以后流出脓性分泌物。间有咳嗽，鼻腔流出浆液、脓性带血鼻液（呈铁锈色）。口流涎，并混有泡沫。呼吸急促而困难，咽喉部及下颌淋巴结肿大，有时舌也肿大。粪便松软，带有黏液或血液。病羊有的眼睑、唇部、面颊及乳房肿胀。临死前常出现磨牙、呻吟及抽搐现象。病程多为 2 ~ 3 d，死亡率达 80%。

剖检病死羊时，可见败血性病变，尸僵不明显，胸腔积液，各脏器广泛出血，尤以大网膜、肠系膜等部位明显。肺脏水肿、气肿、实质出血，发生肝变，呈大叶性肺炎变化，胆囊肿大。急性病例还可见肝、肾肿大。各脏器表面常覆盖有丝状黏稠的纤维素样物质。

【诊断】本病的确诊，除根据临床症状、流行特点及剖析病变外，还需进行实验室诊断。

【预防】（1）加强饲养管理，做好防寒保温工作。严禁由疫区调进羊只或输入羊肉及毛皮产品。

（2）预防接种：疫区每年发病季节到来之前，使用羊链球菌氢氧化铝甲醛苗进行预防注射。背部皮下注射：6 个月龄以上羊每只 5 mL；6 个月龄以下羊每只 3 mL；3 个月龄以下的羔羊，第一次注射后，最好到 6 个月以后再注射一次，以增强免疫力。免疫期半年以上。

（3）发生本病时，立即隔离病羊，封锁、消毒。羊舍、羊圈用二氯异氰脲酸钠（含有效氯 ≥20%）按 1∶800 稀释消毒，或用 1% 甲醛液、10% 石灰乳、3% 来苏儿等消毒液消毒。粪便堆积发酵处理，尸体深埋。在本病流行区，病羊群要在固定草场、牧场放牧，避免与健康羊群接触。对未发病羊要提前注射青霉素或抗羊链球菌血清，有良好的预防效果。在最后一头病羊痊愈或死后 1 个月，经过彻底清理消毒，方能解除封锁。

【治疗】病羊在早期用青霉素，肌肉注射，每只每次 80 万 ~ 160 万单位，每日 2 次，连用 2 ~ 3 d；20% 磺胺嘧啶钠注射 5 ~ 10 mL，肌肉注射，每日 2 次；磺胺嘧啶，内服，每只每次 5 ~ 6 g（小羊减半），每日 1 ~ 3 次，连用 2 ~ 3 d。

9. 羊沙门氏菌病（副伤寒）

羊沙门氏菌病又称副伤寒，是由鼠伤寒沙门氏菌、都柏林沙门氏菌和羊流产沙门氏菌引起的，以羔羊急性败血症和下痢、母羊怀孕后期流产为主要特征的急性传染病。

【病原】本病的病原是鼠伤寒沙门氏菌、都柏林沙门氏菌和羊流产沙门氏菌，革兰氏染色阴性，为需氧和兼性厌氧菌型，不形成芽孢和荚膜，一般均能运动。本菌对外界抵抗力较强，在污染的水中能生存 4 个月以上，在粪便和土壤中能生存 10 个月。一般消毒药均可很快杀死本菌。

【流行特点】本病的主要传染源是病羊及带菌羊。各种年龄的羊均可感染发病，其中以断乳或断乳不久的羊最易感。病原菌通过羊的粪、尿、乳汁、流产胎儿、胎衣污染饲料、饮水、食槽和周围环境，经消化道感染健康羊，也可通过交配或其他途径传播。各种不良因素均可促使本病的发生。本病一年四季均可发生，但以春冬气候寒冷多变时节发生最多。羊舍饲时易发，常呈散发，有时呈地方性流行。

【症状】根据临床，本病可分为两种类型：

下痢型：本病型多见于羔羊，病羊表现精神沉郁，体温高达 40 ~ 41 °C，食欲减少，腹泻，排黏性带血稀粪，有恶臭，低头弓背，继而卧地。病程 1 ~ 5 d 死亡，有的经两周后可恢复。发病率一般为 30%，病死率 25% 左右。

流产型：本病多发生在怀孕的最后两个月，出现流产或死产。病羊表现精神沉郁，体温升高，拒食，部分病羊有腹泻症状。病羊产出的活羔极度衰弱，并常有腹泻，病程 1 ~ 7 d 死亡。发病母羊也可在流产后或无流产的情况下死亡。羊群暴发一次，一般可持续 10 ~ 15 d，流产率和病死率很高。

剖检下痢型病死羊，可见：后躯常被稀粪污染，组织脱水；真胃和小肠空虚，内容物稀薄，常含有血块；肠黏膜充血，肠系膜淋巴结肿大，心内外膜有小出血点。剖检流产型病死羊，可见：流产、死产的胎儿或生后一周内死亡的羔羊，呈败血症病变，表现组织水肿、充血、肝脏、脾脏肿大，有灰色病灶，胎盘水肿出血；死亡的母羊呈急性子宫炎症状，其子宫肿胀，内含有坏死组织、浆液性渗出物和滞留的胎盘。

【诊断】本病的确诊，除根据流行特点、临床症状和剖检病变外，还需进行实验室诊断。

鉴别诊断：本病应与羔羊痢疾的 B 型魏氏梭菌、羔羊大肠杆菌病加以区别。

【预防】加强对羔羊和母羊的饲养管理，保持卫生，减少诱病因素。发生本病后，对流产母羊及时隔离治疗；流产的胎儿、胎衣及污染物要烧毁，同时对流产场地、用具全面、彻底进行消毒处理；对可能受传染的羊群注射相应的预防疫苗。

【治疗】① 土霉素，羔羊按每日每千克体重 30 ~ 50 mg，分 3 次内服，成年羊按每次每千克体重 10 ~ 30 mg，肌肉或静脉注射，每日 2 次。② 用痢特灵（呋喃唑酮），按每日每千克体重 5 ~ 10 mg，分 2 ~ 3 次内服，连续用药不得超过两周。③ 泻痢金方，每日注射 2 次，羔羊 0.2 mL/kg 体重，成羊 0.15 mL/kg 体重。首次加倍，内服用量加倍。沙门氏菌易产生抗药性，如用一种药物无效时，可换用另一种。下痢较重时，应对症治疗，及时输液，以防脱水。

10. 羊黑疫

羊黑疫又称羊传染性坏死性肝炎，是由 B 型诺维氏梭菌引起的一种急性高度致死毒血症，以肝实质坏死性病灶为特征。

【病原】本病的病原是B型诺维氏梭菌，是革兰氏染色阳性、两端钝圆的粗大杆菌，多数单独存在或两两相处，少数3～4个菌体连成短链。其毒素可分为A、B、C 3型。

【流行特点】本病以2～4岁营养良好的羊多发，特别是由于肝片吸虫的寄生易诱发本病。一般在肝片吸虫流行地区和季节，在低洼潮湿的沼泽草地放牧的羊只发病较多。

【症状】本病的临床症状与羊肠毒血症、羊快疫极其相似，发病急，常突然死亡。少数病例病程可拖至1～2 d。病羊表现掉群，不食，体温升高，呼吸困难，呈昏睡、俯卧，无痛苦地突然死亡。

剖检病死羊的病变，可见皮下静脉显著充血，皮肤呈暗黑色，故有“黑疫”之称。肝脏表面和深部有直径数厘米大、界限清晰的淡黄色或草绿色不整圆形的坏死灶。病灶周围常有一鲜红色充血带围绕，切面呈半月形。肝被膜的实质常有肝片吸虫幼虫移行造成的出血区。真胃幽门部和小肠充血、出血。体腔多积液，心内膜有出血点。

【诊断】本病的确诊，除根据临床症状及剖检病变外，还需进行实验室诊断。

【预防】(1) 在肝片吸虫病流行地区，对羊群每年至少安排两次定期驱虫。一次在秋末冬初由放牧转为舍饲之前；另一次在冬末春初，由舍饲改为放牧之前。

(2) 定期注射羊黑疫菌苗、黑疫快疫混合苗或羊厌气菌五联苗。

(3) 发病时，保持羊圈干燥。

(4) 早期预防用抗诺维氏梭菌血清，皮下或肌肉注射，10～15 mL，必要时可重复一次。

(5) 药物预防用蛭得净（溴酚磷），按每千克体重16 mg，一次内服；或用丙硫苯咪唑，按每千克体重15～20 mg，一次内服；或用三氯苯唑，按每千克体重8～12 mg，一次内服。

【治疗】(1) 病程缓慢的病羊，可用青霉素，肌肉注射，80万～160万单位，每日2次。

(2) 抗诺维氏梭菌血清，肌肉或皮下或静脉注射，50～80 mL，连用1～2次。

11. 肉毒梭菌中毒症

羊肉毒梭菌中毒症是由于食用肉毒梭菌毒素而引起的一种中毒性疾病。其特征是运动神经麻痹和延脑麻痹。

【病原】本病的病原是肉毒梭菌，是腐生菌，广泛分布于自然界，土壤为其自然居留地。在腐败尸体和腐烂的饲料中含有大量的肉毒梭菌毒素。本病无传染性。各种畜禽均有易感性，动物只有食入被肉毒梭菌毒素污染的饲料、饮水后才能发病。本病多发于夏、秋两季，呈散发或地方性流行。

【症状】病羊初期常表现兴奋症状，共济失调，步态强硬。行走时头弯于一侧或作点头运动，尾向一侧摆动。流涎，有浆液性鼻漏。腹式呼吸，终至呼吸麻痹死亡。

剖检病死羊，无特征性病变。

【诊断】本病的确诊，除根据临床症状外，还需进行实验室诊断。

【预防】注意环境卫生，及时清除牧场或羊舍内的腐败尸体和残骸，特别注意不用腐败饲料（草）饲喂羊；平时在饲料中添加适量的食盐、钙和磷等矿物质，以防止动物发生异食癖，乱舔食尸体和残骸等；发现本病应及时查明毒素的来源，予以清除。

【治疗】对本病早期可用肉毒梭菌多价血清注射治疗，同时使用盐类泻剂和洗胃、灌肠，以促进消化道内的毒素排除。此外，使用盐酸胍，按每千克体重1 mg，可解除毒素引起的某些麻痹症状；遇有体温升高时，可注射抗生素或磺胺类药物，以防止继发肺炎。

12. 羊副结核病

羊副结核病又称副结核性肠炎，是由副结核分枝杆菌引起的，是牛羊的一种慢性接触性传染病。

【病原】本病的病原是副结核分枝杆菌，是革兰氏染色阳性的一种小杆菌。它不形成芽孢，无荚膜和鞭毛，无运动性，为需氧菌。与结核杆菌相似，具有抗酸染色特性。本菌对外界抵抗力较强，在粪便内可存活 4 ~ 8 个月，对热抵抗力差，60 °C 条件下 30 min 即可死亡，100 °C 沸水中立即死亡。常用消毒药物为 75% 酒精、10% 漂白粉、5% 来苏儿、3% ~ 5% 甲醛等，均可将其杀死。

【流行特点】本病主要传染源是病羊及带菌羊。病原菌主要集中在病羊的肠道黏膜和肠系膜淋巴结内，通过粪便、尿液、乳汁污染羊舍、饲料、饮水及牧地等，经消化道感染健康羊。以幼龄羊最易感，往往经数月或数年的潜伏期后，到成年才出现临床症状。特别是在母羊怀孕、分娩或过度挤乳，以及饲料单一、缺乏矿物质等情况下，均可促发本病。本病的发生无季节性，但春、秋两季较常见，主要呈散发，有时呈地方性流行。

【症状】病羊在发病期，精神、体温、食欲、脉搏等常无异常，主要特征为间歇性或持续性腹泻，开始排稀薄带恶臭的粪便，而后发展到持续性下痢，继之变为水样的喷射状下痢，粪便混有白色气泡，有时带有血丝。病羊的食欲减少，逐渐消瘦、贫血，特别是后躯常形成“狭尻”，泌乳下降，前胸浮肿，病程一般经 3 ~ 4 个月，有的可拖 6 个月至 2 年，最后因衰竭而死。

剖检病死羊，主要病变在肠道和肠系膜淋巴结。尸体消瘦，空肠、回肠和结肠前段的肠壁比正常增厚 5 ~ 20 倍，形成纵横交错的皱褶，很像脑回样。肠系膜淋巴结肿胀、坚硬、色苍白，淋巴管变粗呈索状。

【诊断】本病的确诊，除根据临床症状和剖检病变外，还需进行实验室诊断。

对于没有临床症状或症状不明显的病羊，可用变态反应诊断，即用副结核菌素或禽结核菌素 0.1 mL，注射于尾根皱皮内或颈中部皮内，经 48 ~ 72 h，局部发红肿胀者，判为阳性。

鉴别诊断本病应与肠道寄生虫、沙门氏菌病等加以区别。

【预防】对病羊群用变态反应诊断，每年检疫 4 次，出现症状或变态反应阳性的羊应及时淘汰；感染严重和价值低的羊群，应整个淘汰。对病羊的圈栏、用具等可用 20% 漂白粉或 20% 石灰乳彻底消毒，并空闲一年以后再引入健康羊。

本病无治疗价值。

13. 羊伪结核病

山羊伪结核病是由伪结核棒状杆菌感染所引起的一种接触性、慢性传染病，其特征为局部淋巴结发生干酪样坏死，有时在肺、肝、脾和子宫角等处发生大小不等的结节，内含淡黄绿色干酪样物质。

【病原】伪结核棒状杆菌为不规则、无芽孢革兰氏阳性杆菌，分类上属棒状杆菌属。具有多形性，呈球状、杆状，偶见丝状；在脓汁中多形性更明显，在新鲜脓汁中杆状占优势，而在陈旧脓汁中则以球状占优势。在培养物中则呈较一致的球杆状，排列多成丛状，无鞭毛和荚膜，美蓝染色着色不匀，非抗酸性。本菌对干燥有抵抗力，在自然环境中能存活很长时间，对热及多种消毒剂敏感。

【诊断要点】流行特点：伪结核棒状杆菌存在于土壤、肥料、肠道内和皮肤上，经创伤感染。

临床症状：该病在羔羊中少见，随羊龄增长，发病增多。感染初期，局部发生炎症，后波及邻近淋巴结，淋巴结慢慢增大和化脓，脓初稀，渐变为牙膏样或干酪样。病羊一般没有明显症状，屠宰时才被发现。如体内淋巴结和内脏受波及时，则病羊逐渐消瘦、衰弱，呼吸加快，时有咳嗽，最后陷于恶病质而死亡。该病在头部和颈部淋巴结发生较多，肩前、股前和乳房等淋巴结次之。

病理变化：剖检见尸体消瘦、被毛粗乱、干燥，体表淋巴结肿大，内含干酪样坏死物；在肺、脾、肾和子宫角等处有大小不一、数量不等的脓肿。

实验室诊断：对动物特征性化脓病灶（无臭味、牙膏样脓汁）涂片染色镜检，如为革兰氏阳性，抗酸染色阴性，呈多形性形态学特征，可初步疑为伪结核棒状杆菌。进一步用血琼脂平板分离培养，并加以鉴定。本菌菌落微溶血，易于推动；不液化凝固血清，石蕊牛乳无变化，接触酶阳性。据上，可与化脓棒状杆菌相区别。血清学试验，如抗溶血抑制试验、间接血凝试验、琼脂扩散试验，也可用来诊断本菌所致疾病。

【防治】伪结核棒状杆菌对青霉素高度敏感，但因脓肿有厚包囊，疗效不好。据报道，早期用 0.5% 黄色素 10 mL 静脉注射有效，如与青霉素并用，可提高疗效。对脓肿按一般外科常规连同包膜一并摘除。平时预防须做好皮肤和环境的清洁卫生工作，皮肤破伤应注意及时处理，发现病畜应及时隔离治疗。

三、其他病原微生物引起的传染病

1. 传染性胸膜肺炎

山羊传染性胸膜肺炎又称“烂肺病”，是由丝状霉形体（支原体）引起的一种山羊特有的高度接触性传染病。其特征是高热、咳嗽、浆液性和纤维蛋白渗出性肺炎及胸膜炎症状。

【病原】本病的病原是丝状霉形体，为一种细小、多形性的微生物，革兰氏染色阴性。

【流行特点】本病只感染山羊，其他畜禽不感染，各品种的山羊均可感染发病，奶山羊发病较一般山羊快，尤以 3 岁以下的山羊发病率最高。病羊和隐性病羊是主要传染源。本病主要经呼吸道感染，病羊接触了健康羊而传染。在新疫区，发病急促，病势重，死亡率较高；在老疫区则疫势缓和，多呈慢性经过。本病一年四季均可发生，但冬春发病死亡率最高，因这时为枯草季节，缺乏营养，羊只瘦弱，抵抗力减弱，易受寒感冒；加之寒冷潮湿、羊群拥挤等因素常可诱发本病。

【症状】本病潜伏期一般为 3 ~ 20 d 不等，有的更长。本病多呈急性经过，病羊发病初期体温高达 41 °C，精神委顿，离群呆立，懒于采食。两眼无光，被毛粗乱，发抖。呼吸加快。咳嗽次数增加，有浆性或脓性鼻液，呈铁锈色。多在一侧出现支气管肺炎变化，叩诊肺部有浊音及实音区。听诊出现支气管呼吸音及摩擦音，按压胸壁有疼痛感。病情恶化，则呼吸困难，弓背，颈伸直，衰弱，最后倒地，窒息死亡。有的发生腹胀、腹泻，甚至口腔发生溃烂，唇、乳房皮肤出现疹块。孕羊发生流产。濒死前体温降至常温以下。急性病例不超过 4 ~ 5 d，一般病程 7 ~ 15 d。死亡率可达 60%。

剖检病死羊的病变，主要表现在胸腔，多见一侧肺发生明显的浸润和肝样病变，病肺呈红灰色，切砸呈大理石样，肺小叶间质增宽，界线明显。支气管淋巴结、纵膈淋巴结肿大。胸膜变厚，表面粗糙不平，有的与胸壁发生粘连。有的病例中，肺膜、胸膜和心包三者发生粘连。胸腔积有多量黄色胸水。

【诊断】本病的确诊，除根据临床症状、流行特点和剖检病变外，还需进行实验室诊断。

鉴别诊断：本病应与山羊巴氏杆菌病加以区别。

【预防】(1) 坚持自繁自养，不从疫区购羊。新引进的山羊，应隔离观察 1 个月确认无病后方可混群。

(2) 在疫区内，每年用山羊传染性胸膜肺炎氢氧化铝苗进行预防注射。皮下或肌肉注射，6 个月龄以上山羊 5 mL，6 个月以下 3 mL，注射后 14 d 产生免疫力，免疫期约为一年。

(3) 病菌污染的环境、用具等要严格消毒。

【治疗】(1) 新胂凡纳明“914”治疗，5 个月以下羔羊 0.1 ~ 0.15 g，5 个月龄以上羊 0.2 ~ 0.25 g，用灭菌生理盐水或 5% 葡萄糖盐水稀释为 5% 溶液，一次静脉注射，必要时间隔 4 ~ 7 d 再注射一次。

(2) 磺胺嘧啶钠注射液，皮下注射，按每千克体重 0.15 mL，每日 1 次。

(3) 病羊初期治疗用盐酸土霉素，按每日每千克体重 20 ~ 50 mg，分 2 次内服。也可试用强力霉素治疗。

(4) 复方新诺明、新药灵草神针、氧氟沙星、环丙沙星对该病疗效较好。

2. 羊衣原体病

山羊衣原体病是一种由鹦鹉热衣原体引起羊肺炎、母羊流产以及羔羊多发性关节炎的疾病。

【病原】本病的病原是衣原体，属鹦鹉热衣原体，是介于细菌与病毒之间的一类独特微生物。在宿主细胞内增殖时有两种形态：一是原生小体，直径 0.2 ~ 0.3 μm；二是始体，直径 0.8 ~ 1.2 μm。鹦鹉热衣原体对酸碱的抵抗力较高，– 70 °C 可保存活力几年。60 °C 条件下 30 min 可以杀灭。乙醚和季铵盐类可在 30 min 使其灭活。

【流行特点】本病的主要传染源是病羊及隐性感染羊。羊地方性流行性流产是因引进感染羊及隐性感染羊而传播的，大多经消化道感染。母羊从感染到流产时间长达一年左右，胎盘组织内和粪便中含有大量衣原体，这些都是污染羊圈和牧地的污染源。公羊感染后精液中也含有衣原体，经交配可传给母羊。

病羊通过粪便排出大量衣原体污染周边环境，羊吸入后可发生肺炎。

羔羊多发性关节炎是由于栖居于肠道的鹦鹉热衣原体，在某些诱发或应激因素下，毒力增强侵害关节所致。成年羊极少出现症状。

【症状】母羊流产前无特征性先兆，体温正常，在临产前 2 ~ 3 周发生流产和早产，从阴门流出粉红色或奶油样黏液，胎盘子叶和浆膜出现红色乃至土黄色的坏死性变化，常见胎衣不下或部分滞留。

患肺炎病羊表现精神沉郁，食欲废绝，有水样至脓性鼻涕，有时发热，呼吸困难，有并发感染的大多预后不良。

患多发性关节炎的羔羊体温高达 40 ~ 42 °C，关节肿胀，触摸有热感和痛感。病羊跛行，步样僵直，不愿走动。剖检流产病羊的病变，可见胎盘的绒毛膜和子叶呈现坏死性变化，子叶呈黑红色、污灰色、土黄色，表面有多量坏死组织，绒毛膜有的地方水肿增厚，子宫黏膜有时充血、出血、水肿。

剖检肺炎病羊的病变，可见肺有肝变病灶。对于细菌混合感染病例，可见化脓性肺炎和胸膜肺炎病变。

剖检多发性关节炎病羊的病变，可见全身关节肿大，腕、跗关节最显著，滑膜囊扩张，滑液呈混浊灰黄色。肝、脾肿大，淋巴结水肿。

【诊断】根据流行特点、临床症状和剖检病变可作出初步诊断。确诊需进行实验室诊断。

鉴别诊断本病（母羊地方性流产）应与布氏杆菌病、弯杆菌病等加以区别。

【预防】（1）防止引入病羊及带菌羊，是预防本病的关键。

（2）预防羊衣原体性流产主要采用疫苗，可用中国农科院兽医所研制的羊流产衣原体卵黄囊甲醛灭活油佐剂苗，保护率可达 85% 左右；对羔羊多发性关节炎病可试用羊地方性流行性流产疫苗预防。同时加强饲养管理，减少、消除各种应激因素，可减少发病。

治疗本病爆发时，必须对所有流产羊、病弱羔羊及其同窝羔羊进行隔离饲养，用青霉素、四环素、红霉素等抗菌素及氧氟沙星、环丙沙星等药物治疗，一直到全部母羊子宫不再排出排泄物或全部存活羔羊健康为止；将感染的胎盘和流产的胎儿进行无害化处理；清扫后用 2% 氢氧化钠消毒。

3. 钩端螺旋体病

羊钩端螺旋体病是由致病性钩端螺旋体引起的自然源性人、畜共患的急性传染病。

【病原】本病的病原是钩端螺旋体。它在水沟、沼泽处可存活数月以上。

【流行特点】所有家畜、鼠类和人都可感染发病。病原主要由尿中排出，污染周围土壤、水源、饲料、圈舍、用具等，经消化道或皮肤黏膜引起感染。本病在夏、秋季多见，幼羊较成年羊易感且病情严重。一般呈散发。

【症状】本病潜伏期 2 ~ 20 d。羊通常表现为隐性传染，临床表现体温升高，呼吸和心跳加速，黏膜和皮肤坏死、水肿，消瘦，黄疸，血红蛋白尿，出血性素质，迅速衰竭而死。孕羊流产。

剖检病死羊的病变，可见皮下组织发黄，内脏广泛发生出血点。肾脏表面有多处散在的红棕色或灰白色小病灶，肝肿大，有坏死灶。膀胱内有红色尿液。肠系膜淋巴结肿大，皮肤和黏膜坏死或溃疡。

【诊断】本病的确诊，除根据临床症状、流行特点和剖检病变外，还需进行实验室诊断。

【预防】（1）严防病畜尿液污染周围环境。对污染的场地、用具、栏舍可用 1% 石炭酸或 0.1% 升汞或 0.5% 甲醛液消毒。

（2）常发地区应提前预防接种钩端螺旋体菌苗或接种本病多价菌苗。

（3）严禁从疫区引进羊，必要时，引进的羊应隔离观察 1 个月确认无病后才能混群。

（4）泰乐仙，肌肉注射，按每千克体重 0.15 mL，每日 2 次，连用 3 ~ 5 d。

【治疗】（1）青霉素，肌肉注射，每只每次 20 万 ~ 60 万单位，每日 2 次，连用 3 ~ 5 d。但青霉素切不可大剂量使用。

（2）四环素，肌肉注射，按每千克体重 5 ~ 10 mg，每日 2 次，连用 3 ~ 5 d。

（3）土霉素，肌肉注射，按每千克体重 10 ~ 20 mg，每日 2 次，连用 3 ~ 5 d。

还可用金霉素、新胂凡钠明治疗；同时注意全群带菌羊的治疗或进行紧急预防接种。

4. 羊放线菌病

放线菌病是牛羊和其他家畜及人的一种非接触传染的慢性病。其特征为局部尤其是头、颈、颌下及舌的组织增生与化脓，形成放线菌肿。

【病原】本病病原主要是牛放线菌和林氏放线杆菌，此外还有化脓放线菌（原名化脓棒状杆菌）。牛放线菌为不规则、不形成芽孢的杆菌，有长成菌丝的倾向。在动物组织中呈现带有辐射状菌丝的颗粒性聚集物——菌芝，外观似硫黄颗粒，其大小如帽针头，呈灰色、灰黄色或微棕色，质地柔软或坚硬。涂片经革兰氏染色后，其中心菌体为紫色，周圈辐射状菌丝为红色。本菌抵抗力微弱，一般消毒剂均可将其杀死，对青霉素、链霉素、四环素等抗生素敏感。林氏放线杆菌为革兰氏阴性、兼性厌氧的杆菌，分类上属巴氏杆菌科，放线杆菌属，是一种不运动、不形成芽孢和荚膜的多形态的革兰氏阴性杆菌，在动物组织中也形成菌芝，无显著的辐射状菌丝。革兰氏染色，中心与周围均呈红色。本菌对外界环境条件抵抗力不强，对链霉素、四环素等抗生素敏感。

【流行特点】放线菌病的病原不仅存在于污染的土壤、饲料和饮水中，而且还寄生于动物口腔、咽部黏膜、扁桃体和皮肤等部位，因此，黏膜或皮肤上只要有破损，便可以感染。该病一般为散发。

【临床症状】常见下颌肿大，肿胀发展缓慢，最初的病变症状是下唇和面部的其他部位增厚的皮下组织中形成直径 1 ~ 5 cm，单个或多数的坚硬结节，多呈圆形，严重的可见几个秃斑连接在一起呈不整形。病变部脱毛覆盖一层白色或灰白色的鳞屑，刮去鳞屑，露出淡红色皮肤，病后期鳞屑也可自行脱落，呈光滑淡红色秃斑，秃斑周围的被毛极易拨脱。有时皮肤化脓破溃，形成瘘管。个别病例除头部病变外，还在背部、腰部、腹下部、股内侧、大腿外侧与会阴部等处出现单个圆形秃斑，或连成一大片，有的病灶表面覆盖一层较薄的柔软痂皮。病羊痒觉不明显。

病羊不能采食，消瘦，衰弱。舌和咽部感染时，组织肿胀变硬，流涎，咀嚼困难。乳房患病时，呈弥漫性肿大或有局灶性硬结。

【诊断】（1）现场诊断：根据临床特点，局部皮肤有境界明显的癣斑或秃斑，其上带有残毛或裸秃，常被以鳞屑结痂或皮肤皲裂和变硬，有的发生丘疹、水疱和表皮糜烂等，可作出现场诊断。

（2）实验室诊断：确诊时，可刮取病变部的碎屑和毛供检验。镜检时，取少许病料于载玻片上，加入 10% 氢氧化钠（或氢氧化钾）1 滴，在酒精灯火焰上方微微加热，静置 5 min，加盖玻片，用低倍或高倍显微镜检查，见到孢子在毛干内排列呈链状（毛癣菌属霉菌），毛外也见到菌丝和孢子，即可诊断。若必须判定种属时，应进行人工培养。也可将病料接种于家兔皮肤，将家兔局部剪毛后，用针头划痕，病料加生理盐水湿润后，直接涂布于划痕处，阳性者经 7 ~ 8 d 出现炎症反应、脱毛和癣痂，再加癣痂镜检发现孢子和菌丝即可证实。

【预防】平时应加强引种时的检疫工作。搞好羊舍与羊体皮肤卫生。发病后全群检查，隔离治疗病羊，羊舍可用 2% 热氢氧化钠液或 0.5% 过氧乙酸液消毒。

【治疗】硬结可用外科手术刮去痂壳或切除，选用以下药物涂擦：1096 水杨酸酒精或油膏，每天或隔天 1 次；10% 浓碘酊，每天 1 ~ 2 次，直至痊愈；灰黄霉素软膏或克霉唑癣药水；5% ~ 10% 十一稀酸软膏。水杨酸 6 g、苯甲酸 12 g、苯酚 2 mL、凡士林 100 g，混匀外用；硫酸铜粉 25 g、凡士林 75 g，制成软膏，5 天涂抹 1 次。

若有瘘管形成，要连同瘘管彻底切除。切除后的新创腔，用碘酊纱布填塞，1 ~ 2 天更换 1 次；伤口周围注射 10% 碘仿醚或 2% 鲁戈氏液。内服碘化钾，每天 1 ~ 3 克，可连用 2 ~ 4 周；在用药过程中如出现碘中毒现象（脱毛、消瘦和食欲缺乏等），应暂停用药 5 ~ 6 d 或减少剂量。抗生素治疗本病也有效，可同时用青霉素和链霉素注射于患部周围，青霉素每千克体重 1 万 ~ 1.5 万单位，链霉素每千克体重 10 mg，每日 1 次，连用 5 日为 1 个疗程。

5. 羔羊支原体病

羔羊支原体病是由支原体引起的山羊羔发生的一种急性败血性传染病。在羔羊群中，发病急、病程短、病死率高。

【病原】本病病原暂定为羔羊支原体。支原体在培养基上生长丰盛，可致液体培养基混浊。尿素分解和精氨酸剂利用试验均为阴性。微弱发酵葡萄糖，集落不吸附红细胞。卵黄囊接种 7 日龄鸡胚，96 h 后死亡，胚体水肿、出血。分布于病羔的血液、内脏及脑中。生长抑制试验显示，本菌可被禽败血支原体抗血清抑制，但不被牛支原体、丝状支原体、丝状亚种和鼻支原体抗血清所抑制。

【流行特点】本病主要发生于 30 日龄以内的羔羊，1 日龄时即可发病，较大的羊和成年羊呈隐性感染，虽不显示症状，但可带菌并可从母羊子宫分泌物和乳汁中排出，成为危险的传染源。人工气管接种 10 日龄雏鸡，可使部分接种鸡 10 d 后出现神经症状，15 d 后死亡。皮下接种该病原小鼠 4～7 d 后死亡，死前出现眼结膜炎。本病可通过消化道和呼吸道感染，还可通过带菌母羊的子宫与乳汁垂直传播给胎儿。本病发生于产羔季节，尤其是产春羔季节（2～3 月份）。

【临床症状和病理变化】病羔精神沉郁，吮乳减少或废绝，后肢软弱甚至不能站立，少数病羔腕关节明显肿大，体温一般正常，少数可升高至 41 °C，发病后 2～3 d 因极度衰弱而死亡，死亡部分病羔有头颈伸直、后抑、呻吟等表现，死亡率可达 67.7%。死后剖检可见肺尖叶、心叶有实变区，心脏、肝脏、肾脏有不同程度的变性。

【诊断】依据流行特点、临床症状和病理变化可作出现场诊断，确诊需进行病原分离鉴定。

【防治】目前尚无菌苗可供免疫接种。预防措施主要是不从疫区引种，以免传入本病。

发病后，应加强饲养管理，隔离消毒，只要有一只羔羊发病，就应立即给怀孕后期的母羊和全部羔羊内服或肌肉注射土霉素，剂量按每千克体重 30～40 mL 计，每天肌肉注射一次，连续注射 3～5 d，或按每千克体重 40～50 mg 口服，每天 2 次，连服 3 d。羔羊可补充复合维生素，有预防作用。实验室药敏试验显示，本菌对治百炎（水观霉素）和强力霉素高度敏感，可在临床上试用，治百炎的剂量与用法同土霉素，但对已出现症状的羔羊治疗效果不佳。还可用氧氟沙星、环丙沙星等药物治疗。

6. 传染性角膜、结膜炎

传染性角膜、结膜炎又称流行性眼炎、红眼病。传染迅速，发病率可达 100%。

【病原】病原体为病毒、立克次氏体或细菌，有时三者混合感染。病原体主要存在于眼结膜及其分泌物中，通过直接接触传染，蚊、蝇类可成为主要传染媒介。气候炎热、多雨、高湿、拥挤、刮风、尘土等因素，可导致本病的发生和传播。羔羊及青年羊多发。

【症状】先侵害结膜，以后波及角膜，有时二者同时发病。病羊流泪，怕光，结膜红肿，分泌物逐渐变为黏脓性，角膜混浊，严重者角膜溃疡穿孔，甚至失明。有些严重者，整个眼球覆盖白色薄膜，从而由角膜炎引发为角膜翳。病程一般在 20 d 左右。

【防治】保持圈舍干燥凉爽，通风透光，背风向阳，干净卫生，疏松宽敞；热天引羊时，车顶应敞开，车厢应透风；隔离病羊，以防传染；病羊避免强光刺激，以加快恢复。

治疗可选用以下方法：

第一，4% 硼酸水冲洗病眼，每日 3 次，痊愈为止。

第二，5% 葡萄糖溶液点眼，每日 3 次，痊愈为止。

第三，红霉素、金霉素等眼药点眼，每日 3 次，痊愈为止。用黄绛汞软膏点眼效果也较好。

第四，青霉素 20 万单位，自家血 5 mL，进行眼睑注射，每日 1次，连用 5 d。

第五，用羊奶点眼，每日数次，痊愈为止。

第六，用氯霉素与地塞米松针剂按 1∶1 比例混合，冲洗眼睛，连用 3 ~ 5 d。或内服消炎利胆片按 10 kg 体重 2 ~ 3 片，每日 2 次，连用 3 ~ 5 d。

除此之外，羊还是炭疽、口蹄疫两种恶性传染病的易感动物。这两种病发病都很急，但在我县从未发生过。羊炭疽的主要症状是体温升高至 40.5 ~ 42.5 °C，稽留不降，表现为昏迷、摇摆、磨牙、全身战栗、呼吸困难，脉搏、呼吸次数增多，黏膜发绀，口鼻流出血色泡沫，病羊肛门、阴门流出不凝固的黑红色血液，天然孔出血，全身痉挛，数小时后死亡。死后尸僵不全，血凝不全。口蹄疫的主要症状是病羊口腔黏膜和蹄部的皮肤处形成水泡、溃疡和糜烂，水泡期体温升高至 40 ~ 41 °C，在唇内侧、齿龈、舌面及颊部黏膜发生水泡、糜烂、疼痛，流出带泡沫的口涎。蹄部发病，跛行明显，蹄叉腐烂甚至脱落。炭疽是由炭疽杆菌、口蹄疫是由口蹄疫病毒引起的，这是两种国家严格控制的人畜共患的重大传染病。一旦发现要立即报告，对疫区进行隔离封锁，严禁人畜接触病羊，并严格消毒，病羊及疑似病羊要一律销毁。炭疽病羊严禁解剖。

任务二　南江黄羊的寄生虫病

一、肝片吸虫病

羊肝片吸虫病是由肝片吸虫寄生于肝脏、胆管内引起急性或慢性肝炎和胆管炎，同时伴发全身性中毒现象及营养障碍、水肿等症状的疾病。本病可导致羊大批死亡。慢性和隐性症状的病羊因消瘦而使体重、产毛、产乳量显著降低。马、牛、猪及人也可感染。

【病原】肝片吸虫的外观呈扁平叶状，体长 20 ~ 35 mm，宽 5 ~ 13 mm，见图 11-2 和图 11-3。从胆管内取出的活虫体呈棕红色，经甲醛固定后呈灰白色。虫体的前端呈圆锥状突起，称为头锥；头锥后方扩展变宽，形成肩部，肩部以后又逐渐变窄。体表生有许多小刺。头锥的前端是口吸盘，肩部水平线中部是腹吸盘。虫体的消化系统由口、咽、食道和左右分开的两条肠管组成，每条肠管上又有许多小分支。生殖系统为雌雄同体，两个分支状的睾丸前后排列于虫体的中后部，一个鹿角状分枝的卵巢位于腹吸盘后方的右侧，卵巢位于紧靠睾丸前方的虫体中央，在卵巢与腹吸盘之间为盘曲的子宫，内充满黄褐色虫卵，卵黄腺由许多褐色小滤泡构成，分布于虫体两侧。虫卵呈椭圆形，黄褐色，长 130 ~ 150 μm，宽 70 ~ 80 μm，前端较窄，有一不明显的卵盖，后端较钝。在较薄而透明的卵内充满卵黄细胞和一个胚细胞。

【症状】本病的症状因感染的强度、羊的抵抗力、年龄、饲养管理条件的不同而有差异。

急性症状常发生于夏末秋初，是因在短期内有大量虫体感染所致。羊患病初期表现为发热，衰弱，易疲劳，离群；叩诊肝区半浊音界扩大，压痛明显，随后出现贫血，黏膜苍白，红细胞及血红素显著降低。病情严重者可在数天内死亡。

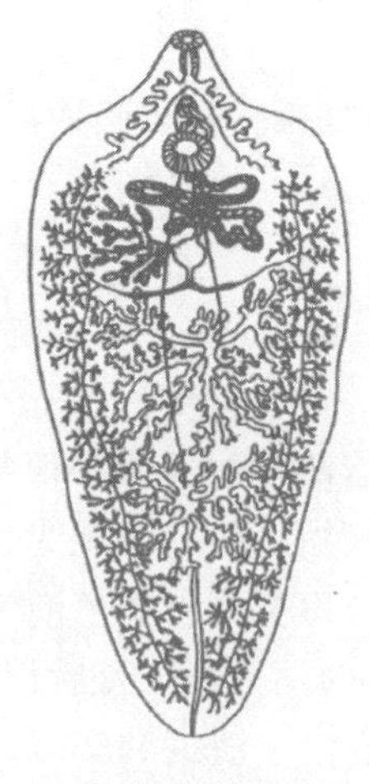
（a）肝片吸虫

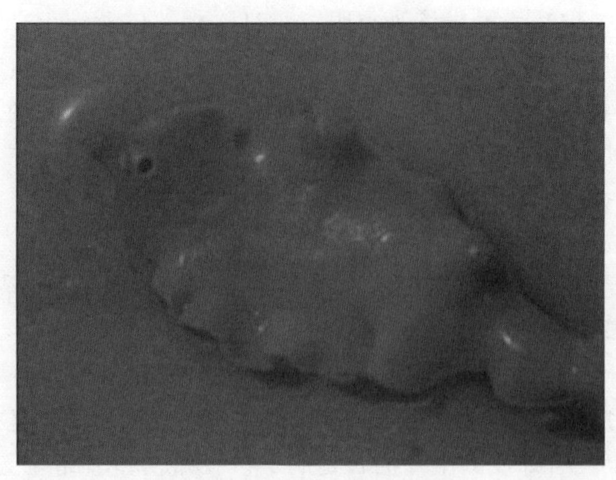
（b）肝片吸虫新鲜标本

图 11-2　肝片吸虫

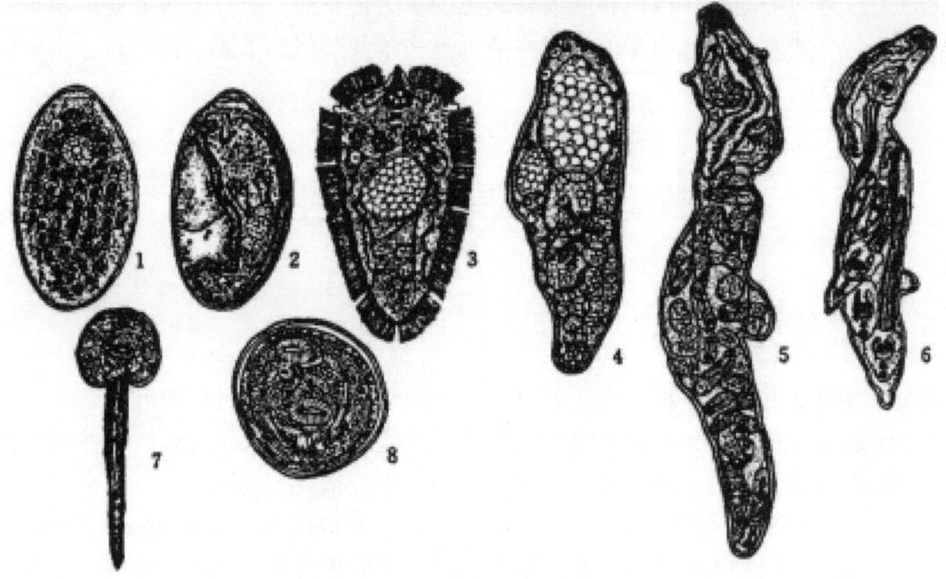
图 11-3　肝片吸虫的卵和各期幼虫

1—虫卵；2—含毛蚴的虫卵；3—毛蚴；4—胞蚴；5—母雷蚴；6—子雷蚴；7—尾蚴；8—囊蚴

慢性症状多见于病羊耐过急性期或轻度感染之后，在冬、春季转为慢性。病羊主要表现为：消瘦、贫血，黏膜苍白，食欲不振，异嗜，被毛粗乱、无光泽且易脱落，步行缓慢；眼睑、颌下、胸下、腹下出现水肿；便秘与下痢交替进行，粪便呈块状或丝状：病情恶化者，可导致死亡。

【诊断】（1）用水洗沉淀法，即由直肠取粪 5 ~ 10 g，加入 10 ~ 20 倍清水混匀后用纱布或通过 40 ~ 60 目筛子过滤；滤液经静置或离心沉淀，倒去上层浑浊液体并再次加入清水混匀沉淀，反复进行 2 ~ 3 次，直至上层液体清亮为止；最后倒去上层液体，吸取沉淀物，用显微镜观察有无虫卵。虫卵应注意与前后盘吸虫卵相区别。从病羊粪便中查出虫卵或剖检病羊尸体从肝脏和胆管中查找出大量虫体，即可确诊。对急性病例，因虫体未发育成熟，粪便检查无虫卵时，必须结合病理剖检，在肝脏和胆管中查找是否有大量童虫存在。

（2）用碘溶液检查法测定肝片吸虫引起肝脏的损伤程度。

① 碘溶液的配制：用碘片 1 g、碘化钾 2 g、蒸馏水 27 mL，先将碘化钾溶于蒸馏水中，再加入碘片，待完全溶解后，装入有色瓶中备用。

② 操作方法：用吸管吸 2 滴血清于玻片上，再加入等量的 1 min 后即可碘溶液，轻轻晃动玻片，促使其充分均匀混合，判定。

③ 结果判定：强阳性反应（ + + + ）——有凝集现象，凝集物黏附在玻片上；阳性反应（ + + ）——倾斜时上层液体流去，凝集物留在玻片上；弱阳性反应（ + ）——混合液中出现丝状凝集物；阴性反应（ – ）——混合液清亮，如碘液色，无凝集现象。

（3）免疫学诊断法。如采取沉淀反应、补体结合反应、酶联免疫吸附试验、对流电泳和间接血凝试验等，亦可取得较好的诊断效果。

【预防】对本病必须采取综合性防治措施，才能取得较好的防治效果。

（1）定期驱虫：驱虫是预防和治疗的重要方法之一。驱虫的次数和时间可依当地的发病情况而定。若每年驱虫 1 次，可在秋末冬初进行；若每年驱虫 2 次，则可在春、秋季各进行 1 次。最好是每季度交叉用药驱虫一次或母羊产羔 1 个月后给母羊驱虫一次。

（2）及时处理粪便：羊圈内的粪便要堆积发酵，利用生物热杀死虫卵，并且圈内地面要经常用生右灰消毒。

（3）灭螺。结合农田改造、水利建设、草场改良等填平低洼处，使椎实螺失去滋生条件；药物灭螺，可选用含 1∶5 000 硫酸铜溶溶液，或 20% 氨水，饮水要饮自来水、井水或流动的水，不到沼泽、低洼处放牧。

【治疗】羊肝片吸虫的治疗，主要是应用药物消灭羊体内的成虫或幼虫，根据虫体的各发育阶段，采用不同的药物治疗方法，常用药品有：

（1）硝氯酚。驱除成虫有高效，剂量可按羊每千克体重 4 ~ 6 mg，一次口服或每千克体重 1.5 mg 肌肉注射，对成虫效果良好，对幼虫需增加到 4 ~ 8 mg/千克体重，一次口服，可杀死幼虫 80% ~ 90%。

（2）丙硫苯咪唑（抗蠕敏）。用于驱除成虫，按羊每千克体重 20 mg，1 次灌服。

（3）丙硫咪唑。按羊每 10 千克体重 1 mg，1 次灌服。

（4）肝蛭净。对肝片吸虫 1 周龄幼虫和成虫均有效，剂量为 10 mg/千克体重，灌服。

（5）碘醚柳胺。对肝片吸虫 6 周龄以上的幼虫和成虫及其他体内外寄生虫均有较好效果，剂量为 7.5 mg/千克体重，灌服。

（6）氯氰碘柳胺钠（佳灵三特）。对肝片吸虫及其他体内外寄生虫均有良好的驱杀效果。剂量为 5% 氯氰碘柳胺钠注射液，羊 5 ~ 10 mL/千克体重，皮下或肌肉注射。

治疗同时，加强饲养管理，每日喂给柔软青粗饲料、配合饲料。

二、羊阔盘吸虫病

羊阔盘吸虫病又称羊胰吸虫病，主要是由双腔科、阔盘属的寄生虫寄生在牛、羊、猪、骆驼和人的胰脏中，有时也可寄生在胆管和十二指肠。由于虫体刺激胰腺而产生炎症反应，结缔组织增生及机能紊乱，患羊呈现下痢、贫血、消瘦、水肿等症状，严重时可引起死亡。阔盘吸虫分布较广。

【病原】羊阔盘吸虫主要有胰阔盘吸虫、腔阔盘吸虫、枝睾阔盘吸虫三种。胰阔盘吸虫最大，呈长卵圆形，活时呈红棕色，固定后呈灰白色。虫体扁平、稍透明，体长 8 ~ 16 mm、宽 5 ~ 5.8 mm，口吸盘大于腹吸盘（图 11-4）。腔阔盘吸虫呈短椭圆形，虫体长 7.48 ~ 8.05 mm、宽 2.73 ~ 4.76 mm，口吸盘小于或等于腹吸盘，有明显的尾突。枝睾阔盘吸虫较腔阔盘吸虫更小，虫体长 4.49 ~ 7.9 mm、宽 2.17 ~ 3.07 mm，呈前尖后钝的瓜子形，口吸盘明显小于腹吸盘。阔盘吸虫卵呈棕色椭圆形，虫卵长 42 ~ 52 mm、宽 26 ~ 33 μm。

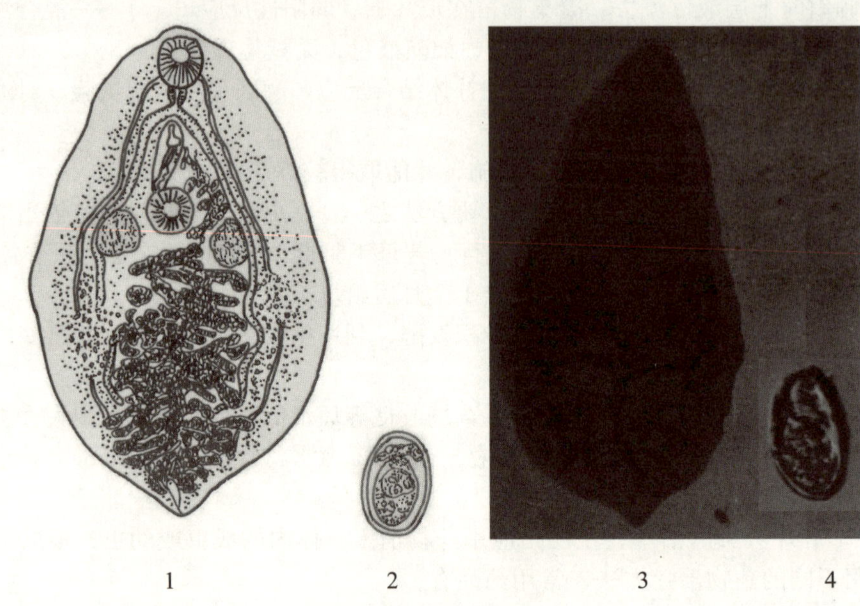

图 11-4 羊阔盘吸虫

1—成虫模式图；2—卵模式图；3—成虫；4—卵

【流行特点】阔盘吸虫在发育过程中需要两个中间宿主，第一中间宿主为陆地螺（主要有同型巴蜗牛、中华灰巴蜗牛、枝小丽螺、条纹蜗牛），第二中间宿主为螽斯。成熟的卵从终末宿主的胰液到肠道后随粪便排出体外，被蜗牛吞食后，在其体内经毛蚴、母孢蚴，发育成内含尾蚴的子孢蚴，经蜗牛的呼吸孔排出体外，被螽斯吞食后，尾蚴在其体内发育成囊蚴，当牛羊等终末宿主吞食了含有成熟囊蚴的螽斯后被感染。主要流行季节为春、秋两季，尤以秋季为主。

【临床症状】阔盘吸虫大量寄生时，由于虫体的机械刺激和毒素作用，可使羊胰管发生慢性增生性炎症和黏膜上皮渐进性坏死，导致管壁增厚，管腔缩小甚至闭塞，胰液排出受阻，因而发生消化障碍。轻度感染者症状不明显，严重感染者表现消瘦，毛色干枯，贫血，下痢，粪便带黏液，颌下、颈部和胸部可出现水肿，严重时引起患病羊大批死亡。

【病理变化】慢性感染病例可见尸体消瘦，并因结缔组织增生而导致整个胰脏硬化、萎缩，胰管内有数量不等的虫体寄生，镜检时可发现虫卵。胰脏肿大，胰管因高度扩张呈黑色蚯蚓状突出于胰脏表面。胰管发炎肥厚增粗，管腔黏膜不平，呈乳头状小结突起，并有点状出血，内含大量虫体。

【实验室诊断】（1）病原学检查。生前诊断可用粪便连续沉淀法，如发现虫卵即可确诊。也可直接涂片镜检，检查出虫卵可确诊。

（2）死后剖检。剖检时在胰脏中发现虫体可确诊。

（3）根据流行病学、临床症状、病理变化等进行综合判定。

【预防】（1）疫区每年3—4月份对羊群进行普遍粪检，对阳性羊逐头治疗，以减少虫卵对草场的污染。

（2）由于吸虫第二中间宿主草螽分布广泛，难消灭，因此主要采取杀灭第一中间宿主陆地螺来切断其生活链，可在每年5—6月份陆地螺刚复苏从土内钻出而尚未开始繁殖时人工捕捉，集中火烧或砸碎深埋。

（3）划区放牧，防止再感染。

（4）培育无阔盘吸虫的健康羊群，羔羊从断奶开始，移到绝对安全区放牧管理，并逐年扩大健康羊群，最终达到完全净化的目的。

（5）加强饲养管理，以增强畜体的抗病能力。

【治疗】常用的驱虫药有以下几种：

（1）吡喹酮。每千克羊体重用65～80 mg，一次内服；油剂腹腔注射或肌肉注射量为每千克羊体重30～50 mg，可用灭菌液体石蜡或植物油按1∶5配制。

（2）六氯对二甲苯（血防486）。每千克羊体重用400～600 mg，一次内服，隔日1次，3次为一疗程。

三、羊绦虫病

羊绦虫病是由莫尼茨绦虫、曲子宫绦虫、无卵黄腺绦虫3个属的绦虫的成虫寄生于羊的小肠里而引起的一种蠕虫病。

【病因】病羊的小肠里常有不同属的各种绦虫寄生，最常见的是扩展莫尼茨绦虫和贝氏莫尼茨绦虫。

莫尼茨绦虫属的绦虫呈乳白色，扁平带状，长1～6 m。头节呈球形，有4个吸盘，无顶突和钩。体节短而宽，每个成熟节片里各有两组生殖器官，生殖孔开口于体节的两侧边缘，虫卵近似圆形或三角形，直径为56～57 μm。

曲子宫属绦虫长约2 m，成熟节片内有一组生殖器官，子宫呈横行直管状，并有很多弯曲的侧支（图11-5）。

无卵黄腺属的绦虫，节片较狭窄，成熟节片内有一组生殖器官。子宫呈袋状，位于节片中央，没有卵黄腺。

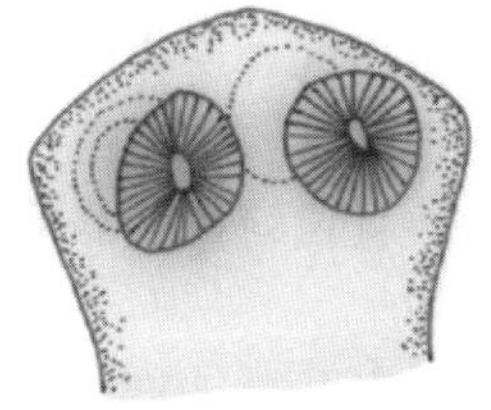
1

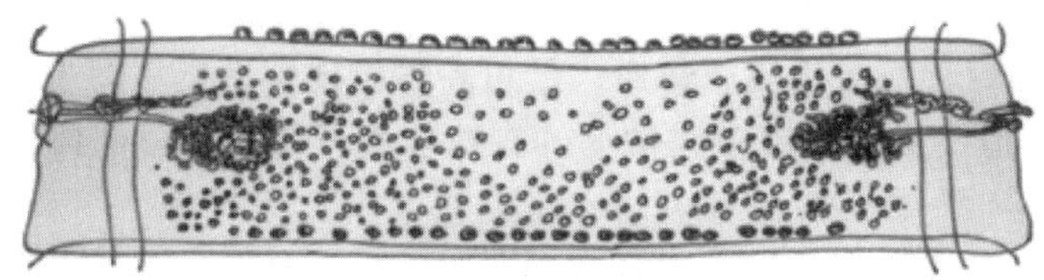
2

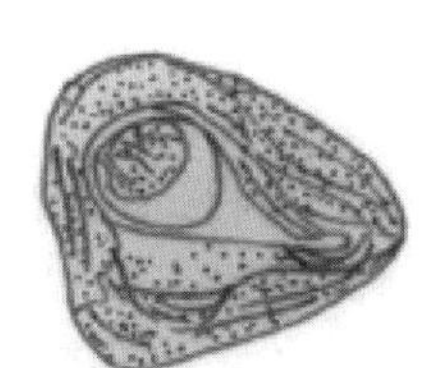
3

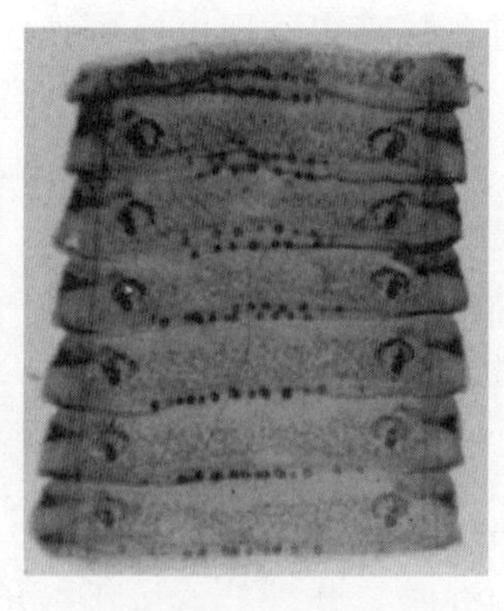

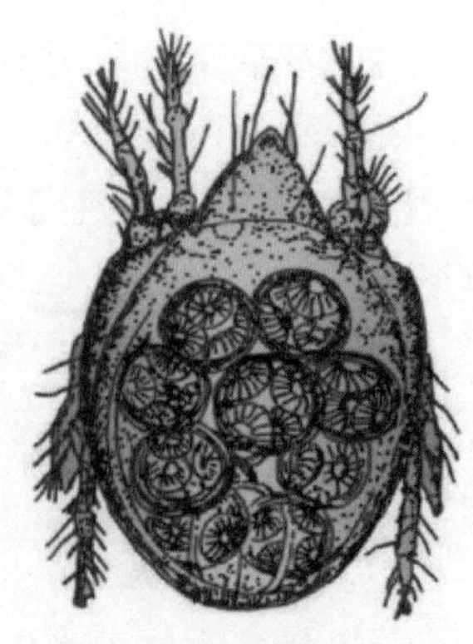

4　　5　　6

图 11-5　扩展莫尼茨绦虫

1—头节；2—成熟节片；3—虫卵；4—虫体；5—体节；6—地螨（中间宿主）

这 3 个属绦虫的发育规律相似。成虫寄生在羊小肠内，含有大量虫卵的孕卵节片不断脱落，随羊粪便排出，孕卵节片崩解后，虫卵随粪便散播并污染环境。虫卵被某些种类的地螨吞食后，虫卵内的六钩蚴，在螨体内经 2 ~ 5 个月，发育成有感染能力的囊尾蚴。羊吞食了含有似囊尾蚴的地螨后。幼虫吸附在其小肠黏膜上，经 40 d 左右发育为成虫。成虫在羊体内可寄生 2 ~ 6 个月。

【症状】病羊症状的轻重与羊的体质、年龄及虫体感染强度有关。一般表现为：食欲减退，贫血，水肿；羔羊腹泻时，粪中混有虫体节片，有时还可见虫体的一段吊在肛门外；被毛粗乱无光，喜躺卧，起立困难，体重迅速减轻。若虫体堵塞肠管，病羊则会出现肠膨胀和腹痛症状，甚至因肠破裂而死亡。有的病羊有转圈、肌肉痉挛或头向后仰等神经症状。后期因衰竭死亡。

剖检死羊可见其小肠内有数量不等虫体，寄生处有卡他性炎症表现。

【防治】在虫体成熟前，即羊放牧后 30 d 内进行第一次驱虫，15 d 后进行第二次驱虫。

治疗时，可选用抗蠕敏，按羊每千克体重 5 ~ 20 mg 灌服。别丁，按羊每千克体重 35 ~ 75 mg 灌服；氯硝柳胺（灭绦灵），按羊每千克体重 100 mg 灌服；1% 硫酸铜溶液灌服，剂量为 5 ~ 6 个月龄的羊，每只 15 ~ 45 mL；7 个月至成年羊，每只 45 ~ 100 mL，成年山羊最大剂量不要超过 60 mL。此药应现用现配，并注意治疗后的反应，如有药物中毒现象，立即解救。

四、羊消化道线虫病

羊、牛等反刍动物的胃肠道内，经常有不同种类和数量的线虫寄生，并可引起不同程度的胃肠炎和消化机能障碍，病畜消瘦、贫血，严重者可出现大批死亡。

【病因】羊消化道线虫种类很多，常见的有捻转血矛线虫、羊仰口线虫、食道口线虫和毛首线虫。

捻转血矛线虫（捻转胃虫）寄生于真胃和小肠。雄虫长 10 ~ 20 mm，雌虫长 18 ~ 30 mm，呈细线状，见图 11-6。

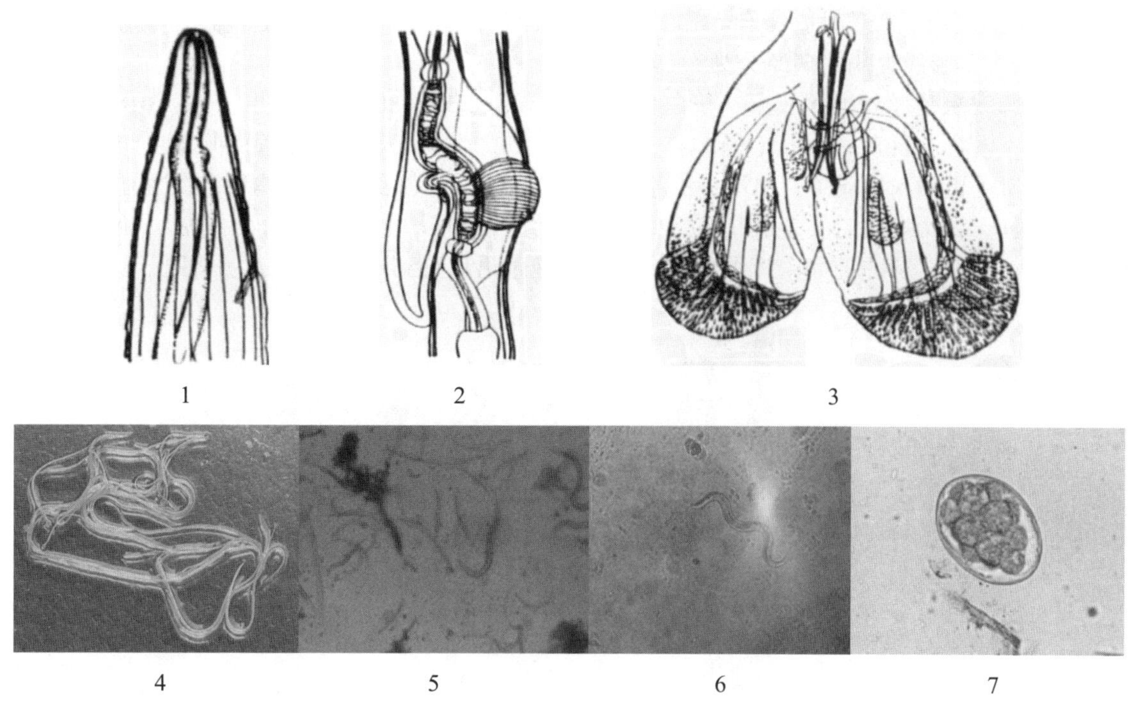

图 11-6　捻转血矛线虫

1—捻转血矛线虫头部；2—雌虫生殖部；3—雄虫交合散；4—捻转血矛线虫活体；
5 一期幼虫；6—三期幼虫；7—虫卵

仰口线虫（钩虫）寄生于羊的小肠。虫体前部向背面弯曲呈钩状，头端口囊较大，口缘有角质切板。雄虫长 12 ~ 17 mm，末端有发达的交合伞，两根等长的交合刺；雌虫长 19 ~ 26 mm。虫卵两端钝圆，卵细胞为暗黑色。

食道口线虫（结节虫）寄生于结肠。雄虫长 12 ~ 13 mm，雌虫长 16 ~ 18 mm。幼虫在发育过程中钻入羊的肠壁形成结节，故又称为结节虫。

毛首线虫（鞭虫）寄生于羊的盲肠。体前部（占 2/3 ~ 4/5）呈细长发状，体后部粗短。

【症状】病羊的症状主要为消化功能紊乱，胃肠道发炎，拉稀，消瘦，眼结膜苍白，贫血。病情严重者下颌间隙水肿，少数病例体温升高，呼吸、脉搏加快。

在病羊生前进行虫卵检查或死后进行尸体剖检，发现虫体即可确诊。

【防治】每年两次驱虫，注意饮水卫生，羊粪便要发酵处理，加强饲养管理。

治疗时可选用精制敌百虫，绵羊按每千克体重 0.08 ~ 0.1 g、山羊按每千克体重 0.05 ~ 0.07 g，配成 10% ~ 20% 的水溶液灌服；抗蠕敏，按羊每千克体重 5 ~ 20 mg 灌服；左旋咪唑，按羊每千克体重 10 mg 灌服或肌肉注射；酚噻嗪（硫化二苯胺），按羊每千克体重 0.6 g 灌服。

五、羊肺线虫病

羊肺线虫病是由圆线目、网尾属的丝状网尾线虫寄生于反刍兽支气管和圆线目、原圆科线虫寄生于羊的气管、支气管、细支气管及至肺实质，引起以支气管炎和肺炎为主要症状的疾病，前者称大型肺线虫，后者称小型肺线虫。羊肺线虫病多为混合寄生引起，但临床上以丝状网尾线虫较为多见，患羊发育受阻，严重时造成羊只死亡。该病主要危害羔羊，该病呈地方性流行。危害较大。

【病因】羊肺线虫病的病原分为大、小两型。

大型肺线虫是丝状网尾线虫，呈白色丝状，雄虫长 30 ~ 80 mm，雌虫长 50 ~ 100 mm。虫卵椭圆形，内含已发育的幼虫（图 11-7 和图 11-8）。寄生于气管、支气管内的雌虫产出虫卵，被羊咳到口里再咽入胃肠道。虫卵中的第一期幼虫孵出后，随粪便排出体外，在适宜条件下约经 1 周时间，2 次蜕皮后发育成具有感染能力的第三期幼虫，再被其他羊吞食后，沿血液循环经心脏到达肺部，从肺毛细血管中逸出，进入肺泡，再移行到支气管发育为成虫。

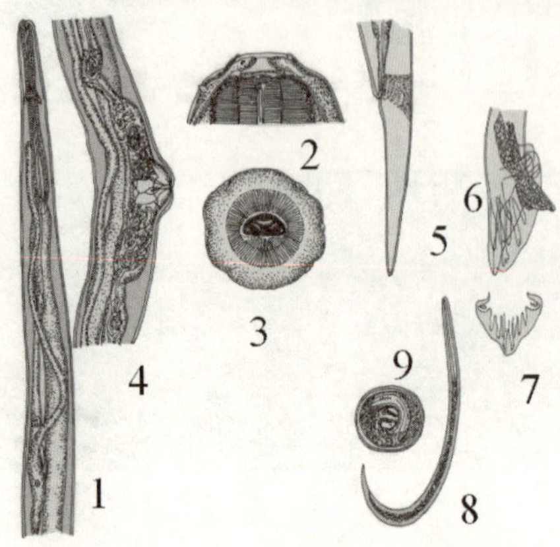

图 11-7　丝状网尾线虫模式图

1—虫体前部；2—虫体头端；3—头端顶面；4—阴门部分；5—雌虫尾端；6—雄虫尾端；7—交合伞；8—幼虫；9—虫卵

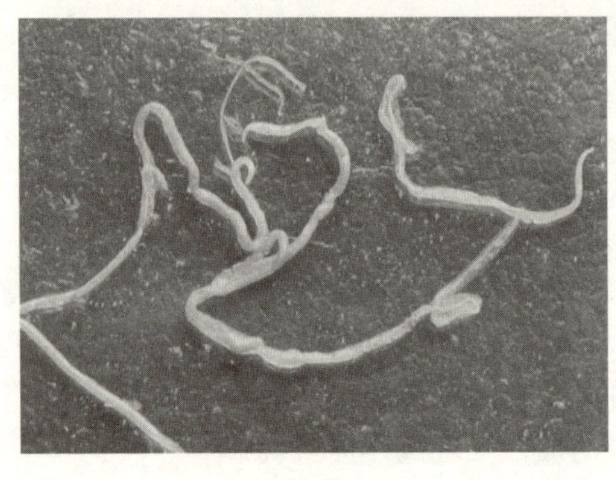

（a）成虫

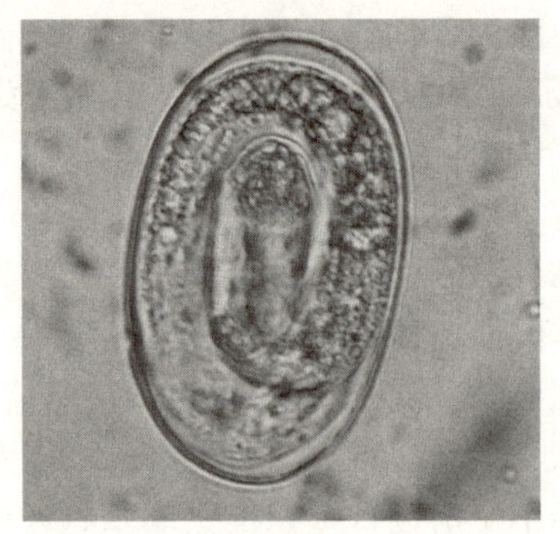

（b）虫卵

图 11-8　丝状网尾线虫实物图

小型肺线虫是属于原圆科的一些线虫，虫体细小，长 20 ~ 40 mm。寄生于羊的细支气管和肺泡内，其发育史类似于大型肺线虫。不同的是其在体外环境中需旱螺和淡水螺做为中间宿主。

【症状】羊群感染肺线虫时，先是有个别羊咳嗽，继而其他的羊也出现此症状，羊在运动时和夜间症状更为明显。病羊呼吸音明显粗重，如拉风箱。常咳出含有成虫、幼虫或虫卵的黏液。咳嗽时伴发罗音和呼吸迫促，鼻孔中排出黏稠分泌物，干涸后形成鼻痂，从而使呼吸困难。病羊常打喷嚏，逐渐消瘦，贫血，头、脑及四肢水肿，被毛粗乱。羔羊严重感染时可导致死亡。

剖检可见病羊气管、支气管及细支气管内有不同数量的大、小肺线虫。活体诊断时，在粪便中找到第一期幼虫，即可确诊。

【防治】每年对羊群至少 3 次驱虫，及时治疗病羊；羊的粪便要堆积发酵，同时消毒地面。治疗时可选用抗蠕敏，按羊每千克体重 5 ~ 20 mg 灌服，此药对各种肺线虫均有良好疗效；氰乙酰肼，按羊每千克体重 17.5 mg 灌服，左旋咪唑，按羊每千克体重 12 mg 灌服或肌肉注射；海群生（枸橼酸乙胺嗪），按羊每千克体重 200 mg 灌服，此药对驱除早期幼虫有良效。

六、细颈囊尾蚴病

细颈囊尾蚴病是由泡状带绦虫的幼虫，即细颈囊尾蚴，又叫水泡虫、水铃铛，寄生于猪、牛、羊等哺乳动物的肝脏浆膜、网膜和肠系膜等处引起的寄生虫病，成虫寄生在犬、狼等肉食的小肠内。因屠宰猪、牛、羊时，将寄生有细颈囊尾蚴的脏器丢弃被狗吞吃或饮用被绦虫孕节及虫卵污染的水、饲料造成该病广泛流行。

【病原】细颈囊尾蚴呈囊泡状，多悬垂于腹腔脏器上，虫体呈囊状，形态大小不等，由黄豆到鸡蛋大，囊壁上有一个向内嵌入的长“颈”和头节，内含透明液体，泡状带绦虫虫体长 0.5 ~ 4 m，头节的顶突角质上有约 30 ~ 40 个角质小个节片组钩，链体由约 300 个节片组成，虫体孕卵节片的子宫内含有大量圆形的虫卵，虫卵内含有六钩蚴，见图 11-9。

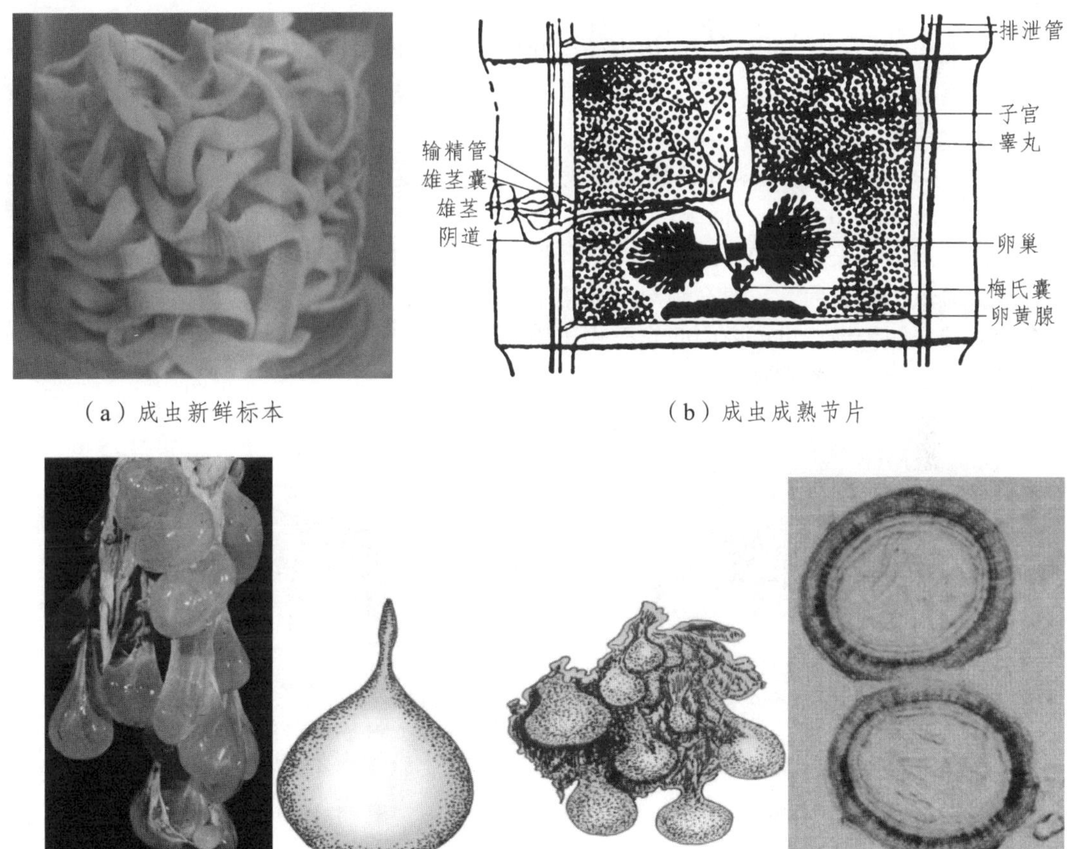

（a）成虫新鲜标本　（b）成虫成熟节片

（c）幼虫（水铃铛）新鲜标本　（d）幼虫（水铃铛）模式图　（e）虫卵

图 11-9　细颈囊尾蚴病

【流行特点】全国各地均有发生，感染与养狗有密切的关系。该病感染没有季节性，一年四季均可发生。

【临床症状】本病一般呈慢性感染，当羊、牛被虫体寄生时，基本上不表现症状，细颈囊尾蚴常寄生于大网膜、肠系膜、肝、肺等处。感染较轻的出现消瘦，腹围增大，体温升高，精神沉郁并伴有腹水，按压腹部有痛感，并伴有黄疸现象。当虫体寄生在肺、胸腔处时，有咳嗽、呼吸困难。

【病理变化】在腹腔中有大量腹水，肝肿大，表面有出血点。初期虫道充满血液，继而变成黄灰色。在肝脏浆膜、肠系膜、网膜上有数量不等、大小不一的虫体泡囊。严重的病例，在肺组织和胸腔等处能找到囊体。有的包膜虫体死亡钙化，形成皮球样的硬壳，剖开能见到黄褐色钙化碎片及淡黄色和灰白色的头颈残骸。

【防治措施】（1）严禁狗进入羊舍，保持羊舍卫生。防止狗粪污染饲草、饮水。

（2）推行定点屠宰，对含有细颈囊尾蚴的脏器，进行统一作无害化处理，禁止给狗食用。

（3）对流行地区的犬进行定期驱虫。

七、螨　病

羊螨病是由疥螨和痒螨寄生于羊体表而引起的慢性寄生虫病。其特征是皮肤发生炎症、脱毛、奇痒。螨病又叫疥癣、疥　疮、癞等，具有高度的传染性，往往在短期内引起羊群严重感染，危害十分严重。

【病因】本病的病原为疥螨和痒螨。疥螨主要寄生于皮肤角质层下，并在其中不断生长繁殖，虫体小，长 0.2 ~ 0.5 mm，肉眼不易看见，呈圆形，浅黄色，见图 11-10。痒螨寄生在皮肤表面，虫体长圆形，长 0.5 ~ 0.9 mm，肉眼可见，见图 11-11。两种螨的体表均覆有厚角皮，躯干不分节，雌虫比雄虫大。一般在潮湿的环境中生存较久，而在干燥的环境中死亡较快。传染途径多为直接接触传染，也可由中间媒介物传染。

本病主要发生于冬季和秋末春初。

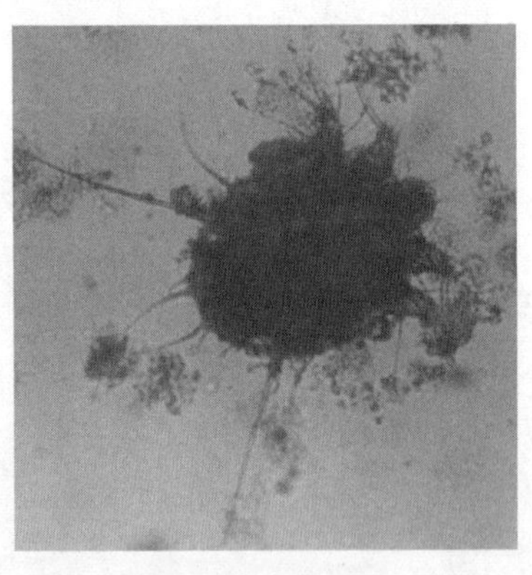

图 11-10　疥螨

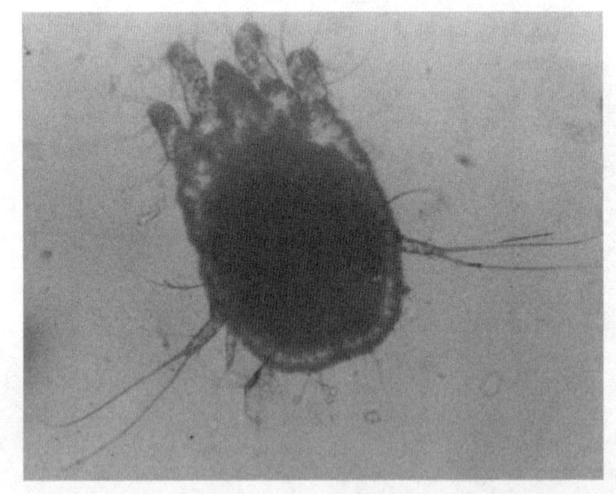

图 11-11　痒螨

【症状】疥螨病一般始于羊被毛短且皮肤柔软部位，如嘴角、唇部、鼻、眼圈、耳根等处，以后皮肤炎症逐渐向周围蔓延。痒螨病则起始于被毛稠密和温度、湿度比较恒定的皮肤部分，如绵羊多发生于背部、臀部、尾根部，以后逐渐向体侧蔓延。

羊患病初期主要表现为剧痒，羊不断在圈墙、栏杆等处摩擦，随着病情的加重，病羊的痒觉表现更为剧烈，继而皮肤出现丘疹、结节、水疱，甚至脓疮，以后形成痂皮和出现龟裂。

羊患疥螨病时，因病变主要局限在头部，呈现干涸的石灰样，故有“石灰头”之称。绵羊感染痒螨后，可见患部有大片被毛脱落。病羊经常啃咬和摩擦患部，烦躁不安，无法正常采食和休息，最后极度消瘦，衰竭死亡。

从患部刮下皮屑，镜检发现虫体即可确诊。

【防治】每年定期给羊进行药浴，加强检疫，经常保持圈舍卫生、干燥和通风，定期清洗消毒用具，对病羊及时隔离治疗。治疗期间，应注意人员、用具、羊舍的消毒。

治疗螨病可选用以下方法：

（1）敌百虫：用 5% 的敌百虫溶液涂搽患部，涂搽前先剪毛并用肥皂清洗。每次涂搽面积不超过体表的 1/3。也可用 0.5% ~ 1.0% 的敌百虫溶液药浴，间隔 2 ~ 5 d 药浴 1 次，连用 3 次。

（2）克辽林：克辽林 1 份，软肥皂 1 份，酒精 8 份，调合后涂搽病羊患部，涂搽方法同敌百虫。

（3）0.05% 辛硫磷：涂搽、喷洒或药浴，隔 5 d 1 次，连用 3 次。

（4）烟草水：取烟草末或烟叶 1 份，加水 20 份，浸泡 1 d，再煮沸 1 h 后，捞出烟叶，用水溶液擦洗病羊患部。

（5）0.025% 林丹乳油水溶液：药浴，每次 1 min，隔 5 d 药浴 1 次，连用 2 ~ 3 d。

（6）害获灭（Ivomec）：羊每 50 千克体重一次性皮下注射 1 mL。

（7）0.3% 杀灭菊酯溶液：药浴 2 次，每次间隔 1 周。

（8）阿维菌素：每千克体重 0.2 mg，皮下注射，10 ~ 14 d 后再重复注射 1 次。

八、硬蜱（羊蜱）

硬蜱俗称“草蜱”“草虱子”，是硬蜱科的 6 个属的简称，是寄生于各种家畜和多种野生动物体表的吸血性外寄生虫。

硬蜱除直接侵袭、危害畜体外，还是家畜各种梨形虫（焦虫）病和某些传染病的传播媒介，对羊危害十分严重。

【病原】本病的病原是硬蜱科的 6 个属，即硬蜱属、璃眼蜱属、革蜱属、血蜱属、肩头蜱属和牛蜱属。其共同的形态特征是：成虫虫体呈长椭圆形，背面稍隆凸，腹面扁平；无头、胸、腹之分，二者融合为一体，前端有一假头；假头由一对螯肢、一个口下板、一对脚须组成，螯肢和口下板之间为口孔；虫体腹面有 4 对脚，每个脚由基节、转节、股节、胫节、前跗节和跗节组成，跗节上有一对爪，爪间有爪垫；蜱的背面有盾板，雌蜱的盾板小，只占背部的前 1/2 ~ 1/3，而雄蜱几乎占整个背面。在盾板上有各种花纹、刻点和沟，见图 11-12。雌雄异体，大小相差悬殊，未吸血的雌蜱和雄蜱如同芝麻粒大小，而吸饱血后的雌蜱大如蓖麻籽，呈暗红色或红褐色，雄蜱吸饱血后，大小变化不大。

硬蜱的发育要经过卵、幼虫、稚虫和成虫 4 个阶段。卵在土壤内孵化。有的一年一代，有的一年发生几代，也有的需二、三年发生一代。根据其发育过程和吸血方式，可将硬蜱分为 3 类：

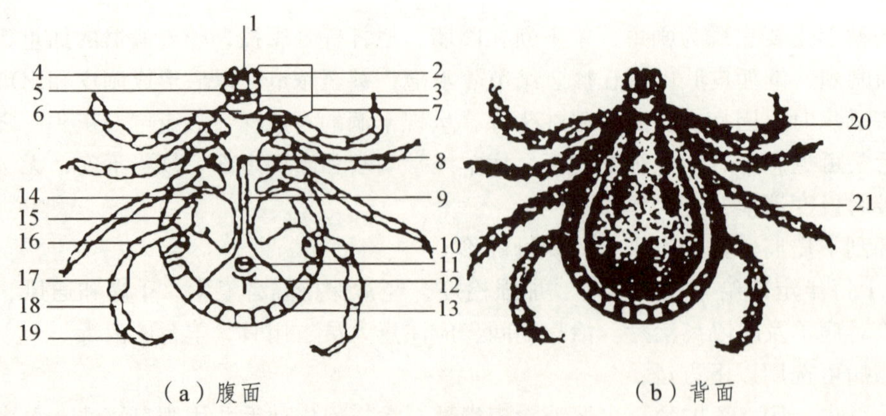

图 11-12　硬蜱（雄性）

1—口下板；2—须肢第四节；3—须肢第一节；4—须肢第三节；5—须肢第二节；6—假头基；7—假头；8—生殖孔；9—生殖沟；10—气门板；11—肛门；12—肛沟；13—缘垛；14—基节；15—转节；16—股节；17—肛节；18—前跗节；19—跗节；20—颈沟；21—侧沟

（1）一宿主蜱蜱的全部发育过程是在一个宿主体上完成，除产卵期外均不离开宿主，只是成虫吸饱血后才落地离开宿主，如微小牛蜱等。

（2）二宿主蜱蜱在全部发育过程中需要更换两个宿主，即在饱血若虫落地脱皮后再侵袭第二个宿主，直至发育为成虫再落地产卵，如缺缘璃眼蜱等。

（3）三宿主蜱全部发育过程需要更换三个宿主，即幼虫侵袭一个宿主吸血发育后，落地蜕皮变为若虫，再侵袭第二个宿主吸血发育后落地蜕皮变为成虫。成虫再侵袭第三个宿主，成虫饮血后落地产卵，如长角血蜱、草原革蜱等。

绝大多数的硬蜱生活在野外，尤其是未经开垦的山林和草地，但也有少数寄居在畜舍或畜圈周围，如残缘璃眼蜱等。羊被蜱侵袭，多发生于放牧采食过程中，寄生部位主要在被毛短少部位，特别是常密集于羊的耳壳内外侧、口周围和头面部，直至饱血后落地蜕化或产卵。

【症状】硬蜱对羊的危害可归纳两个方面：

直接危害：硬蜱侵袭羊体后，由于吸血时口器刺入皮肤可造成局部损伤，组织水肿，出血，皮肤肥厚。有的还可继发细菌感染引起化脓、肿胀和蜂窝织炎等，当幼羊被大量硬蜱侵袭时，由于过量吸血，加之硬蜱的唾液内的毒素进入机体后破坏造血器官，溶解红细胞，形成恶性贫血，使血液有形成分急剧下降。此外，由于硬蜱唾液内的毒素作用有时还可出现神经症状及麻痹，造成“蜱瘫痪”。间接危害硬蜱可传播炭疽、布氏杆菌病、野兔热、立克次氏体、莱姆病等多种传染病。硬蜱也是各种家畜梨形虫病的必须宿主和传播媒介。

【防治】（1）消灭畜体上的硬蜱。

① 人工捕捉。在饲养量少、人力充足的条件下，要经常检查羊的体表，发现硬蜱时应及时用手捉，并销毁。捉蜱时，手应与动物皮肤成垂直的方向，将硬蜱往上拔取，这样才能使虫体完整地脱离畜体，不然硬蜱的口器很容易拔断而留在畜体皮下，引起局部炎症。

② 药液喷涂。可用 0.2% 辛硫磷、0.2% 杀螟松、1%马拉硫磷、0.25% 倍硫磷、0.2% 害虫敌等乳剂及 0.05% 敌敌畏溶液喷涂畜体，羊每次 200 mL，每隔 3 周处理一次。也可使用氟苯醚菊酯，按每千克体重 2 mg，一次背部浇注，两周后重复一次。

③ 粉剂涂擦可用 3% 马拉硫磷、2% 害虫敌、5% 西维因等粉剂，涂擦体表，羊每次 30 g，在硬蜱的活动季节，每隔 7 ~ 10 d 处理一次。

④ 药浴。可选用 0.05% 双甲脒、0.1% 辛硫磷、0.05% 毒死蜱、0.1% 马拉硫磷、0.05% 地亚农、1% 西维因、0.0025% 溴氰菊酯、0.003% 氟苯醚菊酯、0.006% 氯氰菊酯等乳剂，对羊进行药浴。

此外，也可试用皮下注射阿维菌素，按每千克体重 0.2 mg。

（2）消灭圈舍内的硬蜱，有些硬蜱如残缘璃眼蜱在圈舍的墙壁、地面、饲槽等缝隙中栖生，可选用上述药物喷撒或粉刷后，再用水泥、石灰或黄泥堵塞。必要时也可隔离停用圈舍 10 个月以上或更长时间，使硬蜱自然死亡。

（3）对引进的或输出的羊均要检查和进行灭硬蜱处理，防止外来羊带进硬蜱或有硬蜱寄生的羊带出硬蜱。

（4）消灭自然界的硬蜱，根据具体情况可采取轮牧，相隔时间 1 ~ 2 年，牧地上的成虫即可死亡。有条件时，可选择上述有关杀虫剂的高浓度制剂或原液，进行超低量喷雾。

九、羊梨形虫病

该病是由泰勒科和巴贝斯科的各种原虫引起的以高度贫血、结膜苍白、肩前淋巴结肿大或以高热、贫血、结膜黄染、血红蛋白尿为主要特征的一种地方性血液原虫病，俗称“羊焦虫病”。其中绵羊泰勒虫和绵羊巴贝斯虫是绵羊和山羊致病的主要病原体。硬蜱是此病传播的中间宿主。

【病原】羊泰勒虫在红细胞内虫体形状不一（图 11-13），以圆形、卵圆形为大多数，约占 80%，其次为杆状，圆点状较少。圆形虫体的直径为 0.6 ~ 2.0 μm。卵圆形虫体长约 1.6 μm，红细胞内的虫体数一般为 1 ~ 4 个，与巴贝斯虫相比红细胞染虫率低。在淋巴和脾脏涂片中可见到淋巴细胞内或游离其外的石榴体。石榴体直径约 8 μm，有的达 10 ~ 20 μm，其内含有很多个直径 1 ~ 2 μm 紫红色的小裂殖体。

羊巴贝斯虫寄生在红细胞内，虫体有双梨子形、单梨子形、椭圆形和不定形等各种形状。其中双梨子形占多数，其他形状虫体较少。梨子形虫体长度大于红细胞半径，虫体有两个染色质团块。双梨子虫体尖端以锐角相连，位于红细胞中央。

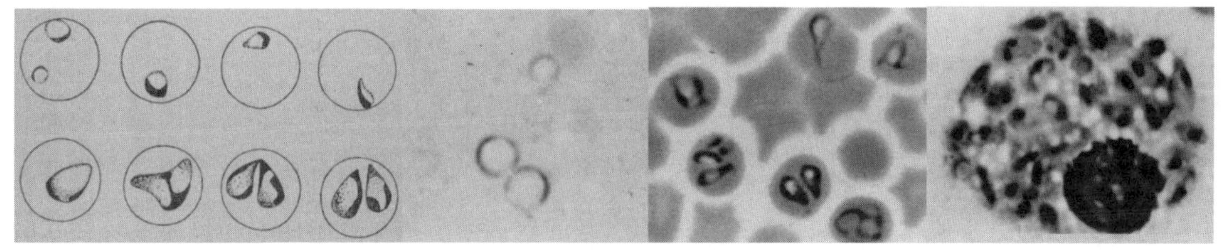

图 11-13　不同形态的泰勒梨形虫

【诊断要点】本病呈地方性流行，与蜱活动有关，有明显的季节性，一般发病期在每年 4—10 月间，新疫区小羊多呈急性经过，死亡率高。患病耐过的羊有带虫免疫现象，不再发生此病。

羊主要表现为体温升高到 40 ~ 42 °C，呈稽留热型，呼吸急迫，鼻发鼾声，脉搏加快，心律不齐，反刍减少，食欲降低或停止，便秘或腹泻，尿黄，精神沉郁，四肢僵硬，喜卧地，眼结膜初为充血，继而苍白，并轻度黄染，畜体消瘦，体表淋巴结肿大，肩前淋巴结肿大尤为显著，可由核桃大至鸭蛋大，触之有痛感。剖检时，可见尸体消瘦，贫血，全身淋巴结不同程度的肿大，尤以肩前、肠系膜、肝、肺等处更为明显，肝脏、脾脏肿大，真胃黏膜有溃疡斑，肠黏膜有少量出血点。

感染巴贝斯虫病羊的主要症状为，体温升高至 41 ~ 42 °C 稽留数日，死前体温降低，呼吸浅表，脉搏加速，精神萎靡，食欲减退乃至废绝；可视黏膜苍白，高度黄染，血液稀薄，手捻如水，时而可见血红蛋白尿，并出现腹泻。后期出现神经症状，倒地死亡。剖检死羊时，可见黏膜与皮下组织贫血、高度黄染，肝脾肿大有出血点，胆囊肿大 2 ~ 3 倍，并充满胆汁，膀胱扩张，充满红色尿液，瓣胃常塞满干硬的物质。

实验室检查采取羊静脉血液，可先进行集虫，再制片检查，采取姬姆萨或瑞特氏染色法。泰勒虫病患羊，除进行血液检查外，亦可采取淋巴结穿刺物涂片染色后镜检石榴体。死后诊断取淋巴结直接涂片染色镜检。

【预防】（1）本病流行区在发病季节到来之前，要做好灭蜱工作，尤其是羊身上和栏舍灭蜱工作，防止蜱叮咬羊而发病。

（2）对新购的羊只，首先要选择非流行区，经隔离检疫后再合群。

（3）在发病季节前对羊进行药物预防注射。用贝尼尔按每千体重 3 mg 配成 7%溶液深部肌肉注射，每 20 d 一次，有一定的预防作用。

（4）泰勒虫可选 用疫苗预防，每年 4 月份左右开始注射，保护期 5 个月。

【治疗】可选用下列药物：

（1）贝尼尔。剂量按每千克体重 7 mg，以蒸馏水配溶成 2% 的溶液，分点深部肌肉注射，每天 1 次，连用 3 d。

（2）阿卡普林。剂量按每千克体重 0.6 ~ 1 mg 剂量，配制的 5% 水溶液皮下或肌肉注射。脉搏加快时，可将总量分 3 次注射，每 2 h 1 次。必要时，24 h 后可重复用药。

（3）黄色素。剂量每千克体重 3 mg，配成 0.5% ~ 1% 水溶液，静脉注射。注射时药物不可漏出血管外。注射后数天内须避免强烈阳光照射，以免灼伤。症状未见减轻时，间隔 24 ~ 48 h 再注射 1 次。

治疗时除用驱虫药外，应辅以强心、补液和补充维生素 C 等措施，并加强饲养管理，以使患畜早日治愈。

十、羊球虫病

羊球虫病是由各种球虫寄生于羊的小肠内引起的以消瘦、贫血、出血性肠炎为主要症状的寄生虫病。

【病因】寄生于绵羊和山羊的球虫种类很多，文献上记载有 13 种，我国发现了 5 种，即阿氏艾美尔球虫、浮氏艾美尔球虫、错乱艾美尔球虫、小型艾美尔球虫和雅氏艾美尔球虫。虫体呈长圆或椭圆形，黄褐色，主要寄生于羊的小肠黏膜上皮细胞内。

【症状】本病依感染强度、羊的年龄、机体的反应性，以及饲养管理条件的不同而呈急性或慢性经过。流行季节为春、夏、秋三季。病羊精神不振，食欲减退或消失，渴欲增加，消瘦，黏膜苍白，腹泻，粪便中常混有血液、剥脱的黏膜和上皮，有恶臭，含大量卵囊。病羊体温可升到 41 °C，死亡率为 10% ~ 25%。

急性病例病程为 2～7 d，慢性病例程可长达数周。

剖检可见病羊小肠黏膜上有粟粒大小的淡白、黄色圆形或卵圆形结节，常成簇分布。

【防治】隔离并治疗病羊，用 3%～5% 火碱水彻底消毒地面、用具等。

治疗时可选用氨丙啉，羔羊按每千克体重 50～100 mg 拌料混饲，连用 4 d；磺胺二甲嘧啶，按羊每千克体重 0.1 g 灌服或拌料混饲，连用 5 d；球虫宁，按羊每千克体重 0.1 d，拌料混饲，连用 5 d。

在用驱球虫药的同时，应结合应用止泻、强心等药物及采取补液措施进行对症治疗。

任务三　南江黄羊的常见内科疾病

一、口　炎

口炎是口腔黏膜表层和深层组织的炎症。临床表现：口腔黏膜和齿龈发炎，采食和咀嚼困难、口流清涎、痛觉敏感性增高。

【病因】原发性口炎多由外伤引起，如采食尖锐的植物枝杈、秸秆刺伤口腔而发病。也可因接触氨水、强酸、强碱损伤口腔黏膜而发病。在羊口疮、口蹄疫、羊痘、霉菌性口炎时，也可发生口炎症状。

【症状】原发性口炎：病羊采食减少或停止，口腔黏膜潮红、肿胀、疼痛、流涎，严重者可见有出血、糜烂、溃疡，或引起体质消瘦。

继发性口炎：多见体温升高，如：羊口疮时，口黏膜以及上下嘴唇、口角处呈现水疱疹和出血干痂样坏死；羊痘时除口黏膜有典型的疱疹外，在乳房、眼角、头部、腹下、皮肤等处亦有疱疹。

霉菌性口炎：常有采食发霉饲料的病史，除口腔黏膜发炎外，还表现腹泻、黄疸等。

【诊断】根据临床表现很易确诊。

【预防】（1）加强管理和护理、防止因口腔受伤而发生口炎。

（2）用 2% 碱水刷洗消毒饲槽以防止口炎的蔓延，同时给病羊饲喂青嫩、多汁、柔软的饲草。

【治疗】（1）轻度口炎，可用 2%～3% 碳酸氢钠溶液或 0.1% 高锰酸钾溶液或 2% 食盐水冲洗；对发生糜烂及渗出的用 1%～5% 蛋白银溶液或 2% 明矾溶液冲洗；有溃疡时用 1∶9 碘甘油或蜂蜜涂擦。

（2）伴有全身反应的，用青霉素 40 万～80 万单位、链霉素 100 万单位，1 次肌肉注射，连用 3～5 d。

（3）中药疗法：用抑花散（黄柏 50 g、青黛 12 g、肉桂 6 g、冰片 2 g），研成细末和匀，擦口疮面上。

二、食道阻塞

食道阻塞是指由于羊的食道被食团或异物突然阻塞，以吞咽障碍为特征的疾病。

【症因】羊过于饥饿、吃草太急、吞咽过猛，一些块根、块茎类饲料（如甘薯、马铃薯等）未经咀嚼而吞咽引发本病。

【症状】病羊停止采食、头颈伸直、不时做吞咽动作，口腔流涎、骚动不安。阻塞部位在颈部食道，可在左侧食道沟处摸到硬物；如在胸部食道，病羊疼痛明显，可继发瘤胃臌气。

【预防】（1）防止羊偷食块根、玉米等饲料。

（2）补喂家畜生长制剂或饲料添加剂。

（3）清理牧场及圈舍周围的废弃杂物。

【治疗】（1）吸取法：将羊保定好，送入胃管后用橡皮球吸水，注入胃管，在阻塞物上部或前部软化阻塞物，反复冲洗，边注入水边吸出，反复操作，直至食道畅通。

（2）胃管探送法：阻塞物在近贲门部位时，可先将 2% 普鲁卡因溶液 5 mL、石蜡油 30 mL 混合后，用胃管送到阻塞物部位，待 10 min 后，再用硬质胃管推送阻塞物进入瘤胃中。

（3）砸碎法：在阻塞物两侧垫上布鞋底，将一侧固定，在另一侧用木槌或拳头打砸（用力要均匀）使其破碎后咽入瘤胃。治疗中若继发瘤胃臌气，可施行瘤胃放气术，以防病羊发生窒息。

三、前胃弛缓

【病因】不良的饲养管理，饲料单一，长期大量饲喂秸秆、麸皮等过于硬难于消化的饲料；突然更换饲养方式；饲料品质不良；患有瘤胃积食、胃肠炎等疾病时也会继发此病。本病在冬末、春初饲料缺乏时最为常见。

【症状】急性：病羊食欲废绝，反刍停止，瘤胃蠕动力量减弱或停止；瘤胃内容物腐败发酵，产生多量气体，左腹增大，触诊不坚实。

慢性：食欲时好时坏、喜卧，瘤胃蠕动无力或停止。反刍、嗳气减弱或停止，排出的气体带有臭味。

【防治】（1）消除病因：原则是止酵、缓泻、兴奋瘤胃的蠕动。采用饥饿疗法，先禁食 1 ~ 2 d，每天人工按摩瘤胃数次，每次 10 ~ 20 min，并给以少量易消化的多汁饲料。

（2）药物疗法：

缓泻：内服硫酸镁 20 ~ 30 g 或石蜡油 3 ~ 5 mL，空腹投服。

兴奋瘤胃：病初用 10% 氯化钠溶液 20 ~ 50 mL 静注，还可以内服吐酒石 0.2 ~ 0.5 g，或 2% 毛果芸香碱 1 mL 皮下注射。防酸中毒：服碳酸氢钠 10 ~ 15 g。

（3）中药【治疗】大黄、厚朴、枳壳、槟榔、焦三仙、官桂、陈皮、木香各 6 g，二丑 9 g，水煎内服。

（4）党参 30 ~ 60 g、藜芦 15 ~ 30 g，水煎服。

四、瘤胃积食

瘤胃积食是瘤胃充满多量食物，使正常的容积增大，胃壁急性扩张，食糜滞留在瘤胃引起严重消化不良的疾病，该病临床特征为反刍、嗳气停止，瘤胃坚实、疼痛，瘤胃蠕动极弱或消失。

【病因】主要是由于采食了大量难于消化的粗饲料或易于膨胀的干性饲料，在饮水不足、缺少运动的情况下发病。

【症状】初期：食欲、反刍、嗳气减少或停止；鼻镜干燥，排粪困难。腹痛、不安、弓背、回头顾腹，呻吟哞叫；结膜发绀；触诊瘤胃胀满、硬实，听诊瘤胃蠕动音减弱、消失。后期：由于食物发酵，导致酸中毒和胃炎、四肢颤动，常卧地不起，呈现昏迷状态。

【预防】(1)加强饲养管理，饲草、饲料过于粗硬，要经过加工再喂，防羊只贪食与暴食，加强运动。

(2)加强护理，停喂草料，待积去胀消，才给少量易于消化的青草，同时给温盐水饮用。

【治疗】原则是下泻、止酵、纠正酸中毒、强心补液、健胃。

(1)下泻：内服硫酸镁或硫酸钠 50 ~ 80 g(配成 8% ~ 10% 溶液)一次内服或用酒石酸锑钾剂量 0.5 ~ 1 g，酒精 5 mL，溶于 100 mL 水中灌服。

(2)纠正酸中毒：5% 碳酸氢钠 100 mL 加 5% 葡萄糖 200 mL 灌入输液瓶，静注或用 11.2% 乳酸钠 30 mL 静注。

(3)强心补液：病羊心衰时用 10% 安钠咖注射液 5 mL，呼吸和循环衰竭时用尼可刹米注射液 2 mL 肌注。

(4)加减大承气汤：大黄 12 g、枳壳 9 g、厚朴 12 g、芒硝 30 g、槲片 1.5 g、陈皮 6 g、香附 9 g、木香 5 g、千千金子 9 g、二丑 12 g，水煎候温一次灌服。

(5)苏打粉 250 g，加温水灌服，待半小时后再用芒硝 500 g，加温水 5 L 灌服。

五、急性瘤胃臌气(气胀)

气胀是羊采食了大量易发酵的饲料，迅速产生大量气体而引起的前胃疾病，常发于春末夏初放牧的羊群。

【病因】羊在短时间内吃了大量易发酵的饲料，如幼嫩的麦草、紫花苜蓿等以及酒糟和霜冻的多汁饲料或腐败变质的饲料等。也见于前胃弛缓、瓣胃阻塞等前胃疾病过程中。

【症状】病羊食欲废绝、反刍和嗳气停止，明显症状是腹部迅速膨大，腹围增大，左肷部显著隆起，叩诊发出臌音，瘤胃蠕动音初期增强，后转弱直至完全消失。呼吸困难、快而浅、张口伸舌，可视黏膜呈青紫色。病重时，站立不稳，不久倒地不起，呻吟、痉挛，可于 1 h 后死亡。

【预防】防止贪食过多幼嫩多汁的豆科牧草；不喂发霉或腐败饲料。

【治疗】应抓住排气、制酵、泻下、补充液体四个环节。

(1)病情轻者灌服来苏儿 2.5 mL 或甲醛 1 ~ 3 mL 或鱼石脂 2 ~ 5 g(先少加些酒精溶解)加水适量一次灌服。

(2)病情重者用石蜡油 100 mL、鱼石脂 2 g、酒精 10 mL，加水适量，一次灌服，隔 15 min 重复用药一次。

(3)排气：将病羊牵到斜坡上，使病羊两前肢站在高处，头部向上，把一个短木棒置入口中，短木棒两头以细绳结扎在角根上或颈部，用拳头或手掌按摩瘤胃区，每次 10 ~ 20 min，以排除胃内气体。

(4)制酵：灌服氧化镁(大羊 8 ~ 12 g、小羊 4 ~ 6 g)或其他制酵药物；对泡沫性臌气的病例，可投服消沫剂。如二甲基硅油 0.5 ~ 1 g，一次内服；或消胀片 20 ~ 30 片，研末一次灌服。

（5）危急病例（有窒息危险的病羊），可用套管针或粗针头在左肷部进行瘤胃穿刺放气。放气后可从针孔注入制酵防腐药物。拔出针头后，针孔应用碘酊充分消毒。

（6）泻下：用硫酸钠 300 ~ 500 g，鱼石脂 10 ~ 20 g，干姜末 30 ~ 40 g、温水 2 ~ 5 L 混合，一次灌服。

（7）松节油 30 ~ 40 mL，加食油 500 ~ 1 000 mL，混合灌服。

六、瓣胃阻塞（百叶干）

瓣胃阻塞是由于瓣胃收缩力减弱，其内容物不能排入皱胃，水分被吸收变干而发生阻塞的疾病。本病冬末春初易发。

【病因】饮水失宜和饲喂秕糠、粗纤维饲料；饲料和饮水中混有过多的泥沙，使泥沙混入食糜，沉积于瓣胃瓣叶之间而发病，也可继发于前胃弛缓、瘤胃积食等疾病。

【症状】初期：鼻镜干燥，食欲不振，反刍缓慢，粪便干少、色黑。

后期：反刍、排粪停止。触诊瓣胃区（右侧第 7 ~ 9 肋的肩关节水平线上）病羊表现疼痛不安。随着病情发展，瓣胃小叶可发生坏死，引起败血症，甚至死亡。

【预防】减少粗硬饲料，增加多汁和青饲料，防止长期单纯饲喂麸皮、谷糠类饲料，保证饮水，适当运动。

【治疗】（1）轻症内服泻剂：硫酸镁 50 ~ 80 g，加水 1 000 mL 或液体石蜡 100 mL，内服；促进前胃蠕动，用 10% 氯化钠 50 ~ 100 mL、10% 氯化钙 20 mL、20% 安钠咖液 10 mL，静脉一次注射。

（2）重症采用瓣胃注射。站立保定，注射部位在羊右侧第 8 ~ 9 肋间与肩关节水平线交界处下方 2 cm 处。剪毛消毒后，用 12 号 7 cm 长的注射针头，向对侧肩关节方向刺入 4 ~ 5 cm 深。为确诊可先注入生理盐水 20 ~ 30 mL，随即吸出一部分，如液体中有食物或液体被污染时，证明已刺入瓣胃内。然后注入 25% 硫酸镁 30 ~ 40 mL，石蜡油 100 mL，再以 10%氯化钠溶液 50 ~ 100 mL、10% 氯化钙 10 mL、5% 葡萄糖生理盐水 150 ~ 300 mL，混合后一次静注。

（3）中药疗法：用大黄 15 g、人工盐 25 ~ 30 g、植物油 100 mL，加水适量，一次灌服。

（4）验方：生猪油 250 g（切碎）或用麻油 250 mL、萝卜 750 g 捣烂，发酵面 250 g，和水灌服。

七、创伤性网胃腹膜炎及心包炎

【病因】本病主要由尖锐金属异物（如钢丝、铁丝、缝针、发卡、锐铁片等）混入饲料被羊吃进网胃，因网胃收缩，异物刺破或损伤胃壁所致。如异物经横膈膜刺入心包，则发生创伤性网胃心包炎。

【症状】创伤性网胃腹膜炎，病羊食欲减少，行动谨慎，表现疼痛、拱背，不愿急转弯或走下坡路。触诊网胃区、心区及剑状软骨区时，病羊表现疼痛、呻吟、躲闪。肘头外展，肘肌颤动。

创伤性网胃心包炎病羊心动过速，每分钟 80 ~ 120 次，颈静脉怒张，粗如手指。听诊心包摩擦音及拍水音，后期腹膜粘连，心包积脓和脓毒败血症。

【预防】清除饲料中异物，严禁在牧场或羊舍内堆放铁器。

【治疗】确诊后可行瘤胃切开术，清理排除异物。如病程发展到心包积脓阶段，病羊应予淘汰。对症【治疗】用青霉素 40 万 ~ 80 万单位、链霉素 50 万单位，1 次肌肉注射。

八、便　秘

便秘是粪便在大肠内长时间积聚，水分被吸收，阻塞肠道而致病。

【病因】羊因肠管运动机能和分泌机能紊乱，使粪积滞而不能后移，长时间积聚，水分被吸收，而阻塞肠道；饲料中纤维物质含量过低或含有多量泥沙以及饮水不足，均可引起便秘。

【症状】精神沉郁，食欲减少或消失，肠蠕动减弱或消失，口腔干燥。初期排少量坚硬而两头尖的粪球，以后排粪停止。频频弯腰努责而不见粪便排出，头回顾腹部似有腹痛现象。体温不高，尿少色深（棕红色）。

【预防】平时应注意粗、精饲料合理搭配，不能单独喂草，要结合喂给青贮块根多汁饲料，供给充足的饮水，适当运动。

【治疗】（1）用硫酸镁（钠）80 ~ 100 g、鱼石脂 8 g、酒精 20 mL，用温水 200 mL，溶解后内服。

（2）用液体石蜡 150 mL、姜酊 20 mL 内服。

（3）便秘严重用泻药不见效时，可用 3% 毛果芸香碱 0.5 mL，皮下注射。

（4）用温皂水灌肠，用一根细胶管，一端接上漏斗注水，另一端待水流出时插入肛门，边向直肠进水，边活动胶管向直肠里边推进，反复几次，水量可耗 5 000 mL 以上。

（5）苏打 120 g 和水先灌服，隔 20 ~ 30 min 后灌食醋 500 mL。每日一次，直至结粪消失。此法主要用于大肠秘结。

九、胃肠炎

胃肠炎是胃肠黏膜及其深层组织的出血性或坏死性炎症。临床表现以食欲减退或废绝，体温升高，腹泻，脱水，腹痛和不同程度的自体中毒为特征。

【病因】饲喂不当，采食了大量冰冻或霉败饲料、饲草或吃了有毒的植物和刺激性强的药物，以及误食了化肥等，均可致病，也可能继发于羊副结核，巴氏杆菌病、羊快疫、肠毒血症、炭疽等疾病。

【症状】病羊表现以消化机能紊乱、腹痛、发热、腹泻、脱水和毒血症为特征。病初多呈消化不良，表现磨牙、弓背、口渴等症状，尔后食欲、反刍停止，体温升高，口腔干燥发臭，有黄白色舌苔。严重病例，结膜黄染，粪中带血、色黑、恶臭、似煤焦油样，因下泻脱水和肠内毒物的大量吸收，常造成自身中毒，最后卧地不起，四肢末端发凉，极度衰竭，抽搐死亡。

【预防】（1）加强饲养管理，不喂霉败变质和冰冻不洁的饲料，定时定量喂给优质和易消化的饲料，不要突然更换饲料。供给充足清洁的饮水。

（2）对发生消化不良和胃肠卡他病的病羊要及时治疗，防止发展到胃肠炎。

【治疗】首先清理消化道，然后用抗菌消炎药。

（1）清理消化道，人工盐 50 g、姜酊 20 mL、水 300 mL 一次灌服或用磺胺胍 4 ~ 8 g，碳酸氢钠 3 ~ 5 g，加水适量一次灌服。

（2）大蒜 10 g 捣碎成泥状，加 40 度酒精 50 mL 一次灌服，每日 1 次，连用 3 次。

（3）抗菌消炎可用土霉素 0.5 g 口服，每日 2 次。或用庆大霉素 20 万单位肌注，2 次/d，或用痢特灵、痢菌净等药。

（4）严重者补液，复方生理盐水或 5% 葡萄糖溶液 200 ~ 300 mL、四环素 25 万单位，混合溶解后，静脉注射，每日 1 次。

（5）解毒可用 25% 葡萄糖液 200 mL、5% 碳酸氢钠 50 ~ 100 mL、40% 乌洛托品 10 mL 混合后静注，1 次/d。

（6）中药疗法：黄连 4 g、黄芩 10 g、黄柏 10 g、白头翁 6 g、枳壳 9 g、猪苓 9 g、泽泻 9 g、砂仁 6 g 水煎去渣，候温灌服。

十、小叶性肺炎及化脓性肺炎

【病因】本病的发生是由于受寒感冒，机体抵抗力降低，受病原菌的感染或直接吸入含有刺激性的有毒气体、霉菌孢子、烟尘。此外，也可继发于口蹄疫、乳房炎、子宫炎和肺线虫病等。化脓性肺炎常由小叶性肺炎继发而来。

【症状】小叶性肺炎初期咳嗽、体温升高、呈弛张热型，高达 40 °C；呼吸浅表、增速，呈混合性呼吸困难，听诊出现不规则的半浊音区，多见于肺下区的边缘，其周围健康部的肺脏，叩诊音高朗。听诊肺泡音减弱或消失，初期出现干罗音，中期出现湿罗音、捻发音。

化脓性肺炎其病灶呈散在性，是小叶性肺炎没治愈、化脓菌感染的结果。病羊呈现间歇热，体温 41 °C，咳嗽、呼吸困难。肺区叩诊，常出现固定的似局灶性浊音区，病区呼吸音消失。

【诊断】与大叶性肺炎、咽炎、鼻旁窦疾病加以区别。

【预防】（1）加强饲养管理，注意供给优质易消化的饲料和清洁的饮水，增强机体抵抗力。

（2）圈舍通风良好，干燥向阳；每圈的饲养密度要适中；冬季保暖，春季防寒，以防感冒的发生。

【治疗】（1）控制感染用 10% 磺胺嘧啶 20 mL 肌注；青霉素 40 ~ 80 万单位，链霉素 0.59，一次肌注，2 次/d，连用 2 ~ 3 d；也可用青霉素 40 万 ~ 80 万单位，0.5% 普鲁卡因 2 ~ 3 mL，直接进行气管内注射。此外，还可用新霉素、卡那霉素、土霉素、四环素等药物治疗。

（2）体温升高用安乃近 2 mL 或安痛定 2 ~ 4 mL，肌注，2 次/d。

（3）镇咳祛痰用氯化铵 1 ~ 5 g，酒石酸锑钾 0.4 g、杏仁水 2 mL，加水混合灌服。

（4）解热强心用复方氨基比林或水杨酸钠 2 ~ 5 g，口服；或用 10% 安钠咖液 10 mL 肌注。

（5）中药治疗用润肺理气散，花粉 6 g、贝母 10 g、杏仁 7 g、白芍 6 g，天冬、广橘各 7 g，木通 8 g、桑皮 7 g、黄芩 8 g、山栀 5 g、甘草 4 g，水煎，去渣灌服。

十一、吸入性肺炎

吸入性肺炎是羊偶将药物、食糜渣液、植物油类误咽入气管、支气管和肺部而引起的炎症。临床特征为：咳嗽、气喘和流鼻涕，肺区有捻发音。

【病因】羊患食道阻塞后，经口强制投药或给羊灌清油，驱虫口服投药时引起误咽。

【症状】体温升高到 40 ~ 41 °C，弛张热，日差平均 1.1 °C（最高达 2.5 °C）；呼吸频繁且困难，以腹式呼吸为主。初期呈干咳，随着分泌物增加可表现为湿咳。初期鼻流浆性或黏浆性鼻液。中期：流灰白色带细泡沫的鼻液，落地如花点状。咳嗽低哑，呈阵发性，连续 7 ~ 8 声；咳时伸颈低头，声音嘶哑。叩诊，呈局灶性半浊音或浊音。听诊，初为干罗音，后为湿罗音，并伴有散在性捻发音。若吸入药渣，可形成肺脓肿。

【预防】加强饲养管理，减少误投（药、清油等）。

【治疗】（1）以青霉素为主的综合疗法。青霉素 80 万单位肌注，1 ~ 2 次/d，连续 4 ~ 7 d，同时用青霉素 40 万单位，0.5% 普鲁卡因 10 ~ 15 mL，气管注射，每日 1 次，注射 2 ~ 5 次，并配合应用泻肺平喘，镇咳祛痰等中药，如葶苈 9 g、贝母 6 g、元参 9 g、远志 3 g、杏仁 2 g、甘草 1.5 g，煮水内服。

（2）肺脓肿时，用 0.1% 磺胺嘧啶钠注射液 20 mL，静注；或用四环素 0.5 g，加入输液中静脉注射。

（3）用 5% 葡萄糖、10% 葡萄糖氯化钙以及酒精葡萄糖酸钙注射液静注，以维持心脏机能和全身营养。

（4）对食欲不良的病羊应用健胃剂。

十二、尿结石

尿结石（石淋）是在肾盂、输尿管、膀胱、尿道内生成或存留以碳酸钙、磷酸盐为主的盐类结晶。其临床特征为排尿障碍，肾区疼痛。

【病因】一是溶解于尿液中的草酸盐、碳酸盐等在凝结物周围沉积形成大小不等的结石。二是由尿路炎症引起尿潴留或尿闭，可促进结石形成。三是饲料和饮水中含钙、镁盐类较多，饲喂大量的甜菜块根及渣粕，饲料中麸皮比例较高。四是肾炎、膀胱炎、尿道炎也可引发本病。

【症状】尿结石常因发生的部位不同而症状也有差异。尿道结石，常因结石完全或不完全阻塞尿道，引起尿闭、尿痛、尿频时，才为人们发现。病羊排尿努责，痛苦咩叫，尿中混有血液。

尿道结石可致膀胱破裂。膀胱结石在不影响排尿时，不显临床症状，常在死后才被发现。肾盂结石有的生前不显临床症状，而在死后剖检时，才被发现有大量的结石。尿液显微镜检查，可见有脓细胞、肾盂上皮、砂粒或血液。当尿闭时，常可发生尿毒症。

【预防】控制谷物、麸皮、甜菜块根的饲喂量。饮水要清洁。注意对病羊尿道、膀胱、肾脏炎症的治疗。

【治疗】药物治疗一般无效果。种羊患尿道结石时可施行尿道切开术，摘出结石。在施行肾盂及膀胱结石摘出术时，对预后要慎重。

十三、中暑症（日射病、热射病）

【病因】日射病是由于太阳直晒头部，使头部过热，引起大脑及脑膜充血。热射病是由于外界温度过高，羊舍内潮湿、闷热、拥挤、狭小或车船运输时通风不良，热在体内蓄积。

【症状】初期：精神极度沉郁，步态不稳，摇晃不定，心跳亢进，脉搏快速而弱，呼吸次数增多，呼吸困难，体温升高，可视黏膜潮红、肌肉震颤、全身出汗。后期：因虚脱而卧地不起或突然倒地不动，呈昏迷状态，最后因心脏麻痹而死。

【预防】夏季要做好防暑降温，不要在炎热天的中午放牧，保证充足的饮水。

【治疗】（1）首先将病羊移到通风良好的阴凉处，用凉水浇洗头及全身，或用凉水灌肠。

（2）当病羊昏迷不醒时，可于颈脉放血，一般放血 80 ~ 100 mL。然后补液、静注氯化钠注射液 500 ~ 1 000 mL。

（3）心脏衰弱或严重水肿时，应静注 10% 安钠咖 4 mL。

（4）中药治疗：连翘 12 g，生石膏 10 ~ 45 g，银花 9 g，知母、栀子各 12 g，生甘草 6 g，共研细末、开水冲灌。

十四、羔羊消化不良

【病因】本病由饲养管理不当，母羊怀孕期营养不良而引起。

【症状】羔羊不肯吃奶，喜卧顾腹，粪便由稠变稀，呈现灰白色、绿色并杂带有汽泡，重者杂带黏液或血液，常常衰竭而亡。

【治疗】（1）乳酶生 2 ~ 4 g/次，3 ~ 4 次/d。

（2）鸡蛋清 20 g，生理盐水 78 mL，5% 柠檬酸液 2 mL 的混浊液喂羔羊。1.5 ~ 10 mL/只/次，3 ~ 4 次/d。

（3）对病羔加强护理，注意保温、饮水、补饲富含维生素的羔羊饲料。

任务四　南江黄羊的营养代谢染病

一、酮病（酮尿病）

酮病又称酮尿病、醋酮血病、酮血病、羊妊娠病，是由于蛋白质、脂肪和糖代谢发生紊乱，在血液、乳、尿及组织内酮的化合物蓄积而引起的疾病。多见于营养好的羊、高产母羊及妊娠羊，死亡率高。

【病因】羊在妊娠或大量泌乳时，机体糖耗过高，需由自身脂肪和蛋白质的降解来满足机体的需求。在机体代谢过程中，部分生酮氨基酸可直接变成酮体进入血液。由于饲料搭配不当，碳水化合物和蛋白质含量过高，饲料粗纤维不足，特别是产羔期母羊过肥，体内大量储存的脂肪容易引起过度分解，可加速体内的酮体的合成。母羊过肥也常是酮病的诱因。本病的继发原因是微量元素钴的缺乏，以及多种疾病引起瘤胃代谢紊乱而导致体内维生素 B 的不足，影响机体对丙酸的代谢。机体内分泌机能紊乱等因素也可促进酮病的发生。

【症状】病羊初期出现运动失调、掉群、行走摇摆、共济失调、食欲减退、前胃蠕动音减弱、黏膜苍白、黄染、体温正常或偏低，呼出的气体及尿液中有丙酮气味。病羊后期意识紊乱、视力消失，常出现神经症状，流涎，磨牙，眼球震颤，颈部、肩部不随意收缩，呆立或作转圈运动，全身痉挛，突然倒地死亡。

【预防】（1）加强妊娠母羊冬季的饲养管理，注意防寒，并供给富含维生素和矿物质营养充足的饲料，使之既不要过肥，也不要过瘦。

（2）加强母羊分娩前的放牧和运动。

【治疗】（1）25% 葡萄糖 50 ~ 100 mL，静脉注射，每日 1 ~ 2 次，连用 3 ~ 5 d，以提高血糖含量。也可与胰岛素 5 ~ 8 单位混合注射。

（2）调节体内氧化还原过程，可每日口服柠檬酸钠或醋酸钠 15 g，连用 5 d 有效。

二、羔羊白肌病

羔羊白肌病又称肌营养性不良症，是饲料中硒和维生素 E 等缺乏或不足引起的，以 2 ~ 6 周龄羔羊的骨骼肌、心肌纤维及肝组织等发生变性、坏死为主要特征的疾病。

【病因】本病的发生主要是饲料中硒和维生素 E 缺乏或不足，或饲料内钴、锌、银、钒等微量元素含量过高而影响动物对硒的吸收。当饲料、饲草内硒的含量低于千万分之一时，就可发生硒缺乏症。维生素 E 是一种天然的抗氧化剂，当饲料保存条件不好，高温、湿度过大，淋雨或暴晒，以及存放过久，酸败变质时，维生素 E 很容易被分解破坏。在缺硒地区，羔羊发病率很高。羊机体内硒和维生素 E 缺乏使正常生理性脂肪发生过度氧化，细胞组织的自由基受到损害，组织细胞发生退行性病变、坏死，并可钙化。病变可波及全身，但以骨骼肌、心肌受损最为严重，可引起运动障碍和急性心肌坏死。冬天和早春缺乏青绿饲料时，母乳中缺少微量元素硒，易引发本病。

【症状】病羊表现精神委顿、食欲减退、常有腹泻，黏膜苍白，有的发生结膜炎。运动无力，站立困难，卧地不起，出现血尿，心律不齐，脉搏 150 ~ 200 次/min。有时病羊发生强直性痉挛，随即呈现麻痹，于昏迷中死亡。有的羔羊病初不见异常，往往在放牧过程中因惊动而剧烈运动，或过度兴奋而突然死亡。本病呈地方性群羊发病，而且依靠药物治疗不能控制病情。

【预防】（1）在缺硒地区，对每年所生新羔羊于出生后 20 d，先用 0.2% 亚硒酸钠液，皮下或肌肉注射，每次 1 mL，间隔 20 d 后再注射 1.5 mL。注射开始日期最晚不得超过 25 日龄。

（2）加强母羊饲养管理，供给豆科牧草，对怀孕母羊补给 0.2% 亚硒酸钠液，皮下或肌肉注射，剂量为 4 ~ 6 mL，能预防新生羔羊白肌病。

【治疗】对发病羔羊每只应立即用 0.2% 亚硒酸钠 1.5 ~ 2 mL、维生素 E 100 ~ 500 mg，皮下或肌肉注射，每天一次，连用 3 ~ 4 d。

三、佝偻病

羊所需的约 99% 的钙、80% 的磷参与构成骨骼的主要成分，其余分布在全身组织中，参与磷脂、核酸和某些酶的组成，具有广泛的生理作用。佝偻病是由于羔羊在母体内或出生后发育期间，因维生素 D 缺乏或不足，钙磷代谢障碍而引起骨质变形的疾病。

【病原】本病的发生主要是由于饲料中维生素 D 的含量不足及日光照射不够，导致羔羊体内维生素 D 缺乏，直接影响钙、磷的吸收和血液内钙、磷的平衡。此外，即使维生素 D 能满足羔羊的需要，但母乳及饲料中钙、磷比例不当或缺乏，以及多种原因的营养不良，均可诱发本病。

【症状】病羊初期表现：生长缓慢，有异嗜癖，喜卧，不愿活动，起卧缓慢，跛行；下颌骨肿胀，长骨变形，前后肢常呈“O”形腿，软弱无力；关节肿大（特别是腕关节、跗关节），肋骨近胸骨端呈念珠状肿大，触诊有痛感。后期表现：腕关节着地爬行，脉搏、呼吸次数增加。体温一般正常。

【预防】（1）加强怀孕母羊和泌乳母羊的饲养管理，饲料中应含有较丰富的蛋白质、维生素 D 和钙、磷，并注意钙、磷配合比例。供给充足的青绿饲料和青干草，补喂骨粉，增加运动和日照时间。

（2）羔羊饲养更应注意，有条件的喂给干苜蓿、胡萝卜、青贮等青绿多汁的饲料，并按需要量添加食盐、骨粉、各种微量元素等。

【治疗】（1）用维生素 D：胶性钙 5 000 ~ 20 000 单位，肌肉或皮下注射，每周1次，连用 3 次。

（2）精制鱼肝油 3 ~ 4 mL 灌服，或肌肉注射，每周 2 次。

（3）用维生素 A、维生素 D 注射液 3 毫升，肌肉注射。

（4）补钙，可用 10% 葡萄糖酸钙注射液 5 ~ 10 mL，一次静脉注射。

（5）中药治疗，可服用三仙蛋壳粉即焦山楂、神曲、麦芽各 60 g，蛋壳粉（经烘干后为末）120 g，混合后每只羔羊每天 12 g 灌服，连用 1 周。

四、维生素 A 缺乏症

植物中的维生素 A 是以维生素 A 原（胡萝卜素）的形式存在的，A 原在动物肠上皮细胞内经酶作用转化成维生素 A，并主要贮存于肝脏中。当羊的饲料中缺乏胡萝卜素或维生素 A 时，易引起维生素 A 缺乏症。

【病因】本病的发生是由于羊的饲料中缺乏胡萝卜素或维生素 A；饲料调制加工不当，使其中脂肪酸败变质，加速饲料中维生素 A 类物质的氧化分解，导致维生素 A 缺乏。当羊处于蛋白质缺乏的状态下，便不能合成足够的视黄醛结合蛋白质去运送维生素 A。脂肪不足会影响维生素 A 类物质在肠中的溶解和吸收。因此，当蛋白质和脂肪不足时，即使在维生素 A 足够的情况下，也可发生功能性的维生素 A 缺乏症。慢性肠道疾病和肝脏有病时，最易继发维生素 A 缺乏症。

【症状】缺乏维生素 A 的病羊，特别是羔羊，最早出现的症状是夜盲症。常发现在早晨、傍晚或光线朦胧时，患羊盲目前进，碰撞障碍物，或行动迟缓，小心谨慎。继而骨造型异常，使脑脊髓受压和变形，上皮细胞萎缩，常继发唾液腺炎、副眼腺炎、肾炎、尿石症等。后期病羔羊的干眼症尤为突出，导致角膜增厚和形成云雾状。

【预防】（1）加强饲料的管理，防止发热、发霉和氧化，以保证维生素 A 不被破坏。

（2）在冬季饲料中要有青贮饲料或胡萝卜。秋季贮收的干草要绿；长期饲喂枯黄干草的应适当加入鱼肝油。

【治疗】（1）给病羔羊口服鱼肝油，每次 20 ~ 30 mL。

（2）用维生素 A、维生素 D 注射液，肌肉注射，每次 2 ~ 4 mL，每日 1 次。

（3）在日粮中加入青绿饲料及鱼肝油，可迅速治愈。

五、锌缺乏症

锌缺乏症主要是由于锌缺乏引起的皮肤表皮受损的一种慢性营养代谢病。本病多发生于生长快的阶段。其主要经济损失，是生长发育迟滞，生产性能降低。

【病因】锌是动物生命活动中起重要作用的微量元素，是多种酶的重要组成成分和激活剂，与核酸和蛋白质的合成密切相关，影响细胞的分裂、生长和再生。另外，钙过多，不饱和脂肪酸不足，也是锌缺乏症的重要病因。

【症状】营养不良，生长受阻。严重的病例，全身皮肤约 40% 增厚并出现皱纹、脱毛，以外阴、肛门、尾尖、后肢后部、膝、肋部及颈部皮肤损害最为明显，有的蹄壳脱落。公羔睾丸发育障碍、精子生成停止。

【预防】按每 100 kg 体重 0.11 g 锌化物，混入饲料进行饲喂。

【治疗】用硫酸锌。

任务五　南江黄羊的中毒性染病

一、有机磷中毒

有机磷中毒是由于羊接触、吸入或食入某种有机磷制剂，进入机体组织而引起的中毒性疾病。

【病因】有机磷农药是农业上常用的杀虫剂，主要有甲拌磷（3911）、内吸磷（1059）、敌百虫等。这些杀虫剂多具有较高的脂溶性，可经皮肤渗入机体内，通过消化道和呼吸道被较快吸收。羊的中毒常是误食喷洒有机磷农药的牧草或农作物、青菜等，误食被有机磷农药污染的饮水，误食拌过农药的种子，应用有机磷杀虫剂防治羊体外寄生虫剂量过大或使用方法不当，羊接触有机磷杀虫剂污染的各种工具器皿等，而发生中毒。

【症状】病羊临床以流涎、腹泻和肌肉强直性痉挛等副交感神经系统兴奋为特征。病羊表现精神沉郁或狂躁不安，流涎、流泪、咬牙、口吐白沫、瞳孔缩小、眼球颤动、食欲消失、腹痛，反刍停止，严重拉稀，粪便带血，心跳、呼吸次数增加，呼吸困难，体温一般正常；全身发抖，痉挛，运动失调，后失去平衡，步态不稳，卧地不起，如不及时抢救，可因呼吸肌麻痹而窒息死亡。

【预防】（1）健全农药的保管使用制度，使用农药处理过的种子和配好的溶液，要妥善保管好；喷洒过有机磷农药的植物茎叶等用作饲料时，必须在停药后 10 d 左右并用清水冲洗干净。

（2）配制及喷洒农药的器具不可随便乱放；喷洒过农药的地方要有醒目标记，在 1 个月内禁止放牧或割草。

（3）应用敌百虫等驱虫，要正确掌握剂量、浓度和使用方法。勿与碱性药物同服。

【治疗】（1）灌服盐类泻剂，尽快清除胃内毒物。可用硫酸镁或硫酸钠 30 ~ 40 g，加水适量一次内服。

（2）应用特效解毒剂，可用解磷定、氯磷定，按每千克体重 15 ~ 30 mg，溶于 5% 葡萄糖溶液 100 mL 内，静脉注射。以后每 2 ~ 3 h 注射一次，剂量减半，根据症状缓解情况，可在 48 h 内重复注射；或用双解磷、双复磷，其剂量为解磷定的一半，用法相同；或用硫酸阿托品，按每千克体重 10 ~ 30 mg，肌肉注射。症状不减轻可重复应用解磷定和硫酸阿托品。

在解毒治疗过程中，尚须根据病情进行对症疗法。此外，还可用中药治疗：

（1）银花、甘草各 120 g，明矾 60 g，水煎灌服。

（2）防风 60 g、绿豆 250 ~ 500 g，水煎灌服。

（3）甘草 120 g、绿豆 250 ~ 500 g，水煎灌服。

（4）银花 60 g，篇蓄草、铁马鞭、细叶红辣蓼、金鸡花各 45 g，水菖蒲 30 g，金鸡尾 45 g。水煎灌服，口服 1 剂，连用 2 ~ 3 剂。

二、氢氰酸中毒

氢氰酸中毒是由于采食或饲喂了含有氰甙苷的植物而引起的中毒病。

【病因】本病主要由于羊采食过量的高粱苗、玉米苗、胡麻苗等，在胃内由于酶的水解和胃酸作用，产生游离的氢氰酸而致病。此外，误食氰化物（氰化钠、氰化钾、氰化钙）也可引发本病。

【症状】氢氰酸中毒发生迅速，病羊很快出现症状，表现兴奋不安，流涎，腹痛，瘤胃臌气，呼吸、心跳次数增加，可视黏膜呈鲜红色（由于体内的氧不能被组织利用而蓄积于静脉血中，使静脉呈鲜红色，这与亚硝酸盐中毒，血液呈暗褐色有明显的区别），常呼出带有杏仁味的气体。病羊很快转入沉郁状态，表现极度衰弱，呼吸浅表，随即昏迷死亡。

【预防】（1）禁止在含有氰甙作物的地方放牧。

（2）用含有氰甙的高粱苗、玉米苗、胡麻苗等作饲料时，应经过水浸或发酵后再喂饲，要少喂、勤喂，一次不给过多。

【治疗】发病后迅速用亚硝酸钠 0.2 g，加入 10% 葡萄糖 50 ~ 100 mL，缓慢静脉注射；然后再用 10% 硫代硫酸钠溶液 10 ~ 20 mL，静脉注射。也可口服 0.1% 高锰酸钾溶液 100 ~ 200 mL。

三、亚硝酸盐中毒

许多富含硝酸盐的饲料，如甜菜、萝卜、马铃薯等块茎类，以及油菜、小白菜、菠菜、青菜等叶菜类，在加工、调制过程中方法不当，或保存不好，发生腐烂或堆放发热，使硝酸盐还原，产生大量亚硝酸盐，羊食后引起中毒；羊过多采食含硝酸盐丰富的饲草，经瘤胃微生物作用也可生成亚硝酸盐引起中毒。亚硝酸盐被吸收后，可使血红蛋白变成高铁血红蛋白，临床上呈缺氧综合征。

【病因】硝酸盐除了有较大的腐蚀作用，能引起胃肠炎外，一般不引起中毒。但在瘤胃内通过微生物的还原作用，可变成毒性很高的亚硝酸盐，它在血液中能与血红蛋白相结合，生成高铁血红蛋白，使血红蛋白不能与氧结合，而丧失了携氧的能力，导致组织缺氧。高铁血红蛋白除了本身不能携氧到组织以外，还能使正常的血红蛋白在组织中不易与氧分离，在肺部不易与氧结合，因而更加重了缺氧状态，最后导致呼吸中枢麻痹，窒息而死亡。此外，亚硝酸还能引起流产及死胎。

【症状】羊在大量采食后 0.5 ~ 4 h 内突然发病。本病的早期症状是尿频。病羊初期呼吸增快，以后变为呼吸困难，眼结膜发绀。脉速而弱，血液呈咖啡或酱油色。表现精神沉郁，肌肉震颤，站立不稳，步态蹒跚。严重时角弓反张，全身无力，卧地不起。过度流涎，呼吸困难，有腹痛。耳、鼻、四肢以及全身发凉，体温下降至常温以下，倒地痉挛，口吐白沫，常于 12 ~ 24 h 内死亡。

慢性中毒时，病羊出现发育不良，下痢，跛行，走路强拘，虚弱，受胎率低，流产等。

【预防】对叶菜类饲料要尽量摊开放置，严禁堆放。受雨淋变质时要停喂。叶菜类（以青菜为例）在新鲜时含亚硝酸盐 0 ~ 0.1 mg/kg，自然放置到第 4 d 为 2.4 mg/kg，第 6 ~ 8 天发生腐烂时，含量可达 340 ~ 384 mg/kg。对青贮料，饲喂前要敞开在空气中暴露一夜为妥；合理搭配饲料，要有丰富的碳水化合物饲料；当硝酸盐或亚硝酸盐污染饮水时，应密切注意防范。

治疗：

西药疗法：（1）用特效解毒剂。1% 美蓝液（美蓝 1 g，纯酒精 10 mL，生理盐水 90 mL），每千克体重 0.1 ~ 0.2 mL，静脉注射或用 5% 甲苯胺蓝液。每千克体重 0.1 ~ 0.2 mL，静脉注射或肌肉注射；同时用 5% 维生素 C 液 60 ~ 80 mL，静脉注射；以及静脉注射 50% 葡萄糖液 300 ~ 500 mL。

（2）向瘤胃内投入抗生素和大量饮水，阻止微生物对硝酸盐的还原作用。

（3）其他对症疗法。如剪尾尖、耳尖或针刺山根穴（鼻尖）放血排毒，还可用泻剂，加速消化道内容物的排出，以减少对亚硝酸盐及其他毒物的吸收，并补氧、强心及解除呼吸困难。

中药疗法：解毒汤：绿豆粉 500 ~ 750 g，甘草末 100 g、开水冲调，灌服。

四、瘤胃酸中毒

【病因】瘤胃酸中毒是由于羊采食精饲料过多或采食过嫩谷物饲料，或长期喂酸度过高的青贮饲料而引起瘤胃内乳酸增多，进而导致以前胃炎症为主的全身性酸中毒病。

【症状】（1）发病特别急剧的，常在无任何症状的情况下，于采食后 3 ~ 5 h 内突然死亡。

（2）急性病例，病羊行动迟缓，步态不稳，呼吸急促，每分钟 40 ~ 60 次，心跳加快，每分钟 100 次以上，气喘，常于发病后 1 ~ 3 h 内死亡。

病情较缓的，病羊表现精神高度沉郁，食欲废绝，反刍停止，鼻镜干燥，无汗，眼球下陷，肌肉震颤，走路摇晃。有的排黄褐色或黑色、黏性稀粪，有时含有血液，少尿或无尿；有的卧地不起，此种类型多发于分娩后 3 ~ 5 h，病初卧地时多呈犬坐姿势，不久即横卧地上，开始时头尚能抬起，但不久即放下，四肢强直，双目紧闭，头有时向背部弯曲或甩头，呻吟、磨牙，体温正常或稍高（39.5℃左右），心跳加快，严重时每分钟可在 100 次以上，气喘，肺气肿。

【预防】（1）加强饲养管理，精料喂量不宜过多，一定要加喂适量优质干草。青贮饲料酸度过高时，要经过碱处理后再喂。饲料中精料较多时，可加入 2% 碳酸氢钠、0.8%氧化镁或 2% 碳酸氢钠与 2% 硅酸钠（按混合饲料总量计量）。

（2）加强对临产羊和产后羊的健康检查。发现尿 pH 值下降、酮体阳性者，须及时治疗。

【治疗】排除瘤胃内积存的食物，中和瘤胃中的酸性物质，补充体液，对症治疗。

（1）因进食大量谷物或精料而致病的，可施行瘤胃切开术，取出食物。

（2）口服氢氧化钙溶液（生石灰加水，取面上清液灌服），以中和瘤胃中的乳酸及其他挥发性脂肪酸。

（3）补充体液（由林格尔氏溶液、葡萄糖盐水、生理盐水组成），每次 1 000 mL，每天 1～2 次，同时补加 5% 碳酸氢钠溶液，以解除体内积存的酸性物质。

（4）为控制和消除炎症，可注射抗生素，如青霉素、链霉素、四环素。

（5）当病羊不安，严重气喘或休克时，可静脉注射山梨醇或甘露醇，剂量 150～250 mL，每天早晚各 1 次。

（6）病羊全身中毒减轻，脱水有所缓解，但仍卧地不起时，可适当注射水杨酸类和低深度（5% 以内）钙制剂。

五、有毒植物（牧草）中毒

羊群在放牧过程中常出现误食有毒植物中毒，出现呕吐、腹痛、腹泻、腹胀等消化机能紊乱和异常兴奋、抑制、麻痹、视觉障碍等神经症状以及心动过速、黏膜发绀、呼吸困难、瞳孔散大或缩小、体温下降等一系列中毒症状。由于发病急、病因不明，放牧员遇到此情况后常常手足无措，因抢救不及时或方法不当导致羊只死亡。

引起羊只中毒的植物目前已经查明的主要有羊踯躅（小杜鹃）、醉马草、毒芹、蓖麻等几种，下面对几种植物引起中毒的病因、症状和诊断治疗方法分别进行介绍。

1. 羊踯躅中毒

【病因】羊踯躅又称闹羊花、黄杜鹃，为杜鹃花科多年生落叶灌木，多生长于山坡、石缝、灌木丛中，4～5 月发新叶，开喇叭状黄花，羊在早春放牧而引起误食。有毒部分为花和叶，含有梫木毒素、杜鹃花素和木楠素等，这些毒素可引发血压降低和呼吸抑制，以及短促的兴奋后出现中枢神经抑制，因呼吸麻痹而死亡。

【症状】羊采食闹羊花后 4～5 h 发病，流涎、吐沫、磨牙、呕吐，食欲、反刍废绝，臌胀、腹痛、腹泻，粪中混有血液和黏液，不断惊叫，全身痉挛，站立时四肢叉开，步行不稳，如醉酒状。瞳孔缩小，体温降低，心节律不齐，呼吸迫促，倒地不起，昏迷，最后由于呼吸麻痹而死亡。

【诊断】根据临床症状，结合病史调查（牧区有大量羊踯躅）确诊。

【防治】目前尚无特效解毒药，主要采取对症治疗如催吐、洗胃、泻下、强心等。皮下注射 1% 硫酸阿托品液 0.5～1 mL，必要时 1～2 h 后再注射 1 次；用 25% 葡萄糖液 500～1 000 mL 与 2 g 维生素 C 混合一次静脉注射。

2. 羊萱草根中毒

【病原】萱草根又名黄花菜根、金针菜根。萱草根中毒是由于羊群采食了萱草根而引起的中毒病。该病多发于 2 ~ 3 月份，此时正值萱草移植和更新期，刨出地面的萱草根，大多抛弃野外，由于属枯饲期，放牧羊一旦遇到新鲜的草根争相采食后，造成大批羊中毒死亡。

【症状】病羊症状出现的快慢和严重程度，视羊吃入量而定。病羊初期精神委顿，食欲减少或废绝，呆滞迟步，尿橙红色。继而口角流涎，瞳孔逐渐散大，双目相继或同时失明。病羊惊恐、哀叫，无目的乱走或抵靠障碍物，倒地后四肢不停划动，似游泳状。有的四肢肌肉抽搐，行走无力，尤以后肢严重，终至肢体瘫痪，卧地不起。后期牙关紧闭，咀嚼困难，有时磨牙，呼吸困难，心跳加快，一般经 2 ~ 4 d 后死亡。

中毒较轻的可以康复，但双目失明、瞳孔散大不能恢复。

【防治】由于本病目前尚无特效疗法，只能禁止羊群采食萱草根；羊一旦中毒，可采取解毒、镇静、增强抵抗力等对症治疗的措施，可望挽救一批病羊。

3. 醉马草中毒

【病因】醉马草是禾木科芨芨草属多年生草本植物。一般生于河流两岸，气候较暖地带。羊误食醉马草或被其芒刺扎入皮肤、口腔、扁桃体、口角、蹄叉、角膜等处引起中毒。

【症状】典型症状是酒醉样的神经症状和局部损伤。一般采食后 30 ~ 60 min 出现症状。轻度中毒精神沉郁，食欲减退，口吐白沫。较严重的中毒，头低耳奔、颈部僵硬、步态不稳，形同醉酒状，有时表现狂躁，知觉过敏，起卧不安，有时倒地不起，呈昏睡状态，黏膜发绀，心跳加快，呼吸迫促。严重时还有腹痛、臌气、鼻出血和严重胃肠炎等症状。芒刺刺伤角膜时可致失明。皮肤刺伤处出现血斑、浮肿、硬结或形成小脓疡。

【诊断】根据临床症状结合病史调查。

【防治】用酸性药物治疗。将醋酸 30 ~ 50 mL 加水适量灌服，或用食醋或酸奶 250 ~ 500 mL 灌服。对症状严重的施以输液、补糖、强心等对症治疗。

4. 毒芹中毒

【病因】毒芹为多年生伞形科草本植物，喜生于潮湿低洼地带，特别是沟渠、河流、湖泊的岸边。其根茎味甜多肉，羊只喜食。由于春季比其他植物生长快，因此早春放牧最易出现毒芹中毒。其有毒成分为生物碱——毒芹素，以根茎中含量最多，致死量为 60 ~ 80 g。

【症状】中毒后表现兴奋不安，流涎、食欲废绝，反刍停止、瘤胃臌气、腹泻、腹痛等，全身肌肉出现阵发性或强直性痉挛。痉挛发作时突然倒地，头颈后仰，四肢伸直，牙关紧闭，心跳加快，呼吸迫促，瞳孔散大，最后体温下降，呼吸中枢麻痹而死亡。

【诊断】根据病史调查、临床症状诊断，同时在剖检诊断时，病羊出现瘤胃臌气、浆膜和黏膜出血等典型特征。

【防治】用 0.5% ~ 2% 的鞣酸洗胃，每 30 min 一次，连续 3 ~ 5 次。洗胃后为使其生物碱沉淀，阻止其继续吸收，可灌服碘剂（碘 1 g、碘化钾 2 g、水 1 500 mL）100 ~ 200 mL，间隔 2 ~ 3 h 再灌 1 次。也可用豆浆和牛奶灌服。中毒早期严重的可切开瘤胃，取出胃内溶物。还可使用吸附剂、缓泻剂及镇静、强心等对症治疗。

5. 蓖麻中毒

【病因】蓖麻的茎、叶、籽或未经处理的蓖麻籽饼含有蓖麻毒素和蓖麻碱等有毒成分。羊只因误食或食入混有蓖麻籽及其茎叶的饲料引起中毒。蓖麻籽加热到 60 ~ 70 °C 时可失去毒性，但未去毒时，羊只每千克体重 5.5 g 即达致死量。

【症状】症状特点是胃肠炎、尿路炎、血液循环障碍及致死性拉稀。一般在食入后 2 h 左右发病，开始时精神不振，呆立不动、不吃、不反刍、瘤胃胀气。严重时腹痛、拉稀，甚至便血。粪便很快由稀糊状变成稀水样，肛门失禁，全身积水。病羊不停发出痛苦的叫声，叫声由大到小，致昏睡虚脱，一般于 8 h 时左右死亡。剖检可见胃肠有出血性炎症，心内外膜有出血点，肝脏、肾脏充血及脂肪变性，肺脏出血，支气管充血，脑充血、出血。

【防治】发病初期主要是破坏和排除毒物。用 0.5% ~ 1% 鞣酸或 0.2% 高锰酸钾溶液洗胃，灌腹盐类泻剂硫酸钠或硫酸镁及黏浆剂。也可放血 50 ~ 100 mL，接着静脉注射复方氯化钠溶液 200 ~ 300 mL。发病中后期要以强心、止痛和保护收敛胃肠黏膜为主。可反复注射安钠咖或樟脑水及安乃近。还可灌服白酒 50 mL 左右，严重时间隔 5 ~ 10 min 再灌一次。保护收敛剂可用鞣酸蛋白、鞣酸、次硝酸铋和硅碳银等。

以上几种有毒植物中毒的预防：一是注意区别其生长地，避免到有毒植物生长的牧区放牧。羊踯躅生长在山坡上，属杜鹃花科，容易辨认，且以早春中毒为多；毒芹和醉马草一般生长在河、渠、污水边或地势低洼的潮湿地带；蓖麻在我地没有野生的，只有人工栽培，而且相对较集中。二是有计划有目的地铲除毒草，避免毒草在牧区内再生。三是常备阿托品、食醋、葡萄糖液、生理盐水、下泻药、硫酸钠等洗胃药（高锰酸钾、鞣酸等）及镇静强心药等，另外农村中栽培的仙人掌较多，可将仙人掌切碎捣汁渗水灌服或灌服豆浆等也可解毒。四是一旦发现有毒植物中毒要立即治疗，不可延误。

任务六　南江黄羊的常见外科和产科病

一、难　产

难产是指在分娩过程中胎儿的排出发生障碍，母羊不能在正常的时间内将胎儿由产道排出体外。

【病原】从现有的临床资料分析，导致羊难产的常见的原因有胎儿过大、胎位不正、头颈姿势异常、阵缩无力、子宫颈或骨盆腔狭窄等。

【症状】山羊的胎儿产出时间为 30 min 至 4 h，双胎间隔为 5 ~ 15 min。当母羊表现出极度不安、卧地、强烈努责和阵缩超过 4 h 以上，而未见羊膜绒毛膜在阴门外或阴门内破裂，母羊停止阵缩和努责或阵缩、努责无力时，即应迅速进行人工助产。如果努责和阵缩仍较有力，但就是不见产出羊羔时，也应立即进行检查并实施助产，以免羊羔窒息死亡。

【助产】为了保证母羊和羊羔的安全，首先应对难产的羊进行全面检查，然后决定用什么方法助产。

助产时，先保定好母羊。一般使羊侧卧，前躯低后躯高，以便于矫正胎位。为了便于术者操作，最好将母羊保定在 0.5 ~ 1.0 m 高的平台上。然后用 0.1% 新洁尔灭溶液或 0.1% 威岛牌消毒剂对术者手臂、助产用具、羊阴门周围及场地进行彻底消毒。

对母羊进行检查时，先询问饲养员羊的分娩时间，是经产还是初产，看胎膜是否破裂，有无羊水流出，检查其呼吸、心跳、体温、可视黏膜、精神状态等全身状况，再检查产道是否狭窄，有无水肿、损伤、感染，判断胎儿的死活，确定胎位、胎儿的姿势是否正常。判断胎儿死活的方法是：正生时，术者将手指伸入胎羊口内牵拉其舌头或用力压迫其眼球，看胎羊有无吸吮、反抗动作；倒生时，术者可触摸胎羊的脐动脉，看有无搏动；或将手指伸入胎羊的肛门，感觉其有无缩肛动作；也可针刺胎羊肢体的任何部位，看有无反应。

最后根据母羊的实际情况，采用适当的助产方法实施助产。

（1）阵缩及努责微弱：可肌肉或皮下注射催产素或垂体后叶素 5 ~ 15 国际单位，对于子宫颈完全开张，胎位、胎势及胎向正常的母羊，也可注射麦角新碱注射液 1 ~ 2 mL。为了提高子宫对缩宫药的敏感性，对分娩时间已超过 12 h 的病羊，可同时注射苯甲酸雌二醇 10 mg 或已烯雌酚 15 mg。

（2）胎位、胎势、胎向异常：常见的胎羊异常现象有头颈侧弯、头颈下弯、前肢腕关节屈曲、肩关节屈曲、后肢的跗关节屈曲、胎儿下位、胎儿横向等。出现这些异常时，可将胎羊边向产道内推送，边将产位矫正，然后将胎儿拉出产道。

（3）剖腹产：对于子宫颈扩张不全、子宫颈闭锁、骨盆腔狭窄、胎儿过大，甚至通过催产及其他方法也无法解救的难产病羊，可进行剖腹产。尤其是在胎羊还活着，母羊品种又较好的情况下，更应施行此手术，以保证母子成活。

当母羊怀双羔时，有可能出现双羔同时各将一肢伸入产道而形成的难产。对这种情况应细加观察，切忌将两羊羔的不同肢体误认为是同一只羊羔的肢体而向外牵拉。

二、胎衣不下

胎衣不下是指母羊产出胎儿 4 ~ 6 h 以后，仍不见胎衣排出。山羊的正常胎衣排出时间一般在产后 30 min 至 2 h。

【病因】胎衣不下多因母羊怀孕期间缺乏运动，饲料中缺乏钙、磷、维生素，饮饲失调，体质虚弱。此外，孕羊胎儿过多、流产、早产、难产、子宫扭转、子宫炎等也可导致胎衣不下。

【症状】病羊主要表现为拱腰努责，食欲减退或废绝，精神沉郁，喜卧地，体温升高，呼吸及脉搏加快。胎衣在子宫内超过 1 ~ 2 d，可发生腐败，病羊阴道中流出污红色恶臭的恶露，其中杂有灰白未腐败的胎衣碎片或脉管。有时，病羊的部分胎衣从阴道中垂露于后肢跗关节部。

【防治】应根据母羊分娩时间的长短而采取不同的治疗措施。

（1）药物疗法：病羊分娩后不超过 24 h 的，可一次性肌肉注射催产素、垂体后叶素注射液 5 ~ 10 国际单位，或麦角新碱注射液 0.5 ~ 1.0 mL。必要时 2 h 后重复注射 1 次。

（2）自然剥离法：向病羊子宫内灌注高渗盐水，或放置抗菌药物，防止胎衣腐败，并使其自行排出。抗菌药物可用土霉素或四环素 1 ~ 2 g，放置于病羊子宫内，每天 1 次，效果良好。

（3）手术剥离法：对体型比较大的羊，在发病 48 ~ 72 h，药物治疗无效时，可用手术剥离法。方法是：先将病羊在平台上保定好，对术者手臂和病羊外阴部进行常规消毒，然后术者一手伸入病羊子宫，用食指和中指夹住胎盘周围的绒毛，以拇指将母、子胎盘相互结合的周边剥离开，剥离一半后，手向手背侧翻转，使胎羊胎盘与母体胎盘剥离。剥离时要逐个进行，螺旋前进。剥过的子叶表面粗糙，没剥过的表面光滑。剥离力求彻底干净，但不易剥的不要强剥。剥完后，在子宫内放置抗菌药物。

（4）中药疗法：可用当归 9 g、白术 6 g、益母草 9 g、桃仁 3 g、红花 6 g、川芎 3 g、陈皮 3 g 等研末，用开水调成糊状，候温后给病羊灌服。

三、阴道脱出

阴道脱是指母羊阴道壁的一部分或全部突出于阴门外。本病主要发生于母羊怀孕末期，也可发生于产后，以舍饲羊多发。

【病因】孕羊年老经产，衰弱，运动不足，营养不良，缺乏钙、磷等矿物质时，常可引起全身组织紧张性降低；母羊怀孕末期，胎盘分泌的雌激素过多，或摄食含雌激素较多的牧草，可使其骨盆内固定阴道的组织及外阴松弛。在上述情况下，若母羊同时伴有腹内压持续增高的情况，则很易导致本病发生。

【症状】阴道脱分为部分阴道脱和全部阴道脱两种类型。

（1）部分阴道脱主要发生于产前。发病时可见一粉红色瘤状物夹在母羊阴门之间，或露出于阴门之外。发病初期，脱出的阴道尚可自行缩回，至后期则较难缩回，并且阴道黏膜往往红肿干燥。

（2）全部阴道脱多由部分阴道脱发展而来，或因母羊的不断努责引起。发病时，可见一垒球大小的囊状物（粉红色，表面光滑）突出于阴门之外。全部阴道脱多不能自行缩回，时间长者则淤血、水肿、表面干裂、发炎、糜烂，甚至坏死。

有的母羊一到怀孕末期即发此病，则称为习惯性阴道脱。

【防治】平时应细心管理，舍饲羊要适当运动，及时防治便秘、腹泻、瘤胃臌气等疾病。

治疗方法以整复和固定为主。要尽早施治。

（1）整复：先用温水灌肠，使肠内空虚，然后用消毒液清洗阴道脱出部分及其周围，术者握拳，将脱出的阴道壁顶进去。若母羊努责强烈，可让助手捏压母羊的腰部，或在其后海穴（后海穴在肛门与尾根之间的凹陷处）平行脊椎进针刺入 4 ~ 6 cm，注入 2% 盐酸普鲁卡因 30 mL，可使羊直肠及阴道麻醉而不再努责。

（2）固定：固定的方法有多种，适用于羊的主要有两种：一种是在阴门的上角 1/3 处和下角 1/3 处各做一针纽扣缝合；二是在外阴部安装铁制长三角形或四方形阴门固定器。

整复固定后，还可在母羊阴门两侧深部组织内各注射酒精 20 mL，以刺激组织肿胀，压迫阴门，防止再脱。同时要做好缝合针孔及阴道内的消炎工作，以防止感染。

四、子宫脱出

子宫角全部脱出于阴门之外，称为子宫脱。常发生于母羊娩出胎羊时或产后数小时内。母羊产后超过 1 d 未发生本病时，以后再发生子宫脱的可能性很小。

【病因】孕羊营养不良，运动不足，衰老经产，使子宫弛缓无力；分娩时阴道受到强烈刺激，产后努责强烈，腹压增高；难产时产道干燥，强行拉出胎儿时用力过猛，子宫内形成负压等，都可导致子宫脱。

【症状】子宫脱分为部分脱出（子宫内翻）和完全脱出（子宫脱）两种。子宫部分脱出时，可见在阴道内有一球状物，或部分露出阴门之外；完全脱出则多是子宫和阴道一起暴露于阴门之外。与阴道脱不同的是，阴道脱出时，脱出物表面光滑，在下沿可看到尿道口和子宫颈口，而子宫脱出时，脱出物表面有许多子宫阜。

羊患单纯的子宫脱时，除有拱腰、不安，以及由于尿道受到压迫而排尿困难等现象外，一般不表现全身症状。但若治疗不及时，则可因发生腹膜炎、败血症等而出现全身症状。

【防治】子宫脱的预防主要是加强孕羊的饲养管理，饲喂营养丰富易消化的饲草饲料，避免使母羊腹内压升高的疾病发生。治疗方法类似于阴道脱，必须及早进行整复固定。子宫脱的时间越长，整复越困难；子宫所受外界刺激越严重，整复后的不孕率也越高。当子宫脱病情严重无法整复时，可将子宫切除。

（1）整复：先用温水灌肠，使直肠内空虚，以免整复时排粪，再用消毒水冲洗脱出的子宫表面，除去坏死组织和污物。水肿明显的可进行针刺排液，也可注射缩宫药于子宫肌上，使子宫缩小。然后从基部或从顶端开始将子宫送回腹腔。

为减轻母羊努责，可在其后海穴或荐尾间隙的硬膜外腔注射麻醉剂。

（2）固定：完全整复之后，在子宫内放置土霉素、四环素或其他抗菌素 2 g，然后进行固定。固定方法同阴道脱，即进行阴门缝合或安装阴门固定器，待病羊康复后，拆除固定器或缝线。

（3）子宫切除：如果子宫脱出时间已长，整复十分困难，或有严重的损伤及坏死，可将子宫切除。

方法①：在子宫角基部作一纵切口，检查其中有无肠管、膀胱，有则将其送回腹腔，然后在两则子宫阔韧带上的动脉前部进行结扎，在结扎部位下横行切断子宫及阔韧带。断端若有出血则应结扎止血，止血后再行全层连续缝合和内翻缝合，最后将缝合好的断端送回阴道。

方法②：在子宫颈之后用一直径约 2 mm 的绳子结扎子宫体，为充分勒紧，可在结扎处下方 1 ~ 2 cm 处再结扎一道，或在第一道结扎之后用粗缝线再进行一次分割贯穿结扎，在第二道结扎处之下 2 ~ 3 cm 处切除子宫，将断端送回阴道。

术后要输液、强心、抗感染及对症治疗。

五、子宫内膜炎

子宫内膜炎是指子宫黏膜的炎症。本病是导致各种动物不孕的主要原因之一。

【病因】子宫内膜炎主要是由分娩、助产、阴道脱、子宫脱、胎衣不下、腹膜炎、胎儿死于腹中导致细菌感染而引起的。

【症状】子宫内膜炎分为急性和慢性两种。

（1）急性子宫内膜炎多见于产后。发病母羊表现为体温升高，常卧地，食欲废绝，反刍停止，磨牙，从阴门流出较多淡红色或褐色的黏稠而腥臭的分泌物，附着于尾根、阴门的周围及后肢。发病后期则毛焦肷吊，不易站立，行走困难，有时后肢踢腹。若不及时治疗，可引起子宫坏死、阴道炎、败血症或脓毒败血症，也有的转为慢性子宫内膜炎。

（2）慢性子宫内膜炎。羊发病初期仅表现为食欲不振，不发情或发情延迟，不易受胎；症状稍明显的可见弓背、努责，作排尿姿势，体温稍微升高，经常从阴门流出少量脓性黏稠分泌物。做直肠检查时，有时可摸到子宫角或子宫体粗大，有的甚至有波动感。也有些病例无临床症状，仅是屡配不孕。

【防治】在母羊分娩及助产时应彻底消毒；保证配种公羊的卫生。

治疗方法以冲洗子宫为主。首先将胎衣等子宫内容物排净，再用0.1%高锰酸钾溶液、0.1%利凡诺尔溶液或其他刺激性小、消毒杀菌效果好的消毒防腐液反复冲洗，急性病例每天冲洗2~3次，慢性病例每天或隔天冲洗1次即可。冲洗完后子宫内放置抗菌素胶囊2 g。

对子宫颈关闭的病羊，可先在其子宫颈口涂少量2%碘酒或肌肉注射雌二醇制剂，使子宫颈口开张后再冲洗子宫。有全身症状者要采用肌肉注射抗菌药物、输液、纠正自体酸中毒等疗法。如每只母羊每次静脉注射10%葡萄糖溶液200 mL，复方氯化钠溶液200 mL、5%碳酸氢钠溶液50 mL；每次肌肉注射青霉素160万单位、链霉素200万国际单位，每天2次；也可以每天两次肌肉注射雌激素，以改善子宫内环境。

中药治疗可选用益母草、夏枯草、蒲公英各30 g，水煎服；也可用白头翁9 g、地骨皮12 g、黄柏9 g、知母9 g、延胡索9 g，水煎服。

以上两方，任选其一，每天1剂，连服3~5 d。

六、乳房炎

乳房炎主要是乳腺、乳池和乳头的局部炎症，其临床特征是乳房发热、红肿、疼痛、产奶量降低。多见于泌乳期的羊。

【病因】本病的病原比较复杂，葡萄球菌、链球菌、沙门氏菌、大肠杆菌以及某些病毒、真菌、支原体等均可致发本病。挤乳技术不熟练、挤乳工具不卫生，使以上病原微生物侵入乳腺时也易致发本病。

【症状】发病较轻的羊临床症状不明显，无全身症状，仅乳汁有变化。这种类型的病羊在实验室检查其乳汁才能作出诊断。

患急性临床型乳房炎的病羊，乳房局部发热、红肿、硬结、疼痛，乳量减少，乳汁的性状改变，其中混有血液、脓汁或絮状物，颜色变为褐色或淡红色。若炎症继续发展，则病羊体温升高，可达41 °C。挤乳或羔羊吮乳时，母羊躲闪、抗拒。若治疗不及时或不当，则可由急性乳房炎转为慢性乳房炎。病羊由于乳房硬结，常丧失泌乳机能。化脓性乳房炎可形成脓腔，使腔体与乳腺管相通，若穿透皮肤则可形成瘘管。

山羊可患坏疽性乳房炎，常见于产羔后4~6周的母羊。

【预防】应熟练掌握挤乳技术，注意清除羊圈内的污物，保持圈舍和母羊乳房周围皮肤的卫生，在产羔季节应经常检查母羊乳房，发现病情应及时治疗。每次挤奶前，最好用干净的毛巾蘸温水清洗、按摩母羊乳房5 min。

【治疗】乳房炎可选用以下方法：

病初可用青霉素80万国际单位、链霉素100万国际单位、0.5%普鲁卡因5 mL，溶解后注入母羊乳头内，然后轻揉乳房，使药液分布均匀。

用青霉素普鲁卡因溶液（也可用磺胺类药物），进行乳房基部封闭。

每个乳头内注入含氨苄青霉素80 mg、邻氯青霉素240 mg的乳剂（泌乳期专用），每隔12 h注入1次。每次注入药物前，须将乳汁挤净。用药期及停药后3 d内的乳汁不得食用。

对于奶期的病羊，可每个乳头内注入含氨苄青霉素250 mg、邻氯青霉素500 mg的油状乳剂，每3周用药1次。

在炎症初期冷敷，2 ~ 3 d 后用 45 °C 的 10% 硫酸镁溶液热敷，每天 2 次，每次 5 ~ 10 min。

对患急性乳房炎的病羊，可用当归 15 g、生地 6 g、公英 30 g、双花 12 g、连翘 6 g、赤芍 6 g、川芎 6 g、瓜蒌 6 g、龙胆草 12 g、山栀 6 g、甘草 10 g，研成细末，开水调服，每天 1 剂，连用 15 g。

羊化脓性乳房炎的治疗方法是向乳头内注入 0.92% 呋喃西林溶液，或 0.2% 雷佛奴尔溶液。

对乳池深部脓肿的病羊，可用 3% 过氧化氢溶液（双氧水）或 0.1% 高锰酸钾溶液冲洗脓腔，引流排脓。

七、生产瘫痪

生产瘫痪又称产后瘫痪，是产后母羊突然发生的急性神经障碍性疾病，以知觉丧失和四肢瘫痪为特征。

【病因】舍饲、产乳量高以及怀孕末期营养良好的羊，如果饲料营养过于丰富，都可以成为发病的诱因。

本病可导致血糖和血钙降低。据测定，病羊血液中的糖分及含钙量均降低，但原因还不十分明了，可能是因为大量的钙质随着初乳而排出，或者是因为初乳含钙量太高。其原因是降钙素抑制了副甲状腺素的骨溶解作用，以致调节过程不能适应，而变为低钙状态导致发病。

巴甫洛夫学说认为生产瘫痪是由于神经系统过度紧张（抑制或衰竭）而发生的一种疾病，尤其是由于大脑皮质接受冲动的分析器过分紧张。这里所说的冲动是指来自生殖器官，以及其他直接或间接参与分娩过程的内脏器官的气压感受器及化学感受器。

也有的人认为生产瘫痪与代谢障碍、脑贫血、自体中毒、血液感染、过敏等有关。

【症状】最初症状通常出现于分娩之后 1 ~ 3 d，少数例外的病倒，可能见于妊娠最末期或分娩过程中。病初全身抑郁，食欲减少，反刍停止。病羊后肢软弱，步态不稳，甚至摇摆。这些初期症状维持的时间通常很短，所以管理人员往往注意不到。此后羊站立不稳，在企图走动时跌倒。有的羊倒后起立很困难。有的不能起立，头向前直伸，不吃，停止排粪和排尿；皮肤对针刺的反应很弱；体温正常。

少数母羊常见有其他临床症状，知觉完全丧失，发生极明显的麻痹症状，舌头从半开的口中垂出，咽喉发生麻痹，针刺皮肤无反应。脉搏先慢而弱，以后变快，勉强可以摸到。呼吸深而慢，病后期常用嘴呼吸，因而常有唾液随着呼气吹出，或从鼻孔流出食物。病羊常呈侧卧姿势，四肢伸直，头弯于胸部，体温逐渐下降，有时降至 36 °C。触诊皮肤表面、耳朵和角根时，感到冰凉，很像将死状态。有些病羊往往死于没有明显症状的情况下。

【诊断】尸体剖检时，看不到任何特殊病变，唯一精确的诊断方法是分析血液样品。但由于病程很短，必须根据临床症状的观察进行诊断。乳房送风及注射钙剂效果显著，亦可作为本病的诊断依据。

【预防】（1）在整个怀孕期间都应喂给富含矿物质的饲料。单纯饲喂富含钙质的混合精料似乎没有预防效果，如若同时给予维生素 D，则效果较好。

（2）产前应保持适当的运动，但不可运动过度，因为过度疲劳反而容易引起发病。

（3）在分娩前数日和产后 1 ~ 3 d 内，每天给予蔗糖 15 ~ 20 g。

【治疗】以提高血钙和减少钙的流失为主，辅以其他疗法。

（1）补钙疗法用 20% ~ 30% 葡萄糖酸钙溶液（以 4% 硼酸溶液为溶媒，可增加钙的溶解，且使性质稳定），缓慢静脉注射 50 ~ 100 mL（至少需 10 ~ 20 min）。也可用 10% 葡萄糖酸钙溶液静脉注射，每只羊每次 10 ~ 50 mL。

（2）乳房送风疗法：将空气打入乳房，使乳腺受压，引起泌乳减少或暂停，以使血钙不再流失。将乳房、乳头消毒，把乳汁挤净，然后将消毒的乳导管经乳头管插入并稳定，随即安上乳房送风器，手握橡皮球，徐徐打入空气，待乳房皮肤紧张，弹击呈鼓响音后，拔出乳导管，用纱布轻轻扎住乳头或用胶布贴住，以不使空气逸出，如此逐个进行完每个乳室。有乳房炎时，应给予抗生素治疗，注入 1% 碘化钾溶液后，再行打气。

（3）其他疗法。补磷：当输钙后，病羊机敏活泼，欲起不能时，多伴有严重的低血磷症。此时，可用 20% 磷酸二氢钠溶液 100 mL（或 15% 磷酸二氢钠溶液 150 mL），或 30% 次磷酸钙溶液 500 mL（用蒸馏水或 10% 葡萄糖溶液配制），一次静脉注射，疗效较好。

补糖：随着钙的补给，血中胰岛素的含量很快提高而使血糖降低，有引起低血糖的危险，故在补钙的同时应补糖。

八、腐蹄病

腐蹄病是一种急性或慢性接触性、传染性蹄炎，特征为角质与真皮分离。本病分布遍及全世界，侵害各年龄的羊。由于患病后生长不良、掉膘、羊毛质量受损，偶尔也引起死亡，造成经济损失。

【病因】本病常发生于低湿地带，多见于湿热的多雨季节。细菌通过损伤的皮肤侵入机体。羊长期在潮湿、泥泞地区或草场上放牧，在多荆棘处行走，或者舍棚潮湿拥挤，相互践踏，都容易使蹄部受到损伤，给细菌的侵入造成有利条件。本病在很多情况下，都是先由结节梭形杆菌和羊脚腐蚀螺旋体引起，以后坏死杆菌才相继侵入，有时也能分离出一些其他的细菌。

【症状】病初轻度跛行，多为一蹄患病。随着病程的发展，跛行变得严重。如果两前肢患病，病羊往往爬行；后肢患病时，常见病肢伸到腹下。作蹄部检查时，初期见蹄间隙、蹄踵和蹄冠潮湿、红肿、发热，有疼痛反应，以后溃烂，挤压时有恶臭的脓液流出。严重引起蹄部深层组织坏死，蹄匣脱落，病羊常跪着采食。蹄匣脱落后可见组织坏死，并有恶臭脓汁，有的形成潜洞，向远处蔓延。陈旧病例蹄出现变形，蹄仍存在裂隙和空洞。

病程比较缓慢，多数病羊跛行达数十天甚至几个月。由于影响采食，病羊变得消瘦，治疗如不及时，可因为继发感染而造成死亡。

【诊断】一般根据临床症状（发生部位、坏死组织的恶臭味）和流行特点，即可作出诊断。在初发病地区，为了进行确诊，可由坏死组织和健康组织交界处用消毒小匙刮取材料，制成涂片，用复红-美蓝染色法染色，进行镜检。坏死杆菌在镜下呈蔷薇色，为着色不均匀的丝状体。如无镜检条件，可以将病料放在试管内，保存在灭菌的 25% ~ 30% 甘油生理盐水中，送往实验室检查。

【预防】（1）加强蹄的护理，经常修蹄，避免用尖硬多荆棘的饲草，及时处理蹄的外伤。

（2）注意圈舍卫生，保持清洁干燥，羊群不可过度拥挤。

（3）尽量避免或减少在低洼、潮湿的地区放牧。

（4）当羊群中发现本病时，应及时进行全群检查，将病羊全部隔离开进行治疗。对健康羊全部用10%硫酸铜或10%甲醛进行预防性蹄浴。对圈舍要彻底清扫消毒，铲除表层土壤，换成新土。对粪便、坏死组织污染垫草彻底进行焚烧处理。

（5）如果患病羊较多，应轮换放牧场、饮水处及牧道；选择高燥牧场，改到沙底河道饮水。停止在污染的牧场放牧，至少经过2个月以后再利用。

【治疗】首先进行隔离，保持环境干燥，根据病情采取适当治疗措施。

（1）病羊进行10%硫酸铜溶液蹄浴后，削蹄，除去坏死角质，病变处进行外科处理，必要是反复削蹄和蹄浴。

（2）若脓肿部分未破，应切开排脓，然后用1%高锰酸钾洗涤，再涂搽浓福尔马林或撒以高锰酸钾粉。

（3）抗菌素治疗。除去坏死组织后，涂以10%氯霉素酒精溶液，也可用青霉素水剂或油乳剂局部涂抹。

（4）对于严重的病羊，如有继发性感染时，在局部用药的同时，应全身使用磺胺类药物或抗菌素，其中以注射磺胺嘧啶或土霉素效果最好。

（5）中药治疗。可选用桃花散或龙骨散撒布患处。

桃花散：陈石灰500 g、大黄250 g。先将大黄放入锅内，加水一碗，煮沸10 min，再加入陈石灰，搅匀炒干，除去大黄，其余研为细面撒用。有生肿、散血、消肿、定痛之效。

龙骨散：龙骨30 g、枯矾30 g、乳香24 g、乌贼骨15 g，共研为细面撒用，有止痛、去毒、生肌之效。

九、创　伤

羊的体表或深部组织发生损伤，并伴有皮肤、黏膜破损叫创伤。创伤可分为新鲜创伤和化脓性感染创伤。新鲜创伤包括手术创伤和新鲜污染创伤；化脓性感染创伤是指创内有大量细菌侵入，出现化脓性炎症的创伤。

【病因】（1）机械性损伤系机械性刺激作用所引起的损伤，包括开放性损伤和非开放性损伤。

（2）物理性损伤是由物理性因素引起的损伤，如烧伤、冻伤、电击及放射性损伤等。

（3）化学性损伤系化学因素引起的损伤，如化学性热伤及强刺激剂引起的损伤等。

（4）生物学损伤由生物性因素引起的损伤，如各种细菌和毒素引起的损伤等。

【症状】新鲜创伤的临床特点是出血、疼痛和创口裂开。伤后的时间较短，创内尚有血液流出或存有血凝块，且创内各部组织的轮廓仍能识别，有的虽被严重污染，但未出现创伤感染症状；严重创伤有不同程度的全身症状。

化脓性感染创伤的临床特点是创面脓肿、疼痛、局部增温，创口不断流出脓汁或形成很厚的脓痂，有时出现体温升高。随着化脓性炎症的消退，创面出现新生肉芽组织，称之为肉芽创。正常肉芽组织比较坚实，呈红色平整颗粒状，表面附有少量黏稠的带灰白色的脓性物。

【诊断】局部检查：了解创伤发生的部位、形状、大小、方向、性质、深度、裂开的程度、有无出血、创围组织状态以及有无异物、污染及感染、血凝块、创囊等。对有分泌物的创伤，应注意分泌物的颜色、气味、黏稠度、数量和排出情况等。出现肉芽组织的创伤，应注意肉芽组织的颜色、数量及生长情况等。

【防治】新鲜创面如清洁，不必清洗，可用消毒纱布盖住创面，在创面周围剪毛，消毒后撒布消炎粉、碘仿磺胺粉及其他防腐生肌药。如有出血，应用外用止血粉撒布创面，必要时可用安络血、维生素 K 或氯化钙等全身性止血剂，并用 3% 双氧水、0.1% 高锰酸钾溶液冲洗创面污物，然后用生理盐水冲洗，擦干，撒布。如创面大，创口深，撒布上述药物需进行缝合。

化脓性感染创应先扩创排脓，剪掉或切除坏死组织，然后用 0.1% 高锰酸钾溶液、3% 过氧化氢液（双氧水）或 0.1% 新洁尔灭液等冲洗创腔。最后用松碘流膏（松馏油 15 g、5%碘酒 15 mL、蓖麻油 500 mL）纱布条引流。有全身症状时可适当选用抗菌消炎类药，并注意强心解毒。

肉芽创应先清理刨围，并用生理盐水轻轻清洗。然后局部选用刺激性小、能促进肉芽组织和上皮生长的药物，如松碘流膏、3% 龙胆紫等。肉芽组织赘生时，可用硫酸铜腐蚀，也可用烙烧法除去赘生肉芽。

任务七　南江黄羊羔羊的常见疾病

一、羔羊腹泻

1. 病　因

羔羊腹泻是山区牧场初生羔羊的高发疾病，其发病原因复杂，南江黄羊母羊体质较差、缺乳、圈舍卫生不良、病原菌感染、气候多变、微量元素缺乏、管理不当等均成病因。

保健要点是提高羔羊抗病力、消除发病诱因、控制继发感染、提高治愈率等综合防治措施。

2. 环境控制

（1）常发地区应根据羔羊发病时间，适当调整南江黄羊母羊配种时间，避免气候多变时间产羔，减少不良气候的影响。

（2）选择避风、朝阳的地点集中产羔，做好产圈防寒保暖的基础设施维修，建立必要的采暖羔羊棚，保证初生期适宜的圈内温度。

（3）产前对圈内地面用消毒药喷洒，四周 1 m 以下墙壁用 20% 的石灰水溶液粉刷，圈内用甲醛熏蒸消毒，待地面干净后铺设干净垫草。

（4）羔羊出生后脐部断端必须用 5% 碘酊消毒，南江黄羊母羊乳房用 0.1% 高锰酸钾水擦洗。

3. 营养保健

（1）保证南江黄羊母羊怀孕后期营养，产羔前贮备足够的优质草料，精料内应保证足量的矿物质、含硒微量元素、维生素 AD_3、维生素 E、维生素 B_2 等。

（2）保证羔羊及时吃上初乳，必要时作人工辅助哺乳，对缺乳羊母羊及时用催乳中草药或激素类药物施行催奶。也可直接用羔羊全营养代乳粉人工哺乳。

（3）羔羊初生第一天肌注含硒维生素 E 注射液 2 mL，只服含乳酸菌制剂的微生态制剂适量；第三天注射右旋糖苷铁制剂 1 mL。

（4）羔羊出生后 1 周，逐步供给少量含苜蓿粉或优质干草 60%、豆粕 10%、玉米 20%、甜菜干粕 7.5%、干酵母 0.5%、添加剂 2% 的羔羊补充料。也可直接饲喂成品代乳料。配备专用的羔羊补料槽，少喂勤添。

4. 免疫接种

（1）南江黄羊母羊于配种前注射南江黄羊厌气菌四防菌苗，每只 5 mL。

（2）怀孕南江黄羊母羊于产羔前 3 周肌注羔羊大肠杆菌 K99、F41 二价菌苗，每只 3 mL。

5. 药物防治

（1）预防。羔羊出生后第三天用恩诺沙星或环丙沙星灌服，每只 1 ~ 2 mL（5 g 溶于 500 mL 毫升水中）。

附子理中汤（健脾、温中）2 mL。

链霉素每只 5 万单位。

上述药物任选一种，每天一次，连用 3 d。

（2）治疗原则。抗菌、补液、止泻、助消化、防止酸中毒及继发肺炎。

青霉素 80 万单位、5% 葡萄糖生理盐水 40 mL，10% 维生素 C 10 mL，一次经脉注射。

复方敌菌净：每千克体重 30 mg，首次加倍。

大黄苏打片：每只半片，每天 2 次。

口服补液盐（含维生素 C）：每 100 g 加水 4 kg，每只羔羊灌服 50 ~ 100 mL。氟哌酸片，每只 1 ~ 2 片。

二、羔羊肺炎

本病是多种病原混合感染或继发感染引起的一种呼吸道疾病，以发热、鼻漏、呼吸困难和肺化脓性、出血性、纤维素性炎症为特征，是围栏育肥羔羊和山区牧场羔羊死亡率最高的疾病，由于直接死亡、掉膘、生长不良、治疗费用加大而造成南江黄羊生产较大的经济损失。

1. 病　因

本病是由原发性感染、继发性感染、营养性因素、环境应激等多种致病因素互相作用的结果。据调查，在新疆农区与牧区，引起羔羊肺炎的主要病因为：

（1）原发性感染。主要由多杀性或溶血性巴氏杆菌、胸膜肺炎支原体、肺炎链球菌感染等。

（2）继发性感染。由于草料缺乏造成南江黄羊母羊体质弱，长期营养不良，消瘦，恶劣、寒冷的气候影响，长途运输，某些疾病造成南江黄羊抗病力减弱等。

常见的继发性感染病例为：

羔羊腹泻：死亡羔羊多数伴有肺炎，以山区牧场多见。

口膜炎：羔羊发生传染性口疮时，造成肝肺坏死杆菌继发感染。

羊痘：羔羊黏膜性痘斑，引起肺部转移病灶。

上呼吸道感染（感冒）由于未及时治疗引起肺部感染。

2. 诊断要点

各类肺炎的共同症状均表现发热（39.7 ~ 41 °C）、流脓性鼻液、呼吸困难并伴有咳嗽。

（1）出血性败血症。病南江黄羊未出现明显症状而突然死亡，病程较短，剖检可见肺充血、出血，心外膜点状出血，心包与腹腔积液，肺门淋巴结、纵膈淋巴结肿胀并出血。从心血、肺组织涂片镜检可见大量两极浓染的巴氏杆菌。

本病多发生于新转入育肥场羔羊、经长途运输的南江黄羊及妊娠南江黄羊母羊。死亡南江黄羊多数体况良好。

（2）南江黄羊母羊。死亡南江黄羊多数体况良好，腹式呼吸，喘气而咳嗽，病程较长（1 ~ 2 周），死亡南江黄羊多数表现胸膜粘连、胸腔内含有大量纤维素性溶出物，肺部可见局限性化脓性病灶，受损的肺呈灰紫色、坚硬，肺叶与肋骨粘连。

从肺组织中可分离到支原体和溶血性大肠杆菌。

本病常发生于营养不良的当年羔羊，以小尾寒南江黄羊最为多见。

（3）纤维素性肺炎。纤维素性肺炎主要发生于 3 周龄内的羔羊，以山区牧场多发，羔羊缺奶、维生素 C 缺乏、上呼吸道黏膜受寒冷刺激、圈舍潮湿、卫生不良等诱发此病。羔羊发病后以表现急性败血症为特征。可见病羔发热，结膜潮红，呼吸困难，流脓性鼻液，咳嗽，脑膜炎症状，病程较短。剖检特征为脾脏高度肿大，脾髓呈黑红色，肺充血、出血，并有纤维蛋白溶出物。取脾、肺组织涂片，瑞特氏染色镜检，可见带荚膜的双球菌。常与大肠杆菌混合感染。

（4）肝肺坏死杆菌病。肝肺坏死杆菌病主要继发于羔羊口膜炎、羔羊痘，病羔除口腔黏膜出现原发性病灶外，病死羔羊在肝、肺表现局限性化脓性病灶。取病灶组织涂片，瑞特氏染色镜检，可见呈长丝状坏死杆菌。

此种病型常发生于流行口膜炎或羊痘的羔羊群中。

3. 防　治

（1）消除各种不良诱因，减少应激的有害作用，改善饲养管理条件，是预防各类肺炎发生的首要措施。

（2）控制继发感染。在患羔羊腹泻、口膜炎、羊痘、受凉感冒时，除采取相应措施外，应及时用磺胺、青霉素、特效咪咣进行全身性给药。

（3）提高抗病力。加强羔羊补饲，补充维生素 C，缺乳羔羊及时人工喂服全营养抗病代乳品。

三、羔羊白肌病

本病是羔羊的一种亚急性代谢病，临床上以运动障碍和循环衰竭，骨骼肌、心肌变性及坏死为特征，又称营养性肌营养不良、缺硒症和僵羔病。在新疆本病是危害最大的羔羊营养代谢病。

1. 病　因

（1）妊娠南江黄羊母羊饲料饲草中缺硒或在饲料中未添加含硒矿物质添加剂，南江黄羊母羊血中硒含量低于正常值。

（2）羔羊未及时补硒或母乳不足。

（3）饲料中缺乏维生素 E。

（4）长期饲喂苜蓿草或三叶草等低硒饲草时。

（5）饲喂过多精料或霉变饲料造成维生素 E 需要量增大时。

2. 诊断要点

（1）2～6 周龄羔羊表现运动软弱，站立困难，行走摇摆，呼吸加快，突然死亡，发病率在 30% 以上，致死率 50% 以上者应怀疑本病。

（2）死亡羔羊骨骼肌尤以两侧股肌呈对称性白色坏死灶，表现为肌肉切面肌纤维失去弹性，可见白色条纹，心脏扩张、衰竭，心内膜及心室肌可见灰白或白色坏死区，肺充血、水肿。

（3）测定血清谷草转氨酶为每毫升 2 000～3 000 单位。

（4）受损肌肉病理组织学检查可见肌肉细胞积聚巨噬细胞。

（5）本病应与羔羊肠毒血症、李氏杆菌病及多头蚴病鉴别。

3. 防　治

（1）南江黄羊母羊在妊娠的后半期和泌乳的第一阶段，给南江黄羊母羊补充含亚硒酸钠、维生素 E 的添加剂。

（2）每只南江黄羊母羊在生产前 1 个月肌肉注射 0.1% 亚硒酸钠维生素 E 合剂 5 mL。

（3）羔羊在出生后第 3 d 肌肉注射亚硒酸钠维生素 E 合剂 2 mL，断奶前再注射一次（3 mL）。

（4）发病羔羊群应及时查明原因，早期诊断，并及时给全群补充含硒维生素 E 制剂。

上述（1）和（2）可选用一种。

四、肠毒血症

本病是由 D 型魏氏梭菌毒素引起育肥羔羊的一种肠毒血症，特征是羔羊中肥壮羔羊突然死亡、惊厥、高血糖，死后肾软化、心包积液及胸腺出血，又称肥羔病、软肾病。本病多发生于育肥场中生长较快的羔羊。以快速育肥的 4～8 周未去势南江黄羊公羊和未断尾的单羔多发。

1. 病　因

（1）羔羊早期补饲过多精料或断奶前后食入过量的谷物、幼嫩饲草和高蛋白饲料时。

（2）羔羊从牧场转入农区育肥，或农区羔羊进入育肥期后，日粮饲料饲喂过多（日精料超过 400 g）。不限量采食，又缺乏足够运动时。上述过食的精料在瘤胃中未完全消化而进入小肠，作用于回肠内以淀粉为基质的产气荚膜杆菌，使其迅速增殖并产生大量 ε 毒素，毒素吸收进入血液，引起肠毒血症。

（3）南江黄羊母羊在妊娠期未注射南江黄羊厌气菌四防菌苗，使羔羊在出生后处于对疾病的易感状态。

（4）饲料（配合精料）发霉，引起胃肠功能紊乱时。

2. 诊断要点

（1）在补饲精料及育肥初期的羔羊群中，如陆续发现体肥状羔羊突然死亡时应怀疑本病。

（2）发病羊群必然存在不限量采食谷类精料的情况。

（3）发病羔羊多数在夜间发病突然死亡，病羔死前表现流口水，呼吸困难，尿频带血色，步态不稳，后肢无力，站立与躺卧交替进行，最后昏迷死亡。病程一般不超过 72 h。

（4）剖析死后 3 ~ 6 h 的羔羊，可见皱胃含大量未消化的食物（乳或谷物），小肠尤以回肠黏膜广泛出血，内含大量带气泡的茶色或酱油色内容物；心包积大量含纤维蛋白的液体，心外膜与胸腺出血，肾软化、变形呈脑组织样。

（5）取回肠内容物涂片染色可见 G^+ 大杆菌。用肠内容物滤液静脉注射家兔，可在注射后 3 min 至 24 h 死亡。死前表现呼吸困难、惊厥、尖叫、侧卧、角弓反张、四肢划动，与羔羊死前相似。

（6）病羔尿糖及血糖明显升高。

3. 防　治

本病因病程短，多数治疗无效，重点是做好预防工作。

（1）怀孕南江黄羊母羊产前 2 周注射南江黄羊厌气菌二联四防菌苗。每只肌肉注射 5 mL。羔羊在断奶、进入育肥期前 2 周肌肉注射 2 mL。

（2）羔羊早期补饲精料时，应严格控制投料量，并配合优质粗饲料饲喂；羔羊断奶后进入育肥期前应按情况分群饲养，精饲料比例应逐步增加，并提供足够的围栏面积及运动时间。

（3）补饲与育肥羔羊发病后应尽快减少或去掉精料，降低羔羊对精料的摄食，缓解本病的发生。

育肥期精料与青贮饲喂比例：

在育肥场天数/d	精料/%	青贮/%
1 ~ 7	30	70
8 ~ 14	40	60
15 ~ 20	50	50
21 ~ 出栏	60	40

五、羊　痘

羊痘是南江黄羊的一种急性、接触性传染病，以全身皮肤上出现丘疹为特征。发病羔羊常造成继发感染死亡或造成生长发育受阻而给南江黄羊生产带来较大损失。

1. 病　因

由羊痘病毒经口鼻或皮肤黏膜受损而感染，带有病毒的唾液、鼻分泌物飞沫经过空气可在短时间内造成同群与相邻羊群感染。南江黄羊缺草料、体弱及寒冷潮湿的气候，可促进本病的发生与恶化。

2. 诊断要点

羊痘的典型病例一般不出现水泡，病南江黄羊病初可表现短期（2 ~ 3 d）的体温升高（39.7 ~

41 ℃），鼻黏膜肿胀、流脓性鼻液、呼吸困难，2～3 d 后在眼睑、鼻孔、唇、会阴、阴囊、包皮、腹股沟部，形成大小为 3～5 cm 的丘疹，呈紫红色、坚硬、扁平、圆形，突出于皮肤表面，几天后扁平的表面为中央凹的脐状坏死、丘疹干燥后形成痂皮，剥脱后留下平整发亮的瘢痕。恶性病例引起鼻腔、喉、气管、前胃黏膜的痘斑和溃疡灶，可引起较高的病死率。

3. 防　治

（1）常发地区或羊群应在每年秋季配种前注射一次羊痘鸡胚化弱毒疫苗，无论大小南江黄羊，一律在股内侧皮内或尾部皮内注射 0.5 mL，4～6 d 可产生免疫力，免疫期可保持 1 年。

（2）一旦发生本病，应及时对羊群可疑病南江黄羊进行测温及皮肤黏膜病变检查，早期确诊，并加以隔离。所有可疑病羊群及相关邻群的大小南江黄羊紧急接种弱毒苗，为减少疫苗反应，哺育羔羊可采用免疫南江黄羊母羊血清或康复南江黄羊血清人工被动免疫，也可将血清与疫苗同时使用。

（3）死亡病南江黄羊及污染的饲料须焚烧或深埋，圈舍与器具用 2% 烧碱消毒。

六、李氏杆菌病

本病又称旋转病或青贮病，是由存在于青贮、微贮、黄贮饲草中的单核细胞增多性李氏杆菌引起牛、南江黄羊、猪与人的一种非接触性传染病；南江黄羊以脑炎和流产为特征，在使用青贮饲料的育肥羊群中普遍发生。本病由于治疗率低、死亡率高、育肥羔羊掉膘、使南江黄羊母羊流产等，会造成羊群较大的经济损失。

1. 病　因

南江黄羊发病主要与使用青贮饲料有关。李氏杆菌在 pH 高于 4.5 的青贮草料中易于生长繁殖，尤其是青贮窖内四周（pH 较高）或已变质的草料中含有大量的细菌，当南江黄羊食入带菌青贮时经口唇黏膜或受伤的唇鼻皮肤感染。在新疆本病发生于各种年龄的南江黄羊，但以 4～6 月龄圈养的育肥羔羊最多，以早春、晚秋多发。

2. 诊断要点

（1）在以青贮、微贮、黄贮为主要饲草的圈南江黄羊生产群中，陆续发生以脑炎及神经症状为主的病例时，应提示本病。

（2）病南江黄羊发病早期主要表现精神沉郁，轻度发热（39.7～40 ℃），3～4 d 后表现为低头呆立，行走时朝一侧方向，后躯摇摆，卧地时头颈总是偏向一侧，严重时头颈后仰，个别病南江黄羊一侧耳下垂，发病后多在 1 周内衰竭死亡。南江黄羊母羊在妊娠的后三分之一期间流产。

（3）剖检病死南江黄羊，可见肝、心外膜及心耳表面有少量针头大至黄豆大灰白色或黄色坏死灶，严重时心外膜呈斑状和点状出血点，心包粘连，脑膜显著充血，脑组织有大量小点出血，脑脊液增多。

（4）取脑组织研磨置 4 ℃ 储存 3～4 d 后，可从中分离到纯的李氏杆菌，脑脊液涂片和病变脑组织涂片瑞特氏染色镜检，可见数量不等的细杆菌、稍弯曲的短杆菌。病理组织切片可见大量的单核细胞、嗜中性粒细胞与淋巴细胞。

3. 防　治

（1）制备优质青贮饲料，提高青贮草料中酸度，是控制本病的有效方法。

（2）避免饲喂变质或窖内四周易受细菌污染的青贮，可减少本病的发生。

（3）一旦发生本病，应将动物移到其他栏圈，改变饲料，尸体深埋，可制止疫病进一步蔓延。

本病治疗常难奏效。

七、南江黄羊母羊妊娠毒血症

本病是妊娠南江黄羊母羊的一种急性代谢性疾病，又称酮病、双羔病，其特征是患病南江黄羊母羊表现低血糖、酮尿、衰弱和休克死亡。

1. 病　因

（1）南江黄羊母羊怀双羔，胎儿生长快，体内能量需求增加，代谢旺盛，精神紧张，出现低血糖。

（2）妊娠后期（最后 1 个月），饲料中能量不足（缺乏谷物），造成体内酮体积聚，出现酮血症。

（3）各种应激因素，如暴风雪、长时间驱赶、运输、突然进入陌生环境、在无牧工引导下在河边饮水、并发其他疾病等，都可使怀孕南江黄羊母羊处于高度应激状态，最终出现低血症，造成休克和脑损伤死亡。

2. 诊断要点

（1）妊娠后 3 周南江黄羊母羊失明、惊厥、昏迷、运动失调者可怀疑本病。

（2）剖解可见双羔，脂肪肝（暗淡黄色，易脆）。

（3）血中葡萄糖含量低于 1.4 mmol/L（正常为 3.33 ~ 4.99 mmol/L），出现酮尿。

（4）静脉注射葡萄糖酸钙无反应。

3. 防　治

（1）妊娠后 1 个月补充足够的能量与蛋白质。

（2）避免各种应激。

（3）发病后灌服口服补液盐、甘油，静脉注射 25% 葡萄糖溶液。

八、低钙血症

低钙血症是妊娠南江黄羊母羊、产后南江黄羊母羊及育肥羔羊的一种急性代谢性疾病，特征是病南江黄羊表现抽搐、运动失调、后肢麻痹和昏迷。

1. 病　因

（1）长期饲喂缺钙饲料，尤以怀孕后期饲料中钙补充不足为甚。

（2）饲料突然改变，由牧场转入育肥场的初期。

（3）剧烈运动、驱赶、运输时的禁食等。

上述原因均可导致南江黄羊对钙的需要量突然增加，导致血钙的降低。当 100 mL 血液中血钙降至 3 ~ 6 mg 时，出现临床表现。

2. 诊断要点

（1）妊娠后期、泌乳的前几天，育肥羊在转场到达目的地 1 ~ 3 d 后表现运动失调、惊厥、昏迷者，应怀疑本病。

（2）100 mL 血液中血浆钙含量在 3 ~ 6 mg。

（3）静脉注射葡萄糖酸钙有效。

3. 防　治

（1）妊娠期南江黄羊母羊饲料中添加 1% 的石粉或磷酸氢钙。在运输育肥羔羊或南江黄羊公羊的前几天应补充含钙饲料如苜蓿粉或补饲含 3% 的石粉精料。

（2）出现症状的南江黄羊可静注 10% 的葡萄糖酸钙 50 ~ 100 mL。

九、乳酸性酸中毒

本病又称饮食谷物症、蹄叶炎，是育肥期南江黄羊的一种急性代谢性疾病，以厌食、沉郁、跛行和昏迷、瘤胃与血液乳酸增高、红细胞比率升高、瘤胃黏膜坏死为特征，是规模化围栏育肥羊场的常发病之一。多发于由牧场放牧南江黄羊或其他农区散养地转入集中育肥场后，由于快速育肥而饲喂较多精料后发生，多发于每年 9 ~ 10 月进入育肥场的 5 ~ 6 月龄羔羊。

1. 病　因

育肥羊在短期内饱食玉米、大麦、麸皮、饼粕、甜菜、蔬菜、啤酒渣、发酵饲料等富含糖、淀粉质饲料，自然发酵的饲料后，造成瘤胃内分解糖类的微生物大量繁殖，使糖发酵形成大量的乳酸和乳酸盐，引起瘤胃与血液中乳酸盐升高，pH 下降，红细胞比率增加，导致全身性酸中毒。

2. 诊断要点

（1）育肥羊饱食上述饲料后 3 ~ 5 d 内表现厌食、沉郁、跛行、黏液状腹泻，但体温正常，昏迷死亡，病程在 2 ~ 6 d 者应怀疑本病。

（2）剖检死亡南江黄羊，两眼下陷，皮肤脱水无弹性，瘤胃内容物液状、酸臭，瘤胃黏膜出血、脱落，乳头呈暗红色、坏死者可初诊为本病。

（3）血液学检查表明，红细胞比率由正常值 27 ~ 33 上升到 40 ~ 55，血液乳酸盐水平升高至每升 10 mL 分子量，pH 降至 7.1 以下，瘤胃 pH 下降至 4.5 以下，尿液 pH 在 5.5 以下，血涂片镜检可见红细胞变形，边缘呈锯齿状者可确定为本病。

3. 防　治

（1）减少瘤胃易发酵饲料的供给量（玉米、豆粕、啤酒糟等）。进入围栏育肥场的羊群应分段性逐渐增加精料比例，饲料的转换至少有 10 d 的适应期。炎热季节应防止料槽内混合草料的发酵，坚持现拌、少喂、勤添。

（2）育肥初期（10 d 内）应每天给清洁饮水中加入 0.6% 的碳酸氢钠（小苏打），以中和瘤胃内过量的乳酸，保持酸碱平衡。必要时，可按每千克体重 1 000 单位加入青霉素，以抑制产酸菌的大量繁殖。

（3）发病南江黄羊可于早期静脉注射碳酸氢钠溶液，或灌服口服补液盐，以利于恢复酸碱平衡。

十、尿结石

本病是南江黄羊公羊的一种代谢性结石症，以尿道内形成矿物质结石，致使输尿管阻塞，临床表现以尿潴留及膀胱破裂为特征。本病是育肥场中公羔的一种高发病之一，在羔羊育肥中期直接引起羔羊死亡或胴体不足而紧急屠宰等造成较大经济损失。

1. 病　因

（1）育肥羊饲入 80% 以上精料如玉米、棉饼、麸皮、高粱等造成尿中磷酸镁铵和低分子量肽水平过高。

（2）饲料中钙与磷的比例在 1∶1，磷与镁的含量过高。

（3）育肥期羔羊运动不足，造成排尿量减少。

上述原因使尿中肽、镁阳离子和磷酸盐阴离子结合聚集形成结石，并堵塞在 S 状弯曲和尿道突处，引起尿道和膀胱积尿，导致膀胱破裂，尿流入腹腔，最终引起尿毒症死亡。

2. 诊断要点

病南江黄羊表现不安、踢腹、少尿或无尿，腹部膨胀，病死南江黄羊腹腔或腹皮下积尿，尿道内发现结石即可确诊。

3. 防　治

（1）以谷物精料为主要日粮的育肥场，应在育肥开始时在饲料中添加 1% 的南江黄羊防尿结石专用添加剂至出栏。

（2）在配制育肥羊饲料时，应注意饲料中钙与磷的比率不能低于 2∶1 常发育肥场应控制麸皮、高粱等高磷饲料的用量。适当添加苜蓿粉或 1% 的氯化铵，并给予充足清洁的饮水。

（3）育肥场内应设必需的运动场以保证羔羊每天有 2 ~ 3 h 的运动。

学习情境十二　高效养羊经济效益分析

养羊的主要目的是增加经济效益和向人们提供肉食品、毛制品等。其中效益是最关键、最敏感的部分，可以说没有效益就不会发展养羊事业。本学习情境主要分析了影响养羊效益的因素和计算方法，既适用于农户养殖，也运用于专门化、规模化的养殖场。

项目一　养羊经济效益的构成要素

一、生产成本

1. 固定成本

房屋的折旧、机械设备折旧、饲养设备折旧、取暖费用、管理机构费用、维修费用、土地开支、种羊开支或折旧等。

2. 可变费用

饲料开支、饲草开支、劳力开支、水电开支、防疫治疗开支。

二、收入构成

养羊业的收入多是直接的、可变的收入：出栏羊数（包括种羊数）、羊肉产量、羊毛收入、羊绒收入、羊皮收入、羊粪收入等。

三、影响效益的因素

1. 品种因素

生长速度、产羔率、饲料利用率、产品的品质和价格等。

2. 生产条件因素

饲草料价格、人工工资水平、水电价格、运输价格、资金周转速度及其他非生产成本利摊销等。

3. 生产管理因素

年生产羔羊数、羔羊的成活率、出栏率、母羊比例、疾病发生率、饲料饲草的利用率、饲养周期、人员的管理能力、劳动强度等。

4. 市场因素

羊肉、羊毛、羊皮的市场需求和价格。

5. 加工因素

通过深加工可提高产品档次和价格，增加市场竞争能力。

四、提高经济效益的途径

一是降低生产成本，二是增加产值。为此可采用以下方法来提高养羊的经济效益。

第一，选用优良品种和进行品种的杂交改良，增加产羔数，提高生产性能。

第二，采用科学管理和生产技术（包括饲料加工、羔羊育肥、疾病防治、提高羔羊的成活率等），增加产值，减少直接生产成本（提高饲料的利用率、提高人员的工作效率等），降低饲养费用。

第三，减少非生产性开支，提高管理效率。

项目二 养羊经济效益的计算方法

一、直接经济效益

直接经济效益（不包括管理层费用、固定资产的折旧费用和非直接生产的交通、通信等费用）可以有多种计算的办法。

1. 以种母羊为单位的计算

种母羊的年收入＝［生产羔羊的收入（羔羊的出栏、屠宰收入＋新育成羊的收入）＋羊毛、绒收入＋羊奶收入＋羊粪收入－饲草开支－饲料开支－人员工资－水、电、暖开支－医药开支－饲草地开支］÷饲养母羊的只数

2. 以羔羊生长阶段为单位的计算

羔羊育肥阶段收入＝［育肥结束时总收入（或出栏时收入）－育肥开始时羔羊的价格－育肥期间的饲草开支（包括折算饲草地开支）－饲料开支－医药开支－人员工资－水、电、暖开支－其他开支］÷育肥出栏时羊只数

3. 以单位面积草地的计算

在完全依靠种植的饲料地进行养羊生产时，可采用下列方法计算：

单位面积草地（饲料地）收入＝种母羊的收入÷饲料地面积

当不完全依靠种植的饲料地进行养羊生产时，可采用下列方法计算：

单位饲料地收入＝［饲料地的饲料（或饲草）总收入（总产量×当年生产价格）－饲料地总开支（饲料地费用＋劳动力开支＋种子开支＋化肥开支＋农药开支＋运输开支＋水、电开支＋配套设备折旧费用等）］÷饲料地面积

4. 以人为单位的计算

人均年生产产值＝羊群全年总产值÷实际参与直接生产的人数

人均年生产效益＝羊群全年的生产效益（可用种母羊的年收入计算）÷实际参与直接生产的人数

5. 以投入与产值为单位的计算

投入与产值比＝羊群年总收入÷直接投入生产的资金数

二、综合经济效益

综合经济效益实际上是年生产的实实在在的收入，它包括养羊总收入、直接成本和间接成本，可以反映羊群的真实效益，通过成本的划分可以分析出羊群的整体管理水平和生产水平。如果管理成本或间接成本大，说明非生产开支大，管理水平低，投资比例失调。如果生产成本大，说明生产性能上不去或生产原料成本太高，应采取相应的措施及时调整。

综合经济效益可用以下 3 种方法计算和分析：

存栏繁殖母羊的经济效益（或种母羊的经济效益）＝［羊群年总产值－直接生产成本开支－管理费用开支（非直接生产成本开支）］÷年初种母羊的存栏数

投入与产出比＝年总产值÷年总投资

投资比例＝直接生产成本÷管理费用成本

第二部分

实习实训

实训一　南江黄羊的个体品质鉴定

【目的要求】

通过体尺测量、外形鉴定和体型的线性评定实训，掌握南江黄羊体表各部位的名称、起止范围、外部形态和内部结构的鉴定方法。

【材料用具】

南江黄羊，用具主要有测杖、卷尺、圆形测定器、测角计等。

【操作方法】

（一）南江黄羊的外貌部位名称

南江黄羊的体型外貌在一定程度上能反映出生产力水平的高低，为区别、记载每个羊的外貌特征，就必须识别羊的外貌部位名称。南江黄羊外貌各部位名称见图实-1。

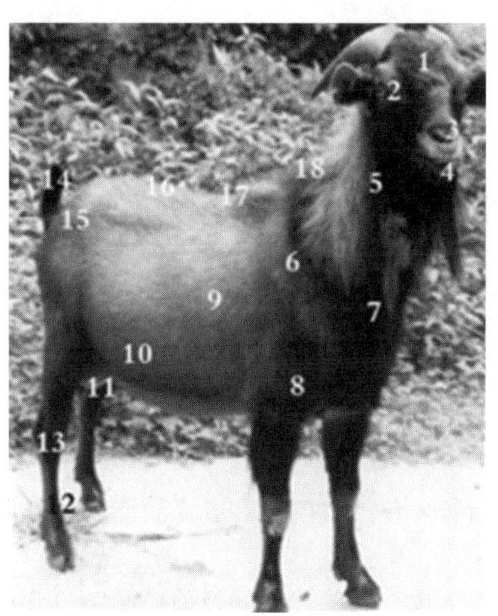

图实-1　南江黄羊外貌各部位名称

1—头；2—眼；3—鼻；4—嘴；5—颈；6—肩；7—胸；8—前肢；9—体侧；10—腹部；11—乳房；12—后肢；13—飞节；14—尾；15—臀；16—腰；17—背；18—鬐甲

（二）南江黄羊的外貌特征

南江黄羊的外形结构和体躯部位应具备以下特征。

1. 整体结构

体格大小和体重达到品种的月(年)龄标准，躯体粗圆，长宽比例协调，各部结合良好；臀、后腿和尾部丰满，其他产肉部位肌肉分布广而多；骨骼较细，皮薄而富有弹性，被毛着生良好且富有光泽；具有本品种的典型特征。

2. 头、颈部

按品种要求，口方、眼大而明亮，头型较大，额宽丰满，耳纤细、灵活，颈部较粗，颈肩结合良好。

3. 前 躯

肩丰满、紧凑、厚实，前胸宽而丰满。前肢直立结实，腿短且间距宽，管部细致。

4. 中 躯

正胸宽、深，胸围大。背腰宽而平，长度适中，肌肉丰满。肋骨开张良好，长而紧密。腹底成直线，腰荐结合良好。

5. 后 躯

臀部长、平、宽而开展，大腿肌肉丰满，后裆开阔，小腿肥厚。后肢短、直而细致，肢势端正。

6. 生殖器官与乳房

生殖器官发育正常，无机能障碍，乳房明显，乳头粗细、长短适中。

（三）南江黄羊的生产性能评定的主要指标

南江黄羊体大、早熟，生长快，肉质好，繁殖力高。幼龄羊的平均日增重和饲料利用率高，出栏体重大，饲养周期短；产肉能力强，屠宰率高，肌肉细嫩多汁，脂肪分布均匀；四季发情，配种年龄早，每胎产羔数多，产羔频率高。

1. 评定南江黄羊产肉率的主要指标

屠宰率：胴体重加内脏脂肪（包括大网膜和肠系膜脂肪）和脂尾重，与羊屠宰前活重（宰前空腹 24 h）之比。

胴体重：屠宰放血后剥去毛皮、去头、内脏及前肢腕关节和后肢关节以下部分，整个躯体（包括肾脏及其周围脂肪）静止 30 min 后的重量。

胴体净肉率：胴体净肉重与胴体重的比值。

肉骨比：胴体净肉重与骨重的比值。

眼肌面积：测倒数第一和第二肋骨间脊椎上的背最长肌的横切面积，因为它与产肉量呈正相关。

测量方法：用硫酸纸描绘出横切面的轮廓，再用求积仪计算面积。如无求积仪，可用公式估测：

$$眼肌面积(cm^2) = 眼肌高(cm) \times 眼肌宽(cm) \times 0.7$$

胴体品质：主要根据瘦肉的多少及色、脂肪含量、肉的鲜嫩度、多汁性与味道等特性来评定。上等品质的羔羊肉，应该是质地坚实而细嫩味美，膻味轻，颜色鲜艳，结缔组织少，肉呈大理石状，背脂分布均匀而不过厚，脂肪色白、坚实。

2. 评定南江黄羊繁殖力的主要指标

适繁母羊比率：主要反映羊群中适繁母羊的比例。适繁母羊多指 10 月龄以上的母羊。

（四）南江黄羊的个体品质鉴定

南江黄羊的个体品质鉴定包括体型外貌、生长发育和生产性能的评定。其中体型外貌鉴主要按身体各部位的表现和重要性，规定一个满分标准，不够标准的适当扣分，最后将各项评分相加计算总分，再按外貌评分等级标准给被选个体定出等级。生长发育和生产性能鉴定主要按测定项目的量化结果，对照品种等级标准，确定个体等级，最后完成对羊只的综合鉴定。

下面以南江黄羊为例介绍其鉴定标准：

1. 体型外貌

表实-1 列出了南江黄羊的外貌评分标准。表实-2 列出了南江黄羊的外貌评分等级标准。

表实-1 南江黄羊外貌鉴定评分标准

项目		评定标准	评分	
			公	母
外貌	毛色	被毛黄褐色，富有光泽，有明显或不明显的黑色背线	14	14
	外形	体躯近似圆桶形，公羊雄壮，母羊清秀	6	6
	头	头大小适中，额宽平或平直，鼻微拱，耳长大或微垂，眼大有神，有角或无色	12	12
体躯各部	颈	公羊粗短，母羊中等，与肩结合良好	6	6
	前躯	胸部深广，肋骨开张，鬐甲高平	6	6
	中躯	背腰平直，腹部发育良好，且较紧凑	6	6
	后躯	荐宽、尻丰满、倾斜适度，母头乳房犁形，发育良好	12	12
	四肢	粗直端正，蹄质坚实，圆形	18	18
发育情况	外生殖器	发育良好，双睾对称，母羊外阴正常	6	4
	羊体发育	肌肉充实，膘情中上	6	6
	整体结构	各部位结构匀称、紧凑、体质较结实	8	10
总计			100	100

表实-2　外貌评分等级标准

性　别	特　级	一　级	二　级	三　级
公　羊	95	85	80	75
母　羊	95	85	70	60

2. 生长发育评定

生长发育评定分 2 月龄、6 月龄、12 月龄和成年四个阶段进行。表实-3 列出了一级羊最低的体重、体尺标准。

表实-3　一级羊最低评分标准

年　龄	体重/kg		体长/cm		体高/cm		胸围/cm	
	公	母	公	母	公	母	公	母
2 月龄	11	10	46	46	45	44	51	50
6 月龄	25	20	56	53	55	51	64	59
周　岁	35	28	63	60	61	57	72	67
成　年	62	42	77	68	72	65	90	79

特级：2 月龄、6 月龄、12 月龄公羊体重占成年公羊体重的 20%、40%、60% 以上，母羊体重占 30%、50%、70% 以上，以及公、母羊体重均高于一级 15% 以上，公、母羊体尺分别占成年羊的 65%、75% 和 85%，并且公羊高于一级 8%，母羊高于 5% 以上者为特级。

一级：符合表实-3 评分标准者。

二级：体重分别低于一级 8%～10%，体尺分别相应低于一级 3%～5% 之内者。

三级：体重分别相应低于一级 8%～10%，体尺分别相应低于一级 3%～5% 以上者。

3. 生产性能评定

母羊繁殖成绩评定标准见表实-4。

表实-4　繁殖性能评分标准

性　别	特　级	一　级	二　级	三　级
年产胎数	2.0	1.8	1.5	1.2 以上
胎产羔数	2.5	2.0	1.5	1.2 以上

对于公羊连续两个繁殖季节配种 30 只经产可繁母羊，以母羊产羔率达 220% 为特级，200% 为一级，180% 为二级，150% 为三级。后备公、母羊的繁殖性能由系谱审查，参考同胞旁系资料评定。

【实训报告】

写出鉴定羊只个体品质的综合鉴定结果，确定个体等级。

实训二　母羊的发情鉴定

【目的要求】

通过实训，使学生掌握羊的发情鉴定技术。通过外部观察法，判断母羊的发情阶段；通过试情法，判断母羊的发情阶段。

【材料用具】

母羊（含发情与未发情的母羊）若干头、试情公羊、试情布；消毒液、开膣器、光源。

【操作方法】

（1）采用外部观察法观察发情母羊的精神、行为和生殖道变化。将若干头母羊放于运动场内，让其自由活动，注意观察其爬跨行为、精神状态、外阴部变化。

（2）将发情母羊、未发情母羊的外阴部清洗干净并消毒，用开膣器打开母羊阴道，观察发情母羊、未发情母羊的阴道黏膜色泽、分泌物性状和子宫颈口开张程度的变化。

（3）将试情布系在试情公羊的腹部，把试情公羊与发情母羊放到一起，观察发情母羊的表现；然后把试情公羊与未发情母羊放到一起，观察未发情母羊的表现。

（4）边观察边做记录，分析母羊表现，判断发情阶段。

（5）将观察到得发情现象和鉴定结果填于下表实-5。

表实-5　母羊发情鉴定观察结果记录

母羊号	症状表现			鉴定结果
	爬跨行为表现	外阴部变化	精神状态变化	

【实训报告】

描述采用外部观察法、阴道检查法分别观察到的母羊的发情征状的异同点。

实训三 羊精液品质检验

【目的要求】

检查精液的活力、密度和畸形率。

【材料用具】

精液、显微镜、载玻片、盖玻片、计数板、小试管、吸管、玻璃棒、3%氯化钠、蓝墨水、0.5% 的龙胆紫酒精溶液。

【操作方法】

1. 精液活力检查

（1）用已经消毒的玻璃棒取出精液一滴，滴在干净的载玻片上，盖上盖玻片。

（2）将有精液的载玻片放在显微镜下，观察呈直线前进运动的精子数量占总精子数的百分比来确定精子活率。

（3）精子活力一般分为 10 级，即从 1.0 到 0.1。

2. 精液密度检查

（1）目测法。

（2）计数法。

3. 畸形率的测定

（1）用细玻璃棒蘸取精液一滴，滴在载玻片的一端。

（2）手持另一载玻片，使两个载玻片间的夹角呈 35°，当第二个载玻片的边缘轻轻触及精液滴上时，向另一端推去，将精液均匀涂抹在载玻片上。

（3）干燥 1 ~ 2 min 后，用 0.5% 的龙胆紫酒精溶液染色 3 min，水洗，干燥。

（4）镜检，镜检时选择不同的视野，记录 500 个精子中有多少畸形精子，用公式求出畸形精子百分率。

$$畸形精子百分率 = 畸形精子总数/500 \times 100\%$$

【实训报告】

（1）写出精液检查的方法步骤。
（2）写出精子活力、密度、畸形率测定结果。

实训四 羊的人工授精

【目的要求】

通过实训，使学生掌握羊的人工授精技术。

【材料用具】

发情母羊、种公羊、假阴道、开膣器、0.1% ~ 0.2% 高锰酸钾溶液、肥皂、毛巾、瓷盆、2.9% 柠檬酸钾溶液、酒精棉球、75% 酒精、0.9% 氯化钠溶液、2% 来苏儿溶液、蒸馏水、润滑剂、精液、水浴锅、长柄镊子、吸管、小试管、输精器等。

【操作方法】

1. 假阴道的准备

按照要求进行假阴道的消毒。从活动阀门注入 55 °C 的热水，从气孔吹入 150 ~ 180 mL 空气使橡胶内胎呈“Δ”形，在假阴道前 1/3 处用玻棒涂以润滑剂。

2. 采 精

采精者蹲于母羊右后方，右手横握假阴道，假阴道进口部向下，与母羊骨盆的水平线约呈 35° ~ 40°。当公羊爬跨母羊时，迅速将阴茎导入假阴道。公羊射精后，即将假阴道竖起，有集精瓶的一面向下，然后放出空气，将集精瓶取下，并盖好瓶盖。

3. 液态精液稀释配方与配制

（1）精液低倍稀释的稀释液。在精液采出后，原精数量不够时，可作低倍稀释，用密度仪器测定，满足需要后在短时间内使用。稀释液配方可简单些，如：生理盐水；奶类稀释液，用鲜牛、羊奶，水浴 92 ~ 95 °C 消毒 15 min，冷却奶皮后即可使用。凡用于高倍稀释精液的稀释液，都可作低倍稀释用。

（2）精液高倍稀释的稀释液，不但是为了扩大精液量，且要延长精子的保存时间。

① 葡萄糖 3 g、柠檬酸钠 1.4 g、EDTA（乙二胺四乙酸二钠）0.1 g，加蒸馏水至 100 mL，溶解后水浴煮沸消毒 20 min，冷却后加青霉素 10 万单位，链霉素 0.1 g，再加 10 ~ 20 mL 卵黄，可延长精子存活时间，也可不加卵黄。

② 葡萄糖 3.1 g、乳糖 4.6 g、柠檬酸钠 1.6 g、蒸馏水 100 mL，溶解后煮沸消毒 20 min，冷却后加青霉素 10 万单位，链霉素 0.1 g。

4. 液态精液稀释

原精液活率在 0.6 以上方可用于稀释输精。

（1）精液低倍稀释。原精液量够输精时，可不必再稀释，可以直接用原精输精。不够时按需要量作 1：（2 ~ 4）倍稀释，要把稀释液加温到 30 °C，再把它缓慢加到原精液中，摇匀后即可使用。

（2）精液高倍稀释。要以精子数、输精剂量、每一剂量中含有 1 000 万个前进运动精子数，结合下午最后输精时间的精子活率，来计算出精液稀释比例，在 30 °C 下稀释（方法同前）。

5. 输　精

（1）输精时间。适时输精，对提高母羊的受胎率十分重要。山羊的发情持续时间为 24 ~ 48 h。排卵时间一般多在发情后期 30 ~ 40 h。因此，比较适宜的输精时间应在发情中期后（即发情后 12 ~ 16 h）。如以母羊外部表现来确定母羊发情的，若上午开始发情的母羊，下午与次日上午各输精 1 次；下午和傍晚开始发情的母羊，在次日上下午各输精 1 次。每天早晨 1 次试情的，可在上下午各输精 1 次。2 次输精间隔 8 ~ 10 h 为好，至少不低于 6 h。若每天早晚各 1 次试情的，其输精时间与以母羊外部表现来确定母羊发情相同。如母羊继续发情，可再行输精 1 次。

（2）母羊保定。保定人将母羊头夹紧在两腿之间，两手抓住母羊后腿，将其提到腹部，保定好不让羊动，母羊成倒立状。用温布把母羊外阴部擦干净，即待输精。

（3）输精方法。

输精前将母羊的外阴部擦净，将消毒后的开膣器插入母羊阴道，检查确无疾病、确实发情方可输精。

① 子宫颈口内输精：将经消毒后在 1% 氯化钠溶液浸涮过的开膣器装上照明灯（可自制），轻缓地插入阴道，打开阴道，小心地转动开膣器以寻找子宫颈（黏膜颜色较深处），找到后将开膣器放在适当的位置，将吸有精液的输精器通过开膣器插入子宫颈口内 0.5 ~ 1.0 cm，稍退开膣器，用大拇指轻压活塞，注入定量的精液。输入精液后，先缓慢取出输精器，后退出开膣器，按压母羊的背部，以防止精液倒流。输精器取出后，用干燥的灭菌纸擦去污染部分，工作完毕后按规定及时清洗、消毒。若还需进行下只羊输精，则把开膣器放在清水中，用布洗去粘在上面的阴道黏液和污物，擦干后再在 1% 氯化钠溶液浸涮，并用生理盐水棉球或稀释液棉球，将输精器上粘的黏液、污物自口向后擦去。

② 阴输精：将装有精液的塑料管从保存箱中取出（需多少支取多少支，余下精液仍盖好），放在室温中升温 2 ~ 3 min 后，将管子的一端封口剪开，挤 1 小滴镜检活率合格后，将剪开的一端从母羊阴门向阴道深部缓慢插入，到有阻力时停止，再剪去上端封口，精液自然流入阴道底部，拔出管子，把母羊轻轻放下，输精完毕，再进行下只母羊输精。

装在小瓶中保存的高倍稀释精液，要用输精器吸入后再输精（余下精液仍在 0 ~ 5 °C 下保存），可作子宫颈口内或阴道输精。液态精液情期受胎率在 80% 以上。有人做过试验，阴道输精的情期受胎率比子宫颈口内输精的降低不到 2%。所以说情期液态精液可以阴道输精，而且塑料管又可代替输精器，便于推广应用。冷冻精液必须进行子宫颈口内输精，否则会降低受胎率。有条件用腹腔镜子宫角内输精，能使冷冻精液受胎率提高。

（4）输精量。原精输精每只羊每次输精 0.05 ~ 0.1 mL，低倍稀释为 0.1 ~ 0.2 mL，高倍稀释为 0.2 ~ 0.5 mL，冷冻精液为 0.2 mL 以上。

（5）冷冻精液解冻。解冻好坏对解冻后活率有很大影响。采用 40 °C 水温解冻颗粒精液，先把小试管用维生素 B_{12}（每支含 0.5 mg）冲洗一下，留一点 B_{12}，并快速在 40 °C 水中摇动至 2/3 融化，取出试管继续速摇至全部融，解冻后活率较好。如若做一个泡沫塑料小盒，倒上液氮，再把冷冻精液袋放入氮液中，这样可避免未解冻的颗粒精液，因升温又入液氮降温，影响活率。

【实训报告】

写出人工授精的操作方法与步骤，提出改进意见。

实训五　羊鉴定、编号、断尾、去势和剪毛

【目的要求】

学习和初步掌握羊鉴定技术和基本方法，了解记载符号的应用；学会羊的编号、断尾、去势和剪毛等管理技术，为参加养羊业生产实践奠定基础。

【材料用具】

钢尺（15 cm）、羊毛细度标本、羊鉴定记录表、分群栏、鉴定标准、工作服、耳号钳、断尾钳、断尾铲、橡皮筋、断尾板、去势钳、手术刀、羊毛剪、电剪、消毒药、毛巾。

【操作方法】

（一）羊鉴定技术及步骤

1. 鉴定内容及时间

羊鉴定可分为初生、断奶、周岁及成年鉴定。其中最基本的鉴定在1.0～1.5岁春季剪毛以前进行。

（1）初生鉴定：羔羊一般在生后2 h内称重，3 d内按活重、被毛品质（被毛中有无浮现粗毛及其含量多少）、毛色、体格发育情况分为优、中、劣三等。

（2）断奶鉴定：在羔羊生后4个月龄左右进行，根据断奶体重、体格、被毛同质状况、毛色等分为优、中、劣三级。

（3）周岁鉴定：在1.0～1.5岁春季剪毛以前进行鉴定。根据类型表现、整体结构、羊毛的综合品质进行鉴定，分为特级、1级、2级、3级、等外。

（4）成年鉴定又叫复查鉴定，被列为特、一级的种公羊及优良母羊在第二年剪毛前再复查一次。

2. 鉴定方式

（1）个体鉴定：要求细致，并作个体鉴定记录。通常只对种公羊、育成公羊和特、一级母羊进行个体鉴定。

（2）等级鉴定：也是逐头进行，按每只羊的综合评定，作上等级标记，不作个体详细记录。

3. 鉴定前的准备

（1）熟悉羊鉴定标准：组织参加鉴定人员学习、讨论和研究。

（2）统一鉴定认识：选择具有代表性的羊只，共同进行鉴定，达到认识一致，做法一致。

（3）鉴定用的物资准备：鉴定表、钢尺、羊毛细度标本、羊毛剪和补耳号工具等。

（4）鉴定场地：在羊圈、运动场和牧地均可。为了便于观察，可在出口通道的两侧挖坑 50 × 50 × 50 cm^3，鉴定员站在坑里；也可做木制的鉴定台，高 40 ~ 50 cm、宽 60 ~ 70 cm、长 100 ~ 120 cm，两端用板相搭。

（5）鉴定小组：一般只需 4 人，分别是鉴定员、记录员、保定员和抓羊人。

4. 鉴定项目及其记载符号

（1）品种：用品种名称第一个字来表示。

（2）头毛着生情况：

T：头毛着生到两眼连线；

T +：头毛过多；

T –：头毛过少或发育不充分。

（3）颈部皱褶类型：

L：颈部皱褶符合品种理想要求，颈部皱褶数可标记 L1.0、L1.5、L2.0 等；

L +：颈部皱褶过多；

L –：颈部皱褶过少或发育不充分。

（4）毛长：在肩胛骨后缘一掌处与体侧中线交点稍上方，将羊毛分开，沿着毛丛生长方向测量自然长度，保留 0.5 cm（去掉毛嘴）。

（5）羊毛密度：主要根据手感密厚程度和被毛缝隙的宽窄区分密度。

M：密度符合要求；

M +：密度大；

M –：密度小。

（6）羊毛细度：参照羊毛细度标本和实践经验来评定，单位用支数来表示。

（7）羊毛弯曲

W：弯曲符合理想要求；

W –：弯曲不明显；

W +：弯曲明显，弯曲弧度深。

（8）油汗：

H：油汗适量；

H +：油汗过多；

H –：油汗过少。

（9）细度的匀度：根据体侧和股部毛丛细度的品质支数差异来评定。

Y：被毛均匀。体侧和股部纤维细度的差别不超过一个细度等级。毛丛内，毛纤维均匀度良好。

Y –：被毛不均匀。体侧和股部毛纤维细度差别在两个或两个等级以上。

在同一符号上方表示毛丛中纤维的均匀度。

Ŷ：体侧及后躯毛丛内纤维直径不够均匀，毛丛中存在少量的浮现粗绒毛。

（10）体格大小：根据年龄、性别、饲养管理情况进行比较评定。

5：体格较大；

4：达到本品种最低理想型要求；

3：体格中等；

2：体格过小。

（11）外形外貌：见实训一。

（12）腹毛：腹毛着生情况在总评中间的圆圈上作下列标记。

O：腹毛符合品种标准要求；

Ô：腹毛着生不良。

有环状弯曲时可在圈内作记号。

－：有少量环状弯曲；

｜：有较大面积的环状弯曲；

×：环状弯曲严重。

（13）初评。

OOOOO：综合品质好，有个别优点突出；

OOOO：符合理想型要求；

OOO：生产性能和外形均属中等；

OO：综合品质很差，有重要缺点。

（14）剪毛量、体重：统计剪毛量和剪毛扣 1～2 d 羊的空腹体重。

（二）羊的编号

为了选种、选配和科学的饲养管理，羔羊需要编号。羔羊出生后 2～3 d，结合初生鉴定，即可进行个体编号。

（1）耳标法：耳标是固定在羊耳上的标牌。制作耳标的材料有铝片和塑料。根据耳标的形状分为圆形和长方形两种。习惯编号的方法是第一个字母表示出生年号，其后为个体号。

（2）墨刺法：用特制的墨刺钳和钢字钉进行个体编号。

（3）缺口法：用缺刻钳在羊耳边缘刻缺口，进行编号。通常规定：左耳下缘刻一个缺口为 1，上缘一个缺口为 3，耳尖一个缺口为 100，耳中间一个缺口为 400；右耳下缘刻一个缺口为 10，上缘一个缺口为 30，耳尖一个缺口为 200，耳中间一个缺口为 800。

（三）羊的断尾

细毛羊、半细毛羊及其高代杂种羊，尾细且长，为了预防因拂尾沾污后躯及体侧的毛被，便利配种，应该进行断尾。羔羊在生后 7～10 d 即可断尾。

（1）热断法：用断尾钳或断尾铲进行。用一块 4～5 cm 厚的断尾板挡住羔羊的肛门、阴部和睾丸，然后用烧至淡红色的断尾钳夹住，渐渐烙断。

（2）结扎法：最简便的一种断尾方法。用弹性较好的胶筋，套在预定部位，通常在 3～4 尾椎之间。由于胶筋收缩，断绝了血液的流通，尾下部得不到营养，因此萎缩，大约经过 10 d 自行脱落。

（四）羊的去势

为了提高羊群的品质，对不做种用的公羊都应去势，以防止杂乱交配。去势后的公羊性情温顺，管理方便，容易肥育，肉质细嫩，且膻味轻。去势时间一般在羔羊生后 2 ~ 3 周内进行。

（1）手术法：又叫睾丸摘除法，在阴囊的下 1/3 处切开一口，将睾丸摘除。

（2）无血去势法：用无血去势钳在阴囊的上方透过阴囊的皮肤夹断左右精索。

（3）结扎法：将 1 周龄大的公羔睾丸挤在阴囊里，从精索部位连同阴囊用胶筋紧紧缠结，待 20 ~ 30 d 后，阴囊和睾丸干枯，便会自然脱落。

（五）剪　毛

细毛羊、半细毛羊及其高代杂种羊每年在春季，我省通常在 5 月中、下旬剪毛。

（1）手工剪毛：手剪是用一种特殊的毛剪进行的，一般每人每天剪 15 只左右。

（2）电机剪毛：可以节省人工，生产效率可为手剪的 3 ~ 4 倍。

（3）药物采毛：用环磷酰胺采毛效果较好，每千克体重口服 30 mg，效果较好。口服后 15 ~ 20 d 采毛。

【实训报告】

（1）根据鉴定结果，对照鉴定标准和本品名的要求，确定羊的等级。

（2）写出羊的鉴定方法及其记载符号。

实训六　羊毛样品采集方法

（中华人民共和国专业标准　ZBB 45005—88）

【适用范围】

本标准适用于养羊业生产、教学、科研方面，绵羊个体及群体羊毛样品的采集。

【材料用具】

剪毛前羊群，剪毛剪，毛样袋（要求不渗油、不吸水、不粘土、不粘毛），包装用品，天平（弹簧秤或台秤），铅笔，标签。

【操作方法】

1. 采毛样的头数

（1）种公羊及后备种公羊：育种场应采集全部种公羊及后备种公羊的个体毛样。在进行品种调查时应采集主要公羊的个体毛样或在代表性公羊群中随机采取 30 只以上的个体毛样。

（2）特、一级母羊：育种场应采集特一级母羊的个体毛样或在成年及育成母羊的特、一级羊群中分别随机采取 30 只以上的个体毛样，代表群体进行分析。

（3）品种调查时，应在母羊代表群中随机采取 30 只以上的个体毛样代表群体进行分析。

2. 采毛样的部位

种公羊采样主要为肩部、体侧部、股部、背部和腹部 5 个部位。母羊采样部位为体侧部。

（1）肩部：肩胛骨的中心点。

（2）体侧部：肩胛骨后缘 10 cm，体侧中线稍偏上处。

（3）股部：腰角至飞节连线的中点。

（4）背部：鬐甲至十字部的中心点。

（5）腹部：胸骨后缘至耻骨前缘连线的中部。公羊在阴囊前，母羊在乳房前一掌处腹中线的左侧或右侧。

3. 采毛样的重量

毛样采集重量应根据分析项目不同而定。

（1）每部位至少应采集 30.0 g 毛样（异质毛需 10 个毛股以上），供纤维类型、毛长、弯曲、细度及强伸度等项目的分析测试用。

（2）为测定净毛率，所采毛样应取体侧部位约 10 cm × 10 cm 的面为测定净毛率，所采毛样应取体侧部约积，毛样采集量 150.0 ~ 200.0 g，供分析测试用。

（3）制标本盒的毛样，各部位应采 30.0g。

4. 采样方法

在规定部位用剪刀贴近皮肤处剪下毛样，毛茬要求整齐。用手指捏紧样品，将其撕下，尽可能保持羊毛的长度、弯曲及毛丛的原状。测定净毛率的毛样，应在采集时称重，避免抖掉杂质，也可以在剪毛前于采样部位做记号，待剪毛完毕时，在记号处采样，同样应称重，避免抖掉杂质。

5. 采样后的毛样处理

所采毛样应用塑料袋包装，测定含脂率及制作标本的毛样应该用玻璃纸或薄膜塑料仔细包裹后再装袋。

6. 毛样的标记

每个毛样必须注明产地、场名、品种、羊号、性别、年龄、等级、采样部位、日期、毛样重量及采集人等。

毛样保存应注意通风、干燥，需较长期保留的毛样应加樟脑等，以防虫蛀。

【实训报告】

（1）写出羊毛品质分析样品的采集在养羊生产中的实际意义。

（2）叙述毛样采集的方法步骤。

实训七　羊毛纤维组织学构造观察

【目的要求】

通过羊毛纤维组织学构造的观察，使学生准确识别不同类型的羊毛纤维。

【材料用具】

显微镜、混型毛样、乙醚、黑丝绒布、培养皿、载玻片、盖玻片、镊子、直剪、烧杯（500 mL）、擦镜纸、标本针、纱布、甘油、吸水纸、浓硫酸、无水酒精。

【操作方法】

1. 洗毛样

取毛样一束，放在盛有乙醚的烧杯中，用镊子轻轻搅动，脱脂取出后放在黑丝绒布上待用。洗毛时室内要通风。

2. 显微镜的准备

用纱布将显微镜擦净，擦镜纸擦干净镜头并对好光源。

3. 鳞片层的观察

取少量洗净的混型毛样，剪成 0.5 ~ 1 cm 的小段，放在载玻片上，滴 1 滴甘油，所滴甘油不能太多，以免视野模糊（也可事先滴好）。用标本针拨散，加上盖玻片（不能产生气泡），用标本针的尾端轻轻按压，使甘油扩散，然后放在 400 ~ 600 倍显微镜下观察。

4. 皮质层观察

将剪短的数根无髓毛置于载玻片上，滴 1 滴浓硫酸，立即盖上盖玻片。静置，浓硫酸与皮质层细胞间质作用后，用镊子将盖玻片稍加力轻轻磨动，使皮质层细胞分离，将载玻片置于 400 ~ 600 倍显微镜下观察。

5. 髓质层观察

将剪短的数根有髓毛置于载玻片上，滴 1 滴蒸馏水，盖上盖玻片，然后在盖玻片的一端用吸水纸吸取蒸馏水，另一端不断滴以无水酒精，如此反复 6 ~ 8 次，置于 400 ~ 600 倍显微镜下观察，髓质层细胞清晰可见。

【实训报告】

绘图比较有髓毛、两型毛、无髓毛的组织学构造。

实训八　不同类型毛纤维的识别

【目的要求】

通过实训，使学生掌握羊毛纤维类型分析的基本方法。

【材料用具】

混型毛样、细毛、半细毛、刺毛、黑丝绒布、烧杯（500 mL）、培养皿、乙醚、二甲苯、尖头镊子、直尺。

【操作方法】

1. 洗毛样

将不同类型的毛样分开用乙醚洗，方法同实训五。

2. 比较识别

用尖头镊子依次抽取数根无髓毛、正常有髓毛、两型毛、干毛、死毛、刺毛分别放在黑丝绒布上。从毛纤维的形态、长短（量取）、粗细、弯曲形状、光泽、强度等方面仔细观察，比较不同类型毛纤维的异同点。

3. 苯液中识别

取干净的培养皿一个，内盛少量二甲苯溶液，用尖头镊子取不同类型的毛纤维分别置于苯液中，仔细观察有无髓质层。

【实训报告】

根据对不同类型毛纤维的比较、识别，将观察结果详细填入表实-6中，并作简要说明。

表实-6　不同类型羊毛纤维的特征比较

项　目	细　毛	半细毛	两型毛	正常有髓毛	绒　毛	死　毛	刺　毛
长度/cm							
粗　细							
弯　曲							
光　泽							
强　度							
苯液中表现							

实训九　羊毛细度测定方法

（中华人民共和国专业标准　ZBB 45007—88）

【适用范围】

本标准适用于养羊业中生产、教学、科研等方面羊毛细度的测定。

【材料用具】

羊毛细度标本；投影显微镜，包括光源、聚光器、物镜及放大 400 ~ 500 倍目镜、折射投影装置、载物台、垂直交叉移动的载玻片移动器、标准测微尺及放大 500 倍的楔形尺；刀片；微型切片器，能将纤维切成 0.4 mm、0.6 mm 和 0.8 mm 长的短纤维；厚度为 0.13 ~ 0.17 mm 盖玻片，以及应具备下列性质的黏性介质：

（1）20 °C 温度下折射率为 1.43 ~ 1.53；

（2）有适当的黏性；

（3）吸水率为零；

（4）对羊毛纤维组织结构无影响。

本方法适用的介质为液体石蜡及杉木油。

【操作方法】

羊毛细度测定方法分为现场目测法及实验室测定法。

（一）羊毛细度现场目测法

本法适用于细毛羊及半细毛羊鉴定及现场调查时应用。

可借助标样进行对照，以品质支数表示。测定者站在羊只左侧，在左侧体侧部，用手拨开毛丛，取下 10 ~ 20 根毛纤维，与细度标样中的毛纤维对照，再判定最近似的品质支数，作为现场羊毛细度的目测结果。

羊毛细度标样的品质支数分为级，详见羊毛部分。

（二）实验室测定法

采用显微镜投影仪测量羊毛纤维细度（即毛纤维横断面的直径或短纤维的宽度）。

1. 样品制备

（1）将毛样分成等份，从每一等份中扦取一小撮纤维，分为二等份，保留一份废去一份。将保留的一份再扦取一小撮，再分为二等份，保留一份废去一份，如此反复操作，直至所扦取的毛纤维只剩 100 根左右。将 10 份百余根纤维合并，作为供分析的毛样。

（2）毛样用乙醚洗涤两次，用吸湿滤纸将试样吸干后放于标准大气压中调湿待用。

（3）将制备调湿后的毛样一分为二，一为测试样本，一为后备样本。

（4）将测试样本用切片器在毛纤维的上 1/3 处切下 0.5 ~ 0.8 mm 长的毛段。将毛段分为 4 份，随机将对角的 2 份合并，分别放在滴有适量黏性介质的载玻片上，用镊子搅拌，注意防止产生气泡，并使纤维均匀分布在介质内，如此制成 2 个测试样。在加盖盖玻片时，先将其一端接触载玻片，然后轻轻放下另一端。注意防止混有毛纤维的介质从盖片四周溢出。

2. 纤维直径检验的程序

（1）将测试样本置于投影仪载玻片移动器上，检验开始时调好焦点，并使投影后显示的物像保持静止状态。焦点对准盖玻片的一角 *A* 处，然后将载玻片横向移动，顺序测 *B* 点、*C* 点……随后下移，使载玻片横向相反方向移动，测定 *F* 点、*G* 点、*H* 点、*I* 点……以此类推。如下图：

A→B→C→D→E
↓
J←I←H←G←F
↓
K→L→M→N→O

（2）逐点测量视野内每根纤维直径或横断面宽度，在测量时要做到：

① 焦点准确，纤维边缘应呈一明显的细线，不出现有黑色的边框。

② 用测微尺校准过的楔形尺与被检测的毛纤维边缘对照，凡纤维边缘与该段楔形尺的底边线相切时，即在该段楔形尺上划一点进行记数。

③ 视野中有多根纤维重叠交叉时，不进行测量。

（3）载玻片上的两个测样，各测 100 根，共 200 根。

（4）两个测样结果的误差超过 3% 时，则将后备样本按本标准 3、2、1 再次制成测试毛样，再测 100 根，选其中两个接近值加以统计。

3. 计算结果与表达

按楔形尺上的组别，记取各段（组）出现的次数。

【实训报告】

按生物统计方法算出毛样的平均数、标准差、变异系数并绘出细度频率曲线图。

实训十　羊毛长度测定方法

（中华人民共和国专业标准　ZBB 45008—88）

【适用范围】

本标准适用于养羊业中生产、教学、科研等方面羊毛长度的测定。

【材料用具】

实习用羊、15 cm 钢尺。

【操作方法】

羊毛长度测定分为现场测定法及实验室测定法。

（一）现场测定法

羊调查、个体鉴定时借助钢尺测定羊毛生长 12 个月的自然毛长。

1. 测定部位

种公羊及特一级公羊必须测定肩部、体侧部、股部、背部、腹部 5 个部位。母羊一般只测左侧鉴定部位。

2. 测定程序

（1）测定细毛羊、半细毛羊、细毛羊半细毛羊的高代杂种时，可在测定部位一手轻按毛丛，另一手将毛丛分开，然后测定未被拨乱的毛丛长度。钢尺必须与毛丛生长方向平行并紧贴毛根。

（2）细毛半细毛除上述方法测定外，还应测定在自然环境中羊毛的伸长度，即轻拉毛股，使其弯曲消失时所测得的长度。

（3）异质毛应测量毛股长度（粗毛长度）及绒毛层高度。

（4）准确度以 0.5 cm 为单位，采用三进二舍制，并将结果填入表实-7。

表实-7　现场测量羊毛长度统计表　　单位：cm

羊的类型与号码	自然长度					伸直长度					粗毛羊绒层高度	备　注
	体侧	肩部	背部	股部	腹部	体侧	肩部	背部	股部	腹部		

（二）实验室测定法

1. 实训准备

将待分析的毛样分做试验、对照、备用 3 个样品，每个样品约 0.5 g。

2. 测定程序

（1）将毛样置于黑丝绒布上，用钢尺测量并记录其自然长度。

（2）测定羊毛的伸直长度，置毛样于黑丝绒布上，左手指用载玻片轻压在毛样的上方，载玻片一端应与毛样一端对齐，测尺与样品平行，随后用镊子随机抽拉毛样，直至纤维弯曲消失时，记录此时的长度，即为毛纤维的伸直长度。

（3）同质毛应从样品两端各抽 100 根，共测 200 根。准确度为 0.5 cm，采用三进二舍制。

（4）异质毛应按纤维类型分别抽测 200 根。

（5）按上述规定程序测定试验及对照两个样本，误差在 5% 以内，即可将测试之和计算结果。如超过 5% 则分析备用样品，随后选用两接近样本，将测试数据之和计算结果。

【实训报告】

计算结果填于表实-8 中。

表实-8　测量羊毛长度结果统计表

羊的类别	号码	毛纤维类型	自然长度	平均伸直长度	伸直长度分布（组距为 0.5 cm）										

计算方法按 ZBB 45007—88《羊毛细度测定方法》的计算程序，其结果用长度（cm）表示。

实训十一 羊毛密度评定

【目的要求】

掌握羊毛密度测定的基本方法。

【材料用具】

实训用羊。

【操作方法】

羊毛密度评定有感官评定和实验室评定。在此重点介绍感官评定。

（1）保定羊只：保定人员站在羊的一侧，一手轻托羊只的下颌部，另一手轻扶羊只的尾部。

（2）测定者站在羊只的另一侧，用两手轻轻分开体侧部被毛，顺毛丛方向观察裸露的皮肤缝隙的宽窄。皮缝越窄，羊毛密度越大；皮缝越宽，则羊毛密度越小。

（3）用两手触摸股部、体侧部、肩胛部毛被，感觉其厚实和松软程度，若感觉厚实，密度较大。若感觉松软，则密度较小。

这种评定方法要求熟悉羊只皮肤皱褶，观察好被毛油汗的多少、羊毛的长度、被毛污染的程度及羊站立姿势等。不能在雨天评定，否则均会影响准确性。

实验室评定可用羊毛密度钳、皮肤切片法进行。

【实训报告】

写出被测羊羊毛的密度情况及评定时需注意的问题。

实训十二　羊毛净毛率测定方法

（中华人民共和国专业标准 ZBB 45009—88）

【适用范围】

本标准适用于养羊业中个体或群体的羊毛净毛率的测定，也可供羊毛流通过程中净毛率测定时参考。

【材料用具】

毛样、洗毛槽（盆）、洗毛液、八篮烘箱、天平。

【方法步骤】

（一）采样方法

1. 个体净毛率样本的采集

在羊的左侧体侧部采集 10 cm × 10 cm 范围生长一年的毛样，不得抖掉沙土杂质，同时记录其重量。

2. 群体净毛率样本的采集

群体净毛率样本的采集方法有两种：

（1）毛包采样：剪毛后羊毛在打包时，在每 3 个毛包中采集其中 1 个毛包的样本。具体采样步骤如下：

① 在毛包上、下、左、右角及中央共 9 个部位，随机抽取羊毛共 800.0 ~ 900.0 g；

② 均匀混合后等分为 4 份，掉下的沙土杂质也分为 4 等份；

③ 将毛样分别装入毛样袋中；

④ 现场进行称重、记录，并标记出基本样、对照样及后备样（1、2）共 4 个样本。

（2）钻孔取样：用直径 25 mm 钻孔采样器，按羊毛打包时压缩垂直方向钻孔，每包钻 1 孔（或每 3 包取 1 包，在该包两侧各钻 1 孔或 2 孔，共 3 孔）。

钻孔器取出后要立即装袋并扎紧，待钻孔器采样够一个样本重量（150.0 ~ 200.0 g）时，立即称重记录。

（二）毛样标记

所采个体或群体毛样，必须注明产地、场名、羊的类别、等级、毛包号、重量（准确度为0.01 g）、采集日期、采集人。

（三）净毛率测定程序

1. 毛样重量

毛样重量以现场称重为准。

2. 松毛和抖土

松毛和抖土使用开毛机或用手撕松毛样，抖去沙土和除去草屑。注意不丢失毛纤维。

3. 洗　毛

选用碱性或中性洗毛液，并按下列程序洗毛。

（1）碱性洗毛液：见表实-9。

表实-9　碱性洗毛液 浓度、温度、洗涤时间表

水槽号	洗衣粉/（g/L）	碱/（g/L）	洗涤时间/min	温度/°C
1（清水）	0	0	3	40～45
2	3	3	3	45～50
3	3	4	3	50
4	3	3	3	45～50
5	2	2	3	45～50
6（清水）	0	0	3	40～45
7（清水）	0	0	3	40～45

（2）中性洗毛液：见表实-10。

表实-10　中性洗毛液浓度、温度、洗涤时间表

水槽号	LS 净洗剂/%	元明粉/%	洗液剂量/L	洗涤时间/min	温度/°C
1	0	0	15	3	40～45
2	0.1	0.5	15	3	50～55
3	0.05	0.3	15	3	50～55
4	0	0	15	2	40～45
5	0	0	15	2	40～45

4. 洗毛方法

将撕松、抖土后的毛样放入毛筐内，在第一槽中轻轻摆动，达到洗涤时间后，取出挤干，放入下一槽内洗涤。经各槽洗后取出压净水分的毛样，放入八篮烘箱内进行烘干。

用压力洗毛器洗毛时，一般为 2 ~ 3 min，正反各 30 转。

5. 用烘干法测定净毛率

（1）烘毛：毛样在八篮烘箱中，温度为 100 ~ 105 °C 进行烘干，2 h 后第一次称重，40 min 后进行第二次称重，两次称重误差不超过 0.01 g，即可作为该毛样的绝干重。误差超过 0.01 g 时，每隔 20 min 重复称一次，直至两次重量不超过 0.01 g 为止，即为其绝干重。

（2）净毛率的计算：

$$\text{净毛率}=\frac{\text{净毛绝干重(g)}\times(1+\text{标准回潮率})}{\text{原毛量(g)}}\times 100\%$$

注：标准回潮率按细羊毛 17%，半细羊毛 16%，异质毛 15%。

【实训报告】

写出净毛率测试报告并表示出分析日期、毛样的产地、场名、羊的类别、等级、毛包号（或个体羊号）、洗毛采用碱性或中性洗液及测定仪器的型号。

实训十三　羔皮、裘皮的识别及品质鉴定

【目的要求】

掌握羔皮、裘皮的识别及品质鉴定

【材料用具】

羔皮、裘皮样品，直尺。

【操作方法】

1. 羔皮、裘皮的识别

将毛皮一一摊开进行比较并识别。羔皮毛稀而短，皮板薄而轻，花卷结实，花案美观，皮板面积小。而裘皮毛股较长，皮板较厚而结实，底绒多，且皮板面积较大。

2. 羔皮的品质鉴定

羔皮品质评定主要从花案卷曲、毛绒空足、颜色和光泽、皮板质地、完整程度、皮板面积等几方面进行。

3. 裘皮的品质鉴定

裘皮品质评定是从毛色、皮板轻而致密、面积和伤残、花穗及光泽、保暖、擀毡性这几方面进行。

量皮部位：正身长度由前肩至尾根，宽度在两膁直线以内。量皮方法：以颈部中间至尾根，选腰间适当部位，长宽相乘求面积，见图实-2。

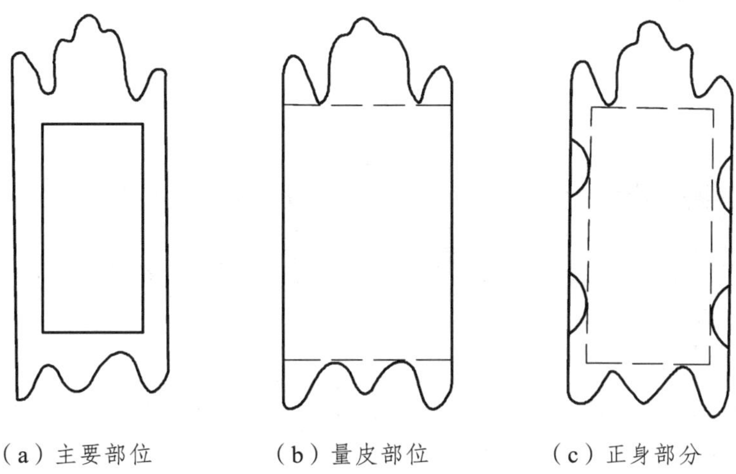

图实-2　量皮部位及方法

4. 注意事项

观察毛皮的同时，用手触摸，并不时把毛皮抖几下，使毛绒松散，便于感觉。鉴定时不能撕扯皮板或破坏毛卷。

【实训报告】

将鉴定结果填入表实-11。

表实-11　各种毛皮品质鉴定结果表

项　目	湖羊羔皮	黑紫羔皮	滩羊二毛皮	老羊皮	猾子皮	沙毛皮
花卷类型						
皮板厚薄						
皮板柔软性						
颜　色						
毛的色泽						
毛束的长度						
毛束底绒的多少						
皮张面积大小						

实训十四　羊的年龄鉴定

【目的要求】

通过观察羊的牙齿生长和磨损情况，按照羊门齿和角轮变化规律、外貌等掌握羊年龄鉴定的基本方法和要领。

【材料用具】

供鉴定用羊若干只，牙齿模型，牙齿标本。

【操作方法】

（1）观察羊头部、被毛、体躯等状况，判断羊的年龄。

（2）观测羊两角长度、角质及角轮变化情况，按照判定标准鉴定羊的年龄。

（3）将被鉴定羊保定好，鉴定者仔细观察乳齿生长及更换永久齿的情况，进行年龄判断。

鉴定年龄时，将羊只保定。羊的牙齿更换时间及磨损程度受品种、个体与所采食饲料的种类等很多因素的影响，鉴定时应加以考虑。

通过羊门齿的更换和磨损情况可判断其年龄，见图实-3。1岁前，羊的门齿为乳齿，永久齿

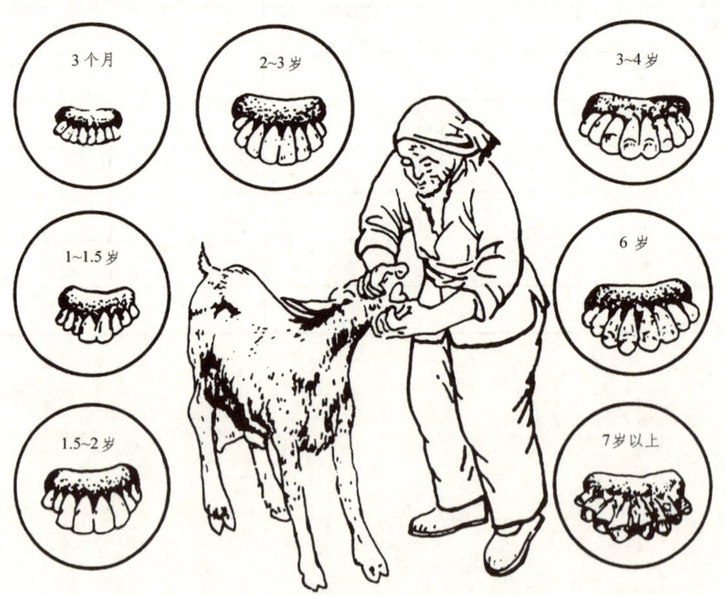

图实-3　羊的年龄鉴别示意图

没有长出。1～1.5 岁时，乳齿开始脱落，长出两枚永久齿，称为“对牙”。2～2.5 岁时，内中间乳齿脱落，换成永久齿，并充分发育称为“四牙”。3～3.5 岁时，外中间乳齿脱落，换成永久齿，称为“六牙”。4～4.5 岁时，乳隅齿脱落，换成永久齿，这时全部门齿都已更换整齐，称为“齐口”。5 岁时，牙齿磨损，牙上部由尖变平。6 岁时，齿龈凹陷，有的牙齿开始松动。7 岁时，齿与牙齿之间出现大的空隙，门齿变短。至 8 岁时，牙齿有脱落现象。

（4）最后将三项判定羊的年龄结果与育种卡片中记载的实际年龄进行核对，分析其误差原因。

【实训报告】

写出鉴定羊只的乳门齿、永久齿磨损情况并鉴定羊的年龄。

将鉴定结果及误差原因填入表实-12。

表实-12　羊年龄鉴定报告单

场别：　　　　　　　　　　　鉴定员：　　　　　　　　　　　时间：

羊号	品种	性别	羊门齿的更换及磨蚀情况	角轮情况	外貌评分	鉴定年龄	实际年龄	误差原因

实训十五　羊的体尺测量

【目的要求】

通过实训，达到初步熟悉羊的体尺部位并会正确测量的目的。

【材料用具】

羊用测杖、卷尺、圆形测量器、供测南江黄羊羊若干只、记录本。

（1）选平坦处将羊保定，使羊站立的姿势端正。

（2）根据不同项目分别用卷尺、测杖、圆形测量器逐一测量羊的体尺。测量时由一人记录，部位要准确，读数要精确，卷尺不能拉得太紧或放得太松，以免影响准确性。测定项目与部位如下：

① 头长：由顶骨的突起部到鼻镜上缘的直线距离。

② 额宽：两眼外突起之间的直线距离。

③ 体高：由鬐甲最高点到地面的垂直距离。

④ 体长：由肩胛骨前端到坐骨结节后端的直线距离。

⑤ 胸宽：左右肩胛中心点的距离。

⑥ 胸深：由鬐甲高点到胸骨底面的距离。

⑦ 胸围：在肩胛骨后端，绕胸一周的长度。

⑧ 尻高：荐骨最高点到地面的垂直距离。

⑨ 尻长：由髋骨突到坐骨结节的距离。

⑩ 腰角宽（十字部宽）：两髋骨突间的直线距离。

⑪ 管围：管骨上 1/3 的圆周长度（一般以左腿上 1/3 处为准）。

⑫ 肢高：由肘端到地面的垂直距离。

⑬ 尾长：由尾根到尾端的距离。

⑭ 尾宽：尾幅最宽部位的直线距离。

【实训报告】

写出体尺测量结果并注明羊品种、性别和年龄。

填写完成体尺测量统计表（表实-13），并对体重实测值与估测值进行分析。

表实-13　体尺测量统计表（cm）

羊号	品种	性别	头长	额宽	体高	体长	胸宽	胸深	胸围	尻高	尻长	腰角宽	管围	肢高	尾长	尾宽	备注

实训十六　羊体况评分

【目的要求】

通过实际操作，了解羊体况评分的重要性，掌握体况评分技能。

【材料用具】

不同体况（膘情）的羊若干头，记录本。

【操作方法】

评定时将羊拴系于羊床时进行。羊体况评分主要依据目测和触摸羊的腰椎部的肌肉丰满程度和脂肪覆盖程度，结合腹部凹陷和被毛光亮程度等整体印象按照羊体况评分标准进行评分。

① 用拇指和食指横按后躯，评定肌肉和脂肪层的丰满程度；② 用食指尖按后躯中央最后一根肋骨和腰角方棘突的突起情况；③ 五指并拢，触摸兼横突端的突起情况。如图实-4。

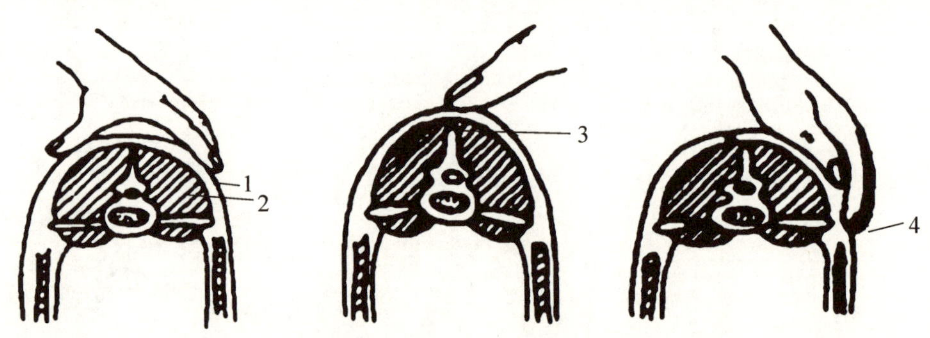

图实-4　体况评分操作过程

1—脂肪；2—肌肉；3—棘突；4—横突

评分时，除上述文字描述外，仍须结合棘突、横突等按摸状况综合评定，体况评分还可与各地各品种的南江黄羊体重标准相配合，以准确判定南江黄羊的体况（图实-5）。

评　分	示意图	脂肪分布	外　观
1		无脂肪	瘦
2		无脂肪	
3		有少量脂肪	正常
4		有较多脂肪	肥
5		脂肪层厚， 尾部脂肪多	

图实-5　体况 1～5 分评分的羊外观

将各部位的实际表现填于表实-14，并据此进行综合评分。采用 5 分制评分，即：1 分—差；2 分—中等；3 分—良好；4 分—肥；5 分—过肥。

【实训报告】

填写完成羊体况评分表（表实-14），并作出羊营养状况评分。

表实-14　羊体况评分表

场别：　　　　　　　　　　　　　　　　鉴定日期：

羊号	品种	年龄	胎次	背椎与腰椎	腰角与臀角	尾根	整体	评分

实训十七　羊肉品质评定

【目的要求】

通过对南江黄羊的屠宰和胴体剖分，掌握南江黄羊胴体性状和羊肉品质评定的方法和技术要领。

【材料用具】

健康南江黄羊若干只，砍刀、解剖刀、钢尺、台秤或杆秤、电炉、锅、硫酸纸、绳索等。

【操作方法】

1. 宰前准备

实验羊只宰前停食 16 ~ 24 h，停水 3 h，鉴定年龄、性别并称重。

2. 屠　宰

（1）进行羊只的放血、用拳击法剥下羊皮。

（2）用砍刀从枕关节和第一颈椎处去头，从前肢桡骨以下、后肢胫骨以下去蹄。

（3）尖刀沿腹中线开膛，保留肾脏和肾脂，其余内脏出膛。胴体静置 30 ~ 40 min 后称重。按照屠宰记录的要求，将各称重项目分别填入“屠宰记录登记表。

3. 胴体剖分

将胴体沿脊中线劈成左右对等的两半，再按胴体切块将胴体分成八大块（两片胴体共 16 块）。

4. 羊肉品质评定

（1）肉色。

（2）嫩度。

（3）熟肉率。

【实训报告】

结合屠宰羊的肉用性状和测定的技术要领，写出供试羊只的羊肉品质评定结果。

实验十八　炭疽的实验室诊断

【目的要求】

初步掌握炭疽细菌学检验的基本方法和炭疽环状沉淀试验的操作方法。

【材料用具】

镊子、剪刀、手术刀、载玻片、显微镜（带油镜头）、擦镜纸、香柏油、二甲苯、接种环、研钵、小号铝锅、沉淀反应管、毛细吸管、中试管、玻璃漏斗、滤纸、漏斗架、革兰氏染色液、碱性美蓝染色液、肉汤培养基、普通琼脂培养基、鲜血琼脂培养基、炭疽沉淀素血清、被检材料、酒精灯、5% 碘酊等。

【操作方法】

（一）涂片镜检

取新鲜病料制成涂片，用美蓝染色法及革兰氏染色法染色，镜检。若为炭疽，则可见到两端平截的粗大杆菌，有的单个存在，有的三五成链呈竹节状排列。用革兰氏染色的镜下菌体呈蓝紫色，而用美蓝染色液染色的镜下菌体呈蓝色，周围常有粉红色的荚膜。这两种染色法一般都能看到芽孢。

由于炭疽病菌在羊临死前 4～20 h 才出现于血液中，而且菌数很少，所以在检查病羊生前的血液标本时，常不容易检出细菌，最急性型死亡的病羊血液涂片往往细菌也很少，不易检出。因此，必须结合临床症状等进行诊断。水肿液和脾脏中检出细菌的机会较多。在死亡时间较长的尸体材料中，有时可见到菌体已经消失，只剩下荚膜，即所谓的“菌影”。

（二）分离培养

无菌采取濒死期或刚死亡羊的病料，分别接种于普通肉汤培养基、普通琼脂平板培养基和鲜血琼脂平板培养基上，置 37 °C 温箱中 18～24 h，观察结果。

炭疽杆菌能使肉汤变澄清，试管底部有絮状沉淀物，轻轻摇动试管，絮状沉淀物上浮，静置则下沉；炭疽杆菌在普通琼脂平板上形成灰白色、不透明、扁平、表面粗糙、边缘不整齐的菌落，置于放大镜或低倍显微镜下观察，可见其边缘呈卷发样；炭疽杆菌在鲜血琼脂上不溶血。

（三）环状沉淀试验（Ascoli 氏试验）

1. 沉淀原的制备

（1）冷浸出法：取干燥的毛、皮，置高压蒸汽灭菌器中灭菌 60 min，冷却后，将皮、毛剪成小块，加入 5 ~ 10 倍的 0.3% 石炭酸生理盐水，于室温下浸泡 16 ~ 20 h，用石棉或滤纸过滤后的透明液即沉淀原。

（2）热浸出法：取血液或实质器官 1 g 在研钵内研碎，加入生理盐水混合后，移至试管内，置于水浴锅中煮沸，取出冷却后，用石棉或滤纸过滤后的透明液即沉淀原。

2. 操作方法及结果判定

用毛细吸管吸取炭疽沉淀素血清注入反应管底，加至试管的 1/3 处，然后用另一毛细吸管吸取沉淀原，沿管壁缓慢加入，使之层叠于沉淀素血清之上，达到管的 2/3 处（在加入的液体中不能有气泡出现），随即将沉淀反应管插于沙盒中直立静置 2 ~ 5 min，观察反应结果。若在两液面的交界处出现清晰、致密的白色环状沉淀线则判为阳性；模糊不清的白色沉淀线判为可疑，应重做；无白色环状沉淀线的判为阴性。

【实训报告】

写出炭疽实验室常用的诊断方法和结果判定。

实验十九　羊布鲁氏菌病的检疫

【目的要求】

初步掌握羊布鲁氏菌的试管凝集试验、平板凝集试验、虎红平板凝集试验和变态反应的操作方法及结果判定。

【材料用具】

采血针头、皮内注射器、皮内注射针头、灭菌试管、布鲁氏菌试管凝集抗原、平板凝集抗原、虎红平板凝集抗原、布鲁氏菌水解素、布鲁氏菌标准阳性及阴性血清、5% 碘酊棉球、75% 酒精棉球、消毒液、试管、试管架、玻璃板、各种吸管、酒精灯，0.5% 石炭酸生理盐水、玻璃笔、牙签或火柴等。

【操作方法】

被检血清的采取：羊颈静脉无菌操作采血 7 ~ 10 mL，盛于灭菌的试管内，立即摆成斜面，凝固后将试管置于室温下或 37 °C 的温箱中，待血清析出后，用吸管将血清吸于另一灭菌的小瓶中，标明血清号及动物号。

1. 试管凝集试验

取洁净的小试管 7 支，置于试管架上，标明血清号及试管号，按表实-15 进行加样。

表实-15　布鲁氏菌试管凝集试验加样表（mL）

试管号	1	2	3	4	5	6	7
稀释倍数	1∶25	1∶50	1∶100	1∶200	对照试验		
					阳性对照	阴性对照	抗原对照
生理盐水 被检血清	2.3 0.2 弃 1.5	0.5 0.5	0.5 0.5	0.5 0.5 弃 0.5	阳性血清 1∶25 0.5	阴性血清 1∶25 0.5	0.5
抗　原	0.5	0.5	0.5	0.5	0.5	0.5	0.5

加样完成并充分振荡后，置 37 °C 温箱中 4 ~ 10 h，取出后置室温下 18 ~ 24 h，观察判定结果。

记录反应：100% 的抗原凝集于试管底部，液体完全透明，以 + + + + 表示；75% 的抗原凝集于试管底部，液体稍混浊，以 + + + 表示；50% 的抗原凝集于试管底部，液体呈半透明，以 + + 表示；25% 的抗原凝集于试管底部，液体混浊，以 + 表示；无抗原凝集于试管底部，液体不透明，以 – 表示。

凝集价的确定：能使 50% 及 50% 以上抗原发生凝集的被检血清的最高稀释倍数，即为该份血清的凝集价。

结果判定：凝集价在 1∶50 以上为阳性，记录为 + 号；1∶25 为可疑，记录为 ± 号。可疑反应羊，过半个月后重检。重检如仍为可疑，可依据羊群具体情况判定，即羊群中如有其他阳性病羊则该可疑羊判为阳性，否则，则判为阴性，记录为 – 号。

2. 平板凝集试验

取洁净的玻璃板在其上用玻璃笔画成 4 cm^2 方格 7 个，按表实-16 进行操作。

表实-16　羊布鲁氏菌病平板凝集试验加样表（mL）

玻璃板方格号	1	2	3	4	5	6	7
被检血清稀释倍数	1∶25	1∶50	1∶100	1∶200	抗原对照	阳性对照	阴性对照
被检血清	0.08	0.04	0.02	0.01	生理盐水 0.03	阳性血清 1∶25 0.03	阴性血清 1∶25 0.03
布鲁氏菌平板凝集抗原	0.03	0.03	0.03	0.03	0.03	0.03	0.03

添加完备后，分别用一根牙签或火柴梗搅拌混匀每一方格的液体（也可用一根牙签或火柴梗由第四方格向第一方格搅拌混匀），5 ~ 8 min 后，观察判定结果。

记录反应：100% 的抗原被凝集，出现大的凝集片，液体完全透明，以 + + + + 表示；75% 的抗原被凝集，有明显的凝集片，液体几乎完全透明，以表 + + + 表示；50% 的抗原被凝集，有可见的凝集块，液体不甚透明，以 + + 表示；25% 的抗原被凝集，只有少量的凝集颗粒，液体混浊，以 + 表示；无抗原凝集，液体混浊，以 – 表示。

凝集价的确定及结果判定同试管凝集试验。

3. 虎红平板凝集试验

取洁净的玻璃板在其上先加被检血清 0.03 mL，再加布鲁氏菌虎红平板凝集抗原 0.03 mL，用牙签或火柴梗搅拌混匀，3 ~ 5 min 后，观察判定结果。混合液中出现凝集片或凝集颗粒者判为阳性，记录为十号；未出现凝集片或凝集颗粒者判为阴性，记录为 – 号。

4. 变态反应试验

在羊的尾下皱襞或肘关节无毛处，先用酒精棉球消毒，然后用注射器皮内注入布鲁氏菌水解素 0.2 mL，注射后 24 h 和 48 h 进行两次检查（肉眼观察或触诊检查），若两次检查反应不符时，以反应最强的一次为判定的依据。

结果判定：注射部位水肿明显，判为阳性，记录为 + 号；注射部位水肿不明显，只有与对侧触诊比较才能发现者，判为可疑，记录为 ± 号；注射部位无任何反应，或仅出现一个小硬结者，判为阴性，记录为 – 号。

可疑反应羊经 30 d 后复检，如无反应则判为阴性羊，如仍为可疑者则判为阳性羊。

【实训报告】

写出羊布鲁氏菌病常用的诊断方法和结果判定，并评价各种方法的优缺点。

实验二十　羊魏氏梭菌肠毒素的分离与鉴定

【目的要求】

初步掌握羊魏氏梭菌肠毒素的分离和鉴定技术。

【材料用具】

病料采取的器材和容器，魏氏梭菌 B、C、D 三型抗毒素血清，生理盐水，电动离心机，真空抽气机，赛氏滤器及石棉滤板或玻璃漏斗及滤纸，蓝心玻璃注射器（容量 1mL）4 ~ 41/2 号针头，实验动物（小鼠或家兔）。

【操作方法】

1. 病料的采取

主要采取病羊有严重炎症的回肠一段（7 ~ 10 mL 长），两端结扎以保留肠内容物。由于本病可能与炭疽、快疫、黑疫等混淆，同时也要取肝和脾做细菌学检查。

2. 毒素检查

取病死羊回肠内容物 50 ~ 100 mL，用生理盐水作 2 ~ 4 倍的稀释（若内容物稀薄时可不稀释），充分混合后以 3 000 r/min 速度离心 5 min，取上清液，用赛氏滤器过滤。亦可用滤纸反复过滤，直至滤液澄清时为止。然后取滤液给家兔耳静脉注射 2 ~ 4 mL 或小鼠尾静脉注射 0.2 ~ 0.5 mL，用来检查其中有无肠毒素存在。如肠毒素含量高，则动物于注射后立即死亡或在 10 min 内死亡；如肠毒素含量低，动物也可能于注射后 0.5 ~ 1 h 卧下，呈轻微昏迷，呼吸增快，经 1 h 可能恢复。正常绵羊肠内容物滤液注射后不引起反应。

3. 中和试验

上述方法仅能测知有无肠毒素存在，进一步测定毒素的所属菌型，还须用魏氏梭菌定型血清（抗毒素）作中和试验加以鉴定。

（1）先测定肠内容物中毒素的最小致死量。即将肠内容物作倍比稀释后，将各稀释度的肠内容物分别给小鼠静脉注射，根据小鼠的死亡情况，测定其最小致死量，然后将肠毒素稀释成每毫升含 20 个最小致死量的溶液。

（2）取灭菌试管 4 支（编为 1、2、3、4 号），每管装入上述毒素溶液，再分别在 1、2、3 号管内依次加入与毒素等量的 B、C、D 型抗毒素，在第 4 管中加入与毒素等量的生理盐水作对照。将 4 个试管同时放置于 37℃温箱中，中和 40 min。

（3）将小鼠 8 只分为 4 组，每组 2 只。第一组注射上述第 1 管中的混合液，第二组注射第 2 管中的混合液，第三组注射第 3 管中的混合液，第四组注射第 4 管中的混合液。注射剂量每只小鼠均为 0.2 mL，观察 24 h。第四组小鼠均应死亡，其他各组的结果，按表实-17 和表实-18 做出判断。

表实-17　A、B、C、D 四型魏氏梭菌的毒素、抗毒素中和情形

毒　素	抗毒素			
	A　型	B　型	C　型	D　型
A　型	+	+	+	+
B　型	−	+	−、（+）*	−
C　型	−	+	+	−
D　型	−	+	−	+

注：+表示能中和，试验动物存活；
　　−表示不能中和，试验动物死亡；
　　*表示 B 型毒素有时可被 C 型抗毒素中和，动物得以存活。

表实-18　魏氏梭菌毒素中和试验的各种反应

混合液	结　果				
	第一种结果 C 型肠毒素	第二种结果 D 型肠毒素	第三种结果 B 型肠毒素	第四种结果 A 型肠毒素	第五种结果 *肠毒素
B 型血清+肠内容物滤液→动物	活	活	活	活	死
C 型血清+肠内容物滤液→动物	活	死	死	活	死
D 型血清+肠内容物滤液→动物	死	活	死	活	死

注：*表示应考虑两种情况：① 不是魏氏梭菌毒素，考虑其他毒素或毒物。② 检验各型血清尤其是 B 型血清是否失效。

有时，B 型毒素可被 C 型抗毒素中和，小鼠存活，以致难于判断该毒素为 B 型或 C 型。如遇到这种情况，需将待检魏氏梭菌制成菌苗免疫家兔或绵羊 3 ~ 5 次，采血提取血清（被检血清），以 0.25 mL 分别与两个小鼠最小致死量的已知魏氏梭菌 C 型毒素和 D 型毒素进行中和试验。如被检血清能中和 C 型及 D 型毒素，则为 B 型魏氏梭菌。如仅能中和 C 型毒素，不能中和 D 型毒素，则为 C 型魏氏梭菌。

【实训报告】

记录操作步骤和反应结果，判定菌型，并提交诊断报告一份。

实训二十一　羊剖腹产手术

【目的要求】

初步掌握羊剖腹产手术的操作方法及术后护理。

【材料用具】

实习妊娠母羊8只，麻醉器械8组，手术常规器械8组，术部常规处理器械8组，手术常规药品、敷料、用具等。

【操作方法】

1. 手术部位

（1）腹下切开：部位有5处，乳房前腹下中线、中线与左右乳静脉之间各一处、左右乳静脉的上方5～8 cm各一处。选择切口的原则是在摸到胎儿最清楚处的附近作切口。

（2）腹侧切开：在右侧髋结节下角与脐部之间的连线上，切口越靠下越好，但不能切至乳静脉。

2. 手术方法

（1）保定、麻醉、手术部位常规处理。

（2）切开腹壁。术者右手持刀，一次切开腹部皮肤及皮肌，切口为15～20 cm，钝性分离皮下结缔组织至皮肤切口处，彻底止血，清洁创面，助手用扩创钩扩创，充分显露腹外斜肌，按照肌纤维的方向在腹外斜肌及其腱膜上作一小切口，用钝性分离至一定长度。助手用扩创钩扩开腹外斜肌，充分显露腹内斜肌，及时止血，清洁创面。对腹内斜肌、腹横肌以同样的方法，按照肌纤维的方向，钝性分离至一定长度，边分离边止血，并及时扩创，充分显露术野。各层肌肉切口长度务必与皮肤切口长度一致。最后切开腹膜，腹膜切口应小于皮肤切口。若开腹后腹压较大，助手应用大纱布块覆盖，并压迫切口两侧或堵塞切口，防止网膜及肠管脱出。

（3）拉出子宫。双手沿下腹壁伸入腹腔，拨开网膜与肠管，确定孕角，隔着子宫壁握住胎儿弯曲的两前肢腕部或两后肢跗部，尽力将子宫角大弯部及胎儿小心缓慢地拉至切口之外，使之凸出于切口外5～6 cm。由助手用大纱布块塞在子宫与腹壁切口之间，或在薄胶布中央作一切口，将切口内缘缝在子宫切开线的周围，胶布外缘用巾钳固定在切口周围皮肤上，这样可防止胎水流入腹腔。

（4）切开子宫。沿子宫角大弯避开母体子叶切开子宫，切开10～15 cm。

（5）拉出胎儿。在切开子宫的同时，助手用手固定子宫切口的两侧稍提起，术者将子宫切口附近的胎膜剥离一部分，拉出于切口之外撕破，将胎水排出于体外。然后根据不同的胎势慢慢地拉出胎儿，切断脐带，交给助手处理。

（6）剥离胎衣。胎儿取出后，应尽可能剥掉胎衣，同时取出。

（7）缝合子宫。先将子宫内的胎水排尽，再用温青霉素生理盐水洗净子宫壁及切口，更换填塞的纱布，子宫内撒布抗生素粉剂，然后缝合子宫。先用肠线以螺旋缝合法，缝合子宫切口的黏膜层或全层，封闭切口，再用丝线或肠线以连续内翻缝合法，缝合子宫浆膜和肌层。缝合后用温青霉素生理盐水洗净缝口，缝口涂以抗生素软膏，最后将子宫送回腹腔原位。

（8）缝合腹壁。闭合创口时除去创缘纱布，检查有无出血，若有出血及时彻底止血后，在助手的配合下用 0、1 号肠线以螺旋缝合法缝合腹膜创口，缝合至最后两针时，向腹腔注入青霉素，然后闭合腹膜切口。用灭菌生理盐水充分冲洗腹壁切口后，用 2 ~ 4 号肠线，结节缝合法或螺旋缝合法分别缝合腹横肌、腹内斜肌、腹外斜肌切口，再用灭菌生理盐水冲洗皮肤创口，撒布少量磺胺粉，用 6 ~ 8 号丝线，结节缝合法缝合皮肤切口，缝完后用镊子整理两侧创缘，拭去血迹，创口涂以 5% 碘酊，放置敷料装结系绷带， 对创口加以保护。

3. 术后护理

手术后按规定注射青霉素，每天 3 次，连续 3 d。以后视病羊的情况而定。根据手术中失血及失液情况，可静脉输入 5% 葡萄糖生理盐水 500 ~ 1 000 mL。术后禁食 0.5 ~ 1 d，以后给予柔软易消化、营养丰富的饲料，术后 7 ~ 10 d 拆线。当发现母羊子宫有弛缓现象时，可以用子宫收缩剂，最好每天用 0.1% 高锰酸钾溶液清洗子宫，排除污物，以防发生子宫内膜炎。

【实训报告】

写出手术过程、术后护理及手术处理体会。

实验二十二　羊蠕虫病粪便虫卵检查法

【目的要求】

初步掌握羊蠕虫病粪便虫卵检查法，主要是粪便沉淀检查法、粪便的饱和盐水漂浮法和试管浮聚法的操作方法。

【材料用具】

羊常见蠕虫卵形态图（图实-6）、镊子、玻璃杯或塑料杯、载玻片、盖玻片、显微镜、擦镜纸、天平、粪盒、粪筛、玻璃棒、铁丝环、带乳头的滴管、青霉素瓶、污物桶、离心管、离心机、纱布、饱和盐水、新鲜的羊粪等。

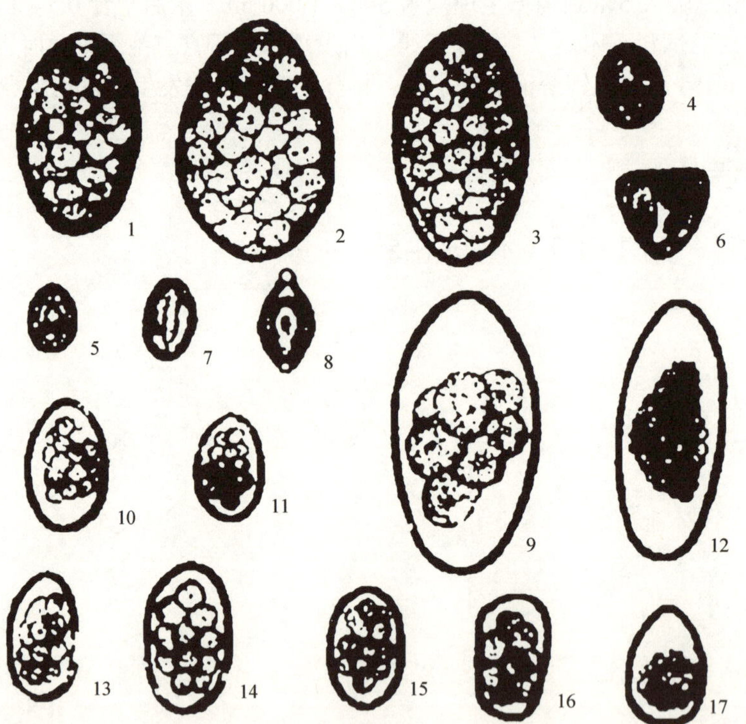

图实-6　羊体内的寄生虫卵

1—肝片吸虫卵；2—大片吸虫卵；3—前后盘吸虫卵；4—双腔吸虫卵；5—胰阔盘吸虫卵；6—莫尼茨绦虫卵；7—乳突类圆线虫卵；8—毛首线虫卵；9—钝刺线虫卵；10—奥斯特线虫卵；11—捻转血矛线虫卵；12—马歇尔线虫卵；13—毛圆线虫卵；14—夏伯特线虫卵；15—食道口线虫卵；16—仰口线虫卵；17—小型艾美尔球虫卵囊

【操作方法】

（一）沉淀检查法

1. 彻底洗净法

取粪便 5 ~ 10 g 置于玻璃杯中，加 10 ~ 20 倍水充分搅拌混匀，用粪筛滤过于另一杯中，滤液静置 20 min 后倾去上清液，再加水与沉淀物重新混合，静置，如此反复水洗沉淀物多次，直至上层液透明为止，最后倾去上清液，用吸管吸取沉淀物滴于载玻片上，加盖玻片镜检。

2. 离心机沉淀法

取粪便 3 g 置于玻璃杯，加 10 ~ 15 倍水充分搅拌混匀，用粪筛滤过于离心管中，在电动离心机中以 2 500 ~ 3 000 r/min 的速度离心沉淀 1 ~ 2 min，取出后倾去上清液，再加水与沉淀物重新混合，离心沉淀。如此离心沉淀 2 ~ 3 次，最后倾去上清液，用吸管吸取沉淀物滴于载玻片上，加盖玻片镜检。

（二）漂浮法

1. 饱和盐水漂浮法

取 5 ~ 10 g 粪便置于玻璃杯中，加入少量的饱和盐水搅拌混匀后，继续加入约 20 倍的饱和盐水。然后将粪液用粪筛或纱布滤入另一玻璃杯中，弃去粪渣。静置滤液 30 ~ 40 min，用直径为 0.5 ~ 1 cm 的铁丝环平着接触滤液面，提起后将黏着在铁丝环上的液膜抖落于载玻片上，加盖玻片镜检。

2. 试管浮聚法

取 2 g 粪便置于玻璃杯中，加入 10 ~ 20 倍的饱和盐水搅拌混匀。将粪液用粪筛或纱布滤入另一玻璃杯中，弃去粪渣。将滤液倒入直立的青霉素瓶中，直到滤液接近瓶口为止，然后用滴管补加粪液，滴至液面凸出瓶口为止。静置 30 min 后，用清洁的盖玻片轻轻接触液面，提起后放于载玻片上镜检。

【实训报告】

提交一份蠕虫病粪便虫卵检查的结果，并绘出所见虫卵的形态图。

参考文献

[1] 中国家畜家禽品种志编委会. 中国牛品种志[M]. 上海：上海科学技术出版社，1988.

[2] 四川家畜家禽品种志编委会. 四川家畜家禽品种志[M]. 成都：四川科学技术出版社，1987.

[3] 秦巴山区家畜家禽及经济动物品种志编委会. 秦巴山区家畜家禽及经济动物品种志[M]. 北京：中国农业科技出版社，1990.

[4] 邱怀. 牛生产学[M]. 北京：中国农业出版社，2004.

[5] 兰海军. 养牛与牛病防治[M]. 北京：中国农业大学出版社，2011.

[6] 杨效民，贺东昌. 奶牛健康养殖大全[M]. 北京：中国农业出版社，2011.

[7] 左福元. 轻轻松松学养肉牛[M]. 北京：中国农业出版社，2010.

[8] 张申贵. 牛的生产与经营[M]. 北京：中国农业出版社，2010.

[9] 李文华. 现代养牛实用技术[M]. 北京：中国农业出版社，2011.

[10] 郭安国. 肉牛标准化养殖技术[M]. 武汉：湖北科学技术出版社，2010.

[11] 毛永江. 肉牛健康高效养殖[M]. 北京：金盾出版社，2009.

[12] 陈有亮. 牛产品加工新技术[M]. 北京：中国农业出版社，2002.

[13] 王玉田. 畜产品加工[M]. 北京：中国农业出版社，2012.

[14] 王淮，付茂忠，易礼胜，等. 四川乳肉兼用年群体的泌乳性能研究[J]. 中国牛业科学，2006.

[15] 曹治，王淮，赵素君，等. 利用 RAPD 引物对四川乳肉兼用牛及其父母本的遗传距离鉴定[J]. 西南农业学报，2009.

[16] 王淮. 西门塔尔牛改良宣汉黄牛的效果[J]. 四川畜牧兽医，1991.

附　录

附录 1　南江黄羊种羊场疫病防治规程（试行）

第一章　总　则

第一条　为了认真贯彻执行《中华人民共和国动物防疫法》，预防和控制南江黄羊（简称黄羊，下同）传染病（包括寄生虫病，下同），确保黄羊育种、生产的健康发展，特制定本规程。

第二条　规程所称黄羊传染病系指：口蹄疫、蓝舌病、布氏杆菌病、羊肠毒血症、羊快疫、羊猝疽、羊传染性胸膜肺炎以及羔羊痢疾、肝片形吸虫、肺线虫及绦虫病。

第三条　本规程在县级防疫机构和种羊场的直接领导和监督管理下，在种羊场内及全县范围内实施，由全县南江黄羊专职技术人员及兼职技术人员组成黄羊防疫机构，负责黄羊防疫工作，把黄羊的防疫、检疫和驱虫工作落到实处。

第二章　防制办法

第四条　羊群内的配种羊（特别是配种公羊）必须严格检疫且无传染病。

第五条　引进种羊必须专门由技术人员负责，严格把好检疫关，严格查验“四苗”防疫注射情况（口蹄疫苗、三联苗、羊痘苗、羊传胸苗），隔离饲养半个月，确认无传染病后才能合群饲养。

第六条　定期进行防疫注射（羊三联苗、口蹄疫苗、羊痘苗、羊传胸苗应列入强制性常规免疫）的羊只方能准许调入和售出。一旦发生疫情时，立即向县防检站和县黄羊发展中心报告。

第七条　每半年对黄羊及产品抽样检疫，对出县境种羊、肉羊及产品搞好产地检疫和运输检疫。

第八条　预防性驱虫

1. 在三月中旬对尚未发育到性成熟的吸虫、线虫、绦虫、蚴虫进行成熟前驱虫，以减少对机体的损害，也有利于抓膘；

2. 在十月下旬驱虫一次，以利于保膘和越冬；

3. 羔羊过渡群和后备培育群黄羊必须每季度（三月、六月、九月、十一月中旬）驱虫一次。

4. 随时对 30～40 日龄羔羊进行成熟前驱虫，以保证羔羊健康地生长发育；

5. 夏季每月利用药浴或擦洗驱杀一次蜱、螨、虱等体外寄生虫。

第九条　严格饲养管理技术规程，改善饲养条件，合理组群，搞好圈舍卫生和粪便处理，实施综合防治。

1. 定期杀虫、灭鼠、灭螺，每季度对羊舍及周围环境消毒一次；

2. 合理利用圈舍，保证羊舍清洁、温暖、通风、干燥，夏季注意通风，冬春季控好保温防寒，每天上午羊只运动或放牧时打扫羊舍内外。

第十条 妥善处理病羊尸体及排泄物、污染物。对患传染病及脑多头蚴、棘球虫、强颈囊尾蚴等死亡宰杀羊只必须深埋或烧毁，对环境进行清扫消毒。

第三章 扑灭措施

第十一条 发现羊传染病或疑似传染病时，必须迅速采取隔离等防疫措施，并立即报告县防检站，接受其防疫指导和监督管理。

第十二条 发生严重的或新发现的羊传染病时，必须迅速组织人力诊断，并立即报告县防疫站，接受其防疫指导和监督管理。

第十三条 对污染的用具、病死羊和环境进行紧急消毒，严禁一切可能被污染的物品运出疫区。

第十四条 追查病原，紧急接种，已病羊及时治疗，对疫区周围的羊只预防注射。

第四章 附 则

第十五条 对执行《动物防疫法》和本规程在黄羊疫病防治上做出成绩和贡献的单位和个人，给予表彰和奖励，全年羊只死亡应控制在 3% 以下。

第十六条 对违反本规程，造成损失的单位或个人必须予以赔偿，同时给予行政处分。情节严重的追究法律责任。

第十七条 根据《动物防疫法》规定：凡进行了防疫、检疫工作，按有关规定收取防疫、检疫费。

第十八条 本规程在县级防疫机构和种羊场的统一指导下，在种羊场及全县范围内实施。各乡（镇）应结合当地的实施情况，制订出具体实施办法和措施，把黄羊的防疫工作搞好。

第十九条 本规程自 2003 年 7 月起执行。

注：进行羊三联苗注射后，可同时对羔羊型痢疾产生疫力，故称“三苗四用”。

附录 2　羊的常用疫（菌）苗

附表 2　羊的常用疫（菌）苗

名　称	预防的疫病	用法及用量说明	免疫期
羊厌气菌氢氧化铝甲醛五联苗	羊快疫、猝狙、羔羊痢疾、肠毒血症和羊黑疫	羊无论年龄大小，一律皮下或肌肉注射 5 mL	0.5 年
羊梭菌病四防氢氧化铝菌苗	羊快疫、羊猝狙、肠毒血症、羔羊痢疾	无论羊年龄大小，一律肌肉或皮下注射 5 mL	暂定 0.5 年
羊流产衣原体油佐剂卵黄囊灭活苗	羊衣原体性流产	注射时间，应在羊怀孕或怀孕后 1 个月内进行，每只羊皮下注射 3 mL	暂定 1 年
羊链球菌弱毒菌苗	羊链球菌病	用生理盐水稀释，气雾菌苗用蒸馏水稀释，每只羊尾部皮下注射 1 mL（含 50 万活菌），半岁至 2 周岁羊减半，露天气雾免疫每只羊按 3 亿活菌，室内气雾免疫每只按 3 000 万活菌计算(每平方米 4 只羊计 1.2 亿菌	1 年
羊链球菌氢氧化铝菌苗	绵羊、山羊链球菌病	背部皮下注射，6 个月龄以上羊每只 5 mL；6 个月龄以下羊 3 mL；3 个月龄以下的羔羊，第一次注射后，最好到 6 个月以后再注射 1 次，以增强免疫力	暂定 0.5 年
羊快疫、猝狙、肠毒血症三联菌苗	羊快疫、羊猝狙、肠毒血症	成年羊和羔羊一律皮下注射 5 mL	1 年
羊快疫、猝狙、肠毒血症干粉菌苗	羊快疫、羊猝狙、肠毒血症	临用前每头份干菌用 1 mL 20% 氢氧化铝胶盐水稀释，充分振均，无论羊年龄大小，一律肌肉或皮下注射 1 mL	1 年
羊口疮弱毒细胞冻干苗	绵羊、山羊口疮病	按每瓶总头份计算，每头份加生理盐水 0.2 mL，在阴暗处充分摇均，采用口唇粘膜注射法，每只羊于口唇粘膜内注射 0.2 mL，注射是否正确，以注射处呈透明发亮的水泡为。	暂定 5 个月
羊黑疫菌苗	羊黑疫	皮下注射，大羊 3 mL，小羊 1 mL	1 年
羊黑疫、快疫混合苗	黑疫、快疫	羊无论大小，一律皮下或肌肉注射 3 mL	1 年
羊肺炎支原体氢氧化铝灭活苗	山羊、绵羊由绵羊肺炎支原体引起的传染性胸膜肺炎	颈部皮下注射，成羊 3 mL，6 个月引内羊 2 mL	1.5 年以上
羊痘鸡胚化弱毒苗	绵羊、山羊痘病	用生理盐水 25 倍稀释，振均，无论羊大小，一律皮下注射 0.5 mL，注射后 6 d 产生免疫力	1 年
山羊传染性胸膜肺炎氢氧化铝苗	山羊传染性胸膜肺炎	山羊皮下或肌肉注射，6 个月以上山羊 5 mL，6 个月以内个月 3 mL	1 年

续附表

名　称	预防的疫病	用法及用量说明	免疫期
破伤风明矾沉降类毒素	破伤风	绵羊、山羊各颈部皮下注射 0.5 mL；第二年再注射 1 次，免疫力可持续 4 年	1 年
破伤风抗毒素	紧急预防和治疗破伤风病	皮下或静脉注射，治疗时可重复注射 1 至数次。预防量：1～2 万单位；治疗量 2～5 万单位	2～3 周
牛羊伪狂犬病疫苗	羊伪狂犬病	山羊颈部皮下注射 5 mL，本疫苗冻结后不能使用	暂定 0.5 年
狂犬病疫苗	狂犬病	皮下注射，羊 10～25 mL。如羊已被病畜咬伤时，可立即用本苗注射 1～2 次，两次间隔 3～5 d，以作紧急预防	暂定 1 年
羔羊痢疾菌苗	羔羊痢疾	怀孕母羊分娩前 20～30 d 皮下注射 2 mL，第二次与分娩前 10～20 d 皮下注射 3 mL	母羊 5 个月，乳液可使羔羊被动免疫
羔羊大肠杆菌病菌苗	羔羊大肠杆菌苗	3 月龄至 1 岁羊，皮下注射 2 mL；3 月龄以内的羔羊皮下注射 0.5～1 mL	0.5 年
第Ⅱ号炭疽芽细胞	绵羊、山羊炭疽病	绵羊、山羊均皮下注射 1 mL，注射后 14 d 产生免疫	1 年
布氏杆菌猪型 2 号菌苗	山羊、绵羊布氏杆菌病	山羊、绵羊臀部肌肉注射 0.5 mL（含菌 50 亿），3 个月龄以内的羔羊和孕羊均不能注射;饮水免疫时按每只羊内服 200 亿菌体计算，于 2 d 内分 2 次饮服	绵羊 1 年，山羊 2 年
布氏杆菌羊型 5 号弱冻干菌苗	山羊、绵羊布氏杆菌病	用适量灭菌蒸馏水，稀释所需的用量。皮下或肌肉注射，羊为 10 亿活菌；室内气雾羊每只剂量为 25 亿活菌；室外气雾（露天避风处）羊每只剂量 50 亿活菌。羊可饮服活灌服，每只剂量 250 亿活菌	1.5 年
布氏杆菌无凝集原（M—III）菌苗	绵羊、山羊布氏杆菌病	无论羊只年龄大小（孕羊除外），每只羊皮下注射 1 mL（含菌 250 亿）或每只羊口服 2 mL（含菌 500 亿）	1 年
C 型肉毒梭菌透析培养菌苗	羊 C 型肉毒梭菌中毒症	用生理盐水稀释，每 mL 含原菌液 0.02 mL，羊颈部皮下注射 1 mL	1 年
C 型肉毒梭菌苗	羊肉毒梭菌中毒症	绵羊、山羊颈部皮下注射 4 mL	1 年

附录 3　羊的常用药物

附表 3　羊的常用药物

药品类别	药品名称	作用与用途	用法	剂型、规格、用量
抗生素类药	青霉素 G 钠盐、青霉素 G 钾盐、氨苄青霉素	对革兰氏阳性菌引起的感染有效，用于乳房炎、炭疽、肺炎、子宫炎、败血症、菌血症和创伤感染等	肌肉注射	注射剂：20 万、40 万单位/瓶或支，20 万～40 万单位/次，每日 2～3 次
	硫酸链霉素硫酸双氢链霉素	革兰氏阴性菌引起的感染，用于结核病、肠道感染、泌尿道感染、肺炎、败血症等	肌肉注射	注射剂：1 g（100 万单位，瓶），2 g（200 万单位，瓶），0.5～1.0 g/次
	硫酸庆大霉素	用于金黄色葡萄球菌、绿脓杆菌、大肠杆菌等引起的败血症、肺炎、肠炎、角膜炎、尿路感染等	肌肉注射	注射剂：20 mg（4 万单位）/支、80 mg（8 万单位）/支、80～160 万单位/次。每日 2 次
	红霉素	抗菌谱与青霉素相似，主要用于对青霉素耐药的葡萄球菌感染，也可用于链球菌、肺炎球菌的感染	静脉注射	注射剂：25 万单位/支，200～4000 单位/千克体重
	氟哌酸（诺氟沙星）	适应用于尿路感染、肠道感染、伤寒、产前后感染等疾病		0.1 g/粒，见说明
磺胺类药	磺胺粉（SN）	创伤感染	外用	粉剂：5 g/包
	磺胺嘧啶钠注射液	细菌感染，用于脑炎、肺炎、巴氏杆菌病、腹膜炎、子宫炎、乳房炎	肌肉静脉注射	注射剂：10% 5×10 mL，0.15 mL/千克体重。每日 2 次。
	磺胺甲氧嗪（SMP、长效磺胺）	抑菌作用与磺胺嘧啶大致相同，特点是排泄慢，药效维持时间长	口服	片剂：0.5 g/片；开始量：0.15 g/（千克体重·日）；维持量：0.05 g/（千克体重·次），每日 1 次
	复方新诺明	用于链球菌、葡萄球菌、肺炎球菌、大肠杆菌、李氏杆菌等引起的感染	静脉或肌肉注射	一次量 0.07% g/千克体重，24 h 2 次，首次倍量
	磺胺脒（SG、磺胺胍、止痢片）	细菌性肠炎	口服	片剂：0.5 g/片；开始量：0.2 g/（千克体重·次）；维持量：0.10 g/（千克体重·次），每日 2 次
解热镇痛药	安乃近注射液	解热、镇痛、抗风湿，用于感冒发热、关节痛、风湿症和疝痛	肌肉注射	注射剂：30% 20 mL/支，5～10 mL/次，每日 2 次
	复方安基比林注射液（安痛定）	肌肉、关节、神经痛	肌肉注射	注射剂：5 mL×10 mL、5 mL×20 mL，5～10 mL/次

续附表

药品类别	药品名称	作用与用途	用法	剂型、规格、用量
中枢兴奋及强心药	尼克刹米注射液（可拉明）	具有兴奋呼吸中枢神经的作用，用于呼吸抑制或血管性虚脱及外伤手术后的休克	皮下 肌肉 注射	注射剂：1.5 mL（0.375 g）/支，1.5～3 mL/次
	樟脑磺酸钠注射液	兴奋中枢、强心，用于心脏衰弱、虚脱、呼吸困难	肌肉 皮下 注射	注射剂：10%1 mL/支，10% 2 mL/支，5～10 mL/次
消毒药	人工盐	消化不良、便秘等	口服	粉剂：500 g；袋健胃：10～30 g/次；缓泻：50～100 g/次
	硫酸钠或硫酸镁	瘤胃积食、瓣胃阻塞、便秘等	口服	粉剂：500 g/袋，50～100 g/次
	液体石蜡（石蜡油）	瘤胃积食、瓣胃阻塞、便秘等	口服	500 mL/瓶，100～300 mL/次
	二甲基硅油或消胀片	用于瘤胃泡沫性鼓气	口服	配成 2% 的煤油溶液 10～15 mL/次
	碱式硝酸铋（硝酸氧铋）	保护胃肠黏膜，有收敛止用，用于急慢性腹泻	口服	散剂：500、1 000 g/瓶，6～15 g/次
	龙胆酊	苦味，健胃药，增加胃液分泌，刺激胃肠蠕动	口服	酊剂：500 mL/瓶，6～20 mL/次
	番木鳖酊	消化不良，前胃弛缓	口服	酊剂：500 mL/瓶，1～3 mL/次
	鱼石脂	用于瘤胃臌气	口服	浓稠液体，500 g/瓶，2～6 g/次，每日 1～2 次
镇咳祛痰药	复方甘草剂	镇咳、祛痰、平喘，用于支气管炎	口服	10～20 mL/次
	复方咳必清	用于呼吸道急性炎症、剧烈干咳	口服	20～30 mL/次
	氯化钠（卤砂）	增加呼吸道分泌，使气管内分泌物变稀、易于咳出，也有利尿作用	口服	散剂：500 g/瓶，2～3 g/次，每日 2～3 次
止血药	维生素 B 注射液	大出血及毛细血管出血、产后出血等，也可作为手术预防出血用	肌肉 注射	注射剂：0.4% 1 mL（4 mg）/支，0.4% 10 mL（40 mg）/支，2～10 mg/次，每日 2 次
	止血敏注射液（羧苯磺已胺）	大出血及毛细血管出血、产后出血等，也可作为手术预防出血用	肌肉 静脉 注射	注射剂：25% 10 mL，2～4 mL/次
维生素类药	维丁胺性钙注射液	预防或治疗羔羊佝偻病、成羊骨、软症和营养不良	肌肉 皮下 注射	注射剂：10 mL/瓶，20 mL/瓶，2～3 mL/次，每日 1 次
	维生素 E（醋酸生育酚）	治疗因维生素 E 缺乏引起的生殖障碍，如习惯性流产、不孕、不发情等	口服 肌注	口服：每次 20～50 mg，1 日 2 次；肌注：每次 30～50 mg，1 日 1 次
	维生素 C（抗坏血酸）	减少毛细血管渗透性和脆性、增强抗感染能力，用于维生素 C 缺乏症、血斑病、传染病、溃疡病等	肌肉 静脉 注射	注射剂：2 mL（0.1 g）/支，2 mL（0.25 g）/支，0.1～0.5 g/次，每日 2 次

药品类别	药品名称	作用与用途	用法	剂型、规格、用量
子宫收缩药	乙烯雌酚	促进母羊发情、胎衣不下、子宫内膜炎、子宫蓄脓	肌肉注射	注射剂：1 mL（5 mg）/支，1 mL（3 mg）/支，1～3 mg/次
	催产素	用于母羊分娩无力，产后子宫出血，产后立即注射，可预防胎衣不下	皮下肌肉注射	注射剂：1 mL（5 单位）/支，1 mL（10 单位）/支，5～20 单位/次，必要时 4 h 后重复用药 1 次
皮质素类药	地塞米松	肾上腺皮质激素类药，有影响糖代谢和抗炎、抗过敏等作用，用于羊酮血病，羊妊娠毒血症等疾病	肌肉静脉注射	4～12 mg/d
	肤轻松	抗炎作用最强的一种外用皮质激素，止痒作用突出，用于各种皮炎和外耳炎	外用	
输液用药	等渗氯化钠注射液	用于脱水、失血时补充体液及各种中毒病、促进毒物排除、外用冲洗伤口或黏膜炎症	静脉注射	注射剂：0.9% 500 mL/瓶，200～400 mL/次，每日 1～2 次
	复方氯化钠注射液（林格氏液）	用于脱水、失血时补充体液及各种中毒病、促进毒物排除、外用冲洗伤口或黏膜炎症	静脉注射	注射剂：0.9% 500 mL/瓶，200～400 mL/次，每日 1～2 次
	高渗氯化钠注射液	补充氯化钠，提高渗透压，促进胃肠蠕动，用于前胃弛缓、瓣胃阻塞	静脉注射	注射剂：10% 500 mL/瓶，20～40 mL/次，每日 1 次
输液用药	5%～10% 葡萄糖注射液	补液、解毒、排毒、供给能量、强心	静脉注射	注射剂：500 mL/瓶，200～400 mL/次
	碳酸氢钠注射液	用于缓解酸中毒、肺炎等，增加机体抵抗力	静脉注射	注射剂：5% 250 mL/瓶，50～100 mL/次
	葡萄糖酸钙注射液	用于钙代谢紊乱的骨软症、佝偻病、产期瘫痪、出血性疾病、炎症、荨麻疹等	静脉注射	注射剂：10% 20 mL/支，100、50 mL/支，每日 1 次
驱虫类药	丙硫苯咪唑（抗蠕敏）	广谱驱虫药，对多种线虫、绦虫、吸虫均有驱除作用，高效低毒	口服	粉剂、片剂，线虫和绦虫：5～10 mg/千克体重；吸虫：10～20 mL/千克体重
	磷酸左旋咪唑、盐酸左旋眯唑	对畜禽的多种消化道线虫、肺线虫等有驱虫作用	口服肌肉注射	结晶粉、片剂、注射剂，5～10 mg/千克体重
	阿维菌素	广谱驱虫药，对多种体外寄生虫螨、虱、蝇蛆及多种线虫有驱杀作用，高效低毒	皮下注射或口服	注射剂、粉剂、胶囊剂、片剂：1%5 mL/瓶、20 mL/瓶，0.2 mg/千克体重
	敌百虫（有机磷制剂）	主要用于驱杀体外寄生虫，如蜱、螨、虱等	外用	结晶粉、片剂外用：1%～2% 水溶液于体表局部涂擦
	敌敌畏（有机磷制剂）	杀灭环境中的昆虫及羊的体外寄生虫	外用	0.05%～0.1% 水乳液喷洒环境、圈舍

续附表

药品类别	药品名称	作用与用途	用法	剂型、规格、用量
常用新药	泰乐仙	对引起慢性呼吸道病的病原体-败血霉形体有强大的杀灭作用，对革兰氏阳性和阴性菌、弧菌及螺旋体，也有显著杀灭作用。 适用症：牛羊支原体性肺炎、坏死性肠炎、羊的弧菌性流产、羊蹄腐烂病等。	肌肉注射	注射剂：10 mL，支，0.15 mL/千克体重.次，一日2次。
	灵草神针	用于两种或两种以上疾病混合感染引起的并发症、高烧、高热症及产科炎症等，对传染性胸膜肺炎效果显著	静脉注射、肌肉注射、口服	0.1～0.15 mL/千克体重，每日1～2次，连用2～3 d，病重酌情加量，口服，用量加倍
	泻痢金方	用于各种细菌及病毒引起的泻痢、肠炎、拉稀（食物中毒性腹泻，不宜用此药）	肌肉注射口服	注射剂：羔羊0.2 mL/（千克体重·次），成羊0.15 mL/（千克体重·次），一日2次，首次倍量，口服用量加倍
消毒药	医用酒精（乙醇）	皮肤、创伤消毒	外用	75%乙醇水溶液
	碘酊	皮肤、创伤消毒	外用	2%～5%碘酊，500 mL/瓶
	高锰酸钾	强氧化剂，以0.05%～0.1%水溶液洗涤，用于口炎、咽炎、直肠炎、阴道炎、子宫炎及深部化脓创伤等	外用冲洗	结晶体：瓶装，禁与酒精、甘油、糖、鞣酸等有机物或易被氧化的物质合用
	双氧水（过氧化氢溶液）	氧化剂，对各种繁殖型微生物有杀灭作用，但不能杀死芽孢及结核杆菌，用于清洗化脓性疮口，冲洗深部脓肿	外用	溶液剂：2.5%～3.5%，500 mL/瓶。
	煤酚皂溶液（来苏儿）	皮肤、手臂、创面、器械，也可驱除体表虱、蚤、螨等；喷洒用于圈舍、环境消毒	外用喷洒	溶液：2%～5%，500 mL/瓶。
	新洁尔灭	配成0.05%～0.1%水溶液，用于手术前洗手、皮肤粘膜和器械浸泡消毒；0.15%～0.2%用于圈舍喷雾消毒	外用喷雾	溶液剂：2%、5%、10%、500 mL/瓶、1 000 mL/瓶，本品不能与肥皂、合成洗涤及盐类物质接触，现用现配
	漂白粉（含氯石灰）	5%溶液可杀死一般性病原菌，10%～20%溶液可杀死芽胞，常用浓度1%～20%不等，视消毒对象和药品的质量而定，用于畜舍、地面、水沟、粪便、运输车船、水井等消毒	喷洒	粉剂
	生石灰（氧化钙）	1份生石灰，1份水制成熟石灰，然后配成10%～20%的混悬液用于消毒，有相当强的消毒作用，但不能杀灭细菌的芽胞。用于圈舍、地面、沟渠和粪尿的消毒	外用喷洒	
	福尔马林（甲醛）	用于圈舍、孵化器、蚕具、蜂具及场地喷雾消毒，配成2%溶液（即用水稀释50倍）	喷雾	无色澄清液体，有刺激性，450 mL（含40%）

注：表中剂量为2岁以上成年剂量，幼羊及羔羊用药量应酌减少。

附录 4 生长育肥山羊羔羊每日营养需要量

附表 4 生长育肥山羊羔羊每日营养需要量

体重 /kg	日增重 /（kg/d）	DMI /（kg/d）	DE /（MJ/d）	ME /（MJ/d）	粗蛋白质 /（g/d）	钙 /（g/d）	总磷 /（g/d）	食用盐 /（g/d）
1	0	0.12	0.55	0.46	3	0.1	0.0	0.6
1	0.02	0.12	0.71	0.60	9	0.8	0.5	0.6
1	0.04	0.12	0.89	0.75	14	1.5	1.0	0.6
2	0	0.13	0.90	0.76	5	0.1	0.1	0.7
2	0.02	0.13	1.08	0.91	11	0.8	0.6	0.7
2	0.04	0.13	1.26	1.06	16	1.6	1.0	0.7
2	0.06	0.13	1.43	1.20	22	2.3	1.5	0.7
4	0	0.18	1.64	1.38	9	0.3	0.2	0.9
4	0.02	0.18	1.93	1.62	16	1.0	0.7	0.9
4	0.04	0.18	2.20	1.85	22	1.7	1.1	0.9
4	0.06	0.18	2.48	2.08	29	2.4	1.6	0.9
4	0.08	0.18	2.76	2.32	35	3.1	2.1	0.9
6	0	0.27	2.29	1.88	11	0.4	0.3	1.3
6	0.02	0.27	2.32	1.90	22	1.1	0.7	1.3
6	0.04	0.27	3.06	2.51	33	1.8	1.2	1.3
6	0.06	0.27	3.79	3.11	44	2.5	1.7	1.3
6	0.08	0.27	4.54	3.72	55	3.3	2.2	1.3
6	0.10	0.27	5.27	4.32	67	4.0	2.6	1.3
8	0	0.33	1.96	1.61	13	0.5	0.4	1.7
8	0.02	0.33	3.05	2.5	24	1.2	0.8	1.7
8	0.04	0.33	4.11	3.37	36	2.0	1.3	1.7
8	0.06	0.33	5.18	4.25	47	2.7	1.8	1.7
8	0.08	0.33	6.26	5.13	58	3.4	2.3	1.7
8	0.10	0.33	7.33	6.01	69	4.1	2.7	1.7
10	0	0.46	2.33	1.91	16	0.7	0.4	2.3
10	0.02	0.48	3.73	3.06	27	1.4	0.9	2.4
10	0.04	0.50	5.15	4.22	38	2.1	1.4	2.5
10	0.06	0.52	6.55	5.37	49	2.8	1.9	2.6
10	0.08	0.54	7.96	6.53	60	3.5	2.3	2.7
10	0.10	0.56	9.38	7.69	72	4.2	2.8	2.8

续附表

体重/kg	日增重/(kg/d)	DMI/(kg/d)	DE/(MJ/d)	ME/(MJ/d)	粗蛋白质/(g/d)	钙/(g/d)	总磷/(g/d)	食用盐/(g/d)
12	0	0.48	2.67	2.19	18	0.8	0.5	2.4
12	0.02	0.50	4.41	3.62	29	1.5	1.0	2.5
12	0.04	0.52	6.16	5.05	40	2.2	1.5	2.6
12	0.06	0.54	7.90	6.48	52	2.9	2.0	2.7
12	0.08	0.56	9.65	7.91	63	3.7	2.4	2.8
12	0.10	0.58	11.40	9.35	74	4.4	2.9	2.9
14	0	0.50	2.99	2.45	20	0.9	0.6	2.5
14	0.02	0.52	5.07	4.16	31	1.6	1.1	2.6
14	0.04	0.54	7.16	5.87	43	2.4	1.6	2.7
14	0.06	0.56	9.24	7.58	54	3.1	2.0	2.8
14	0.08	0.58	11.33	9.29	65	3.8	2.5	2.9
14	0.10	0.60	13.40	10.99	76	4.5	3.0	3.0
16	0	0.52	3.30	2.71	22	1.1	0.7	2.6
16	0.02	0.54	5.73	4.70	34	1.8	1.2	2.7
16	0.04	0.56	8.15	6.68	45	2.5	1.7	2.8
16	0.06	0.58	10.56	8.66	56	3.2	2.1	2.9
16	0.08	0.60	12.99	10.65	67	3.9	2.6	3.0
16	0.10	0.62	15.43	12.65	78	4.6	3.1	3.1

注：1. 表中 0～8 kg 体重阶段肉用绵羊羔羊日粮干物质进食量（DMI）按每千克代谢体重 0.07 kg 估算；体重大于 10 kg 时，按中国农业科学院畜牧研究所 2003 年提供的如下公式计算获得：

$$DMI=(26.45\times W^{0.75}+0.99\times ADG)/1\,000$$

式中：DMI——干物质进食量，kg/d；

W——体重，kg；

ADG——日增重，g/d。

2. 表中代谢能（ME）、粗蛋白质（CP）数值参考自杨在宾等（1997）对青山羊数据资料。
3. 表中消化能（DE）需要量数值根据 ME/0.82 估算。
4. 日粮中添加的食用盐应符合 GB 5461 中的规定。

附录5　育肥山羊每日营养需要量

附表5　育肥山羊每日营养需要量

体重 /kg	日增重 /（kg/d）	DMI /（kg/d）	DE /（MJ/d）	ME /（MJ/d）	粗蛋白质 /（g/d）	钙 /（g/d）	总磷 /（g/d）	食用盐 /（g/d）
15	0	0.51	5.36	4.40	43	1.0	0.7	2.6
15	0.05	0.56	5.83	4.78	54	2.8	1.9	2.8
15	0.10	0.61	6.29	5.15	64	4.6	3.0	3.1
15	0.15	0.66	6.75	5.54	74	6.4	4.2	3.3
15	0.20	0.71	7.21	5.91	84	8.1	5.4	3.6
20	0	0.56	6.44	5.28	47	1.3	0.9	2.8
20	0.05	0.61	6.91	5.66	57	3.1	2.1	3.1
20	0.10	0.66	7.37	6.04	67	4.9	3.3	3.3
20	0.15	0.71	7.83	6.42	77	6.7	4.5	3.6
20	0.20	0.76	8.29	6.80	87	8.5	5.6	3.8
25	0	0.61	7.46	6.12	50	1.7	1.1	3.0
25	0.05	0.66	7.92	6.49	60	3.5	2.3	3.3
25	0.10	0.71	8.38	6.87	70	5.2	3.5	3.5
25	0.15	0.76	8.84	7.25	81	7.0	4.7	3.8
25	0.20	0.81	9.31	7.63	91	8.8	5.9	4.0
30	0	0.65	8.42	6.90	53	2.0	1.3	3.3
30	0.05	0.70	8.88	7.28	63	3.8	2.5	3.5
30	0.10	0.75	9.35	7.66	74	5.6	3.7	3.8
30	0.15	0.80	9.81	8.04	84	7.4	4.9	4.0
30	0.20	0.85	10.27	8.42	94	9.1	6.1	4.2

注：1. 表中干物质进食量（DMI）、消化能（DE）、代谢能（ME）、粗蛋白质（CP）数值来源于中国农业科学院畜牧所（2003），具体的计算公式如下：

$$DMI(kg/d) = (26.45 \times W^{0.75} + 0.99 \times ADG)/1\,000$$

$$DE(MJ/d) = 4.184 \times (140.61 \times LBW^{0.75} + 2.21 \times ADG + 210.3)/1\,000$$

$$ME(MJ/d) = 4.184 \times (0.475 \times ADG + 95.19) \times LBW^{0.75}/1\,000$$

$$CP(g/d) = 28.86 + 1.905 \times LBW^{0.75} + 0.202\,4 \times ADG$$

式中：DMI——干物质进食量，kg/d；
DE——消化能，MJ/d；
ME——代谢能；MJ/d；
CP——粗蛋白质，g/d；
LBW——活体重，kg；
ADG——平均日增重，g/d。

2. 日粮中添加的食用盐应符合 GB 5461 中的规定。

附录 6　后备公山羊每日营养需要量

附表 6　后备公山羊每日营养需要量

体重 /kg	日增重 /（kg/d）	DMI /（kg/d）	DE /（MJ/d）	ME /（MJ/d）	粗蛋白质 /（g/d）	钙 /（g/d）	总磷 /（g/d）	食用盐 /（g/d）
12	0	0.48	3.78	3.10	24	0.8	0.5	2.4
12	0.02	0.50	4.10	3.36	32	1.5	1.0	2.5
12	0.04	0.52	4.43	3.63	40	2.2	1.5	2.6
12	0.06	0.54	4.74	3.89	49	2.9	2.0	2.7
12	0.08	0.56	5.06	4.15	57	3.7	2.4	2.8
12	0.10	0.58	5.38	4.41	66	4.4	2.9	2.9
15	0	0.51	4.48	3.67	28	1.0	0.7	2.6
15	0.02	0.53	5.28	4.33	36	1.7	1.1	2.7
15	0.04	0.55	6.10	5.00	45	2.4	1.6	2.8
15	0.06	0.57	5.70	4.67	53	3.1	2.1	2.9
15	0.08	0.59	7.72	6.33	61	3.9	2.6	3.0
15	0.10	0.61	8.54	7.00	70	4.6	3.0	3.1
18	0	0.54	5.12	4.20	32	1.2	0.8	2.7
18	0.02	0.56	6.44	5.28	40	1.9	1.3	2.8
18	0.04	0.58	7.74	6.35	49	2.6	1.8	2.9
18	0.06	0.60	9.05	7.42	57	3.3	2.2	3.0
18	0.08	0.62	10.35	8.49	66	4.1	2.7	3.1
18	0.10	0.64	11.66	9.56	74	4.8	3.2	3.2
21	0	0.57	5.76	4.72	36	1.4	0.9	2.9
21	0.02	0.59	7.56	6.20	44	2.1	1.4	3.0
21	0.04	0.61	9.35	7.67	53	2.8	1.9	3.1
21	0.06	0.63	11.16	9.15	61	3.5	2.4	3.2
21	0.08	0.65	12.96	10.63	70	4.3	2.8	3.3
21	0.10	0.67	14.76	12.10	78	5.0	3.3	3.4
24	0	0.60	6.37	5.22	40	1.6	1.1	3.0
24	0.02	0.62	8.66	7.10	48	2.3	1.5	3.1
24	0.04	0.64	10.95	8.98	56	3.0	2.0	3.2
24	0.06	0.66	13.27	10.88	65	3.7	2.5	3.3
24	0.08	0.68	15.54	12.74	73	4.5	3.0	3.4
24	0.10	0.70	17.83	14.62	82	5.2	3.4	3.5

注：日粮中添加的食用盐应符合 GB 5461 中的规定。

附表 7　妊娠期母山羊每日营养需要量

附表 7　妊娠期母山羊每日营养需要量

妊娠阶段	体重 /kg	日增重 /（kg/d）	DMI /（kg/d）	DE /（MJ/d）	ME /（MJ/d）	粗蛋白质 /（g/d）	钙 /（g/d）	总磷 /（g/d）
空怀期	10	0.39	3.37	2.76	34	4.5	3.0	2.0
	15	0.53	4.54	3.72	43	4.8	3.2	2.7
	20	0.66	5.62	4.61	52	5.2	3.4	3.3
	25	0.78	6.63	5.44	60	5.5	3.7	3.9
	30	0.90	7.59	6.22	67	5.8	3.9	4.5
1～90 d	10	0.39	4.80	3.94	55	4.5	3.0	2.0
	15	0.53	6.82	5.59	65	4.8	3.2	2.7
	20	0.66	8.72	7.15	73	5.2	3.4	3.3
	25	0.78	10.56	8.66	81	5.5	3.7	3.9
	30	0.90	12.34	10.12	89	5.8	3.9	4.5
91～120 d	15	0.53	7.55	6.19	97	4.8	3.2	2.7
	20	0.66	9.51	7.8	105	5.2	3.4	3.3
	25	0.78	11.39	9.34	113	5.5	3.7	3.9
	30	0.90	13.20	10.82	121	5.8	3.9	4.5
120 d 以上	15	0.53	8.54	7.00	124	4.8	3.2	2.7
	20	0.66	10.54	8.64	132	5.2	3.4	3.3
	25	0.78	12.43	10.19	140	5.5	3.7	3.9
	30	0.90	14.27	11.7	148	5.8	3.9	4.5

注：日粮中添加的食用盐应符合 GB 5461 中的规定。

附录8　泌乳前期母山羊每日营养需要量

附表8　泌乳前期母山羊每日营养需要量

体重 /kg	日增重 /（kg/d）	DMI /（kg/d）	DE /（MJ/d）	ME /（MJ/d）	粗蛋白质 /（g/d）	钙 /（g/d）	总磷 /（g/d）	食用盐 /（g/d）
10	0	0.39	3.12	2.56	24	0.7	0.4	2.0
10	0.50	0.39	5.73	4.70	73	2.8	1.8	2.0
10	0.75	0.39	7.04	5.77	97	3.8	2.5	2.0
10	1.00	0.39	8.34	6.84	122	4.8	3.2	2.0
10	1.25	0.39	9.65	7.91	146	5.9	3.9	2.0
10	1.50	0.39	10.95	8.98	170	6.9	4.6	2.0
15	0	0.53	4.24	3.48	33	1.0	0.7	2.7
15	0.50	0.53	6.84	5.61	31	3.1	2.1	2.7
15	0.75	0.53	8.15	6.68	106	4.1	2.8	2.7
15	1.00	0.53	9.45	7.75	130	5.2	3.4	2.7
15	1.25	0.53	10.76	8.82	154	6.2	4.1	2.7
15	1.50	0.53	12.06	9.89	179	7.3	4.8	2.7
20	0	0.66	5.26	4.31	40	1.3	0.9	3.3
20	0.50	0.66	7.87	6.35	89	3.4	2.3	3.3
20	0.75	0.66	9.17	7.52	114	4.5	3.0	3.3
20	1.00	0.66	10.48	8.59	138	5.5	3.7	3.3
20	1.25	0.66	11.78	9.66	162	6.5	4.4	3.3
20	1.50	0.66	13.09	10.73	187	7.6	5.1	3.3
25	0	0.78	6.22	5.10	48	1.7	1.1	3.9
25	0.50	0.78	8.83	7.24	97	3.8	2.5	3.9
25	0.75	0.78	10.13	8.31	121	4.8	3.2	3.9
25	1.00	0.78	11.44	9.38	145	5.8	3.9	3.9
25	1.25	0.78	12.73	10.44	170	6.9	4.6	3.9
25	1.50	0.78	14.04	11.51	194	7.9	5.3	3.9
30	0	0.90	6.70	5.49	55	2.0	1.3	4.5
30	0.50	0.90	9.73	7.98	104	4.1	2.7	4.5
30	0.75	0.90	11.04	9.05	128	5.1	3.4	4.5
30	1.00	0.90	12.34	10.12	152	6.2	4.1	4.5
30	1.25	0.90	13.65	11.19	177	7.2	4.8	4.5
30	1.50	0.90	14.95	12.26	201	8.3	5.5	4.5

注：1. 泌乳前指泌乳第 1～30 d。

2. 日粮中添加的食用盐应符合 GB 5461 中的规定。

附录9　泌乳后期母山羊每日营养需要量

附表9　泌乳后期母山羊每日营养需要量

体重 /kg	日增重 /（kg/d）	DMI /（kg/d）	DE /（MJ/d）	ME /（MJ/d）	粗蛋白质 /（g/d）	钙 /（g/d）	总磷 /（g/d）	食用盐 /（g/d）
10	0	0.39	3.71	3.04	22	0.7	0.4	2.0
10	0.15	0.39	4.67	3.83	48	1.3	0.9	2.0
10	0.25	0.39	5.30	4.35	65	1.7	1.1	2.0
10	0.50	0.39	6.90	5.66	108	2.8	1.8	2.0
10	0.75	0.39	8.50	6.97	151	3.8	2.5	2.0
10	1.00	0.39	10.10	8.28	194	4.8	3.2	2.0
15	0	0.53	5.02	4.12	30	1.0	0.7	2.7
15	0.15	0.53	5.99	4.91	55	1.6	1.1	2.7
15	0.25	0.53	6.62	5.43	73	2.0	1.4	2.7
15	0.50	0.53	8.22	6.74	116	3.1	2.1	2.7
15	0.75	0.53	9.82	8.05	159	4.1	2.8	2.7
15	1.00	0.53	11.41	9.36	201	5.2	3.4	2.7
20	0	0.66	6.24	5.12	37	1.3	0.9	3.3
20	0.15	0.66	7.20	5.9	63	2.0	1.3	3.3
20	0.25	0.66	7.84	6.43	80	2.4	1.6	3.3
20	0.50	0.66	9.44	7.74	123	3.4	2.3	3.3
20	0.75	0.66	11.04	9.05	166	4.5	3.0	3.3
20	1.00	0.66	12.63	10.36	209	5.5	3.7	3.3
25	0	0.78	7.38	6.05	44	1.7	1.1	3.9
25	0.15	0.78	8.34	6.84	69	2.3	1.5	3.9
25	0.25	0.78	8.98	7.36	87	2.7	1.8	3.9
25	0.50	0.78	10.57	8.67	129	3.8	2.5	3.9
25	0.75	0.78	12.17	9.98	172	4.8	3.2	3.9
25	1.00	0.78	13.77	11.29	215	5.8	3.9	3.9
30	0	0.90	8.46	6.94	50	2.0	1.3	4.5
30	0.15	0.90	9.41	7.72	76	2.6	1.8	4.5
30	0.25	0.90	10.06	8.25	93	3.0	2.0	4.5
30	0.50	0.90	11.66	9.56	136	4.1	2.7	4.5
30	0.75	0.90	13.24	10.86	179	5.1	3.4	4.5
30	1.00	0.90	14.85	12.18	222	6.2	4.1	4.5

注：1. 泌乳后指泌乳第31～70 d。

2. 日粮中添加的食用盐应符合GB 5461中的规定。

附录 10　山羊对常量矿物质元素每日营养需要量参数

附表 10　山羊对常量矿物质元素每日营养需要量参数

常量元素	维持 /（mg/千克体重）	妊娠 /（g/千克胎儿）	泌乳 /（g/kg 产奶）	生长 /（g/kg）	吸收率 /%
钙 Ca	20	11.5	1.25	10.7	30
总磷 P	30	6.6	1.0	6.0	65
镁 Mg	3.5	0.3	0.14	0.4	20
钾 K	50	2.1	2.1	2.4	90
钠 Na	15	1.7	0.4	1.6	80
硫 S	0.16%～0.32%（以进食日粮干物质为基础）				—

注：1. 表中参数参考自 Kessler（1991）和 I Iacnlcin（1987）资料信息。

2. 表中“—”表示暂无此项数据。

附录 11　山羊对微量矿物质元素需要量

（以进食日粮干物质为基础）

附表 11　山羊对微量矿物质元素需要量（以进食日粮干物质为基础）

微量元素	推荐量/（mg/kg）
铁 Fe	30 ~ 40
铜 Cu	10 ~ 20
钴 Co	0.11 ~ 0.2
碘 I	0.15 ~ 2.0
锰 Mn	60 ~ 120
锌 Zn	50 ~ 80
硒 Se	0.05

注：表中推荐数值参考自 AFRC（1998），以进食日粮干物质为基础。

附录 12　允许使用的饲料添加剂品种目录

附表 12　允许使用的饲料添加剂品种目录

类　别	饲料添加剂名称
饲料级氨基酸 7 种	L-赖氨酸盐酸盐；DL-蛋氨酸；DL-羟基蛋氨酸；DL-羟基蛋氨酸钙；N-羟甲基蛋氨酸；L-色氨酸；L-苏氨酸
饲料级维生素 26 种	β-胡萝卜素；维生素 A；维生素 A 乙酸酯；维生素 A 棕榈酸酯；维生素 D_3；维生素 E；维生素 E 乙酸酯；维生素 K_3（亚硫酸氢钠甲萘醌）；二甲基嘧啶亚硫酸甲萘醌；维生素 B_1（硝酸硫胺）；维生素 B_2 核黄素；维生素 B_6；烟酸胺；D-泛酸钙；DL-泛酸钙；叶酸；维生素 B_{12}（氰钴胺）；维生素 C（L-抗坏血酸）；L-抗坏血酸钙；L-抗坏血酸-2-磷酸酯；D-生物素；氯化胆碱；L-肉碱盐酸盐；肌醇
饲料级矿物质、微量元素 43 种	硫酸钠；氯化钠；磷酸二氢钠；磷酸氢二钠；磷酸二氢钾；碳酸钙；氯化钙；磷酸氢钙；磷酸二氢钙；磷酸三钙；乳酸钙；七水硫酸镁；一水硫酸镁；氧化镁；氯化镁；七水硫酸亚铁；一水硫酸亚铁；三水乳酸亚铁；六水柠檬酸亚铁；富马酸亚铁；甘氨酸铁；蛋氨酸铁；五水硫酸铜；一水硫酸铜；蛋氨酸铜；七水硫酸锌；一水硫酸锌；无水硫酸锌；氧化锌；蛋氨酸锌；一水硫酸锰；氯化锰；碘化钾；碘酸钾；碘酸钙；六水氯化钴；一水氯化钴；亚硒酸钠；酵母铜；酵母铁；酵母锰；酵母硒
饲料能酶制剂 12 类	蛋白酶（黑曲霉、枯草芽孢杆菌）；淀粉酶（地衣芽孢杆菌、黑曲霉）；支链淀粉酶（嗜酸乳杆菌）；果胶酶（黑曲霉）；脂肪酶；纤维素酶（reesei 木霉）；麦芽糖酶（枯草芽孢杆菌）；木聚糖酶（insolens 腐质霉）；β-聚葡糖酶（枯草芽苞杆菌、黑曲霉）；甘露聚糖酶（缓慢芽孢杆菌）；植酸酶（黑曲酶、米曲霉）；葡萄糖氧化酶（青酶）
饲料能微生物添加剂 12 种	干酪乳杆菌；植物乳杆菌；粪链球菌；屎链球菌；乳酸片球菌；枯草芽孢杆菌；纳豆芽孢杆菌；嗜酸乳杆菌；乳链球菌；啤酒酵母菌；产朊假丝酵母菌；沼泽红假单胞菌
饲料级非蛋白氮 9 种	尿素；硫酸铵；液氨；磷酸氢二铵；磷酸二氢铵；缩二脲；异丁叉二脲；磷酸脲；羟甲基脲
抗氧剂 4 种	乙氧基喹啉；二丁基羟基甲苯（BHT）；丁羟基茴香醚（BHA）；没食子酸丙酯
防腐剂、电解质平衡剂 25 种	甲酸；甲酸铵；甲酸钙；乙酸；双乙酸钠；丙酸；丙酸钙；丙酸钠；丙酸铵；丁酸；乳酸；苯甲酸；苯甲酸钠；山梨酸；山梨酸钾；富马酸；柠檬酸；酒石酸；苹果酸；磷酸；氢氧化钠；碳酸氢钠；氯化钾；氢氧化铵
着色剂 6 种	β-阿朴-8'-胡萝卜素醛；辣椒红；β-阿朴-8'-胡萝卜素酸乙酯；是虾青素；β，β-胡萝卜素-4，4-二酮（斑蝥黄）；叶黄素（万寿菊花提取物）
调味剂、香料 6 种(类)	糖精钠；谷氨酸钠；5'-肌苷酸二钠；5'-鸟苷酸二钠；血根碱；食品用香料均可作饲料添加剂
黏结剂、抗结块剂和稳定剂 13 种	α-淀粉；海藻酸钠；羧甲基纤维素钠；丙二醇；二化硅；硅酸钙；三氧化二铝；蔗糖脂肪酸酯；山梨醇酐脂肪酸酯；甘油脂肪酸酯；硬脂酸钙；聚氧乙烯 20 山梨醇酐单油酯酯；聚丙烯酸树脂Ⅱ
其他 10 种	糖萜素；甘露低聚糖；肠膜蛋白素；果寡糖；乙酰氧肟酸；天然类固醇萨洒皂角苷（YUCCA）；大蒜素；甜菜碱；聚乙烯聚吡咯烷酮（PVPP）；葡萄糖山梨醇

附录 13　肉羊常用饲料成分及营养价值表

一、青绿绿饲料

饲料名称	样品说明	干物质/%	粗蛋白/%	粗脂肪/%	粗纤维/%	无氮浸出物/%	粗灰分/%	钙/%	磷/%	代谢能/(MJ/kg)	可消化粗蛋白质/(g/kg)
冰　草	生长期	25.00	1.83	0.55	9.79	11.33	1.49	0.04	0.01	2.13	10
蚕豆秧	全　株	22.00	1.13	0.33	7.67	11.50	1.37	0.71	0.03	2.13	10
甘蓝叶	外　叶	10.00	2.30	0.50	1.20	4.50	1.50	0.03	0.02	0.71	9
红豆草	初花期	25.00	5.26	0.48	7.53	9.78	1.96	0.30	0.09	1.88	36
马铃薯秧	全　株	13.50	1.48	0.32	3.04	6.44	2.22	0.21	0.01	1.09	8
苜　蓿	孕　蕾	19.62	4.64	0.35	4.98	7.54	2.09			1.71	30
青刈玉米	初花期，全株	25.00	2.43	0.75	6.91	12.77	2.14	0.07	0.06	2.26	16
青刈玉米	孕穗期，全株	25.00	4.01	0.64	7.49	10.47	2.39	0.07	0.06	2.34	23
青刈燕麦草	营养期	25.34	2.03	0.75	7.44	12.87	2.25			1.88	11
沙打旺	开花期	15.58	3.51	0.42	3.93	6.18	1.51	0.36	0.02	1.21	24
饲用油菜	收获期	8.01	0.67	0.17	0.47	5.14	1.55	0.14	0.04	0.75	5
苏丹草	孕穗期	20.50	2.00	0.65	5.87	10.01	1.97	0.06	0.04	2.05	14
甜菜叶		11.00	1.32	0.07	2.43	6.81	0.37	0.12	0.02	1.00	8
无芒雀麦	开花期	21.00	1.98	0.35	6.39	10.88	1.4	0.08	0.03	1.92	15
无芒雀麦	抽穗期	28.00	2.01	1.17	6.35	16.86	2.90	0.04	0.11	7.51	44
向日葵叶		20.00	3.80	1.10	2.90	2.80	3.40	0.52	0.06	1.71	24
野大麦草	抽穗期	27.50	3.86	0.88	8.59	11.22	2.96	0.09	0.09	2.55	27
早熟禾	秋季草坪草	23.69	5.10	0.91	5.7	8.83	3.15	1.39	0.07	2.34	43

二、树叶类

饲料名称	样品说明	干物质/%	粗蛋白/%	粗脂肪/%	粗纤维/%	无氮浸出物/%	粗灰分/%	钙/%	磷/%	代谢能/(MJ/kg)	可消化粗蛋白质/(g/kg)
槐树叶	刺　槐	91.77	24.33	3.29	37.82	36.61	9.72	1.91	0.09	8.51	160
槐树叶	杨槐，果熟期	92.24	17.76	3.85	17.85	40.22	12.56			7.76	117
槐树叶	冬季落叶	90.77	12.04	4.15	13.43	47.36	13.79			7.46	79
梨树叶	冬季落叶	88.00	10.00	3.80	12.00	54.60	7.60	1.50	0.09	7.09	63
槐树叶	营养期	92.75	10.90	2.60	16.94	45.37	16.93	3.31	0.26	6.05	42
桑　叶	营养期	91.75	13.29	5.36	13.01	44.77	16.38			7.21	
榆　叶	白榆，营养期	91.66	11.36	6.22	26.41	33.95	13.72	1.89	0.15	6.96	72
榆　叶	冬落叶	90.31	7.82	5.14	13.97	45.31	18.09			6.84	48
杨树叶	营养期	92.27	9.45	4.25	27.94	42.28	8.36	1.48	0.30	5.46	37
酸枣叶	结果期	92.59	16.53	1.35	23.61	43.32	7.78	1.43	0.02	6.51	64

三、青贮饲料

饲料名称	样品说明	干物质/%	粗蛋白/%	粗脂肪/%	粗纤维/%	无氮浸出物/%	粗灰分/%	钙/%	磷/%	代谢能/(MJ/kg)	可消化粗蛋白质/(g/kg)
玉米青贮	腊熟期，全株	18.0	1.40	0.40	5.08	9.86	1.26	0.31	0.11	1.50	8
甜菜渣青贮	糖用甜菜渣	12.8	1.50	0.40	4.44	6.19	1.18	0.09	微量	1.09	9
青玉米	初花期，全株	25.0	2.45	0.75	6.91	12.77	2.14	0.07	0.06	2.26	16
青玉米	孕穗期，全株	25.0	4.01	0.64	7.49	10.47	2.39	0.07	0.06	2.34	23
青玉米	腊熟期，全株	25.0	2.22	0.53	8.95	11.17	2.13	0.07	0.01	2.34	11
胡萝卜	黄　色	24.94	3.20	0.50	3.33	14.99	3.00	0.13	0.14	3.01	23
胡萝卜	红　色	9.21	0.94	0.15	1.26	5.93	0.92	0.02	0.04	1.09	7
甜　菜	饲　用	5.33	1.49	0.04	0.83	1.78	1.09	0.23	0.56	0.54	11

四、干草类

饲料名称	样品说明	干物质/%	粗蛋白/%	粗脂肪/%	粗纤维/%	无氮浸出物/%	粗灰分/%	钙/%	磷/%	代谢能/(MJ/kg)	可消化粗蛋白质/(g/kg)
白羊草	结果期	93.74	6.00	1.49	29.19	46.93	10.13			6.65	30
白沙蒿	孕蕾期	91.31	18.23	9.60	21.61	31.88	9.99	0.46	0.29	8.69	79
稗　草	成熟期	93.15	8.13	1.36	26.40	48.71	8.55	0.30	0.10	7.32	46
扁穗冰草	成熟期	92.25	10.03	2.15	31.53	41.71	6.83	0.06	0.15	6.27	36
扁穗冰草	抽穗期	93.47	12.80	2.09	35.46	36.64	6.48	0.51	0.15	6.60	46
栉状冰草	抽穗期	92.22	15.01	6.80	16.65	42.95	10.81	0.15	0.38	7.99	107
蒙古冰草	抽穗期	93.45	12.48	1.91	35.15	37.78	6.13	0.25	0.17	7.44	45
长芒草	营养期	94.55	8.02	2.23	31.49	48.57	4.24			5.94	40
长穗燕麦草	开花期	93.55	8.72	1.14	38.52	37.46	7.72	0.24	0.17	7.44	65
草木樨	初花期	89.39	17.31	1.98	25.24	37.97	6.89	1.23	0.04	7.40	121
白花草木樨	结果期	91.75	15.65	2.63	24.42	42.64	6.41	1.41	2.40	7.90	109
黄花草木樨	结果期	93.13	12.30	1.56	37.22	38.02	4.07	1.29	2.65	7.69	87
大针茅	营养期	94.30	7.97	2.51	33.56	45.13	5.13			5.89	41
大针茅	抽穗期	93.94	4.97	1.66	33.05	49.54	4.72	0.12	0.03	5.98	25
鹅头樨	初花期	93.47	9.13	1.83	31.43	41.57	9.41	0.20	0.09	7.32	52
鹅头樨	孕穗期	94.11	8.21	1.57	31.34	42.75	10.26	0.29	0.08	7.23	47
纤毛鹅冠草	抽穗期	93.64	6.01	0.93	32.09	48.00	6.61	0.03	0.10	8.15	40
矮金鸡儿	盛花期	92.88	8.11	2.84	32.52	42.42	6.99	1.43	0.03	7.11	61
锋芒草	结果期	92.68	8.30	1.43	25.56	46.33	11.06	0.59	0.15	5.39	42
锋芒草	开花期	93.18	15.61	2.26	25.51	40.85	8.95	0.85	0.23	5.77	78
甘青针茅	营养期	93.88	7.97	1.75	26.77	50.59	6.80			5.73	40
甘草秧	结果期	90.64	14.08	6.63	18.80	44.46	6.67	0.80	0.10	6.60	63
狗尾草	抽穗期	94.65	11.76	1.70	28.12	41.76	11.30	0.45	0.79	6.35	74
狗尾草	结果期	96.01	3.31	1.53	31.11	46.76	13.36	0.66	0.08	6.02	18
胡枝子	初花期	92.51	12.12	1.31	24.81	45.18	9.09	1.01	0.09	6.06	55
湖南稷子	秋　刈	92.36	8.70	1.35	33.53	39.85	9.56			8.74	40
湖南稷子	孕穗期	92.66	7.54	2.34	30.32	41.53	10.93	0.19	0.13	7.11	43
湖南稷子	成熟期	92.99	5.95	2.56	26.32	49.82	8.34	0.21	0.15	7.80	34
虎尾草	抽穗期	90.45	9.49	2.22	24.36	48.90	10.48	1.45	0.66	6.86	45
黑沙蒿	开花期	93.64	11.32	6.48	26.53	41.05	8.26	0.98	0.40	7.32	80

续上表

饲料名称	样品说明	干物质/%	粗蛋白/%	粗脂肪/%	粗纤维/%	无氮浸出物/%	粗灰分/%	钙/%	磷/%	代谢能/(MJ/kg)	可消化粗蛋白质/(g/kg)
红豆草	初花期	92.82	19.53	1.77	27.94	36.29	7.30	1.14	0.36	8.07	128
红豆草	结果期	92.83	14.80	1.89	33.46	35.58	7.10	1.29	0.21	7.57	99
芨芨草	抽穗期	94.58	9.73	2.33	36.48	39.41	6.63	0.39	0.25	8.19	72
赖　草	营养期	94.66	14.38	2.15	28.14	42.26	7.73	0.35	0.50	8.11	90
赖　草	抽穗期	94.00	12.22	2.16	31.97	42.05	5.61	0.26	0.12	6.90	50
赖　草	结果期	94.20	4.50	0.78	34.12	48.88	5.92	0.16	0.07	6.86	18
老芒麦	开花期	93.33	10.30	2.06	33.01	40.09	7.88	0.36	0.15	8.28	
冷　蒿	初花期	94.05	9.09	3.53	32.82	40.79	7.82			6.60	49
芦苇草	抽穗期	93.56	14.30	1.81	30.43	38.82	8.20	1.06	0.93	5.94	61
骆驼蓬	开花期	90.84	24.60	1.84	17.81	33.98	12.61	2.87	1.83	9.28	82
马　兰	开花期	93.23	1.38	3.58	38.50	43.58	6.20	1.82	1.47	7.11	7
苜　蓿	初花期	91.98	15.59	1.52	34.54	31.59	8.20	1.14	0.18	8.66	121
苜　蓿	盛花期	90.63	16.47	2.28	27.48	35.02	9.38	0.95	0.17	7.11	132
柠条叶		92.00	21.17	2.63	25.34	37.07	5.79	0.32	0.17	6.81	93
柠　条	枝　条	88.50	3.20	3.30	28.50	45.60	7.90	2.40	1.41	6.06	14
披碱草	抽穗期	93.81	7.15	1.07	32.21	46.24	7.14	0.33	0.15	8.53	54
披碱草	成熟期	94.17	7.24	2.28	34.77	38.95	10.94	0.19	0.18	8.32	54
无芒雀麦	抽穗期	93.43	11.14	1.85	29.56	42.91	7.65	0.41	0.16	8.36	71
无芒雀麦	成熟期	97.17	6.16	1.15	35.67	48.22	5.97	0.06	0.10	7.65	33
沙打旺	初花期	90.98	12.72	2.20	32.51	36.56	6.99	0.98	0.11	7.82	92
苏丹草	初花期	93.62	7.27	2.40	29.55	48.80	5.60			8.44	46
苏丹草	成熟期	92.88	13.78	2.96	20.45	48.97	6.73			7.57	63
苇状羊茅	抽穗期	93.51	13.91	1.57	30.88	36.96	10.20	0.53	0.21	7.65	99
秋叶金鸡儿	结果期	92.94	7.30	3.27	35.71	40.32	6.34	1.19	0.01	7.86	56
狭叶山苦荚	结果期	91.66	16.24	6.46	16.77	35.66	16.53	1.92	0.20	9.53	117
小画眉	结果期	92.93	5.95	1.28	26.61	43.17	15.31	0.73	0.19	6.40	29
小冠花	成熟期	86.90	16.22	1.68	20.51	43.35	5.14	0.13	0.81	8.11	106
羊　草	抽穗期	93.68	12.95	2.48	30.07	38.72	9.46	0.25	0.26	6.98	64
野大麦	抽穗期	94.37	13.22	3.02	29.48	38.49	10.15	0.30	0.30	7.40	58
广布野豌豆	初花期	92.83	19.18	1.95	22.58	40.94	8.18	1.08	0.22	8.44	145
猪毛蒿	营养期	95.06	17.95	1.20	21.76	39.94	14.21	0.52	0.29	7.02	114

五、农副产品类

饲料名称	样品说明	干物质/%	粗蛋白/%	粗脂肪/%	粗纤维/%	无氮浸出物/%	粗灰分/%	钙/%	磷/%	代谢能/(MJ/kg)	可消化粗蛋白质/(g/kg)
蚕豆秸		89.37	1.57	1.34	41.15	36.73	5.58	2.90	0.40	6.19	21
蚕豆荚		92.29	9.75	1.29	31.82	36.08	15.35	1.40	0.17	6.35	46
大麦秸		95.19	5.79	1.79	33.77	43.40	10.44	0.50	0.88	6.35	10
稻　草		93.40	3.62	1.20	33.38	41.61	13.51	0.10	0.08	5.81	14
高粱秸		91.00	4.73	1.00	29.24	50.71	5.32	0.41	0.14	6.40	18
谷　草		88.22	3.01	1.55	31.71	44.43	7.50	0.38	0.04	5.89	11
胡麻衣		91.64	5.33	2.85	33.40	38.54	11.52	1.05	0.07	4.97	31
黑豆秸		91.14	4.84	1.57	34.86	42.42	7.45	1.42	0.53	5.77	14
糜　草		90.04	4.40	1.03	35.51	40.22	8.88			5.85	17
马铃薯秧		94.02	9.74	2.08	20.05	42.49	10.66	1.37	0.07	7.32	56
荞麦秸		95.43	4.23	0.80	39.73	38.30	12.37	0.15	0.49	6.02	16
荞麦衣		90.25	8.75	2.30	21.98	41.92	15.30			5.73	34
豌豆荚		91.64	11.62	1.52	38.37	32.54	7.59	0.99	0.21	5.56	33
豌豆秧		88.11	10.32	1.10	25.69	42.82	8.18	1.54	0.08	6.56	48
小麦秸		96.62	2.81	1.48	41.31	38.68	8.98	0.11	0.06	6.31	8
玉米秸		93.97	3.29	1.29	29.11	55.73	4.55	0.34	0.03	7.73	16
燕麦秸		92.60	3.61	2.85	32.88	44.52	8.85			6.31	24
洋麦秸		89.52	1.06	2.10	42.04	40.12	4.20	0.25	0.04	6.06	2
大豆秸		89.29	7.43	1.38	32.37	33.17	14.94			5.23	21

六、谷实类

饲料名称	样品说明	干物质/%	粗蛋白/%	粗脂肪/%	粗纤维/%	无氮浸出物/%	粗灰分/%	钙/%	磷/%	代谢能/(MJ/kg)	可消化粗蛋白质/(g/kg)
大　麦	5样均值	89.40	12.25	1.26	2.37	69.66	2.53	0.06	0.30	11.33	97
高　粱	38样均值	89.30	8.70	3.30	2.20	72.90	2.20	0.09	0.28	9.28	60
苦荞麦		89.87	8.28	2.15	14.62	62.94	1.88	0.09	0.21	9.53	60
谷　子		92.60	10.70	1.80	9.30	66.10	4.70	0.08	0.36	9.53	77
糜　子		90.40	11.00	2.90	8.00	65.10	3.40	0.05	0.56	9.66	79

续上表

饲料名称	样品说明	干物质/%	粗蛋白/%	粗脂肪/%	粗纤维/%	无氮浸出物/%	粗灰分/%	钙/%	磷/%	代谢能/(MJ/kg)	可消化粗蛋白质/(g/kg)
青　稞		87.60	13.30	2.00	3.40	66.10	2.80		0.41	11.45	105
荞　麦	14 样均值	87.10	9.90	2.30	11.50	60.70	2.70	0.19	0.30	9.11	71
小　麦	28 杆样值	91.80	12.10	1.80	2.40	73.20	2.30		0.36	12.08	94
燕　麦	大燕麦	88.30	10.60	3.50	11.30	59.10	3.80	0.06	0.13	10.03	89
燕　麦	17 样均值	90.30	11.60	5.20	8.90	60.70	3.90	0.15	0.33	10.83	97
玉　米	120 样均值	88.40	8.60	3.50	2.00	72.90	1.40	0.04	0.21	12.62	65
玉　米	联邦德国 1 号	88.50	10.17	3.74	1.31	72.14	1.14		0.13	12.79	72
玉　米	新黄单 8 号	88.40	10.02	4.51	2.05	70.85	0.97		0.17	12.87	71
玉　米	杂交种	92.56	7.80	4.01	9.00	70.41	1.33	0.04	1.11	12.12	55
玉　米	英国红玉米	90.09	7.29	3.43	2.01	73.56	1.80	0.01	0.34	12.16	66

七、糠麸类

饲料名称	样品说明	干物质/%	粗蛋白/%	粗脂肪/%	粗纤维/%	无氮浸出物/%	粗灰分/%	钙/%	磷/%	代谢能/(MJ/kg)	可消化粗蛋白质/(g/kg)
高粱糠	8 样均值	91.10	9.60	9.10	4.10	63.50	4.90			11.20	55
糜　糠		91.50	8.10	2.43	29.54	41.58	9.85	0.52	0.21	6.73	44
米　糠		91.06	10.45	13.79	11.27	39.08	16.02	0.36	0.65	7.36	45
绕　糠	带稻壳	92.48	9.54	5.17	30.15	37.31	17.83			7.06	41
小麦麸	冬小麦	89.73	11.36	4.10	11.02	58.09	4.50	0.27	1.08	9.03	86
小麦麸	出粉率 85%	90.62	17.70	3.15	7.16	57.04	5.21	0.05	1.05	9.49	132
小麦麸	出粉率 90%	90.38	11.30	4.53	7.26	61.76	5.53	0.11	1.04	9.24	84
小麦麸	春小麦	90.50	14.50	4.02	7.21	59.40	5.37	0.08	1.05	9.36	131
小麦麸	115 样均值	88.60	14.40	3.70	9.20	56.20	5.10	0.18	0.78	9.07	108

八、豆　类

饲料名称	样品说明	干物质/%	粗蛋白/%	粗脂肪/%	粗纤维/%	无氮浸出物/%	粗灰分/%	钙/%	磷/%	代谢能/(MJ/kg)	可消化粗蛋白质/(g/kg)
扁　豆		91.00	25.80	2.30	6.02	54.35	2.53			12.67	225
蚕　豆	23 样均值	88.64	27.60	0.90	7.50	49.80	2.80	0.10	0.15	12.08	240
大　豆	40 样均值	88.00	37.00	16.20	5.10	25.10	4.60	0.27	0.48	14.63	311
黑　豆		92.49	39.03	8.12	7.36	32.94	5.04	0.27	0.54	13.17	351
黑　豆	9 样均值	90.00	37.70	13.80	6.60	27.40	4.50	0.25	0.50	14.13	339
豌　豆		91.08	22.16	1.64	4.95	59.96	2.37	0.09	0.30	12.33	190
豌　豆	麻豌豆	93.46	24.05	1.04	6.32	59.28	2.77	0.11	1.63	12.67	207
豌　豆	小白豌豆	89.29	23.52	0.64	5.64	56.97	2.51	0.06	0.27	12.08	202

九、饼粕类

饲料名称	样品说明	干物质/%	粗蛋白/%	粗脂肪/%	粗纤维/%	无氮浸出物/%	粗灰分/%	钙/%	磷/%	代谢能/(MJ/kg)	可消化粗蛋白质/(g/kg)
菜籽饼	机榨饼	93.20	31.13	3.39	6.28	39.82	6.67	0.55	0.94	11.45	248
菜籽饼	浸　提	90.08	32.56	8.00	9.87	34.10	5.55	0.15	0.72	10.87	257
菜籽饼	机榨，27 样均值	92.20	36.40	7.80	10.70	29.30	8.00	0.73	0.95	12.16	313
大豆饼	机　榨	93.48	38.92	6.92	9.95	32.74	4.95	0.22	0.58	12.00	307
大豆饼	机榨，42 样均值	90.60	13.00	5.40	5.70	30.60	5.90	0.32	0.50	13.08	366
胡麻饼	机　榨	92.87	32.47	3.83	5.67	42.11	8.79	0.33	0.38	12.08	286
芥籽饼	机　榨	92.16	41.44	2.00	8.57	33.97	6.16	0.52	0.91	10.58	326
脱毒芥籽饼	浸　提	90.20	39.62	1.64	8.34	33.40	7.20	0.85	0.88	10.12	311
葵花饼	机　榨	93.24	30.21	7.22	17.14	33.73	4.92			11.58	274
葵花饼	机榨，带壳	96.95	32.25	12.38	21.84	23.70	6.78	0.22	0.90	9.61	292
麻籽饼	机　榨	92.49	28.53	4.70	18.69	32.05	8.52	0.15	0.39	8.15	228
玉米胚芽饼	含 25% 稻壳	90.79	8.82	4.70	24.94	43.09	9.24	0.19	0.35	10.12	63
玉米胚芽饼	淀粉厂产品	92.17	15.00	4.57	23.03	11.62	7.95			10.62	108
芸芥饼	机　榨	92.41	37.42	8.60	10.32	29.95	6.12	0.38	0.42	12.08	340
芸芥饼	浸　提	91.56	40.15	1.89	9.34	33.95	6.34	0.39	0.47	11.45	366

十、糟渣类

饲料名称	样品说明	干物质/%	粗蛋白/%	粗脂肪/%	粗纤维/%	无氮浸出物/%	粗灰分/%	钙/%	磷/%	代谢能/(MJ/kg)	可消化粗蛋白质/(g/kg)
醋糟		24.50	2.10	2.25	4.93	14.70	0.52	0.05	0.65	2.59	14
豆腐渣		6.73	1.67	0.57	1.34	2.87	0.28	0.03	0.03	0.92	15
淀粉渣	6份豌豆4份扁豆	12.41	1.54	0.10	2.67	7.79	0.31	0.03	0.05	1.48	11
酱油渣	6份大豆4份麸皮	29.40	6.88	3.23	5.59	11.61	2.09	0.09	0.70	3.64	47
酒糟	高粱酒	55.34	7.59	1.20	15.28	22.53	8.74	0.05	0.15	2.97	32
啤酒糟	鲜	13.86	3.40	0.77	1.90	7.14	0.43	0.02	0.03	1.84	23
甜菜渣	发酵	11.58	1.88	0.32	4.41	4.66	0.27	0.08	0.003	1.21	12
甜菜渣	鲜渣	10.40	1.00	0.10	2.30	4.70	0.30	0.05	0.01	1.17	6
饴糖渣	原料为玉米	38.17	7.82	4.09	2.82	22.47	0.97	0.07	0.29		48

十一、其他类

饲料名称	样品说明	干物质/%	粗蛋白/%	粗脂肪/%	粗纤维/%	无氮浸出物/%	粗灰分/%	钙/%	磷/%	代谢能/(MJ/kg)	可消化粗蛋白质/(g/kg)
豆制品废液干粉		90.62	53.73	8.39	0	11.62	15.88	0.13	0.12		
玉米蛋白粉		89.15	26.70	2.72	0.43	57.85	1.45	0.18	0.20		
植酸渣	原料为麸皮	91.48	4.29	2.46	34.04	34.01	16.68	0.12	0.52		
氨化麦秸		93.34	8.64	1.64	41.31	33.54	8.39				
氨化苏丹草	成熟后枝叶	93.32	4.67	0.31	40.41	41.67	6.25				

附录 14　饲养南江黄羊“五字经”

1. 山羊体虽小　全身都是宝　肉皮毛绒奶　样样价值高
   黄羊品种好　长肉只吃草　节约精饲料　营养也霸道
2. 有说山羊坏　片面不实在　只要重管理　林木青山在
   跟群去放牧　种草养羊路　秸秆作饲料　圈养也可富
3. 山羊最活泼　好动喜登高　爱吃望头草　合群易调教
   干燥恶潮湿　地方要选好　低洼湿润地　肺炎又腐蹄
4. 山羊爱清洁　讨厌是污浊　不洁水和草　宁愿挨饥饿
   羊的采食广　适应性最强　百样草都吃　冷热都一样
5. 山羊肠最长　四胃消化强　瘤胃容积大　分解纤淀糖
   还有抗逆强　对病有抵抗　只要重防疫　终年保健康
6. 要想养好羊　重点在公羊　公羊好一坡　选好理应当
   外观需雄壮　还要拱鼻梁　睾丸要整齐　声音得洪亮
7. 体质要结实　头大耳朵长　眼鼓大有神　前胸深又广
   体驱砖块型　肋骨弓开张　年龄要适中　四肢粗又壮
8. 要想多生产　关键是母羊　繁殖是第一　主要管数量
   毛短密细匀　黄色有光亮　生殖看阴户　养育观乳房
9. 各部结合好　颈部微细长　四肢需粗直　耳大微垂长
   颜面毛黄黑 綠纹侧鼻梁　眼大圆有神　八字角外上
10. 养好种公羊 精沛性欲旺　补充蛋白质　受胎率更强
    配种超过五（只）鸡蛋补充上　配期补精料　休闲可粗放
11. 要想繁殖多　必须养母羊　配种前半月　管理要加强
    须吃丰茂草　断奶复健康　促进早发情　受孕有保障
12. 孕前的管理　也需重营养　保持中体况　放牧好草场
    临产两个月　胎儿发育强　除开抓放牧　补饲供营养
13. 产后一开始　羔羊吮乳忙　生后二十天　管理是关键
    母羊要补饲　羔羊初生关　防止羔羊痢　喂药防肠炎
14. 一旦三月满　就是过渡关　羔羊需断奶　补料细照看
    再过两个月　进入后备关　羊群要选择　培育抓重点
15. 要想羊不死　防病是关键　疫苗三五联　羊痘和肺炎
    环境常消毒　进羊只只检　四季要驱虫　药浴也关键
16. 如遇破伤风　强直反角弓　形似木马状　死亡尸体僵
    首先在预防　手术清好创　注射破伤抗　病羊要避光
17. 羊的钩体病　又叫打谷癀　病羊体温高　黏膜也发癀
    多发夏秋季　体瘦尿红黄　病羊即隔离　抗菌素莫忘

18. 羊痘最常见　带毒传染源　重在伤皮肤　并发肺肠炎
重点在管理　增强体质关　病羊即隔离　消毒治疗关
19. 羊的口蹄疫　皮肤蹄叉糜　走路呈跛行　无刍无食欲
有疫必封锁　报告管部门　平时重防疫　死羊需埋焚
20. 羊的角膜炎　接触性传染　引羊带了菌　群发是主因
羞明肿流泪　严重成溃疡　药水洗点眼　清扫灭蚊蝇
21. 羊的烂肺病　热咳肺炎症　空气飞尘染　过热受寒传
圈挤矮黑暗　冬春最易犯　治疗无特效　重在预防前
22. 羔羊痢疾症　寒冷潮湿病　粪色黄白灰　神差低头吟
后期便带血　腹泻溃疡症　点后喂素食　磺胺治本病
23. 传染性口疮　秋季群发旺　口唇角鼻部　后疹水脓疮
眼睑耳郭部　龟裂污秽痂　强力消毒灵　皂水紫药加
24. 肝片吸虫病　山羊最常发　急慢两种型　肝炎死亡大
预防有新药　兽医有方法　硫双二氯酚　克星就算它
25. 羊的脑包虫　神经转圈动　回旋前后冲　姿势各不同
预防治此病二灭犬最为重　患畜头脑脊　深埋或火焚
26. 莫尼茨绦虫　下痢腹又痛　膜白体消瘦　患羊卧地动
本病无巧法　预防最为重　注意有新药　别丁也可用
27. 注意疥癣病　生毛部位胜　表现羊奇痒　重者毛脱尽
皮肤变厚硬　形成龟裂层　滴滴涕乳擦　敌甲药浴净
28. 要说普通病　臌气最盛行　幼嫩豆类草　最易发本病
左肷凸不平　反刍嗳气停　碳酸氢钠液　芒硝汤更灵
29. 饮水如不足　瘤胃积食秘　羊只发病快　腹痛摇尾咩
莫吃霉败料　消导下泻疗　防止酸中毒　石灰水胃好
30. 羊得感冒病　毛乱精神沉　食欲反刍绝　耳尖鼻端冷
流泪鼻干燥　舌红升体温　解热镇痛剂　复方比林针
31. 要说中毒病　要数有机磷　乐果敌敌畏　还有强毒磷
腹泻流涎呕　多汗尿失禁　抽搐又昏睡　治疗解磷定
32. 还有氨中毒　误食了尿素　严重食废绝　剧烈咳嗽声
腹痛胃臌气　温高步不齐　静注葡萄糖　食醋灌服宜
33. 患了乳房炎　红肿热痛全　乳汁变脓液　羔羊活不全
病程若延长　乳房硬结板　青霉普卡因　封闭热敷关
34. 要想养好羊　种草不要忘　结合地方情　玉米萝卜强
种植固氮树　秋草晒干装　利用好秸秆　青干贮备粮
35. 楼式羊舍好　楼下一米五　漏缝式圈板　通风又干燥
舍内设草架　产栏补饲槽　公母分圈关　还有运动场
36. 如要集约化　必须现代化　科学组羊群　公母大小划
调整配种季　序配集中抓　成批出栏好　质量顶呱呱

37. 如果要养羊　必须养黄羊　若能繁10只　送儿大学堂
养上五十只　年收两万元　养上一百只　等于百宝箱
38. 岑牧本相依　并非矛盾的　不是羊淘气　是你没管理
跟群牧第一　种草别忘记　秸秆利用起　自然会好的
39. 养羊前景好　市场有依靠　草食动物肉　只等货源好
农民朋友们　千万别忘掉　入世和开发　发财机遇到

习题资料

1. 山羊需要哪些营养物质？这些营养物质来源如何？

山羊需要的营养物质有：碳水化合物、蛋白质、矿物质、维生素及水等。这些营养物质是山羊生命活动、生产产品、繁衍后代的基础。缺乏这些营养物质或者这些营养物质不平衡，或者这些营养物质过度都会影响山羊的健康，影响生产，影响繁殖。

山羊所需营养物质来源于饲料。

能量主要来源于饲料中的碳水化合物、脂肪和蛋白质。碳水化合物，包括粗纤维和无氮浸出物。蛋白质主要来源于饲料中的粗蛋白质。由于山羊是草食动物，瘤胃中是微生物可以改变饲料中的蛋白质，使其从植物性蛋白质转化为动物性蛋白质，尤其可以通过瘤胃微生物利用饲料中的非蛋白氮和特殊饲料的尿素，将这些物质转化为菌体蛋白，供山羊体利用，所以山羊与单胃动物相比，对蛋白质的品质要求不甚严格。除正在生长发育的幼年山羊和高产山羊外，日粮中必需氨基酸的供应不甚突出。

山羊所需的矿物质，主要来源于饲料中的灰分，因此除饲料多样化外，还要经常注意补加食盐和骨粉。

山羊所需维生素来源于饲料。青料是其主要提供者。

山羊所需水分主要来源于饲料中的水分和饮水。

2. 山羊常用的饲料有哪几类？

山羊常用的饲料按其来源可分为植物性饲料、动物性饲料、矿物质饲料和特殊饲料等四种类型。

（1）植物性饲料是饲养山羊的主要饲料类型。各类山羊的饲养都是以植物性饲料为基础料，也是来源最丰富、利用最广泛的一类饲料。根据纤维素和水分含量的多少，通常又把植物性饲料分为青饲料、秸秆饲料、多汁饲料和精料等。

① 青饲料：一般鲜嫩的青绿植物，除有毒植物外都可用作山羊的青饲料。具体包括有各种新鲜野草、栽培牧草、青刈饲料、树叶和灌木等。用各种青饲料调制的青贮料和青干草因其成分与性质同青饲料，也包括在这里。

② 秸秆饲料：包括各类秸秆和秕壳。粗纤维含量高，营养价值低。这类饲料是山羊常用饲料，但这类饲料应加工处理，提高适口性和消化性，从而提高饲料的利用价值。

③ 多汁饲料：包括南瓜、马铃薯、萝卜、饲用胡萝卜等。

④ 精料：常用的有玉米、大麦、小麦、高粱等籽实类饲料和麸皮、豆饼、米糠、豆腐渣等加工副产品。这类饲料是山羊用来补充蛋白质、能量的补充料。饲养山羊的原则应是：青料为主，辅以精料。

（2）动物性饲料：在生产中常用的动物性饲料有羊奶、牛奶、蛋类等，主要在配种季节为种公羊增加营养和培育羔羊用。

（3）矿物质饲料：主要有食盐、骨粉、石灰石粉、磷酸钙、贝壳粉等，主要用于补充饲料中矿物质不足用。

（4）特殊饲料——尿素，山羊瘤胃微生物利用其中的氨，转化为菌体蛋白，满足蛋白质需要用。

3. 青饲料有哪些特点？在山羊饲养中有什么作用？

青饲料是一种营养丰富而且营养物质含量全面，能为山羊机体提供全价的营养物质，又是山羊喜欢采食、适口性好的一种优质饲料。青饲料基本含有山羊所需要的营养物质，它更有精料不能完全代替的特性。青饲料中蛋白质含量一般比较高。禾本科牧草与蔬菜类饲料的粗蛋白含量在 1.5%～3%，豆科青饲料在 3.2%～4.4%，如按干样计算，前者粗蛋白含量达 13%～15%，后者可高达 18%～24%。由于青饲料都是植物体的营养器官，一般含赖氨酸较多，故其蛋白质品质优于谷类籽实蛋白质。另外在幼嫩的饲草中含有 1/3 的非蛋白含氮物，这些非蛋白含氮物的主要成分为氨基酸和酰胺，有助于蛋白质的合成。青料中含有占干物质中的 4%～30% 可溶性碳水化合物（包括聚果糖、葡萄糖、果糖、蔗糖等）。还含有 20%～30% 的纤维素和 10%～30% 半纤维素，这两种多糖类物质，可视为碳水化合物的重要来源。而碳水化合物又是山羊能量的来源。充足的碳水化合物就能保证山羊的能量需要。青料中还含有占干物质 4% 的脂肪，脂肪是提供山羊能量的高效能源，也是山羊需要的高能营养物质。青料中还含有丰富的胡萝卜素，胡萝卜素是维生素 A 的前体；还含有其他维生素，是多种维生素的主要来源。青料含有丰富钙、磷等矿物质。有些青料还含有一些比正常激素功能弱的雌性激素物质，它可以引起未成熟的青年母山羊发情，对肥育也有效果。

青饲料不仅营养比较全面，且适口性好，消化率高，是含水分多的大体积饲料。

山羊吃了青料，母山羊繁殖机能正常，发情整齐；公山羊性欲旺盛，精液品质好；羔羊、青年羊生长发育迅速；成年山羊产奶量高，毛皮品质好，体重增加，体质变好，健康、病少，所以青饲料是养山羊的基础饲料，它对山羊又有很好的效能性作用。

4. 怎样开辟饲料来源？保证山羊饲料长年不断？

要养好山羊，就要有充足的饲料，因此必须广开饲料来源，保证山羊饲料长年不断。在解决山羊饲料来源问题上，广大牧民在实践中积累了丰富的经验。他们的措施是：广泛收集，种植放养和加工储存。就是在天然野草生长旺季，收集大量野草、树叶，进行加工储存，同时还可因地制宜，种植一些高产青饲料。加工储存方式大体有三种：一是晒干储存，夏秋季节，山羊吃不完的青绿饲料，主要晒成青干草，供山羊利用。二是制成青贮料，将优质青草等进行青贮，在冬季代替青料喂山羊。三是窖藏部分新鲜的青饲料和多汁饲料，以备补料之用。

实践证明：为合理解决山羊饲料来源，还要做好三项工作。

一是充分利用自然资源，广泛收集饲料：绿色的野草和树叶，山羊喜吃，又富含营养，应充分利用。在牧地多、草质好的地区，应划区轮牧。要保护好草山草坡，改良好草场。还要抓紧时机收集饲草，进行加工调制。在牧地少、草质差的地区，除延长山羊的放牧时间外，也应将树叶、野草收集回来喂山羊。群众的经验是：“下地不空手，回家不空篓”；“突击采集与经常收集相结合”。

二是农牧结合，大搞饲料生产：适当种一些豆科牧草，既培养了地力，又提供了蛋白质、维生素饲料，从而促进农牧双丰收。

三是及时加工储藏：充分利用农副产品，特别是植物的秸秆、叶蔓和秕壳。这类饲料历年以来就是饲养山羊的粗饲料，应在收集粮食作物的同时，积极收集这类饲料，应充分加工利用起来。若要干贮应尽快晒干和堆好；若要青贮应尽早调制，以保存更多的养分。

5. 怎样合理使用尿素？

山羊是草食动物，具有反刍特点。在瘤胃中脲酶能将尿素分解成二氧化碳和氨。而瘤胃中的微生物可利用氨进行生长和繁殖，合成菌体蛋白。这些菌体蛋白可被山羊消化利用，满足体内蛋白质的需要。

尿素、双缩脲或某些铵盐都是广泛应用的非蛋白氮饲料。它的营养价值只是提供瘤胃微生物合成蛋白质所需要的氮源，从而起到补充蛋白质营养的作用。

纯尿素含氮量可高达 47%。如果这些氮全部被微生物合成蛋白质，则 1 kg 尿素相当于 2.8 kg 粗蛋白质的营养价值，相当于 7 kg 豆饼中含蛋白质的营养价值。

尿素只能作为氮的补充来源，不能代替日粮中全部粗蛋白质，只能替代其中的 25%～30%。尿素缺乏能量，故要混在富含能量或富含碳水化合物及适量脂肪的饲料中喂饲。尿素只适于喂饲青年山羊和成年山羊。因羔羊瘤胃中微生物区系不完全，饲喂尿素不能合成菌体蛋白，反而容易中毒。饲喂尿素时，饲料中应富含碳水化合物，不能与大豆、豆饼、苕子及苜蓿等一起饲喂。因为这些饲料中含有脲酶，同这些饲料一起饲喂，容易引起中毒。如果将大豆或豆饼用高温处理，脲酶被破坏后再用则无害。

尿素的喂量，一般掌握不超过日粮干物质的 1%～2%，或按每 10 kg 体重喂给 2 g，尿素给量不超过日粮总氮量的 1/3 为原则。每日的喂量应分 2～3 次喂给，切忌饮用或单独饲喂。若喂饲不当，喂后 20～30 min，即会出现尿素中毒。若有中毒症状时，可静脉注射 10%～25% 葡萄糖注射液，每次 100～200 mL；或请兽医抢治。

6. 山羊为什么要补加食盐？怎样添加？

食盐中含有钠、氯化合物及其他微量元素（海盐中的碘、钴）等矿物质。钠和氯有助于维持体细胞的渗透作用，协助运送养分和排泄物。氯和钠还是血液中不可缺少的元素，也是胃液中盐酸的重要组成成分。食盐还能促进蛋白质的消化和利用，增加食欲。

山羊是食草动物，每天采食的饲料多为植物性饲料。植物性饲料，大都含钠和氯的数量极少，相反含钾丰富。尤其是山羊又是以放牧为主的草食动物，在放牧采食中采食到的饲草，钠、氯含量更显差距性的变化，造成生理上的不平衡。为了创造山羊生理上的平衡，满足其钠、氯的需要，以植物性为主食的山羊，应补给食盐。食盐还可改善山羊的口味，增进山羊的食欲，具有调味剂的作用。食盐喂量应占日粮风干物质的百分之一。在缺碘地区，为了山羊对碘的需要，应在给山羊喂饲食盐时，采用碘化食盐。如无现存碘化食盐时，可以自配，在食盐中混入碘化钾，用量要使其中碘的含量达到 0.007% 为度，但应注意配合技术，必须使碘在盐中均匀分布。如果不均匀，就可能引起碘中毒。碘容易挥发，应注意密封保存。至于商品碘化食盐，已经使碘稳定化，故问题不大。

在生产上山羊喂饲的方法有：将食盐混于补料中喂饲。在广东饲喂山羊主要用竹筒内装饱和盐水吊在羊舍内，供山羊自由舔食。

7. 水对山羊有什么用处？养山羊不喂水行吗？

水是山羊机体的重要组成成分。一般羔羊机体含水量多达 80%～85%。成年山羊体内含水量达 50%～60%。水对山羊的生命起着重要的作用，主要作用是在体内运输养分、排泄废物、调节体温、帮助消化、促进细胞和组织的化学作用以及调节组织的渗透压等，因此水是山羊不可缺少的营养物质。据研究，山羊可失去所有的脂肪和一半以上的肌肉，仍能存活。但若损失身体水分的 10%，则可导致山羊发病，有的甚至迅速死亡，因此，饲养山羊每日必须供给山羊充足的水分。

山羊体内需要的水分，虽然可以利用有限的体内代谢水和饲料中的水，但饮水则是山羊摄取水分的重要来源。据报道：体重 18～20 kg 的山羊，每天每头平均需要饮 680 g 自由水。山羊的饮水量与气温和采食干物质量有关，在干燥季节每头山羊每天饮水 720 g，3 倍于潮湿季节的饮水量。食入干物质量与水的饮入量之比为 1：（4～5）时，奶用山羊产奶量最高；肉用山羊则为 1：4.4。在放牧条件下，由于青饲料中含水量高，山羊随草吃入的水分量也多，因而干物质与水之比要超过 1：4.4。为此，饲养山羊要给饮水，而且要饮符合卫生要求的水。可在羊舍内及山羊运动场内设立饮水装置，让山羊自由饮用，效果最好。但供水装置要经常清洗干净，饮水要经常更换，使之保持清洁卫生。

8. 营养水平对山羊的生长发育和生产力有哪些影响？

山羊的生长发育快慢、生产水平的高低受遗传和环境因素影响。饲养中的营养水平是影响山羊生长发育和生产水平的重要环境因素。在生产实践中，母山羊在怀孕期，特别是怀孕后期，得不到其所需要的营养物质，就会使胎羔发育不全，生产出来的羔羊体弱多病；哺乳羔羊及幼年山羊得不到充足的营养，就会使生长发育受阻；成年山羊若长期处于低营养水平，就会使肉用山羊产肉性能下降、体重减轻、肉的品质变差；奶用山羊产奶性能下降、奶的品质变差；毛用山羊和绒用山羊的产毛量和产绒量下降，毛绒由细变粗，毛的光泽度变为暗淡，毛皮山羊所产的毛皮质量差；种用公山羊若长期处于低营养水平，就会使精液品质下降，繁殖力下降；种用母山羊若长期处于低营养水平，可导致母山羊卵泡发育受阻，使种母山羊不能正常发情及按时排卵，配种受胎率低。总之，营养水平对当代山羊的影响是多方面的，特别是对山羊的经济性状的影响大。在放牧条件下，枯草季节时山羊缺草，若饲养不当，就会导致营养缺乏。在生产实践中用于山羊的日粮，营养过量或缺乏以及营养配比不当都会影响山羊的生长发育和生产力，所以，在生产实践中，放牧山羊要注重抓秋膘；注重枯草季节的放牧和补料。舍饲山羊，在日粮配合时，要注意选用多种多样饲料搭配，保证营养的适量，做到营养的互补。

9. 奶山羊的日粮如何搭配？

奶山羊的日粮，就是奶用山羊一昼夜所采食的各种饲料的总量（即饲粮）。奶用山羊日粮的搭配，就是以奶用山羊的饲养标准为依据，选择不同数量的几种饲料组配成日粮。一个好的奶用山羊的日粮配方，应在日粮中营养含量符合奶用山羊的营养标准，并在饲喂实践中产生增效功能。

在配合奶用山羊日粮时，要把各种饲料搭配好，应注意的事项是：

（1）山羊是草食动物，其日粮饲料搭配应首先考虑青料这类基础日粮的采食量和从青料中摄取营养量，然后对照奶用山羊的饲养标准，用奶用山羊营养标准中规定的各类营养减去青料中各类营养，求出尚欠营养量，并据此选取混合料来补充。

（2）奶用山羊的日粮配合，要选用奶用山羊的饲养标准，由各种饲料组配，组配的饲料要适合奶用山羊的采食习性和消化特点，这样才有利于山羊的采食和消化，也有利于配合日粮的转化效能，提高饲料利用效益。

（3）奶用山羊的日粮，在饲料搭配上要注意精、粗比例适当。例如，高产奶山羊的精、粗比为 4：6，低产奶用山羊的精、粗比为 3：7。

（4）奶用山羊日粮，在饲料搭配上要注意配合饲料的营养性、在生产上的有效性和安全无害、还要注意配合日粮容积的适量性。

（5）要保持一定的粗纤维的含量，在配合日粮中粗纤维含量以 15%～20% 为宜。

（6）所选饲料要新鲜、清洁、尽可能是本地来源容易的饲料。

（7）饲料搭配的营养量要根据奶山羊的产奶量、山羊体况、妊娠期、干奶期作适当的调整，使其适其需要，发挥效用。

10. 怎样给山羊补料？羔羊何时断奶好？采取哪些断奶方法？

（1）羔羊补料。羔羊生后 15～20 日龄，就要训练吃草料。幼嫩的豆科干草和嫩枝叶是羔羊最好的饲草，应尽早让其自由采食。采取的饲喂方法：若舍饲时，可用绳将优质的干草或幼嫩的枝叶捆成一小把，悬吊在哺乳羔羊栏内；也可以将其切短、切碎放入羔羊补料槽内让其自由采食。

混合精料的补给，可在羔羊出生后 20 日龄开始。混合精料的配合与喂量依饲料品质和羔羊哺乳量不同而有差异。

最初应喂易消化的淀粉饲料，逐渐增加豆类饲料和高脂肪饲料。出生 50 d 前蛋白质营养主要靠母乳提供；出生 50 d 后蛋白质营养应转到草料上来，因此日粮中应补加豆饼等提高日粮中的蛋白质水平。喂混合精料应少喂多餐，勤喂勤添，吃饱不浪费，质地新鲜。

（2）羔羊断奶一般是在出生后 4 月龄左右。发育好的羔羊或一年产两胎的母羊，可适当提前断奶；发育较差的羔羊或留作种用的羔羊，可适当推后断奶。

在生产上羔羊断奶，若为单羔则取一次断奶；若为双羔或多羔，且发育不整齐时，可取分次断奶，将发育好的羔羊先断奶，发育不好的留下，继续随母哺乳。

羔羊断奶前，要训练吃大量牧草，使其生长发育不致因断奶而受到影响。羔羊断奶后应在优质的牧草地上放牧，使其采食大量牧草，以补充其营养需要。羔羊断奶后应保持环境的稳定，否则羔羊会感不安而乱叫，从而影响健康。

11. 怎样制作青干草？

青干草也是用来饲喂山羊的一种主要饲料。特别是天然牧草缺乏的地区和野草生长少的冬季，用青干草喂山羊是解决饲料的一种有效措施。青干草不仅可以用作山羊的维持饲料，还可作为山羊的生产饲料。在生长中的青年山羊，繁殖中的公、母山羊和泌乳中的母山羊，在日粮中使用优质干草，都有较好的效果。所以制作大量优质干草，以保证全年饲料均衡供应，应是稳步发展山羊业的重要措施。

青干草的调制一般多采用自然干燥的方法，包括有田间干燥法、架上晒草法和褐色干草等。

在田间晒制干草，可根据当地气候、牧草生长、人力和设备条件的不同而采取平铺晒草、小堆晒草或者两者结合等方式进行，以能更多地保存青饲料中的养分为原则。就是将青草刈割以后，即可在原地或另选一地势较高处，将青刈草摊开晒，每隔数小时将晒草适当翻晒，以加速水分蒸发，待水分降到 50% 左右时，就可把青草堆集成 1 m 高的小堆，任其在小堆内逐渐风干，并在小堆外层盖以塑料布，以防恶劣天气，待天晴时，再倒堆翻晒，直到干燥为止。

雨多地区或逢阴雨季节的晒草，宜采用草架上干燥。草架以轻便坚固，并能折开为佳。在架上晾晒的青草，要放成圆锥形或屋脊形，要堆得蓬松些，厚度 70～80 cm，离地面应有 20～30 cm，堆中应留通道，以利空气流通，外层要平整保持一定倾斜度，以便排水。在架上干燥时间需 1～3 周，根据天气而定。

晒草季节如遇阴雨连绵，可将已割下的青草平铺风干，使水分减到 50% 左右，然后分层堆积 3～5 m。为防止发酵过度，应逐层堆紧，每堆撒上青草重量的 0.5%～1% 的食盐，调制褐色干草，需 30～60 d 过程才可完成。也可适时把草堆打开，使水分蒸发。

12. 怎样调制青贮料？利用青贮料喂山羊应注意些什么？

青贮饲料是饲养山羊常用的一种饲料。饲料青贮包括有：

（1）青贮饲料作物和牧草的适时收割。一般密植青割玉米在乳熟期、豆科植物在孕蕾至开花初期。禾本科牧草在孕穗到抽穗期、甘薯藤在霜前收割为好。一般收割宁早勿迟，随收随贮。

（2）切短。青贮原料收割后，应立即运到储藏点，切短青贮。小量原料可用铡草刀铡草；大规模青贮要用青贮切碎机切短。

（3）装填。铡短的青贮饲料应立即装填。装填前，窖底部可填一层 10～15 cm 厚的切短秸秆或软草，以便吸收青贮液汁。在窖壁四周可铺填塑料薄膜以加强密封，防止漏水、漏气。还要调节青贮的含水量，特别是青贮时，应进行添加物的补加，混合。装填青贮料时应逐渐装入，每层次装 15～20 cm 厚，即应踩实，然后再继续装填。高水分的原料应添加粗干饲料，在与难贮原料添加碳水化合物如糠麸类混合青贮时，也应与青饲料间层装填或分层混合青贮。装填时要特别注意紧实，四角或靠壁地方尤应注意，这是青贮成败的关键。

（4）要严密封窖。防止漏水、通风，这是调制优质青贮的重要环节。青贮原料装贮到超过 60 cm 时，即可加盖封顶。封顶时先盖一层短软干草 20～30 cm 厚，再铺盖塑料薄膜，然后用土压实，厚 30～50 cm，并做成馒头形，以利排水。

（5）管理。青贮窖密封后，应在距窖四周 1 m 处挖沟排水。应经常检查，有裂缝时应及时覆土压实，防止漏水和雨水渗入。

利用青贮喂山羊时应注意品质，凡霉烂的青贮都不应用来喂山羊；最好与其他饲料搭配使用；应由少到多逐渐过渡，等适应后再增加喂量，等等。

13. 制作青贮料应该掌握哪些原则？

饲料青贮主要是靠乳酸菌繁殖产生乳酸，抑制有害微生物的繁殖，而达到长期储存的目的。因此，搞好饲料青贮的关键，就是要为乳酸菌创造迅速繁殖的条件。生产实践证明：制作青贮料应掌握以下原则。

（1）青贮原料要有适当的含糖量，才能保证乳酸菌的迅速繁殖和制造青贮“防腐剂（乳酸）”的需要。实践证明：要调制优良的青贮料，含糖量至少应为鲜重的 1.0%～1.5%。根据饲料的青贮糖差，可将青贮原料分为三类：

第一类：易于青贮的原料，如玉米、高粱、禾本科牧草、甘薯藤等。

第二类：不易青贮的原料，如苜蓿、三叶草、大豆、紫云英、马铃薯茎叶等，宜与第一类混贮。

第三类：不能单独青贮的原料，如南瓜蔓等。这类植物只有与其他青贮原料混贮或添加富含碳水化合物或加酸青贮才能成功。

（2）青贮饲料水分含量要适中。青贮原料中含有适量水分，是保证乳酸菌正常活动的重要条件。乳酸菌繁殖活动的最适宜的含水量为65%～75%；豆科牧草含水量则以60%～70%为宜。含水量过高或过低的青贮原料，青贮时均应进行处理和调节。

（3）青贮饲料要填紧、压实、封密，保持无氧环境，这是保证乳酸菌繁殖活动的重要条件，也是制作青贮的重要原则。

14. 怎样修建青贮窖?

饲料青贮需要一定的设备。青贮窖就是饲料青贮的重要设备之一。修建青贮窖，应选择好地址。地址宜选择土质坚实，地势高燥，地下水位低，靠近山羊舍，远离水源和粪坑的地方。修建的青贮窖要求坚固牢实，不透水，不漏水。内壁要光滑、平坦，如为方形或长方形窖，四角要挖成半圆形，使青贮料能均匀下沉，不留空隙。窖壁要有一定倾斜度，上大下小，防止倒塌，便于压紧，底部必须高出地面水位0.5 m以上，以防地下水渗入青贮料。长方形青贮窖底应有一定的坡度。

青贮窖一般有地下式和半地下式两种，目前以地下式应用较广。但地下水位高的地方挖窖困难，最好采用半地下式。青贮窖以圆形或长方形为好。有条件的可建永久性窖。窖四周用砖砌成，三合土或水泥盖面。这种窖坚固耐用，内壁光滑，不透气，不漏水，青贮容易成功，养分损失较少。青贮窖容积，一般圆形窖直径2 m，深3 m，直径与窖深之比以1：（1.5～2.0）为宜。长方形窖的宽、深之比同圆形窖，长度大小，应根据山羊头数及饲料多少来决定。

在一个山羊场应建多少青贮窖，每个青贮窖容积要建多大，主要根据山羊头数、需要量、原料多少来决定。生产上还要根据机具、人力和每天取用青贮数量来决定。一般青贮窖每立方米容积可装青贮料500～600 kg。但青贮原料种类不同，每立方米青贮重量，也有很大差异。一般是：叶菜类、紫云英、甘薯块根等700～750 kg；牧草、野草600 kg；青贮玉米500 kg；青贮玉米秸450～500 kg。

圆形窖容积的计算是：

$$青贮窖的容积=3.14\times青贮窖的半径\times青贮窖的深度$$

长方形青贮窖的容积为长×深×宽。

其中宽度按上宽计算，斜度可忽略不计。

15. 怎样制作氨化饲料?

秸秆饲料，就是农作物籽实收割以后的茎叶部分，主要有禾本科秸秆和豆科秸秆两部分，前者包括玉米秸秆、麦秸秆、稻草等，后者包括大豆秸秆、蚕豆秸秆、豌豆秸秆等。这类饲料虽然是山羊在缺草的情况下所采用的一种饲草，但由于这类饲料粗纤维含量高，在干物质中粗纤维含量达31%～45%，而且其中木质素与碳酸盐含量高，如燕麦秸秆木质素含量达14.6%，碳酸盐在灰分中含量达30%左右，故有机物质的消化率低，营养价值低。如蛋白质：豆科秸秆含量在8.9%～9.6%，禾本科秸秆只含4.6%～6.3%，每千克秸秆含可消化蛋白质仅2～23 g。为了提高秸秆饲料的利用价值，增加秸秆饲料的适口性和消化性，提高秸秆饲料的转化效能，对秸秆进行氨化处理。

制作氨化饲料的方法，主要是氨气处理法。就是将秸秆饲料，如山羊常用的麦秸、玉米秸以及稻秆等，先堆成垛，用聚乙烯薄膜四周封严，仅留一通入草垛内的氨气管道。按每吨秸秆

30～35 kg 施放氨气。慢慢释放，氨气进入秸秆中部，逐渐向周围扩散，待通完氨气后，封严，保存 15～40 d 即可开垛启用。氨化时间长短与环境温度有关。5～15 °C 需 4～8 周时间，而 20～30 °C 则需 1～3 周时间就可开垛启用。

经氨化处理的秸秆饲料，山羊的采食量和消化率可提高 20% 左右，蛋白质可提高 1～2 倍。氨还可防止饲料发霉。

16. 怎样制作碱化饲料？

秸秆饲料用氢氧化钠或石灰水等碱性物质处理后，可改善其适口性，提高消化率。在化学药剂的侵蚀下，秸秆细胞壁中的硅酸和木质素被破坏，细胞壁变得疏松，细胞结构改变，纤维素膨胀，给山羊瘤胃中具有消化纤维素能力的细菌创造了有利条件，同时消化液能深入接触细胞中的营养物质。实践证明：用碱处理的秸秆，其消化率可提高 70%～75%，粗纤维可增加到 80%。但是，在碱化过程中，饲料中蛋白质可能被溶解，维生素受到破坏。所以，这种调制方法，只适用于营养价值较差的秸秕饲料。

碱化处理秸秆最简便的方法是石灰水处理法。取 3 kg 生石灰或 4 kg 熟石灰，加水 200～250 kg，制成溶液。为了增加适口性，可加入 1 kg 食盐。充分搅拌均匀，倒入 100 kg 切碎的秸秆，浸泡 5～15 min，捞出放在木板上压实，经过 2～3 h 后，再用石灰溶液浇通一遍，放置 24～36 h，使调制的秸秆饲料进一步熟化后可喂。也可把切短的秸秆，放入 1%～2% 石灰水中浸泡 12 h。还可将秸秆切成 3～5 cm 长，用配制成的 3% 熟石灰溶液或 1% 生石灰溶液处理。100 kg 切碎秸秆需要石灰水溶液 300 kg，在缸中或水泥池中浸泡 24 h，捞出沥去石灰水即可饲用。石灰水溶液可以继续利用，但需在 100 kg 石灰水溶液中加入 0.5 kg 生石灰，保持一定的浓度。当石灰水呈褐色，有臭味时，须重新配制新鲜的石灰水溶液。

17. 怎样制作糖化饲料？

山羊喜欢吃的禾本科籽实中的玉米、高粱、大麦、小麦等，含丰富的无氮浸出物，占干物质的 71.6%～80.3%。而且其中主要是淀粉，依其收割与储藏的条件，一般占 82%～90%，而糖分（可溶性碳水化合物）的含量仅为 0.5%～2%。为了增进其适口性，提高其消化率，促进这类饲料的转化效能，采取加酶发酵的方法，使其中一部分淀粉转化为麦芽糖，使这些禾本科籽实含糖率提高到 8%～12%。糖化饲料带有甜香味，不仅可以改善饲料的适口性，也有助于消化。

糖化饲料的调制方法，就是先将谷物籽实（玉米、大麦、小麦、高粱）磨碎，放入制作糖化饲料用的缸内，厚度不超过 30 cm，然后倒入 2.0～2.5 倍 80～90 °C 的热水，充分搅拌均匀。为了不使饲料温度迅速下降，可以在饲料表面撒上一层厚约 5 cm 左右的干料面，盖上盖来保温。糖化时间，一般需 3～4 h。在这段时间内，饲料温度应该保持在 55～66 °C。温度太低，不仅糖化不透，反而会变酸。如需加快糖化进程，提高糖化量，还可加入相当于干料重量 2% 的麦芽曲，效果更好。

糖化饲料储存时间最好不超过 10 h，以随制随喂为原则，且要注意调制用具的清洁卫生。存放过久或用具不干净，常易引起酸败变质，效果不好。

18. 怎样利用籽实类饲料？

在配制山羊特别是奶用山羊的日粮时，经常以籽实类饲料作为能量和蛋白质的补充饲料。常用的籽实有禾本科的玉米、燕麦、高粱、稻谷等，豆科有大豆、蚕豆、豌豆等。

禾本科籽实饲料含无氮浸出物高，占干物质的 71.6%～80.3%，而且其中主要是淀粉，含能量高，故又称能量饲料，是山羊，特别是奶用山羊日粮中主要能量饲料来源。禾本科籽实的蛋白质含量占 8.9%～13.5%（占干物质）。在蛋白质中某些必需氨基酸，特别是赖氨酸与蛋氨酸含量分别为 0.31%～0.69% 与 0.16%～0.23%。脂肪含量少，矿物质中缺乏钙，一般都低于 0.1%。而磷的含量可达 0.31%～0.45%。谷实中所含的磷，有相当一部分属于肌醇六磷酸盐（植物盐）。含丰富的 B 族维生素和维生素 E，缺少维生素 A 和 D。

豆科籽实饲料蛋白质含量丰富，一般为 20%～40%，且蛋白质品质好，特别是赖氨酸含量比较高，蚕豆、豌豆分别为 1.80% 与 1.76%，是山羊日粮蛋白质的主要来源。但是豆科籽实含热能较禾本科籽实低。含磷多于含钙，缺乏胡萝卜素。所以使用豆科籽实作为山羊日粮配合饲料时，应该与富含热能和维生素的饲料搭配饲喂。

在生产实践中，禾本科籽实与豆科籽实搭配喂饲，只能起到营养互补的作用。但要提高饲料的利用价值，就要注意对这类饲料的调制，使之增加其适口性和消化性，提高这类饲料的转化效能。

19. 怎样利用糟渣类饲料？

在生产上，特别是奶山羊生产上有用糟渣类饲料喂山羊的。常用的糟渣饲料有豆腐渣、甜菜渣以及甘蔗渣等。

豆腐渣：主要是以大豆为原料加工豆腐的副产品。鲜豆渣含水 80% 以上，含粗蛋白质 4.7%；干豆腐渣含粗蛋白质 25%。豆腐渣含水多，容易酸败，喂多了容易引起羔羊拉稀。也缺乏维生素。实践证明：豆腐渣应新鲜饲喂，喂前应将水挤出或与糠麸类饲料混合饲喂。有的单位采用与糠麸、青料混合饲喂效果较好。

甜菜渣：用甜菜制糖加工时剩余的残渣。含水量大约为 85%，不能长期储存，可干燥后储存。甜菜渣的主要成分是可溶性无氮浸出物，而蛋白质含量少，钙含量多，磷含量少，适口性强，含纤维素较多，容易消化，含热量高，是哺乳山羊、奶用山羊的补充料。单独饲喂时，要补充钙、蛋白质。实践证明：与豆科青料混合喂饲效果好。

甘蔗渣：用甘蔗制糖后的残渣。甘蔗渣含有较丰富的碳水化合物，但纤维素含量高，在原料含水 10.3% 的情况下，木质素含量达 20%，因此，未加工处理时，适口性和营养价值差，所以应加工调制。为提高甘蔗渣的利用效果，采用“碱化蔗渣＋糖蜜＋尿素”制作成青贮料。由于这类饲料质地松软，具有果香味、适口性好、营养价值高的特点，所以饲喂效果好。

20. 怎样利用块根类饲料？

用于山羊饲料的块根类饲料有胡萝卜、萝卜、甘薯、马铃薯等。这类饲料可以地上收茎叶，地下收块根、块茎，因此，产量高。在地上收获的藤蔓为其地下块根、块茎产量的 1.5～2.0 倍。块根类饲料不仅产量高，而且还可以与其他作物间作、套种和轮种，充分利用土地，增加粮食和饲料生产，所以是高产饲料，也是喂饲山羊的良好饲料。

块根类饲料的特点是：水分含量高，不易保存，相对干物质含量少，属大容积饲料。就干物质而言，含纤维素少，一般含量为 2.6%～3.24% 或 8.0%～12.5%，无氮浸出物含量高，其含量为 67.5%～88.1%，而且多为易消化的淀粉。但是，块根类饲料含蛋白质、矿物质、B 族维生素少。

为了充分利用块根类饲料，发挥其饲料的使用价值，在饲喂时应注意：

（1）应与富含蛋白质的饲料搭配喂，如块根、块茎饲料与苜蓿干草混合饲喂，并加喂食盐、骨粉等矿物质，其喂饲效果好。

（2）应与含纤维素多的饲料混合饲喂，如与麦麸等粗纤维含量高的饲料混合喂饲，效果好。

（3）最好是连同茎叶一起切成短、块片，掺入适量干草粉进行青贮，比用窖藏效果好。

（4）要洗净、切片饲喂，要预防染有黑斑病的甘薯和含有氰酸的木薯中毒。

21. 南方种草（舍饲）养羊应注意五个问题是什么？

（1）草种选择与合理搭配问题。

在长江南岸地区，禾本科的草类比较丰富，其产量很高，是山羊的干物质主饲料。一般人工种植经济产量较高的品种有：杂交狼尾草（篁竹草或王草），在肥水条件好，海拔 800 m 以下的地域种植年产量每亩可达 22～25 t，每年可刈 7 次左右；矮象草、桂牧一号、墨西哥玉米，在肥水条件好，海拔 800 m 以下地域种植，每年可刈 5 次左右，亩产达 15 t；牛鞭草生长适应性较好，在不同的海拔常年生长良好，冬季生长缓慢，春、夏、秋季生长茂盛，年亩产量 10 t 左右。多年生黑麦草，在高温季节生长缓慢，是一种很好的越冬青饲草，产量较低，一般和越冬豆科牧草混播。

这个地域禾本科的作物秸秆也很丰富，常有麦秸、玉米秸、甘蔗尖、稻草等。

但是，豆科牧草和豆科类秸秆都比较少，不能很好地满足山羊的健康生长发育的要求。通过两年来在不同的海拔进行引种试验，我们认为，在 500 m 以上海拔山区，适应种植三叶草，年亩产量可达 5 t。海拔在 500 m 以下地域种植三叶草不能越夏，但白三叶表现较好，在海拔 1 000 m 以上适应种植紫花苜蓿，其产量比较高。紫花苜蓿在低海拔地区引种成功，但产量较低。若自然牧场改良，可多种植多花木兰，根据海拔高度不同种植三叶草和紫花苜蓿，达到增加豆科牧草比例的目的。

俗话说，山羊吃百草。这说明山羊日食干物质品种不能单一。所以我们在人工种草养羊的过程中，要注意考虑多品种、多科别，特别要考虑豆科高蛋白、高能量的牧草配平衡，不能单用禾本科高产草种。一般情况下，山羊圈养、人工给饲要有禾本科、豆科等牧草混合使用或交换使用，同时辅之以人工刈割野草。特别是冬季枯草季节，人工饲养将大量地使用秸秆和干草，一定要注意饲草的合理搭配。

（2）营养协调问题。

自然放牧是山羊养殖的传统方式，为了扩大养殖规模，保护自然生态，提高养殖效益，目前正在进行传统养殖方式的革命，变自然放牧为圈养或舍饲养殖。养殖方式的改变，改变了山羊的生活习惯和采食方式，其山羊的食料营养受到了人为控制，若日粮处理不当，便出现缺素现象，影响山羊的正常生长发育，甚至出现营养不良或缺素病。不同的土壤种植的牧草，其营养成分有差别。为使山羊营养协调，必须对土壤的微量元素含量进行测定、对食用水的质量和牧草营养成分进行分析，针对性地给予山羊微量元素的补偿和热量的保证，即日粮在保证干物质的基础上，要适量给予能量高的精料和针对的微量元素补充。我们石门县的山羊舍饲养殖，就根据石门县的特点和马头山羊的生理要求，与湖南农大合作配备了不同牧草营养成分条件下的山羊营养液和精料预混料。

（3）病虫防治问题。

任何动物怕成群，成群易感病和虫。舍饲养殖山羊，病虫防治必须规范化，做到以防为主，防是关键。我们的经验是春、秋防疫和春、夏、冬的驱虫必须坚持，羔羊和怀孕羊、产后母羊的营养水平必须跟上，增强羊的免疫能力。饲养员对每只山羊必须每天进行认真观察，若有异常现象，迅速进行隔离观察，及时诊治。同时，对羊舍必须进行定期消毒（一般每月 3 次）和每日清扫 2 次，保持羊生活在干燥、清洁的环境中。

（4）运动空间的问题。

舍饲养殖必须保证山羊的运动量和提供运动的场所。一般种羊运动量和运动场要较大，每只羊的运动面积保证在 3 m^2 左右为宜，并且最好有土凸，有人工种植的耐踏草地。育肥羔羊，运动面积可以小一点，以适度减少其活动量，增加能量的积累。但是，活动场地和栏舍，一定要加强管理，防制有毒或发霉物质进场，同时，要坚持对运动场进行一月 3 次清理和消毒。

（5）栏舍保温（降温）问题。

冬季昼夜温差大，山羊易受寒感病，我们必须对栏舍采取保温措施，如加大高热量饲料的用量，对门窗采取日开夜关保温，对活动场采取塑料棚式保温等等。

夏季气候较高，山羊易中暑感病，我们必须对栏舍采取降温措施，保持栏舍清洁，以防空气中氨的含量超标。活动场所要有凉棚，保证水的用量。

22. 如何科学进行种草养羊?

（1）适宜品种可以选择紫花苜蓿、冬牧 70 黑麦、串叶松香草，三叶草、聚会草、鲁梅克斯等高产优质适应性强的牧草品种。

（2）适度规模应根据家庭劳力情况、设备条件确定养殖规模，再由养殖规模确定种面积。一般情况下，3 亩饲草可供 15～20 只成年羊全年饲用。羊的繁殖速度较慢，年增长率只有年初母羊数的 3 倍左右，所以牧草的种植面积要视种羊基数和发展速度而定，做到既满足供应又不致浪费。

（3）适当茬口。确定牧草茬口布局的原则是提高单位面积牧草产量，保证羊一年四季都能吃到鲜青饲草。生产上常采用以下几种模式：① 紫花苜蓿与冬牧 70 黑麦合理搭配种植，可保证羊一年四季青饲料的均衡供应。② 鲁梅克斯 K-1 杂交酸模田套种多花黑麦草或冬牧 70 黑麦。

（4）适量饲喂。成年羊每天需青饲料 4 kg 左右，青鲜牧草饲喂过多容易引起拉稀。在青鲜饲料充足的情况下，要适当增加精饲料中糠麸的比例（糠麸应占精料总量的 40% 左右）。鲁梅克斯 K-1 杂交酸模含水量更高，饲喂时更要适当控制。紫花苜蓿、三叶草单一饲喂易引起鼓胀病，应与其他牧草搭配饲喂。苏丹草、墨西哥玉米苗期株内含氢氰酸，收割后应稍加晾晒再饲喂。

23. 为什么鲜秸秆类不宜直接喂牛羊?

玉米、高粱等作物的生长旺盛季节是 7 月，我国各地发现有的村组农户用间拔的鲜高粱、玉米苗喂猪、牛、羊，这种做法应当立即禁止。因玉米、高粱苗中含有一种氰甙的有机化合物，牲畜吃后 1 h 左右，就会出现流涎呕吐、心跳加剧、腹胀腹痛等病症，重者会死亡。

青鲜秸秆饲喂牛羊后会引起中毒，是因为这类鲜嫩秸秆内，经食用后会产生化学反应，产生含有一种叫氰甙的剧毒物质。其实，青鲜植物本身没有毒，但猪、牛、羊吃后，在体内水解酸和盐酸的作用下，会产生这种叫氰甙的剧毒物质，氰酸和氰离子能控制细胞内很多酶的活性，阻止和破坏细胞组织的氧呼吸，从而使牲畜出现上述病态甚至死亡。

若牛、羊误食青鲜秸秆，发生氰苷中毒后，可立即进行急救。其方法是：首先用 1%的高锰酸钾洗胃，然后用防风 200 g、甘草 200 g、绿豆 250 g、白糖 200 g，熬水（灌）饮服，或用 5% 的亚硝酸钠 50 mL 和 5% 葡萄糖 500 mL 混合后静脉注射。采取上述急救方法 24 h 后，即可解毒康复。如因中毒过深，可在用药 4 h 后再重复数次，直至治愈。

对于有些户在缺饲料情况下，用鲜高粱、玉米苗喂农畜时，可采取切碎沤制 1 个月，待青料发酵后，每顿少许掺些其他料拌匀喂猪、牛、羊，以免一下吃多了中毒。

24. 哺乳羔羊的管理要点有哪些?

为了羔羊的成活率并培育出体质健壮、发育良好的羔羊，在饲养管理上要采取以下措施：

（1）初生羔羊要尽早吃初乳。

（2）对孤羔、弱羔和双羔要采取代乳和人工哺乳的方法。

（3）保持圈舍卫生，预防羔羊痢疾。羔羊出生后一周内最容易发生痢疾，此时应十分注意卫生，特别对人工哺乳的羔羊更要注意。

（4）安排好哺乳时间。母羊产后一周内与羔羊在一起舍饲，一周后将羔羊放在运动场上让其自由采食和接受日光浴，母羊在近处放牧。母子同牧时，羊群行走要慢些。

（5）尽早对羔羊补饲。羔羊在生后一周开始跟着母羊学吃嫩叶或饲料，在 15～20 日龄就开始训练吃青干草，以促进其瘤胃的早期发育。1 月龄后让其采食混合精料，草料要多样化，精料要粉碎，并注意添加一定比例的食盐和骨粉。一般 1 月龄羔羊每只每天补饲混合精料 50～100 g，2 月龄为 150～200 g，3 月龄为 200～250 g，4 月龄为 250～300 g。

（6）羔羊舍应常备有青干草、粉碎饲料和盐砖，让其自由采食，并保证充足饮水。

（7）在断奶时应饲喂含蛋白质、矿物质丰富，易消化的混合精料，并加强管理。

25. 羔羊全精料育肥的优点有哪些？如何进行羔羊全精料育肥?

（1）羔羊早期断奶后用全精料育肥的优点：一是羔羊出生 3 个月内生长最快，此后生长速度减缓，早期育肥可以获得较高的屠宰率；二是此时只喂给精饲料而不喂粗饲料，管理简单，羔羊不会发生消化道疾病，从而可提高饲料转化率和羔羊的日增重。据试验证明，羔羊在 1.5 月龄、体重达 10 kg 时断奶，育肥 50 d 后，3 月龄时屠宰上市，育肥羊体重可达 25～30 kg，平均日增重 400 g 左右，经济效益显著。

（2）羔羊全精料育肥要点。

① 育肥前的准备：羔羊在 1.5 月龄时断奶，断奶前 15 d 要实行隔栏补饲，也可在早晚定时将羔羊与母羊分开，让羔羊在专用栏内活动，活动栏内放置料槽和水槽，其他时间应让母仔同处。补饲的饲料应与断奶后育肥的饲料相同，补喂的玉米粒开始时可以稍加破碎，待羔羊习惯后再整粒饲喂。羔羊活动区内要保持干燥，并在地面上铺少许垫草。

② 选好育肥饲料。一般以玉米育肥效果较好，饲料配方为：整粒玉米 83%、豆饼 15%、骨粉 1.4%、食盐 0.5%、维生素及微量元素 0.1%。

③ 育肥期不要更改饲料配方。

④ 育肥期间槽内不要断料，保证有清洁的饮水。

⑤ 经常观察羔羊的粪便情况。一般情况下，羔羊的粪便呈黄色团状。如遇阴雨天，羔羊可能出现拉稀，必要时可用肠道消炎药治疗。

26. 山羊放牧饲养的一般原则有哪些?

（1）成年公羊和母羊应分群分地放牧，以避免滥配或因公羊之间角斗而影响采食。

（2）怀孕后期母羊和体弱有病的羊不宜随大群放牧。

（3）放牧地选择在草质良好、饮水方便、不会损害农作物的地方。夏季宜选在较凉爽的林间草地；冬季和早春宜选在坐北朝南、较暖和的草山。

（4）为防止放牧时饥不择食而误食毒草，最好在出牧前，饲喂少量干草。

（5）提倡有计划的轮牧，饲养员应熟悉草山各地长草情况，分为几块小牧区，轮回放牧。如果长期在一块草地上放牧，不仅草长不好，羊不喜欢吃，而且会因严重污染而易患寄生虫等疾病。

（6）不要在有露水或霜打雨淋的低湿草地上放牧，羊吃了露水草易生病。

（7）早春天冷，放牧应迟出早归。夏季炎热多蝇虻，宜早出晚归，中午不放牧，让羊群在阴凉处休息并给予清洁饮水。为减少蝇虻骚扰，放牧时可使羊群逆风而行。秋季草质好，有利抓膘，宜更换几个地方放牧，可遵循先放远后放近，先放差草地后放好草地的原则。冬季一般不宜放牧，饲喂贮备的干草或作物秸秆，有少量青草和常绿灌木竹叶的地方，仍可利用中午较暖和时间放牧，但归舍后必须补饲其他草料。

（8）对于处在配种期、孕后期和哺乳期母羊及生长发育期的羔羊，应按标准补饲配合料。

27. 羊痢疾的特征及防治要点有哪些？

（1）羊痢疾的特征：羊痢疾主要危害 7 日龄以内的初生羔羊，是由产气荚膜杆菌造成的急性毒血症。另外，沙门氏杆菌、大肠杆菌及链球菌也可致病，表现为持续性下痢，俗称“拉稀”“白痢”“下血”，常可使羔羊大批死亡。当气候突变，饥饱不匀，脐带创伤时易感染此病。

（2）羊痢疾的防治要点：① 加强防疫，在怀孕母羊临产前 20～30 d 和 10～20 d 两次注射羔羊痢疾甲醛菌苗 2～3 mL，注射部位分别为双侧后腿内侧皮下，这样可使初生羔羊获得被动免疫。② 病羔灌服 0.3 g 土霉素和 0.3 g 胃蛋白酶，2 次/日，连服 2 d。③ 磺胺胀。0.5 g，鞣酸蛋白、次硝酸铋、小苏打各 0.2 g，一次灌服，3 次/日，连服 2 d。④ 氯霉素每千克体重 0.02～0.03 g，每天肌注 2 次或 3 倍量灌服。⑤ 脱水羔羊，每天补液 1～2 次，口服补液盐或静脉注射 5% 葡萄糖生理盐水 20～100 mL。

28. 羊瘤胃膨胀（臌气）的防治要点有哪些？

本病病因是过食豆科植物、霉变草料、豆饼及精料等易导致此病。防治：① 穿刺放气，常规消毒后，用套管针缓慢放气。② 制酵。甲醛 3～5 mL 加水 300～500 mL，或用鱼石脂 3 mL、松节油 10 mL、酒精 20 mL，混合加水 200 mL 灌服。

29. 羊肺炎的防治要点有哪些？

本病多由寒冷或吸入异物及刺激性气体引起。防治：① 青霉素 80 万单位、链霉素 100 万单位肌注 2～3 次/天。② 10% 磺胺咪啶钠 20～30 mL 肌注，每天 2 次，连用 3～5 d。

30. 羊有机磷中毒的防治要点有哪些？

本病病因是吃了有机磷杀虫剂（1605、1059、乐果、敌百虫、敌敌畏等）污染的草料。防治：① 1% 阿托品 2～3 mL 皮下注射或肌注，病重时 1 h 注射 1 次。② 解磷定 20～50 mL/kg 体重，加入 300 mL 5%糖水静脉注射。

31. 羊有机氟中毒的防治要点有哪些？

有机氟农药多为氟乙酰胺，剧毒、残效期长。防治；① 解氟灵（50% 乙酰胺）肌注，用量每天每千克体重用 0.10～0.30 g，分 2～4 次注射，首次量为全日量的一半。② 洗胃。③ 为保护胃黏膜，可投予鸡蛋清、氢氧化铝、凝胶次硝酸铋等。④ 补液，调节电解质平衡。

32. 如何预防和处理羊胎衣不下?

羊胎衣不下指产后 4～6 h，胎衣仍排不下来的疾病。病因是孕羊缺乏运动，饲料中缺乏钙盐、维生素，饮饲失调，体质虚弱，此外子宫炎、布氏杆菌等也可致病。

防治:药物疗法。(1)产后不超过 24 h 的，可用垂体后叶素、催产素或麦角新碱注射液 0.80～1 mL 肌注。(2)手术剥离法。保定病羊，按常规准备及消毒后，沿胎衣表面把手伸入子宫，小心剥离，最后宫内灌注抗生素或防腐消毒液，如土霉素或 0.20% 普鲁卡因溶液。

33. 如何处理羔羊产出后假死?

(1)可将羔羊露出口、鼻浸在 40 °C 左右温水中。(2)人工呼吸法：一种是倒提后肢，拍击其背、胸部；另一种是平卧后，两手有节律地挤压胸部两侧。(3)酒精擦拭鼻孔周围刺激呼吸。

34. 羊传染性结膜角膜炎的特征及防治措施是什么?

(1)特征：俗称“红眼病”，是由嗜血杆菌、立克次氏体引起的反刍家畜的一种急性传染病，损害部分仅限于眼部，使眼结膜和角膜发生明显炎性变化，怕光流泪，结膜潮红充血，眼角流出黏液性或脓性分泌物，少数形成角膜云翳、白斑或造成失明。本病常发于温度较高、蚊蝇较多的夏秋高温季节和空气流通不畅、氨气浓度较高的环境。

(2)防治：① 病羊隔离，圈舍及时清扫消毒。② 用 2%～5% 的硼酸水或淡盐水或 0.1% 呋喃西林洗眼，擦干后可选用红霉素、氯霉素、四环素、2% 黄降汞或 2% 可的松等眼膏点眼。③ 也可用青霉素或氯霉素加地塞米松 2 mL、0.1% 肾上腺素 1 mL 混合点眼 2～3 次/d。④ 出现角膜混浊或白内障的，可滴入拨云散或青霉素 50 万单位加病羊全血 10 mL，眼睑皮下注射或 50 万单位链霉素溶液 5 mL 眶上孔注射，2 d 1 次。

35. 羊传染性脓疱的特征及防治措施是什么?

(1)特征：俗称“羊口疮”，是由病毒引起的，表现为口唇等处皮肤和黏膜形成丘疹、脓疱、溃疡和结成疣状厚痂，主要通过圈舍、用具或皮肤擦伤传播，呈群发性，可在羊群中连续危害多年。

(2)防治：① 定期防疫，每年 3 月或 9 月用口疮弱毒细胞冻干苗在每只羊口腔黏膜内注射 0.2 m。② 少用粗硬饲料，严防创伤感染，发现病羊及时隔离，圈舍和用具用 2% 火碱或 10% 石灰乳或 20% 热草木灰水消毒。③ 用 0.1%～0.2% 高锰酸钾溶液冲洗创面，再涂 2% 龙胆紫、碘甘油、5% 土霉素软膏或青霉素呋喃西林软膏等，1～2 次/d，对重症者还应对症治疗。

36. 羊肠毒血症的特征及防治措施是什么?

(1)特征：本病是由 D 型魏氏梭菌在羊肠道中大量繁殖，产生毒素引起的，死后肾脏易于软化，故又称“软肾病”，又因其多急性发作突然死亡，所以又称“类快疫”，多发于膘情好及两岁以下的羊，呈散发性。雨季、气候骤变、过食嫩草和精料、运动不足等均为诱因。发病时或呆卧或跑，咬牙，侧身倒地，四肢抽搐痉挛，左右翻滚，头颈向后弯曲，呼吸急促，口鼻出沫，有时发出痛苦的呻吟，多于 1～2 h 内死亡。

(2)防治：① 每年春秋两次防疫，皮下或肌肉注射羊四联 5 mL(快疫、猝狙、肠肠毒血症、羔羊痢疾)。② 防止过食青嫩多汁饲料和精料，适当运动。③ 病程较长(超过 2 h)的，可内服磺胺脒 10～20 g 或注射免疫血清。④ 肌注氯霉素 0.5～0.7 g，3 次/d。⑤ 青霉素 160 万单位、链霉素 500 mg 混合肌注，4 次/d。

37. 让母羊多产羔羊的技术措施有哪些?

（1）经常抓膘与配种前短期优饲相结合。

营养状况对羊只的繁殖力影响很大。全年使母羊保持中等以上的膘情，可使其发育正常。因此，要加强母羊平时的饲养管理，满足其对各种营养物质的需要。在此基础上，配种前对母羊还要实行短期优饲，增加蛋白质优质牧草和其他精料。这样不但能保持母羊发情正常，而且排卵数量增加，双胎率高。

（2）改善种公羊的营养状况。

种公羊的营养水平对母羊的受胎率和产羔率影响很大。为此，在羊的配种季节，要加强对种公羊的饲养。最好用全价的饲料饲喂种公羊。这样，种公羊的性欲高、射精量多、精子密度大、活力强，母羊排的卵子易受精，双胎率也高。

（3）配种前给母羊喂大麦。

配种前多喂燕麦或大麦，可提高多产羔率。有人用两组羊做过试验，放牧和其他饲养条件相同，试验组在配种前的一个发情周期每日喂给大麦 250 g，同比多产羔 15%。

（4）要选留多羔母羊作种用。

母羊的产羔数与遗传也有关系。实践证明，用出生时三羔羊或四羔羊的母羊留作种用，其产羔率最高；二羔的母羊留种，产羔率次之；一羔的母羊留种，产羔率最低。

38. 羊场地址的选择原则有哪些?

（1）周围及附近饲草，特别是像花生秧、甘薯秧、大蒜杆、大豆杆等优质农副秸秆资源必须丰富。

（2）地势高燥，背风向阳，排水良好，既有利于防洪排涝而又不致发生断层、陷落、滑坡或塌方。地势以坐北朝南或坐西北朝东南方向的斜坡地为好。切忌在洼涝地、潮湿风口等地建羊场。

（3）地形比较平坦，土层透水性好。

（4）土地开发利用价值低。

（5）有水、有电或水电问题较易解决，且不易造成社会公用水源的污染。水源条件良好，水源充足、水质好、无污染，不能让羊饮用池塘或洼地的死水。

（6）有利于防疫，离交通要道、集市有一定距离，即交通方便而又不紧邻交通要道，村落保持 150 m 以上的距离，尽量处在村落下风和低于农舍、水井的地方，选择有天然屏障的地方建栏舍最好。

39. 羊场的基本设施包括哪些?

根据羊场的规模大小及生产性质，羊场的基本设施包括：羊舍、运动场、牧草地、饲料加工机房、氨化（青贮）池、兽医化验诊断室、防疫消毒池、动物无害化处理及粪便无害化处理设施、围栏设施、饲料仓库、办公场所等。

40. 修建羊舍的基本要求有哪些?

（1）通风良好，防热降暑，冬季保温，春季防潮，造价低，经久耐用。

（2）羊舍宜坐北朝南，坡度 15°～16°，避风向阳。

（3）羊舍面积的确定：成年母羊 0.8～1.0 m^2，小羊 0.5～0.6 m^2，种羊 1.2～1.5 m^2。运动场为羊舍面积的 1.5 倍。

（4）羊舍地面：一是要高出舍外地面 20～30 cm，二是要平整、坚固。